21世纪高等

建筑力学

JIANZHU LIXUE

（第三版）

杜贵成 宁欣 刘禹 编著

东北财经大学出版社 大连
Dongbei University of Finance & Economics Press

图书在版编目（CIP）数据

建筑力学 / 杜贵成，宁欣，刘禹编著. —3版. —大连：东北财经大学出版社，2022.1

（21世纪高等院校工程管理专业教材）

ISBN 978-7-5654-4347-3

Ⅰ. 建… Ⅱ. ①杜… ②宁… ③刘… Ⅲ. 建筑科学-力学-高等学校-教材 Ⅳ. TU311

中国版本图书馆CIP数据核字（2021）第189552号

东北财经大学出版社出版

（大连市黑石礁尖山街217号 邮政编码 116025）

网 址：http：//www.dufep.cn

读者信箱：dufep@dufe.edu.cn

大连日升彩色印刷有限公司印刷 东北财经大学出版社发行

幅面尺寸：170mm×240mm 字数：535千字 印张：25.5

2022年1月第3版 2022年1月第1次印刷

责任编辑：李 彬 王 斌 责任校对：孙 平

封面设计：张智波 版式设计：钟福建

定价：56.00元

教学支持 售后服务 联系电话：（0411）84710309

如有印装质量问题，请联系营销部：（0411）84710711

第三版前言

建筑力学作为工程管理专业四大平台体系的工程技术类的核心课程，为其他工程技术课程的学习奠定了力学基础。

《建筑力学》一书，自2014年9月第一版出版后，于2018年修订后再版，经全国各高等院校使用后，深受广大有关专业任课教师和学生的欢迎与好评，同时也提出了宝贵意见。根据来自一线教学实践的反馈，这次我们对第四章、第七章、第八章以及附录部分进行了重点调整与修订，以全新面貌再次出版。

本书是结合东北财经大学工程管理等相关专业多年来教学改革的实践编写而成的。近年来，随着教育改革的不断深入，课程内容、体系、学时等各种因素都在不断变化。根据教学的需要和知识掌握规律，体现力学理论与建筑结构设计的特点，从力学理论的系统性与连贯性出发，本书一改以往建筑力学教材只把理论力学、材料力学、结构力学按土木工程专业学习力学的惯例简单组合在一起的编写习惯，结合建筑结构设计的特点由浅入深地介绍力学原理在建筑结构设计中的应用，同时也考虑到学员在学习建筑力学时保持力学思想应用于建筑结构设计中的连贯性与递进性，从而达到使学员系统理解与掌握建筑力学的基本原理的目的，为后续课程的学习打下良好的力学基础。

本书编写的具体特点如下：

第一，本书编写从知识体系上分为四个部分。

第一部分，力学的基本概念与基本原理的介绍；

第二部分，建筑结构的基本知识与计算简图的介绍；

第三部分，利用力学原理解决静定和超静定建筑结构的内力计算问题；

第四部分，利用材料力学理论解决建筑结构杆件设计的强度与刚度问题。

第二，本书编写从结构体系上分为两大主线。

第一主线，刚体的受力特征与分析；

第二主线，变形体的受力特征与分析。

本书具体编写是按静力学的基本知识、建筑结构基本知识、平面体系的几何组成分析、静定结构内力计算、静定结构的影响线及其应用、弹性变形体的基本知识、结构构件的强度与刚度问题、静定结构位移计算、超静定结构问题和压杆稳定问题的顺序，把理论力学、材料力学和结构力学三大力学知识有机贯通，汇成一体，另成建筑力学新体系。因此，本教材具有既考虑建筑结构设计思路，又兼顾静定结构与超静定结构计算的特点。

本书可作为高等院校工程管理、城市规划、交通工程、建筑学等非结构专业学生学习建筑力学的教材，也可供高职高专院校与成人高校师生及有关工程技术人员参考。

本书编著者有：杜贵成（第一章~第六章、附录）、宁欣（第七、八、十章）、刘禹（第九章）。全书由杜贵成统稿。由于编者水平有限，书中缺点和错误在所难免，恳请使用本书的读者予以批评指正。

作 者

2021年12月于东北财经大学

目录

第一章

静力学基本知识

□ 学习目标

本章是力学的基础，除了对于概念的理解，更重要的是对力系的平衡、作用与反作用原理的理解。核心问题是关于平衡力系的拆解过程所体现出来的整体与部分的一致性，以及各部分之间的作用与反作用原理。该原理不仅是本章的核心，更是本教材的核心，从宏观的受力、传力，到微观的应力、变形等问题的分析，该原理贯穿始终。

第一节　静力学的基本概念

一、刚体的概念

刚体是在任何情况下大小和形状都不变的物体。显然，这是一个理想化的概念，实际上并不存在这样的物体。

在研究物体的力学平衡问题时，物体会发生微小的变形，但其微小变形不起主要作用，可以忽略不计，此时把物体视为刚体，不会影响研究问题的结果，同时可使问题的研究大为简化。因此，在研究问题时，刚体的概念是非常必要的。

例如图 1-1 所示的桥梁，由于车辆与桥梁自身的重量，使桥梁产生微小的变形，其变形一般不会超出桥梁长度的 1/500。这样如此微小的变形对于应用平衡条件求桥梁的支座反力及内力，几乎毫无影响。因此，就可以把桥梁看成为不变形的刚体。

将物体视为刚体是有条件的，这主要与研究问题的性质有关。如果所研究的问题是作用在物体上的力的简化与平衡问题，就可以把物体视为刚体。如果对构件进

图 1-1

行强度、刚度和稳定性等力学方面的研究，就要把研究的物体看作变形体。关于变形体的性质及其应用将于第六章及之后章节详细介绍。

二、力的概念

（一）力的概念

力是物体之间相互的机械作用，这种作用使物体的运动状态发生改变（包括变形）。因此，力不能离开物体而存在，它们总是成对出现的。

物体在力的作用下，产生如下的效应：

一是使物体的运动状态发生变化（物体发生移动或转动）——外效应；

二是使物体发生变形——内效应。

当研究第一种效应时，考虑作用物体上的力之简化与平衡问题，将物体视为假想的刚体。

（二）力的性质

力对物体的作用效应取决于力的三个要素。力的三要素是：大小、方向和作用点。

力是矢量，可用一有向线段来表示，如图 1-2 所示。这矢量的长度 AB（按一定的比例尺）表示力的大小；矢量的方向表示力的方向；矢量的始端（点 A）或末端（点 B）表示力的作用点；矢量 $\overline{AB}$ 所沿着的直线（图 1-2 的虚线）表示力的作用线。

在国际单位制（SI）中，以牛顿（N）或千牛顿（kN）作为力的计算单位。

三、力矩与力偶的概念

（一）力矩

力使物体移动的效应取决于它的大小与方向，而力使物体转动的效应则取决于力矩。生活实践中，广泛使用的杠杆、铡刀、剪刀、扳手等省力工具（或机械），它们的工作原理中都包含着非常生动的力矩效应。

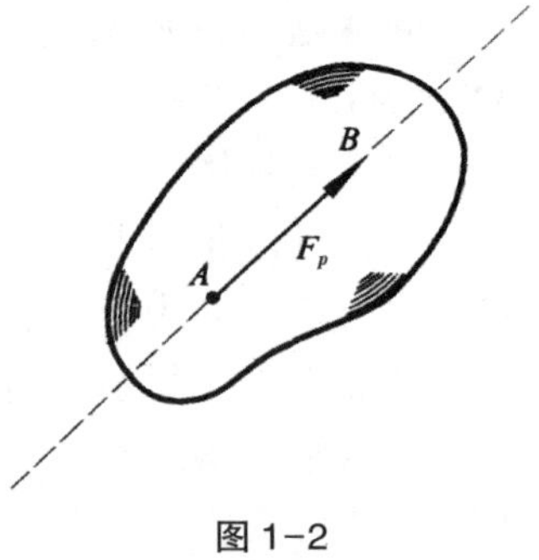

图 1-2

以扳手扳动螺母为例，作用于扳手一端的力 F_{p1} 使扳手同螺母绕点 O（亦即绕点 O 垂直于图面的轴）转动，如图 1-3（a）所示。当要拧紧螺母时，手上用的力 F_{p1} 越大，螺母拧得越紧。有时为了省力，采取加长扳手，使手上的用力点离绕点 O 远一点，如图 1-3（b）所示。这样，拧紧螺母的力 F_{p2} 就

会比原来的力 F_{p1} 小一些。由此可知，力 F_p 使物体绕 O 点转动的效应，不仅与力 F_p 的大小有关，而且还与力的作用线到 O 点的垂直距离 h 有关。因此，F_p 与 h 乘积（F_ph）就是力的转动效应的度量，力 F_p 对矩心 O 之矩，称为力矩。力矩使物体绕矩心产生的转动方向用力矩的正负值表示，当力矩使物体产生逆时针方向转动时，力矩取为正值，反之取为负值。如图 1-3 所示的 F_{p1}，F_{p2}，F_{p3} 各力对矩心 O 的矩应取负值。

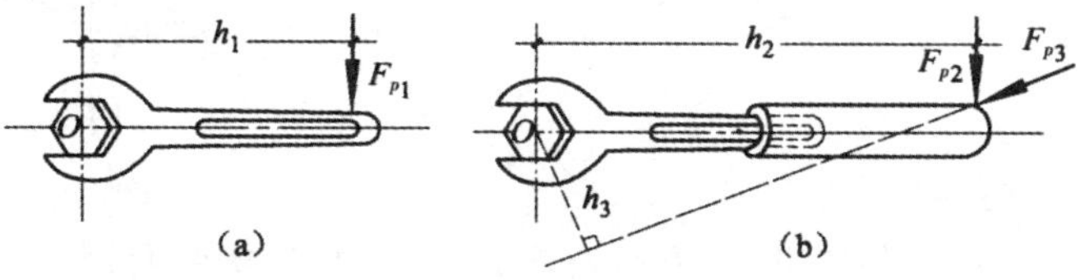

图 1-3

力 F_p 对于矩心 O 的矩以记号 $M_O(F_p)$ 表示，于是，计算公式为

$$M_O(F_p)=\pm F_p\cdot h \tag{1-1}$$

力矩的单位常用 N·m 或 kN·m。

当力矩用矢量表示，如图 1-4（a）所示，设平面上作用一力 F_p，在同平面内任取一点 O，点 O 称为矩心，从点 O 沿力 F_p 作用面的法线 On 作一矢量来表示（图 1-4（b）），矢量的模表示力矩的大小。矢量的指向按右手螺旋法则确定，即四指表示力矩转向（图 1-4（b）虚线），拇指表示力矩矢量的指向。由此可知，力对垂直于力作用平面的某一轴的转动效应，即力对轴之矩，如图 1-4（c）所示，力 F_p 对其作用平面的垂直轴（On）之矩可以表示为

$$M_n(F_p)=F_ph \tag{1-2}$$

式中，h——力 F_p 距力的作用平面与垂直轴（On）交点 O 的距离（力臂）。

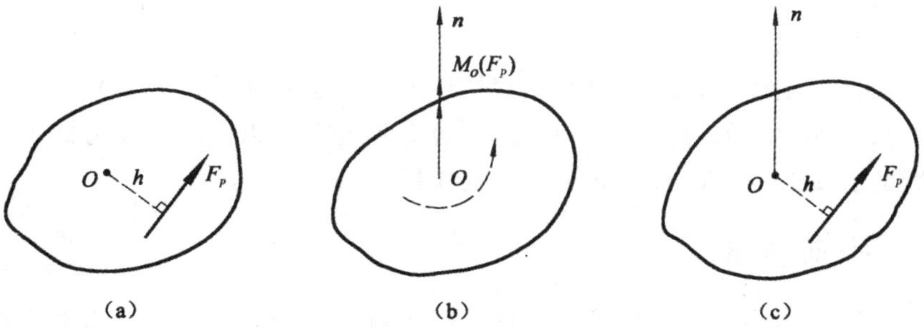

图 1-4

（二）力偶

1.力偶的概念

作用在同一物体上的两个大小相等、方向相反，且不共线的平行力，称为力偶，以符号（F_p，F'_p）表示，如图 1-5 所示。力偶的两力之间的垂直距离 h 称为力偶臂，力偶所在的平面称为力偶的作用面。力偶对物体的作用效果是使物体产生单纯的转动。力偶中的两个力在任何坐标轴上投影之和等于零。

在生活和生产实践中，常常会遇到利用力偶作用进行工作的情况。例如，钳工用丝锥攻丝，汽车司机用双手转动方向盘（图1-6）等。

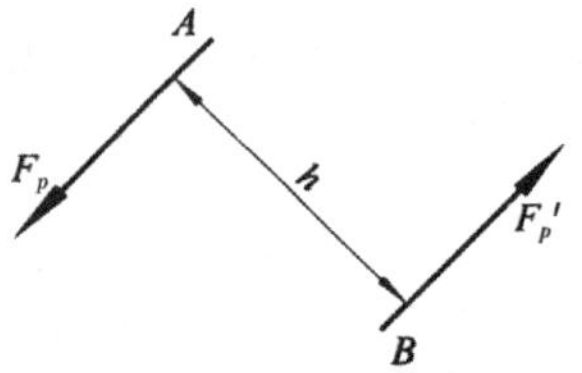

图1-5

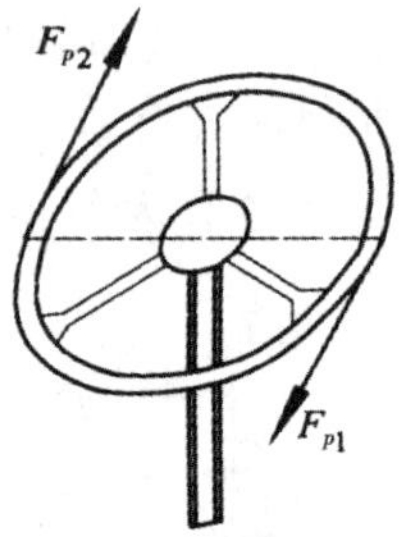

图1-6

为了衡量力偶对物体产生的转动效应，用力偶矩M来度量，力偶矩是力偶的一个力（F_p）与力偶臂h的乘积，它的计算公式为

$$M=F_p h \tag{1-3}$$

常用图1-7所示的符号表示力偶，M为力偶的矩。

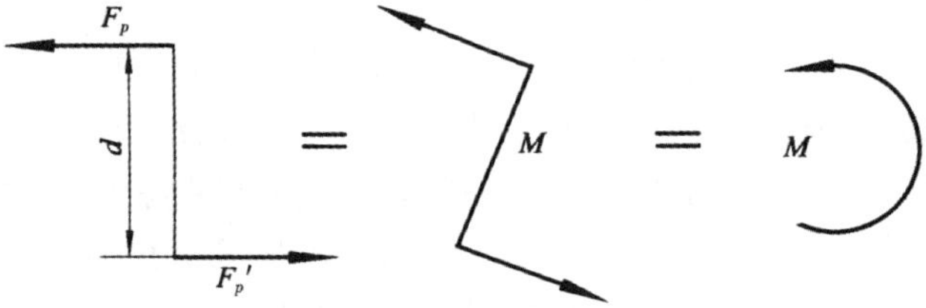

图1-7

2.力偶的性质

力偶的性质：只要保持力偶矩的大小、转向不变，力偶在其平面内的位置可以任意旋转或平移。

由此可得推论：

（1）力偶对刚体的作用与力偶在其作用面内的位置无关。

（2）只要保持力偶矩的大小和力偶的转向不变，可以同时改变力偶中力的大小和力偶臂的长短，而不改变力偶对刚体的作用。

四、平面力系

一组力同时作用在一个物体上，这一组力就称为力系。力系是指力与物体作用与力在其作用平面内分布的方式。

如果有一力系可以代替另一力系作用在物体上而产生同样的机械运动效果，则两力系互相等效，可称为等效力系。

在工程实践中，经常会遇到所有的外力都作用在一个平面内的情况，这样的力系称为平面力系。

平面力系可按力系中的各力的相互关系分为平面汇交力系、平面平行力系和平面任意（一般）力系。

当平面力系中各力的作用线都汇交于一点时，称为平面汇交力系。

当平面力系中各力的作用线都互相平行时，称为平面平行力系。

当平面力系中各力的作用线既不全部平行，又不全部汇交于一点时，称为平面任意（一般）力系。

五、合力与平衡状态

如果某力与一力系等效，则此力为该力系的合力。也就是说：如果用一个力来代替一力系作用在物体上而产生同样的机械运动效果，则这个力即为该力系的合力。

当物体只受有合力作用时，物体一定是沿着合力的指向作机械运动。如果作用在物体上的合力不等于零，那么，物体就一定是运动的；如果合力等于零，那么，物体一定是处于平衡状态（物体保持静止或作匀速直线运动）。换言之，要使物体处于平衡状态，则作用在物体上的力系应是一组平衡力系。

第二节　静力学公理与定理

一、静力学公理

（一）公理一　二力平衡条件

作用在刚体上的两个力，使刚体保持平衡的必要和充分条件是：这两个力的大小相等，方向相反，作用在同一个刚体，且在同一直线上。这就是二力平衡条件，如图1-8所示，即

$$F_{p1}=-F_{p2} \tag{1-4}$$

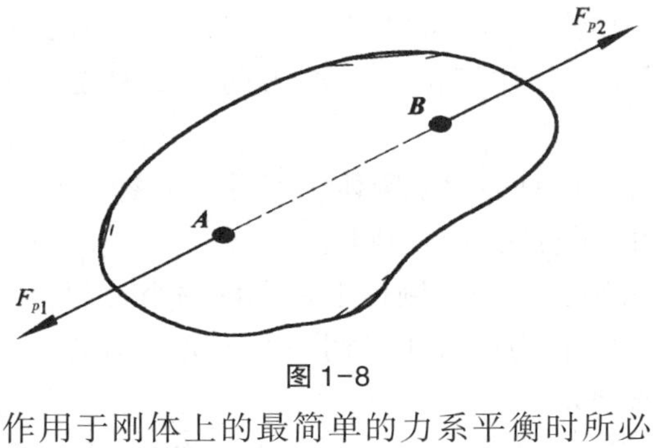

图1-8

这个公理表明了作用于刚体上的最简单的力系平衡时所必须满足的条件。值得注意的是，公理一只适用于刚体，对于变形体只是必要条件而不是充分条件。例如绳索在等值、反向、共线的两个拉力作用下可以处于平衡状态；若绳索在两个等值、反向、共线的压力作用下则不能平衡。

由此可见，对于变形体的平衡来说，除了满足刚体静力学的平衡条件外，还应

满足与变形体的物理性质有关的相关条件。

工程上常遇到仅在两点受力作用而处于平衡状态的构件或杆件，通常称之为二力构件或二力杆。

（二）公理二　加减平衡力系原理

加减平衡力系原理：在作用于刚体的任意已知力系中，加上或减去任意的平衡力系，不改变原力系对刚体的作用效果。就是说，如果两个力系只相差一个或几个平衡力系，则它们对刚体的作用效果是相同的，因此这两个力系可以等效替换。

根据上述公理可以导出下列推论：

推论一　力的可传性原理

力的可传性原理：作用于刚体上的力在刚体内沿着它的作用线移到任意一点，并不改变该力对刚体的作用。

证明：设有力 F_p 作用在刚体上的 A 点，如图 1-9（a）所示。根据加减平衡力系原理，可在力的作用线上任取一点 B，并加上两个相互平衡的力 F_{p1} 和 F_{p2}，使 $F_{p2}=-F_{p1}=F_p$，如图 1-9（b）所示。由于力 F_p 和 F_{p2} 也是一个平衡力系，故可去掉；这样只剩下一个力 F_{p2}，如图 1-9（c）所示。力 F_{p2} 与力 F_p 的大小、方向、作用线都相同，只是作用点从 A 点移动到 B 点，因此，作用效果不变。

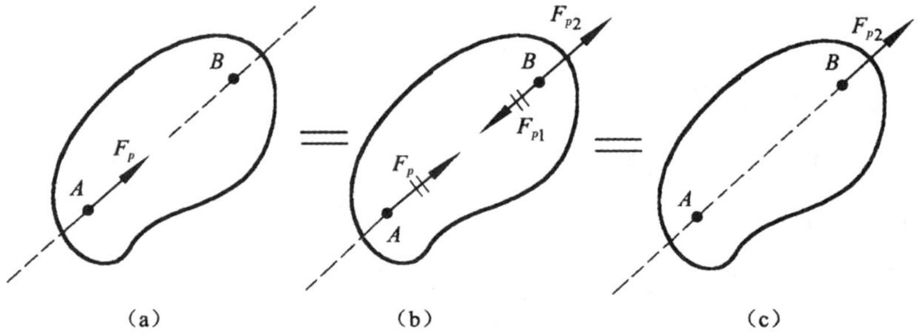

图 1-9

由此可见，对于刚体来说，力的作用点已不是决定力的作用效果的要素，它已为作用线所代替。因此，作用于刚体上的力的三要素是：力的大小、方向和作用线。

应当指出：力的可传性只适用于刚体，不适用于变形体。

（三）公理三　力的平行四边形法则

力的平行四边形法则：作用于刚体上一点的两个力的合力也作用于同一点，且合力的大小可用这两个力为边的平行四边形的对角线来表示。

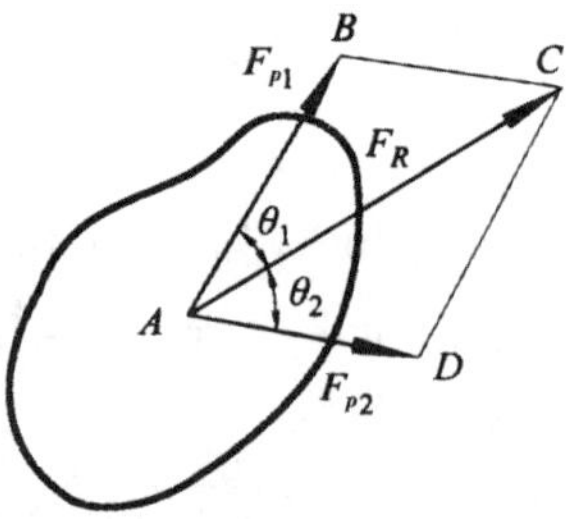

图 1-10

如图 1-10 所示，有两个力（F_{p1}，F_{p2}）作用在物体上同一点 A，利用几何法将其合成合力 F_R。具体做法是：用这两个力（F_{p1}，F_{p2}）为边构成平行四边形 $ABCD$，则合力 F_R 的大小和方向可由构成的平行四边形的对角线确定。合力的作用点在两个已知力的汇交点 A 处。上述就是根据力的平行四边形法则求得的合

力 F_R。

推论二　三力平衡汇交定理

三力平衡汇交定理：如果作用于刚体上的三个力是相互平衡的力，那么其中任意两个力的合力一定与第三个力满足二力平衡条件，同时此三力必在同一平面内，且三个力的作用线一定汇交于一点。

证明：如图 1-11 所示，在刚体的 A，B，C 三点上，作用三个相互平衡的力 F_{p1}，F_{p2}，F_{p3}。根据力的可传性，将力 F_{p1} 和 F_{p2} 移到汇交点 O，然后根据力的平行四边形法则，得合力 F_{R12}。由二力平衡条件，则力 F_{p3} 应与 F_{R12} 平衡，且两个力一定共线。所以，力 F_{p3} 必定与力 F_{p1} 和 F_{p2} 共面，且通过力 F_{p1} 和 F_{p2} 的交点 O。

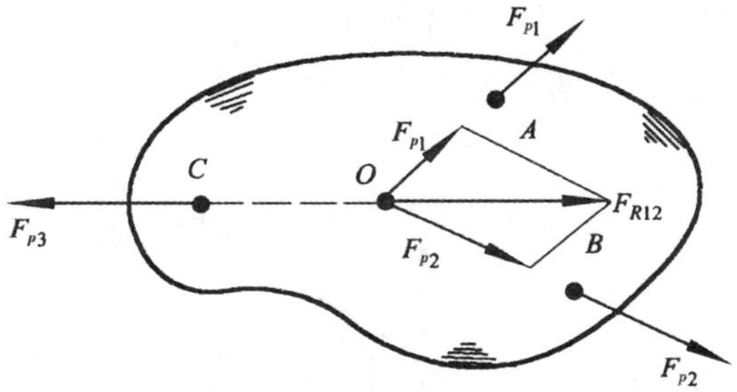

图 1-11

（四）公理四　作用和反作用定律

作用和反作用定律：作用力和反作用力总是同时存在的，且大小相等、方向相反，沿着同一直线作用，但分别作用在两个相互作用的物体上。

这个公理概括了物体间相互作用的关系，表明作用力和反作用力总是成对出现的。下面举一个实例来说明。

如图 1-12（a）所示，用绳索悬吊一重物于固定装置 AB 上，重物受到重力 F_p 和绳索拉力 F_T 的作用（图 1-12（b））。重力 F_p 和绳索拉力 F_T 属于二力平衡。绳索拉力 F_T 是固定装置 AB 对重物的拉力，作用在重物上；同时，重物对固定装置 AB 也有一个拉力 F'_T 作用在固定装置 AB 上（图 1-12（b）），两者等值、反向共线，$F_T=-F'_T$，这两个力就是作用力和反作用力。

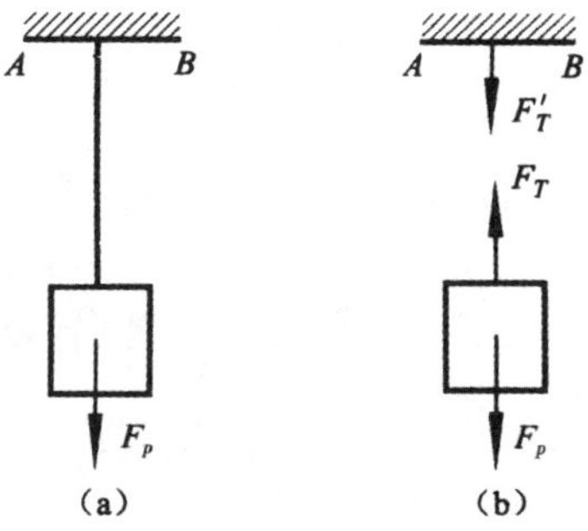

图 1-12

必须指出，不能把作用力与反作用力定律和二力平衡公理相混淆，作用力与反作用力是作用在两个物体上，所以它们不能互相平衡。所谓平衡是指同一物体上所受力的平衡。

（五）公理五　刚化原理

刚化原理：当变形体在已知力系作用下处于平衡状态时，如将此变形体变为刚体（刚化），则平衡状态保持不变。

这个公理提供了把变形体看作刚体模型的条件。处于平衡状态的变形体，总可以把它视为刚体来研究，这就建立了刚体力学与变形体力学间的联系。

二、合力矩定理

合力矩定理：平面力系的合力对作用平面内任一点的力矩等于力系中各力对同一点力矩的代数和。即

$$M_O(F_R)=M_O(F_{p1})+M_O(F_{p2})+\cdots+M_O(F_{pn})=\sum_{i=1}^{n}M_O(F_{pi}) \tag{1-5}$$

如图1-13所示，已知力F_p，作用点A（x，y）及其夹角α。欲求力F_p对坐标原点O之矩，可按式（1-5），通过其分力F_x与F_y对点O之矩而得到，即

$$M_O(F_p)=M_O(F_y)+M_O(F_x)=xF_p\sin\alpha-yF_p\cos\alpha$$

或

$$M_O(F_p)=xF_y-yF_x \tag{1-6}$$

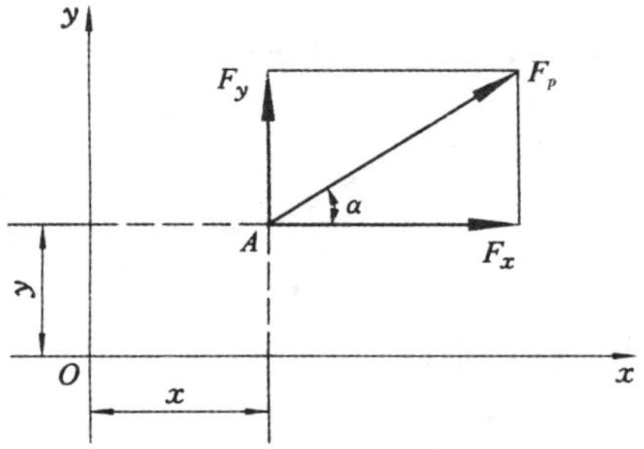

图1-13

式（1-6）为平面内力矩的解析表达式。其中x，y为力F_p作用点的坐标；F_x，F_y为力F_p在x，y轴的分力。计算时应注意用它们的代数量代入。

若将式（1-6）代入式（1-5），即可得合力F_R对坐标原点之矩的解析表达式，即

$$M_O(F_R)=\sum_{i=1}^{n}(xF_y-yF_x) \tag{1-7}$$

三、平面力偶等效定理

平面力偶等效定理：在同平面内的两个力偶，如果力偶矩相等，则两力偶彼此等效。该定理给出了在同一平面内力偶等效的条件。

四、力的平移定理

为了研究平面力系对刚体作用效应，需将力系进行简化，力的平移定理就是力系简化的依据。

作用在物体上的力，它对物体作用的效应，取决于力的三要素：力的大小、方向和作用点。如果只讨论物体的外效应，那么，可将作用点扩大为作用线。由力的可传性可以得到上述结论。

如图1-14（a）所示，在刚体上有一力F_p作用在A点，欲将其等效地平移到刚体上的任一点B，为此，在B点加上一对大小相等、方向相反、作用线与F_p的作用线平行的一对平衡力F'_p和F''_p，并令$F_p=F'_p=-F''_p$。根据加减平衡力系原理，新力系与原力系等效（图1-14（a），（b））。图1-14（b）中的力系可以看作是由作用在B点的一个力F'_p和一个附加力偶（F_p，F''_p）组成。在此基础上，根据力偶等效定理，附加力偶（F_p，F''_p）可以用力偶矩$M=F_ph$来表示（图1-14（a），（c））。经过如此变换，就将力F_p等效地移动到了B点。由此可得力的平移定理：作用在刚体上的力F_p可以平移其作用线到刚体上任意一点处，但必须附加一个力偶，此附加力偶的矩等于原来的力F_p对新作用点的力矩。

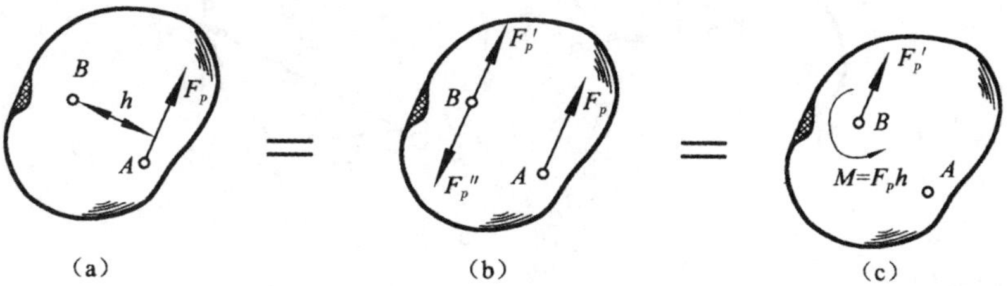

图1-14

图1-14的逆过程也是成立的，即同平面的一个力和一个力偶总可以合成为一个力，这个力的大小和方向与原来的力相同，但它们的作用线却要有一定的距离，其距离为

$$h=\frac{|M|}{F_p} \tag{1-8}$$

力的平移定理不仅是力系简化的理论依据，也是分析力对物体作用效应的一个重要方法。

第三节　力的合成与分解

将任意两个汇交力合成为合力，称为力的合成。将任意一个力分解为两个力（分解出的两个力通常称作分力），称为力的分解。

力的合成与分解的方法有两种：几何法和解析法。

一、几何法

（一）图解法

1.力的合成

如图1-15（a）所示，选取适当的比例尺表示力的大小，按选定的比例尺作出力F_{p1}和F_{p2}的大小，按力的平行四边形法则作出平行四边形$ABCD$，量取对角线AC和θ_1或θ_2角即可确定合力F_R，作图具体过程在第二节中已经介绍，在此不再赘述。

用图解法求合力矢量时，可以不作如图1-15（a）所示的力的平行四边形，而采用力的三角形作图法求得。具体做法是：选取适当的比例尺表示力的大小，按选定的比例尺依次作出两个力矢量F_{p1}和F_{p2}，并使二矢量首尾相连，再从第一个矢量的起点向另一个矢量的终点引矢量$\vec{F}_R$，它就是按选定比例尺所表示的合力矢量，如图1-15（b），（c）表示。此方法称为力的三角形法则。

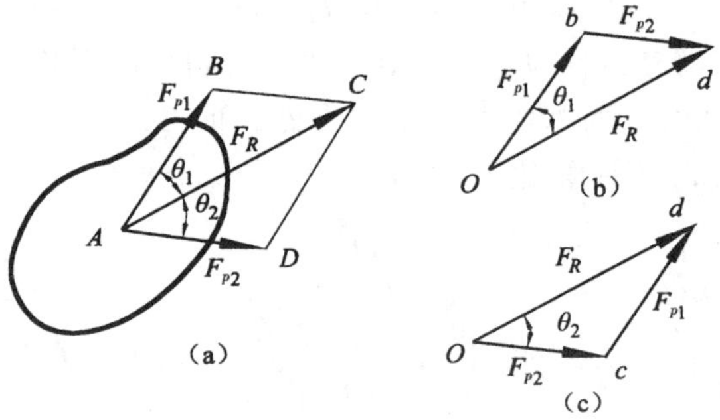

图1-15

2.力的分解

力的分解也可以利用力的平行四边形法则。但是，以这个力为对角线可以作出无数多个平行四边形，可得无数组分力。所以，在求解具体问题时，可以给出必要的附加条件：（1）已知一分力的大小与方向；（2）已知两分力的方向。这样，就可以得到一组确定的分力。

图1-15中，F_{p1}和F_{p2}也可以看作是由力F_R分解而成的，当θ_1，θ_2角取不同的值时，将有不同的分力F_{p1}和F_{p2}。当$\theta_1+\theta_2=90°$时，属于特殊情况，称之为正交分解。

当不给定两个分力的具体方向角（θ_1，θ_2）或其中一个分力的具体大小与方向角（θ）时，通常采用正交分解来进行力的分解。

（二）数解法

合力的大小与方位角也可利用力的平行四边形的几何关系求解，利用数学演算来求解问题的方法称为数解法。

具体解法如下：如图1-16所示，两个分力F_{p1}和F_{p2}的大小及它们之间的夹角α是已知的，对图1-16（a）中平行四边形$ABCD$的一半（或图1-16（b）中的三角形）应用余弦定理，可求得合力的大小为

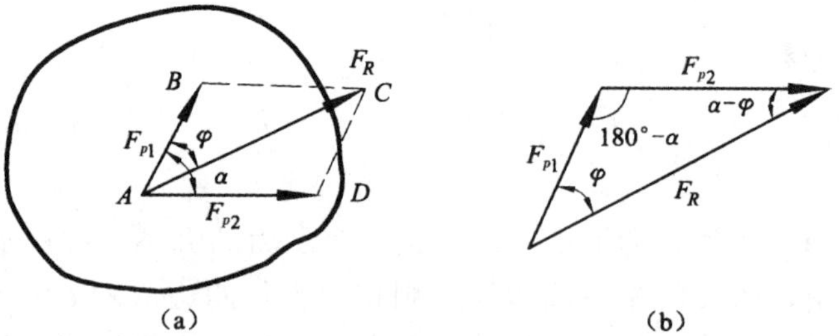

图1-16

$$F_R=\sqrt{F_{p1}^2+F_{p2}^2+2F_{p1}F_{p2}\cos\alpha} \tag{1-9}$$

再用正弦定理确定合力 F_R 与分力的夹角

$$\frac{F_R}{\sin\alpha}=\frac{F_{p1}}{\sin(\alpha-\varphi)}=\frac{F_{p2}}{\sin\varphi} \tag{1-10}$$

由式（1-9）、式（1-10）可得合力 F_R 的数值与方向角（φ 或 $\alpha-\varphi$）。

二、解析法

解析法是通过力矢在坐标轴上的投影来分析力的合成与分解。换句话说，解析法就是利用正交分解来分析力的合成与分解的。

如图1-17所示，已知力 F_p 与平面内正交轴 x，y 的夹角为 α，β，力在某轴的投影等于力的大小乘以力与投影轴正向间夹角的余弦，则力 F_p 在 x，y 轴上的投影（X，Y）分别为

$$\left.\begin{aligned}X&=F_p\cos\alpha\\Y&=F_p\cos\beta\end{aligned}\right\} \tag{1-11}$$

力在轴上的投影为代数量，当力与轴间夹角为锐角时，其值为正；当夹角为钝角时，其值为负。

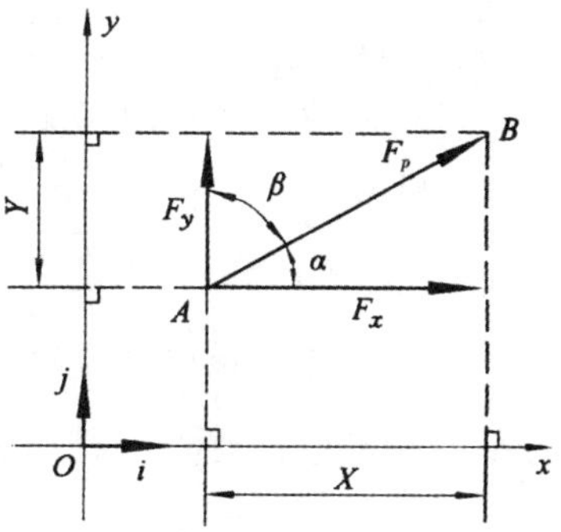

图1-17

当 F_p 沿正交的 x，y 轴分解为两个分力 F_x 和 F_y 时，它们的大小恰好等于力 F_p 在两个轴上的投影 X 和 Y 的绝对值。

$$\left.\begin{aligned}F_x&=F_p\cos\alpha\\F_y&=F_p\cos\beta\end{aligned}\right\} \tag{1-12}$$

但是当两轴不正交（力不按正交分解）时，上述结论就不成立了，请读者自己推证。

由图1-17可知，力 F_p 沿正交轴 Ox，Oy 可分解为两个分力 F_x 和 F_y 时，其分力与力的投影之间有下列关系

$F_x=F_xi$，$F_y=F_yj$

由此，力的解析表达式为

$$F_p=F_xi+F_yj \tag{1-13}$$

式中，i，j——分别为 x，y 轴的单位矢量。

显然，已知力 F_p 在平面内两个正交轴上的投影 F_x 和 F_y 时，该力矢的大小和方向余弦分别为

$$\left.\begin{aligned}&F_p=\sqrt{F_x^2+F_y^2}\\&\cos(F_p,i)=\frac{F_x}{F_p},\cos(F_p,j)=\frac{F_y}{F_p}\end{aligned}\right\} \tag{1-14}$$

如图1-17所示，式（1-14）也可写成下式

$$\left.\begin{aligned}&F_p=\sqrt{F_x^2+F_y^2}\\&\cos\alpha=\frac{F_x}{F_p},\cos\beta=\frac{F_y}{F_p}\end{aligned}\right\} \tag{1-15}$$

必须注意，力在轴上的投影为代数量，而力沿轴的分量 F_x 和 F_y 为矢量，二者

不可混淆。

第四节 平面力系的合成

一、平面汇交力系的合成

由图1-15（a）可以看出，合力F_R等于两个力（F_{p1}，F_{p2}）的矢量和（或称几何和），即

$$F_R=F_{p1}+F_{p2} \tag{1-16}$$

同样道理，设平面汇交力系包含n个力（F_{p1}，F_{p2}，…，F_{pn}），以F_R表示它们的合力，则有

$$F_R = F_{p1} + F_{p2} + \cdots + F_{pn} = \sum_{i=1}^{n} F_{pi} = \sum F_p \tag{1-17}$$

式（1-17）表示合力F_R等于平面汇交力系中各个力的矢量和（几何和），合力的作用线通过汇交点。合力F_R对刚体的作用与原力系对该刚体的作用等效。$\sum_{i=1}^{n} F_{pi}$表示i=1到i=n个力F_p逐项相加之和，以后简写为$\sum F_p$。

（一）平面汇交力系合成的几何法

设在刚体受到平面汇交力系F_{p1}，F_{p2}，F_{p3}，F_{p4}的作用，如图1-18（a）所示，各力作用线汇交于A点，根据刚体内部力的可传性，可将各力沿其作用线移至汇交点A处，如图1-18（b）所示。

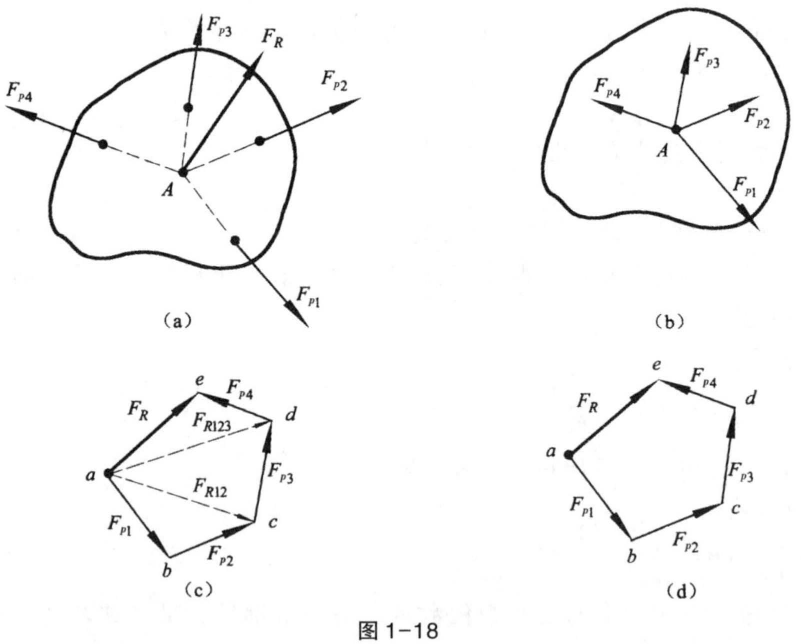

图1-18

若求该力系的合力，可以用力的平行四边形法则或力的三角形法则将各力依次合成。这里只介绍应用力三角形法则将该力系各力依次合成合力的具体步骤：任取一点A，先作力三角形求出F_{p1}与F_{p2}的合力大小与方向F_{R12}，同理，再作力三角形合成F_{R12}与F_{p3}得F_{R123}，最后合成F_{R123}与F_{p4}得F_R，如图1-18（c）所示。由上述作图结果可见，为了求合力矢量F_R，其实并不需要画出中间的力矢量F_{R12}和F_{R123}，只要将力系中各力矢量首尾相连，构成开口的力多边形$abcde$，然后，由第一个分力矢量的起点向最后一个分力矢量的末端，引一矢量F_R将力多边形封闭，力多边形的封闭边矢量F_R即是该力系的合力矢量。这种通过几何作图求合力矢量的方法称为力多边形法。如图1-18（d）所示。注意利用力多边形法求得的合力的作用线仍应通过原汇交点A点，如图1-18（a）所示的F_R。

上述方法可以推广到包含n个力（F_{p1}，F_{p2}，…，F_{pn}）的平面汇交力系中，并得到如下结论：平面汇交力系的合力矢量等于力系中各力的矢量和，合力的作用线通过各力的汇交点，即得到公式（1-17）。

必须注意，作力多边形时，任意变换分力矢量的作图次序，可得形状不同的力多边形，但合力矢量（合力的大小与方向）并不变。

（二）平面汇交力系合成的解析法

设由n个力组成的平面汇交力系作用于一个刚体上，以汇交点O作为坐标原点，建立直角坐标系xOy，如图1-19（a）所示。

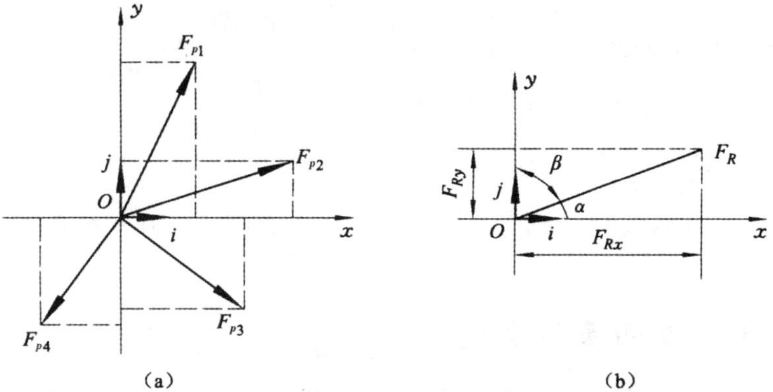

图1-19

将式（1-17）向x，y轴投影，可得

$$\left.\begin{aligned} F_{Rx} &= F_{x1} + F_{x2} + \cdots + F_{xn} = \sum_{i=1}^{n} F_{xi} \\ F_{Ry} &= F_{y1} + F_{y2} + \cdots + F_{yn} = \sum_{i=1}^{n} F_{yi} \end{aligned}\right\} \tag{1-18}$$

其中，F_{x1}和F_{y1}，F_{x2}和F_{y2}，…，F_{xn}和F_{yn}分别为各分力在x和y轴上的投影。

由此得合力投影定理：力系的合力在任一轴上的投影等于各分力在同一轴上投影的代数和。

如图1-19（b）所示，此汇交力系的合力F_R的解析表达式为

$$F_R=F_{Rx}i+F_{Ry}j \tag{1-19}$$

式中，F_{Rx}，F_{Ry}——合力F_R在x，y轴上的投影。

根据式（1-15）和式（1-18），可求得合力的大小和方向余弦为

$$\left.\begin{aligned} F_R &= \sqrt{F_{Rx}^2+F_{Ry}^2} = \sqrt{(\sum F_{xi})^2+(\sum F_{yi})^2} \\ \cos(F_R,i) &= \frac{F_{Rx}}{F_R} = \frac{\sum F_{xi}}{F_R}, \cos(F_R,j) = \frac{F_{Ry}}{F_R} = \frac{\sum F_{yi}}{F_R} \end{aligned}\right\} \tag{1-20}$$

【例1-1】求图1-20所示平面汇交力系的合力。

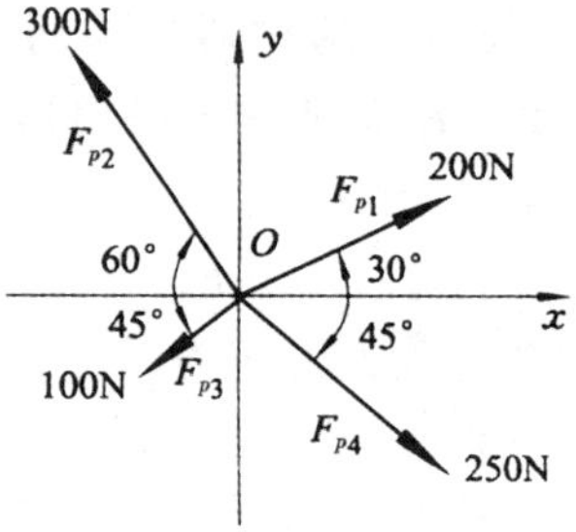

图1-20

【解】 用式（1-18）和式（1-20）计算。

$$F_{Rx} = \sum_{i=1}^{4} F_{xi} = F_{p1}\cos 30° - F_{p2}\cos 60° - F_{p3}\cos 45° + F_{p4}\cos 45° = 129.3\text{N}$$

$$F_{Ry} = \sum_{i=1}^{4} F_{yi} = F_{p1}\cos 60° + F_{p2}\cos 30° - F_{p3}\cos 45° - F_{p4}\cos 45° = 112.3\text{N}$$

$$F_R = \sqrt{F_{Rx}^2+F_{Ry}^2} = \sqrt{129.3^2+112.3^2}=171.3\text{N}$$

$$\cos(F_R,\ i) = \frac{F_{Rx}}{F_R}=\frac{129.3}{171.3}=0.7548$$

$$\cos(F_R,\ j) = \frac{F_{Ry}}{F_R}=\frac{112.3}{171.3}=0.6556$$

则合力F_R与x，y轴夹角分别为$\alpha=40.99°$，$\beta=49.01°$。合力F_R的作用线通过汇交点O。

二、平面力偶系的合成

设在同一平面内有两个力偶（F_{p1}，F'_{p1}）和（F_{p2}，F'_{p2}），它们的力偶臂分别为h_1和h_2，如图1-21（a）所示。则各力偶矩分别为

$$M_1=F_{p1}h_1,\ M_2=F_{p2}h_2$$

求它们的合成结果。为此，在保持力偶矩不变的情况下，同时改变这两个力偶的力的大小和力偶臂的长短，使它们具有相同的臂长h，并将它们在平面内移转，使力的作用线重合，如图1-21（b）所示。于是得到与原力偶等效的两个新力偶（F_{p3}，F'_{p3}）和（F_{p4}，F'_{p4}），根据力偶等效条件得

$$M_1=F_{p4}h,\ M_2=F_{p3}h$$

分别将作用在点A和B的力合成，得

$$F_p=F_{p3}-F_{p4}$$

$F'_p=F'_{p3}-F'_{p4}$

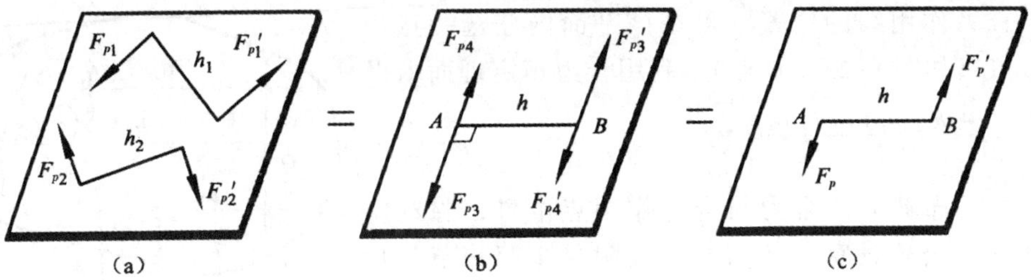

图1-21

由于F_p与F'_p是相等的，所以构成了与原力偶系等效的合力偶（F_p，F'_p），如图1-21（c）所示，以M表示合力偶的矩，得

$$M=F_ph=(F_{p3}-F_{p4})h=F_{p3}h-F_{p4}h=M_1-M_2$$

若作用在同一平面内有n个力偶，则上式可推广为

$$M=M_1+M_2+\cdots+M_n=\sum_{i=1}^{n}M_i \quad (1-21)$$

式（1-21）表明：在同平面内的任意个力偶可以合成一个合力偶，合力偶矩等于各个力偶矩的代数和。

三、平面平行力系的合成

在工程实际中，往往遇到作用在物体同一平面内的力是相互平行的，称之为平面平行力系。图1-22所示为一塔吊工作示意图。如何求得平面平行力系的合力，在工程上有时是至关重要的问题。

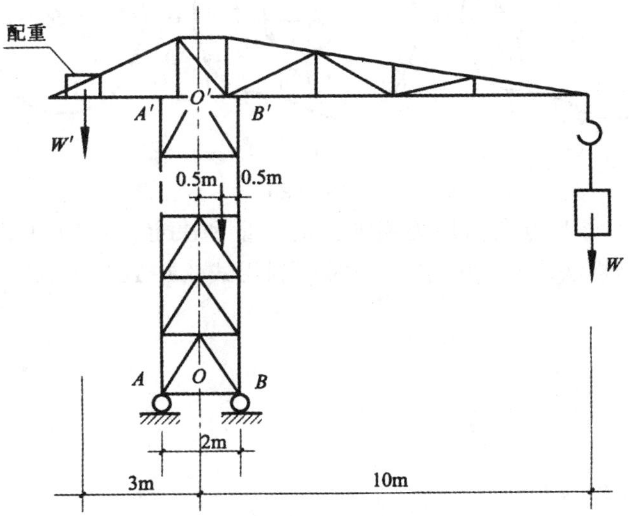

图1-22

图1-23所示物体同一平面内作用F_{p1}，F_{p2}，F_{p3}三个互相平行的力，那么它们的合力作用线必平行于各力作用线，合力的大小是三个力的代数和。合力为

$$F_R = F_{p1} + F_{p2} + F_{p3} = \sum F_{pi} = \sum F_p \tag{1-22}$$

合力作用线的位置：可在该平面内任选一点为参考点（如图1-23中O点），利用合力矩定理而求得

$$H = \frac{F_{p1}h_1 + F_{p2}h_2 + F_{p3}h_3}{F_R} = \frac{\sum M_O}{\sum F_p} \tag{1-23}$$

求均布荷载的合力与合力作用点位置，除利用上述计算公式计算，还需要参阅附录Ⅰ第一节静矩和形心。

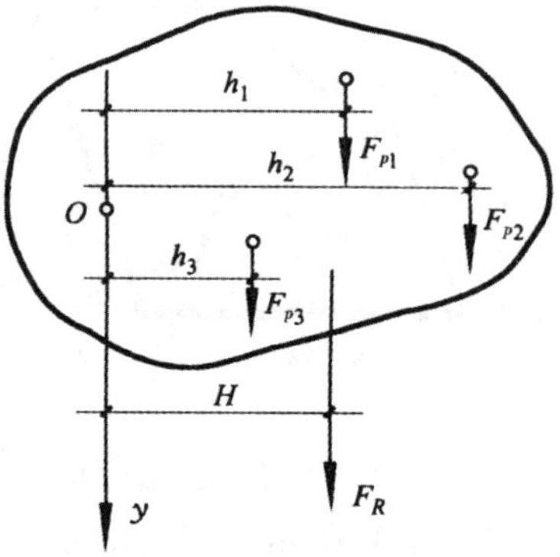

图1-23

四、平面任意力系的合成

如图1-24（a）所示，一平面任意力系F_{p1}，F_{p2}，F_{p3}分别作用在A_1，A_2，A_3点。将该力系向作用平面内任一点O简化，如图1-24（b）所示，F_{p1}向O点平移，得力F'_{p1}、力偶M_1与原F_{p1}力等价，同理，F_{p2}，F_{p3}向O点平移，得F'_{p2}，M_2与F'_{p3}，M_3。故作用在A_1，A_2，A_3的力F_{p1}，F_{p2}，F_{p3}向作用平面O点简化后得一汇交力系F'_{p1}，F'_{p2}，F'_{p3}及一平面力偶系M_1，M_2，M_3。由前面所学内容可知，平面任意力系的合成问题转化为平面汇交力系和平面力偶系的合成问题。平面汇交力系合成一合力矢量，称为主矢F_{RO}。平面力偶系合成一合力偶矩，称为主矩M_O（图1-24（c））。

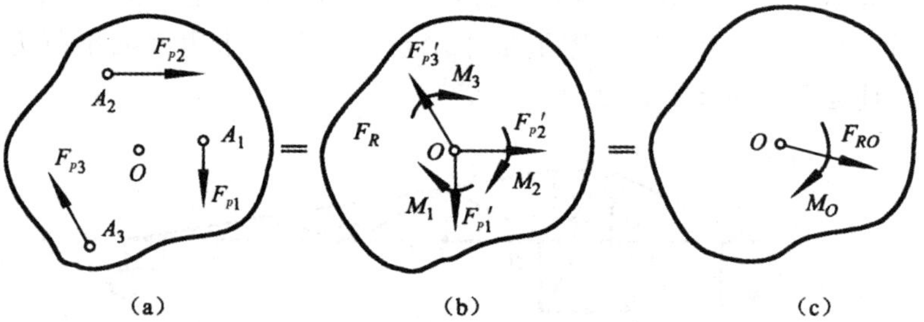

图1-24

主矢F_{RO}的大小与方向由原力系各力的矢量和决定。可用力多边形法则的图解法求解，或用解析法求出。用解析法时，利用式（1-18）和式（1-20）计算合力的大小和方向。

$$\left.\begin{aligned} F_{ROx} &= F_{x1} + F_{x2} + \cdots + F_{xn} = \sum_{i=1}^{n} F_{xi} \\ F_{ROy} &= F_{y1} + F_{y2} + \cdots + F_{yn} = \sum_{i=1}^{n} F_{yi} \end{aligned}\right\} \tag{1-24}$$

进一步得到主矢量F_{RO}的大小

$$F_{RO} = \sqrt{F_{ROx}^2 + F_{ROy}^2} = \sqrt{(\sum_{i=1}^{n} F_{xi})^2 + (\sum_{i=1}^{n} F_{yi})^2} \tag{1-25}$$

主矢量F_{RO}的方向

$$\tan\alpha=\left|\frac{\left(\sum_{i=1}^{n}F_{yi}\right)}{\left(\sum_{i=1}^{n}F_{xi}\right)}\right| \tag{1-26}$$

因平面力偶系的合力偶矩等于各分力偶矩的代数和，所以主矩 M_O 为

$$M_O=M_1+M_2+\cdots+M_n=M_O(F_{p1})+M_O(F_{p2})+\cdots+M_O(F_{pn})=\sum M_O(F_p) \tag{1-27}$$

由式（1-27）可知，主矩是原力系中各力对简化中心（O 点）之矩的代数和。

需要说明的是：主矢量 F_{RO} 的大小与方向和简化中心 O 点的位置无关，且在一般情况下不是 F_{p1}，F_{p2}，F_{p3} 力系的合力，也即该力系的合力作用线一般情况下不通过 O 点。主矩 M_O 的数值和方向与简化中心 O 点的位置有关，因为对于不同的简化中心，其力偶臂是不同的。

在本章第二节中，已知道可将一力平移后用一力与一力偶与之等价，反之，也可利用力线平移法则将一力与一力偶合成为一个力。现将图 1-24（a）力系合成为图 1-24（c）的主矢量 F_{RO} 与主矩 M_O 再一次进行合成，得到原力系的合力 F_R。下面叙述如何求得合力 F_R 的大小、方向和作用线。

将主矩 M_O 用图 1-25（b）的 F_R'、F_R 两力表示，要求 $F_R=-F_R'=F_{RO}$，F_R' 与 F_{RO} 等值、反向、共线，F_R'，F_R 两力的力偶臂为 h，并保证 $F_Rh=M_O$，这样图 1-25（a）中主矢量 F_{RO}、主矩 M_O 与图 1-25（b）力系 F_R、F_R'、F_{RO} 等价。由于 F_R'、F_{RO} 是互相平衡的一对力，故可去掉，而只留下图 1-25（c）中所示的合力 F_R。由此可见，F_{p1}，F_{p2}，F_{p3} 力系合成的最后结果得一合力 F_R。其大小、方向与主矢量 F_{RO} 相同，而作用线过 O_1 且平行主矢量 F_{RO}。

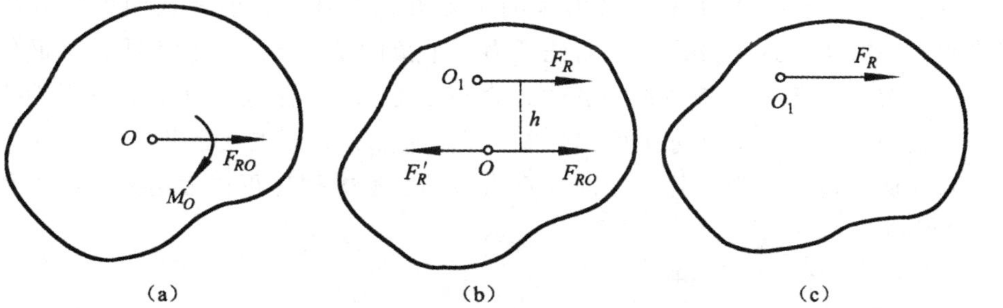

图 1-25

上面讨论的是平面一般力系求合力的一般情况，下面进一步讨论其特殊情况。

1.$F_{RO}\neq0$，$M_O=0$。在这种情况下，由于附加力偶系的合力偶矩等于零，原力系只与一个力等效，因此，原力系简化为一合力。此合力的矢量即为力系的主矢，合力作用线通过简化中心 O 点。

2.$F_{RO}=0$，$M_O\neq0$。在这种情况下，原平面任意力系中各力向 O 点简化后，所得到的汇交力系是一平衡力系，附加力偶系与原力系等效。原力系简化为一合力偶，该力偶的矩就是原力系相对于简化中心的主矩 M_O。原力系等效于一力偶，因此，主矩与简化中心的位置无关。

3.F_{RO}=0，M_O=0。在这种情况下，原平面任意力系是一个平衡力系，下面一节将对此进行讨论。

总之，对平面任意力系进行简化，其简化结果为以下三种：（1）合力；（2）合力偶；（3）平衡。

第五节 平面力系的平衡

由第四节已经知道不同力系合成的结果分别是：平面汇交力系与平面平行力系合成合力；平面力偶系合成合力偶；平面一般力系合成主矢量F_{RO}与主矩M_O。由此可知：平面汇交力系、平面平行力系和平面力偶系都属于平面任意力系的特殊情况。因此，关于平面力系的平衡问题，首先研究平面任意力系的平衡问题。

一、平面任意力系的平衡

由上一节讨论，已经知道平面任意力系合成的结果为一矢量F_{RO}与主矩M_O。因此，平面任意力系平衡的必要与充分条件是主矢量F_{RO}=0与主矩M_O=0。一般情况下将F_{RO}用解析方程表示，则平衡方程表达为

$$\left.\begin{aligned}\sum F_x = 0\\ \sum F_y = 0\\ \sum M_A = 0\end{aligned}\right\} \tag{1-28}$$

方程组（1-28）是平面任意力系的平衡方程。其中，前两式叫投影方程，第三式叫力矩方程，这组方程是平面任意力系平衡的基本形式，它表明：平面任意力系平衡必要与充分条件是力系中各力在直角坐标系xOy两坐标轴上的投影的代数和为零，且力系中各力对坐标平面内任意一点（A点）力矩的代数和也等于零。

除上面的基本方程以外，平面任意力系的平衡方程还可以表达为以下两种形式

$$\left.\begin{aligned}\sum F_x = 0\\ \sum M_A = 0\\ \sum M_B = 0\end{aligned}\right\}\text{（}AB\text{不垂直}Ox\text{轴）} \tag{1-29}$$

式（1-29）中的$\sum M_A$=0，表示该力系不能简化为力偶，但可能简化为一个通过A点的合力F_R。若该力系同时满足$\sum M_B$=0，那么，力系的平衡条件还不充分，因当AB连线与合力F_R的作用线相重合时，力系能同时满足$\sum M_A$=0与$\sum M_B$=0，而合力还可能不为零（如图1-26所示），所以还必须要求AB连线与Ox轴不垂直，且合力F_R在x轴上的投影为零，即$\sum F_x$=0。因合力F_R作用线不垂直于Ox轴，那么，只有F_R为零，才能满足$\sum F_x$=0方程。

$$\left.\begin{aligned}\sum M_A=0\\ \sum M_B=0\\ \sum M_C=0\end{aligned}\right\}（A，B，C\text{不在同一直线上}）\qquad(1-30)$$

式（1-30）中$\sum M_A=0$，$\sum M_B=0$，同样说明该力系不可能简化为力偶，合力F_R作用线若与AB连线相重合，合力F_R可不为零。现进一步要求A，B，C三点不在同一直线上（如图1-27所示），当该力系同时需满足$\sum M_C=0$时，才表明原力系必然为平衡力系。那么，为何强调C点必须与AB不在同一直线上呢？因为当C点与AB在同一直线上，即合力作用线过C点，当然F_R不为零也满足$\sum M_C=0$，这样式（1-30）不能表明该力系是平衡的，即该力系的平衡条件还不充分。现要求C点必须不与AB在同一直线上，那么，只有当合力F_R为零时，才能满足方程$\sum M_C=0$。

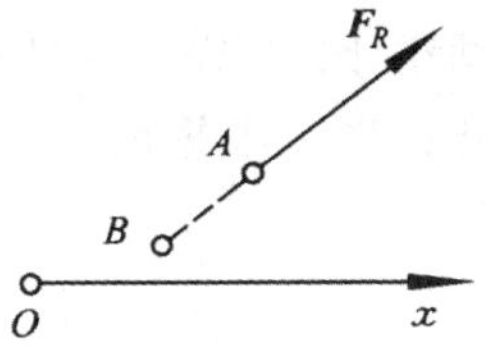

图1-26

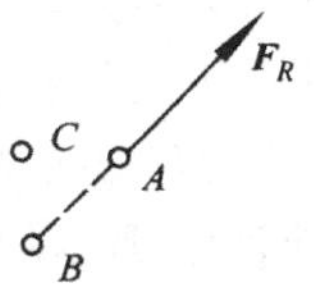

图1-27

这样，平面任意力系的平衡条件可由式（1-28）、式（1-29）、式（1-30）任意一个方程组来表示。每一组方程均由三个彼此独立的方程式组成。只要满足其中一组方程组，力系就既不能简化为合力，也不可能简化为力偶，该力系就必定平衡，所以，当一个物体受平面任意力系作用而处于平衡状态时，只能写出三个独立方程，能解三个未知量。对于另外写出的投影方程或力矩方程，只能作为校核计算结果之用，故称为不独立方程。

式（1-28）、式（1-29）、式（1-30）又分别称为一矩式、二矩式和三矩式。

二、平面汇交力系的平衡

（一）平面汇交力系平衡的几何条件

设刚体在A点受到一个由五个力组成的平面汇交力系作用而处于平衡，如图1-28（a）所示。可以用力多边形法则求得其中任意四个力（如F_{p1}，F_{p2}，F_{p3}，F_{p4}）的合力F_R，如图1-28（b）所示，则原力系F_{p1}，F_{p2}，F_{p3}，F_{p4}，F_{p5}与F_R，F_{p5}等效。而原力系是平衡力系，故力系F_R与F_{p5}也是平衡力系。根据二力平衡条件，F_R与F_{p5}应等值、反向、共线。可见F_R与F_{p5}的合力等于零，也就是原力系的合力等于零。

由此可见，平面汇交力系平衡的必要和充分条件是该力系的合力等于零。如用矢量等式表示，即

$$F_R=0 \quad \text{或} \quad \sum_{i=1}^{n} F_{pi}=0 \qquad (1-31)$$

如果利用力多边形法则将F_{p1}，F_{p2}，F_{p3}，F_{p4}，F_{p5}依次合成，则最后一力矢F_{p5}的末端与第一力矢F_{p1}的始端相接，亦即这五个力矢首尾相接构成一自行封闭的力多边

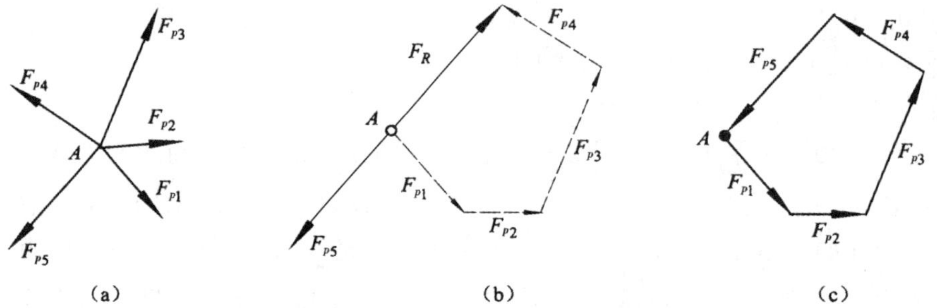

图 1-28

形，如图1-28（c）所示。此时的力多边形称为封闭的力多边形。于是，可得如下结论：平面汇交力系平衡的必要和充分条件是该力系的力多边形自行封闭。这就是平面汇交力系平衡的几何条件。

求解平面汇交力系的平衡问题时可用图解法，即按比例先画出封闭的力多边形，然后，用尺和量角器在图上量得所要求的未知量；也可根据图形的几何关系，用三角公式计算出所要求的未知量。

（二）平面汇交力系的平衡方程

由本章第四节得知，平面汇交力系最后合成的结果为合力，即

$$F_R = F_{p1} + F_{p2} + \cdots + F_{pn} = \sum_{i=1}^{n} F_{pi}$$

当平面汇交力系的合力为零时，该力系为平衡力系，即得式（1-31）

$$F_R=0 \quad \text{或} \quad \sum_{i=1}^{n} F_{pi} = 0$$

上式也可写成

$$F_R = \sqrt{(\sum F_{xi})^2 + (\sum F_{yi})^2} = 0$$

欲使上式成立，必须同时满足

$$\left.\begin{array}{l}\sum F_x = 0 \\ \sum F_y = 0\end{array}\right\} \tag{1-32}$$

式（1-32）中用$\sum F_x$来代替$\sum_{i=1}^{n} F_{xi}$，$\sum F_y$来代替$\sum_{i=1}^{n} F_{yi}$。

于是，平面汇交力系平衡的必要和充分条件是各力在两个坐标轴上投影的代数和分别等于零。或者说平面汇交力系的合力为零。式（1-32）称为平面汇交力系的平衡方程。这是两个独立的方程，可以求解两个未知量。

比较式（1-32）与式（1-28）可以看出：式（1-32）比式（1-28）少一个方程式$\sum M_A=0$，主要是因为汇交力系只能合成一个合力的原因。因此，式（1-28）可以简化成式（1-32）。由此可知，平面汇交力系平衡是平面任意力系平衡中的一个特例。

三、平面平行力系的平衡

平面平行力系是平面任意力系的一种特殊情况。在平面平行力系中力的作用线都在同一平面内且彼此平行。它的平衡条件可由平面任意力系的平衡条件导出。

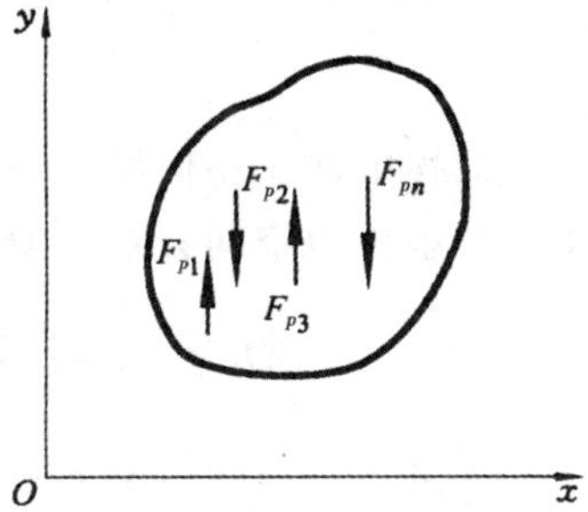

图1-29

设有平面平行力系F_{p1}，F_{p2}，…，F_{pn}作用于物体上(图1-29)，若取x轴与各力垂直，则不论力系是否平衡，每一个力在x轴上的投影恒等于零，即$\sum F_x \equiv 0$。则平行力系的独立平衡方程个数只有两个，即式(1-28)改写成下式

$$\left.\begin{aligned}\sum F_y = 0\\ \sum M_O(F_p) = 0\end{aligned}\right\} \tag{1-33}$$

这就是平面平行力系平衡方程的基本形式。两个独立的平衡方程可以求解两个未知数。

同理，也可以得到平面平行力系平衡方程的二力矩形式，即式（1-29）改写成下式

$$\left.\begin{aligned}\sum M_A(F_p) = 0\\ \sum M_B(F_p) = 0\end{aligned}\right\} \tag{1-34}$$

其中，A，B连线不与平行力的作用线平行。

在应用平衡方程解平衡问题时，要根据实际情况，选取适当的坐标轴的力矩中心。坐标轴应尽可能选取与力系中多数未知力的作用线平行或垂直，而力矩中心应选在两个未知力的交点上。总之，选择的原则应使每个方程中未知量尽可能少，最好每个方程中只含有一个未知量，这样可以使计算大为简化。列平衡方程时要注意力的投影以及力对点之矩的正负号。对于同一个平面力系，当选取不同的投影轴和矩心时，可写出无穷多个平衡方程，但在这些平衡方程中，只有三个是独立的，只能求出三个未知量。

四、平面力偶系的平衡

由合成结果可知，力偶系平衡时，其合力偶的矩等于零。因此，平面力偶系平衡的必要和充分条件是所有各力偶矩的代数和等于零，即

$$\sum_{i=1}^{n} M_i = 0 \tag{1-35}$$

式（1-35）称为平面力偶系的平衡方程，应用平面力偶系的平衡方程可以求解一个未知量。

第六节　空间力系

工程中常见物体所受各力的作用线并不都在同一平面内，而是空间分布的，这样的力系称为空间力系。研究这些结构时，需用空间力系的简化和平衡条件。

一、力的分解与合成

对于一个空间的力系，如果应用力的平行四边形法则，将会使问题的研究变得抽象和烦琐，因此，研究这类问题时一般应用解析法。利用解析法需要选定一个坐标系，并把力系中的力向坐标轴进行投影。将力F_p作为对角线作直角平行六面体，以三个棱边为空间直角坐标系的三个坐标轴，或将三个棱边分别平行于三个坐标轴，力F_p在空间的方向可由力F_p与坐标轴x，y，z的正向夹角α，β，γ来完全确定（图1-30）。如果已知力F_p的大小以及其方向角α，β，γ，则力在三个坐标轴上的投影分别等于力的大小乘以对应方向角的余弦，即

$$\left.\begin{aligned}F_x&=F_p\cos\alpha\\F_y&=F_p\cos\beta\\F_z&=F_p\cos\gamma\end{aligned}\right\}\tag{1-36}$$

这种方法称为直接投影法或方位角法。

如图1-31所示，当力F_p与坐标轴Ox，Oy间的夹角α，β不易确定时，可以先把力投影到坐标平面Oxy上，得到力F_{xy}，然后再把这个力投影到x，y轴上，这种方法在工程中经常应用，称为间接投影法或二次投影法。在图1-31中，已知角γ和θ，则力在三个坐标轴上的投影为

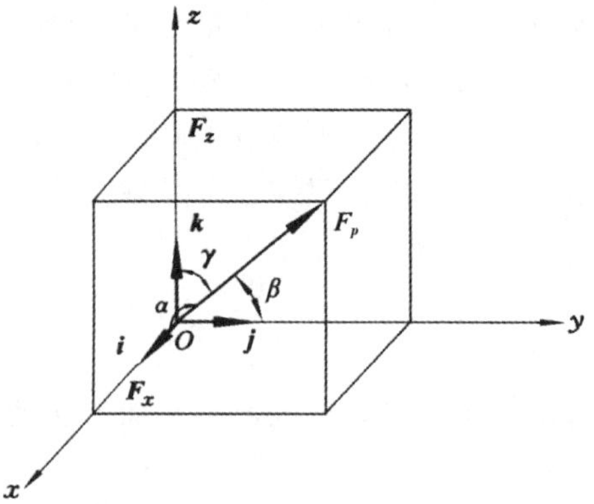

图1-30

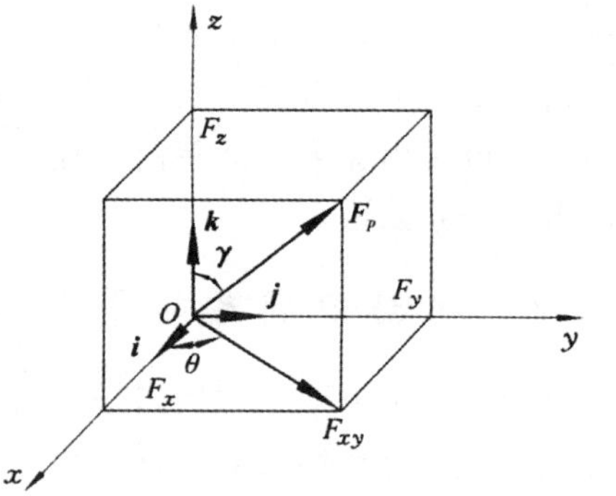

图1-31

$$\left.\begin{aligned}F_x&=F_p\sin\gamma\cos\theta\\F_y&=F_p\sin\gamma\sin\theta\\F_z&=F_p\cos\gamma\end{aligned}\right\}\tag{1-37}$$

若力F_p在三个坐标轴上的投影已知，则此力的大小和方向余弦分别为

$$\left.\begin{aligned} F_p &= \sqrt{F_x^2+F_y^2+F_z^2} \\ \cos\alpha &= \frac{F_x}{F_p} \\ \cos\beta &= \frac{F_y}{F_p} \\ \cos\gamma &= \frac{F_z}{F_p} \end{aligned}\right\} \tag{1-38}$$

若以i，j，k分别表示沿x，y，z三个坐标轴正向的单位向量，则力F_p沿空间直角坐标系的解析表达式为

$$F_p=F_x+F_y+F_z=F_xi+F_yj+F_zk \tag{1-39}$$

二、力矩与力偶矩矢

在平面力系中，我们建立了力对点的矩的概念。力对点的矩与力对通过矩心且垂直于力作用面的轴的矩在平面力系中是一致的。如果从空间角度来分析，由于力的方向是任意的，所以力对点的矩和力对通过该点的轴的矩很多时候是不同的。现在来分别研究它们以及它们之间的关系。

（一）力对轴的矩

实际工程中，经常遇到刚体绕固定轴转动的情形，力对轴的矩是度量力对绕定轴转动刚体的作用效果的物理量。如图1-32所示，门上A点作用有一个力F_p，使其绕固定轴z转动。现将力F_p分解为平行于z轴的分力F_z和垂直于z轴的分力F_{xy}。由经验可知，分力F_z不能使静止的门绕z轴转动，故力F_z对z轴的矩为零；只有分力F_{xy}才能使静止的门绕z轴转动。现用符号$M_z(F_p)$表示力F_p对z轴的矩，点O为平面Oxy与z轴的交点，h为点O到力F_{xy}作用线的距离。因此，力F_p对z轴的矩就是分力F_{xy}对点O的矩，即

$$M_z(F_p)=M_O(F_{xy})=\pm F_{xy}h \tag{1-40}$$

于是，力对轴的矩的定义如下：力对轴的矩是力使刚体绕该轴转动效果的度量，是一个代数量，其绝对值等于该力在垂直于该轴的平面上的投影对于这个平面与该轴的交点的矩的大小。其正负号如下确定：从z轴正端来看，若力的投影使物体绕该轴按逆时针转动，则取正号，反之取负号。对轴的矩的单位为N·m。

从力对轴之矩的定义可知，当力与轴相交（此时h=0）或得力与轴平行（此时F_{xy}=0）时，力对轴的矩等于零，也就是说当力与轴在同一平面时，力对该轴的矩等于零。

力对轴的矩也可用解析式表示。设力F_p在三个坐标轴上的投影分别为F_x，F_y，F_z，力作用点A的坐标为x，y，z，如图1-33所示。根据合力矩定理，得

$$M_z(F_p)=M_O(F_{xy})=M_O(F_x)+M_O(F_y)$$

即 $$M_z(F_p)=xF_y-yF_x$$

同理可以得到其余两式。于是有

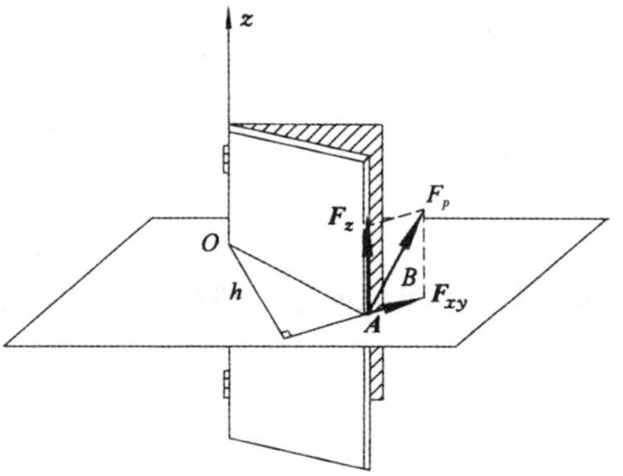

图 1-32

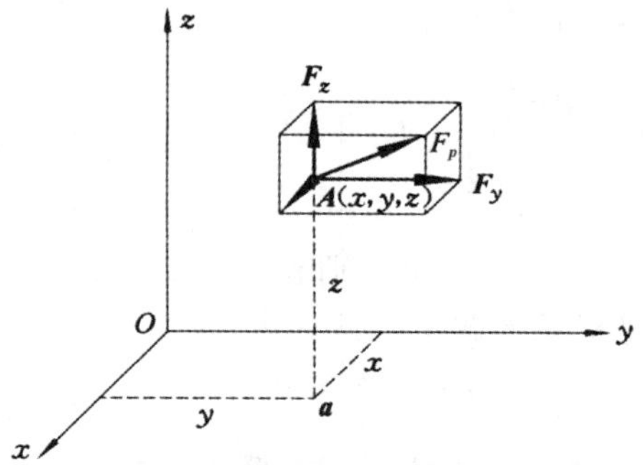

图 1-33

$$\left.\begin{aligned}M_x(F_p)&=yF_z-zF_y\\M_y(F_p)&=zF_x-xF_z\\M_z(F_p)&=xF_y-yF_x\end{aligned}\right\}\tag{1-41}$$

以上三式是计算力对轴之矩的解析式。

（二）力对点的矩

在平面力系中，力对点的矩由下列两个因素决定：（1）力矩的大小；（2）力矩的转向。因此，用代数量就可以描述它。但是，在空间力系中，决定力对点的因素除了上述两个因素之外，还有一个决定因素，即此力与力矩中心所组成的平面（力矩作用面）在空间的方位。方位不同，即使力矩的大小一样，对刚体的作用效果也将截然不同。例如，作用在飞机尾部铅垂舵和水平舵上的力，对飞机绕重心转动的效果不同，前者能使飞机转弯，而后者则能使飞机发生俯仰。显然，用代数量来表示空间力对点的矩是完全不够的。因此，需要引入一个矢量来表示它，这个矢量称为力矩矢 M_O（F_p）。矢量的模 $|M_O(F_p)|=F_p\cdot h=2A_{\triangle OAB}$；矢量的方位和该力与矩心组成的平面的法线的方位相同；矢量的指向按以下方法确定：从这个矢量的末端来看，物体由该力所引起的转动是逆时针转向，如图 1-34 所示。

由图 1-34 可见，以 r 表示力 F_p 作用点 A 的矢径，则矢积 $r\times F_p$ 的模等于三角形 OAB 面积的两倍，其方向与力矩矢 M_O（F_p）一致。因此可得

$$M_O(F_p)=r\times F_p\tag{1-42}$$

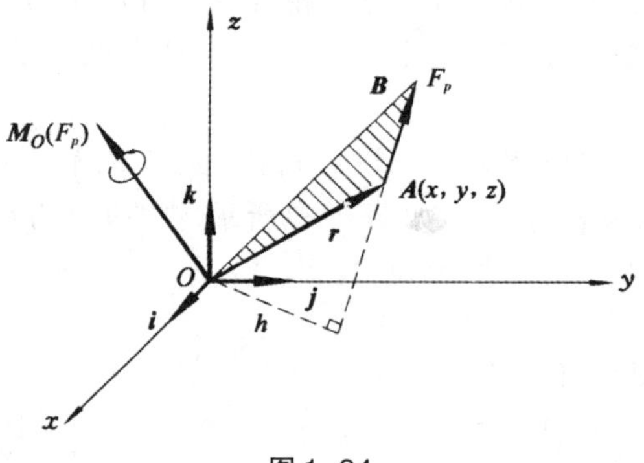

图 1-34

上式为力对点的矩的矢积表达式，即力对点的矩矢等于矩心到该力作用点的矢径与该力的矢量积。

若以矩心O为原点，设力作用点A的坐标为（x，y，z），力在三个坐标轴上的投影分别为F_x，F_y，F_z，令i，j，k分别为坐标轴x，y，z正方向的单位矢量。则有

$$M_O(F_p)=r\times F_p=(yF_z-zF_y)i+(zF_x-xF_z)j+(xF_y-yF_x)k \tag{1-43}$$

单位矢量i，j，k前面的三个系数，分别表示力对点的矩矢$M_O(F_p)$在三个坐标轴上的投影，即

$$\left.\begin{aligned}[M_O(F_p)]_x&=yF_z-zF_y\\ [M_O(F_p)]_y&=zF_x-xF_z\\ [M_O(F_p)]_z&=xF_y-yF_x\end{aligned}\right\} \tag{1-44}$$

应该指出，由于力矩矢量$M_O(F_p)$的大小和方向都与矩心O的位置有关，故力矩矢的始端必须在矩心O，不可任意挪动，这种矢量称为定位矢量。

（三）力对点的矩与力对通过该点的轴的矩的关系

比较式（1-41）和式（1-44），可得

$$\left.\begin{aligned}[M_O(F_p)]_x&=M_x(F_p)\\ [M_O(F_p)]_y&=M_y(F_p)\\ [M_O(F_p)]_z&=M_z(F_p)\end{aligned}\right\} \tag{1-45}$$

上式说明：力对点的矩矢在通过该点的某轴上的投影，等于力对该轴的矩。

（四）力偶矩矢

由平面力偶理论知道，平面力偶对刚体的作用效应由力偶的两个要素决定，即力偶矩的大小和旋转方向。而空间力偶是由三个要素决定，即力偶矩的大小、力偶的转向和力偶作用面在空间的方位。这三个要素可以用一个矢量表示，矢量的长度表示力偶矩的大小，矢量的方位与力偶作用面的法线方位相同，矢量的指向与力偶转向的关系服从右手螺旋法则。即如以力偶的转向为右手螺旋的转动方向，则螺旋前进的方向即为矢的指向，或从矢的末端看去应看到力偶的转向是逆时针转向（图1-35）。这样，这个矢量就完全包括了上述三个因素，称它为力偶矩矢，记作M。由此可知，空间力偶对刚体的作用完全由力偶矩矢所决定。应该指出，由于力偶可以在同平面内任意转移，并可搬移到平行平面内，而不改变它对刚体的作用效果，故力偶矩矢可以平行搬移，且不需要确定矢的初端位置。这样的矢量称为自由矢量。

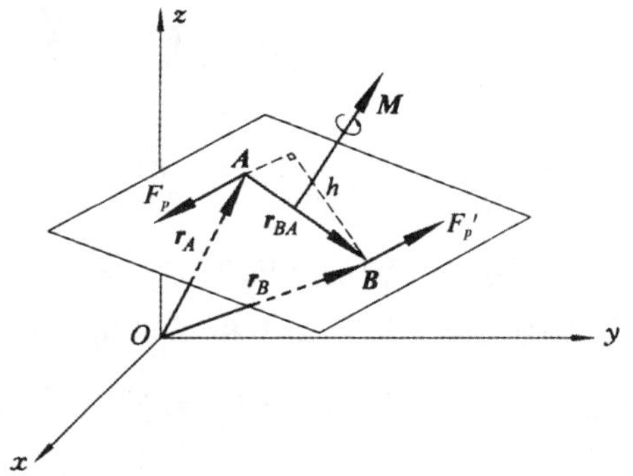

图1-35

根据力偶矩矢的概念可知，凡力偶矩矢相等的力偶均为等效力偶。这就是空间力偶等效定理。这一结果表明空间力偶不仅可以平移到与其作用面平行的任意平面上而不改变力偶对刚体的作用效果；也可以同时改变力与力偶臂的大小，只要力偶

矩矢的大小不变、方向不变，其对刚体的作用效果就相同。因此，力偶矩矢是空间力偶作用效果的唯一度量。

三、空间力系的平衡

（一）空间任意力系向一点简化

现在来讨论空间任意力系的简化问题。与平面任意力系的简化方法一样，也要应用力的平移定理，依次将作用于刚体上的每个力向简化中心平移，同时附加一个相应的力偶。这样，原来的空间任意力系可以由空间汇交力系和空间力偶系两个简单力系等效替换。如图1-36（a），刚体上作用一空间任意力系F_{p1}，F_{p2}，…，F_{pn}选任一点O为简化中心，应用力的平移定理，将各力平行移动到点O，同时附加相应的附加力偶。于是，原平面任意力系等效变换为一个作用于点O的空间汇交力系F'_{p1}，F'_{p2}，…，F'_{pn}和一个空间附加力偶系（图1-36（b）），这些附加力偶矩矢分别为M_1，M_2，…，M_n，其中

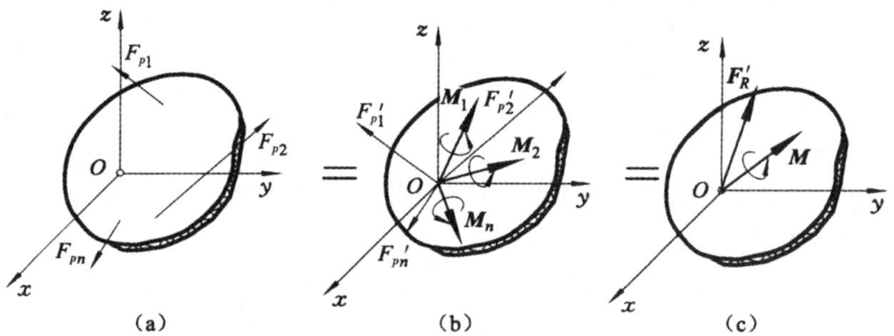

图1-36

$F'_{pi}=F_{pi}$　　（i=1，2，…，n）

$M_i=M_O(F_{pi})$

作用于点O的空间汇交力系可以合成为一个力F'_R（图1-36（c）），此力的作用线通过点O，其大小和方向等于力系的主矢，即

$$F'_R = F'_{p1} + F'_{p2} + \cdots + F'_{pn} = \sum_{i=1}^{n} F_{pi} \tag{1-46}$$

力系的主矢与简化中心的选择无关。给定坐标系$Oxyz$，i，j，k分别为沿x轴、y轴和z轴的单位向量。则力系主矢F'_R的解析表达式为

$$F'_R = F'_{Rx} + F'_{Ry} + F'_{Rz} = \sum F_x i + \sum F_y j + \sum F_z k \tag{1-47}$$

于是，主矢F'_R的大小和方向余弦分别为

$$F'_R = \sqrt{(\sum F_x)^2 + (\sum F_y)^2 + (\sum F_z)^2} \tag{1-48}$$

$$\left.\begin{aligned} \cos(F'_R, i) &= \frac{\sum F_x}{F'_R} \\ \cos(F'_R, j) &= \frac{\sum F_y}{F'_R} \\ \cos(F'_R, k) &= \frac{\sum F_z}{F'_R} \end{aligned}\right\} \tag{1-49}$$

空间分布的力偶系可合成为一力偶。以M_O表示其力偶矩矢，它等于各附加力偶矩矢的矢量和，又等于力对于点O之矩的矢量和，即原力系对点O的主矩为

$$M_O=\sum_{i=1}^{n}M_O(F_{pi}) \tag{1-50}$$

力系的主矩与简化中心的选择有关。力系对点O的主矩的解析表达式为

$$M_O=\sum_{i=1}^{n}(y_iF_{zi}-z_iF_{yi})i+\sum_{i=1}^{n}(z_iF_{xi}-x_iF_{zi})j+\sum_{i=1}^{n}(x_iF_{yi}-y_iF_{xi})k \tag{1-51}$$

式中，x_i，y_i，z_i——力F_{pi}作用点的坐标。

由力对点之矩与力对轴之矩的关系，则主矩M_O在三个坐标轴上的投影为

$$\begin{aligned}M_{Ox}&=[\sum M_O(F_p)]_x=\sum M_x(F_p)\\M_{Oy}&=[\sum M_O(F_p)]_y=\sum M_y(F_p)\\M_{Oz}&=[\sum M_O(F_p)]_z=\sum M_z(F_p)\end{aligned} \tag{1-52}$$

力系对点O的主矩M_O的大小和方向余弦分别为

$$M_O=\sqrt{[\sum M_x(F_{pi})]^2+[\sum M_y(F_{pi})]^2+[\sum M_z(F_{pi})]^2} \tag{1-53}$$

$$\left.\begin{aligned}\cos(M_O,i)&=\frac{M_{Ox}}{M_O}=\frac{\sum M_x(F_p)}{M_O}\\\cos(M_O,j)&=\frac{M_{Oy}}{M_O}=\frac{\sum M_y(F_p)}{M_O}\\\cos(M_O,k)&=\frac{M_{Oz}}{M_O}=\frac{\sum M_z(F_p)}{M_O}\end{aligned}\right\} \tag{1-54}$$

于是可得结论如下：空间任意力系向任一点O简化，可得一力和一力偶。这个力的大小和方向等于该力系的主矢，作用线通过简化中心O；这个力偶的矩矢等于该力系对简化中心O的主矩。主矢与简化中心的位置无关，主矩一般与简化中心的位置有关。

（二）空间任意力系的平衡方程

在空间任意力系作用时刚体处于平衡状态的必要和充分条件是：力系的主矢等于零；对于任一点的主矩等于零，即

$$\left.\begin{aligned}F'_R&=0\\M_O&=0\end{aligned}\right\} \tag{1-55}$$

由式（1-45）和式（1-50），可将上述平衡条件写成空间任意力系平衡方程的解析形式：

$$\left.\begin{aligned}&\sum F_x=0\\&\sum F_y=0\\&\sum F_z=0\\&\sum M_x(F_p)=0\\&\sum M_y(F_p)=0\\&\sum M_z(F_p)=0\end{aligned}\right\} \tag{1-56}$$

于是空间任意力系平衡的必要和充分条件是：所有各力在三个坐标轴中每一个轴上的投影的代数和等于零，以及这些力对于每一个坐标轴的矩的代数和也等

于零。

与平面力系相同，空间力系的平衡方程也有其他的形式，如四矩式、五矩式和六矩式。但是多矩式平衡方程在使用时需要附加相应的限制条件。由于各种形式的限制条件过于复杂，在此不一一论述。使用时可不考虑这些限制条件，只需要灵活选取力矩轴，保证每一个平衡方程都能够求解出一个未知量，以此确定方程的独立性。方程（1-56）是在直角坐标系下导出的，但在解题过程中，列平衡方程时投影轴可以不必互相垂直，力矩轴也不一定是坐标轴，而且投影轴和力矩轴可以不重合。

空间任意力系作用下的刚体平衡时有六个独立的平衡方程，可解六个独立的未知量。从空间任意力系的普遍平衡规律中可以导出特殊情况的平衡规律，例如空间平行力系、空间汇交力系和空间力偶系等的平衡规律。现以空间平行力系为例来研究一下其平衡方程，其余情况读者可自行推导。

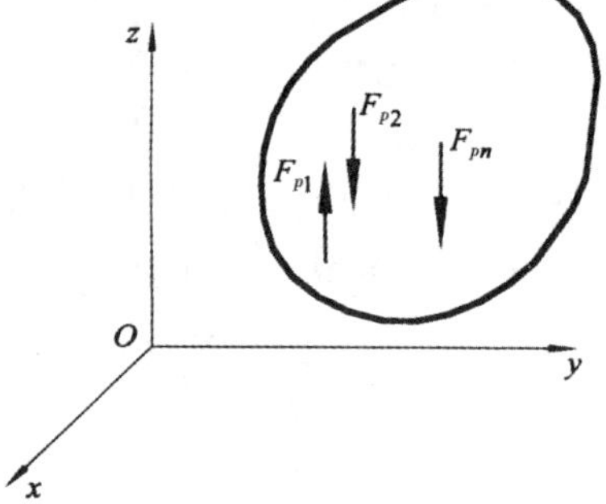

图 1-37

设刚体上作用有空间平行力系 F_{p1}，F_{p2}，…，F_{pn}（图 1-37），取坐标轴 $Oxyz$ 的 Oz 轴与各力作用线平行，则空间任意力系作用下刚体的六个平衡方程（1-56）式中，有三个成为恒等式，即

$$\left.\begin{aligned}&\sum F_x \equiv 0\\&\sum F_y \equiv 0\\&\sum M_z(F_p) \equiv 0\end{aligned}\right\}$$

因此，空间任意力系只有三个平衡方程，即

$$\left.\begin{aligned}&\sum F_z = 0\\&\sum F_x(F_p) = 0\\&\sum M_y(F_p) = 0\end{aligned}\right\} \tag{1-57}$$

这就是空间平行力系作用下刚体的平衡方程。三个独立的平衡方程可以解三个未知量。

第七节　小结

刚体是在任何情况下大小和形状都不变的物体。

力是物体之间相互的机械作用，这种作用使物体的运动状态发生改变（包括变形）。力的三要素是：大小、方向和作用点。

力 F_p 使物体绕 O 点转动的效应，不仅与力 F_p 的大小有关，而且还与力的作用线到 O 点的垂直距离 h 有关。F_p 与 h 乘积（F_ph）就是力的转动效应的度量，力 F_p 对矩心 O 之矩，称为力矩。力矩使物体绕矩心产生的转动方向用力矩的正负值表示，当力矩使物体产生逆时针转向转动时，力矩取为正值，反之取为负值。作用在同一物体上的两个大小相等、方向相反，且不共线的平行力，称为力偶。力偶的性质：只要保持力偶矩的大小、转向不变，力偶在其平面内的位置可以任意旋转或平移。由此可得推论：

（1）力偶对刚体的作用与力偶在其作用面内的位置无关。

（2）只要保持力偶矩的大小和力偶的转向不变，可以同时改变力偶中力的大小和力偶臂的长短，而不改变力偶对刚体的作用。

公理一

二力平衡条件——作用在刚体上的两个力，使刚体保持平衡的必要和充分条件是：这两个力的大小相等，方向相反，作用在同一个刚体，且在同一直线上。

公理二

加减平衡力系原理——在作用于刚体的任意已知力系中，加上或减去任意的平衡力系，不改变原力系对刚体的作用效果。推论一：力的可传性原理——作用于刚体上的力在刚体内沿着它的作用线移到任意一点，并不改变该力对刚体的作用。

公理三

力的平行四边形法则——作用于刚体上一点的两个力的合力也作用于同一点，且合力的大小可用这两个力为边的平行四边形的对角线来表示。推论二：三力平衡汇交定理——如果作用于刚体上的三个力是相互平衡的力，那么其中任意两个力的合力一定与第三个力满足二力平衡条件，同时此三力必在同一平面内，且三个力的作用线一定汇交于一点。

公理四

作用和反作用定律——作用力和反作用力总是同时存在的，且大小相等、方向相反，沿着同一直线作用，但分别作用在两个相互作用的物体上。

公理五

刚化原理——当变形体在已知力系作用下处于平衡时，如将此变形体变为刚体（刚化），则平衡状态保持不变。

合力矩定理：平面力系的合力对作用平面内任一点的力矩等于力系中各力对同一点力矩的代数和。**平面力偶等效**定理：在同平面内的两个力偶，如果力偶矩相等，则两力偶彼此等效。该定理给出了在同一平面内力偶等效的条件。

力的平移定理：作用在刚体上的力 F_p 可以平移其作用线到刚体上任意一点处，但必须附加一个力偶，此附加力偶的矩等于原来的力 F_p 对新作用点的力矩。

将任意两个汇交力合成为合力，称为力的合成。将任意一个力分解为两个力（分解出的两个力通常称作分力），称为力的分解。力的合成与分解的方法有两种：几何法和解析法。

一组力同时作用在一个物体上，这一组力就称为力系。如果有一力系可以代替另一力系作用在物体上而产生同样的机械运动效果，则两力系互相等效，可称为等效力系。在工程实践中，经常会遇到所有的外力都作用在一个平面内的情况，这样的力系称为平面力系。平面力系可按力系中的各力的相互关系分为平面汇交力系、平面平行力系和平面任意（一般）力系。当平面力系中各力的作用线都汇交于一点时，称为平面汇交力系。当平面力系中各力的作用线都互相平行时，称为平面平行力系。当平面力系中各力的作用线既不全部平行，又不全部汇交于一点时，称为平面任意（一般）力系。

如果某力与一力系等效，则此力为该力系的合力。也就是说：如果用一个力来代替一力系作用在物体上而产生同样的机械运动效果，则这个力即为该力系的合力。

当物体只受合力作用时，物体一定是沿着合力的指向作机械运动。如果作用在物体上的合力不等于零，那么，物体就一定是运动的；如果合力等于零，那么，物体一定是处于平衡状态（物体保持静止或作匀速直线运动）。换言之，要使物体处于平衡状态，则作用在物体上的力系应是一组平衡力系。

平面力系的合成：几何法和解析法。

平面力偶系的合成：在同平面内的任意个力偶可以合成一个合力偶，合力偶矩等于各个力偶矩的代数和。

平面平行力系的合成：图 1–23 所示物体受同一平面内 F_{p1}，F_{p2}，F_{p3} 三个互相平行的力作用，那么它们的合力作用线必平行于各力作用线，合力的大小是三个力的代数和。合力为

$$F_R = F_{p1} + F_{p2} + F_{p3} = \sum F_{pi} = \sum F_p$$

合力作用线的位置：可在该平面内任选一点为参考点（如图 1–23 中 O 点），利用合力矩定理而求得

$$H = \frac{F_{p1}h_1 + F_{p2}h_2 + F_{p3}h_3}{F_R} = \frac{\sum M_O}{\sum F_p}$$

平面任意力系的合成：平面任意力系的合成问题转化为平面汇交力系和平面力偶系的合成问题。平面汇交力系合成一合力矢量，称为主矢量 F_{RO}。平面力偶系合成一合力偶矩，称为主矩 M_O。主矢量 F_{RO} 的大小与方向由原力系各力的矢量和决定。可用力多边形法则的图解法求解，或用解析法求出。需要说明的是：主矢量 F_{RO} 的大小与方向和简化中心 O 点的位置无关，且在一般情况下不是 F_{p1}，F_{p2}，F_{p3} 力系的合力，也即该力系的合力作用线一般情况下不通过 O 点。主矩 M_O 的数值和方向与简化中心 O 点的位置有关，因为对于不同的简化中心，其力偶臂是不同的。以上是平面一般力系求合力的一般情况，下面进一步讨论其特殊情况。

（1）$F_{RO}\neq 0$，$M_O=0$。在这种情况下，由于附加力偶系的合力偶矩等于零，原力系只与一个力等效，因此，原力系简化为一合力。此合力的矢量即为力系的主矢量，合力作用线通过简化中心 O 点。

（2）$F_{RO}=0$，$M_O\neq 0$，在这种情况下，原平面任意力系中各力向 O 点简化后，所得到的汇交力系是一平衡力系，附加力偶系与原力系等效。原力系简化为一合力偶，该力偶的矩就是原力系相对于简化中心的主矩 M_O。原力系等效于一力偶，因

此，主矩与简化中心的位置无关。

（3）$F_{RO}=0$，$M_O=0$。在这种情况下，原平面任意力系是一个平衡力系。

总之，对平面任意力系进行简化，其简化结果为以下三种：①合力；②合力偶；③平衡。

平面任意力系的平衡：一矩式、二矩式和三矩式。

平面汇交力系的平衡：平面汇交力系平衡的必要和充分条件是该力系的合力等于零。平面汇交力系平衡的必要和充分条件是该力系的力多边形自行封闭。这就是平面汇交力系平衡的几何条件。

平行力系的独立平衡方程个数只有两个，即

$$\left.\begin{aligned}\sum F_y=0\\ \sum M_O(F_p)=0\end{aligned}\right\}\text{和}\left.\begin{aligned}\sum m_A(F_p)=0\\ \sum m_B(F_p)=0\end{aligned}\right\}A\text{、}B\text{连线不与平行力的作用线平行}$$

平面力偶系平衡的必要和充分条件是所有各力偶矩的代数和等于零。

□ 关键概念

力矩　力偶　力系　力的合成与分解　平衡与平衡方程

□ 复习思考题

1-1　试比较力矩与力偶的异同。

1-2　二力平衡条件、加减平衡力系原理和力的可传性的适用条件是什么？为什么？

1-3　合力是否一定比分力大？

1-4　二力平衡条件与作用力和反作用力定律有何区别？

1-5　用几何法分析力的合成与平衡时，有何异同？

1-6　三力汇交一点，是否能平衡？

1-7　用解析法求解平面汇交力系的平衡问题时，x与y轴是否一定要互相垂直？

1-8　平面任意力系向平面任意一点简化的结果有几种？

1-9　为什么简化的主矩与简化中心有关？

1-10　某一平面力系，如果其力的多边形不封闭，说明什么问题？利用多边形法则简化的合力，其作用线与简化中心的位置无关，这种说法是否正确？

1-11　已知某平面任意力系与某平面力偶系等效，则此平面任意力系向平面任意一点简化的结果如何？

1-12　推导平面平行力系的平衡方程时，如果取x轴与y轴都不与各个平行力垂直或平行，平衡方程是否可以写成$\sum F_x=0$，$\sum F_y=0$？

1-13　通常采用两点吊装预制构件，见思考题图1-1。若起吊角α有三种情况：$\alpha>90°$，$\alpha=90°$，$\alpha<90°$，你选用哪一种？为什么？

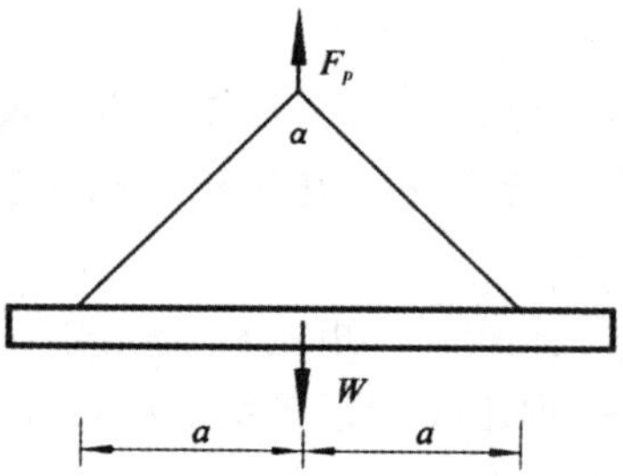

思考题图 1-1

□ 习题

1-1 力 F_p=100N，分解为两个分量。若已知力 F_p沿 $c-c$ 线之分量为70N，求 F_p力与 $d-d$ 线之夹角 α。

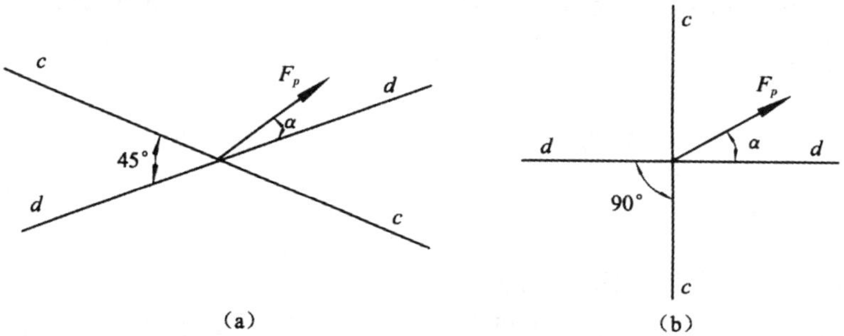

题 1-1 图

1-2 平面汇交力系如图所示。F_{p1}=600N，F_{p2}=300N，F_{p3}=400N。求力系的合力。

1-3 五个力作用于一点，如图所示。图中方格的边长为1cm。求该力系的合力。

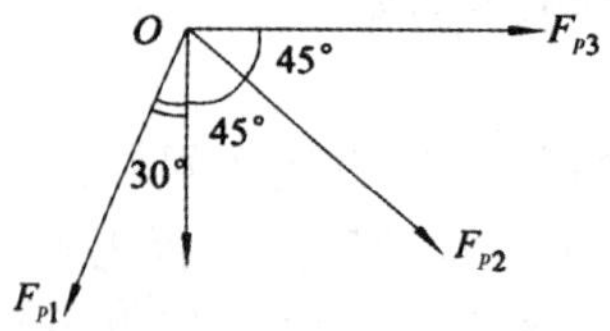

题 1-2 图

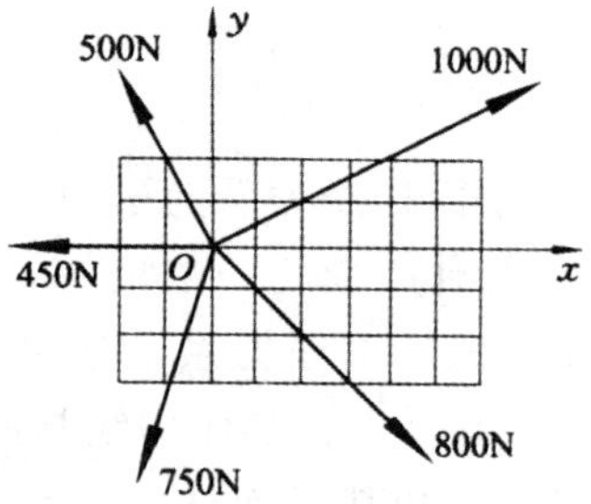

题 1-3 图

1-4 用图解法求图示两力的合力大小与方向，并在图上表示之。

1-5 图示一房子的轮廓。在左边屋顶上受到与水平成30°夹角风压的压力 F_p=30kN。请将此力分解为垂直屋面与沿屋面的两个分力。

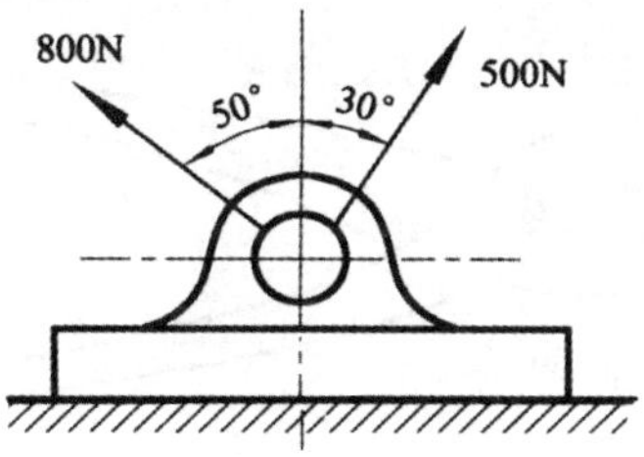

题 1-4 图

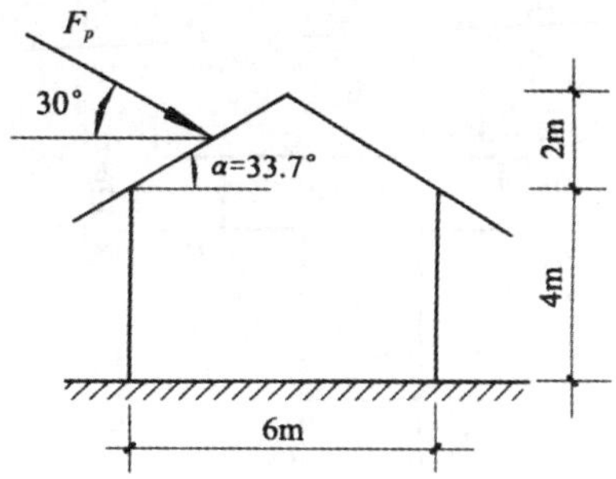

题 1-5 图

1-6 今欲取出土中埋入之钢桩。已知两作用力之方向如图示，其中一力 F_{p1}=6kN。为使其合力垂直作用于钢桩上，求 F_{p2}及其合力 F_R之数值。

1-7 图示 AB 木桅杆系有两根钢丝绳。其中，一根的拉力 F_{p1}=2kN，与水平线夹角为 25°；另一根的位置如图所示，但其拉力 F_{p2}大小未定。为了使这两根钢丝绳拉力的合力竖直向下作用于柱顶，试问 F_{p2}应为多大？

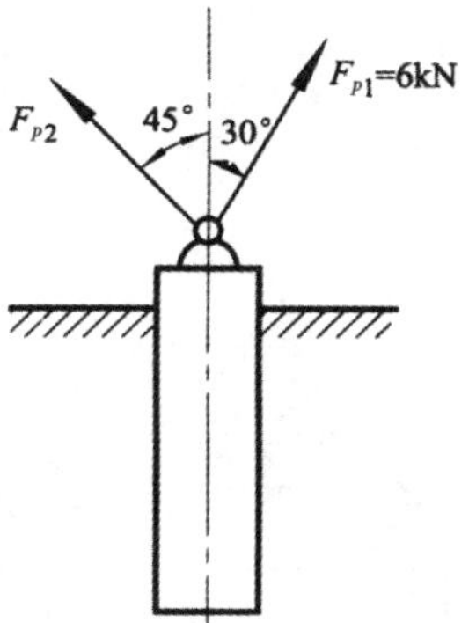

题 1-6 图

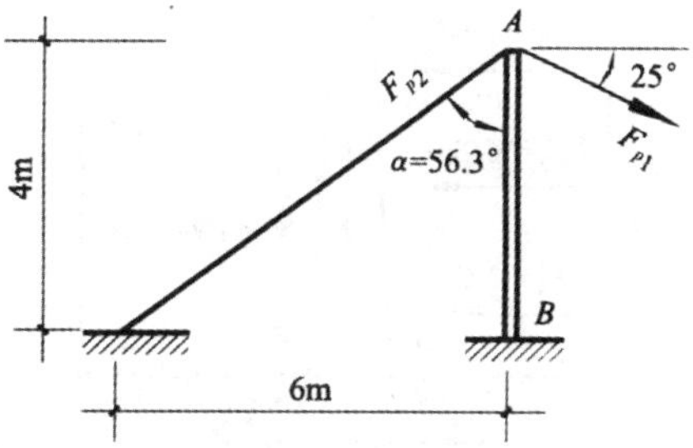

题 1-7 图

1-8 按图中给定的条件，计算力 F_p对 A 点的矩。

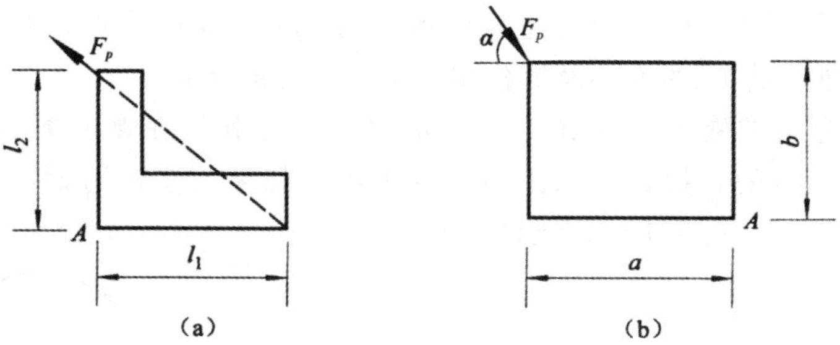

题 1-8 图

1-9 T 形板上受三个力偶的作用。已知 F_{p1}=50N，F_{p2}=40N，F_{p3}=30N。试按图中给定的尺寸求合力偶的力偶矩。

1-10 图示螺栓 B 受到的夹紧力为 100N 并垂直于手钳的夹瓜，为了提供上述的夹紧力，试问施加的垂直于手柄的 F_p力应为多大？

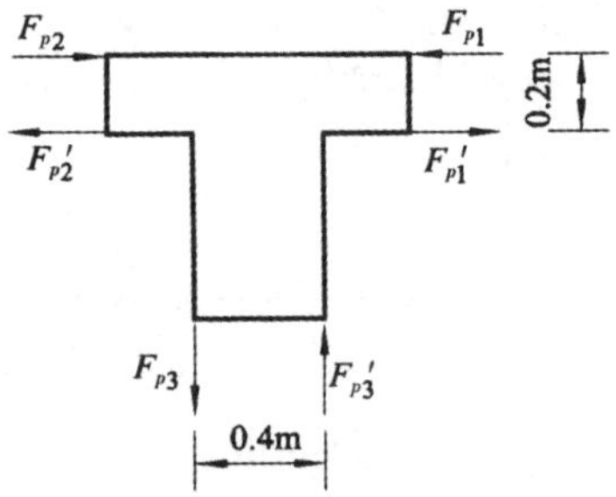

题 1-9 图

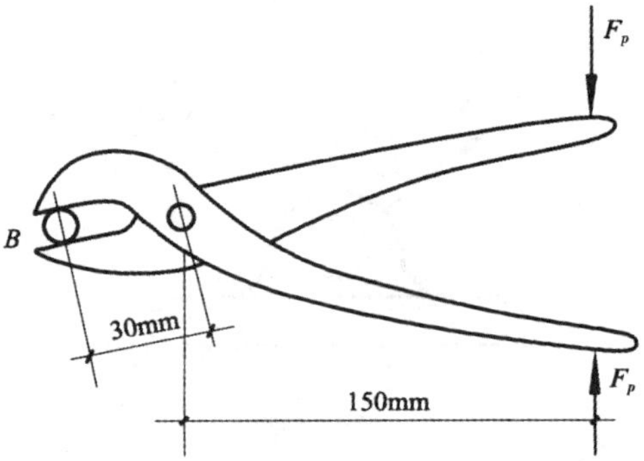

题 1-10 图

1-11　一砖烟囱高为48m，自重4 094.2kN，基础面上烟囱的底截面直径AB为4.66m，受风力如图所示。试验算烟囱在基础面AB上是否会倾覆。

1-12　两圆轴法兰由八个螺栓连接，八个螺栓布置在直径D_0=140mm的圆周上。已知法兰所受外力偶矩M=3kN·m。试求每个螺栓所受力的大小与方向。

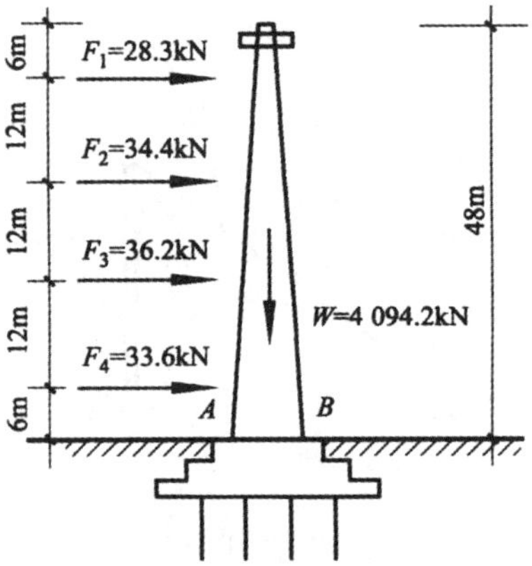

题 1-11 图

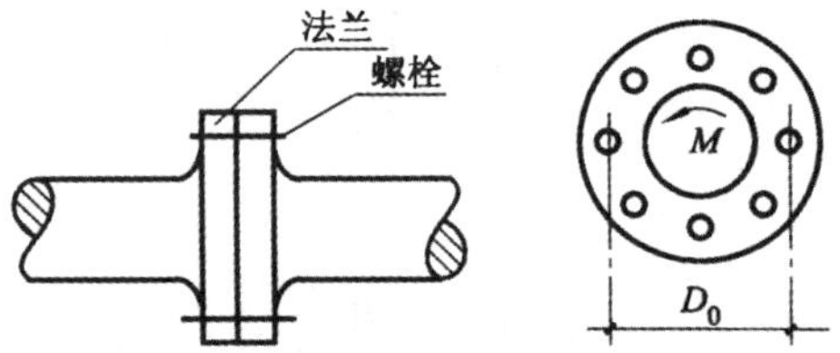

题 1-12 图

1-13　四个竖直力的合力为逆时针转向的300N·m的力偶，其中三个力如图所示，试求第四个力F_{p4}的大小及其作用线离O点的距离。

1-14　压路机的碾子重20kN，半径R=40cm。由作用在碾子中心O的水平力F_p将其拉过高h=8cm的石块，求水平力F_p的大小。如果要使作用力F_p为最小，问应沿哪个方向拉，并求此最小作用力的大小。

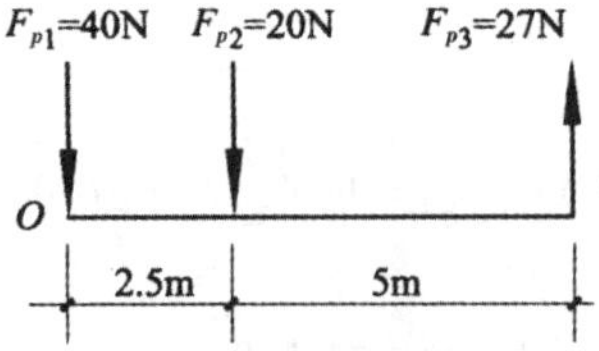

题 1-13 图

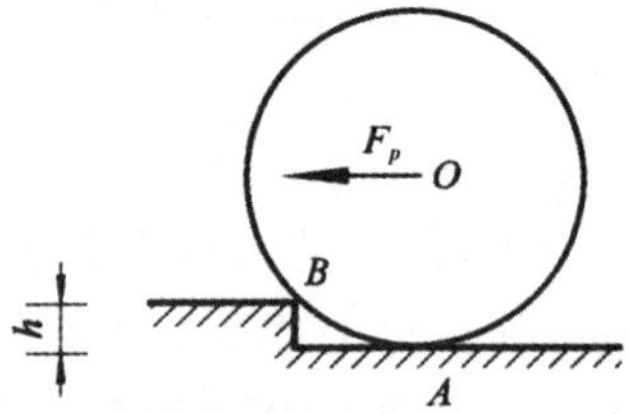

题 1-14 图

1-15　两根相同的圆钢管放在斜面上，并在管的两端用铅垂的挡板挡住，如图所示。每根圆钢重4kN，求挡板所受的压力。

1-16 如图所示，三个力F_{p1}，F_{p2}，F_{p3}的大小都等于F_p，长度b为已知，求此力系对各坐标轴的矩的和。

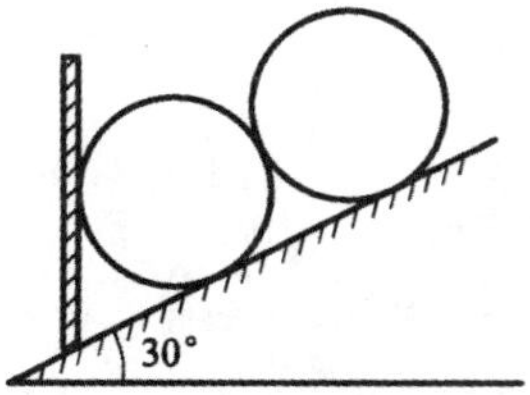

题1-15图

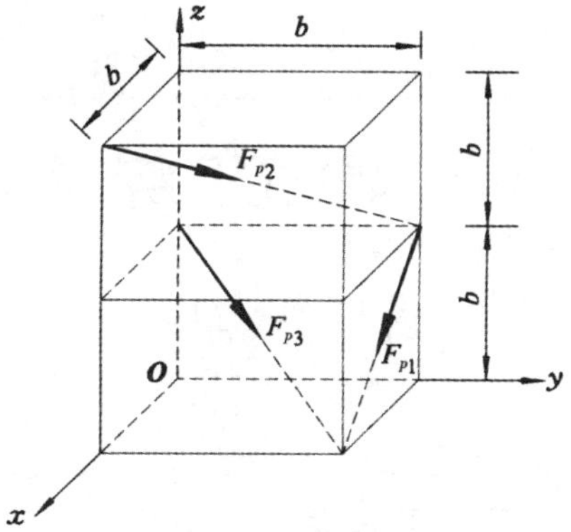

题1-16图

1-17 如图所示均质圆盘重为W，在边缘上A_1，A_2，A_3三点分别用铅垂线将其悬挂在水平位置，圆心角分别为φ_1=150°，φ_2=120°，求三根铅垂线的拉力。

1-18 均质杆AB两端各用长为l的绳吊住，绳的另一端系在天花板C、D两点上，已知杆长$AB = CD = 2r$，杆重为W，设将杆绕铅直轴线转过α角，求使杆在此位置平衡时所需的力偶矩M以及绳子的拉力F_{NAC}与F_{NBD}。

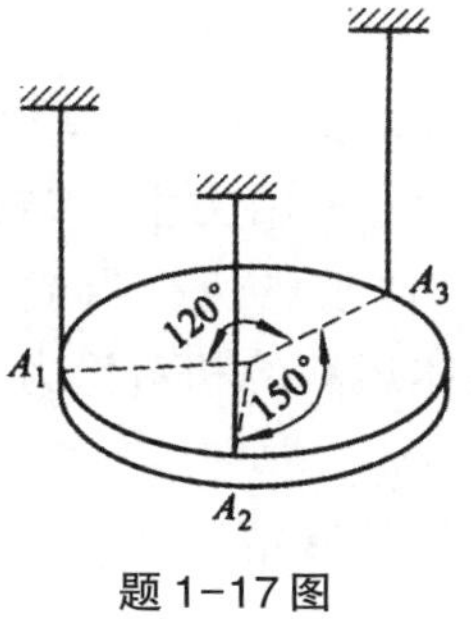

题1-17图

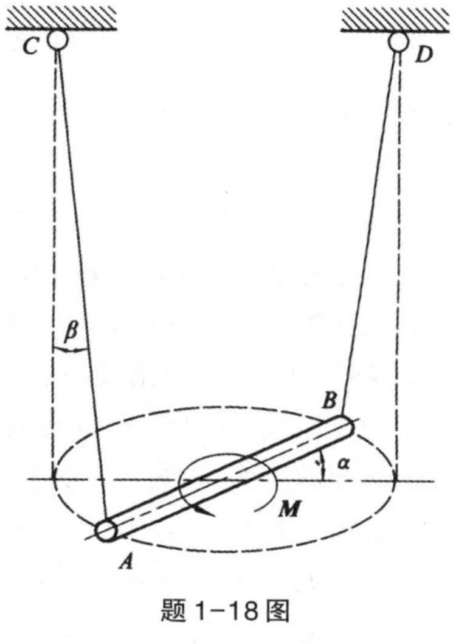

题1-18图

第二章

建筑结构的基本知识

□ 学习目标

掌握建筑的三要素，作用于结构上的荷载分类及其性质，支座的类型与反力的形式、结构的分类；重点掌握结构计算简图的简化。

第一节　建筑与结构

自古以来，人类就有意无意地运用力学原理从事生活与生产。古人主要根据直观经验来思考。古代科学家们逐步积累与总结这些经验并开始做些简单力学试验，据此才提出相当深刻的力学理论和实践论证。在科学家们的不懈努力下，到18世纪初，力学已经成为一门比较完整与系统的学科。

力学虽极其古老，但仍有相当宽广的发展领域。牛顿（1642—1727年）之后的200多年来，已经相继出现不少力学分支：理论力学、材料力学、结构力学、水力学、土力学、弹性力学、塑性力学、断裂力学等，似乎已达相当成熟地步。然后，近代物理的重大发展，出现了适用于接近光速物体运动的相对论力学和适用于微观粒子运动的量子力学。这说明经典力学有其局限性。

然而，经典力学对一般工程技术具有极强实用性与足够精确度，涉及工业、农业、交通、国防、建筑、生活等各方面，应用极其广泛。

建筑结构就是在力学的基础上发展起来的。古人根据直观经验来构想结构，并非都正确，有时会很冒险。直到18世纪有了系统的力学分析后，以受力状态为依据的结构设计才逐渐代替经验构想。

一、建筑的三要素与三重性

（一）建筑的三要素

早在公元前32年—公元前23年，古罗马奥古斯都时代的维特鲁威（Vitruvius）在《建筑十书》第一书中就提出“坚固、适用、美观的原则”。这就是举世公认的建筑三要素。

任何建筑物均产生于某种功能需要（例如：人类对居住建筑提出空间大小、室内环境等要求，对桥梁提出跨越沟壑、满足通行等要求），这就是适用。然而功能要求却会随时代发展而变化，逐渐由低级趋向高级。

建筑物建成后，影响着人们的生存环境，于是逐步提高对其更完善、更丰富、更美观的艺术要求。

在自然界与人为的各种作用下，要求结构能承受荷载并且传递力的作用。建筑空间是由建筑结构构建的。在一出现建筑物时，就要求其不倒塌，因其涉及人类生命与财产安全。这一要求完全由结构来完成。因此，对于结构的坚固要求就相当严格，建筑结构是建筑物的骨架。结构构件（如板、梁、墙、柱等）借各种方式相互连接，组成一个完整的结构体系，才能成为一幢房屋的骨架。

适用、坚固、美观这三方面都与经济相关。广义地讲，经济就是付出尽可能少的代价（材料、人工、施工技术等）以获取尽可能大的效果（功能、坚固、美观）。

（二）建筑的三重性

建筑物在设计与建造过程中涉及三类学术领域：

1.自然科学领域

由于建筑物本身的物质性，其设计与建造带有复杂的技术性（构造、物理、结构、设备），属于自然科学范畴。

2.社会科学领域

建筑的目的与功能是为人类社会活动服务的，因此又带有强烈的社会科学性，涉及人类活动有关的心理因素，属于社会科学范畴。

3.艺术领域

无论建筑物的外貌或室内空间，都具有艺术效果，具有美学意义与价值，属于艺术范畴。

现代建筑是人类科技、文化与艺术的智慧结晶。建筑、艺术与技术是建筑的三重性，在一幢建筑物中应该是一个完整的统一体。随着社会生产、生活、文化、科技的日益发展，三者间的关系日益紧密，且互相渗透。艺术趋向于越多建立在科学基础之上，就越揭示出更高的理想。科技趋向于越多建立在艺术基础上，就越具有更美的力量。

二、建筑与结构的协调

（一）结构的三重性

结构具有三重性：功能性、科学性、艺术性。

1.结构的功能性——使用空间

建筑物使用的首要目的是开辟一个空间，此乃功能的第一要求。该空间正是由结构构件搭建而成。没有结构的支撑就不会形成人为的特定空间。这也是建筑物一出现就存在结构的根本原因。结构是建筑物存在的物质条件，没有结构就没有建筑。但结构对使用目的符合程度如何却值得研究推敲。如楼面要平，出现了平面楼盖。楼梯要坡，出现了斜梁板与弧形梁板。顶盖可平、可凸也可凹，出现了平屋盖、拱屋盖与悬索屋盖（图2-1）。运动场地与观众看台上方空间大小不仅与使用功能有关，而且与设备（如空调的空间体积等）有关。可见各种结构型式的多样化，能满足不同建筑物使用空间的功能要求。这就是结构型式的功能作用，即结构的功能性。即使不具备使用空间的纪念性建筑（如纪念碑）也离不开结构的必要功能。

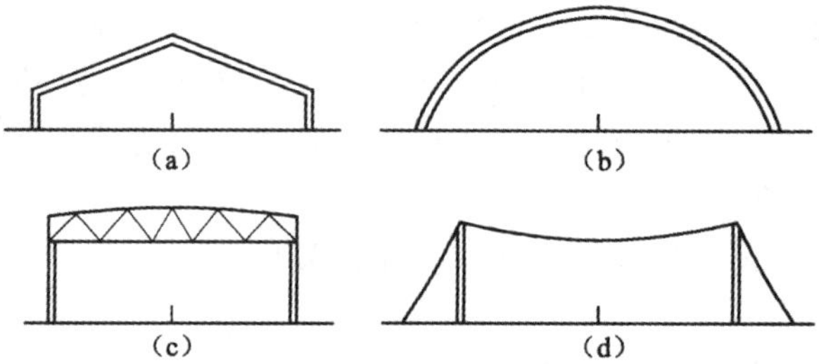

图2-1　室内网球场的四种结构方案

（a）刚架结构；（b）拱结构；（c）桁架结构；（d）悬索结构

2.结构的科学性——技术、经济合理

结构要开辟空间，就一定表现为型式，结构也讲造型，但非几何形体。

各时代结构都受当时当地材料、施工、理论等水平的限制，故其型式不同。古埃及与希腊采用大型石材的石梁柱结构，其空间为充满内柱的六面体。古罗马与哥特式建筑采用小块砖石材料的拱结构，其屋盖呈圆形或尖形。古中国采用木梁柱构架，就比石梁柱结构轻巧、先进得多。近现代采用钢材与混凝土，建起了多层、高层甚至超高层建筑，以及壳体、网架、悬索等大跨度建筑。

以最少物质（人力、物力、财力）消耗获取最大利益（物质、精神等），是事物发展的经济规律，也是各种结构型式不断推陈出新的内在因素。为了达到坚固、经济目的，必须研究力学、结构的客观规律，遵循其理性逻辑，组成既用料准确、材尽其用，又保证其整体稳定平衡与强度、刚度完好的结构体系。

技术合理的结构型式才具有强大的生命力与表现力，所以力学与结构科学性的最终结果也表现为看得见的结构型式。

3.结构的艺术性——内外观感

结构型式不仅涉及适用空间与科学经济规律，且明显地直接影响建筑物的外观造型与室内观感。

结构自身的美学价值通过其型式表现出来。符合科学规律的结构具有力的真实表现力与感染力，同时也富有力的美学与装饰效果。

举世公认的典范实例很多，现举例如下：意大利结构工程师、建筑师奈尔维（NerVi，1891—1979）设计的佛罗伦萨体育场的看台雨篷和螺旋楼梯（图2-2（a）），是使受弯构件具有曲线美的典型。他设计的另一杰作是罗马小体育宫（图2-2（c）），尖顶壳底部的波浪状荷叶边与Y形斜柱，既符合力学结构的内在因素，又给其外观带来极美艺术造型。美国建筑师赖特（Wright，1869—1959）设计的流水别墅（图2-2（b）），其悬挑结构凌驾在流水之上形成浑然天成的景观，其美学价值极大。

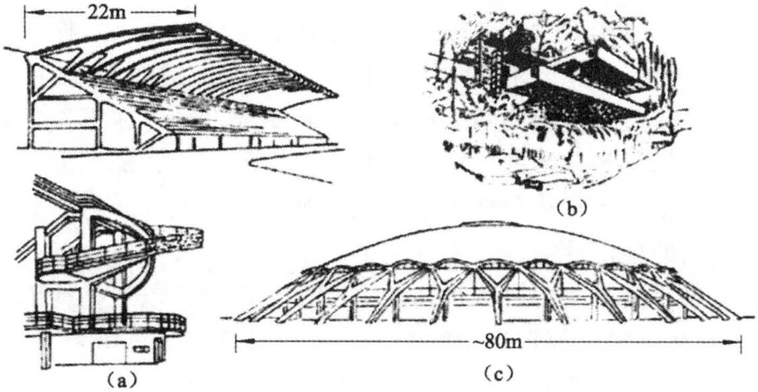

图2-2 结构的艺术性

（a）1932年，意大利佛罗伦萨体育场的看台雨篷和螺旋楼梯；

（b）1939年，流水别墅；（c）1957年，意大利罗马小体育宫

（二）建筑与结构的协调

很明显，在空间小、跨度小、房高低的小型建筑中，结构的重要性及其对建筑的影响都相对降低，建筑设计者的自由度就比较大。然而，高层与大跨等大型建筑造型，则完全达到依赖于结构的地步，结构体系本身就是其建筑表现。在此情况下，材料选用、结构选型、施工工艺等都可能明显影响建筑的使用及美观。

科学技术迅猛发展，使结构对现代建筑的影响极其深广。面对这一形势，建筑师的职责既是创作，更是协调，即从建筑初步设计一开始，就应多方商讨研究。建筑设计要利用并发挥结构的美学因素，使结构成为建筑表现不可缺少的部分。这样，建筑设计与结构设计必能融会贯通于完整的统一体内，设计出结构合理、艺术性强、令人满意的建筑物。

三、建筑力学研究的对象和任务

由上述内容可知，公路和铁路工程中的桥梁、涵洞、隧道、挡土墙，以及房

屋、堤坝、水塔等用以担负预定任务、支承荷载的建筑物的骨架，都可称为结构(如图2-2所示)。组成结构的零、构件，统称为构件。图2-3是一个单层工业厂房承重骨架的示意图，它由屋面板、屋架、吊车梁、柱子及基础等构件组成，每一个构件都起着承受和传递荷载的作用。如屋面板承受着屋面上的荷载传递给屋架、再由屋架传递给柱、由柱传递给基础，最后由基础传递给地基。

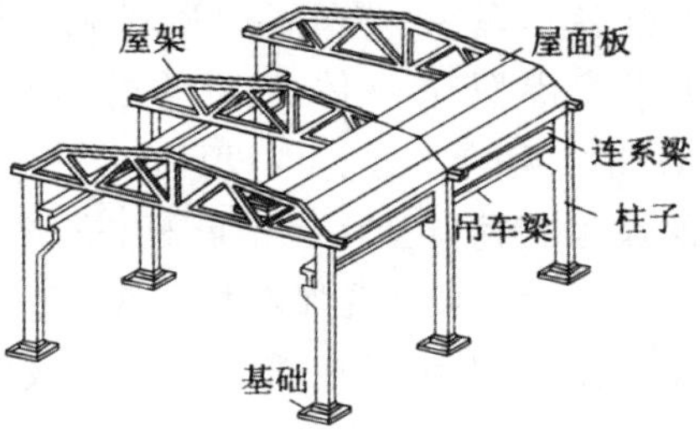

图2-3 单层工业厂房承重骨架的示意图

当结构承受和传递荷载时，各构件都必须能够正常工作，这样才能保证整个结构的正常使用。为此，首先要求构件在荷载作用时不发生破坏。如吊车起吊重物时荷载过大，会使吊车梁发生弯曲断裂破坏等。其次要求构件在不发生破坏时保证构件的正常使用。例如，吊车梁的变形如果超过一定的限度，那么吊车梁就不能正常使用，因为它将导致吊车在这种情况下无法正常工作。此外，有一些特殊构件在荷载作用下，其原来的稳定性可能丧失。例如，细长的中心受压柱子，当压力超过某一定值时，会突然改变原来的直线平衡状态而发生弯曲，以致结构倒塌，这种现象称为“失稳”。由此可见，要保证构件的正常工作必须满足三个要求：

1.在荷载作用下，构件不发生破坏。即要求构件具有足够的强度。

2.在荷载作用下，构件所产生的变形不能超出工程允许范围。即要求构件具有足够的刚度。

3.在荷载作用时，构件在其原有形状的平衡状态下避免失稳。即要求构件具有足够的稳定性。

构件的强度、刚度和稳定性与构件的材料性质、截面的几何形状及尺寸、受力性质、工作条件及构造情况等因素有关。在结构设计中，如果把构件截面设计得过小，构件会因刚度不足导致变形过大而影响正常使用，或因强度不足而破坏；如果构件截面设计得过大，其能承受的荷载过分大于所受的荷载，则又造成经济上的浪费。因此，结构和构件的安全与经济问题是矛盾的。建筑力学的任务就在于合理地解决这一矛盾。即通过研究和分析作用在结构（或构件）上力与力系的平衡关系，提出结构（或构件）内力、变形的计算方法以及构件的强度、刚度和稳定条件的设计原理，达到保证结构（或构件）设计既安全可靠又经济合理的目的。

第二节　结构上的作用

建于地球上的建筑物，其结构构件必然都处于各种力的作用之中。不过在各力作用下，它们并没有运动却是静止平衡的。在建筑物中，物体间相互作用力有两大类：

1.非直接接触作用是通过某种“场”进行的。如重力是通过地球对物体间的引力场进行的。

2.直接接触作用是通过物体与物体直接接触产生的，这类作用所见甚多。如建筑物中的屋盖与支撑屋盖的墙体之间的相互作用。

结构在自然界中开辟一个使用空间，就必定受到从施工到使用期间，人类（施工者、使用者、检修者等）与自然界（重力、地震、风、雪、温差、地基沉陷等）对其产生的各种作用。建筑物的设计者不仅要绘出蓝图，还应做到使图上建筑物能在上述所有作用下在自然界中留存得住。

上述种种因素乃力的物理来源，它们主动作用于结构构件上，使之产生运动趋势，故称为主动力。其中最主要的有两类：一类是直接作用（荷载）；另一类是间接作用。

一、直接作用

任何建筑物在施工过程中和建成后的使用过程中，都要受到各种各样的力的作用，这种力在工程上称为荷载。直接作用在结构构件上的荷载，按其作用线方位可归纳为两大类：竖向荷载与侧向力。

（一）竖向荷载（竖载）

竖向荷载即地球对物体的引力，或称重力。其方向铅垂，使结构构件有往下运动趋势。物体都有重力，如建筑物本身的材料、其中的人与物品、其上的雨、雪等。竖向荷载按其作用的量值与时间变化性质，可分为两种：恒载与活载。

作用在结构上面的荷载按其作用时间久暂可分为永久荷载和活荷载两类。

1.永久荷载（恒载）

永久荷载是指永久作用在结构上的荷载。在结构使用的过程中，这些荷载的大小、方向及作用点位置均不变。这类荷载具有三定性质：作用时间久长（长期，甚至永久）、位置固定、数值不变（或虽变化，但与其平均值相比可忽略不计）。例如：结构构件自重、建筑构配件、各种构造层、非承重隔墙、固定设备、库房堆物（书、用具、物品等）、贮液池（水箱、游泳池等）液重、填土重、预加应力等。恒载是最基本、最重要的荷载，在任何情况下不容忽视。

2.活荷载（可变荷载）

活荷载是指暂时作用于结构上的荷载。这类荷载经常变化，具有三变性质：作用时间短暂、位置不定（在一定范围内可随意走动、任意分布）、数值可变（数值随时间变异，可有可无、时大时小，有时成群密集，有时不见影踪）。因此必须分别考虑其所有可能发生的最不利情况。活荷载有下列几种：

（1）使用活荷载

各种房间用途不同，活荷载各异。其中包括人群、家具、零星机具设备、临时堆物等一切在内。一般使用活荷载比恒载小，常折算成等效均布荷载，其值由国家有关规范规定。另外还可能有运载车辆（如吊车、汽车、电瓶车、叉车等），按集中荷载考虑。由于这类荷载为一系列互相平行且间距保持不变，能在结构上移动的荷载，故又称为移动活载。

（2）施工（安装）检修荷载

在施工或使用期维修时，某些小跨轻载的构件（如楼梯踏步、雨篷、挑檐等）受到施工检修集中荷载更为不利，故必须考虑施工（安装）检修荷载。

（3）雪载

雪载值取决于房屋所在的地理位置与海拔高度。雪载的留存量和屋面形状与坡度有关，按均匀分布于屋面水平投影面上计算。在风力下，某些凸出屋面（如天窗、女儿墙等）与低洼（如天沟等）的死角处，积雪量会增大。

（4）积水荷载

对天沟一类构件要考虑积水荷载。

（二）侧向力

侧向力因其产生的原因不同，有下列三种：

1.人群的侧推力

在某些活动场所（如阳台、外廊、屋顶、看台、楼梯等），由于活动人群的拥挤、摇晃会对栏杆产生水平推力。

2.水、土侧压力

贮液池（水箱、游泳池等）、挡土墙及地下室外墙等，都会受到贮液、地下水或填土层的水、土侧压力。这些侧力均由水、土重力引起，大多视为恒载。

3.风荷载

风荷载值取决于建筑物所在地理位置、地形地貌、海拔标高。风力的主要因素是风速，风速又受地面植被、房屋密度的影响，随距地面高度呈曲线增快（图2-4（a）），可简化成直线形或阶梯形分布荷载计算。风受建筑物之阻，形成与房屋表面垂直的压力或吸力（图2-4（b）、（c）），压为正值，吸为负值。房屋体型与表面质感不同，迎风面、背风面与侧风面的风力也随之而异，由实验测定。在风力下，某些细而高的建筑物（如高层建筑、烟囱、水塔、悬索等）会产生颤动与振荡。

侧力使结构有侧向运动（如滑移、歪斜、倾覆等）趋势，而竖载则起稳定作用。故单层与多层房屋竖载为主，侧力为次。但高层建筑（高于七层者），其侧力与竖载同等重要。

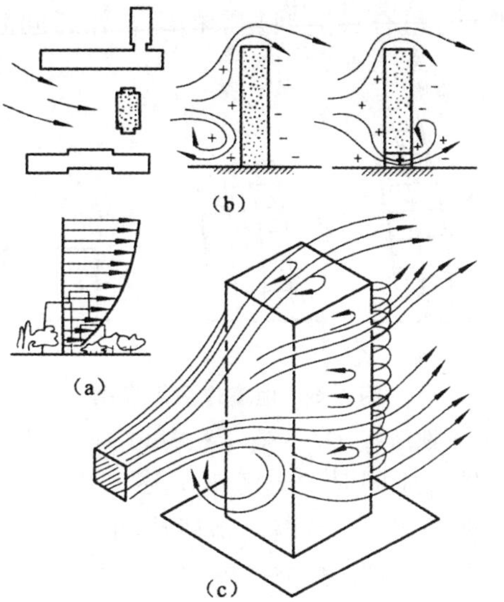

图2-4　风荷载示意图

二、间接作用

建筑物除受重力与风力外，还可能承受自然界其他外在因素作用。与建筑设计最密切相关的间接作用有下列三种：

（一）温差作用

一切结构都处在自然界无休止的气温循环变化中。昼夜温差、冬夏温差、室内外温差都会使结构材料产生相对胀缩，引起结构尺寸与形状变化。当结构构件胀缩全部或局部受阻时，就会受到反作用力，使自身受压、受拉或受弯。房屋越长，这种压、拉、弯作用也越大。虽是眼睛觉察不出的无形作用，却能引起局部的危险性破坏。为此，各类结构的长度均受到限制。超过规定长度的建筑物应设置伸缩缝，把房屋地上部分断开。

（二）沉降差作用

所有建筑物都建造在地球表土上。地基土受压后必然压缩固结，使房屋下沉。当房屋下沉不均匀时，沉降差会使其承受作用力。轻微者会使房屋架空，严重者可能开裂，甚至破坏。为此，应采取设置沉降缝办法，把房屋从屋顶到基础完全断开，以适应沉降差过大的情况，甚至消除沉降差作用。

（三）地震作用

自有文字记载以来，地球上无任何地方完全可以不发生地震，但遭到破坏性、周期性地震的只限于某些地区，称为地震区。地震乃偶然作用，地震时地基土在原位迅速振动，迫使其上建筑物随之运动。由于建筑物惯性力的间接作用，使房屋受到一种随机变化的动力作用，当近似将其简化为静力荷载考虑，其值大小主要取决于建筑物的重量与结构的刚度（与所用材料、结构型式、房屋高宽比等有关），见图2-5。对于地震烈度较高地区的复杂建筑物，应采用防震缝将其划分成体型简单、结构单一的若干单元，组合成造型复杂的综合体，同时还应采取其他有关的抗震措施。

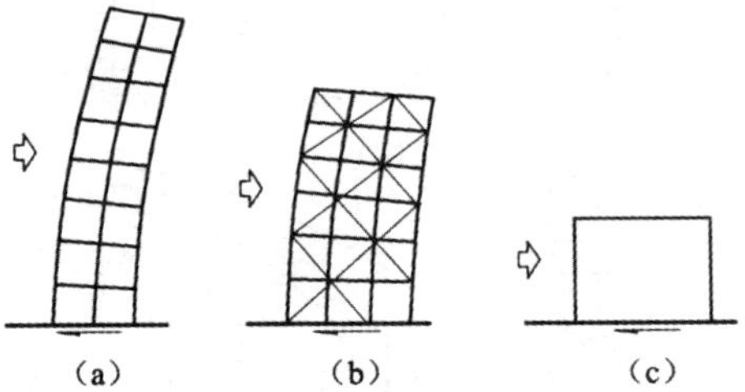

图 2-5 地震作用示意图

(a) 柔性房屋；(b) 半柔性房屋；(c) 刚性房屋

在设计一幢建筑物时，应同时统筹考虑上述三缝（伸缩缝、沉降缝与防震缝）的位置。设置三缝虽是种“退让”策略，却能成功地承受间接作用，要比加大结构尺寸与刚度的“硬抗”策略高明，既有效又经济。

三、作用的方式

荷载与间接作用以不同方式作用在结构构件上。按其分布状态（荷载与结构接触面积）不同，可分为下列两种：分布荷载和集中荷载。

（一）分布荷载（分布力）

分布荷载根据分布方式不同又分为体分布力、面分布力和线分布力。

体分布力 γ（体荷载）（单位：kN/m^3）。任何物体的重力遍布其体积各部分。为简化计算，可视其合力（总重力）作用在其垂心。

面分布力 $\bar{q}$（面荷载）（单位：kN/m^2）。如楼屋盖的恒载、活载。雪载和竖墙面的风力与水、土侧压力都是面荷载。

线分布力 q（线荷载）（单位：kN/m）。如梁的自重都是沿其长度（即跨度）均匀分布的线荷载。除梁自重外的其他荷载以面荷载 $\bar{q}$ 方式存在（图 2-6），而传到板梁上时却以线荷载 q 方式出现：

$$q=\bar{q}s \tag{2-1}$$

其中，s 为板或梁的中距，板的中距（s_1）亦即板宽（现浇者取 1m 宽）。

线荷载也可能是非均匀分布的，如三角形分布或梯形分布等（图 2-7，图 2-8）。

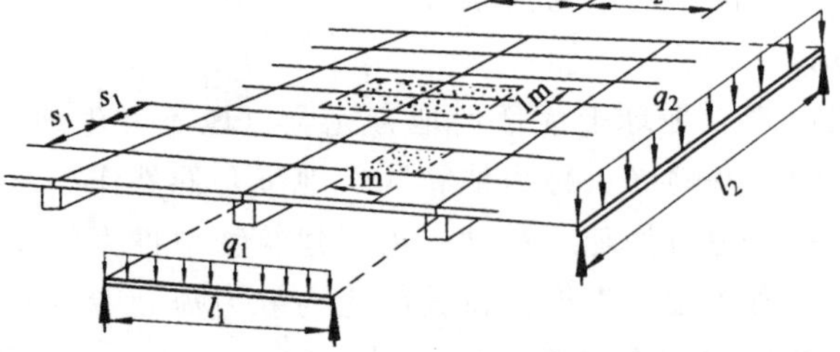

图 2-6 板、梁的线荷载

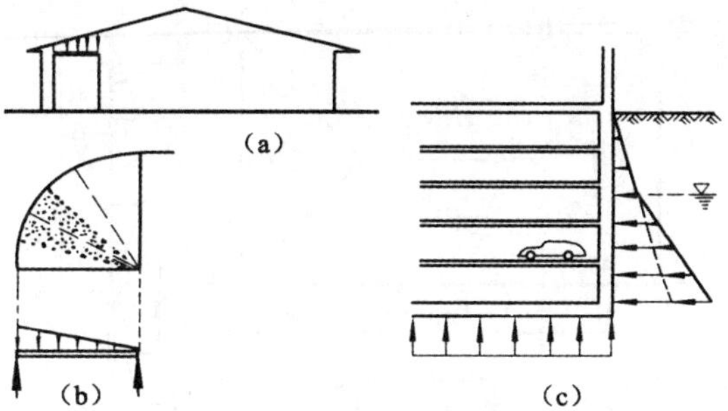

图 2-7　非均布线荷载图

(a) 门洞过梁；(b) 转角楼盖大梁；(c) 地下室外墙

(二) 集中荷载 F_p（点荷载）

力的作用范围比物体总尺寸小得多时，可抽象为一点。如施工检修活荷载是靠人的脚掌作用在构件上，可视为集中力。有时为简化计算，可将体分布的物体重力视为集中力作用在重心上。

【例 2-1】某办公楼会议室（使用活载2.00kN/m^2）的楼盖（图2-6）。采用预制空心板KB30-92，其宽 s_1=0.9m，长 s_2=3m，自重为1.60kN/m^2。采用9m跨，26cm×50cm钢筋混凝土梁，自重（包括梁表面粉刷）为3.60kN/m。求每块空心板、每根梁的线荷载。板顶2cm厚水泥砂浆（20kN/m^3）抹面，板底1.5cm厚纸筋灰（16kN/m^3）粉刷。

【解】(1) 空心板

会议室使用活载	=2.00kN/m^2
板顶2cm厚水泥砂浆抹面	0.02m×20kN/m^3（重度）=0.40kN/m^2
KB30-92空心板自重	=1.60kN/m^2
板底1.5cm厚纸筋灰粉刷	0.015m×16kN/m^3（重度）=0.24kN/m^2
总面荷载	$\bar{q}$=4.24kN/m^2
空心板线荷载	$q_1=\bar{q}s_1$=4.24×0.9=3.82kN/m

(2) 梁

KB板传来荷载	$q_2=\bar{q}s_2$=4.24×3=12.72kN/m
梁自重	=3.60kN/m
梁线荷载	q_2=16.32kN/m

【例 2-2】某商店营业厅（使用活载3.50kN/m^2）楼盖的4m×7m双向板 $ABCD$，其向四边的传荷面积如图虚线所示，其构造见图2-8。求 AB 与 BC 两边所受的非均布线荷载。现浇钢筋混凝土板厚10cm，自重25kN/m^3，板顶和板底饰面同例2-1。

【解】(1) 双向板面荷载

商店营业厅使用荷载=3.50kN/m^2

板顶2cm厚水泥砂浆抹面

0.02m×20kN/m^3（重度）=0.40kN/m^2

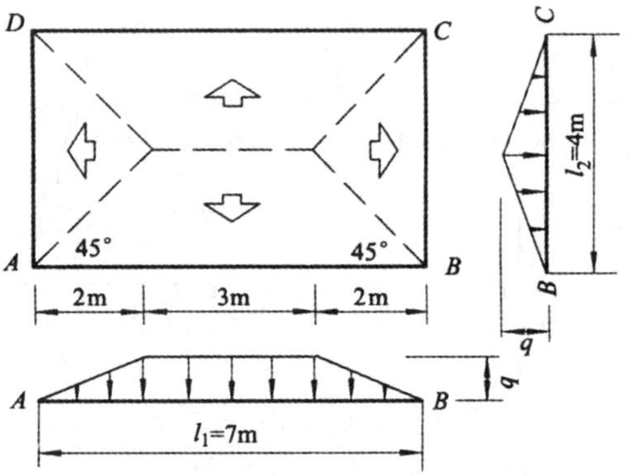

图 2-8 双向板向四边传递荷载

10cm 厚钢筋混凝土板

$0.10m \times 25kN/m^3 = 2.50kN/m^2$

板底 1.5cm 厚纸筋灰粉刷 $=0.015m \times 16kN/m^3 = 0.24kN/m^2$

总面荷载（$\bar{q}$）$=6.64kN/m^2$

（2）两边的线荷载（图 2-8）

AB 边为梯形分布荷载，BC 边为三角形分布荷载，因在该两边交角处传荷面积划分线为45°斜线，故两者的最大分布荷载值 q 相同，且为

$q=q_1=\bar{q}s_1=6.64 \times 2=13.28kN/m$

四、作用的性质

根据受力后结构构件的反应不同，作用分为两类：静力作用和动力作用。

（一）静力（或静态）作用

静力作用的量值、方向、位置均不随时间变化或变化极其缓慢，无显著冲击与振动，不产生加速度，可忽略其惯性力影响。恒载与大多数活载（人群、雪、水压等）都属于静力作用。

（二）动力（或动态）作用

在建筑物中，由施力物体运动而产生的荷载，其量值、方向、位置随时间迅速变化。施力急剧、时间极短，会引起显著冲击振动，产生不可忽视的加速度。如动力机械（吊车等）运行、高层风载、地震反应等产生的周期性作用。为简化计算，常考虑一个动力影响系数，从而将动力作用转化为静力作用。

本书只讲述静力荷载作用下的构件受力状态。

五、作用的取值

大多数作用的量值都可根据房屋地理位置、房屋用途、设计尺寸等计算出来，成为已知数据，作为力学与结构计算的基本依据。

荷载计算十分重要，若估计偏大、偏多，将使用料过多、结构笨重、造成浪费，若估计偏低、漏算，将不够安全，甚至发生破坏事故。为达到既经济合理又安全可靠，必须慎重、细致、准确地进行荷载计算。

为此，总结几十年来设计经验与科学成果（大量调查研究统计资料），由国家制定《建筑结构荷载规范》（GB 50009—2001），明确规定各种荷载的取值，供设计人员查阅。

第三节　约束及约束反力

力学里考察的物体，有的不受什么限制而可以自由运动，如在空中可以自由飞行的飞机等。凡可以在空间作任意运动的物体称为自由体。相反有些物体在空间的位移却受到一定的限制。如被绳子悬挂而不能下落的重物；支撑于墙上而静止不动的屋架等。位移受到限制的物体称为非自由体。对非自由体的某些位移起限制作用的周围物体称为约束。例如，绳子对于重物；墙对于屋架等，都是约束。

既然约束阻碍着物体的位移，也就是约束能够起到改变物体运动状态的作用，所以约束对物体的作用，实际上就是力，这种力称为约束反力，简称反力。因此，约束反力的方向必与该约束所能够阻碍的位移方向相反。应用这个准则，可以确定约束反力的方向或作用线的位置，至于约束反力的大小则是未知的。

在静力学问题中，约束反力和物体受的已知力（称主动力）组成平衡力系，因此可用平衡条件求出未知的约束反力。

在建筑力学中研究的对象是结构物。一般来说，一个结构物与基础或地面连接的装置（构造形式）即是该结构物的约束，称为支座。其作用是把结构物与基础或地面连接起来，使结构物能稳固在地基上。不过，在以后对具体结构物进行分析时，对支座的概念应有一个较广泛的理解，当一构件支承于另一构件时，其连接处对前一构件来说也称为支座。例如，在房屋建筑中，梁或预制钢筋混凝土板支承在砖墙上，其连接处就是一种比较简单的支座形式。

在结构设计中，作用在结构上的荷载是根据设计要求和实际情况预先给定的。但结构所受的反力（约束力）不能预先给定，因为它不但与作用在结构上的荷载有关，而且还与该结构同其他物体相互联系的约束（支座）形式有关。

实际的建筑物，其结构的支座形式是多种多样的，下面分别介绍几种常见的、典型的支座及其反力的性质。

一、活动铰支座——滚轴支座

图2-9（a）为桥梁中常被采用的活动铰支座示意图。这种活动铰支座既允许结构绕铰A转动，又允许结构通过滚轴沿着支座垫板水平方向移动，但是限制A点沿支承面的法线方向移动。当结构受到荷载作用时，只有垂直于支承面的法向反力F_{yA}，若略去摩擦力，则反力F_{yA}通过铰中心，这种支座常用图2-9（b）的简图表示，或者用两端铰接而本身变形略去不计的杆件即链杆来表示，如图2-9（c）所示。

在房屋建筑中，常在某些构件支撑处垫上沥青杉板之类的柔软性材料，这样当构件受到荷载作用时，它的A端可以在水平方向作微小的移动，又可以绕A点作微小转动，这种情况也可看成是活动铰支座，如图2-9（a）、图2-10（a）所示。支座的反力及方向分别如图2-9（b）、（c），图2-10（b）所示。

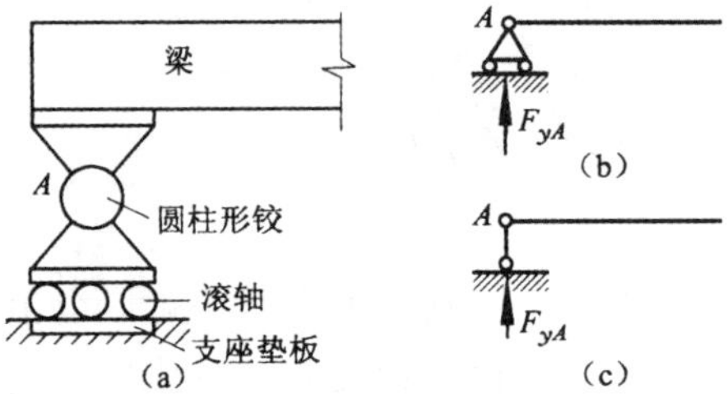

图2-9

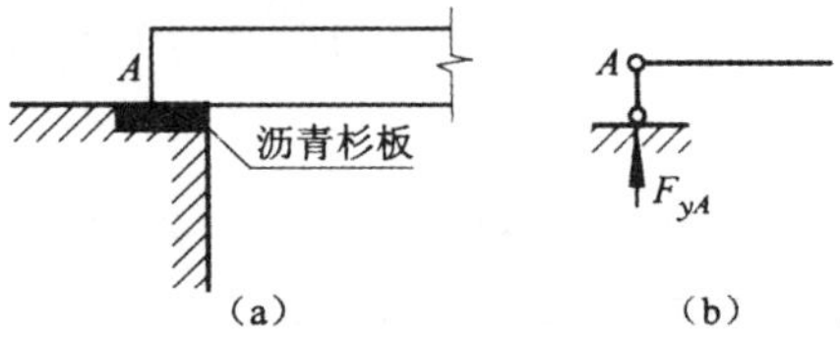

图2-10

二、固定铰支座

图2-11（a）为桥梁中采用的另一种支座形式的示意图。它与活动铰支座的不同之处主要是下部没有滚轴，因而支座不会有水平移动，只允许结构绕A铰转动。因此，当结构受荷载作用时，这种支座在A点有水平反力F_{xA}和竖向反力F_{yA}。若略去A铰处的摩擦力，则反力F_{xA}和F_{yA}均通过铰的中心A，这种支座形式称为固定铰支座，常用图2-11（b）或（c）的简图表示。

在房屋建筑中，构造要求不同但只要它具有约束两个方向移动的性能，而不约束转动，也可视为固定铰支座。如图2-12（a）表示一木梁的端部，它通常与埋设在混凝土垫块中的锚栓相连接，在荷载作用下，梁端部A处的水平移动和竖向移动受到限制，但仍可绕A点作微小的转动，其简图用图2-12（b）来表示。图2-12（c）所示为预制钢筋混凝土柱，将柱的下端插入杯形基础预留的杯口中后，用沥青麻丝填实，在荷载作用下，柱脚A的水平和竖向位移被限制，但它仍可作微小的转动，其简图用图2-12（d）来表示。图2-12（e）所示为现浇钢筋混凝土柱，柱在基础面上截面缩小，放有弹性垫板，其内钢筋交叉设置，这样在基础面上柱子虽不能有水平和竖向移动，但阻止转动的性能大大削弱了，所以也可视为固定铰支座，其简图见图2-12（d）。

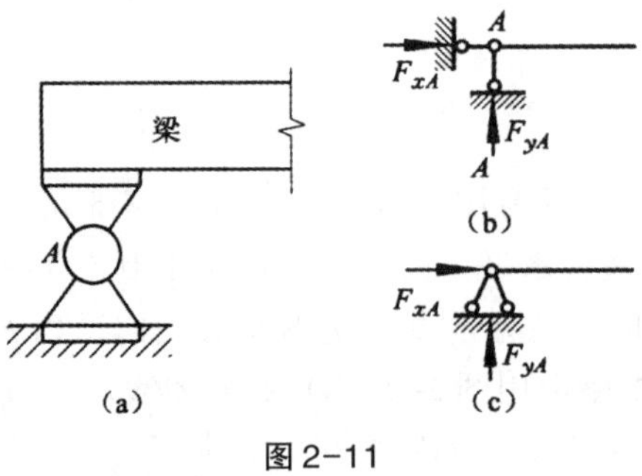

图2-11

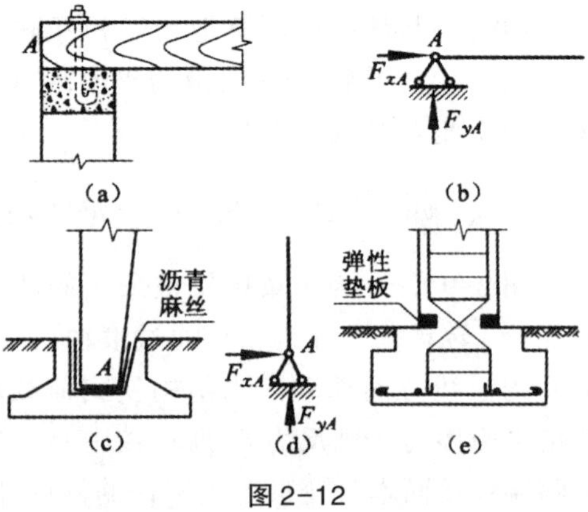

图2-12

三、固定支座

图2-13（a）所示为预制钢筋混凝土柱，在基础杯口内用细石混凝土浇灌填实。当柱插入杯口深度符合一定要求时，可认为柱脚是固定在基础内，限制了柱脚的水平移动、竖向移动和转动。当结构受到荷载作用时，为了分析方便，其反力可简化为水平反力 F_{xA}、竖向反力 F_{yA} 和反力矩 M，这种支座形式称为固定支座，可用图2-13（b）所示的简图来表示。图2-13（c）所示为常见的房屋雨篷，在荷载作用下 A 端的水平、竖向移动和转动均受到限制，因此，A 端可视为固定支座，有三个方向的反力，其简图如图2-13（d）所示。

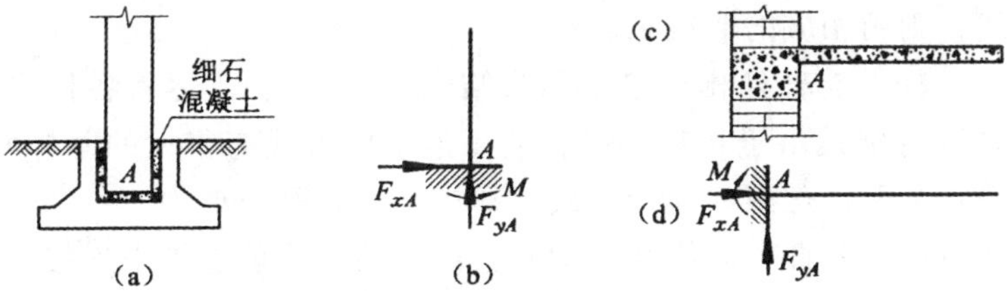

图2-13

四、定向支座

图2-14（a）所示的支座形式，只允许结构沿滚轴滚动的方向移动，而不能发生竖向移动或转动，称为定向支座。为了分析方便起见，其反力简化为垂直于滚动方向的反力 F_{yA} 以及反力矩 M，它的简图以图2-14（b）来表示。

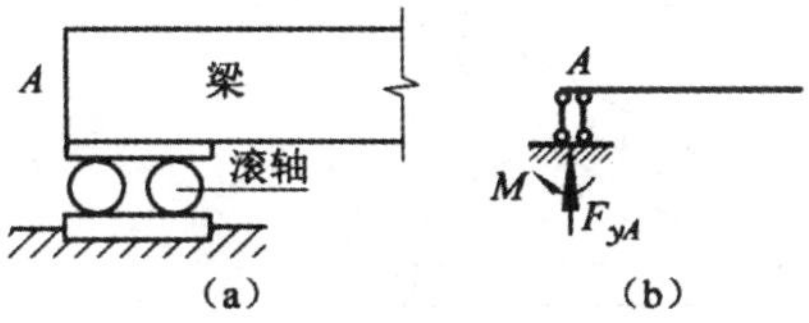

图2-14

第四节 结构计算简图

在实际工程中的建筑物，其结构、构造以及作用的荷载，往往是比较复杂的。结构设计时，若完全严格地按照结构的实际情况进行力学分析，是没有必要的，同时对于有些非常复杂的问题也是不可能实现的。因此，在对实际结构进行力学分析时，常采用简化的图形来代替实际的结构，这种简化了的图形称为结构的计算简图。

由于在建筑力学中，是以计算简图作为力学计算的主要对象。因此，在结构设计中，如果计算简图取错了，就会出现设计差错，甚至造成严重的工程事故，所以合理选取计算简图是一项十分重要的工作，必须引起足够的重视。

在选取结构的计算简图时，一般来说，应遵循以下两个原则：

（1）既要忽略次要因素，又要尽可能地反映结构的主要受力情况。

（2）使计算工作尽量简化，而计算结果又要有足够的精确性。

在满足上述两个原则的前提下，对实际结构主要从三个方面进行简化。

一、杆件及杆与杆之间的连接构造的简化

由于杆件的截面尺寸通常比杆件的长度小得多，在计算简图中，杆件用其纵轴线来表示，如梁、柱等构件的纵轴线为直线，就用相应的直线来表示。又如曲杆的纵轴线为曲线，则用相应的曲线来表示。

在结构中，杆件与杆件相连接处称为结点（或节点）。尽管各杆之间连接的形式有各种各样（特别是由于材料不同，使得连接的方式有很大的差异），但在计算简图中，只简化为两种理想的连接方式，即铰结点和刚结点。

铰结点的特征是各杆可以绕结点中心自由转动。用理想铰来连接杆件的例子在实际工程结构中是极少的，但从结点的构造来分析，把它们近似地看成理想铰结点所造成的误差并不显著。图2-15（a）所示为一木屋架的结点构造图，可认为各杆之间有微小的转动，其杆与杆之间的连接可简化为铰结点，用图2-15（b）表示。又如图2-16（a）所示为木结构或钢筋混凝土梁中经常采用的一种连接方式，计算时也可简化为铰结点，其简图如图2-16（b）所示。

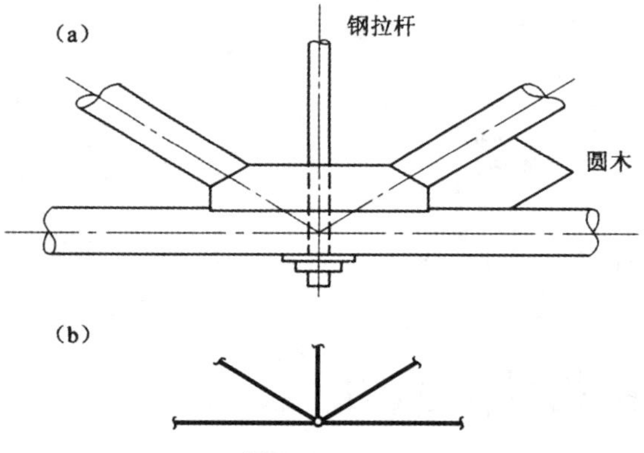

图2-15

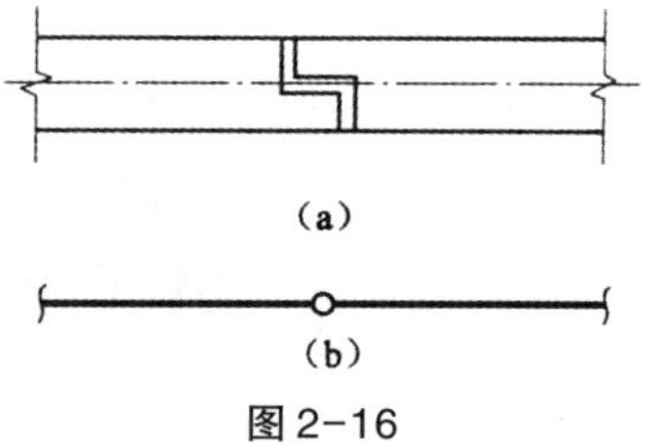

图2-16

刚性结点的连接形式在钢筋混凝土结构中是经常采用的。图2-17（a）所示为钢筋混凝土框架，柱和梁是刚性连接，其特征是当结构发生变形时，结点处各杆端之间夹角保持不变。其中结点A钢筋的布置示意图如图2-17（b）所示。

二、支座的简化

支座可根据实际构造和约束情况，对照上一节所述的内容进行简化。

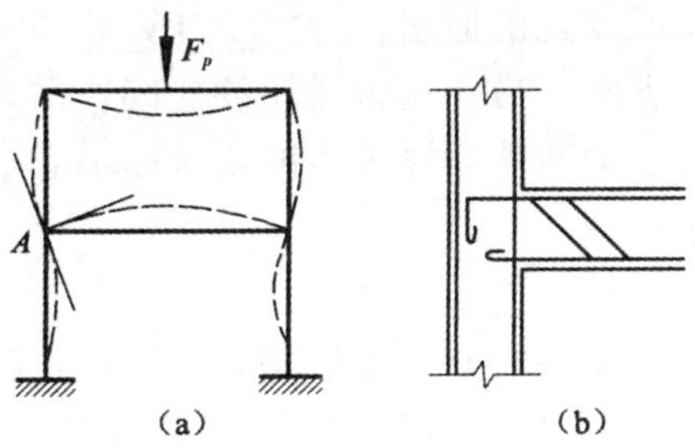

图 2-17

三、荷载的简化

关于荷载的简化已在本章第二节中讨论过，实际结构构件受到的荷载，一般是作用在构件内各处的体荷载（如自重），以及作用在某一面积上的面荷载（如风压力）。在计算简图中，把它们简化到作用在构件纵轴线上的线荷载、集中荷载和力偶。

下面通过一个简单的实例来说明结构计算简图的取法。

图 2-18（a）、（b）所示为工业建筑厂房内的组合式吊车梁，上弦为钢筋混凝土T形截面的梁，下面的杆件由角钢和钢板组成，结点处为焊接。梁上铺设钢轨，吊车在钢轨上左右移动，最大轮压 $F_{p1}=F_{p2}$，吊车梁两端由柱子上的牛腿支承。从下述三个方面来考虑选取其计算简图。

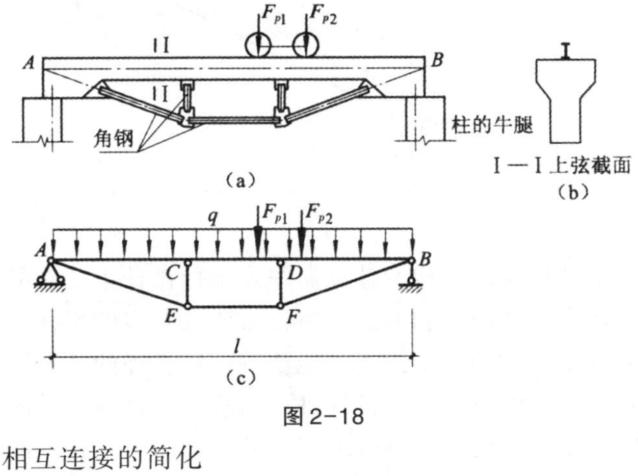

图 2-18

1.杆件及其相互连接的简化

各杆由其纵轴线来代替，上弦是整体的钢筋混凝土梁，其截面较大，故 AB 为一连续体，而其他杆件与 AB 杆相比截面均较小，它们基本上只承受轴力，即视为链杆。AE，BF，EF，CE 和 DF 各杆之间连接均简化为铰接，其中 C，D 铰连接 AB 梁的下方。

2.支座的简化

整个吊车梁搁置在柱的牛腿上，相互之间仅由较短的焊缝连接，吊车梁既不能上下移动，也不能水平移动，但梁受到荷载后，梁的两端可以作微小的转动。此外，当温度变化时，梁还可以自由伸缩，为便于计算并考虑到支座的反力情况，将支座简化成一端为固定铰支座，另一端为活动铰支座。吊车梁的两端与柱子牛腿支承接触面的长度较小，可取梁两端与柱子牛腿接触面中心的间距，即两支座间的水平距离作为梁的计算跨度l。

3.荷载的简化

作用在整个吊车梁上的荷载有恒载和活荷载。恒载包括钢轨、梁自重，可简化为作用在沿纵轴线上的均布荷载q，活荷载是轮压F_{p1}和F_{p2}，由于轮子与钢轨的接触面积很小，可简化为分别作用在两点上的集中荷载。

综上所述，吊车梁的计算简图如图2-18（c）所示。

同样道理，可以简化如图2-19（a）所示的楼梯中的休息平台及梯段，其简图如图2-19（b）、（c）所示。

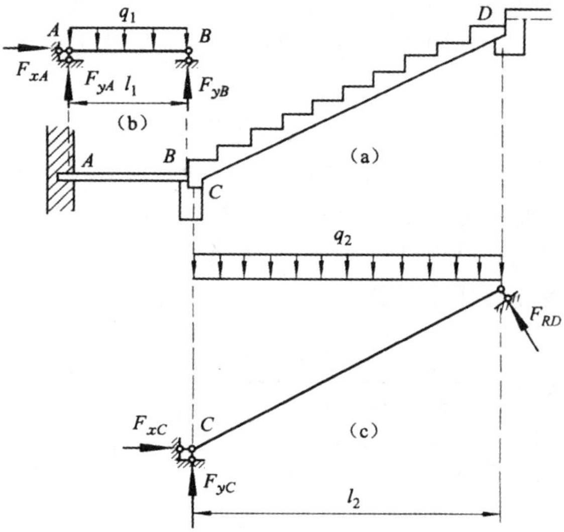

图2-19

怎样才能恰当地选取实际结构的计算简图是结构设计中比较复杂的问题，不仅要掌握上面所述的两个基本原则和方法，而且需要有较多的实践经验。对于一些新型结构往往还要通过反复试验和实践，才能获得比较合理的计算简图。

必须指出，由于结构的重要性、设计进行的阶段、计算问题的性质和计算工具等因素的不同，即使是同一结构也可以取不同的计算简图。在一般情况下：

（1）对于重要的结构，应该选取比较精确的计算简图。

（2）初步设计阶段可选取粗略的计算简图，在技术设计阶段则应该选取比较精确的计算简图。

（3）对结构进行静力计算时，应该选取比较复杂的计算简图，而对结构作动力稳定计算时，由于问题比较复杂，可以选取比较简单的计算简图。

（4）结构的设计计算，随着电子计算机的广泛应用，可采用比较精确的计算简图。

第五节　建筑结构的分类

由上一节所述可知，建筑力学研究的直接对象并不是实际的结构物，而是代表实际结构的计算简图。因此，所谓结构的分类，也就是指对计算简图的分类。

工程中结构（或构件）的形状是多种多样的，根据不同的观点，结构可分为各种不同的类型，这里只介绍两种最常用的分类方法。

按照空间观点，结构可分为平面结构和空间结构。如果组成结构的所有杆件的轴线和作用在结构上的荷载都在同一平面内，则称此结构为平面结构；反之，如果组成结构的所有杆件的轴线或荷载不在同一平面内则将该结构称为空间结构。实际上，工程中的结构都是空间结构，但大多数结构在设计中是被分解为若干平面结构来计算的。不过在有些情况下，必须要考虑结构的空间作用。

按照几何观点，结构可分为杆件结构、薄壁结构和实体结构。杆件的几何特征是杆件的长度远远大于其他两个尺度即截面的宽度和厚度（图2-20），杆又可分为直杆（图2-20（a））和曲杆（图2-20（b））。当杆件的轴线为直线时，称之为直杆，当杆件的轴线为曲线时，称之为曲杆。杆件结构便是由若干根细长的杆件所组成的结构，亦称杆系结构。薄壁结构是厚度远远小于其他两个尺度的结构。当它为一平面板状物体（图2-21（a））时，称为薄板；当它具有曲面外形（图2-21（b）、（c））时，称为薄壳结构。图2-21（b）所示的薄壁结构又称为摺板。实体结构是指三个方向的尺度大约为同量级的结构（图2-22），如堤坝、基础和挡土墙（图2-21（d））等。当它的三个方向尺度都相差很悬殊时，称为薄壁杆（图2-23）。

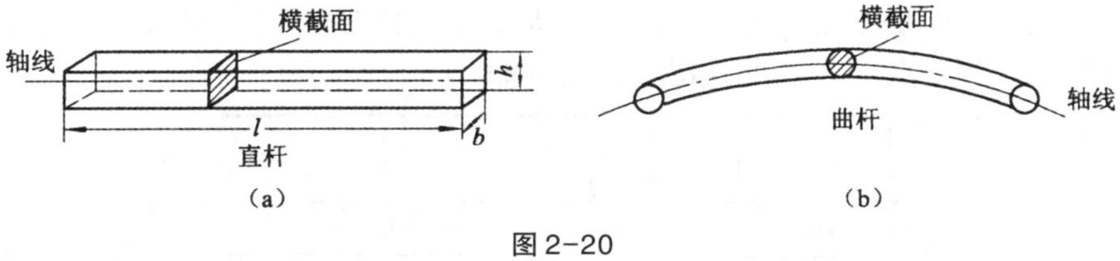

图2-20

建筑力学的研究对象主要为杆件。因此，本书仅研究和讨论平面杆系结构，其常见的形式有下列几种：

一、梁

梁是一种常见的结构，其轴线常为直线，是一种受弯杆件。梁按跨多少分为单跨梁（图2-24（a）、（b））和多跨梁（图2-24（c））。

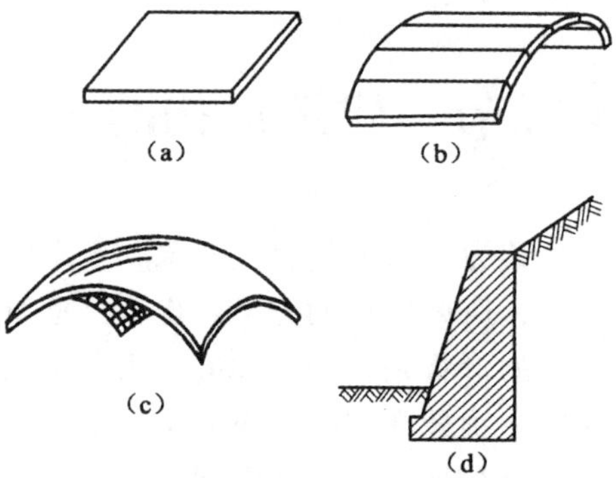

图 2-21

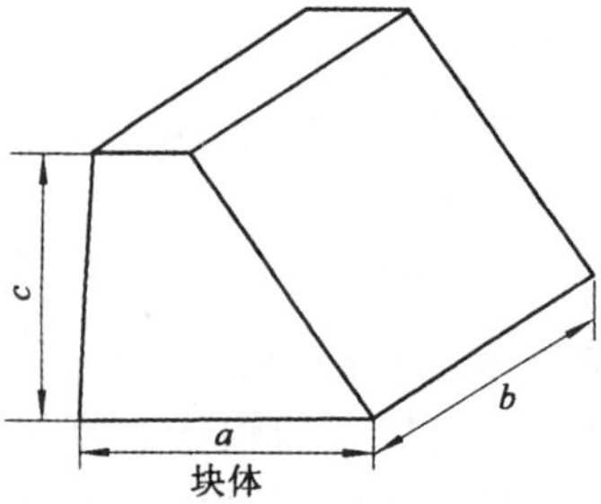

图 2-22

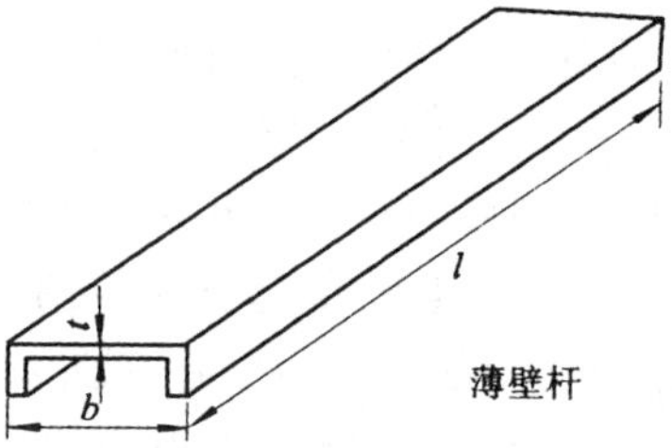

图 2-23

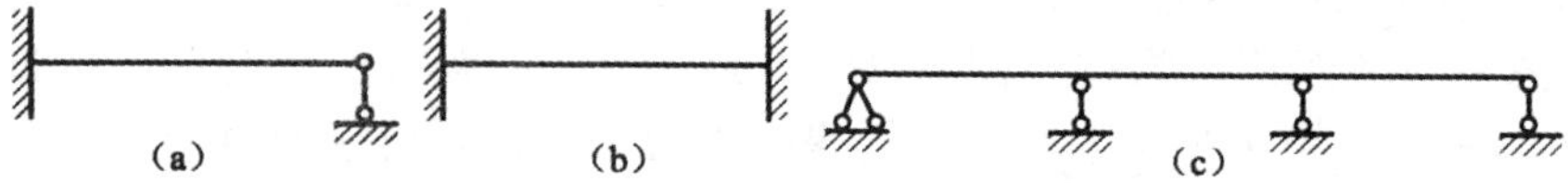

图 2-24

二、刚架

刚架是由直杆组成，各杆主要受弯曲变形，主要特点是具有刚性结点（图 2-25），也可以有部分铰结点（图 2-25（b）、（c）、（d））。

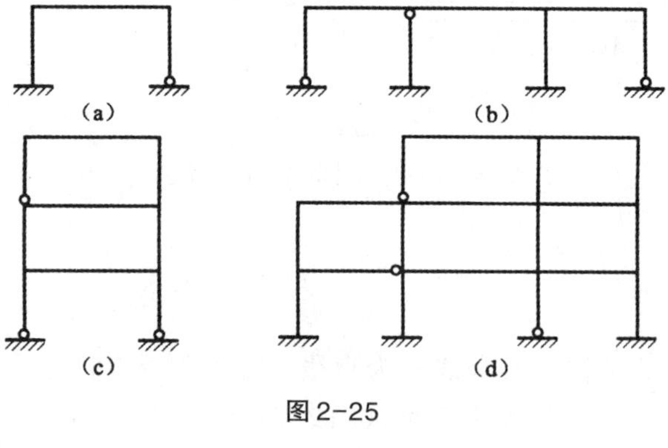

图 2-25

三、拱

拱的轴线是曲线，拱在竖向荷载作用下，不仅产生竖向反力，而且产生水平反力。这种水平反力使得拱内弯矩远小于跨度、荷载相同的梁的弯矩。在一定的条件下可以使拱以压缩变形为主，使拱的各截面主要产生轴力（图2-26）。

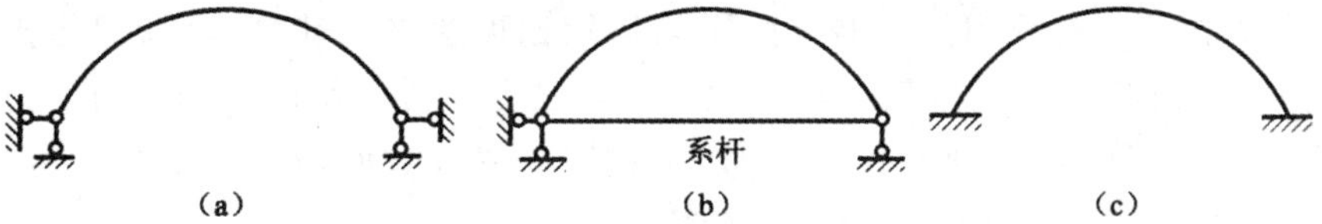

图2-26

四、桁架

桁架由直杆组成，其所有结点均为铰结点，各结点假想为理想铰结点，荷载作用在结点上，各杆内只产生轴力（图2-27）。

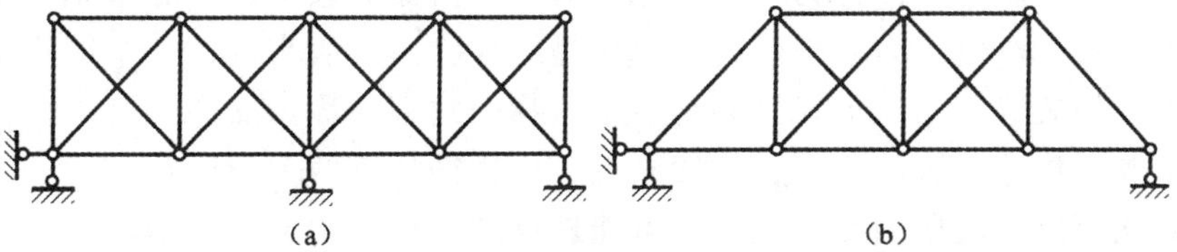

图2-27

五、组合结构

组合结构是桁架和梁或桁架与刚架组合在一起的结构，也称为混合结构。在这种结构中，一部分是桁架杆件只受轴力，而另一部分是梁或刚架杆件，即受弯杆件，由两者组合而成的结构，称为组合结构（图2-28（a）、（b））。

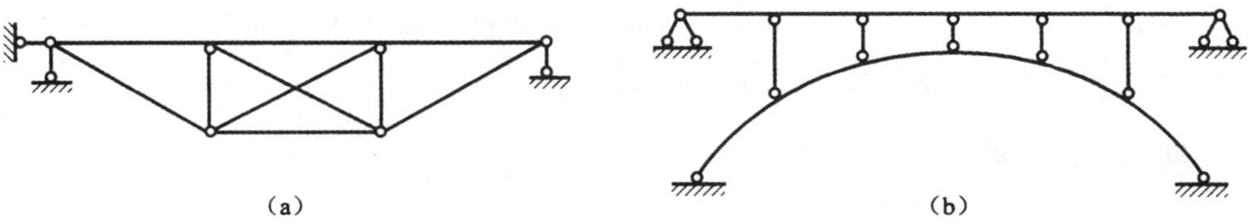

图2-28

第六节　小结

任何建筑物在施工过程中和建成后的使用过程中，都要受到各种各样的力的作用，这种力在工程上称为荷载。直接作用在结构构件上的荷载，按其作用线方位可归纳为两大类：竖向荷载与侧向力。

竖向荷载即地球对物体的引力，或称重力。其方向铅垂，使结构构件有往下运动趋势。竖向荷载按其作用的量值与时间变化性质，可分为两种：恒载与活载。作用在结构上面的荷载按其作用时间久暂可分为永久荷载和活荷载两类。永久荷载是指永久作用在结构上的荷载。在结构使用的过程中，这些荷载的大小、方向及作用点位置均不变。这类荷载具有三定性质：作用时间久长（长期，甚至永久）、位置固定、数值不变（或虽变化，但与其平均值相比可忽略不计）。活荷载是指暂时作用于结构上的荷载。这类荷载经常变化，具有三变性质：作用时间短暂、位置不定（在一定范围内可随意变动、任意分布）、数值可变（数值随时间变异，可有可无、时大时小，有时成群密集，有时不见影踪）。

侧向力因其产生的原因不同，有下列三种：人群的侧推力，水、土侧压力，风荷载。

间接作用有下列三种：温差作用、沉差作用、地震作用。

荷载作用方式：分布荷载和集中荷载。

位移受到限制的物体称为非自由体。对非自由体的某些位移起限制作用的周围物体称为约束。在建筑力学中研究的对象是结构物。一般来说，一个结构物与基础或地面连接的装置（构造形式）即是该结构物的约束，称为支座。

在选取结构的计算简图时，一般来说，应遵循如下两个原则：

（1）既要忽略次要因素，又要尽可能地反映结构的主要受力情况。

（2）应尽量使计算工作简化，而计算结果又要有足够的精确性。

应在满足上述两个原则的前提下，对实际结构从三个方面进行简化：杆件及杆与杆之间的连接构造的简化、支座的简化、荷载的简化。

平面杆系结构常见的形式有梁、刚架、拱、桁架、组合结构。

□ 关键概念

荷载　作用　约束　约束反力　支座　活动铰支座　固定铰支座　固定支座　定向支座　铰结点　刚结点　计算结构简图

□ 复习思考题

2-1　什么是建筑的三要素？什么是建筑三重性？

2-2　什么是结构三重性？

2-3　建筑与结构有什么关系？

2-4　建筑力学研究的对象及任务是什么？

2-5　建筑结构上有哪些作用？其作用方式有哪些？其作用性质如何？

2-6　建筑结构上的作用如何取值？

2-7　结构计算图形的简化意义及原则是什么？具体包括哪些内容？

2-8　建筑结构如何分类？

2-9　建筑结构常用结构属于什么结构类型？

□ 习题

2-1　某小学教学楼现浇框架部分楼盖平面见题2-1图。中间为走廊（活载2.5kN/m²），两边为教室（活载2.0kN/m²），楼板的全部恒载为3.5kN/m²。大教室与走道均按单向板考虑。板顶和板底饰面同例2-1。试求：(a) 每米宽走道板所受的线荷载。(b) *AB*梁（梁自重4.0kN/m）的线荷载。(c) *AC*梁（梁自重2.5kN/m）的线荷载。(d) 每层楼盖传给*A*柱的集中荷载。

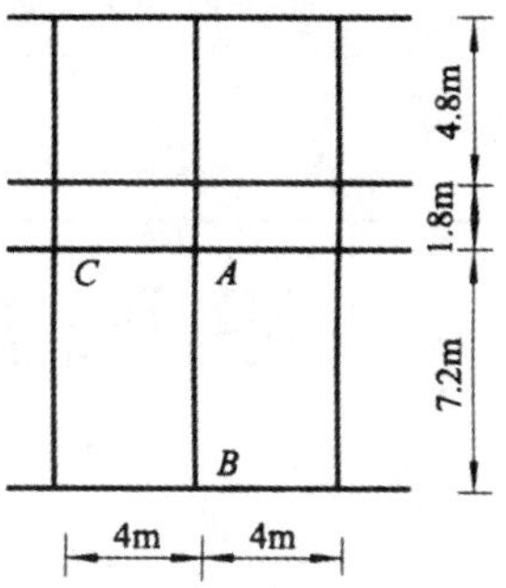

题2-1图

2-2　南京某展览馆为9层框架平面如题2-2图。(a) 求框架底层*A*、*B*、*C*三柱（柱自重均为7.5kN/m）所受荷载。已知上人平屋面活载1.5kN/m²，每层展览厅活载3.0kN/m²，每层楼屋盖（包括梁自重）恒载6.0kN/m²。板顶和板底饰面同例2-1。(b) 求其中部每榀框架迎风面（风压0.35kN/m²）及背风面（风吸0.22kN/m²）各楼层处的集中风压力F_{p1}与风吸力F_{p2}。

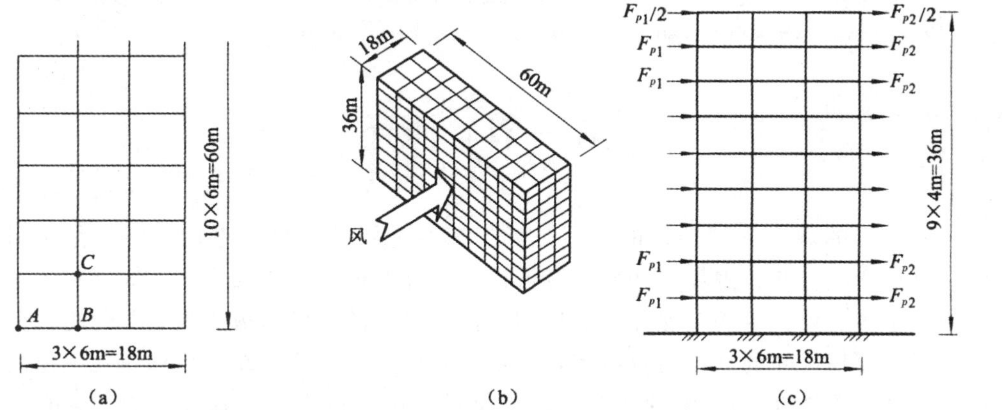

题2-2图

2-3　钢筋混凝土地下水池如题2-3图。其池壁受到每米深10kN/m²的水侧压力与每米深2kN/m²的土侧压力，池外无地下水。求*A*—*A*截面（取池壁宽1m）处受到的总水平力（注意：要考虑池内无水与有水两种情况）。

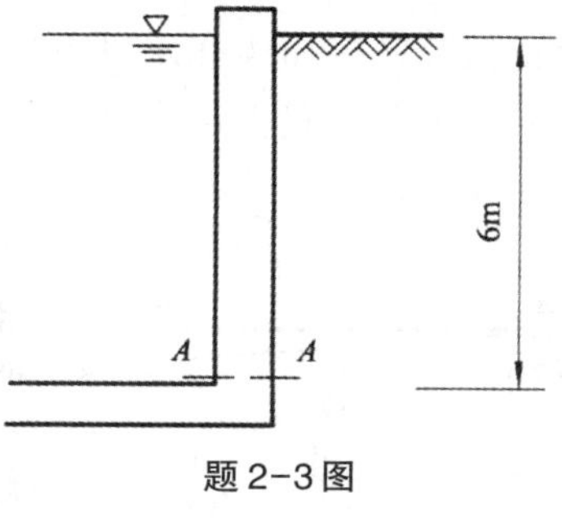

题2-3图

第三章

平面体系的几何组成分析

□ 学习目标

结构是由杆件通过连接、支座以特定的组成规律所构成的。通过本章的学习，应掌握平面体系自由度的计算和结构的组成规则，能够准确地进行平面体系的几何组成分析。

第一节 概述

从力学的观点看，结构的作用是承担荷载并将荷载传给基础。结构承担荷载后，材料产生应变，因而结构发生变形，但这种变形一般是很微小的。如果不考虑这种微小的变化，结构应能在荷载作用下保持自身的几何组成不变，几何组成分析就是要研究杆件间的联结装置应怎样布置才能使它们组成的结构可保持几何形状和位置不变。图3-1（a）中的梁有一铰支座及一可动铰支座（在计算图上共有三根链杆与基础相联），在任意荷载作用下，若不考虑梁的变形，梁上各点就不会有上下、左右的移动，各截面也不会发生转动。在图3-1（b）中梁去掉了右端的可动铰支座（计算图上只有两根链杆与基础相联），因而梁可绕左端铰支座 A 点转动。在图3-1（c）中梁与基础间有三个可动铰支座，尽管计算图上也是以三根链杆相联结，但这些链杆互相平行且相等，因而梁在水平方向仍可发生移动。后两种情况说明体系如缺少联结装置或联结装置布置得不合理就不能维持体系的原有位置，因而不能作为实际工程中的结构来承担荷载。

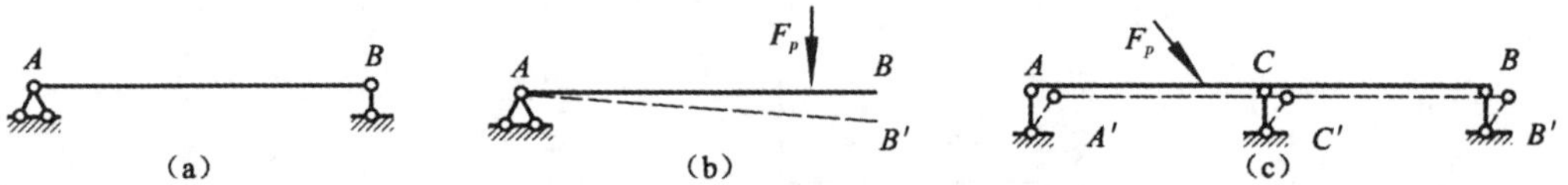

图3-1

又如图3-2（a）所示的体系，由于缺少必要的联结装置，在任意荷载作用下，即使不考虑材料的应变，它的形状和位置也是可以改变的。如果加入一根链杆BC，如图3-2（b）所示，则只要在荷载作用后材料不发生破坏，它的形状和位置是不会改变的。

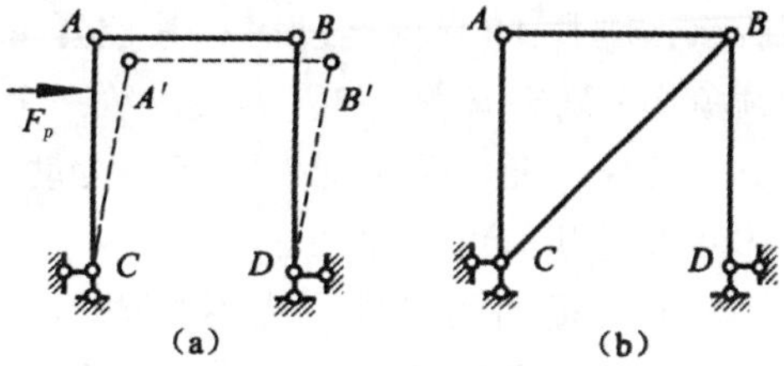

图3-2

总括以上分析，为了研究平面杆件体系的几何组成，引入以下定义：

几何不变体系（图3-1（a）和图3-2（b））是指在不考虑材料应变的假定下，在任意荷载作用下，能保持其几何形状和位置均不改变的体系。

几何可变体系（图3-1（b）、（c）和图3-2（a））是指即使不考虑材料的应变，在任意荷载作用下，其几何形状和位置也是可以改变的体系。

几何组成分析的目的在于：

（1）判断某一体系是否为几何不变，从而确定其能否作为结构；

（2）根据体系的几何组成，可以确定结构为静定的还是超静定的，从而选定相应的计算方法；

（3）进行几何组成分析，可以搞清楚结构各部分在几何组成上的相互关系，从而选择简便合理的计算顺序。

第二节 平面体系自由度的计算

一、自由度

对体系进行几何组成分析时，判断一个体系是否几何不变涉及体系运动的自由度。所谓一个体系的自由度，是指体系在所受限制的许可条件下，能自由运动时所具有的独立运动方式，也就是体系运动时可以独立变化的几何参变量，或者说确定体系位置所需的独立坐标。自由度数是指自由度的个数。例如一个点在平面内自由运动时，其位置需用两个坐标x，y来确定（图3-3（a）），故一个点的自由度数等于2，即在平面内自由运动的一个点具有2个自由度。

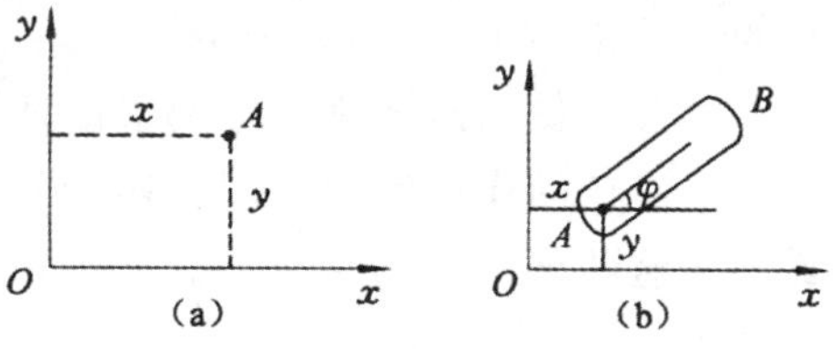

图3-3

在几何组成分析中，由于不考虑材料的变形，因此可以把一根杆件或由若干杆件构成已知是几何不变的部分，看作一个刚体。平面体系中的刚体称为刚片。换言之，几何形状不变的平面体简称为刚片。

确定一个刚片在平面内的位置需要有三个独立的几何参变量。如图3-3（b）

所示，刚片AB自由运动时，其位置可由其上任一点A的坐标x，y和任一直线AB的倾角φ来确定（图3-3（b）），故一个刚片具有3个自由度。

几何不变体系不能发生任何运动，其自由度数应等于零。凡自由度数大于零的体系都是几何可变体系。

前面提到的基础，当不考虑其本身的变形时，在平面问题中也可以看做是刚片。但这种刚片是不动刚片，它的自由度数为零。

二、约束

限制点或刚片运动的装置称为约束（或联系），体系的自由度数可因加入约束而减少，能减少一个自由度的装置称为一个约束。常用的约束有链杆和铰。铰又分单铰、复铰和虚铰。

链杆：一根两端铰接于两个刚片的杆件称为链杆（图3-4（a））。

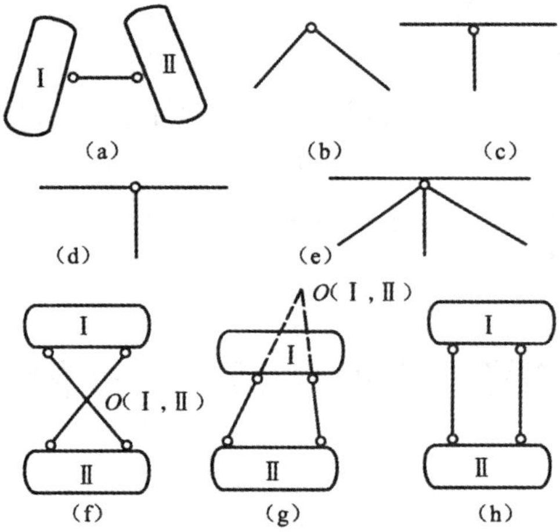

图3-4

单铰：连接两个刚片的铰称为单铰（图3-4（b）、（c））。

复铰：连接多于两个刚片的铰称为复铰（图3-4（d）、（e））。一个连接n个刚片的复铰相当于（n-1）个单铰。

虚铰：如果两个刚片用两根链杆连接，则两根链杆的作用就和一个位于两根链杆交点的铰的作用完全相同。连接两个刚片的两根链杆相当于一个虚铰，虚铰的位置即在这两根链杆的交点上，如图3-4（f）所示的O点。因为在这个交点O处并没有真正的铰，所以称为虚铰。如果连接两刚片的两根链杆并不相交，则虚铰在这两根链杆延长线的交点上，如图3-4（g）所示。如果两根链杆是平行的，也可以认为它们相当于一个虚铰，不过虚铰的位置在无穷远处，如图3-4（h）所示。

如果在体系中加入约束，而并不能减少体系的自由度，这样的约束称为多余约束。例如图3-5所示梁为一刚片，原来只需在A端加上铰支座（不互相垂直的两根链杆）和C处一根竖向支座链杆就可以减少梁的3个自由度，使其成为几何不变，自由度等于零。现在又在B处多加了一根竖向支座链杆，体系仍然为几何不变，自由度也仍然为零而不会再减少。因此，四根支座链杆中有一根是多余约束。去掉任何一根支座链杆，梁仍然为几何不变。可见，多余约束对于保持体系的几何不变性来说是不必要的。但是，对于改善结构的受力等方面是需要的。

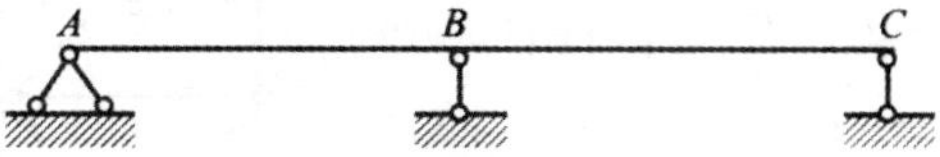

图3-5

三、平面体系的计算自由度数

平面体系的计算自由度数是指计算体系相对于基础的自由度数。运动参考坐标系设在基础上，计算时可根据体系内包含的刚片数和约束数由下式计算：

$$W=3m-(2h+r) \tag{3-1}$$

式中，W——体系的计算自由度数；

m——体系中刚片个数；

h——体系中单铰个数（复铰约束情况应换算成等效的单铰个数）；

r——体系中支座链杆数。

如果体系中所有杆件完全由两端铰接的杆件所联结，称为铰接链杆体系。如桁架体系，这类体系的计算自由度，除可用式（3-1）计算外，还可用下面更简便的公式来计算。

$$W=2j-(b+r) \tag{3-2}$$

式中，j——铰接链杆体系的铰接点个数；

b——铰接链杆体系的杆件个数；

r——铰接链杆体系的支座链杆个数。

按式（3-1）或式（3-2）计算的任何平面体系的计算自由度数有以下三种情况：

（1）$W>0$，表明体系具有自由度，体系缺少足够的约束，因此肯定是几何可变体系。

（2）$W=0$，表明体系具有成为几何不变所需的最低限约束数目。体系有可能是几何可变体系，也有可能是几何不变体系。进一步判断体系是否为几何不变体系，需要利用几何不变体系的基本组成规则来进行判断。

（3）$W<0$，表明体系在约束数目上还有多余，体系具有多余约束。但体系是否几何不变同样要利用几何不变体系的基本组成规则来进行判断。

由上可见，一个几何不变体系必须满足$W\leq 0$的条件。

如果不考虑支座链杆，而只检查体系本身（或称体系内部）的几何不变性时，当体系本身为几何不变体系，则体系必须满足$W\leq 3$的条件。这是因为几何不变的体系作为一个刚片在平面内具有3个自由度。

必须指出，计算自由度$W\leq 0$（或只就体系本身$W\leq 3$），只是体系几何不变的必要条件，还不是充分条件。一个体系尽管约束数目足够甚至还有多余，不一定就是几何不变的。为了判别体系是否几何不变，还必须进一步研究体系几何不变的充分条件，即几何不变体系的组成规则。

下面举例说明 W 的计算。如图3-6（a）所示体系，可将除支座链杆外的各杆件均当作刚片，其中 GB 在结点 D 处为刚结，因而 GDB 为一连续整体，故可作为一个刚片。这样，总的刚片数 $m=8$。在计算单铰数 h 时，应正确识别各复铰所联结的刚片数。例如在结点 D 处，折算单铰数应为2。其余各结点处的折算单铰数均在图中括号内标出。这样，体系的单铰数共为 $h=10$。注意到固定支座 A 处有三个约束，相当于有三根支座链杆，故体系总的支座链杆数为 $r=4$。于是，由式（3-1）可算出此体系的计算自由度为：

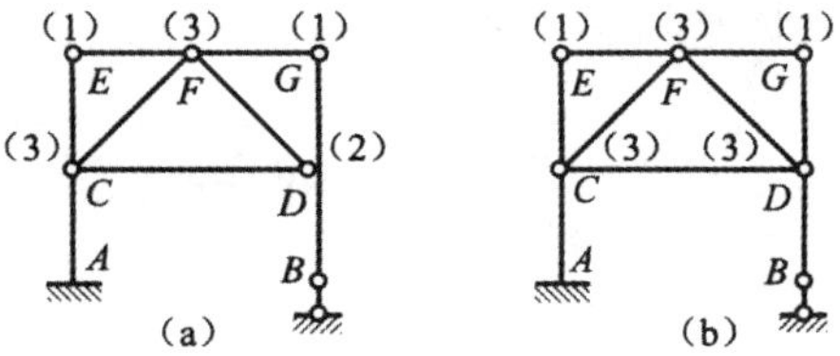

图3-6

$W=3m-(2h+r)=3\times8-(2\times10+4)=0$

如图3-6（b）所示，D 处改为铰接，则 GDB 为两个刚片，D 处的折算单铰数为3，其他与图3-6（a）中的相同，由式（3-1）可算出此体系的计算自由度为：

$W=3m-(2h+r)=3\times9-(2\times11+4)=1>0$

由上述计算结果可知：图3-6（a）中结构，由于 $W=0$，所以表明结构具有成为几何不变所需的最低限约束数目，体系有可能是几何可变体系也有可能是几何不变体系。图3-6（b）中的结构，由于 $W=1>0$，所以表明体系具有1个自由度，体系缺少一个约束，因此肯定是几何可变体系。

对于图3-6（b）所示结构，还可以按式（3-2）计算该体系的自由度，铰结点个数为 $j=7$，A 处有一个铰结点，杆件个数 $b=9$，支座链杆个数 $r=4$（A 固定端支座相当于3根链杆）。计算出此体系的计算自由度为：

$W=2\times7-(9+4)=1>0$

通过比较可知按式（3-2）计算的结果与按式（3-1）计算的结果相同。

注意按式（3-2）计算图3-6（b）的结构体系计算自由度时，A 处的固端支座看成三个链杆通过一个铰与 AC 杆相连接。因此，A 处的固端支座可以等效为三个链杆支座和一个铰。

第三节　结构几何组成规则

一、一点与一刚片连接规则

规则一： 一点与一刚片用两根链杆相联结，且两链杆不共线，则组成几何不变的体系，且无多余约束。如图3-7所示。

图3-7所示体系，就是按上述规则一组成的。此体系又可以认为是这样组成的：在一个刚片上增加两根链杆，此两杆不在一直线上，两杆的另一端又用铰相联。这种两根不在一直线上的链杆联结一个新结点的构造称为二元体。显然，在一个刚片上增添一个二元体仍为几何不变体系，而且没有多余约束。在分析某些体系特别是桁架时，用二元体更为方便，所以把它作为一个推论。

推论一：在一个刚片上增加一个二元体，仍为几何不变的体系，而且没有多余约束。

分析图3-8所示桁架时，选12作为基础刚片，在此基础上增加二元体得结点3，得到几何不变体系123，再以123为基础刚片，增加一个二元体得结点4，从而得到几何不变体系1234；同理，依次增加二元体得结点5，6，…，10，最后组成该桁架，由此推知它是一个几何不变体系，而且没有多余约束。

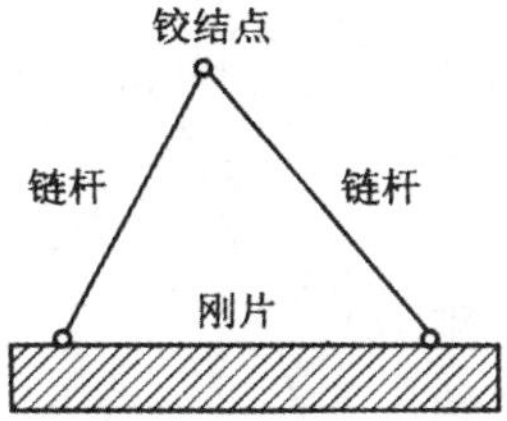

图3-7

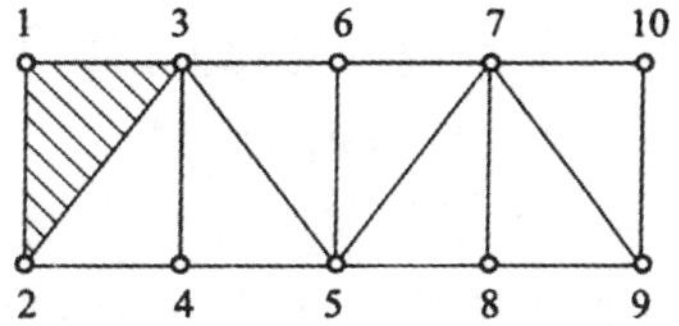

图3-8

此外，也可以反过来，用拆除二元体的方法来分析。因为从一个体系拆除一个二元体后，所剩下的部分若是几何不变的，则原来的体系必定也是几何不变的。现从结点10开始拆除一个二元体，然后依次拆除结点9，8，7，…，3，最后剩下刚片12，它是几何不变的，故知原体系亦为几何不变的。

若去掉二元体后所剩下的部分是几何可变的，则原体系必定也是几何可变的。综上所述可得如下结论：在一个体系上增加或拆除二元体，不会改变原有体系的几何构造性质。

二、两刚片连接规则

规则二：两个刚片用一个铰和一根链杆相联，且铰和链杆不在一条直线，则组成几何不变的体系，且无多余约束。如图3-9所示。

图3-10所示为两个刚片用三根不全平行也不交于同一点的链杆相联的情况。此时，可把链杆AB，CD看作在其交点O处的一个铰。因此，此两刚片又相当于用铰O和链杆EF相联，而铰与链杆不在一直线上，故为几何不变体系，而且没有多余约束。

推论二：两个刚片用三根链杆相联，且三根链杆不全平行也不交于同一点，组成几何不变体系，且无多余约束。如图3-10所示。

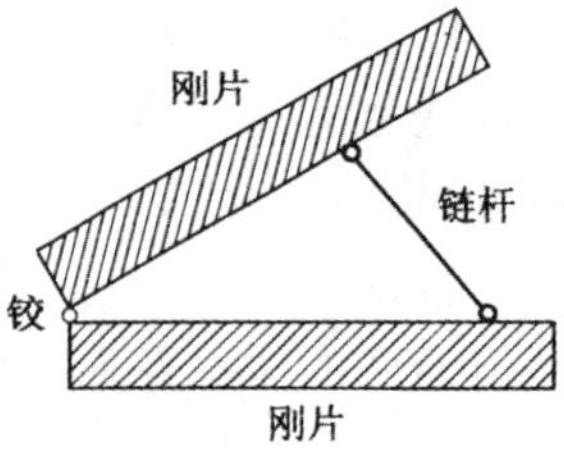

图 3-9

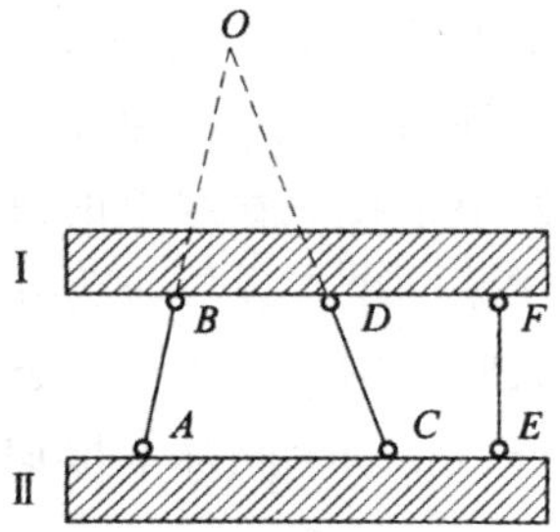

图 3-10

三、三刚片规则

规则三：三个刚片用三个单铰两两铰联，且三个铰不在同一直线上，则组成几何不变的体系，且无多余约束。

推论三：平面内一个铰接三角形是无多余约束的几何不变体系。推论三又称为铰接三角形规则（简称三角形规则）。如图 3-11 所示。

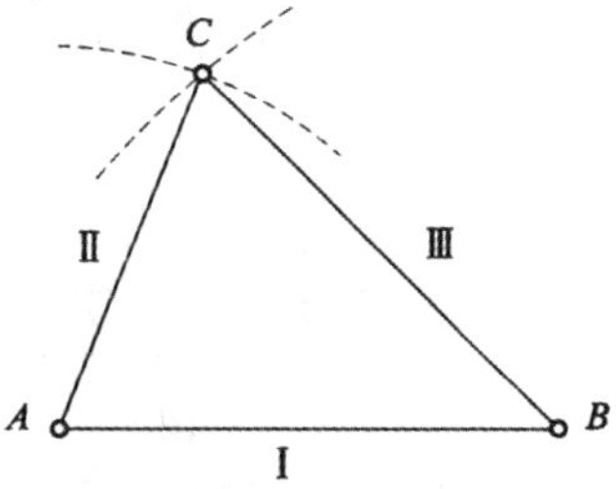

图 3-11

图 3-11 所示铰接三角形，每一根杆件都是一个刚片，而每两个刚片之间都用一个单铰相联，故称为“两两铰联”。此体系本身的计算自由度 $W=3\times3-2\times3=3$，即只具有几何不变所必需的最少数目的约束，如果几何不变，将是没有多余约束的。现在来分析它是否几何不变。假定刚片Ⅰ不动（例如把刚片Ⅰ看成地基），又若暂时把铰 C 拆开，则刚片Ⅱ只能绕铰 A 转动，其上的 C 点只能在以 A 为圆心以 AC 为半径的圆弧上运动；刚片Ⅲ只能绕铰 B 转动，其上的 C 点只能在以 B 为圆心以 BC 为半径的圆弧上运动。但是，刚片Ⅱ，Ⅲ又用铰 C 相联，铰 C 不可能同时沿两个方向不同的圆弧运动，因而只能在两个圆弧的交点处固定不动。于是，各刚片之间不可能发生任何相对运动。因此，这样组成的体系是几何不变的，而且没有多余约束。

以上介绍了几何不变的平面体系的三个基本组成规则，而它们实质上只是一个规则，即三刚片规则。图 3-7、图 3-9 所示体系，如果把图中的链杆都看作刚片，显然都可以看作是按三刚片规则组成的。凡是按照上述规则组成的几何不变体系，都是没有多余约束的，其计算自由度均为 $W=0$（或只就体系本身 $W=3$），因此不必再进行 W 的计算。如果体系除了符合上述组成规则之外，还有另外的约束，便是具有多余约束的几何不变体系，此时多余约束的数目就等于这些另外的约束数目。

四、瞬变体系

分析如图 3-12 所示体系中 A，B，C 三铰共线的情况。假设刚片Ⅲ不动，刚片Ⅰ，Ⅱ分别绕铰 A，B 转动时，在 C 点处两圆弧有一公切线，故此瞬时铰 C 可沿此公切线方向移动，因而是几何可变的。从约束布置情况来看，AC，BC 两链杆都是水平的，因而对限制C点的水平位移来说具有多余约束，而在限制C点的竖向位移上则缺少约束，故C点仍可沿竖直方向移动。不过一旦发生微小位移后，三铰就不再共线，运动也就不再继续发生。这种原为几何可变，经微小位移后即转化为几何不变的体系，称为瞬变体系。瞬变体系也是一种几何可变体系。为了区别起见，又可将经微小位移后仍能继续发生刚体运动的几何可变体系称为常变体系（例如图3-1（b）、（c），图3-2（a）和图3-6（b）所示体系）。这样，几何可变体系包括常变和瞬变两种。

在工程结构中，不能采用瞬变体系作为结构。如图3-13所示体系，由平衡条件可知，AC和BC杆的轴力为：

$$F_N=\frac{F_p}{2\sin\theta}$$

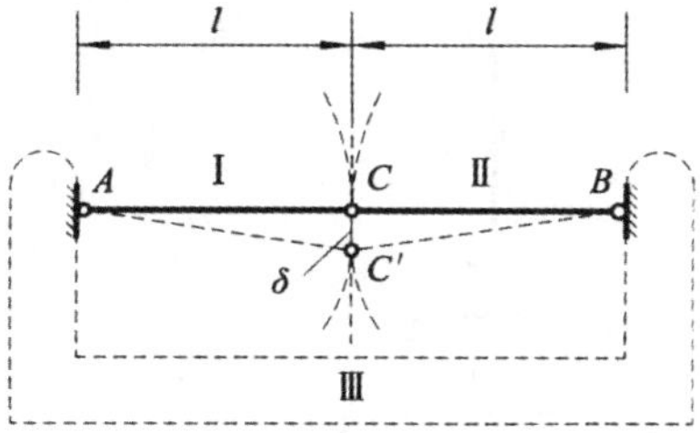

图3-12

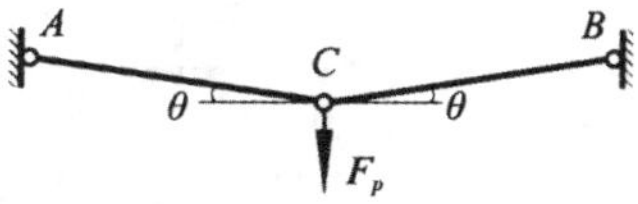

图3-13

当$\theta=0$时，便是瞬变体系，此时若$F_p=0$（称为零荷载），则F_N为不定值；若$F_p\neq0$则$F_N=\infty$。这表明，瞬变体系即使在很小的荷载作用下也会产生巨大的内力，从而可能导致体系的破坏。因此，工程结构中不能采用瞬变体系，而且接近于瞬变的体系也应避免。

第四节　结构几何组成分析示例

对一个体系进行几何组成分析时，可首先计算其计算自由度W，若$W>0$（或只就体系本身$W>3$），则体系肯定是几何可变的；若$W\leq0$（或只就体系本身$W\leq3$），再进行几何组成分析，判定它是否几何不变。但通常也可以略去W的计算，而直接进行几何组成分析。

几何组成分析的依据就是前述几个基本组成规则，问题在于如何正确和灵活地运用它们去分析各种各样的体系。对于较复杂的体系，宜先把能直接观察出的几何不变部分当做刚片，或者以地基或一个刚片为基础按二元体或两刚片规则逐步扩大刚片范围，或者拆除二元体使体系的组成简化，以便进一步用基本组成规则去分析它们。下面举例加以说明。

【例3-1】试分析如图3-14所示多跨静定梁的几何构造。

【解】地基为一刚片。观察各段梁与地基的联结情况，首先可看出，AB段梁与

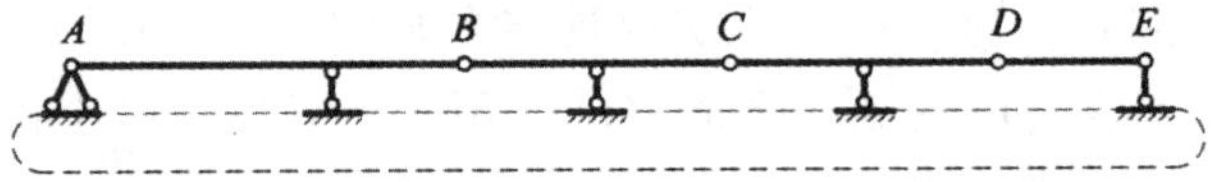

图 3-14

地基是用三根链杆按两刚片规则相联的，为几何不变。这样，就可以把地基与 *AB* 段梁一起看成是一个扩大了的刚片。再看 *BC* 段梁，它与上述扩大了的刚片之间又是用一铰一杆按两刚片规则相联的，于是这个"大刚片"就更扩大到包含 *BC* 段梁。同样，*CD* 段梁与上述大刚片又是按两刚片规则相联的，*DE* 段梁亦可作同样分析。因此，可知整个体系为几何不变，而且无多余约束。

【例 3-2】试对图 3-15 所示体系进行几何组成分析。

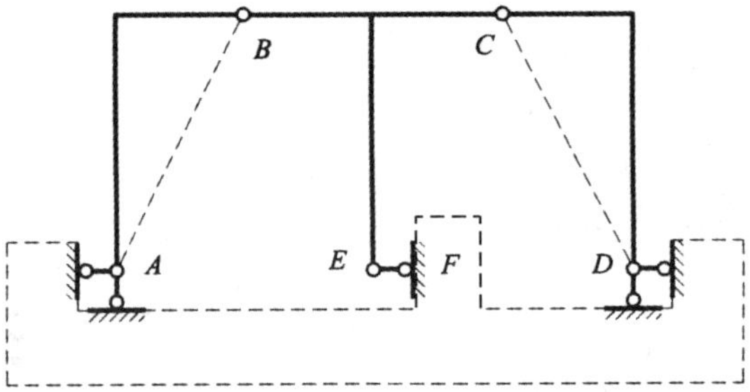

图 3-15

【解】对图 3-15 所示体系进行几何组成分析时，可把地基作为一个刚片，当中的 T 字形部分 *BCE* 作为一个刚片。左边的 *AB* 部分虽为折线，但本身是一个刚片而且只用两个铰与其他部分相联，因此它实际上与 *A*，*B* 两铰连线上的一根链杆（如图中虚线所示）的作用相同。同理，右边的 *CD* 部分也相当于一根链杆。这样，此体系便是两个刚片用 *AB*，*CD* 和 *EF* 三根链杆相联而组成，三杆不全平行也不同交于一点，故为几何不变体系，而且没有多余约束。

【例 3-3】试对图 3-16（a）所示体系进行几何组成分析。

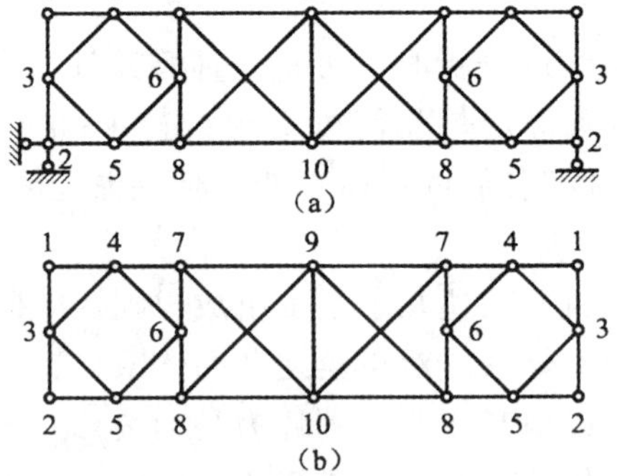

图 3-16

【解】此体系的支座链杆只有三根，且不全平行也不交于一点，若体系本身为一刚片，则它与地基是按两刚片规则组成的，因此只需分析体系本身是不是一个几何不变的刚片即可。对于体系本身（图 3-16（b）），分析时可从左右两边均按结点1，2，3，…的顺序拆去二元体，最后剩下刚片9—10，但当拆到结点6时，即发现二元体的两杆（杆6—7和杆6—8）在一直线上，故知此体系是瞬变的。

对于图3-16（a）所示体系，也可以把中间的9—10杆当作基本刚片，而按结点8，7，…的顺序增加二元体，当加到结点6时同样可发现二元体的两杆在一直线上，故知为瞬变体系。

【例3-4】试分析图3-17所示桁架的几何构造。

【解】根据规则三与规则一或规则二进行判断可知，*ADCF*和*BECG*两部分都是几何不变的，可视为刚片Ⅰ和刚片Ⅱ。此外地基可视为刚片Ⅲ。这样，刚片Ⅰ，Ⅲ之间有杆1，2相联，这相当于用虚铰O相联；同理，刚片Ⅱ，Ⅲ相当于用虚铰*O′*相联；而刚片Ⅰ，Ⅱ则用铰*C*相联。*O*、*O′*、*C*三铰不共线，故此桁架为几何不变体系，而且无多余约束。

【例3-5】试对图3-18（a）所示体系进行几何组成分析。

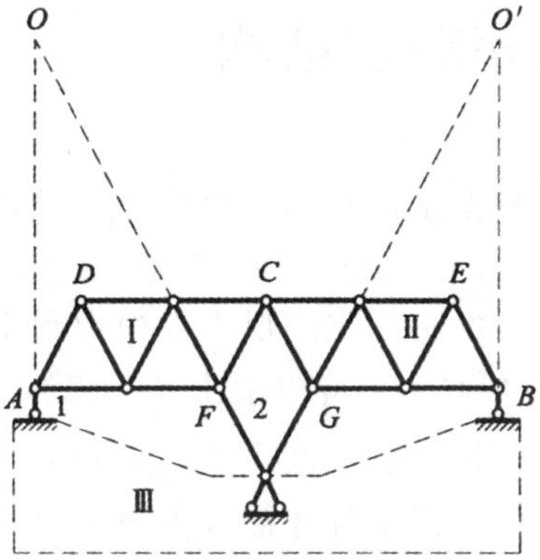

图3-17

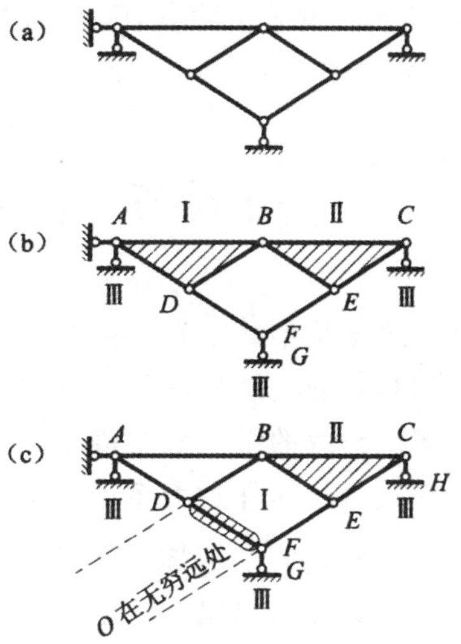

图3-18

【解】首先，可按式（3-2）求其计算自由度：

$W=2j-(b+r)=2\times6-(8+4)=0$

这表明体系具有几何不变所必需的最少约束数目。

其次，进行几何构造分析。

此体系与地基有四根支座链杆相联，因而不能把体系和地基分别看作一个刚片，然后按两刚片规则分析；此外，体系中也无二元体可去。为此，可试用三刚片规则来分析。此时应连同地基一起分析，故首先应将地基作为一刚片，用Ⅲ表示。然后，把三角形*ABD*和*BCE*当作刚片Ⅰ，Ⅱ（图3-18（b））。通过分析知道：刚片Ⅰ，Ⅲ用铰*A*相联结，刚片Ⅰ，Ⅱ用铰*B*相联结，而刚片Ⅱ，Ⅲ之间只有*C*处的一根链杆支座直接相联结，链杆*FG*并不联在刚片Ⅱ上，此外还有杆件*DF*，*EF*没有用上。显然，这样的结果无法利用几何组成的基本规则来进行判断。因此，应该重新选择刚片。通过观察，铰A处的两根支座链杆可看作是地基上增加的二元体，因而可把铰A处的两根支座链杆归属于地基的刚片Ⅲ。此时刚片Ⅲ上一共有AB，AD，FG和CH四根链杆联出，根据四根链杆的联出位置，选择杆件DF（刚片Ⅰ）和三角形BCE（刚片Ⅱ）作为另外两个刚片（图3-18（c））。这样，所有的杆件都已用上，而且符合两两铰联。现分析各铰的位置：

刚片Ⅰ，Ⅲ——用链杆AD，FG相联，虚铰在F点。

刚片Ⅱ，Ⅲ——用链杆AB，CH相联，虚铰在C点。

刚片Ⅰ，Ⅱ——用链杆BD，EF相联。因为此两杆平行，故虚铰O在此两杆延长线上的无穷远处。

由于虚铰O在EF的延长线上，且F，C的连线与EF共线，故C，F，O三铰在一直线上。因此，这是一个瞬变体系。

请读者思考，在图3-18的结构体系中，若使得结构变成几何不变体系应该如何添加约束，如果在铰点F，C或A处增加支座链杆约束能否使得原瞬变体系成为几何不变体系。

第五节　静定结构与超静定结构

在建筑结构中，结构必须是几何不变体系。根据结构有无多余约束，可以分为静定结构和超静定结构两种。

无多余约束的结构称为静定结构。静定结构中的全部支座反力和内力利用静力平衡方程式（平面任意力系即$\sum F_x=0$，$\sum F_y=0$，$\sum M=0$）可以求出唯一解答。

有多余约束的结构称为超静定结构。超静定结构中的全部支座反力和内力用静力平衡方程式无法求出唯一解答，只有补充结构的变形条件才能求得唯一解答。如图3-19所示的超静定梁，有四个支座反力F_{xA}，F_{yA}，F_{yC}，F_{yB}。只用静力学中平面任意力系的三个平衡方程式是不能求解出唯一解答的。

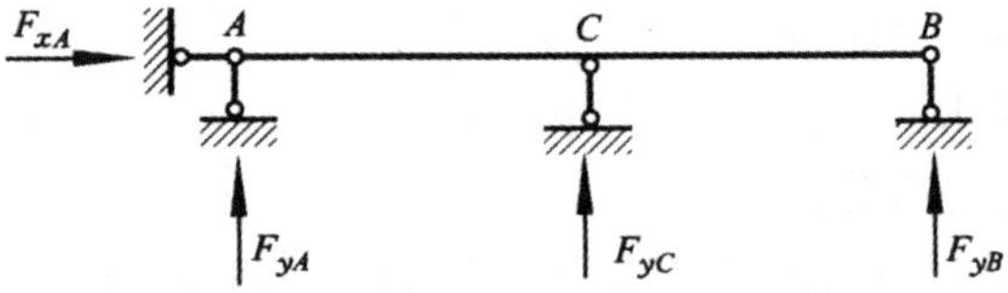

图3-19

根据结构的多余约束数确定超静定的次数。例如，有一个多余约束的结构称之为一次超静定结构，有两个多余约束的结构称之为二次超静定结构，以此类推，有n个多余约束的结构称之为n次超静定结构。对于超静定结构的超静定次数也可以根据体系的计算自由度数求出。例如：图3-19所示结构为超静定结构，其计算自由度为：

$W=3\times1-(2\times0+4)=-1$

那么，该结构的超静定次数为一次，图3-19所示结构是一次超静定梁。

第六节 小结

几何不变体系是指在不考虑材料的应变的假定下，在任意荷载作用下，能保持其几何形状和位置均不改变的体系。

几何可变体系是指即使不考虑材料的应变，在任意荷载作用下，其几何形状和位置也是可以改变的体系。

原为几何可变，经微小位移后即转化为几何不变的体系，称为瞬变体系。瞬变体系也是一种几何可变体系。

几何组成分析的目的在于：

（1）判断某一体系是否为几何不变，从而确定其能否作为结构；

（2）根据体系的几何组成，可以确定结构是否为静定的还是超静定的，从而选定相应的计算方法；

（3）进行几何组成分析，可以搞清楚结构各部分在几何组成上的相互关系，从而选择简便合理的计算顺序。

自由度，是指体系在所受限制的许可条件下，能自由运动时所具有的独立运动方式，也就是体系运动时可以独立变化的几何参变量，或者说确定体系位置所需的独立坐标。平面内自由运动的一个点具有2个自由度，刚片具有3个自由度。

常用的约束有链杆和铰。铰又分单铰、复铰和虚铰。

链杆：一根两端铰接于两个刚片的杆件称为链杆。

单铰：连接两个刚片的铰称为单铰。

复铰：连接多于两根刚片的铰称为复铰。一个连接 n 个刚片的复铰相当于（$n-1$）个单铰；

虚铰：如果两个刚片用两根链杆连接，则两根连杆的作用就和一个位于两根链杆交点的铰的作用完全相同。连接两个刚片的两根链杆相当于一个虚铰，虚铰的位置即在这两根链杆的交点上，这个交点处并没有真正的铰，所以称为虚铰。

平面体系的计算自由度数是指计算体系相对于基础的自由度数。运动参考坐标系设在基础上。计算时可根据体系内包含的刚片数和约束数由下式计算：

$$W=3m-(2h+r)$$

式中，W——体系的计算自由度数；

m——体系中刚片个数；

h——体系中单铰个数（复铰约束情况应换算成等效的单铰个数）；

r——体系中支座链杆数。

如果体系中所有杆件完全由两端铰接的杆件所联结，称为铰接链杆体系。如桁架体系，这类体系在计算自由度时，除可用上式计算外，还可用下面更简便的公式来计算。

$$W=2j-(b+r)$$

式中，j——铰接链杆体系的铰接点个数；

b——铰接链杆体系的杆件个数；

r——铰接链杆体系的支座链杆个数。

按公式计算的任何平面体系的计算自由度数有以下三种情况：

（1）$W>0$，表明体系具有自由度，体系缺少足够的约束，因此肯定是几何可变体系。

（2）$W=0$，表明体系具有成为几何不变所需的最低限约束数目。体系有可能是几何可变体系也有可能是几何不变体系。进一步判断体系是否为几何不变体系，需要利用几何不变体系的基本组成规则来进行判断。

（3）$W<0$，表明体系在约束数目上还有多余，体系具有多余约束，但体系是否几何不变，同样要利用几何不变体系的基本组成规则来进行判断。

几何组成规则：

规则一：一点与一刚片用两根链杆相联结，且两链杆不共线，则组成几何不变的体系，且无多余约束。

推论一：在一个刚片上增加一个二元体，仍为几何不变的体系，而且没有多余约束。

规则二：两个刚片用一个铰和一根链杆相联，且铰和链杆不在一条直线，则组成几何不变的体系，且无多余约束。

推论二：两个刚片用三根链杆相联，且三根链杆不全平行也不交于同一点，组成几何不变体系，且无多余约束。

规则三：三个刚片用三个单铰两两铰联，且三个铰不在同一直线上，则组成几何不变的体系，且无多余约束。

推论三：平面内一个铰接三角形是无多余约束的几何不变体系。

□ 关键概念

几何可变与不变体系　静定与超静定结构　瞬变体系　刚片　自由度　单铰　复铰　虚铰　链杆

□ 复习思考题

3-1　几何组成分析的目的是什么？

3-2　什么是几何不变体系？什么是几何可变体系及瞬变体系？

3-3　自由度的定义是什么？什么是计算自由度？计算自由度有何意义？

3-4　什么叫约束？

3-5　几何组成规则有哪些？

3-6　何谓静定结构？何谓超静定结构？它们之间有何区别与联系？

□ 习题

3-1　试对图示体系作几何组成分析。如果是具有多余联系的几何不变体系，则须指出其多余联系的数目。

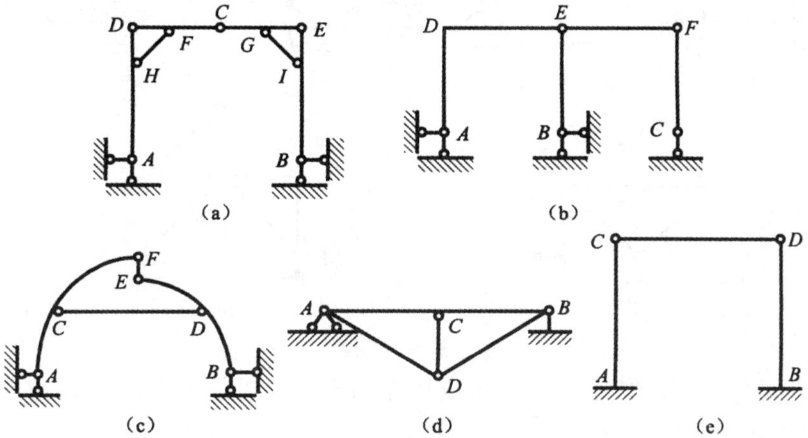

题 3-1 图

3-2　对图示体系作组成分析。

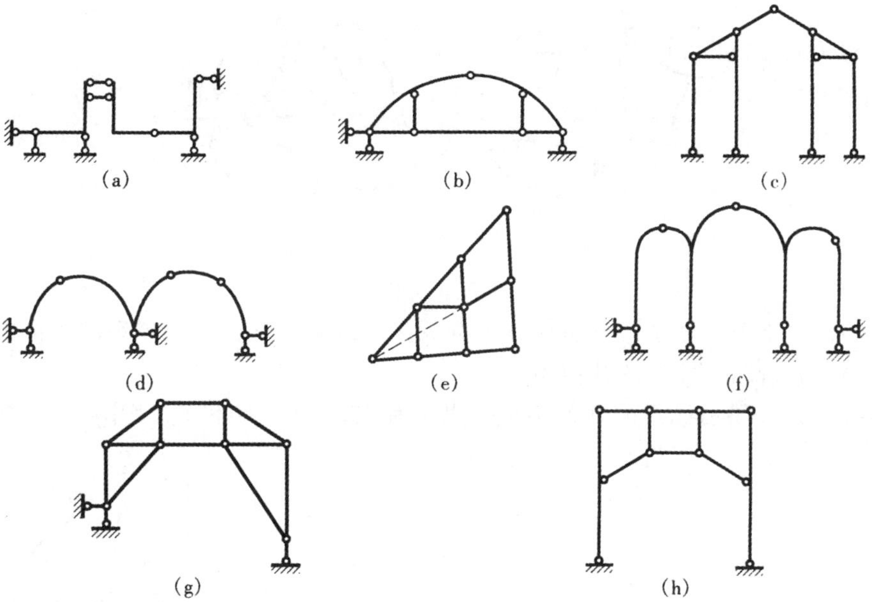

题 3-2 图

3-3　分析图示体系的组成。

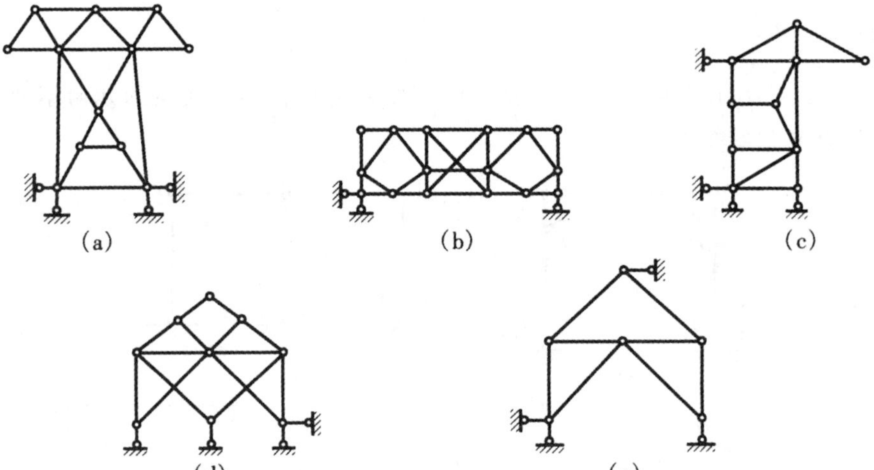

题 3-3 图

3-4 试问对图示体系的几何组成所作的下述分析是否正确。A，B，C 三铰共线，所以为瞬变体系。

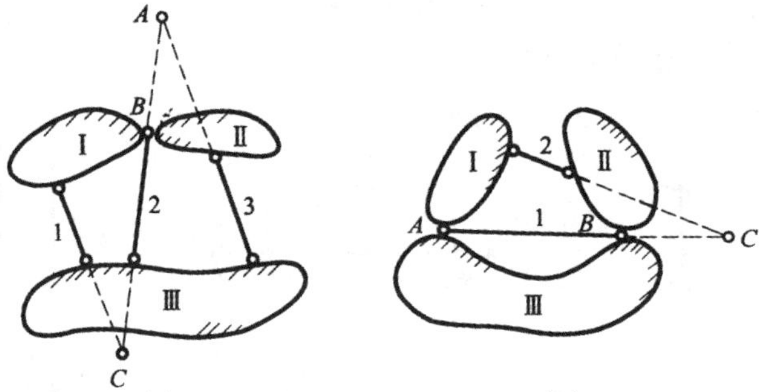

题 3-4 图

3-5 对于图示体系，分析使其成为无多余约束且几何不变体系的可能方案。

3-6 分析图示体系的几何组成。

3-7 分析图示体系的几何组成。若要使其成为几何不变，则对 A 点位置应有何限制。

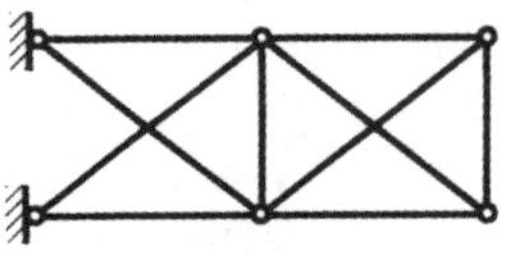

题 3-5 图

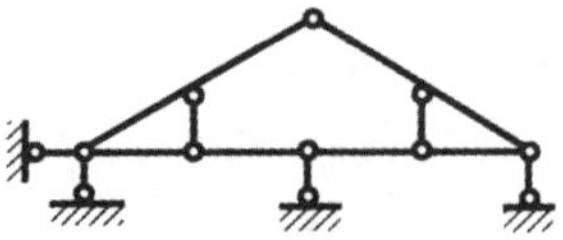

题 3-6 图

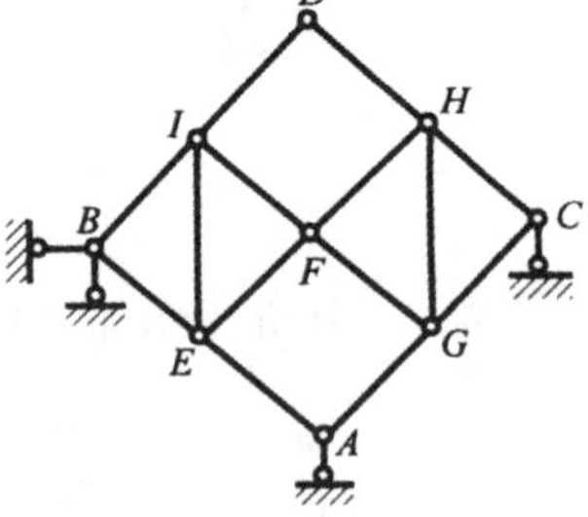

题 3-7 图

第四章

静定结构内力计算

□ 学习目标

理解平衡的概念，明确结构中的各种支座、连接所能提供的基本约束形式；掌握平衡原理与数学的方法，求解不同荷载作用下的结构，杆件截面内力的变化情况，可以用数学函数表达式或图形的方法将其表述出来，是本章的重点内容；熟记简支梁、悬臂梁分别在集中荷载、分布荷载以及集中力偶作用下的弯矩图与剪力图。对于刚架、多跨静定梁等复杂结构，可以采用结构的拆解与叠加过程来绘制其内力图。

第一节　概述

由第三章可知，静定结构是指在任意荷载作用下，其支座反力和各杆的内力均可由静力平衡条件求得，且为唯一量值的结构。因此，静定结构内力的分析方法主要是取分离体（研究体或研究对象），应用平衡条件来计算支座反力和杆件的内力(结构构件因受外力作用，在构件内部各部分之间所产生的相互作用力称为内力)。

在进行结构设计时，应保证结构的各构件能正常地工作，即构件应具有一定的强度、刚度。解决强度、刚度问题，必须首先确定构件的内力，熟练掌握静定结构的受力分析方法，了解其力学性能，对结构设计或选择结构形式时的定性分析是非常重要的。因此，内力计算是建筑力学的重要基础知识，也是进行结构设计的重要一环。掌握静定结构的受力分析方法，其重要意义不仅是因为在建筑工程中，静定结构被广泛地应用；同时也是因为静定结构的受力分析是超静定结构分析的基础。

本章将首先对静定结构进行受力分析，然后对梁、刚架、拱、桁架以及组合结构等常用的典型静定结构进行受力分析，包括支座反力、内力的计算，内力图的绘制和受力性能分析。

在本章中讨论整个结构的计算问题。在学习时应注意以下三个方面的提高：

（1）要从会算单根杆件到会算复杂的静定结构系统。

（2）要了解静力分析与组成分析的内在联系，对静力分析要有一个规律性的认识。

（3）要在静力分析的基础上进一步了解结构的受力性能和结构的合理形式。

受力分析与组成分析之间的联系。组成分析研究的是一个结构如何用单元组合起来，即“如何搭”的问题。受力分析研究的是如何把结构的计算问题分解为杆件的内力计算问题，即“如何拆”的问题。组合与分解、“搭”与“拆”是相反相成的。因此，应当把受力分析与构造分析二者联系起来，根据结构在几何构造上的特点来确定内力计算的合理途径。

第二节 静定结构的受力分析

一、静定结构的支座反力计算

（一）受力分析

静定结构构件受力分析包含两个步骤。一是把所要研究的构件单独分离出来，画出其简图。这一步骤称作取研究对象或取分离体。二是在研究对象或分离体图上画出所受的全部力，这些力包括荷载——主动力以及约束反力。这一步骤称作画受力图。

下面举例说明物体受力分析的方法。

【例4-1】图4-1（a）所示结构中，构件AB和BC的本身自重忽略不计，在结构上分别受荷载F_{p1}和F_{p2}的作用，作构件AB，BC及结构整体的受力图。

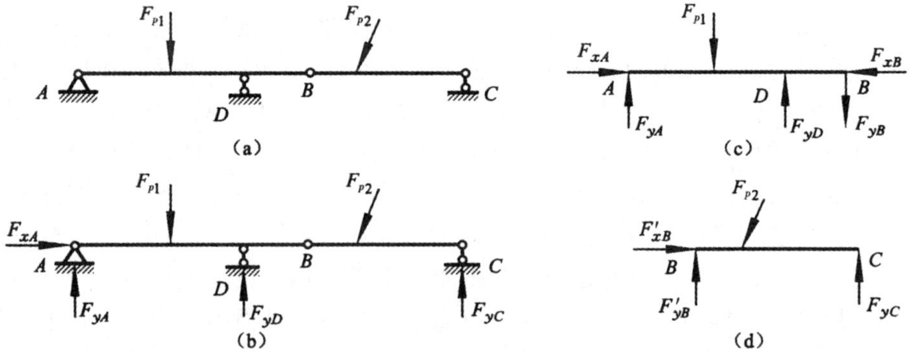

图4-1

【解】构件AB的受力图如图4-1（c）所示。A端为固定铰支座，约束反力用两个垂直的分力F_{xA}和F_{yA}表示（此处利用了正交分解），D处为链杆支座，用沿链杆轴向的支座反力F_{yD}表示（此处利用了二力杆），与BC杆连接处的结点为铰结点，用两个垂直的分力F_{xB}和F_{yB}表示（根据铰结点的功能确定）。其上各约束反力的指向都是假定的。

构件BC的受力图如图4-1（d）所示。其上反力F_{yC}的指向是根据滚动支座的约束功能确定的。反力F'_{xB}，F'_{yB}是图4-1（c）上反力F'_{xB}，F'_{yB}的反作用力，在已经假定了反力F_{xB}，F_{yB}的指向后，反力F'_{xB}，F'_{yB}的指向根据作用、反作用定律确定。

结构整体的受力图如图4-1（b）所示。其上的主动力有F_{p1}和F_{p2}，约束反力有F_{xA}，F_{yA}，F_{yD}，F_{yC}。构件AB和BC在铰B处的相互作用力在图4-1（b）上没有画出，这是因为两个构件相互作用的两对力F_{xB}与F'_{xB}，F_{yB}与F'_{yB}对结构整体来说是作用在一点B上的内部平衡力，已经包含在铰结点内部，所以在整体受力分析时，铰结点处是不应该画出构件AB和BC在铰B处的相互作用力的。

分离体内各构件之间相互作用的力，称为分离体的内力。分离体以外的物体对分离体作用的力，称为分离体的外力。在受力图上只画外力，不画内力。内力、外力因分离体不同而相互转化。如例4-1，当取结构整体为分离体时，铰B处的反力是分离体内两物体之间的相互作用力，是内力；当取构件AB（或BC）为分离体时，铰B处的反力是分离体以外的物体对分离体的作用力，是外力。

作受力分析时应注意以下事项：

（1）作结构上某一构件的受力分析时，必须单独画出该构件的分离体图，不能在整体结构图上作该构件的受力图。例如，例4-1中构件AB的受力图不能作在图4-1（a）上，因为在图4-1（a）上AB所受的力有内力。

（2）作受力图时必须按约束的功能画约束反力，不能根据主观臆测来画约束反力。

（3）作用力与反作用力只能假定其中一个的指向，另一个反方向画出，不能再随意假定指向。

（4）分离体内各构件之间的相互作用力是内力，受力图上不能画出。

（5）同一约束反力在不同受力图上出现时，其指向必须一致，如上例中A点的水平反力F_{xA}在图4-1（b）和图4-1（c）中都出现，在这两个受力图中反力F_{xA}的指向一定要相同。

物体受力分析是进行力学计算的依据。作物体受力分析必须先作出分离体图，再按所受荷载画出主动力，按约束功能画出约束反力。作受力图时，要注意正确运用内力与外力和作用力与反作用力的概念。

（二）静定结构支座反力计算

由第一章可知，如果每个构件都受平面任意力系的作用，可对每一个构件写出三个独立的平衡方程。若结构体系由n个物体组成，则可写出$3n$个独立的平衡方程，可求解$3n$个未知量。假如物体系中有受平面汇交力系或平面平行力系作用的物体，独立的平衡方程数目相应减少。

求解静定结构支座反力，首先对静定结构进行受力分析，然后根据受力图的特征、应用力的平衡条件列平衡方程，最后，解方程求解所有待求支座反力。

下面通过例题来说明如何求解静定结构的支座反力及有关注意事项。

【例4-2】由折杆AC和BC铰接组成的静定三铰刚架结构如图4-2所示，求固定铰支座B的支座反力。

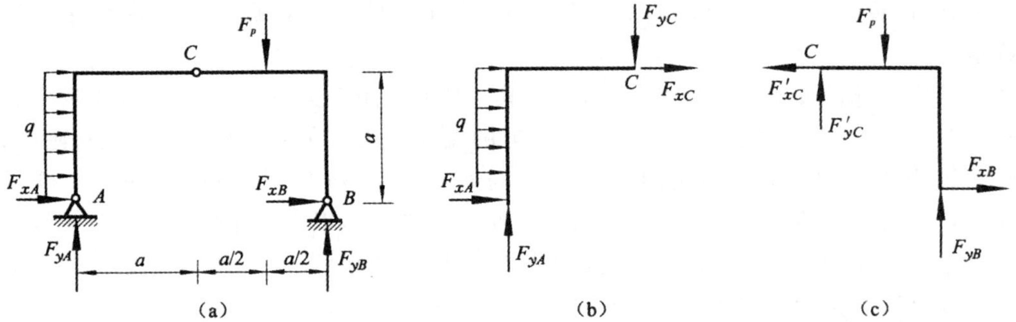

图4-2

【解】首先，对结构进行受力分析，作出整体和各局部（构件AC和BC）的受力图，如图4-2（a)、(b)、(c）所示。

待求未知力F_{xB}，F_{yB}出现在图4-2（a）和图4-2（c）上，断定将从这两个受力图上求得待求未知力。

其次，对受力图进行分析观察。

观察图4-2（a)，其上有四个未知力F_{xA}，F_{yA}，F_{xB}，F_{yB}。对图4-2（a）只能写出三个独立的平衡方程，不可能求出四个未知力。由于F_{xA}，F_{yA}，F_{xB}三个力汇交于A点，对A点取矩列平衡方程可求出待求力F_{yB}。

观察图4-2（c)，其上有四个未知力F_{xB}，F_{yB}，F'_{xC}，F'_{yC}。对图4-2（c）只能写出三个独立的平衡方程，不可能求出四个未知力。但是，如能从其他受力图上求出这四个未知力中的某一个，则另外三个未知力则可全部求出。

从受力图4-2（a）上求出F_{yB}，即可以从受力图4-2（c）中求出F_{xB}。于是本题可按如下两步求解。

第一步：取整体为研究对象，其受力分析图见图4-2（a)，列平衡方程为：

$$\sum M_A=0,\ F_{yB}\ (2a)\ -qa\ (\frac{1}{2}a)\ -F_p\ (\frac{3}{2}a)\ =0$$

解方程得

$$F_{yB}=\frac{1}{4}\ (qa+3F_p)\ (\uparrow)$$

计算结果为正，说明支座反力的假设方向与实际方向一致，反之，相反。计算结果须注明实际方向。

第二步：取BC构件为分离体，其受力分析图见图4-2（c)，列平衡方程为：

$$\sum M_C=0,\ F_{xB}a+F_{yB}a-F_p\ (\frac{a}{2})\ =0$$

解方程得

$F_{xB}=-\frac{1}{4}(qa+F_p)$（←）

如果继续求解其他支座反力，可以按上述步骤进行求解。

二、结构构件的内力及其求法

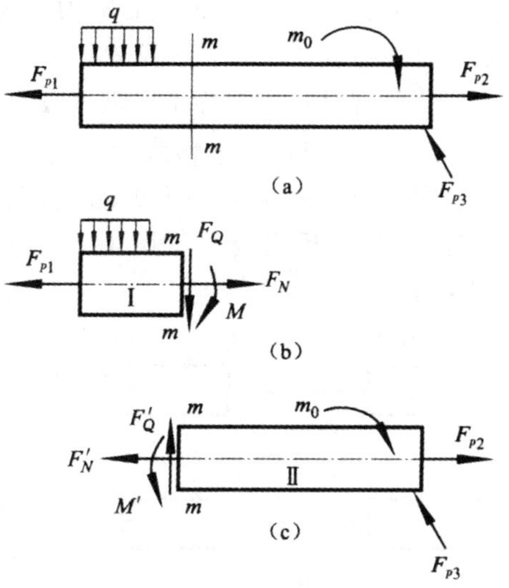

图 4-3

截面的内力是在截面上连续分布的分布力系，当构件所受的外力（包括主动力与支座反力，且都为已知力）为平面任意力系，且力系作用面通过构件的轴线时，作用在截面上的分布力系可以向截面中心简化。由第一章可知，分布力系简化为一合力 F_R 和一力偶 M。此力为分布力系的主矢，此力偶的矩为分布力系的主矩，它们都位于外力作用面——过构件轴线的纵向平面内。将主矢分解为沿构件轴线的分量 F_N 和垂直于轴线（沿横截面）的分量 F_Q，并称 F_N 为轴力，F_Q 为剪力。于是横截面的内力在分离体图上表示为：轴力 F_N、剪力 F_Q 和力偶 M，如图 4-3（b）、（c）所示。力偶 M 的力偶矩称为弯矩。以后，按习惯说法称力偶 M 为弯矩 M（注意：为了与弯矩 M 区分，从现在开始外力偶用 m（或 M_e）表示，如图 4-3 所示）。

由于外力是已知的，所以，轴力 F_N、剪力 F_Q 和弯矩 M 的值可由平面任意力系的三个平衡方程确定。

当构件在荷载作用下处于静定平衡状态时，内力完全可以由静力学平衡方程求得。下面以图 4-3（a）所示构件为例，说明其内力的求解方法，求解内力采用截面法。

所谓截面法是指求某横截面 $m-m$（图 4-3（a））上的内力时，以假想的截面 $m-m$ 为界，将构件截开，分为Ⅰ、Ⅱ两部分（图 4-3（b）、（c）），Ⅰ，Ⅱ两部分在分开处用内力（轴力、剪力和弯矩）代替构件原来的约束（刚性结点），利用静力学平衡方程求此内力，用平衡方程求解其值时，应该任选Ⅰ、Ⅱ两部分中的一个为分离体（图 4-3（b）或图 4-3（c）），将截面内力转化为分离体的外力。

上述分析横截面内力的方法称为截面法。截面法和求解一般力系平衡问题的原理一样，其具体计算方法包括以下三个步骤。

（1）取研究对象（取分离体）。在需要求内力的截面处，假想地将构件截开，分割为两部分，任选二者中的一个为分离体。

（2）画受力图。画出分离体上所受的全部外力。注意，由于在原结构中已经将分离体分离出来了，所以待求的截面内力变为分离体的外力，应在截面中心画出轴

力 F_N、剪力 F_Q 和纵向平面内的弯矩 M。

（3）列平衡方程，求解轴力 F_N、剪力 F_Q 和弯矩 M 的值。

截面内力 F_N，F_Q，M 的方向是待定的。为计算和应用方便，对内力的正负号作如下规定：

轴力符号：当截面上的轴力使分离体受拉时为正，反之为负（图4-4（a））。单位为牛顿或千牛顿（N或kN）。

剪力符号：当截面上的剪力使分离体作顺时针方向转动时为正，反之为负（图4-4（b））。单位为牛顿或千牛顿（N或kN）。

弯矩符号：当截面上的弯矩使分离体上部受压、下部受拉（即构件凹向上弯曲时为正），反之为负（图4-4（c））。单位为牛顿·米或千牛顿·米（N·m或kN·m）。

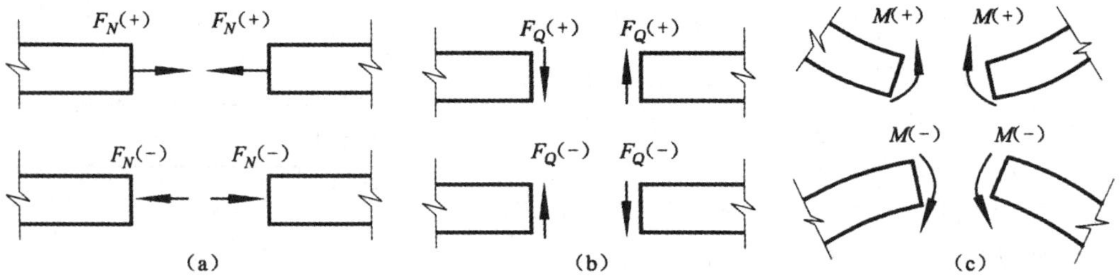

图4-4

画受力图时，内力一般应按正向画出。

必须指出，截面法求内力，实质是以截面为界，求截面两侧的两部分的相互作用力，因此，作用在其中某一部分上的荷载，可在该部分上等效移动，而不影响所求内力的值。但是绝不允许将某一部分上的荷载移到另一部分上，这必然会改变两部分的相互作用力，即改变所求内力的值。

下面通过对如图4-5（a）所示的轴向拉杆求 m-m 横截面上的内力，来说明截面法。

第一步：假想地把杆件沿横截面 m-m 切开为两部分。取任一部分作为研究对象，如图4-5（b）所示，去除另一部分。

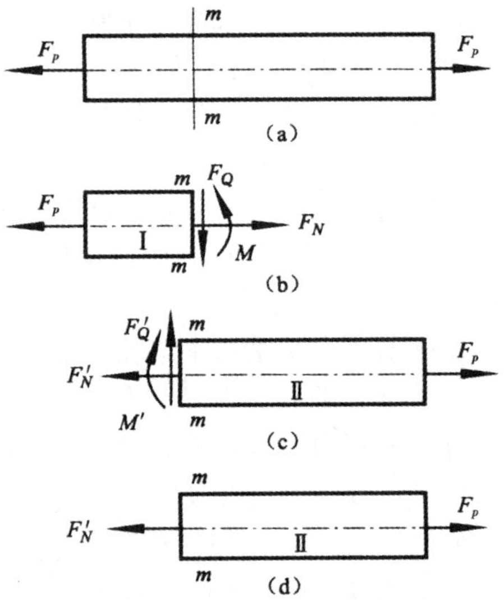

图4-5

第二步：在截离体的截开面上加上原有的内力，使截离体得以像未截开之前一样处于平衡状态。同时，内力一般按正负号规定预设为正值的形式。

第三步：建立截离体的平衡方程，并解出所欲求的内力，求轴力 F_N。由平衡方程 $\sum F_x=0$，有

$F_N-F_p=0$

得到

$F_N=F_p$ (a)

求剪力 F_Q。由平衡方程 $\sum F_y=0$，有

$F_Q=0$ (b)

求弯矩 M。由平衡方程 $\sum M=0$，有

$M=0$ (c)

如果取右边部分为研究对象，如图4-5（c）所示，可以得到同样的结果。特别指出，如果求出的内力为负，则表明实际指向与所设指向相反。

从以上结果看出，其指定截面内力只有轴力 $F_N=F_p$，其余内力为零。这说明杆件在轴向力 F_p 作用下，只存在轴力 F_N。因此，对于轴向受力杆件，对其进行受力分析时，只标出轴力 F_N 就可以了，不用再标出剪力 F_Q 与弯矩 M，如图4-5（d）所示。

【例4-3】图4-6（a）所示为一简支梁，其受力情况如图所示。试求该杆指定截面 C 的内力。

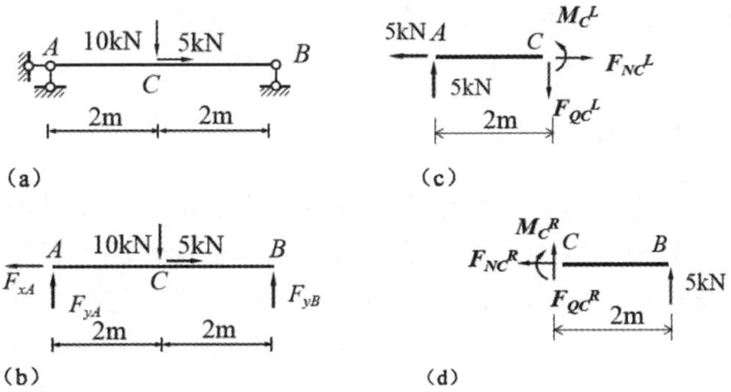

图4-6

【解】（一）首先求支座反力 F_{yA}，F_{xA} 和 F_{yB}。

以 AB 梁为研究对象（分离体），去掉简支梁的支座约束，给出对应的支座约束反力 F_{yA}，F_{xA} 和 F_{yB}。如图4-6（b）所示。

由平衡方程 $\sum M_B=0$，得：$F_{yA}\times4-10\times2=0$，解得：$F_{yA}=5\text{kN}$（↑）

由平衡方程 $\sum F_x=0$，得：$F_{xA}-5=0$，解得：$F_{xA}=5\text{kN}$（←）

由平衡方程 $\sum M_A=0$，得：$F_{yB}\times4-10\times2=0$，解得：$F_{yB}=5\text{kN}$（↑）

亦可由 $\sum F_y=0$ 求得 $F_{yB}=5\text{kN}$（↑）。

即：$F_{yA}+F_{yB}-10=0$，$F_{yB}+5-10=0$，得：$F_{yB}=5\text{kN}$（↑）。

（二）求解C截面内力（轴力 F_{NC}、剪力 F_{QC} 和弯矩 M_C）

1.求解 C 截面左内力（轴力 F_{NC}^L、剪力 F_{QC}^L 和弯矩 M_C^L）。以 C 截面左 AC 梁为研究对象（分离体）。如图4-6（c）所示。

由平衡方程 $\sum F_x=0$，得：$F_{NC}^L-5=0$，解得：$F_{NC}^L=5\text{kN}$（拉力）。

由平衡方程$\sum F_y=0$，得：$F_{QC}{}^{L}-5=0$，解得：$F_{QC}{}^{L}=5\text{kN}$。

由平衡方程$\sum M_C=0$，得：$M_C{}^{L}-5\times2=0$，解得：$M_C{}^{L}=10\text{kN}\cdot\text{m}$。

2.求解C截面右内力（轴力$F_{NC}{}^{R}$、剪力$F_{QC}{}^{R}$和弯矩$M_C{}^{R}$）。以C截面右CB梁为研究对象（分离体）。如图4-6（d）所示。

由平衡方程$\sum F_x=0$，得：$F_{NC}{}^{R}=0$。

由平衡方程$\sum F_y=0$，得：$F_{QC}{}^{R}+5=0$，解得：$F_{QC}{}^{R}=-5\text{kN}$。

由平衡方程$\sum M_C=0$，得：$M_C{}^{R}-5\times2=0$，解得：$M_C{}^{R}=10\text{kN}\cdot\text{m}$。

从以上结果看出，其指定C截面内力（轴力不同，$F_{NC}{}^{L}=5\text{kN}$（拉力），$F_{NC}{}^{R}=0$；剪力不同，$F_{QC}{}^{L}=5\text{kN}$，$F_{QC}{}^{R}=-5\text{kN}$；弯矩相同，$M_C{}^{L}=M_C{}^{R}=10\text{kN}\cdot\text{m}$）。这说明杆件在受有集中力作用时，集中力作用截面$C$处，轴力$F_N$有突变（轴力$F_N$突变的大小与对应的轴向集中力大小相等）；剪力$F_Q$有突变（剪力$F_Q$突变的大小与对应的竖向集中力大小相等）；只有弯矩不变（弯矩大小不受集中力影响）。

提醒注意：取隔离体时：

（1）正确选择隔离体，标上隔离体承受的全部荷载。

（2）隔离体的约束必须全部断开，用相应的约束力（约束反力或内力）来代替。

三、内力图

在工程设计中，为了保证结构的安全以及正常使用，需要对杆件的任一截面的内力进行考察，然后根据内力的变化情况对结构进行设计。为了直观地表达杆件内力变化情况，常借助内力图形，即内力图。内力图是指取与杆件轴线平行的横坐标轴表示各横截面位置，以纵坐标表示相应的内力（轴力F_N、剪力F_Q和弯矩M）值，作出内力沿轴线变化的图形。经常用到的有轴力图、剪力图和弯矩图。下面分别对这三种图形的具体做法进行介绍。

（一）轴力图

杆件受多个轴向外力作用，杆件各横截面上的轴力的大小与性质（拉、压）可用轴力图表示。轴力图的x横坐标轴平行于杆件轴线，表示相应的横截面位置，纵坐标表示轴力值，如果轴力为轴向拉力（正值），则在图中标注正号；反之，轴向压力（负值），则在图中标注负号。在轴力图中，一定要注明对应的正负符号。根据轴力图可找到杆件最大轴向力$F_{N\max}$的位置。

【例4-4】图4-7（a）所示为一等直杆，其受力情况如图4-7（a）所示。所有水平荷载皆沿直杆杆轴作用，水平荷载$F_{p1}=30\text{kN}$作用在B截面，作用方向向右，水平荷载$F_{p2}=70\text{kN}$作用在C截面，作用方向向左，水平荷载$F_{p3}=50\text{kN}$作用在D截面，作用方向向右。作图4-7（a）中杆件的轴力图。

【解】（1）轴力计算。

首先求支座反力F_{xA}。以AD杆为分离体，如图4-7（b）所示，由平衡方程$\sum F_x=0$，有

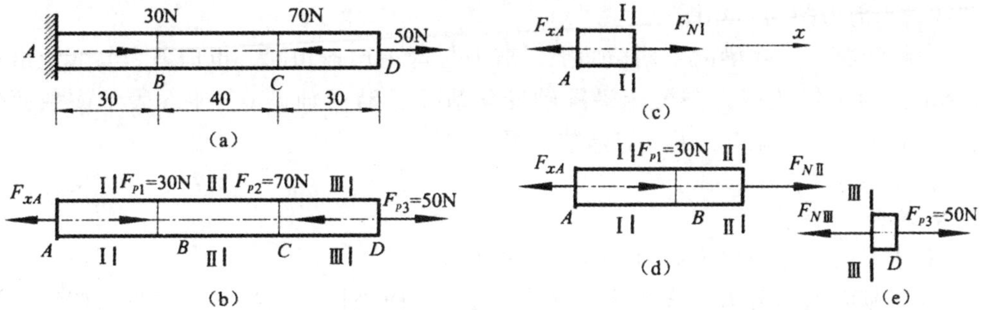

图 4-7

$F_{xA}-F_{p1}+F_{p2}-F_{p3}=0$

$F_{xA}-30+70-50=0$

$F_{xA}=10\text{N}$（←）

因为外力作用在杆件的轴线上，所以固定端支座A的竖向约束反力及约束反力偶均为零。

求AB段（$0\leqslant x\leqslant 30$）轴力$F_{N\mathrm{I}}$。假想用截面Ⅰ-Ⅰ将杆分割为两部分（如图4-7（b）所示）：以左部分为隔离体，如图4-7（c）所示。受力图上只有A端反力F_{xA}以及截面Ⅰ-Ⅰ上的轴力$F_{N\mathrm{I}}$，截面的剪力$F_{Q\mathrm{I}}$和截面弯矩M_{I}可由平衡方程判定为零。列平衡方程$\sum F_x=0$，解得

$F_{N\mathrm{I}}=F_{xA}=10\text{N}$（拉力）

轴力$F_{N\mathrm{I}}$为正值，表明$F_{N\mathrm{I}}$是拉力。

求BC段（$30\leqslant x\leqslant 70$）轴力$F_{N\mathrm{II}}$。取截面Ⅱ-Ⅱ左侧为分离体（研究对象），受力图如图4-7（d）所示。由平衡方程$\sum F_x=0$，解得

$F_{N\mathrm{II}}=F_{xA}-F_{p1}=-20\text{N}$（压力）

轴力$F_{N\mathrm{II}}$为负值，表明$F_{N\mathrm{II}}$是压力。

求CD段（$70\leqslant x\leqslant 100$）轴力$F_{N\mathrm{III}}$。取截面Ⅲ-Ⅲ右侧为分离体，受力图如图4-7（e）所示。由平衡方程$\sum F_x=0$，解得

$F_{N\mathrm{III}}=F_{p3}=50\text{N}$（拉力）

轴力$F_{N\mathrm{III}}$为正值，表明$F_{N\mathrm{III}}$是拉力。

由图4-7（a）分析可知，在整个杆件上，轴力分为三段AB，BC和CD，由计算得知，每段轴力均匀分布，且大小分别为$F_{N\mathrm{I}}=10\text{N}$，$F_{N\mathrm{II}}=-20\text{N}$和$F_{N\mathrm{III}}=50\text{N}$。

（2）绘制轴力图

以直杆轴线为x轴，相应截面上的轴力为纵坐标，绘出轴力图，如图4-8所示。注意，轴力图的轴力位置与原杆件的横截面位置是一一对应的。轴力图可以画在杆件任意一侧，但必须在图中注明正负号。一般情况下，拉力画在杆轴上侧，压力画在杆轴下侧。

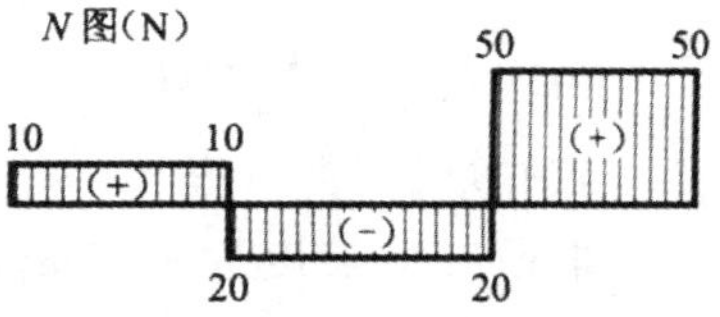

图 4-8

（二）剪力图与弯矩图

一般情况下，在梁的不同截面上，剪力与弯矩均不相同，也即剪力与弯矩沿梁轴变化。为了描述剪力与弯矩沿梁轴变化情况，沿梁轴设立坐标x表示横截面位置，建立剪力、弯矩与坐标x的函数关系，即

$F_Q=F_Q(x)$

$M=M(x)$

上述关系式分别称为剪力方程与弯矩方程。

以横截面上的剪力或弯矩为纵坐标，以x为横坐标，根据剪力方程与弯矩方程分别绘制剪力与弯矩沿梁轴变化的图线，分别称为剪力图与弯矩图。绘图时将正值的剪力画在x轴上侧（要标明正负号），将正值的弯矩画在梁的受拉侧，也就是画在x轴下侧（可不标明正负号）。

【例4-5】作图4-9（a）所示构件的剪力图和弯矩图。

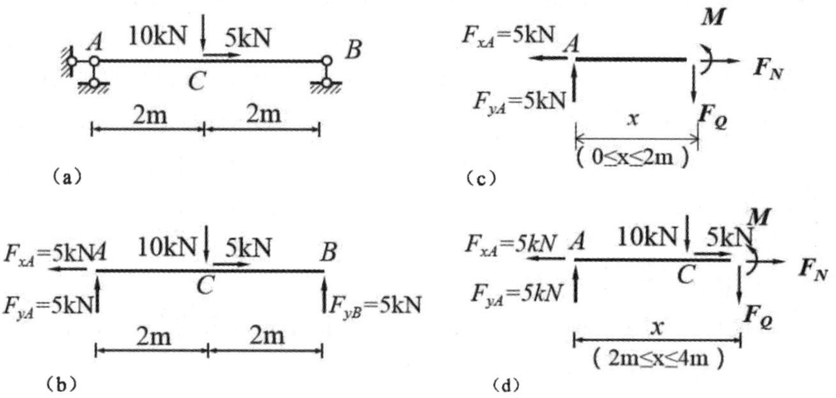

图4-9

【解】求解图4-9（a）的支座反力。

支座反力求解过程见【例4-3】。

计算结果如图4-9（b）所示。

求AC段内力方程。

取研究体长度为x（$0\le x\le 2$m），在分离体的截取端标注内力（按内力规定正值方向标注），如图4-9（c）所示。

由平衡方程$\sum F_x=0$，得：$F_N=0$，解得：$F_N=5$kN（拉力）。

由平衡方程$\sum F_y=0$，得：$F_Q-5=0$，解得：$F_Q=5$kN。

由平衡方程$\sum M=0$，得：$M-5x=0$，解得：$M=5x$。

求CB段内力方程。

取研究体长度为x（2m$\le x\le$4m），在分离体的截取端标注内力（按内力规定正值方向标注），如图4-9（d）所示。

由平衡方程$\sum F_x=0$，得：$F_N-5+5=0$，解得：$F_N=0$。

由平衡方程$\sum F_y=0$，得：$F_Q+10-5=0$，解得：$F_Q=-5\text{kN}$。

由平衡方程$\sum M=0$，得：$M-5x+10\times(x-2)=0$，解得：$M=-5x+20$。

根据上述求得的内力方程画内力图。内力图（轴力图、剪力图和弯矩图）如图4-10所示。轴力图和剪力图在杆轴上侧为正值，弯矩图在杆轴下侧为正值。内力图中垂直于杆轴的竖直线表示对应截面的内力值的大小。

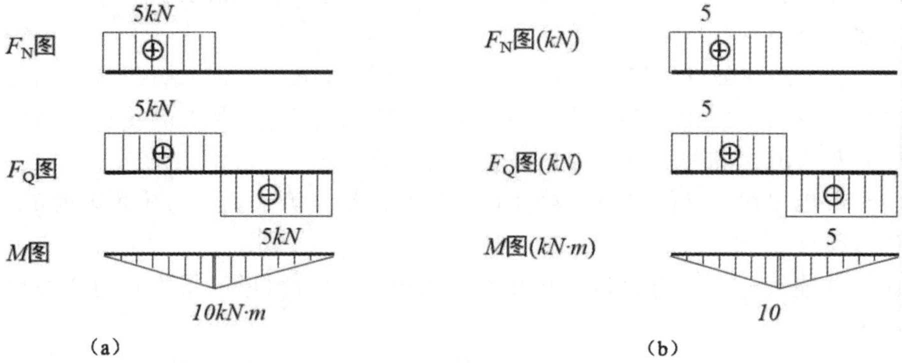

图4-10

一般情况下，建议采用图4-10（b）所示画法（图名标注内力的单位，图中标注内力数值）。

提醒说明：轴力图和剪力图可以画在杆件的任意一侧，但必须注明正负号，弯矩图画在杆件受拉一侧，不用注明正负号。

四、荷载与内力之间的关系

（一）荷载与内力之间的微分关系

在荷载连续分布的直杆段内，取微段 dx 为分离体，如图4-11所示。其中q_x和q_y分别为沿x和y方向的集度荷载。由微段的三个平衡条件可得到

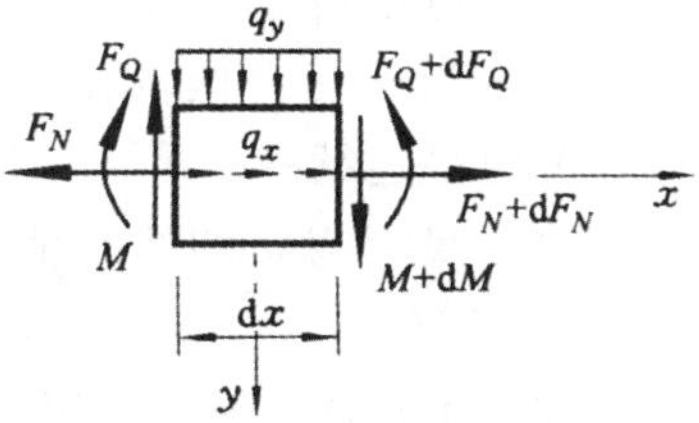

图4-11

$\sum F_x=0$，$-F_N+(F_N+\mathrm{d}F_N)+q_x\mathrm{d}x=0$

解方程得

$$\frac{\mathrm{d}F_N}{\mathrm{d}x}=-q_x \tag{4-1}$$

$\sum F_y=0$，$-F_Q+(F_Q+\mathrm{d}F_Q)+q_y\mathrm{d}x=0$

解方程得

$$\frac{\mathrm{d}F_Q}{\mathrm{d}x}=-q_y \tag{4-2}$$

以微段右端截面形心为力矩中心，力矩平衡方程为

$\sum M=0$，$M-(M+\mathrm{d}M)+F_Q\mathrm{d}x-q_y\mathrm{d}x\dfrac{\mathrm{d}x}{2}=0$

略去高阶微量后，解方程得

$$\frac{dM}{dx}=F_Q \tag{4-3}$$

由式（4-2）和式（4-3），还可以得到下式

$$\frac{d^2M}{dx^2}=-q_y \tag{4-4}$$

式（4-1）~式（4-3）就是在荷载连续分布的直杆段内内力M，F_Q，F_N与荷载集度q_x，q_y之间的微分关系。其中，x和q_x以向右为正，y和q_y以向下为正。

上述微分关系的几何意义是：

（1）轴力图在某点的切线斜率等于该点的荷载集度q_x，但二者正负号相反。

（2）剪力图在某点的切线斜率等于该点的荷载集度q_y，但二者正负号相反。

（3）弯矩图在某点的切线斜率等于该点的剪力。

（4）弯矩图在某点的二阶导数（斜率的变化率）等于该点的荷载集度q_y，但二者正负号相反。

在荷载连续分布的直杆段，由微分关系可知内力图形的特点。可以总结如下规律：

（1）在q_x=0的区段，F_N图为水平线；在q_x为非零常数的区段，F_N图为斜直线。

（2）在q_y=0的区段，F_Q图为水平线，M图为斜直线；在q_y为非零常数的区段，F_Q图为斜直线，M图为二次抛物线；当荷载向下时，M曲线向下凸。

（3）当只有水平集中力F_x作用时，两侧轴力的增量为$-F_x$，轴力图此处有突变；但剪力、弯矩是连续的。

（4）当只有竖向集中力F_y作用时，两侧剪力的增量为$-F_y$，剪力图此处有突变；但轴力、弯矩是连续的。

（5）当只有力偶m作用时，两侧弯矩的增量是m，弯矩图此处有突变；但轴力、剪力是连续的。

（6）最大弯矩的绝对值，可能在F_Q=0的截面上，也可能在集中力或集中力偶作用处。

表4-1为剪力图、弯矩图的一些规律的汇总。

表 4-1 **剪力图、弯矩图的一些规律的汇总**

荷载	q_y=0	q_y>0（向下）	q_y<0（向上）	集中力F_y	集中力偶m
剪力图	水平直线	下斜直线 	上斜直线 	突变	
弯矩图	斜直线 	凹曲线 	凸曲线 	拐角 	突变

（二）荷载与内力之间的积分关系

从直杆中取出荷载连续分布的段AB（如图4-12所示），由式（4-1）到式（4-3）积分可得

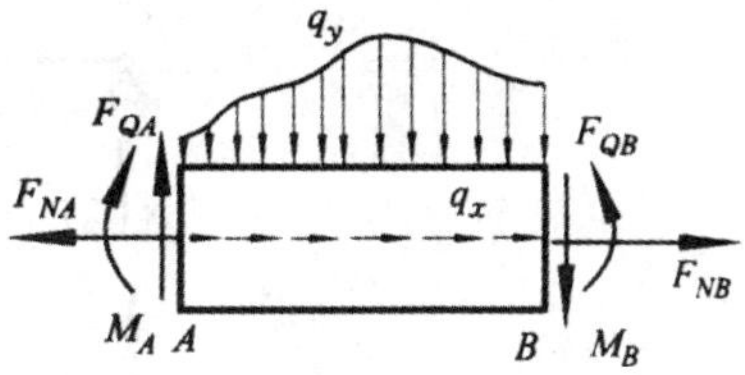

图4-12

$$\left.\begin{aligned}F_{NB}-F_{NA}&=-\int_{x_A}^{x_B}q_x\mathrm{d}x\\F_{QB}-F_{QA}&=-\int_{x_A}^{x_B}q_y\mathrm{d}x\\M_B-M_A&=\int_{x_A}^{x_B}F_Q\mathrm{d}x\end{aligned}\right\}\tag{4-5}$$

式（4-5）是内力与荷载间的积分关系。式（4-5）的第一式表明，A，B两点处的轴力之差，等于此两点间的轴向分布荷载图面积的负值；式（4-5）的第二式表明，A，B两点处的剪力之差，等于此两点间的竖向分布荷载图面积的负值；式（4-5）的第三式表明，A，B两点处的弯矩之差，等于此两点间的剪力图面积。

如果AB段内除分布荷载q_x和q_y外，还作用有集中力和集中力偶，则积分关系式（4-5）应改写为

$$\left.\begin{aligned}F_{NB}&=F_{NA}-\int_{x_A}^{x_B}q_x\mathrm{d}x-\sum_A^B F_x\\F_{QB}&=F_{QA}-\int_{x_A}^{x_B}q_y\mathrm{d}x-\sum_A^B F_y\\M_B&=M_A+\int_{x_A}^{x_B}F_Q\mathrm{d}x+\sum_A^B m\end{aligned}\right\}\tag{4-6}$$

式（4-6）各式表明：

（1）B端的轴力等于A端的轴力减去该段分布荷载q_x图的面积（即该段的合力），再减去AB段内水平集中力的代数和；

（2）B端的剪力等于A端的剪力减去该段分布荷载q_y图的面积（即该段的合力），再减去AB段内竖向集中力的代数和；

（3）B端的弯矩等于A端的弯矩加上该段剪力图的面积（即该段的合力），再加上AB段内集中力偶（外力偶顺时针为正）的代数和。

导出荷载与内力之间的关系后，给绘制内力图带来了方便。

（三）利用荷载与内力之间的关系画内力图

根据荷载与内力之间的关系以及剪力图、弯矩图的一些规律，可以不必求出剪力方程和弯矩方程，直接快捷地画出剪力图和弯矩图。这种绘制内力图方法称为简易法。

下面通过具体例子加以说明。

【例4-6】试利用荷载集度、剪力和弯矩之间的微分关系，快捷地画出图4-13（a）的弯矩图。

【解】座（1）求支座反力

画出支座反力F_{yA}和F_{yB}，由平衡方程

$$\sum M_B=0$$

$$F_{yA}2a+qa^2-qa\times a-\frac{1}{2}qa^2=0$$

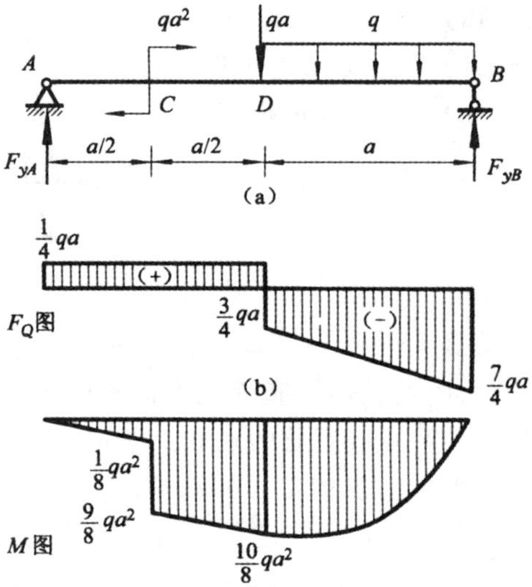

图4-13

$\sum F_y=0$，$F_{yA}+F_{yB}-qa-qa=0$

得到

$F_{yA}=\frac{1}{4}qa$（↑），$F_{yB}=\frac{7}{4}qa$（↑）

（2）画剪力图

A点剪力为$F_{yA}=\frac{1}{4}qa$，AD段没有分布荷载作用，剪力为水平直线。D点剪力突变，突变值qa，$F_{QDB}=\frac{1}{4}qa-qa=-\frac{3}{4}qa$。$DB$段有均布荷载，剪力为下斜直线，$F_{QBD}=-\frac{3}{4}qa-qa=-\frac{7}{4}qa$（或根据$B$点的剪力为$-F_{yB}=-\frac{7}{4}qa$），用直线连接$D$和$B$的剪力值，即为$DB$段剪力图。梁的剪力图如图4-13（b）所示。

验证

$F_{QB}-F_{QDB}=-\int_D^B q\mathrm{d}x=-q\times a=-qa$

由此得

$F_{QB}=-qa+F_{QDB}=-qa-\frac{3}{4}qa=-\frac{7}{4}qa$

（3）画弯矩图

A点为铰支座，弯矩为零。AC段剪力图为水平线，弯矩图为下斜直线，$M_c-M_A=\int_A^C F_Q\,\mathrm{d}x=\frac{a}{2}\times\frac{1}{4}qa$，$M_C=M_A+\frac{a}{2}\times\frac{1}{4}qa=\frac{1}{8}qa^2$。$C$点作用集中力偶，弯矩在$C$点发生突变，突变值为$qa^2$，突变台阶向下（和集中力偶的向左箭头的方位相同），$M_{CD}-M_C=qa^2$，$M_{CD}=M_C+qa^2=\frac{9}{8}qa^2$。

CD段剪力图为水平线，弯矩图为下斜直线，$M_D-M_{CD}=\int_C^D F_Q\mathrm{d}x=\frac{a}{2}\times\frac{1}{4}qa=\frac{1}{8}qa^2$，

$M_D=M_{CD}+\frac{1}{8}qa^2=\frac{9}{8}qa^2+\frac{1}{8}qa^2=\frac{10}{8}qa^2$。$DB$段剪力图为斜直线，弯矩图为二次抛物线（凹曲线），$B$点为铰支座，弯矩为零，用曲线连接$D$，$B$两点坐标值，就是$DB$段弯矩图。梁的弯矩图如图4-13（c）所示。

验证

$$M_B-M_D=\int_B^D F_Q\mathrm{d}x=-\frac{1}{2}\left(\frac{3}{4}qa+\frac{7}{4}qa\right)a=-\frac{10}{8}qa^2,\ M_D=\frac{10}{8}qa^2$$

五、静定结构的内力计算

由前述章节可知，建筑力学研究的静定结构是通过某些装置与大地或其他固定结构体系连接而形成的。具有连接作用的装置称之为支座。静定结构在已知力作用下，其支座反力是未知的。如果求出静定结构中的支座反力，则静定结构求解内力的问题就变成杆件的内力的求解问题。因此，静定结构的内力求解可按下述步骤进行：

第一步：计算结构的支座反力；

第二步：取分离体；

第三步：列出分离体的力系平衡方程式；

第四步：画出内力图。

图4-14（a）~（e）中，图示出了静定结构的各种类型，按顺序分别为：静定梁、静定刚架、三铰拱、静定桁架及静定组合结构。静定结构在实际工程中应用很广，如多跨静定梁可用作檩条，桁架及三铰拱可用作桥梁或屋盖支承体系的结构形式等。

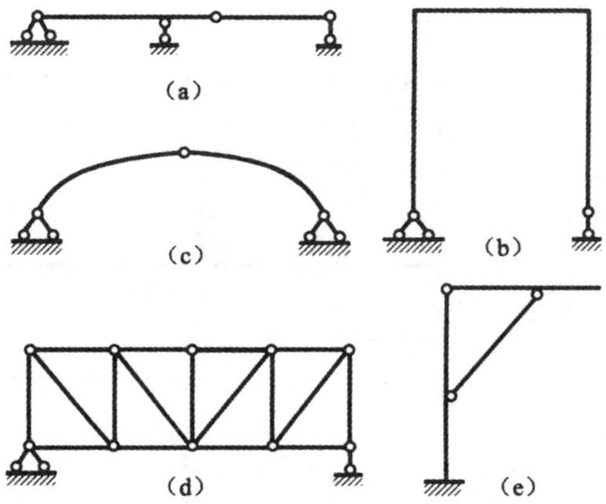

图4-14

下面通过对梁、刚架、拱、桁架以及组合结构等常用的典型静定结构进行受力分析，来掌握静定结构内力计算的方法与步骤。具体内容包括：支座反力、内力的计算，内力图的绘制和结构受力性能分析。

第三节　静定梁的内力计算

梁属于受弯构件，工程上常用的梁一般为等直梁。静定梁按跨数不同分为单跨静定梁和多跨静定梁两类。梁可以跨越水平空间，并借助支座将自身固定在大地或其他固定的结构上。梁在相邻两个支座之间的部分称为跨，而支座之间的距离称为跨度。

一、单跨梁的内力计算

（一）单跨静定梁的计算

单跨梁有简支梁（如图4-15（a）所示）、外伸梁（如图4-15（b）所示）和悬臂梁（如图4-15（c）所示）三种型式。它们的支座反力都只有三个，可由平面力系的三个平衡方程求出。

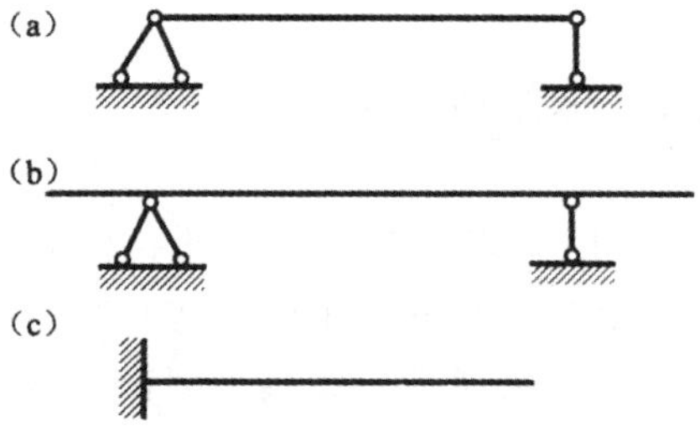

图4-15

现以简支梁在跨度中点作用集中力 F_p 为例说明求梁的内力的方法。

【例4-7】一简支梁如图4-16（a）所示。简支梁在跨度中点作用集中力 F_p。梁的跨度为 l，求指定截面Ⅰ-Ⅰ的剪力和弯矩（Ⅰ-Ⅰ截面距梁的 A 端距离为 a）。

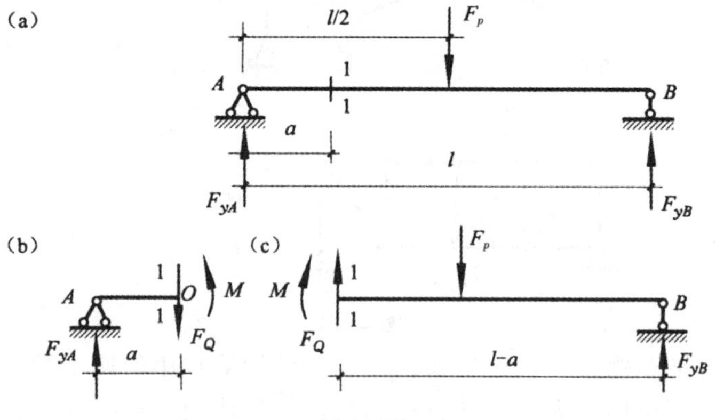

图4-16

【解】（1）求梁的支座反力。

由整体平衡及对称条件得：

$F_{yA}=F_{yB}=\frac{F_p}{2}$

（2）求Ⅰ-Ⅰ截面上的内力。

杆上外力均为已知，可求任意截面的内力。取左段为分离体，如图4-16（b）所示。在Ⅰ-Ⅰ截面处假想地切开，考察左段梁的平衡，在左段梁上作用有平行于横截面的外力 F_{yA}，为了保持左段梁的平衡，必须满足平衡方程式 $\sum F_y=0$ 和 $\sum M=0$。因此，横截面Ⅰ-Ⅰ上必定有两个内力分量，即平行于横截面的竖向内力 F_Q 和位于荷载作用平面内的内力偶矩 M。此处，F_Q 称为剪力，因为它使梁发生相对错动，产生剪切的效果；M 称为弯矩，它使梁发生弯曲变形。

由

$\sum F_y=0$

则

$F_{yA}-F_Q=0 \quad F_Q=F_{yA}=\frac{F_p}{2}$

再对Ⅰ-Ⅰ截面的形心 O 取矩，

由 $\sum M_O=0$

$M-F_{yA}a=0$

$M=F_{yA}a=\frac{F_p}{2}a$

F_Q，M 均为正值，说明假设方向正确。

如果考察右段梁的平衡如图4-16（c），同样可得出Ⅰ-Ⅰ截面上的剪力 F_Q 和弯矩 M，它们与考察左段梁的平衡所得出的结果在数值上相同，在方向和转向上则相反。出现这个结果的原因是它们具有作用力与反作用力的关系。

【例4-8】如图4-17（a）所示，悬臂梁受集中力 F_p 作用，试作此梁的剪力图和弯矩图。

【解】（1）列剪力方程和弯矩方程

取分离体如图4-17（b）所示，以梁左端 A 点为 x 轴坐标原点。

由 $\sum F_y=0$，得：

$F_Q(x)+F_p=0$

由 $\sum M=0$，得：

$M(x)+F_px=0$

于是剪力方程和弯矩方程分别为：

$F_Q(x)=-F_p \quad (0<x<l)$　（a）

$M(x)=-xF_p \quad (0\leq x<l)$　（b）

（2）作剪力图和弯矩图

式（a）表明，剪力图是一条平行于 x 轴的直线，且位于 x 轴下方，如图4-17（c）所示。式（b）表明，弯矩图是一条倾斜直线，只需确定梁上两点弯矩值，便可画出弯矩图。由式（b），当 $x=0$ 时，$M_A=0$；当 $x=l$ 时，$M_B=-F_pl$。画出的弯矩图如

图4-17（d）所示。

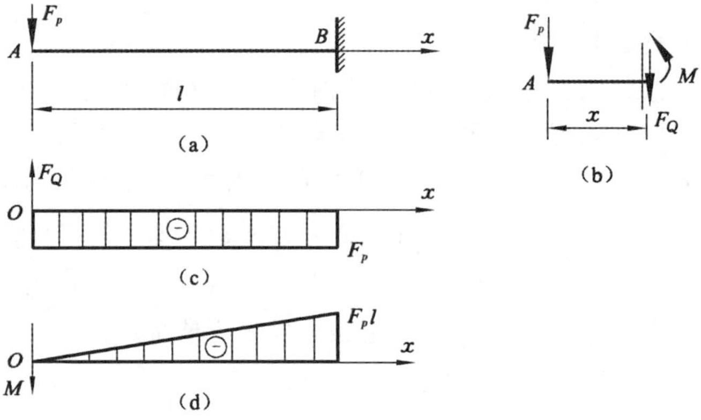

图4-17

【例4-9】如图4-18（a）所示，悬臂梁受集中力偶M_e作用，试作此梁的剪力图和弯矩图。

【解】（1）列剪力方程和弯矩方程

取分离体如图4-18（b）所示，以梁左端A点为x轴坐标原点。

由$\sum F_y=0$，得：

$F_Q(x)=0$

由$\sum M=0$，得：

$M(x)-M_e=0$

于是剪力方程和弯矩方程分别为：

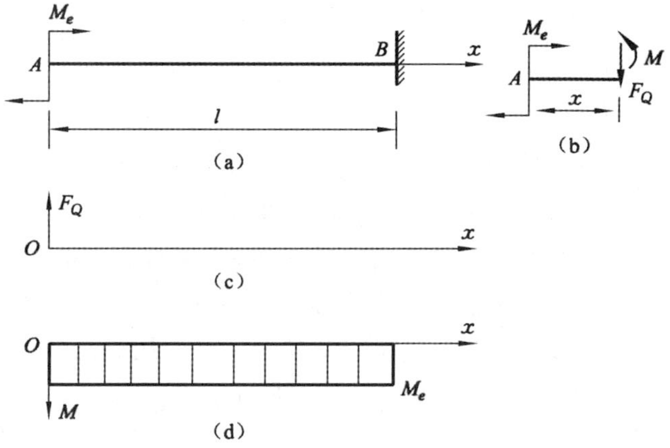

图4-18

$F_Q(x)=0 \quad (0<x<l)$ (a)

$M(x)=M_e \quad (0\leqslant x<l)$ (b)

（2）作剪力图和弯矩图

式（a）表明，剪力图是零线，与x轴重合，如图4-18（c）所示。式（b）表明，弯矩图是一条直线，画出的弯矩图如图4-18（d）所示。

【例4-10】如图4-19（a）所示，悬臂梁受均布荷载q作用，试作此梁的剪力图和弯矩图。

解：（1）列剪力方程和弯矩方程

取分离体如图4-18（b）所示，以梁左端A点为x轴坐标原点。

由$\sum F_y=0$，得：

$F_Q(x)+qx=0$

由$\sum M=0$，得：

$M(x)+\frac{1}{2}qx^2=0$

于是剪力方程和弯矩方程分别为

$F_Q(x)=-qx \quad (0<x<l)$　　(a)

$M(x)=-\frac{1}{2}qx^2 \quad (0\leqslant x\leqslant l)$　　(b)

（2）作剪力图和弯矩图

式（a）表明，剪力图是一条斜直线，如图4-19（c）所示。式（b）表明，弯矩图是二次曲线，画出的弯矩图如图4-19（d）所示。

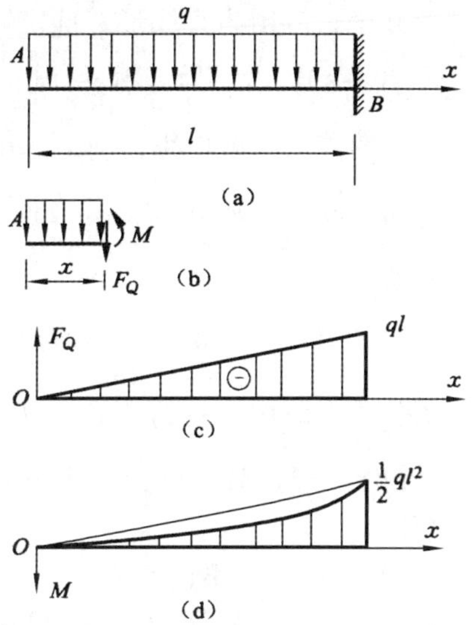

图4-19

【例4-11】如图4-20（a）所示，简支梁AB受一集度为q的均布荷载作用，试作此梁的剪力图和弯矩图。

【解】分析：先求梁的支座反力。如图4-20（b）所示，取左边x长的分离体，x处截面的内力按正方向假设，利用平衡方程求解。

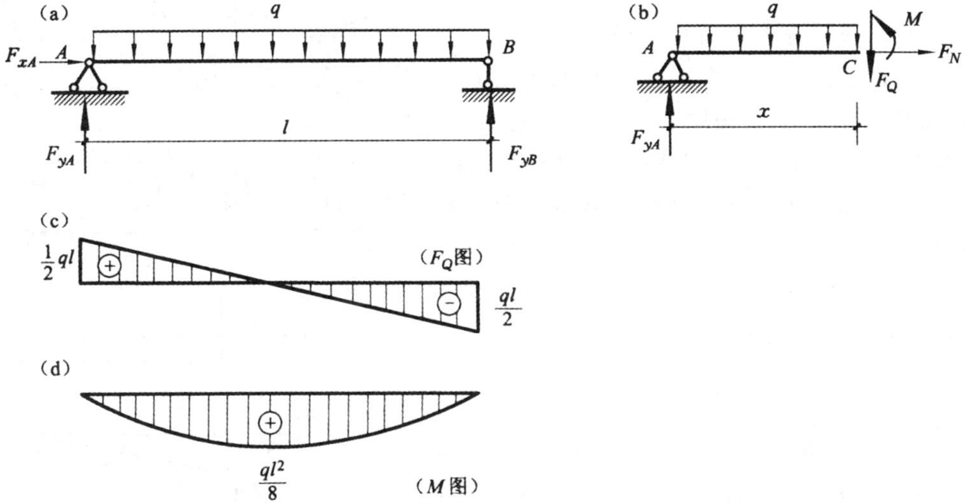

图4-20

（1）求梁的支座反力

由整体平衡可求：

$F_{xA}=0,\ F_{yA}=F_{yB}=\frac{ql}{2}\ (\uparrow)$

（2）取距A端x处的C截面，标出M，F_N，F_Q。解得：

$M(x)=\frac{ql}{2}x-\frac{qx^2}{2}\ (0\leqslant x\leqslant l)$

$F_N(x)=0\ (0\leqslant x\leqslant l)$

$F_Q(x)=\frac{ql}{2}-qx\ (0\leqslant x\leqslant l)$

上述三式为简支梁AB受一集度为q的均布荷载作用下的内力方程式。

其中，F_Q图为直线形，确定x=0，l处F_Q值即可确定F_Q图。

当x=0时，$F_Q=\frac{ql}{2}$；当$x=l$时，$F_Q=-\frac{ql}{2}$。画出F_Q图，如图4-20（c）所示。

M图为二次抛物线，确定x=0，$l/2$及l处M值可确定M的函数图形。

当x=0时，M=0；当$x=l/2$时，$M=\frac{ql^2}{8}$，当$x=l$时，M=0。画出M图，如图4-20（d）所示。

由剪力图和弯矩图可以看出，最大剪力发生在梁端，其值为$F_{Q\max}=\frac{1}{2}ql$，而最大弯矩发生在跨中，它的数值为$M_{\max}=\frac{1}{8}ql^2$，而此截面上的剪力F_Q=0。

【例4-12】简支梁受集中力F_p作用，如图4-21（a）所示，作此梁的剪力图和弯矩图。

【解】(1) 求梁的反力

由梁整体平衡$\sum M_A=0$和$\sum M_B=0$得：

$F_{yA}=\frac{Fb}{l}$（↑），$F_{yB}=\frac{Fa}{l}$（↑）

(2) 列剪力方程和弯矩方程

梁在C处有集中力作用，故AC段和CB段的剪力方程和弯矩方程不相同，必须分段列出。分别在AC段和BC段距支座端为x处一横截面取分离体，如图4-21（b）、(c）所示。列出剪力方程和弯矩方程。

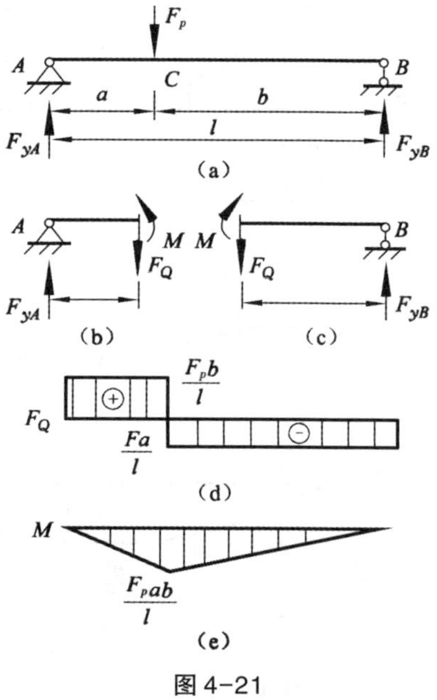

图4-21

AC段（如图4-21（b）所示，A点为原点）：

$$F_Q(x)=F_{yA}=\frac{F_pb}{l}\quad(0<x<a) \qquad (a)$$

$$M(x)=F_{yA}x=\frac{F_pb}{l}x\quad(0\leqslant x\leqslant a) \qquad (b)$$

CB段（如图4-21（c）所示，B点为原点）：

$$F_Q(x)=-F_{yB}=-\frac{F_pa}{l}\quad(0<x<b) \qquad (c)$$

$$M(x)=F_{yB}x=\frac{F_pa}{l}x\quad(0\leqslant x\leqslant b) \qquad (d)$$

(3) 作剪力图和弯矩图

由式（a）、(c）知，两段梁的剪力图均为平行于x轴的直线，由式（b）、(d）知，两段梁的弯矩图都是倾斜直线。据方程绘出的剪力图和弯矩图如图4-21（d）、(e）所示。

从剪力图中可见，在集中作用点C稍左的截面上$F_{QC左}=\frac{F_pb}{l}$；C点稍右的截面上$F_{QC右}=\frac{-F_pa}{l}$。可见，剪力图在集中力作用截面处发生突变，其突变值为$|F_{QC右}-F_{QC左}|$

$=\left|-\frac{F_p a}{l}-\frac{F_p b}{l}\right|=F_p$，即等于该集中力的大小；而弯矩图在截面$C$处发生转折。

【例 4-13】简支梁受集中力偶作用，如图 4-22（a）所示，试画梁的剪力图和弯矩图。

【解】（1）求梁的反力

由平衡方程得：

$F_{yA}=\frac{M_e}{l}$（↑），$F_{yB}=\frac{M_e}{l}$（↓）

两支座反力组成力偶。

（2）列剪应力方程和弯矩方程

在梁的C截面有集中力偶M_e作用，分两段列方程。

AB段（如图 4-22（a）所示，A点为原点）：

$F_Q(x)=\frac{M_e}{l}\quad(0<x<l)$

AC段（如图 4-22（b）所示，A点为原点）：

$M(x)=F_{yA}x=\frac{M_e}{l}x\quad(0\leqslant x\leqslant a)$

CB段（如图 4-22（c）所示，B点为原点）：

$M(x)=-F_{yB}x=-\frac{M_e}{l}x\quad(0\leqslant x\leqslant b)$

根据上面方程绘出剪力图和弯矩图，分别如图 4-22（d）、（e）所示。

由弯矩图看出，在集中力偶M_e的作用点C处，弯矩图发生突变，突变值为$\left|M_{C右}-M_{C左}\right|=\left|-\frac{M_e}{l}b-\frac{M_e}{l}a\right|=M_e$，即等于该集中力偶的力偶矩。

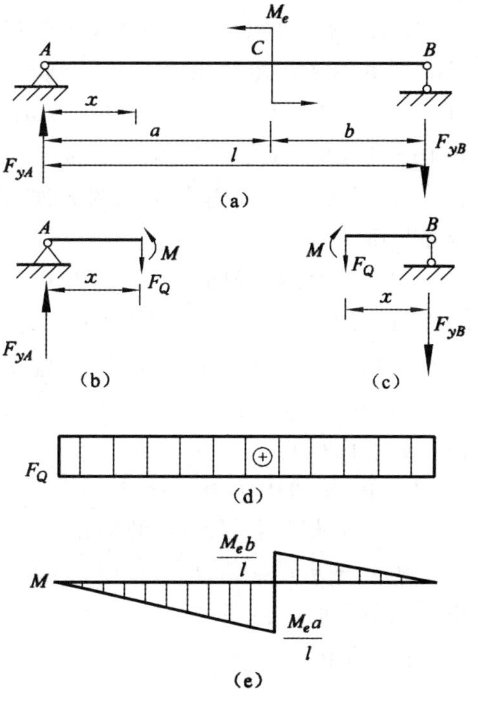

图 4-22

【例 4-14】用简易法绘制图 4-23（a）所示简支梁的内力图。

【解】（1）求梁的支座反力

$F_{xA}=0$

$F_{xA}=\frac{1}{4}\times(8\times2)=4\text{kN}$（↑）

$F_{yB}=\frac{3}{4}\times(8\times2)=12\text{kN}$（↑）

（2）观察分析：有A、B、C三个分段点，把梁分成AC和CB两段。AC段因荷载$q=0$（零线），故F_Q图为平直线，M图为斜直线。CB段因荷载q为常量（平直线），故F_Q图为斜直线，M图为二次抛物线。

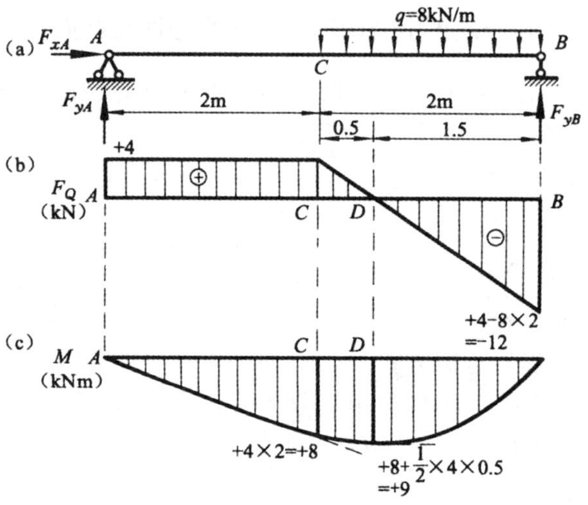

图 4-23

（3）作F_Q图（图 4-23（b）所示）：从基线左端A点开始画，在A点有向上力F_{yA}=4kN，故从A点向上画+4kN（在基线之上，故该值为正）。从A点到C点无力，则函数值不变，图线水平，一直到C点（F_{QC} =+4kN）。从C点开始有均布荷载每m向下减少8kN，从C点到B点共长2m，共向下减少-8×2=-16kN，则$F_{QB}=F_{QC}-8\times2=+4-16=-12$kN，$B$支座处有向上反力12kN，故图线又回到了基线的右端B（零值点），图线闭合，说明作的F_Q图无误。注意：以上绘制剪力图的方法为绘制剪力图的简易画法。

（4）作M图（图 4-23（c）所示）：AC段M图为斜直线，需要M_A与M_C两函数值。CB段M图为二次抛物线，需要M_C、M_B与极点M_D（因F_{QD}=0）三函数值。但其中$M_A=M_B=0$（均为铰支座），故只要求M_C与M_D两值。根据F_Q图形面积可求得该两值：

M_C——从A点到C点，M值的改变量（M_C-M_A）等于从A点到C点的F_Q图形面积（矩形面积）：

$$M_C-M_A=M_C-0=M_C=+4\times2=+8\text{kNm}$$

在C点从基线往下画+8kNm。

M_D——从C点到D点，M值的改变量（M_D-M_C）等于从C点到D点的F_Q图形面积（三角形面积）：

$$M_D-M_C=M_D-8=\frac{1}{2}\times4\times0.5$$

$$M_D=8+\frac{1}{2}\times4\times0.5=+9\text{kNm}$$

在D点从基线往下画+9kNm。

将M_A=0与M_C=+8kNm连斜直线即得AC段M图线。将M_C=+8kNm、M_D=+9kNm、M_B=0连成以D为极点（该点切线水平）的二次抛物线，即得CB段M图线。由于该抛物线在C处的切线斜率F_{QC}=+4kN，与AC段M图斜直线的斜率F_{QC}=+4kN相同，故斜直线与抛物线在C点相切。

（二）叠加法

1.叠加法

叠加是指内力图纵坐标的代数和，而不是内力图形的简单拼合。

当梁上有几项荷载作用时，梁的反力和内力可以这样计算：先分别计算出每项荷载单独作用时的反力和内力，然后把这些计算结果代数相加，即得到几项荷载共同作用时的反力和内力。

如图4-24所示，悬臂梁上作用有均布荷载q和集中力F_p。梁的固定端处的反力为：

$$F_{yB}=F_p+ql \tag{a}$$

$$M_B=F_pl+\frac{1}{2}ql^2$$

在距左端为x处的任意截面上的剪力和弯矩分别为：

$$F_Q(x)=-F_p-qx$$

$$M(x)=-F_px-\frac{1}{2}qx^2 \tag{b}$$

由（a），（b）式可以看出，梁的反力和内力都是由两部分组成。各式中第一项与集中力F_p有关，是由集中力F_p单独作用在梁上所引起的反力和内力；各式中第二项与均布荷载q有关，是由均布荷载q单独作用在梁上所引起的反力和内力。两种情况的叠加，即为二项荷载共同作用的结果。这种方法即为叠加法。

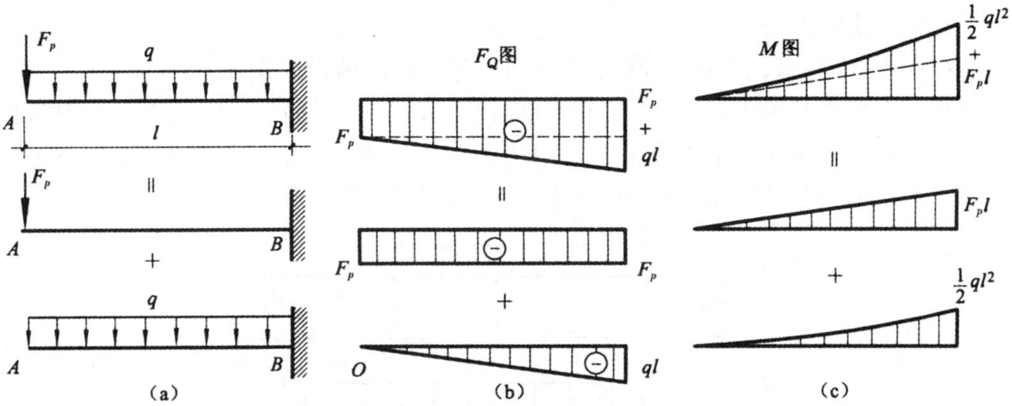

图4-24

2.叠加法作弯矩图与剪力图

剪力图：集中力F_p单独作用时为一水平直线，均布荷载q单独作用时为一斜线；两种情况叠加后即为共同作用的结果，如图4-24（b）。

弯矩图：集中力F_p单独作用时为一斜线，均布荷载q单独作用时为抛物线；两种情况叠加后即为共同作用的结果，如图4-24（c）。

【例4-15】如图4-25（a）所示简支梁上作用有均布荷载q，其两端作用有弯矩M_A，M_B，用叠加法作弯矩图。

【解】原结构作用有两种荷载弯矩和均布荷载。将原结构分解为由均布荷载与弯矩分别作用的两种情况，如图4-25（b）、（c）所示。

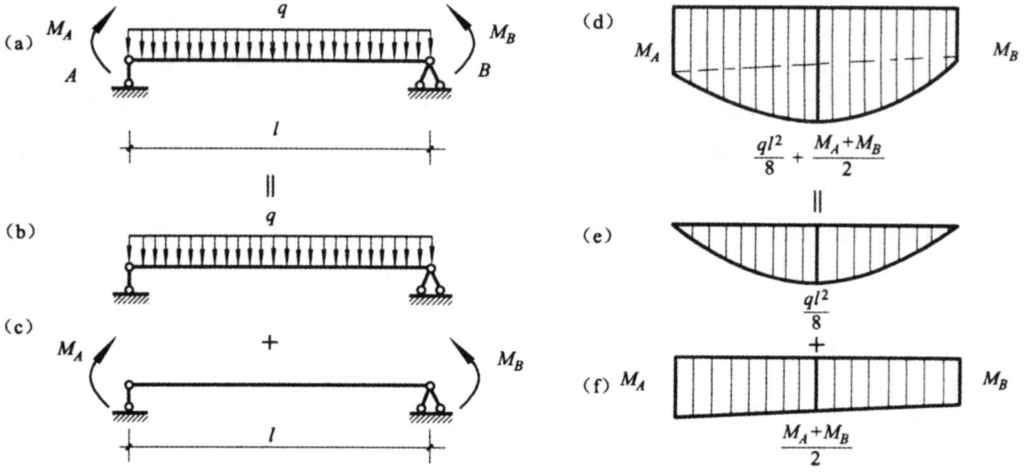

图4-25

分别画出由两种荷载作用的结构的弯矩图。由均布荷载作用的弯矩图为一抛物线（如图4-20（e）所示）。由弯矩作用的弯矩图为一斜线（如图4-25（f）所示）。

上述两种情况叠加：两端弯矩分别为M_A，M_B；中间弯矩为$\frac{M_A+M_B}{2}+\frac{ql^2}{8}$（如图4-25（d））所示。

3.分段叠加法

如图4-26所示，取图4-26（a）中AB段为隔离体得到图4-26（b）所示的受力分析图，然后与图4-25（a）比较能够看出，图4-26（b）与图4-25（a）是等同的。因此，分段叠加法作弯矩图的方法是：杆端弯矩M_A，M_B对应的弯矩图叠加上简支梁上对应荷载（均布荷载q或集中力F_p）的标准弯矩图。

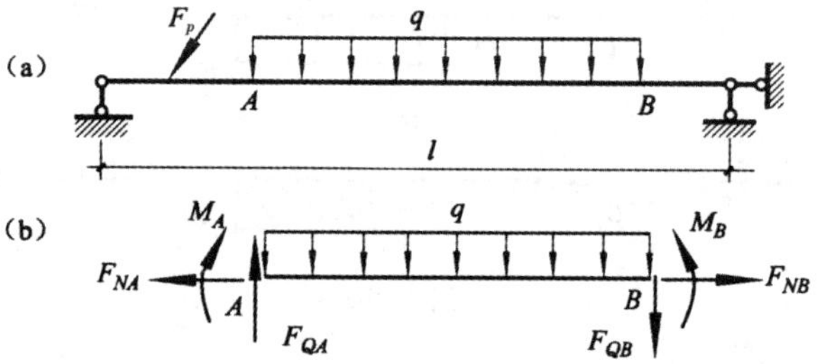

图4-26

分段叠加法作弯矩图的步骤：

（1）求控制截面的弯矩值（全部荷载作用）：首先选择控制截面，一般取外力不连续点（均布荷载q的端点、集中力F_p作用点和集中力偶M作用点）处的截面为控制截面。然后求出控制截面的弯矩值。

（2）分段画弯矩图：控制截面之间无荷载连直线画弯矩图，控制截面之间有荷载（分布荷载q或集中力F_p）连虚线，再进行相应的叠加画弯矩图。

利用分段叠加法作弯矩图在画直杆弯矩图时可以简化绘图工作，这种方法适用于多跨梁、刚架的弯矩图的绘制。

剪力图可以由弯矩图取得：取杆段AB，荷载及杆端弯矩已知，如图4-26（b）所示。

则：

$\sum M_B=0$，$F_{QAB}=\frac{1}{l_{AB}}\left(-M_A+M_B+m_B^0\right)$

$\sum M_A=0$，$F_{QBA}=\frac{1}{l_{AB}}\left(-M_A+M_B-m_A^0\right)$

式中，m_A^0、m_B^0——分别为荷载对杆端A，B之矩的代数和。

l_{AB}——AB两点之间的跨度。

【例4-16】利用叠加法作图4-27（a）所示结构的弯矩图，然后利用弯矩图作剪力图。F_p=15kN，q=5kN/m。

【解】（1）求控制截面的弯矩值（全部荷载作用）：控制截面为A，B，D截面。A端为自由端，D端为铰支端，AB为悬臂梁，其控制截面弯矩分别为：

$M_A=0$

$M_D=0$

$M_B=-10\text{kNm}$

分段画弯矩图：

按$M_A=0$，$M_B=10\text{kNm}$，$M_D=0$取得A，B，D截面的弯矩值并连以虚线。

在AB段的虚线上叠加均布荷载q作用在同跨度简支梁上的弯矩，在BD段的虚线上叠加集中力F_p作用在同跨度简支梁上的弯矩，如图4-27（b）所示。

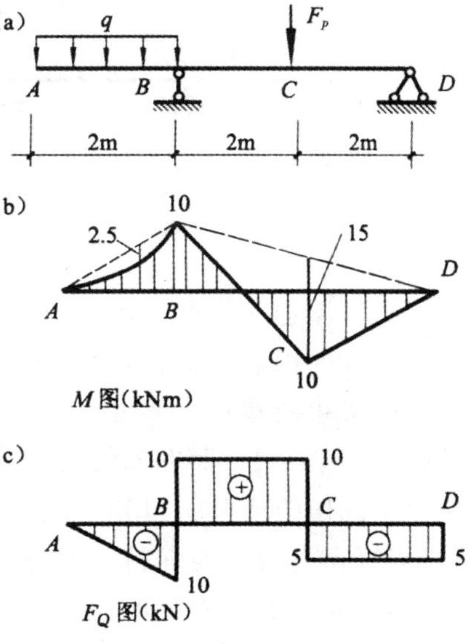

图4-27

叠加在AB跨中的弯矩值为：

$\frac{1}{8}\times5\times2^2=2.5\text{kNm}$

叠加在C点处的弯矩值为：

$\frac{F_p\times4}{4}=\frac{15\times4}{4}=15\text{kNm}$

（2）由弯矩图画剪力图

AB段：分离体如图4-28（a）所示：

$F_{QAB}=0$

$\sum M_A=0$

可得：

$F_{QBA}=\frac{1}{2}\times\left(-10-\frac{1}{2}\times5\times2^2\right)=-10\text{kN}$

BC段：分离体如图4-28（b）所示：

$F_{QBC}=F_{QCB}=\frac{1}{2}\times(10+10)=10kN$

CD段：CD段与BC段的分析原理相同，得：

$F_{QCD}=F_{QDC}=\frac{1}{2}\times(-10)=-5kN$

画剪力图：

用A，B，C，D截面的剪力值取点并连以直线，得到剪力图如图4-27（c）所示。

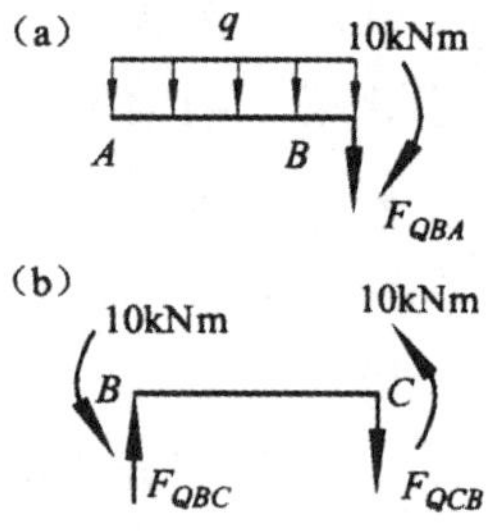

图4-28

二、多跨静定梁的内力计算

（一）概述

由若干根梁用中间铰连接在一起并以若干支座与基础相连，或者搁置于其他构件上而组成的静定梁，称为多跨静定梁。在实际的建筑工程中，常用来跨越几个相连的跨度。图4-29（a）所示为一公路或城市桥梁中常采用的多跨静定梁结构形式之一，其计算简图如图4-29（b）所示。

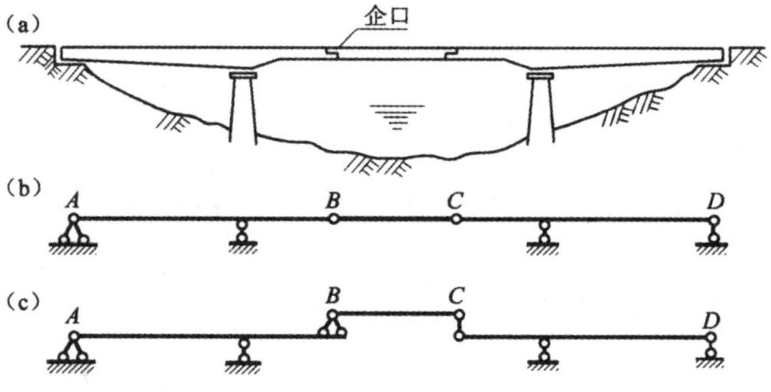

图4-29

在房屋建筑结构中的木檩条，也是多跨静定梁的结构形式，图4-30（a）所示为木檩条的构造图，其计算简图如图4-30（b）所示。

连接单跨梁的一些中间铰，在钢筋混凝土结构中其主要形式常采用企口结合（图4-29（a）），而在木结构中常采用斜搭接或采用螺栓连接（图4-30（a））。

从几何组成分析可知，图4-29（b）中梁AB和CD与图4-26（b）中梁AB、CD和EF依靠自身就能保持其几何不变，称为基本部分；而必须依靠基本部分才能维持其几何不变性的部分称为附属部分，如图4-29（b）中梁BC与图4-30（b）中BC和DE梁段。为了更清楚地表示各部分之间的支承关系，把基本部分画在下层，将附属部分画在上层，分别如图4-29（c）和图4-30（c）所示，我们称它为关系图或层叠图。

从受力分析来看，作用在基本部分的力不影响附属部分，作用在附属部分的力影响基本部分。

（二）多跨静定梁的内力计算

多跨静定梁是由若干短梁用中间铰组成，支座反力一般多于三个，只用三个整

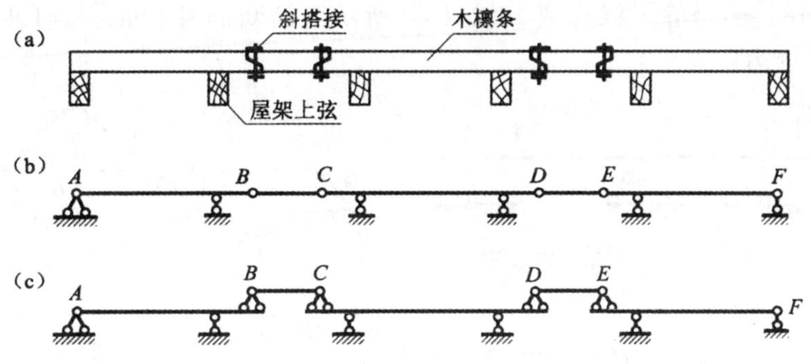

图 4-30

体平衡条件不能求得全部支座反力。应先分析静定多跨梁的几何组成，分清基本部分和附属部分，先计算附属部分的支座反力，将其作为荷载反向作用于基本部分，再计算基本部分的支座反力。因此，计算多跨静定梁内力时，应遵守以下原则：先计算附属部分后计算基本部分。将附属部分的支座反力反向指向、作用在基本部分上，把多跨梁拆成多个单跨梁，依次解决。多跨静定梁内力正负号规定和内力图绘制规定同单跨梁；将各单跨梁的内力图连在一起，即得静定多跨梁的内力图。

【例 4-17】试作图 4-31 所示多跨静定梁的内力图。

【解】(1) 画出关系图，如图 4-31 (b) 所示。AE 为基本部分，EG 相对于 AE 来讲为附属部分，而 EG 相对于 GH 来讲又是基本部分，而 GH 为附属部分。

(2) 求各支反力。先从附属部分 GH 开始计算，G 点反力求出后，反其指向就是 EG 梁的荷载。再计算出 EG 梁 E 点的反力后，反其指向就是梁 AE 的荷载。各支反力的具体数值如图 4-31 (c) 中所示。

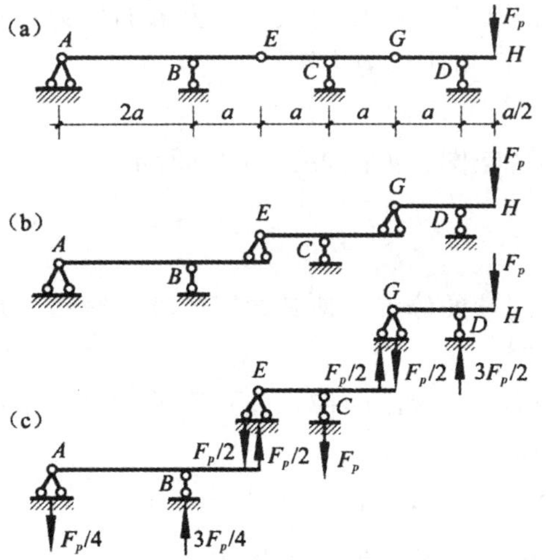

图 4-31

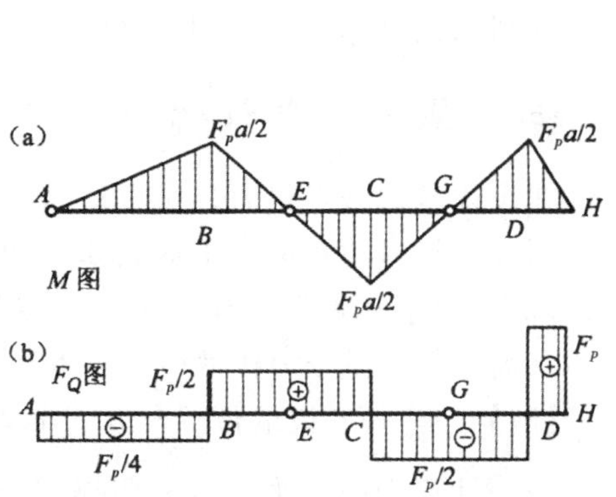

图 4-32

(3) 作各单跨梁的弯矩图和剪力图，并分别连在一起，即得该多跨静定梁的 M 和 F_Q 图，如图 4-32 (a)、(b) 所示。

【例4-18】多跨静定梁如图4-33（a）所示。已知q=5kN/m，F_p=10kN。试画出该多跨梁的内力图。

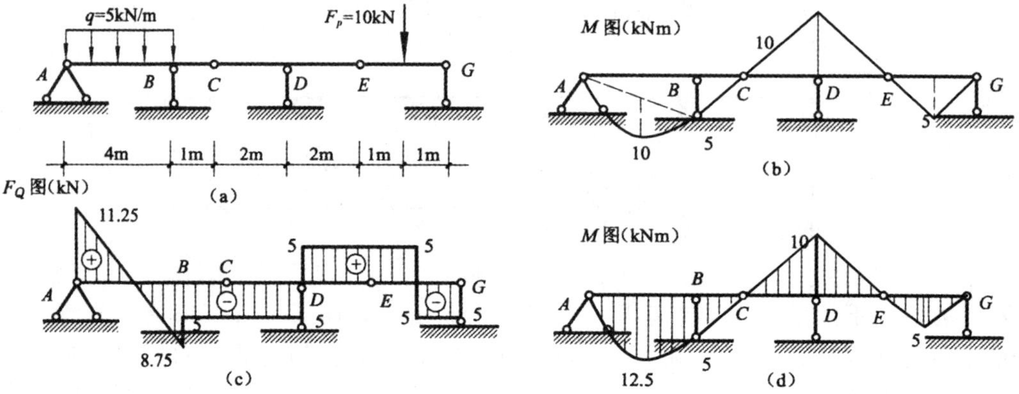

图4-33

【解】(1) 求支座反力

F_{yA}=11.25kN（↑）

F_{yB}=3.75kN（↑）

F_{yD}=10kN（↑）

F_{yG}=5kN（↑）

(2) 作弯矩图（叠加法）

求出控制截面的弯矩（A点、C点、E点、G点弯矩为零，B点弯矩M_B=−5kNm），连以直线（AB，BC，CE和EG）；在AB段、CE段、EG段弯矩的直线上分别叠加均布荷载与集中荷载的弯矩，如图4-33（b）所示即为结果。

(3) 作剪力图

分别求出控制截面A、B左、B右、D左、D右、集中荷载左右及G的剪力；连以直线，结果如图4-33（c）所示。也可以用简易法作剪力图。

(4) 利用形状特征直接画弯矩图

即利用四个标准弯矩图画多跨静定梁的弯矩图，如图4-33（d）所示。

三、梁的合理设计

在设计多跨静定梁时，可以适当选择中间铰的位置，使其弯矩的峰值减小，从而达到节约材料的目的。下面具体举例来说明。

【例4-19】两跨静定梁，全长承受均布荷载q，如图4-34（a）所示。要使正负弯矩峰值相等，试求D铰的位置，并绘出相应弯矩图。

【解】(1) 设D铰的位置与B支座的距离为x（如图4-34（a）所示）。

(2) 计算支座反力。现从附属部分AD开始，由平衡条件求得$F_{yD}=q\frac{(l-x)}{2}$，并将其反向作用到基本部分DBC上（如图4-34（b）所示）。

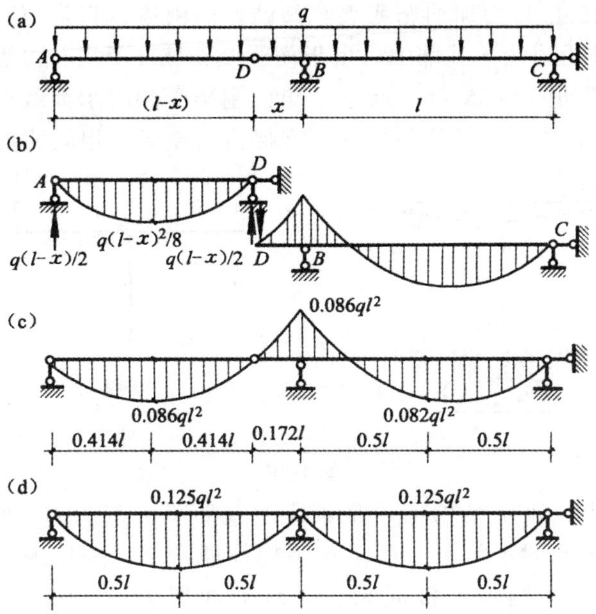

图4-34

（3）求D铰的位置。B支座处负弯矩值$\frac{q(l-x)x}{2}+\frac{qx^2}{2}$为最大负弯矩，$AD$跨中的正弯矩值$\frac{q(l-x)^2}{8}$为最大正弯矩。根据题意，得

$$\frac{q(l-x)x}{2}+\frac{qx^2}{2}=\frac{q(l-x)^2}{8}$$

由此式解得x=0.172l。

（4）将解得的x值代入正负弯矩的表达式，作弯矩图如图4-34（c）所示。其正负弯矩的峰值为$0.086ql^2$。

图4-34（d）所示为与图4-20（a）具有同跨和同荷载的q作用下简支梁的弯矩图。通过比较可知：多跨静定梁的弯矩峰值比一串简支梁的弯矩峰值要小，两者的比值为0.688。

一般说来，静定多跨梁与一系列简支梁相比，内力分布均匀，材料用量较少，但中间铰的构造要复杂一些。

第四节　静定平面刚架的内力计算

一、概述

平面刚架是由若干根直杆（梁和柱）用刚性结点所组成的平面结构。刚性结点又简称刚结点，在刚结点处各杆之间的夹角不因任何原因而有所改变，这是刚架的

特点之一。图4-35（a）为加油站或火车站站台的雨篷，它是由三根直杆用刚结点相连接所组成，柱子固定于基础中，由于横梁倾斜坡度不大，可近似地以水平直杆代替，其计算简图如图4-35（b）所示。当此刚架受到图示荷载后，结构产生变形如图中虚线所示，刚结点A处的各杆杆端都保持与变形前相同的夹角。

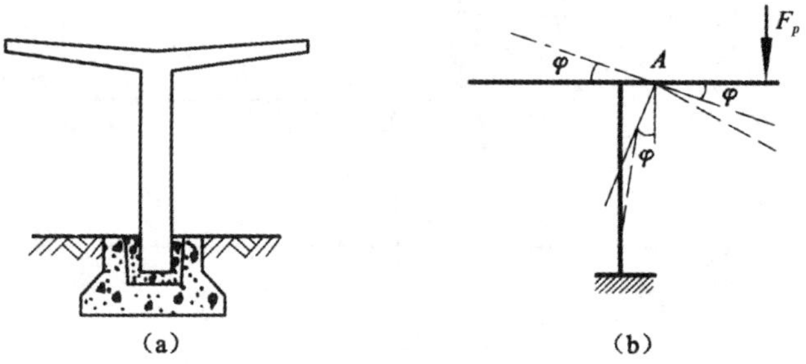

图4-35

在房屋建筑中，刚架结构应用是较广的，如图4-36（a）所示为一个装配式钢筋混凝土门式刚架的示意图，两个预制构件插入基础杯口内，在中间结点C处用合页式的铰将两个构件连接起来，其计算简图为三铰刚架，如图4-36（b）所示。

静定刚架在工程中应用不多，大多数为超静定刚架，如房屋建筑结构中的多层多跨刚架，结构中所有结点均为刚结点，这种结构在设计中习惯上又称为框架结构，解算超静定刚架的内力是建立在静定刚架内力计算的基础上的，所以必须熟练地掌握静定刚架内力的计算方法。

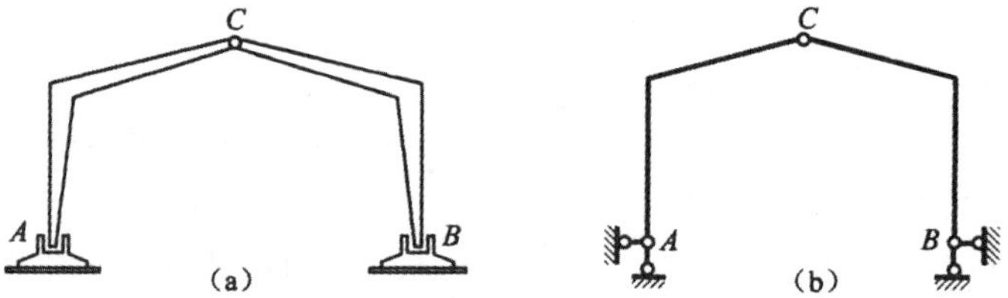

图4-36

静定刚架的内力计算同梁一样，仍是用截面法截取脱离体，然后由平衡条件求解。其步骤通常是先由整体或某些部分的平衡条件求出各支座反力和各铰接处的约束力，然后逐杆求出其杆端内力（或分段求其内力），最后绘制内力图。

二、刚架的特点和分类

刚架：由直杆组成具有刚结点的结构。当组成刚架的各杆的轴线和外力都在同一平面时，称作平面刚架。

如图4-37（a）所示为一平面刚架，当D，C处为铰结点时为几何可变体（图4-37（b）），要使结构为几何不变体，则需增加杆AD（图4-37（c））或把D，C变为刚结点。

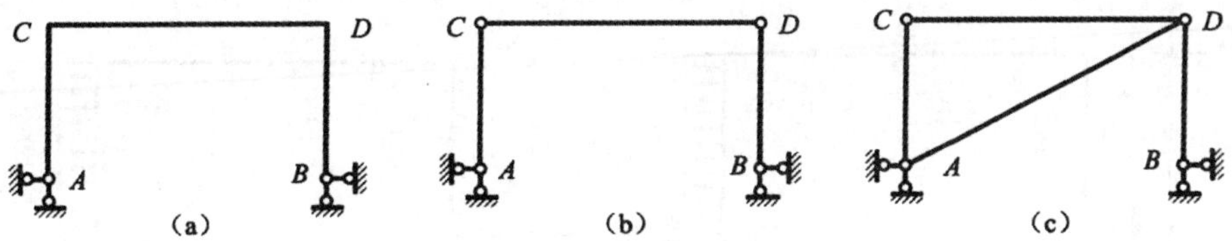

图 4-37

刚架的特点：

(1) 杆件少，内部空间大，便于利用。

(2) 刚结点处各杆不能发生相对转动，因而各杆件的夹角始终保持不变。

(3) 刚结点处可以承受和传递弯矩，因而在刚架中弯矩是主要内力。

(4) 刚架中的各杆通常情况下为直杆，制作加工较方便。

正是以上特点，刚架在工程中得到广泛的应用。

静定平面刚架的类型有：

(1) 悬臂刚架：常用于火车站站台、雨篷等（图 4-38（a））；

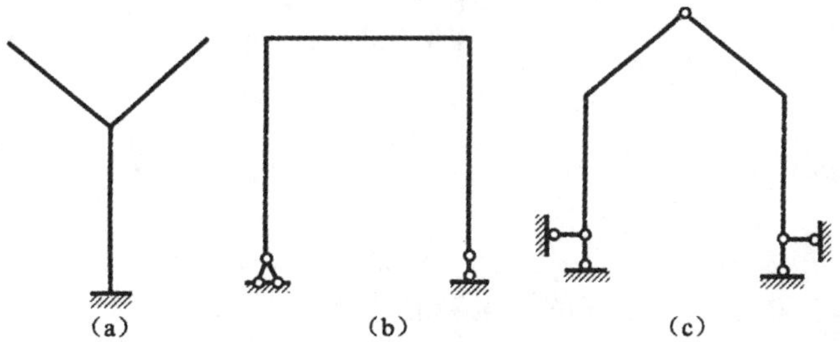

图 4-38

(2) 简支刚架：常用于起重机的刚支架及渡槽横向计算所取的简图等（图 4-38（b））；

(3) 三铰刚架：常用于小型厂房、仓库、食堂等结构（图 4-38（c））。

三、静定平面刚架的内力计算

（一）刚架的支座反力

悬臂刚架、简支刚架的支座反力可利用平衡方程直接求出。

三铰刚架的支座反力的求法主要是充分利用平衡条件来进行计算，分析时经常采用先整体后拆开的方法。

下面以三铰刚架来分析刚架支座反力的求法。

【例 4-20】如图 4-39（a）所示，计算三铰刚架的支座反力。

【解】分析：三铰刚架一般由两部分组成（图 4-39（a）），整体共有四个约束反力：F_{xA}，F_{yA}，F_{xB}，F_{yB}（图 4-39（b））。整体有三个平衡方程，为了求解还应拆开考虑，取半部分作为研究对象，利用铰结点的弯矩为零就可以全部求解。

(1) 利用两个整体平衡方程求 F_{yA}，F_{yB}

$\sum M_B=0$，$F_{yA}\times 2a-\frac{1}{2}qa^2=0$

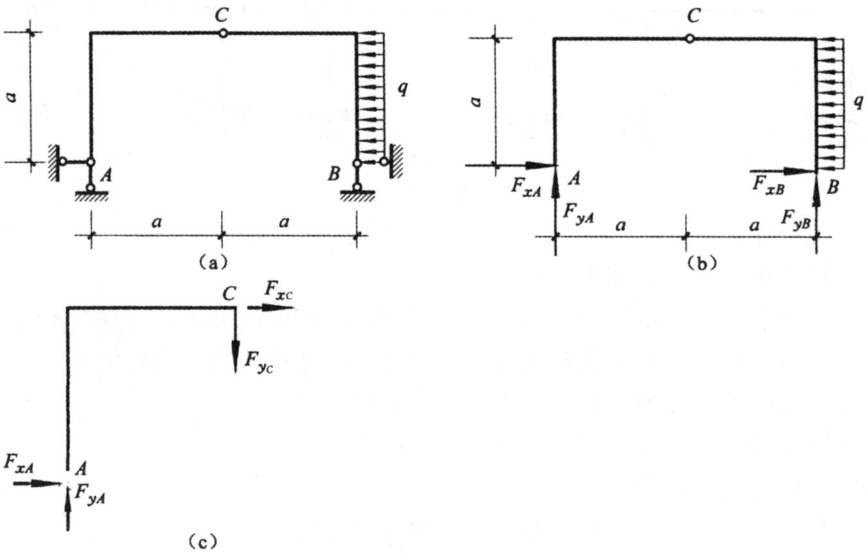

图 4-39

$F_{yA}=\frac{1}{4}qa$（↑）

$\sum M_A=0$，$F_{yB}\times2a+\frac{1}{2}qa^2=0$

$F_{yB}=-\frac{1}{4}qa$（↓）

（2）利用铰 C 处弯矩等于零的平衡方程求 F_{xA}

取左半部分，如图 4-39（c）所示。

$\sum M_C=0$，$F_{yA}\times a-F_{xA}\times a=0$

$F_{xA}=F_{yA}=\frac{1}{4}qa$（→）

（3）利用整体的第三个平衡方程求 F_{xB}

$\sum F_x=0$，$F_{xB}+F_{xA}-qa=0$

$F_{xB}=\frac{3}{4}qa$（→）

（二）静定刚架的内力计算

【例 4-21】现以如图 4-40（a）所示静定平面刚梁为例，具体说明其内力的计算方法和内力图的绘制。

【解】（1）求支座反力

取整个刚架为脱离体，用 F_{xA}，F_{yA} 和 M_A 表示支座的反力和反力矩，如图 4-40（b）所示。

$\sum F_x=0$，$F_{xA}=0$

$\sum F_y=0$，$F_{yA}=60\text{kN}$（↑）

$\sum M_A=0$，$M_A=20\times2\times1-20\times1=20\text{kNm}$（逆时针转向）

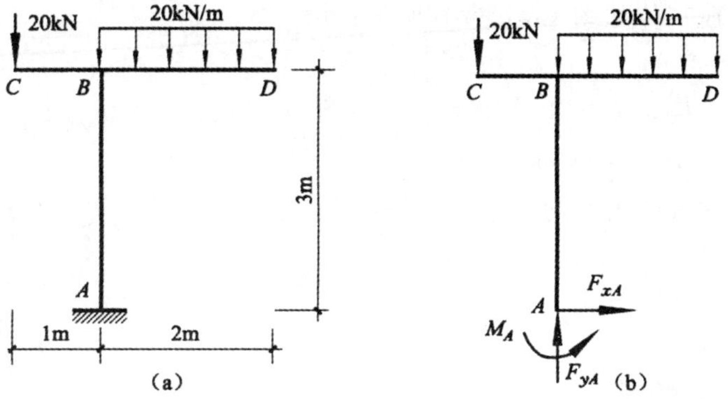

图 4-40

（2）求各杆杆端内力

将结构分成三段，即 BA，BC 和 BD，用截面法分别取脱离体，内力 F_N，F_Q 的方向均假定为正号，M 的方向可任意假定，如图 4-41（a）所示，在计算内力时，为了使内力的符号不发生混淆，我们在内力符号的右下方加用两个脚标来标明该内力所属的杆，其中，第一个脚标表示该内力所属的杆端截面，第二个脚标表示同一杆的另一端。例如，M_{AB} 和 M_{BA} 分别表示 AB 杆的 A 端和 B 端的弯矩。

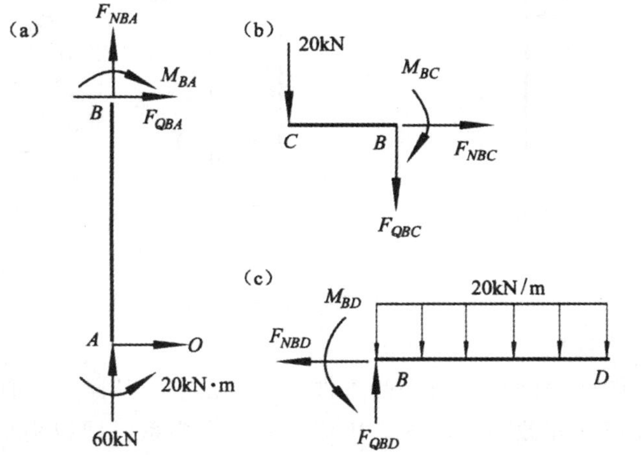

图 4-41

BA 段：其脱离体如图 4-41（a）所示，由

$\sum F_x=0$，$F_{QBA}=0$

$\sum F_y=0$，$F_{NBA}=-60\text{kN}$

$\sum M_A=0$，$M_{BA}=20\text{kNm}$（左侧受拉）

BC 段：其脱离体如图 4-41（b）所示，由

$\sum F_x=0$，$F_{NBC}=0$

$\sum F_y=0$，$F_{QBC}=-20\text{kN}$

$\sum M_B=0$，$M_{BC}=20\times1=20\text{kNm}$（上边受拉）

BD段：其脱离体如图4-41（c）所示，由

$\sum F_x=0$，$F_{NBD}=0$

$\sum F_y=0$，$F_{QBD}=20\times2=40kN$

$\sum M_B=0$，$M_{BD}=20\times2\times1=40kNm$（上边受拉）

端点C，D和A的内力均为已知，即：

CB段的C端

$F_{NCB}=0$，$F_{QCB}=-20kN$，$M_{CB}=0$

DB段的D端

$F_{NDB}=0$，$F_{QDB}=0$，$M_{DB}=0$

AB段的A端

$F_{NAB}=-60kN$，$F_{QAB}=0$，$M_{AB}=20kNm$（左侧受拉）

（3）绘制内力图

根据上述所求得的各段杆端内力的大小和方向，可分别绘出M，F_Q和F_N图，如图4-42（a）、（b）、（c）所示。

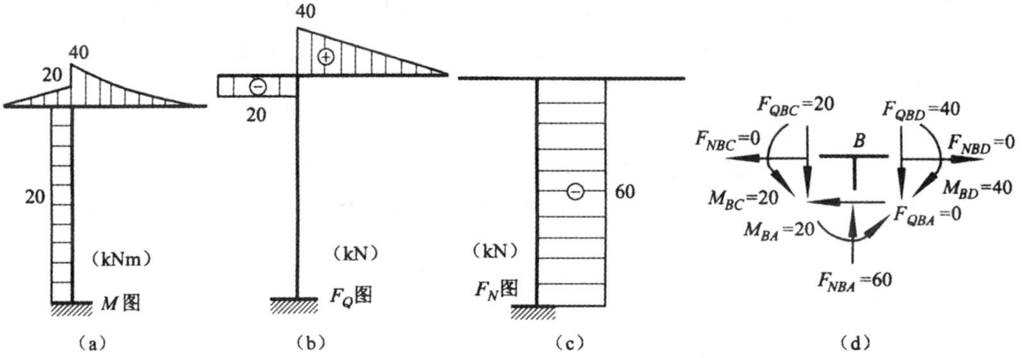

图4-42

（4）内力图的校核

刚架的内力图必须满足静力平衡条件，也就是说，从刚架中任意截取一个脱离体，其上面的外荷载和截面上的内力应成为一平衡力系，即应满足平衡方程式。例如，为了检查所作内力图的正确性，可截取刚架结点B为脱离体，并根据已作出的M，F_Q和F_N图，标出截面上的内力数值的方向，如图4-42（d）所示。检查结点B是否满足平衡条件。

$\sum F_x=0$，$F_{NBC}+F_{NBD}+F_{QBA}=0$

$\sum F_y=0$，$F_{NBA}+F_{QBC}+F_{QBD}=60-20-40=0$

$\sum M_B=0$，$M_{BA}+M_{BC}+M_{BD}=20+20-40=0$

计算结果说明结点B是满足平衡条件的，故所得内力图无误。

从上例可知，当作弯矩图时，将结构分成若干段，先求出各杆杆端的弯矩，然后绘出弯矩图。当荷载复杂时这样做就不方便，如应用叠加原理（或简称叠加法），可使作弯矩图的过程得到简化。

【例4-22】试作如图4-43（a）所示简支刚架的内力图。

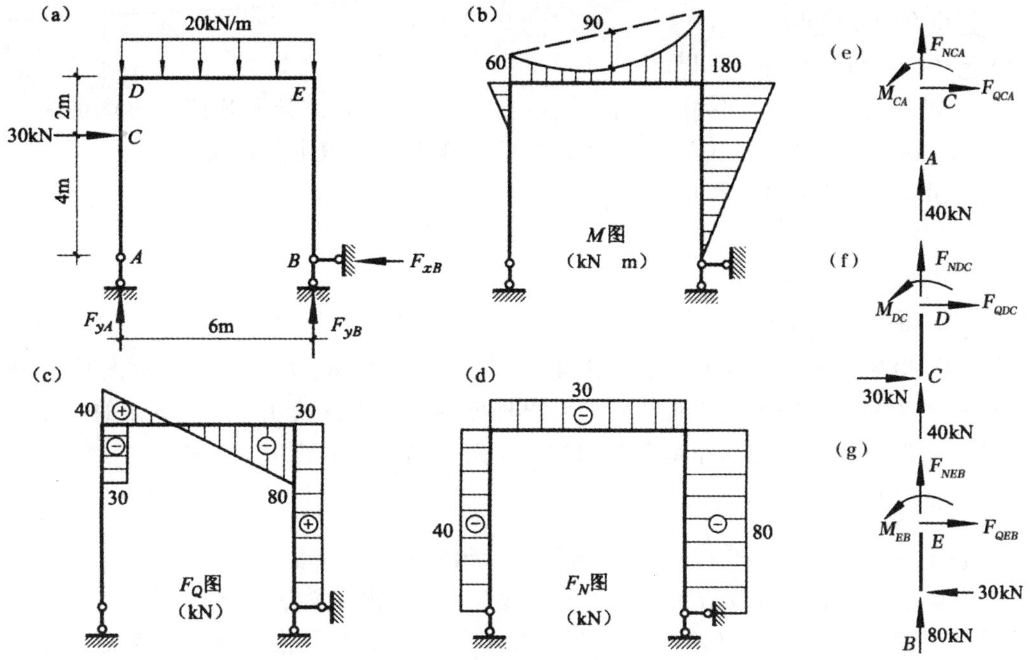

图4-43

【解】（1）求支座反力

取整个刚架为脱离体，假设反力方向如图4-43（a）所示。由平衡条件得

$\sum F_x=0$，$F_{xB}=30\text{kN}$（←）

$\sum M_A=0$，$F_{yB}\times 6-30\times 4-20\times 6\times 3=0$，$F_{yB}=80\text{kN}$（↑）

$\sum M_B=0$，$F_{yA}\times 6+30\times 4-20\times 6\times 3=0$，$F_{yA}=40\text{kN}$（↑）

（2）分段求各杆杆端内力

*AC*段：如图4-43（e）所示。

$M_{AC}=M_{CA}=0$，$F_{QAC}=F_{QCA}=0$，$F_{NAC}=F_{NCA}=-40\text{kN}$

*CD*段：如图4-43（f）所示。

$M_{CD}=0$，$M_{DC}=30\times 2=60\text{kNm}$（左侧受拉）

$F_{QCD}=F_{QDC}=-30\text{kN}$，$F_{NCD}=F_{NDC}=-40\text{kN}$

*BE*段：如图4-43（g）所示。

$M_{BE}=0$（铰结点处杆端弯矩为零，是刚架及连续梁弯矩图的一个显著特点）

$M_{EB}=30\times 6=180\text{kNm}$（右侧受拉），$F_{QBE}=F_{QEB}=30\text{kN}$，$F_{NBE}=F_{NEB}=-80\text{kN}$

*DE*段

求*DE*杆两端内力时，可以分别利用结点*D*和*E*由平衡条件求得（如图4-44（a）、（b）所示）。

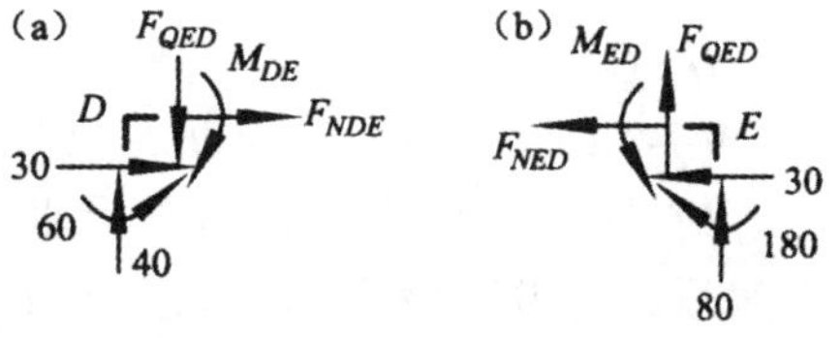

图4-44

结点*D*：如图4-44（a）所示。

$\sum F_x=0$，$F_{NDE}=-30\text{kN}$

$\sum F_y=0$，$F_{QDE}=40\text{kN}$

$\sum M_D=0$，$M_{DE}=60\text{kNm}$（上边受拉）

刚结点处，弯矩大小相等，同外（内）侧受拉，是刚架及连续梁M图的又一个显著特点，应特别注意，并可以利用其特点作M图（确定其值或校核）。

结点E：如图4-44（b）所示。

$\sum F_x=0$，$F_{NED}=-30\text{kN}$

$\sum F_y=0$，$F_{QED}=-80\text{kN}$

$\sum M_E=0$，$M_{ED}=180\text{kNm}$（上边受拉）

（3）分别作M，F_Q和F_N图，如图4-43（b）、（c）、（d）所示。在作M图时，DE段的弯矩因两端弯矩值已求得，在此两纵标值的顶点以虚线相连，从虚线的中点向下叠加等跨度简支梁受均布荷载作用的弯矩图。简支梁的跨中弯矩值为

$$\frac{ql^2}{8}=\frac{20\times36}{8}=90\text{kNm}$$

【例4-23】试作如图4-45（a）所示三铰刚架的内力图。

【解】求支座反力截断固定铰支座A和B取整个刚架为脱离体，如图4-45（a）所示。有四个未知反力F_{xA}，F_{xB}和F_{yB}，需要列出四个方程才能求出。考虑整体平衡，可得

$\sum M_A=0$，$F_{yB}\times8-20\times8\times4=0$，$F_{yB}=80\text{kN}$（↑）

$\sum F_y=0$，$F_{yA}+F_{yB}-20\times8=0$，$F_{yA}=80\text{kN}$（↑）

$\sum F_x=0$，$F_{xB}=F_{xA}$

再利用C铰处弯矩为零的条件得到补充方程，取铰C左半部分（或右半部分），由$\sum M_C=0$，得

$F_{yA}\times4-F_{xA}\times8-20\times4\times2=0$，$F_{xA}=20\text{kN}$（→）

所以

$F_{xB}=F_{xA}=20\text{kN}$（←）

（2）求各段杆端内力

AD段

$M_{AD}=0$，$M_{DA}=20\times6=120\text{kNm}$（左侧受拉）

$F_{QAD}=F_{QDA}=-20\text{kN}$

$F_{NAD}=F_{NDA}=-80\text{kN}$

DC段

$M_{CD}=0$，$M_{DC}=120\text{kNm}$（上边受拉）

DC杆是一根斜杆，承受沿水平方向的均布荷载，求杆端D的剪力和轴力时，可截取结点D为脱离体，如图4-45（e）所示。为了清晰起见，脱离体上两端的已知弯矩未画出。取沿DC方向为n轴，垂直DC方向为τ轴，由

$\sum F_\tau=0$，$F_{QDC}-80\cos\alpha+20\sin\alpha=0$

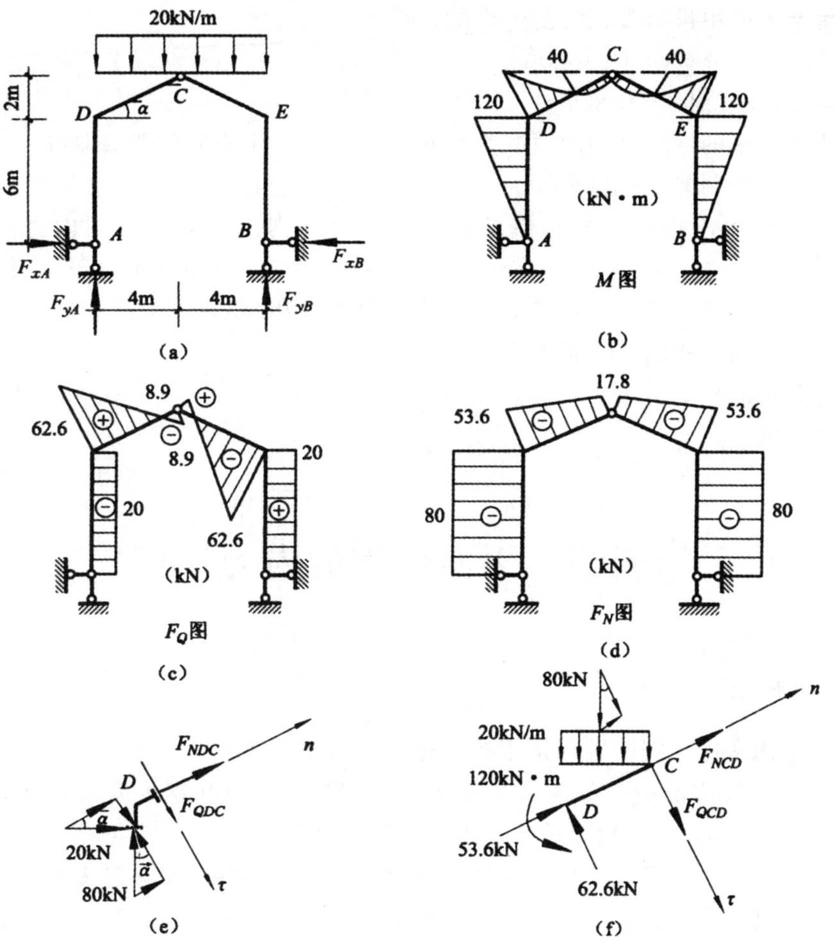

图 4-45

其中 $\cos\alpha=\dfrac{2}{\sqrt{5}}=0.894$，$\sin\alpha=\dfrac{1}{\sqrt{5}}=0.447$，代入得

$$F_{QDC}=80\times0.894-20\times0.447=62.6\text{kN}$$

$$\sum F_n=0,\quad F_{NDC}+80\sin\alpha+20\cos\alpha=0$$

$$F_{NDC}=-80\times0.447-20\times0.894=-53.6\text{kN}$$

求 DC 杆 C 端的剪力和轴力时，可截取 DC 杆为脱离体，如图 4-45（f）所示，由

$$\sum F_\tau=0,\quad F_{QCD}+62.6+80\cos\alpha=0$$

$$F_{QCD}=-62.6-80\times0.894=-8.9\text{kN}$$

如用力矩方程，即由 $\sum M_D=0$，得

$$F_{QCD}\times DC+20\times4\times2-120=0$$

其中 $DC=\sqrt{20}=4.47$，将 DC 代入得

$$F_{QCD}=\frac{120-160}{4.47}=-8.9\text{kN}$$

所得结果与上面用投影方程解是一样的，再由

$\sum F_n=0$，$F_{NCD}+53.6-80\sin\alpha=0$

$F_{NCD}=-53.6+80\times0.447=-17.8\text{kN}$

由于本题中的刚架结构的荷载都是对称的，故只计算半个刚架即可。

（3）分别绘制M，F_Q和F_N图

根据上述所求得的各杆杆端的内力的大小和内力方向可绘制内力图，如图4-45（b）、（c）和（d）所示，在作DC杆的弯矩图时，可利用叠加法。图DC杆的两端的弯矩为已知，用虚线相连。从虚线的中点向DC杆轴线作垂直线，叠加与DC杆水平等跨度简支梁的弯矩图。

中点叠加的弯矩值为

$\frac{ql^2}{8}=\frac{20\times16}{8}=40\text{kNm}$

第五节　平面桁架的内力计算

一、概述

桁架结构是指各杆两端都是用铰相连接的结构。这种结构形式在桥梁和房屋建筑中应用也是较广泛的，如南京长江大桥。钢筋混凝土和钢木屋架等常用桁架结构，如图4-46（a）所示房屋的木屋架就是桁架结构。

实际的桁架结构形式、各杆之间的连接以及所用的材料是多种多样的，它们的实际受力情况非常复杂，属于复杂的超静定结构，要对它们进行精确的分析是困难的。但根据桁架的实际工作情况和对桁架进行结构试验的结果表明，由于大多数的常用桁架是由比较细长的杆件所组成，而且承受的荷载大多数是通过其他杆件传到结点上，这就使得桁架结点的刚性对杆件内力的影响可以大大减小，接近于铰的作用，结构中所有的杆件在荷载作用下，主要承受轴向力，而弯矩和剪力很小，可以忽略不计。根据上述情况，为了简化计算，在取桁架的计算简图时，作如下三个方面的假定：

（1）各杆在两端用光滑的理想铰相互连接。

（2）所有各杆的轴线都是直线，在同一平面内且通过铰的中心。

（3）所有的力（包括荷载和支座反力）都作用在结点上，并且都位于桁架的平面内。

通常把符合上述假定条件的桁架称为理想桁架。

如图4-46（b）所示就是屋架（图4-46（a））的计算简图，屋面荷载均传至桁架的结点上。从此桁架中任意取出一根杆，如杆CD或杆EF，因为它只在两端受力，并且处在静力平衡状态，铰支端又不能承受力矩，所以作用在杆两端的力，必

然是数值相等、方向相反、其作用线都与杆轴线相重合的两个力。因此，在杆的横截面上只会产生轴力。在第七章中我们可以知道，杆仅有轴力作用时，其横截面上只产生均匀分布的正应力，这样可以使材料的作用得到充分的发挥。所以，相对梁来讲，桁架的自重较轻，特别适宜用于大跨度结构。

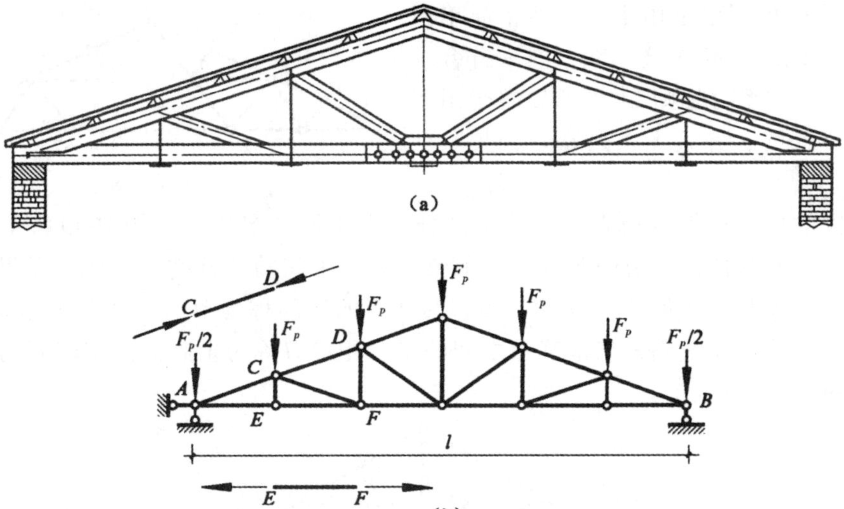

图4-46

因为理想桁架的结点都是铰结点，所以桁架的杆件布置必须满足几何不变体系的组成规则。根据几何构造的特点，常用的桁架一般是按下列两种方式组成：

(1) 由基础或一个基本铰接三角形开始，依次用不在一直线上的两个链杆连接成一个新结点，按这个规则组成的桁架称为简单桁架。

如图4-47 (a) 所示，由杆1，2和3组成一个基本三角形是几何不变的，从此三角形开始每次用两根杆 (4，5)，(6，7)，(8，9)，…，(16，17) 依次连接成新结点D，E，F，…，J，组成一个简单桁架。这个桁架是几何不变的，并且无多余联系。

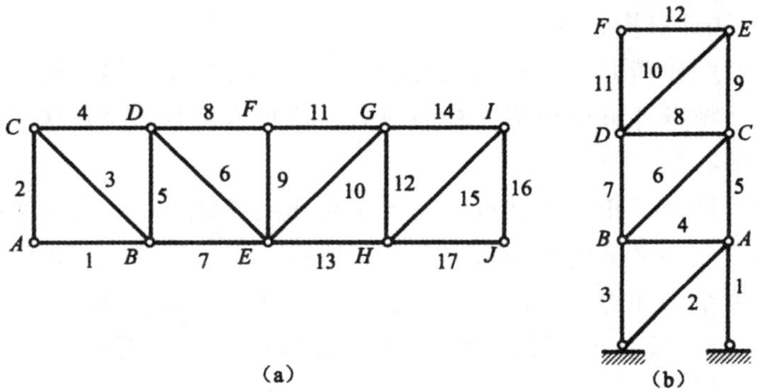

图4-47

图4-47 (b) 是从基础开始，每次用两根杆 (1，2)，(3，4)，(5，6)，…，

(11，12)，依次连接成新结点A，B，C，…F，组成的简单桁架也是几何不变的，并且无多余联系。

(2) 由几个简单桁架联合组成几何不变的铰结体系，这样的桁架称为联合桁架。

如图4-48所示是由Ⅰ、Ⅱ两个简单桁架，用铰A和BC杆连接起来，因为符合组成几何不变体系（规则二），所以整个桁架是几何不变的，并且无多余联系，是联合桁架。

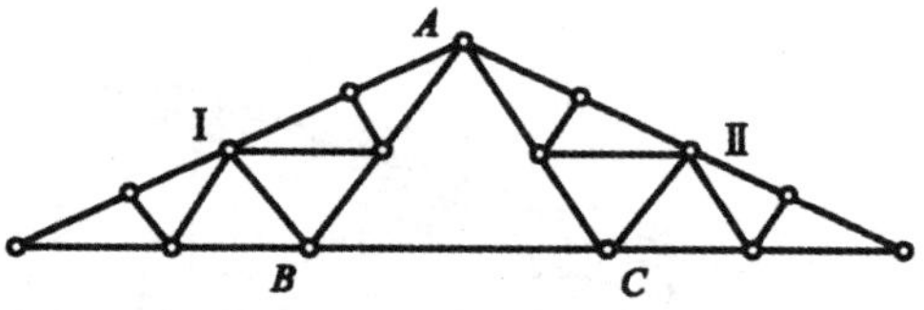

图4-48

桁架的杆件根据其所在位置的不同分别有不同的名称，如图4-49所示，上边的各杆称为上弦杆，下边的各杆称为下弦杆。在中间的各杆称为腹杆，而腹杆又按照其方向分为竖杆和斜杆。弦杆上相邻两结点的区间称为节间，其间距d称为节间长度。两支座的连线到桁架最高点之间的垂直距离H称为桁高。两支座间的水平距离称为跨度，用l表示。

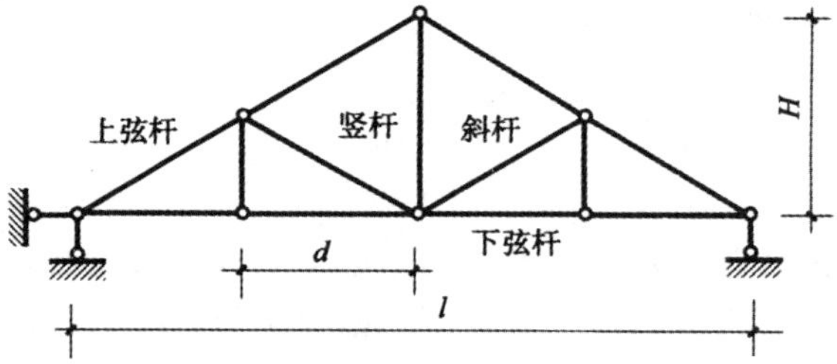

图4-49

桁架特点：由直杆用铰链联接而成，在结点荷载作用下，各杆只有轴力。

桁架组成方式：简单桁架由二元体生长方法可得；联合桁架是几个简单桁架，按二刚片法则组成。

二、静定桁架的内力计算

(一) 结点法计算桁架内力

按照一定的顺序截取桁架的结点为脱离体，考虑作用在这个结点上的外力和内力的平衡，由平衡条件解出桁架各杆的内力，这种方法称为结点法。结点法适用于求解简单桁架的各杆内力。

由于桁架的杆件都相交于结点，荷载又是作用在结点上，每一个结点脱离体上的荷载和内力构成一平衡的平面汇交力系，所以，就每一结点只能列出两个独立平衡方程，求解两个未知力。因此，用结点法求桁架内力时，应选择从未知力不多于两个的结点开始，按此原则依次对各结点进行计算，直至把所有的内力都计算出来。

在具体计算时，我们规定内力符号以杆件受拉为正，受压为负。结点脱离体上拉力的指向是离开结点的，而压力的指向是指向结点的。

下面举例来说明用结点法求解桁架内力的步骤。

【例4-24】试求如图4-50（a）所示桁架的各杆内力。

【解】（1）求支座反力。由于此桁架结构及荷载是对称的，所以A和B支座反力为

$F_{yA}=F_{yB}=2F_p$（↑）

（2）求各杆内力。由于对称关系，桁架左右两边对称杆件的内力也是相等的，所以，只需要计算左边一半杆件的内力就可以了。

先从结点A开始，因在该结点上只有两个未知内力F_{NAC}和F_{NAD}。取结点A为脱离体，如图4-50（b）所示，由结点A的平衡条件，即

$\sum F_y=0$，$2F_p-\dfrac{F_p}{2}+F_{NAD}\sin30°=0$

$F_{NAD}=\dfrac{-1.5F_p}{\sin 30°}=-3F_p$（压力）

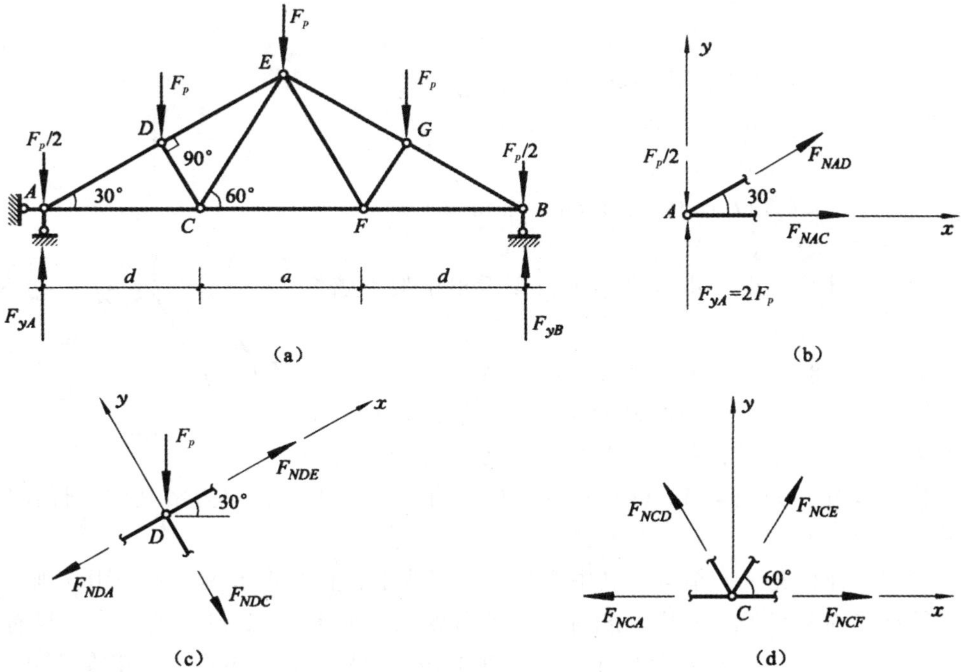

图4-50

$\sum F_x=0$，$F_{NAC}+F_{NAD}\cos30°=0$

$F_{NAC}=-F_{NAD}\cos30°=-（-3F_p）\times0.866=2.598F_p$（拉力）

然后，取D结点为脱离体，如图4-50（c）所示。为了使列出的平衡方程中只包含一个未知力，避免解联立方程，取x轴与未知力F_{NDE}方向一致，y轴正好与F_{NDC}重合，由

$\sum F_y=0$，$-F_p\cos30°-F_{NDC}=0$

$F_{NDC}=-0.866F_p$（压力）

$\sum F_x=0$，$F_{NDE}-F_{NDA}-F_p\sin30°=0$

$F_{NDE}=F_{NDA}+F_p\sin30°=-3F_p+0.5F_p=-2.5F_p$（压力）

最后，取C结点为脱离体，如图4-50（d）所示。由

$\sum F_y=0$，$F_{NCD}\sin60°+F_{NCE}\sin60°=0$

$F_{NCE}=-F_{NCD}=-F_{NDC}=-(-0.866F_p)=0.866F_p$（拉力）

$\sum F_x=0$，$F_{NCF}+F_{NCE}\cos60°-F_{NCD}\cos60°-F_{NCA}=0$

$F_{NCF}=-F_{NCE}\cos60°+F_{NCD}\cos60°+F_{NCA}$

$=-0.866F_p\times0.5+(-0.866F_p)\times0.5+2.598F_p$

$=1.732F_p$（拉力）

桁架右边一半杆件的内力，分别为

$F_{NBG}=F_{NAD}=-3F_p$（压力）

$F_{NGE}=F_{NDE}=-2.5F_p$（压力）

$F_{NFE}=F_{NCE}=0.866F_p$（拉力）

$F_{NBF}=F_{NAC}=2.598F_p$（拉力）

$F_{NGF}=F_{NDC}=-0.866F_p$（压力）

（3）校核。可取结点E为脱离体，由$\sum F_y=0$（图4-51）

$\sum F_y=-F_p-F_{NDE}\sin30°-F_{NGE}\sin30°-F_{NCE}\sin60°-F_{NFE}\sin60°$

$=-F_p-2F_{NDE}\sin30°-2F_{NCE}\sin60°$

$=-F_p-2\times(-2.5F_p)\times0.5-2\times0.866F_p\times0.866$

$=-F_p+2.5F_p-1.5F_p=0$

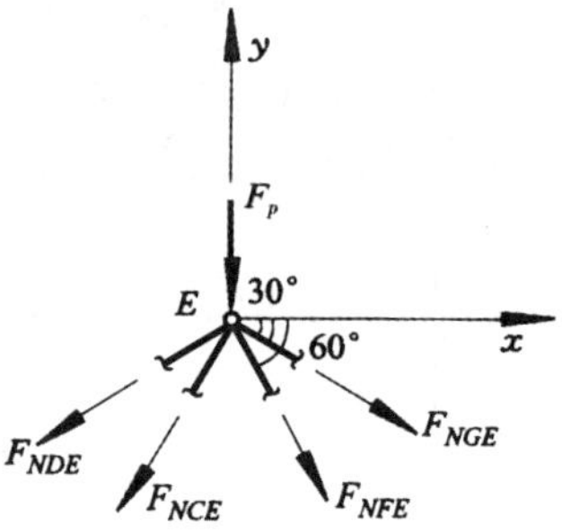

图4-51

所以，计算无误。由计算结果可以看出桁架下弦杆受拉，上弦杆受压。

结点平衡的几种特殊情况（图4-52）：

（1）不在一直线上的两杆相交于一个结点，且此结点上无外力的作用时，此两杆的内力为零。凡内力为零的杆称为零杆，如图4-52（a）所示。如果有外力作用，且外力沿其中一杆作用，则另一杆轴力为零。

（2）三杆相交于一结点，其中两杆在一直线上，且结点上无外力作用，则第三杆为零杆，而共线的两杆内力相等，且符号相同，如图4-52（b）所示。如果有外力作用时，则第三杆的内力与外力在垂直于共线两杆连线上的分力在数值上相等，而第三杆内力的分力方向与荷载的分力方向相反。

（3）四杆相交的结点，其中两杆在一直线上，其他两杆又在另一直线上，且结点上无外力作用，则在同一直线上的两杆内力相等，且符号相同，如图4-52（c）所示。

（4）四杆相交的结点，其中两杆共线，而另两杆在此直线的同一侧，且$\alpha_1=\alpha_2$，又此结点上无外力作用。则不共线的两杆内力大小相等，而符号相反，如图4-52（d）所示。如果$\alpha_1\neq\alpha_2$，不共线的两杆内力在垂直于共线杆连线上的分力大小相等，而

符号相反。

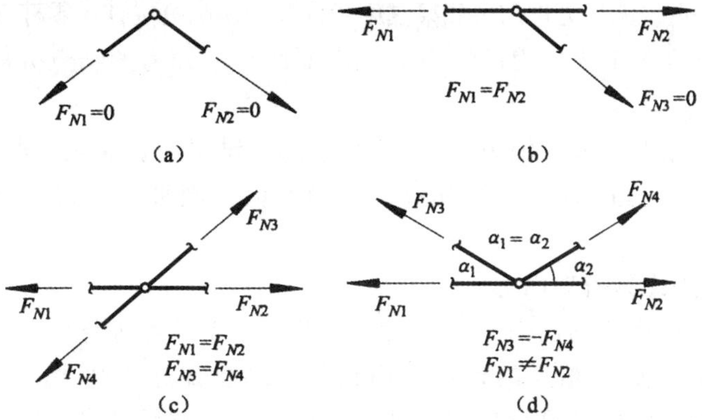

图4-52

上述这些结点平衡的特殊情况的结论，可由结点的平衡条件得到证明。

【例4-25】求如图4-53（a）所示桁架中a杆的内力。

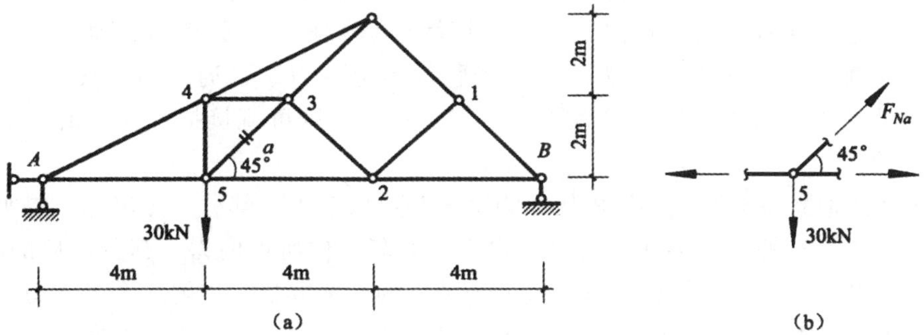

图4-53

【解】(1) 首先判断零杆，根据结点平衡特殊情况（2），可以判断出12杆为零杆，同理判断23杆、34杆、45杆也是零杆。

（2）取结点5（图4-53（b）），根据结点平衡特殊情况（2），就可以直接求出a杆的内力及其方向。

$F_{Na}\sin45°-30=0$

由上式解得

$F_{Na}=42.4\text{kN}$（拉力）

由上例可知：利用结点平衡特殊情况，可以不用求支座反力，然后逐一求解结点的办法求解a杆内力，使得计算过程大大简化。提请注意：这种计算技巧只是针对特殊情况。

一般情况下结点法的求解方法如下：

1.求解支座反力。一般要进行零杆判断，判定零杆可以大大简化求解，但因几何组成的不同而不一定是必需的。

零杆的判断：

（1）不共线两杆结点，无外力作用，则此两杆都是零杆（图4-52（a））。

（2）三杆结点，无外力作用，如果其中两杆共线，则第三杆是零杆（图4-52（b））。

2.再选取只含两个未知力的结点。顺次取两个未知力的结点分离体可求解每个杆的内力。

3.结点分离体中，未知轴力设为拉力（正），结果为负时表示与所设方向相反。已知力一般按实际方向画，标注其数值的绝对值，则平衡方程建立时看图确定其正负。

（二）截面法计算桁架内力

用结点法计算桁架的内力时，是按一定顺序逐个结点进行计算，这种方法前后计算相互影响，即后一结点的计算要用到前一结点计算的结果。若前面的计算有误，就会影响到后面的计算结果。另外，当桁架结点数目较多，而问题又只要求计算桁架中的某几根杆件的内力时，用结点法求解就显得繁琐了。

下面介绍另一种求解杆件内力的方法——截面法。

截面法就是用一个截面截断若干根杆件将整个桁架分为两部分，并任取其中一部分（它包括若干结点在内，至少包括两个结点）作为脱离体，建立平衡方程求出所截断杆件的内力。显然，作用于脱离体上的力系，通常为平面一般力系。因此，只要此脱离体上的未知力数目不多于三个，则可直接把截面上的全部未知力求出。

用截面切断拟求构件，将桁架分为两部分，取其中一部分为分离体，得平面任意力系，适于求解指定某几个构件的内力。切断杆件所得内力，与其同侧的外力、支座反力组成一平面的任意力系，有三个独立的平衡方程，可解三个未知力。截面切断的未知内力的杆件一般不超过三个；切断的杆件内力仍设为正方向。

【例4-26】如图4-54（a）所示，$F_p=10\text{kN}$，求桁架中杆5-6、5-7和6-7的内力F_{N56}，F_{N57}和F_{N67}。

【解】（1）求支座反力

由于桁架结构和外荷载均为对称，两端支座反力为

$F_{y1}=F_{y13}=30\text{kN}$（↑）

（2）用Ⅰ-Ⅰ截面切断杆5-7、6-7和6-8，并取左边为脱离体，如图4-54（b）所示。

①求杆5-7的内力时，以其他两杆的交点作为矩心，即脱离体上所有的力对结点6取矩，则有

$\sum M_6=0$，$F_{N57}\times d+F_p\times d+0.5F_p\times 2d-F_{y1}\times 2d=0$

$F_{N57}=2F_{y1}-F_p-F_p=2\times30-10-10=40\text{kN}$（拉力）

②求杆6-7的内力时，利用竖向合力平衡条件，则有

$\sum F_y=0$，$F_{y1}-F_p-F_p-0.5F_p-F_{N67}\sin\alpha=0$

$30-10-10-5-F_{N67}\sin45°=0$

$F_{N67}=5\sqrt{2}\text{kN}$（拉力）

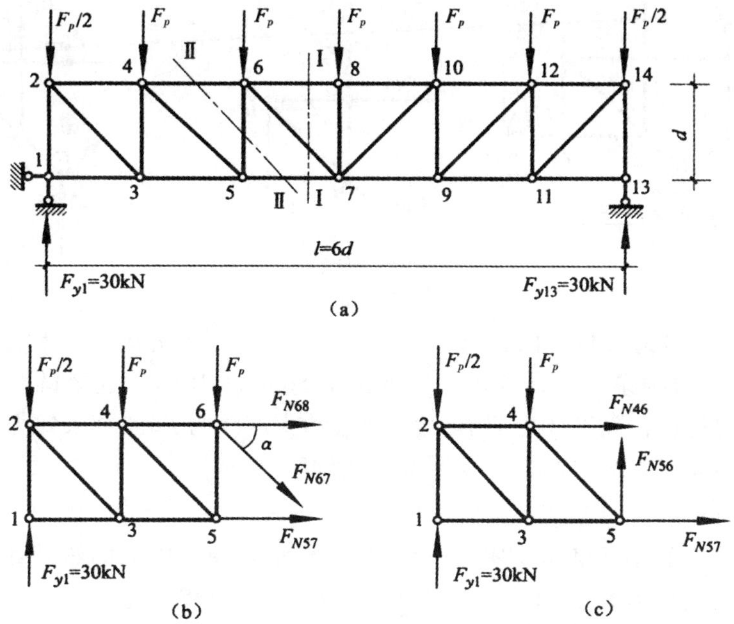

图 4-54

（3）用Ⅱ-Ⅱ截面切断杆4-6、5-6和5-7，并取左边为脱离体，如图4-54（c）所示。求杆5-6的内力，利用竖向合力平衡条件，则有

$\sum F_y=0$，$F_{y1}-F_p-0.5F_p+F_{N56}=0$

$F_{N56}=F_p+0.5F_p-F_{y1}=10+5-30=-15\text{kN}$（压力）

计算联合桁架时，应首先考虑采用截面法。例如图4-55所示桁架都是联合桁架。这些联合桁架都是由两个简单桁架用三根连接杆1，2，3装配而成的，应该采用截面法并从计算三根链杆的轴力开始。

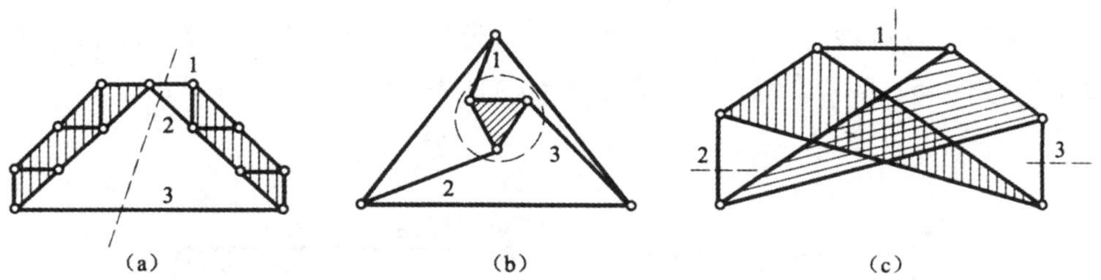

图 4-55

【例4-27】求如图4-56（a）所示静定桁架的支座反力。

【解】图示桁架共有五个未知支座反力，为了简化计算，先对其进行几何构造分析。

（1）$ABFE$是一个几何不变体，用三根支杆在结点A，E处与地基相连，形成第一个构造单元。其次，用链杆FG和支杆4固定结点G。最后，用链杆BC，GH和支杆5将几何不变体$CDIH$固定，构成一个静定桁架。

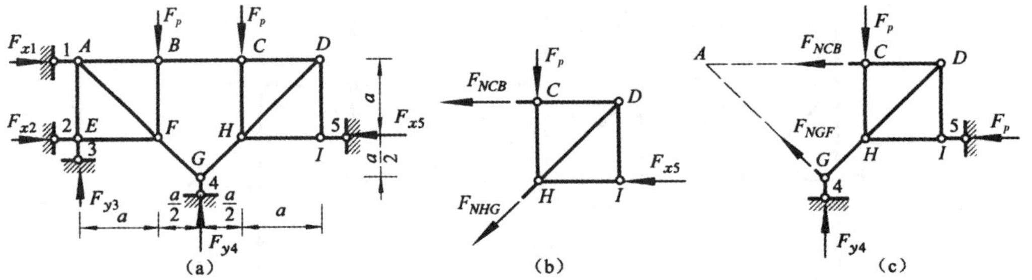

图4-56

由上述几何构造分析可以看出，按照与组成次序相反的次序，求支座反力时首先截取*CDIH*部分为第一个计算单元，如图4-56（b）所示。这里链杆*BC*和*CH*是只有轴向力的杆件，隔离体上只有F_{NCB}，F_{NHG}和支座反力F_{x5}三个未知力，可用三个平衡方程直接求得。不难看出，由$\sum M_D=0$便得

$F_{x5}=F_p$（←）

（2）取第二个计算单元，如图4-56（c）所示。隔离体上仍然只有三个未知力F_{NCB}，F_{NGF}和支座反力F_{y4}，由平衡条件$\sum M_A=0$可直接求得支座反力

$F_{y4}=2F_p$（↑）

（3）剩下三个未知反力F_{x1}，F_{x2}和F_{y3}可用整体三个平衡方程求得。

由$\sum M_E=0$　$F_{x1}=0$

由$\sum F_y=0$　$F_{y3}=0$

由$\sum F_x=0$　$F_{x2}=F_p$（→）

用截面法计算时，一般情况下，只要隔离体上出现的未知轴力不多于三个，就可以由隔离体的三个平衡方程直接算出这些未知轴力。

如果如图4-57所示结构，其隔离体上未知轴力多于三个，但除一杆a外其余各杆都交于一点或彼此平行（交点在无穷远处），则杆a的轴力仍可由力矩方程$\sum M_0=0$（图4-57（a））或投影方程$\sum F_s=0$（图4-57（b））直接算出。

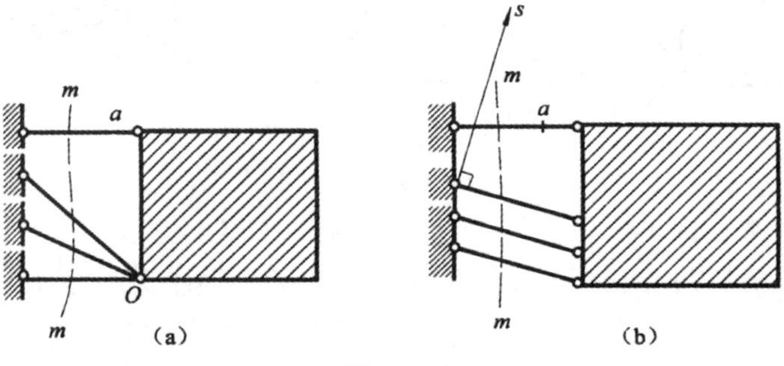

图4-57

例如，求图4-58所示各桁架中轴力F_{N1}时，作截面*m*-*m*切断的杆多于三根，但由力矩方程$\sum M_0=0$可直接求得图4-58（a）、（b）桁架中的轴力F_{N1}；由$\sum F_x=0$直接求得图4-58（c）、（d）桁架中的轴力F_{N1}。

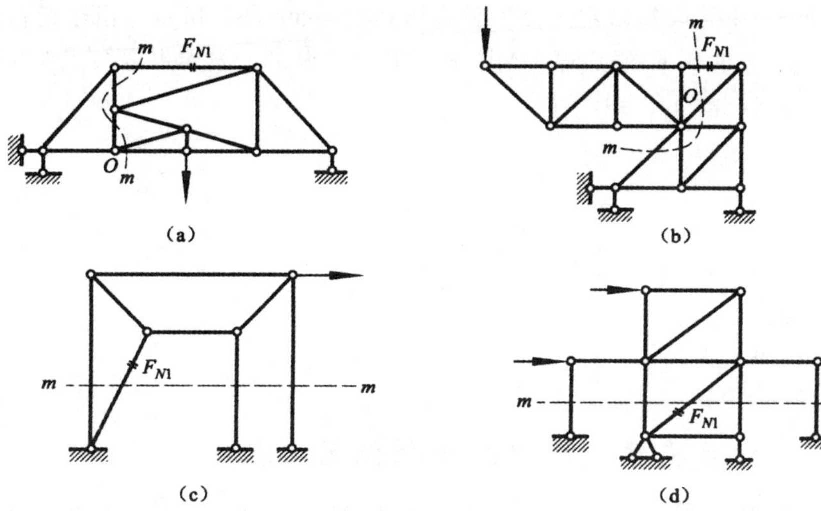

图 4-58

以上分别介绍了计算桁架内力的基本方法，即结点法和截面法。对有些桁架在具体计算其内力时，两种方法交替使用——结点法与截面法的联合应用，能较为方便地求出各杆内力。

（三）结点法与截面法的联合应用

在桁架计算中，有时联合应用结点法和截面法更为方便。下面举例说明。

【例 4-28】试求如图 4-59（a）所示桁架中杆 a 的内力 F_{Na}。

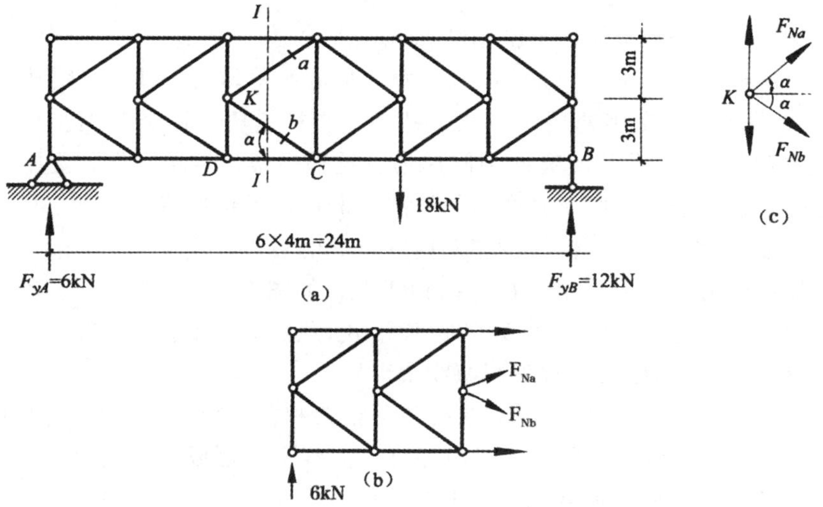

图 4-59

【解】（1）求支座反力（图 4-59（a））。

F_{yA}=6kN（↑）

F_{yB}=12kN（↑）

（2）求杆 a 的内力。

作截面Ⅰ－Ⅰ并取其以左部分为脱离体如图4–59（b）所示。由于此截面截断了四根杆件，不能仅通过此脱离体将全部未知力求出。为此再取结点K为脱离体（图4–59（c）），由$\sum F_x=0$，得

$F_{Nax}=-F_{Nbx}$

故

$F_{Na}=-F_{Nb}$

再由截面Ⅰ－Ⅰ考虑左边平衡，用$\sum F_y=0$，得

$6+(F_{Na}-F_{Nb})\sin\alpha=0$

$6+2F_{Na}\sin\alpha=0$

$F_{Na}=-5\text{kN}$（压力）

三、几种主要梁式桁架受力性能的比较

这里仅就工业和民用建筑中常用的几种梁式桁架的受力情况作简单的比较，从而了解桁架的形式对内力分布和构造上的影响以及它们的应用范围，以便在结构设计或对桁架作定性分析时，可根据不同的情况和要求，选用适当的桁架形式。图4–60（a）、（b）、（c）分别表示三角形桁架、抛物线形桁架和折线形桁架。它们的桁高H和跨度l均相同，各桁架上弦结点上作用着相同的单位力（$F_p=1$），各杆的内力值分别标在杆件上（由于结构和荷载均对称，其内力也对称，故各桁架上只在半边注明内力值）。从各图中可知，桁架弦杆的外形对桁架杆内力的分布有很大的影响。

各桁架的内力分布和应用范围归纳如下：

1.三角形桁架（图4–60（a））的内力分布是不均匀的。其弦杆的内力从中间向支座方向递增，近支座处最大；在腹杆中，斜杆受压，而竖杆则受拉（或为零杆），而且腹杆的内力是从支座向中间递增。这种桁架的端结点处，上下弦杆之间夹角较小，构造复杂。但由于其两面斜坡的外形符合屋顶构造的要求，所以，在跨度较小、坡度较大的屋盖结构中较多采用三角形桁架。

2.抛物线形桁架（上弦结点在一抛物线上，如图4–60（b）所示）的内力分布均匀。其从受力角度来看是比较好的桁架形式，但构造和施工复杂。为了节约材料，在跨度18~30m的屋架中常采用抛物线形桁架。

3.折线形桁架（图4–60（c））是三角形桁架和抛物线形桁架的一种中间形式，其端节间的上弦杆与其他节间的上弦杆不在一直线上，形成一折线形。由于上弦改成折线，端节间上弦杆的坡度比三角形桁架大。因此，它的弦杆内力比三角形桁架要小，内力分布比三角形桁架均匀，又克服了抛物线形桁架上弦转折太多而形成的缺点，施工制造方便。它是目前钢筋混凝土屋架中经常采用的一种形式，在中等跨度18~24m的工业厂房中采用得较多。

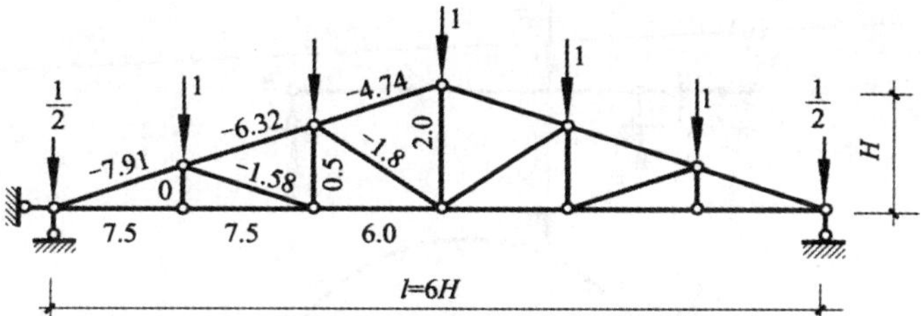

(a)

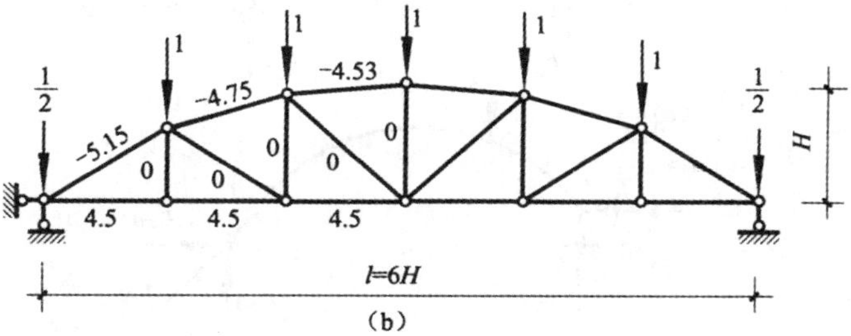

(b)

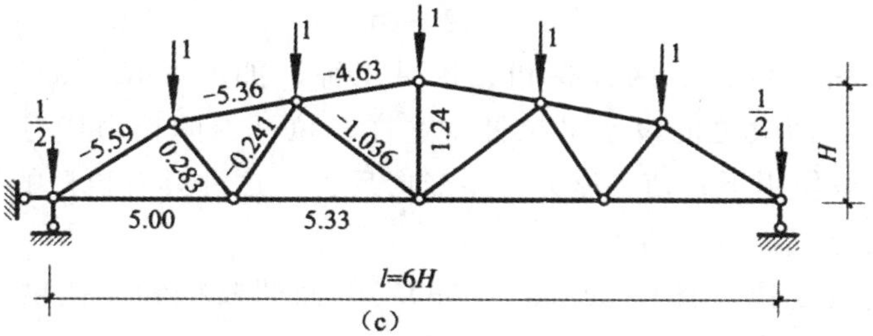

(c)

图 4-60

第六节　三铰拱的内力计算

一、拱式结构的特征

如图4-61（a）所示为简支梁，其轴线为直线，在竖向荷载作用下只产生竖向反力 F_{yA} 和 F_{yB}，而水平反力 $F_{xA}=0$。若将直杆改变成曲杆，如图4-61（b）所示，在竖向荷载作用下，仍然只有两个竖向反力，水平反力仍为零，这种结构称为曲梁。若 B 支座的一链杆改为斜向支承，如图4-61（c）所示，则受力情况就不同了。在竖向荷载作用下 B 支座处的反力 F_{RB} 将产生竖向和水平方向的分力，分别为 F_{yB} 和 F_{xB}。因此，支座处不仅产生竖向反力 F_{yA} 和 F_{yB}，还产生水平反力 F_{xA} 和 F_{xB}，水平反力又称推力。这种在竖向荷载作用下，除了产生竖向反力外，还产生水平推力的曲杆结构称为拱。

拱在我国建筑结构上的应用有悠久的历史，例如河北省赵县的石拱桥。

目前，在桥梁和房屋建筑工程中，拱式结构的应用也较广泛，它适用于宽敞的大厅，如礼堂、展览馆、体育馆和商场等。

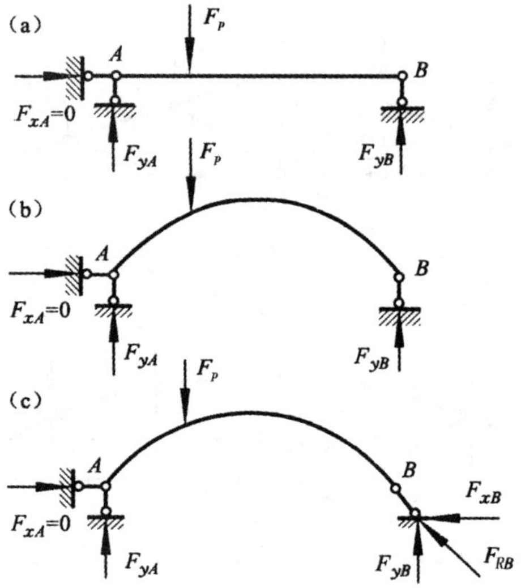

图 4-61

拱的形式有三铰拱、两铰拱和无铰拱三种，如图4-62（a）、（b）和（c）所示。此外，若在两铰之间设水平拉杆，这样，拉杆内的拉力代替了支座推力的作用，在竖向荷载作用下，使支座只产生竖向反力，这种具有拉杆的拱，简称为拉杆拱，如图4-62（d）、（e）所示。

三铰拱为静定拱（图4-62（a）、（d）），而两铰拱和无铰拱为超静定拱（图4-62（b）、（c）、（e））。

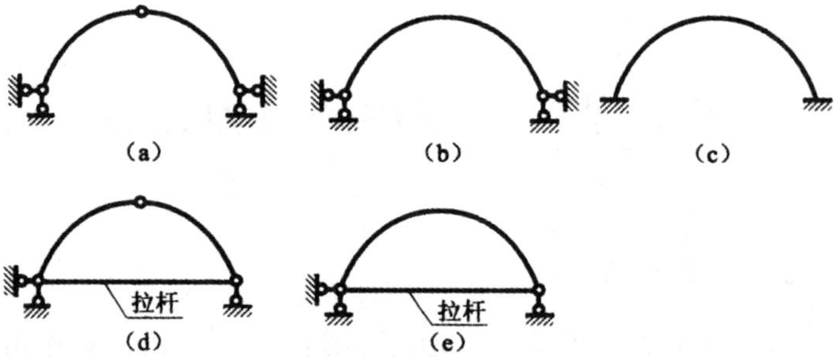

图 4-62

拱的各部分名称如图4-63所示。拱身各横截面形心的连线称为拱轴线。拱结构的最高一点称为拱顶，三铰拱的拱顶通常设置在中间铰的地方。拱的两端与支座连接处称为拱趾或拱脚。两个拱脚之间的水平距离l称为跨度。拱顶到两拱脚连线的竖向距离f称为拱高或拱矢。拱高与跨度之比f/l称为高跨比或矢跨比。

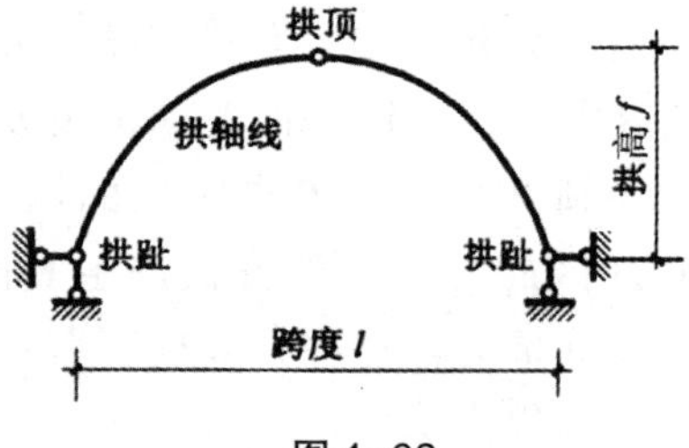

图 4-63

二、三铰拱的内力计算

这里仅就对称的三铰拱，在竖向荷载作用下（图4-64），用数解法推导出反力和截面内力的计算公式。

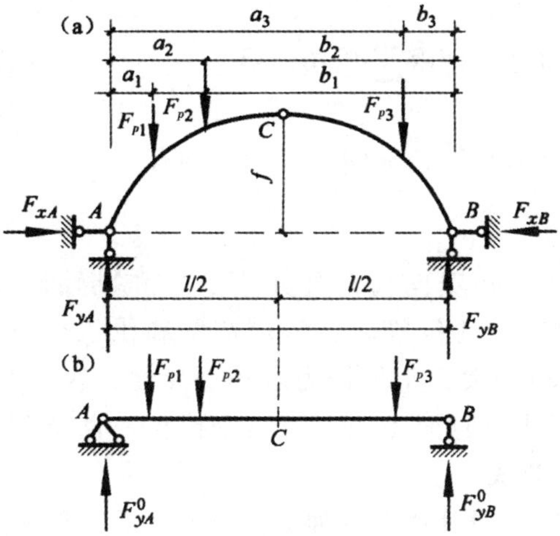

图4-64

（一）反力的计算公式

支座反力计算与三铰刚架相同，A，B处支座反力分别以F_{yA}，F_{yB}，F_{xA}和F_{xB}表示。取整个拱为脱离体，由$\sum M_A=0$

$$F_{yB}l-F_{P1}a_1-F_{P2}a_2-F_{P3}a_3=0$$

得 $$F_{yB}=\frac{\sum F_{Pi}a_i}{l}\ (\uparrow)\ (i=1,\ 2,\ 3)$$

如图4-64（b）所示简支梁与如图4-64（a）所示拱具有同样的跨度，称之为拱的代梁。如果代梁上作用着同样的荷载（图4-64（b）），则在支座B处的竖向反力F_{yB}^0为

$$F_{yB}^0=\frac{\sum F_{Pi}a_i}{l}\ (\uparrow)\ (i=1,\ 2,\ 3)$$

故得

$$F_{yB}=F_{yB}^0 \tag{4-7}$$

同理，由$\sum M_B=0$

可得

$$F_{yA}=F_{yA}^0 \tag{4-8}$$

F_{yA}^0表示代梁支座A处的竖向反力。

取拱顶铰C以左的部分为脱离体，由$\sum M_C=0$，得

$$F_{yA}\frac{l}{2}-F_{P1}\left(\frac{l}{2}-a_1\right)-F_{P2}\left(\frac{l}{2}-a_2\right)-F_{xA}f=0$$

$$F_{xA}=\frac{F_{yA}\frac{l}{2}-F_{P1}\left(\frac{l}{2}-a_1\right)-F_{P2}\left(\frac{l}{2}-a_2\right)}{f}$$

上式中的分子部分等于代梁在截面C处的弯矩M_C^0，所以上式可以改写成

$$F_{xA}=\frac{M_C^0}{f}$$

取整个拱进行整体分析，由$\sum F_x=0$，得

$$F_{xA}=F_{xB}$$

因为两水平支座反力相等，常用F_x表示，则有

$$F_x=\frac{M_C^0}{f} \tag{4-9}$$

由式（4-9）可知，在竖向荷载作用下，F_x和拱轴形式即拱轴线形状无关，而只决定于A，B，C三铰的位置。若竖向荷载和拱三个铰位置给定不变（即M_C^0为定值），则随着拱矢f变大，水平推力减小。反之，拱矢f变小，水平推力增大。当f=0时，推力为无限大，这时A，B，C三个铰在一直线上，成为几何瞬变体系。

（二）内力的计算公式

在求得支座反力后，即可解出拱轴上任一截面的三种内力：M，F_Q和F_N（如图4-65（a）所示）。现以拱轴上任意截面K为例导出其内力计算公式如下：

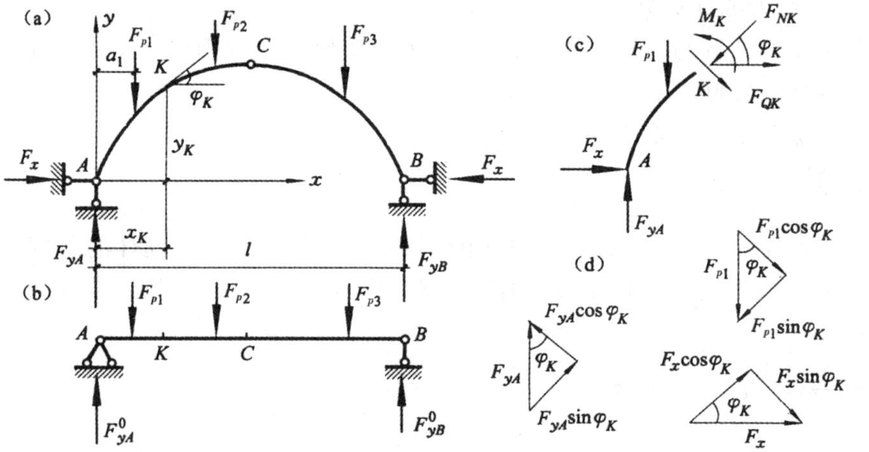

图4-65

在图4-65（a）中取任意x_K位置用截面K假想截开，有内力M_K（符号规定以使拱内侧受拉为正，反之为负）、F_{QK}和F_{NK}（轴力符号规定使截面受压为正，受拉为负）。

1.弯矩的计算公式

如图4-65（c）所示，M_K与两部分力形成的力矩平衡：一部分为竖向荷载F_{P1}及支座反力F_{yA}形成的力矩，相当于相应简支梁的M_K^0；另一部分为推力F_x产生的力矩$-F_x\cdot y_K$，由此得弯矩M_K的计算公式

$$M_K=M_K^0-F_x\cdot y_K \tag{4-10}$$

2.剪力和轴力计算公式

如图4-65（c）所示，若F_{p1}，F_{QK}和F_{NK}按水平、竖向分解，则水平力与F_x平衡，竖内力与荷载与F_{yA}平衡，即相当于相应简支梁的F_Q^0（如图4-65（b）所示）；F_{p1}，F_x，F_{yA}三力向F_{QK}和F_{NK}方向投影（如图4-65（d）所示），则得到如下计算公式：

（1）剪力计算公式

$$\begin{aligned}F_{QK}&=F_{yA}\cdot\cos\varphi_K-F_{p1}\cdot\cos\varphi_K-F_x\sin\varphi_K\\&=(F_{yA}-F_{p1})\cdot\cos\varphi_K-F_x\sin\varphi_K\\&=F_{QK}^0\cdot\cos\varphi_K-F_x\sin\varphi_K\end{aligned}$$

（2）轴力计算公式

$$\begin{aligned}F_{NK}&=F_{yA}\cdot\sin\varphi_K-F_{p1}\cdot\sin\varphi_K+F_x\cos\varphi_K\\&=(F_{yA}-F_{p1})\cdot\sin\varphi_K+F_x\cos\varphi_K\\&=F_{QK}^0\cdot\sin\varphi_K+F_x\cos\varphi_K\end{aligned}$$

式中$F_{QK}^0=F_{yA}-F_{p1}$为代梁上相应K截面上的剪力。φ_K的符号在图4-65（a）所示的坐标中左半拱为正，右半拱为负。

综上所述，三铰拱在竖向荷载作用下，任一截面K处的弯矩、剪力和轴力的计算公式如下：

$$\left.\begin{aligned}M_K&=M_K^0-F_x\cdot y_K\\F_{QK}&=F_{QK}^0\cdot\cos\varphi_K-F_x\sin\varphi_K\\F_{NK}&=F_{QK}^0\sin\varphi_K+F_x\cos\varphi_K\end{aligned}\right\}\tag{4-11}$$

根据上述各公式可计算三铰拱的所有内力值，由此可绘出三铰拱的内力图。

具体计算下面举例来说明。

【例4-29】试计算如图4-66（a）所示三铰拱的内力并绘其内力图。已知其拱轴线为一抛物线，当坐标原点选在左支座A处时，其拱轴方程为$y=\frac{4f}{l^2}x(l-x)$。

【解】（1）求支座反力。由式（4-7）、式（4-8）、式（4-9）得

$$\begin{cases}F_{yA}=F_{yA}^0=\dfrac{14\times6\times9+50\times3}{12}=75.5\text{kN}(\uparrow)\\F_{yB}=F_{yB}^0=\dfrac{14\times6\times3+50\times9}{12}=58.5\text{kN}(\uparrow)\\F_x=\dfrac{M_C^0}{f}=\dfrac{75.5\times6-14\times6\times3}{4}=50.25\text{kN}\end{cases}$$

（2）各截面的内力计算。在计算内力时，可将拱跨分为八等分，按式（4-10）计算出各分段点截面的M，F_Q和F_N值。计算时为了清楚和便于检查，计算可列表进行（详见表4-2）。然后根据计算结果绘出M，F_Q和F_N图，如图4-66（b）、（c）和（d）所示。

为了说明计算过程，现以距A支座为1.5m的截面1为例，计算如下：

由已知的拱轴方程，将l=12m及f=4m代入，得

$$y=\frac{4f}{l^2}x(l-x)=\frac{x}{9}(12-x)$$

则有

表 4-2 三铰拱内力的计算

拱轴分点	y_K (m)	$\tan\varphi_K$	$\sin\varphi_K$	$\cos\varphi_K$	F_{QK}^0 (kN)	M (kN·m)			F_Q (kN)			F_N (kN)		
						M_K^0	$-F_xy_K$	M_K	$F_{QK}^0\cos\varphi_K$	$-F_x\sin\varphi_K$	F_{QK}	$F_{QK}^0\sin\varphi_K$	$F_x\cos\varphi_K$	F_{NK}
0	0	1.333	0.8000	0.600	75.5	0	0	0	45.3	40.2	5.1	60.4	30.2	90.6
1	1.75	1.000	0.707	0.707	54.5	97.5	-88.0	9.5	38.5	-35.5	3.0	38.5	35.5	74.0
2	3.00	0.667	0.555	0.832	33.5	163.5	-150.8	12.7	27.9	-27.9	0.0	18.6	41.8	60.4
3	3.75	0.333	0.316	0.949	12.5	198.0	-188.4	9.6	11.9	-15.9	-4.0	4.0	47.7	51.7
4	4.00	0	0	1.000	-8.5	201.0	-201.0	0	-8.5	0	-8.5	0	50.3	50.3
5	3.75	-0.333	-0.316	0.949	-8.5	188.3	-188.4	-0.1	-8.5	15.9	7.4	2.7	47.7	50.4
	左				-8.5				-7.1		20.8	4.7		46.5
6	3.00	-0.667	-0.555	0.832		175.5	-150.8	24.7		27.9			41.8	
	右				-58.5				-48.7		-20.8	32.5		74.3
7	17.5	-1.000	-0.707	0.707	-58.5	87.8	-88.0	-0.2	-41.3	35.5	-5.8	41.3	35.5	76.8
8	0	-1.333	-0.800	0.600	-58.5	0	0	0	-35.1	40.2	5.1	46.8	30.2	77.0

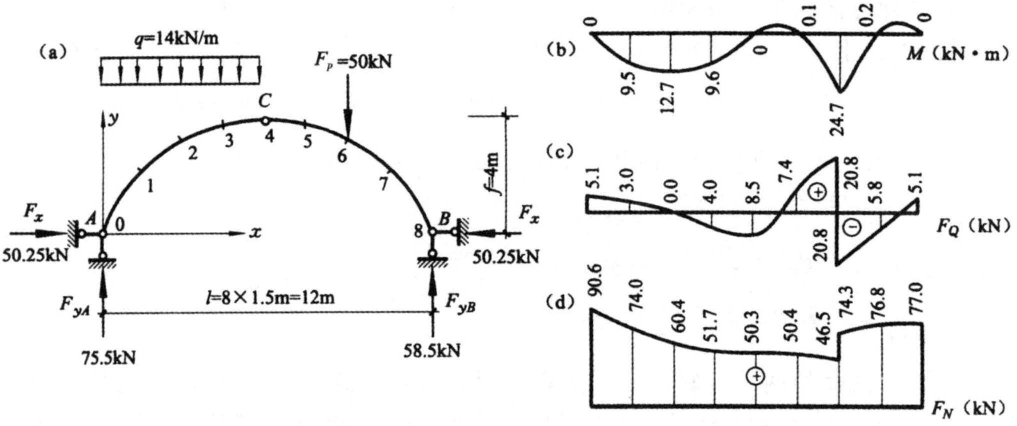

图 4-66

$$\tan\varphi=\frac{dy}{dx}=\frac{1}{9}\times(12-2x)=\frac{4}{3}\left(1-\frac{x}{6}\right)$$

将截面 1 的横坐标 x_1=1.5m 代入，得

$$y_1=\frac{1.5}{9}\times(12-1.5)=1.75\text{m}$$

$$\tan\varphi_1=\frac{4}{3}\times\left(1-\frac{1.5}{6}\right)=1$$

$$\varphi_1=45°$$

则

$\sin45°=\cos45°=0.707$

由式（4-11），可得截面1的弯矩、剪力和轴力值为

$M_1=M_1^0-F_x\cdot y_1=\left(75.5\times1.5-14\times1.5\times\frac{1.5}{2}\right)-50.25\times1.75=97.5-88=9.5\text{kNm}$

$F_{Q1}=F_{Q1}^0\cdot\cos\varphi_1-F_x\sin\varphi_1=3.0\text{kN}$

$F_{N1}=F_{Q1}^0\cdot\sin\varphi_1+F_x\cos\varphi_1=74\text{kN}$

其他各截面的计算过程与上相同，各项的计算结果列于表4-2内，从表中的M_K^0和M_K及图4-66（b）、（c）、（d）所示可知，拱的弯矩比相应代梁的弯矩小得多，这是由于推力的存在使拱截面上的弯矩减小，而拱的剪力也相对减小，轴力则增大。

三、合理拱轴的概念

由前所述，拱在荷载作用下，各截面上一般产生三个内力分量，即弯矩、剪力和轴力，截面处于偏心受压状态，其正应力分布不均匀，但是我们可以选取一根适当的拱轴线，使得在给定的荷载作用下，拱上各截面的弯矩均为零，即只承受轴力。此时，各截面都处于均匀受压的状态，因而材料能得到充分的利用，对应的拱截面尺寸是最小的。从理论上说，设计成这样的拱是最经济的，故称这样的拱轴为合理拱轴。

对于在竖向荷载作用下的三铰拱，可用数解法定出拱的合理拱轴的轴线方程，任一截面上的弯矩为

$M=M_K^0-F_x\cdot y_K$

利用截面上弯矩为零的条件，可找出合理拱轴。对于上式，在已知荷载和跨度的情况下，M_K^0是可确定的，而水平推力$F_x=\dfrac{M_C^0}{f}$，当拱跨及拱高一经确定，F_x也为定值。所以要使$M=0$，只要调整拱轴上各点纵标y。则一般表达式为

$M=M^0-F_x\cdot y=0$

得

$$y=\frac{M^0}{F_x} \tag{4-12}$$

由（4-11）可知，合理拱轴线的竖标y与相应简支梁（代梁）的弯矩成正比。当拱上所受荷载为已知时，只要求出相应简支梁的弯矩方程，然后除以F_x，即得三铰拱的合理拱轴的轴线方程。

【例4-30】试求如图4-67（a）所示对称三铰拱在均布荷载q作用下的合理拱轴。

【解】作三铰拱对应的简支梁（代梁）如图4-67（b）所示，其弯矩方程为

$M^0=\frac{1}{2}qlx-\frac{1}{2}qx^2=\frac{1}{2}qx\ (l-x)$

由式（4-9）得

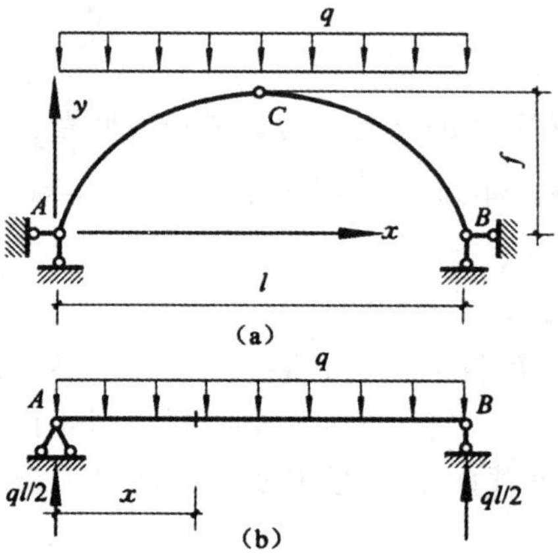

图 4-67

$$F_x=\frac{M_C^0}{f}=\frac{ql^2}{8f}$$

将M^0和F_x代入式（4-12），即得到合理拱轴的轴线方程式为

$$y(x)=\frac{\frac{1}{2}qx(l-x)}{\frac{ql^2}{8f}}=\frac{4f}{l^2}x(l-x)$$

由此可知，在满跨的竖向均布荷载作用下，三铰拱的合理拱轴的轴线是一抛物线。正因为如此，在房屋建筑中拱的轴线常用抛物线。

四、三铰拱的性能

通过以上讨论，三铰拱的性能可归纳如下：

1.在竖向荷载作用下，梁没有水平反力，而拱则有水平推力。因此，必须有坚固的基础以承受此水平推力，故三铰拱的基础比梁的基础要大。特别是当高跨比f/l愈小时，水平推力愈大，则更需注意这一点。当拱作为屋盖结构时，为了阻止因水平推力而使两端支承发生推移，往往采用具有拉杆的三铰拱（或两铰拱），以减小对墙（或柱和基础）的推力。

2.由式（4-10）可知，由于水平推力的存在，从而减小了拱截面的弯矩，故拱的截面尺寸要比其对应的简支梁小。就这一点而言，三铰拱较简支梁经济，并能跨越较大的跨度。

3.在竖向荷载作用下，梁的截面没有轴力，而拱的截面内轴力较大。在选择恰当的拱轴的条件下，拱的截面主要受压，因此，拱式结构可利用砖石、混凝土等抗压性能较好的材料制作，充分发挥这些材料的作用。

总之，由于拱式结构不仅受力性能较好，而且形式多种多样，尤其适用于较大跨度的建筑。另外，拱结构的形式有利于丰富建筑的形象，因此，也是建筑师比较欢迎的一种结构形式。

第七节　静定平面组合结构的内力计算

在有些结构中，一部分杆件是桁架杆件，只承受轴力作用；另一部分杆件是受弯杆件，除了轴力外，还有弯矩和剪力。这种在同一结构中由两类杆件组成的结构，称为组合结构。

应用截面法计算组合结构的内力时，要注意被截杆件的受力性质。对于桁架杆件，截面只作用有轴力，而被截的是受弯杆件，截面上一般作用有三个力，即弯矩剪力和轴力。

由于受弯杆件的截面上一般有三个内力，为了不使脱离体上的未知力过多，应尽可能避免截断受弯杆件。一般是先求出组合结构中桁架杆的轴力，然后根据荷载和所求得的轴力，再求受弯杆的弯矩、剪力和轴力。

【例4-31】试计算如图4-68（a）所示的组合结构，求桁架杆件的轴力，并绘制受弯杆的M图和F_Q图。

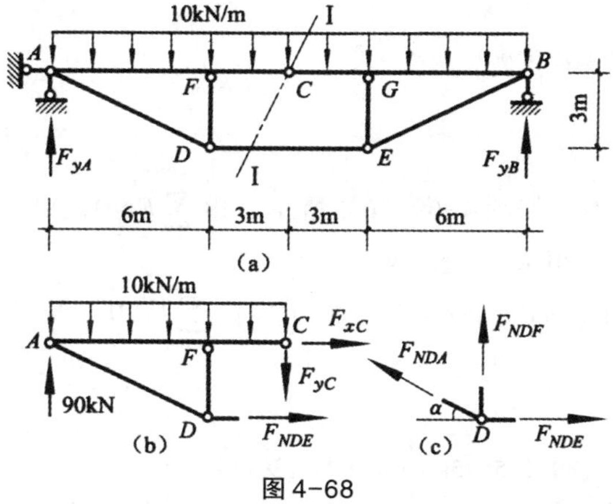

图4-68

【解】在此结构中AC与CB杆为受弯杆，其余杆件均为桁架杆件，即承受轴力。由于结构与荷载对称，所以其反力和内力也是对称的，故只需求一半结构的内力。

（1）求支座反力

由$\sum M_B=0$，得

$$F_{yA}=\frac{10\times18\times9}{18}=90\text{kN}（\uparrow）$$

$$F_{yB}=F_{yA}=90\text{kN}（\uparrow）$$

（2）求轴力杆的内力

由截面Ⅰ-Ⅰ截取左边为脱离体，如图4-68（b）所示。由$\sum M_C=0$，得

$$F_{NDE}\times3+\frac{1}{2}\times10\times9^2-90\times9=0$$

$$F_{NDE}=135\text{kN}（拉力）$$

再取结点 D 为脱离体，如图4-68（c）所示。由 $\sum F_x=0$，得

$F_{NDE}-F_{NDA}\cos\alpha=0$

将已求得的 F_{NDE} 代入

$F_{NDA}=\frac{135}{\cos\alpha}=\frac{135}{2}\sqrt{5}=150.9\text{kN}$（拉力）

由 $\sum F_y=0$，得

$F_{NDF}+F_{NDA}\sin\alpha=0$

$F_{NDF}=-F_{NDA}\sin\alpha=-\frac{135}{2}\sqrt{5}\times\frac{1}{\sqrt{5}}=-67.5\text{kN}$（压力）

（3）求受弯构件 AC 的内力（只要求出 AC 杆的 M 和 F_Q）。取结构左半部分为脱离体，如图4-68（b）所示，由平衡条件 $\sum F_y=0$，得

$-F_{yC}-10\times9+90=0$

$F_{yC}=0$

取 FC 段为脱离体，如图4-69（a）所示。由 $\sum F_y=0$，得

$F_{QFC}=30\text{kN}$

由 $\sum M_F=0$，得

$M_{FC}=\frac{10}{2}\times3^2=45\text{kNm}$（上边受拉）

C 点的端部已知：

$M_{CF}=0$，$F_{QCF}=F_{yC}=0$

取结点 A 为脱离体，如图4-69（b）所示。由 $\sum F_y=0$，得

$F_{QAF}=90-67.5\sqrt{5}\times\sin\alpha=90-67.5=22.5\text{kN}$

取 AF 段为脱离体，如图4-69（c）所示。由 $\sum F_y=0$，得

$F_{QFA}=22.5-60=-37.5\text{kN}$

由 $\sum M_F=0$，得

$M_{FA}=6\times10\times3-22.5\times6=180-135=45\text{kN}\cdot\text{m}$（上边受拉）

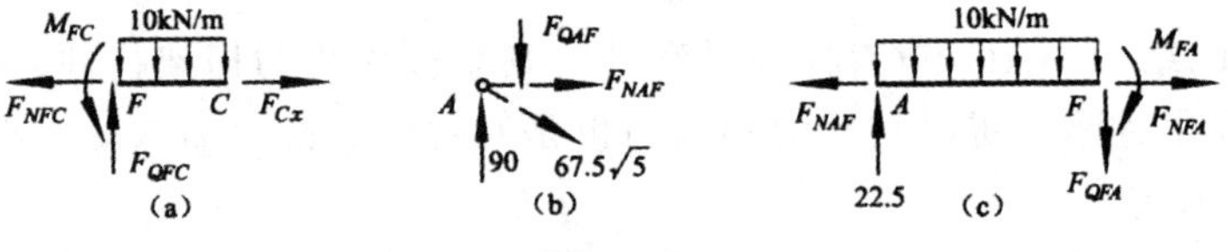

图4-69

（4）绘制 M 图和 F_Q 图，如图4-70（a）、（b）所示。

读者可以在求出 M_{FC} 和 F_{QAF} 后，利用叠加法绘制弯矩图，利用简易法绘制剪力图。请读者自行绘制横梁 AB 的轴力图。

不同静定结构受力比较如图4-71所示。

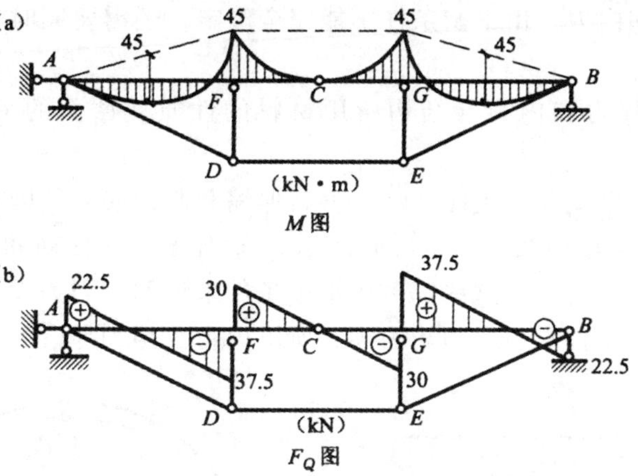

图 4-70

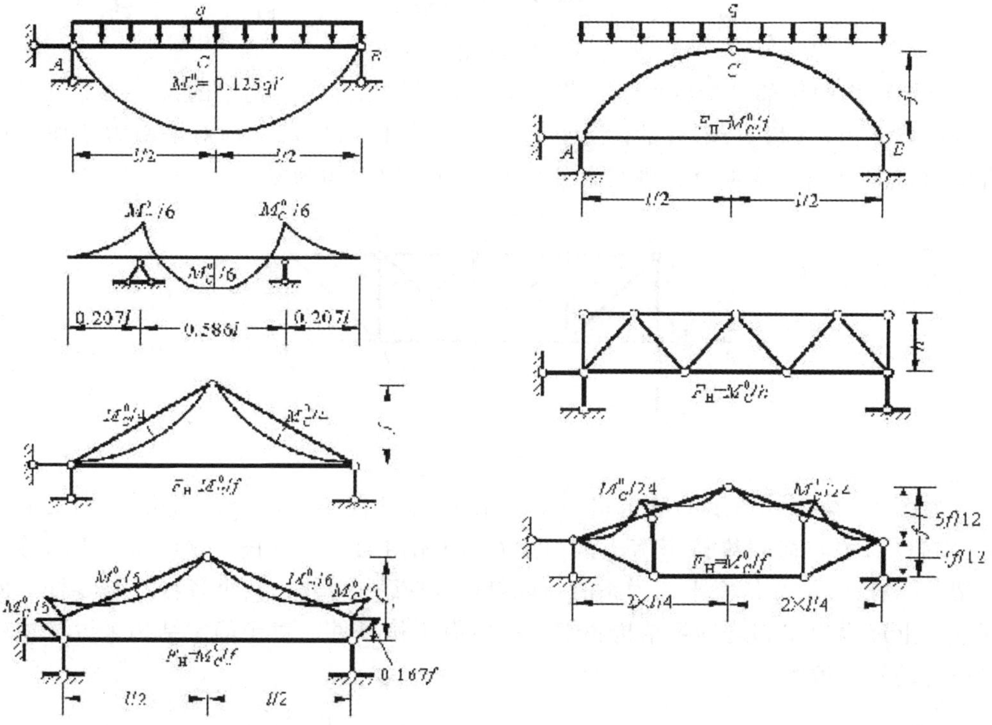

图 4-71

第八节　静定结构的基本特性

静定结构与超静定结构都是几何不变体系，二者的差别是：在几何构造方面，静定结构无多余的联系，而超静定结构则具有多余的联系；在静力平衡方面，静定结构的全部反力和内力只要用静力平衡条件就能确定，且解答是唯一的。而超静定结构的全部反力和内力，由平衡条件不能完全确定，还需要同时考虑变形条件后才能得到全部解答。

静定结构的反力和内力与结构所用材料的性质、截面的大小和形状都没有关系。

静定结构在温度变化、支座移动、材料伸缩和制造误差等因素影响下，都不产生反力和内力，如图4-72（a）、（b）所示，分别在支座移动和温度变化作用下，结构均不产生反力和内力。这些都可用平衡条件来证明，因为没有荷载作用在静定结构上时，由平衡条件求得反力均为零，所以内力也均为零。

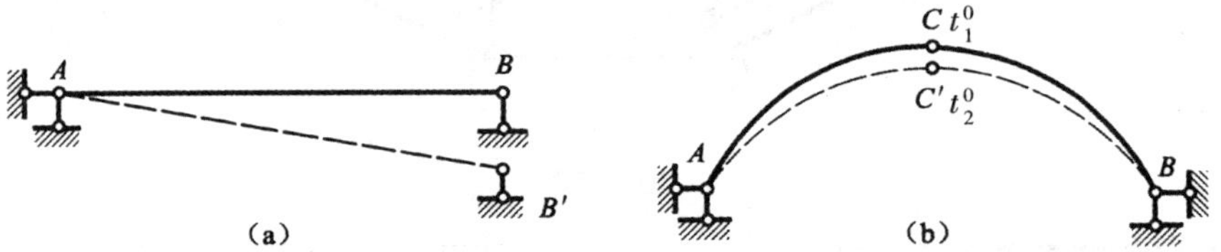

图4-72

静定结构的局部平衡特性。在荷载作用下，如果静定结构中的某一局部可以与荷载维持平衡，则其余部分的内力必为零。如图4-73所示，一对平衡力系作用在桁架的1234几何不变部分，则其余部分的反力和内力均为零。

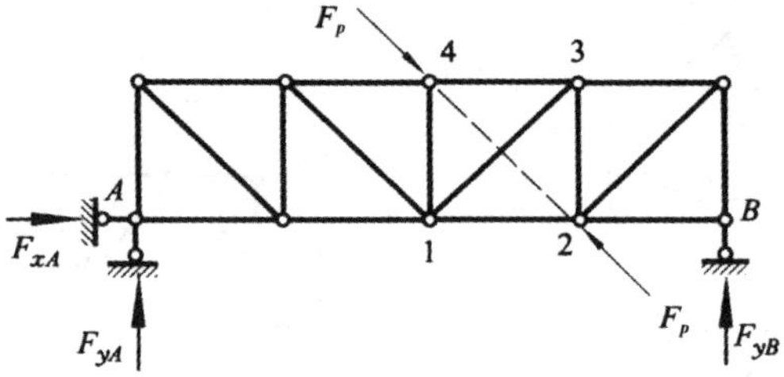

图4-73

如图4-74（a）所示的静定多跨梁，梁*AB*是几何不变部分，当梁*AB*承受荷载时，它自身可与荷载维持平衡，因而梁*BC*即无内力。又如图4-74（b）所示静定桁架，当杆*AB*承受任意平衡力系时，除杆*AB*产生内力外，其余各杆都是零杆。实际上，上述内力状态已满足结构各部分的所有平衡条件。对于静定结构来说，这就是内力的唯一解答。

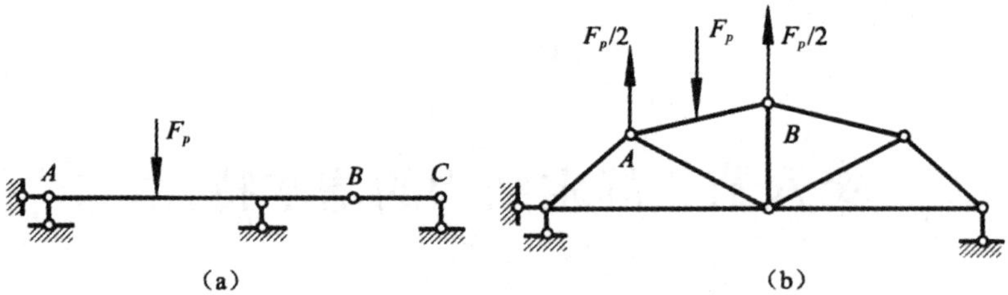

图4-74

静定结构的变换特性。当静定结构的一个内部几何不变部分作构造变换时，其余部分的内力不变。如图4-75（a）所示桁架中，设将上弦杆AB改换为一小桁架，如图4-75（b）所示，则只是AB的内力改变，其余的部分内力不改变。具体比较如图4-75（c）、（d）所示。

静定结构的等效特性。当静定结构的一个内部几何不变部分上的荷载作等效变换时，其余部分的内力不变。这里，等效荷载是指荷载分布虽不同，但其合力彼此相等的荷载。

图4-76（a）中的荷载F_p，与结点A，B上的两个荷载$F_p/2$是等效荷载。将图4-76（a）改为图4-76（b）时，只有杆AB的内力改变，其余各杆的内力都不变。静定结构在等效荷载作用下的这一特性，可用局部平衡特性来说明，如图4-76（c）所示。

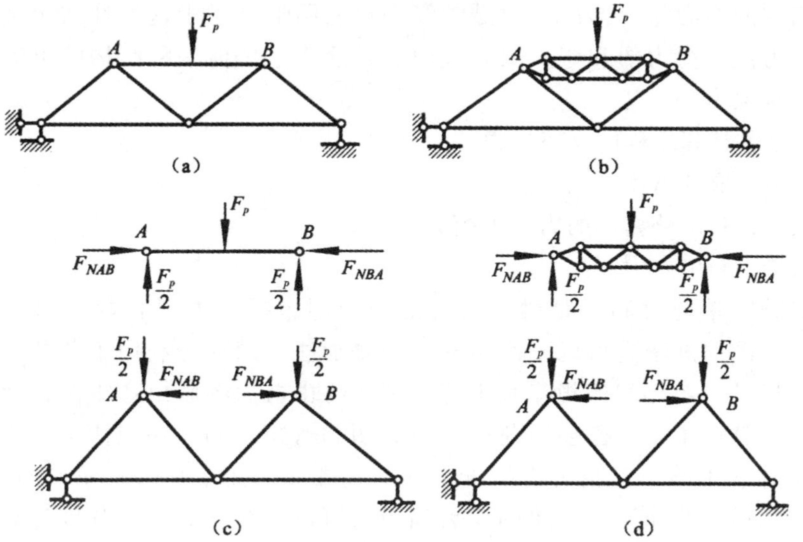

图4-75

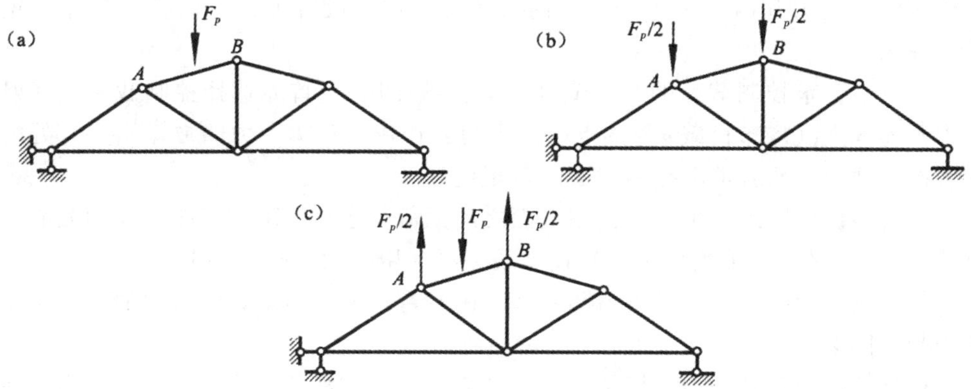

图4-76

第九节 小结

本章讲述了五种典型静定结构的内力计算，分别是静定梁、静定平面刚架、静定桁架、三铰拱、静定平面组合结构。在进行内力分析之前，首先要进行结构的受力分析，受力分析中需要画出结构所承受的外部荷载和支座反力，对于结构内力，这两部分都属于外力。结构构件因受外力作用，在构件各部分之间所产生的相互作用力称为内力。为了直观地表达杆件内力变化情况，常借助内力图形，即内力图。内力图是指取与杆件轴线平行的横坐标轴表示各横截面位置，以纵坐标表示相应的内力值，作出内力沿轴线变化的图形。对于这五种结构来讲，内力图包括轴力图、剪力图和弯矩图。截面法是适用于任何一种结构的求解内力的方法。求解步骤为：

第一步，计算结构的支座反力。

第二步，取分离体。

第三步，列出分离体的力系平衡方程式。

第四步，画出内力图。

静定梁（单跨梁和多跨梁）所受的内力图包括剪力图和弯矩图，除了截面法，梁内力图的画法也可以采用简易法和叠加法。简易法利用了荷载和内力之间的关系，通过二者之间的规律画出剪力图，再由剪力图画出弯矩图，此种方法方便快捷，计算量小，但需要对荷载、剪力图和弯矩图的一些规律掌握熟练（见表4-1）。叠加法中叠加是指内力图纵坐标的代数和，而不是内力图形的简单拼合。当梁上有几项荷载作用时，梁的反力和内力可以这样计算：先分别计算出每项荷载单独作用时的反力和内力，然后把这些计算结果代数相加，即得到几项荷载共同作用时的反力和内力。多跨梁的内力图可采用分段叠加，分段叠加法作弯矩图的步骤为：

第一步，求控制截面的弯矩值（全部荷载作用）：首先选择控制截面，一般取外力不连续点（均布荷载q的端点、集中力F_p作用点和集中力偶M作用点）处的截面为控制截面。然后求出控制截面的弯矩值。

第二步，分段画弯矩图：控制截面之间无荷载连直线画弯矩图，控制截面之间有荷载（分布荷载q或集中力F_p）连虚线，再利用叠加法画弯矩图。

静定刚架的内力图包括轴力图、剪力图和弯矩图。静定梁内力图的画法统统适用于静定刚架。

桁架的内力只有轴力，桁架的内力计算有结点法和截面法。在求解内力之前需要判断结构中的零杆，图4-52交代了零杆的判断方法。

按照一定的顺序截取桁架的结点为脱离体，考虑作用在这个结点上的外力和内力的平衡，由平衡条件解出桁架各杆的内力，这种方法称为结点法。结点法适于求解简单桁架的各杆内力。由于桁架的杆件都相交于结点，荷载又是作用在结点上，每一个结点脱离体上的荷载和内力构成一平衡的平面汇交力系，所以，就每一结点只能列出两个独立平衡方程，求解两个未知力。因此，用结点法求桁架内力时，应选择从未知力不多于两个的结点开始，按此原则依次对各结点进行计算，直至把所有的内力都计算出来。在具体计算时，我们规定内力符号以杆件受拉为正，受压为负。结点脱离体上拉力的指向是离开结点的，而压力的指向是指向结点的。

截面法就是用一个截面截断若干根杆件将整个桁架分为两部分，并任取其中一部分（它包括若干结点在内，至少包括两个结点）作为脱离体，建立平衡方程求出所截断杆件的内力。显然，作用于脱离体上的力系，通常为平面一般力系。因此，只要此脱离体上的未知力数目不多于三个，则可直接把截面上的全部未知力求出。用截面切断拟求构件，将桁架分为两部分，取其中一部分为分离体，得平面任意力系，适于求解指定某几个构件的内力。切断杆件所得内力，与其同侧的外力、支座反力组成一平面的任意力系，有三个独立的平衡方程，可解三个未知力。截面切断的未知内力的杆件一般不超过三个；切断的杆件内力仍设为正方向。

三铰拱的内力包括弯矩、轴力、剪力。简支梁，其轴线为直线，在竖向荷载作用下只产生竖向反力，而水平反力为零。若将直杆改变成曲杆，在竖向荷载作用下，仍然只有两个竖向反力，水平反力仍为零，这种结构称为曲梁。在竖向荷载作用下，除了产生竖向反力外，还产生水平推力的曲杆结构称为拱。拱在荷载作用下，各截面上一般产生三个内力分量，即弯矩、剪力和轴力，截面处于偏心受压状态，其正应力分布不均匀，但是我们可以选取一根适当的拱轴线，使得在给定的荷载作用下，拱上各截面的弯矩均为零，即只承受轴力。此时，各截面都处于均匀受压的状态，因而材料能得到充分的利用，对应的拱截面尺寸是最小的。从理论上说，设计成这样的拱是最经济的，故称这样的拱轴为合理拱轴。

组合结构中，一部分杆件是桁架杆件，只承受轴力作用；另一部分杆件是受弯杆件，除了轴力外，还有弯矩和剪力。这种在同一结构中由两类杆件组成的结构，称为组合结构。应用截面法计算组合结构的内力时，要注意被截杆件的受力性质。对于桁架杆件，截面只作用有轴力，而被截的是受弯杆件，截面上一般作用有三个力，即弯矩、剪力和轴力。由于受弯杆件的截面上一般有三个内力，为了不使脱离体上的未知力过多，应尽可能避免截断受弯杆件。一般是先求出组合结构中桁架杆的轴力，然后根据荷载和所求得的轴力，再求受弯杆的弯矩、剪力和轴力。

□ 关键概念

内力　受力图　分离体　截面法　轴力　剪力　弯矩　内力图　轴力图　剪力图　弯矩图　叠加法　静定梁　刚架　桁架　结点法　三铰拱　合理拱轴　组合结构

□ 复习思考题

4-1　如何理解用分段叠加法作弯矩图？

4-2　在竖向荷载下斜梁内力有什么特点？

4-3　求静定结构反力和内力时，外力偶可以随意移动吗？

4-4　仅仅已知静定梁的弯矩图，能否求得与其相应的荷载？

4-5　多跨静定梁的基本部分和附属部分的划分在有些情况下是否与所受的荷载有关？试举例说明。

4-6　绘制多跨静定梁的内力图时，为什么要先计算附属部分，后计算基本部分？如果不划分基本部分和附属部分，是否也能求出多跨静定梁的全部支座反力并作出内力图？

4-7　如何利用对称性进行静定结构内力分析？

4-8　如何快速作出静定刚架的弯矩图？

4-9　静定平面刚架的内力图如何进行校核？

4-10　计算桁架的两种基本方法是什么？其基本原理是什么？

4-11　试利用结点的平衡条件推出判定零杆和等力杆的各结论。

4-12　求静定平面桁架各杆轴力时能不解联立方程吗？

4-13　如何选择静定桁架的合理外形与腹杆布置？

4-14　什么叫复杂桁架？如何求解其内力？

4-15　在荷载作用下曲杆内力图有何特点？

4-16　任意荷载下拱型结构都存在合理轴线吗？

4-17　三铰拱与三铰刚架的受力特点是否相同？能否用三铰拱的计算公式计算三铰刚架？

4-18　为什么要在较软地基上修建落地三铰拱的拱脚之间配置拉杆？

4-19　什么是拱的合理轴线？拱高对合理轴线有无影响？

4-20　组合结构中有几种基本杆件？有几种结点类型？计算时应注意什么？

4-21　静定组合结构在受力上有何优点？

4-22　如何证明静定结构约束力解答唯一性原理？

4-23　静定结构有哪几种特性？

□ 习题

4-1　求图示各杆1-1和2-2横截面上的轴力并作轴力图。

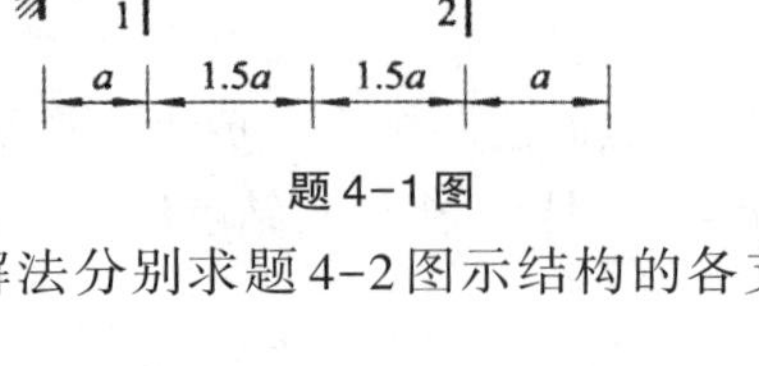

题4-1图

4-2　用图算法与数解法分别求题4-2图示结构的各支座反力。

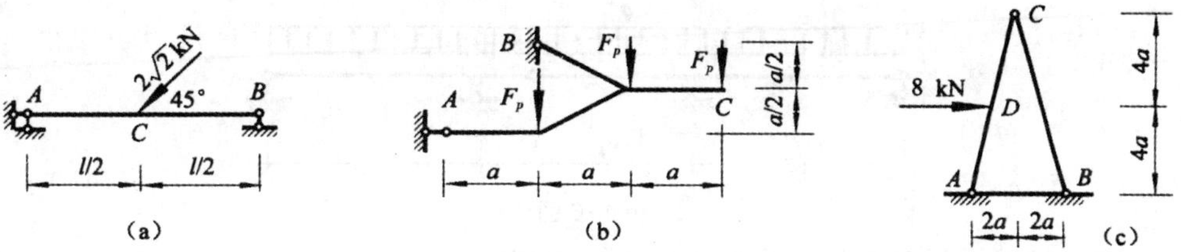

题 4-2 图

4-3　使用剪力方程和弯矩方程画出图示各梁的剪力图和弯矩图，并求弯矩与剪力的最大值。

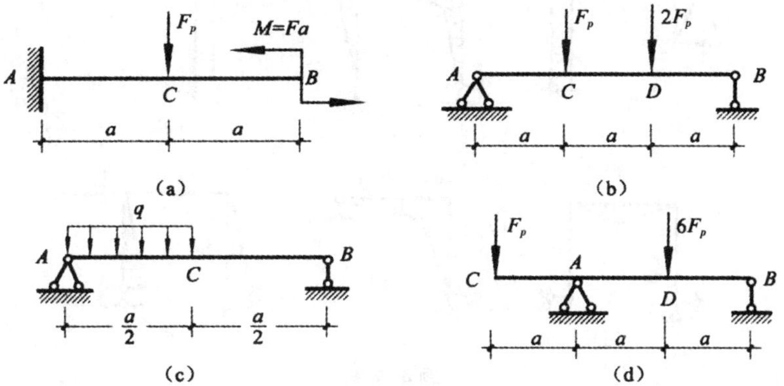

题 4-3 图

4-4　根据荷载与内力之间的微分关系，找出内力图中的错误，并加以改正。

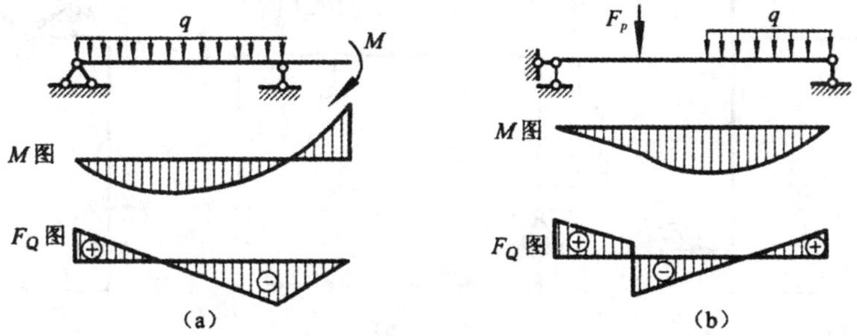

题 4-4 图

4-5　图示斜梁当支座链杆 B 的方向改变（β 小于、等于或大于 90°）时，试讨论斜梁的内力变化情况。

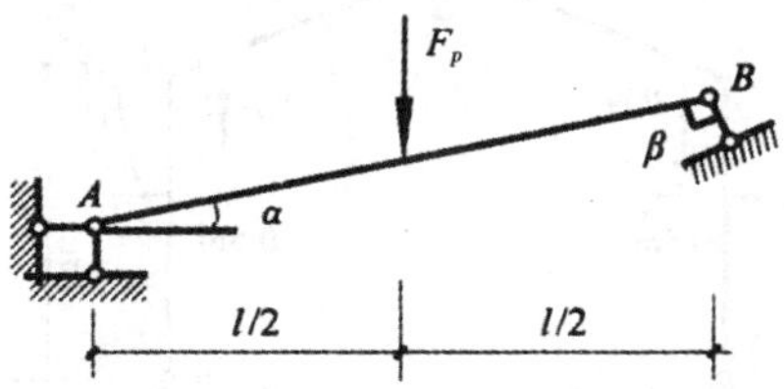

题 4-5 图

4-6　试选择铰的位置 x，使中间一跨的跨中弯矩与支座弯矩绝对值相等。

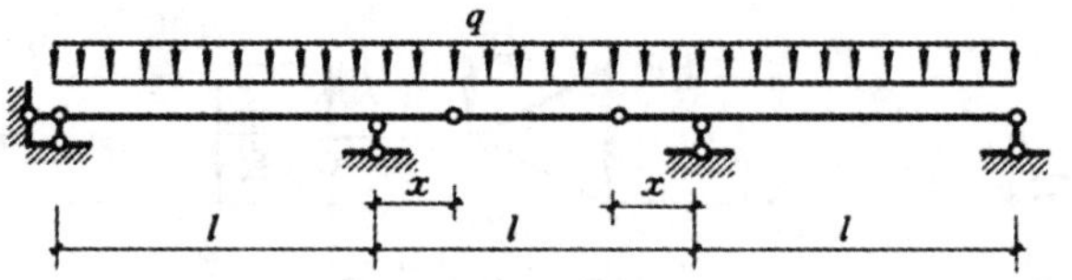

题 4-6 图

4-7 指出图示各弯矩图形状的错误并加以改正。

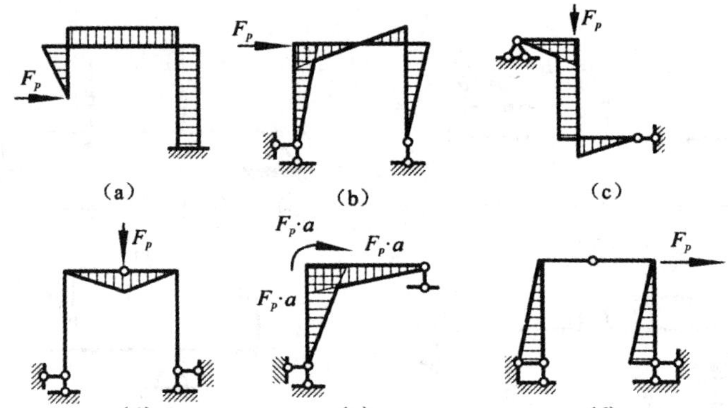

题 4-7 图

4-8 作图示刚架的内力图。

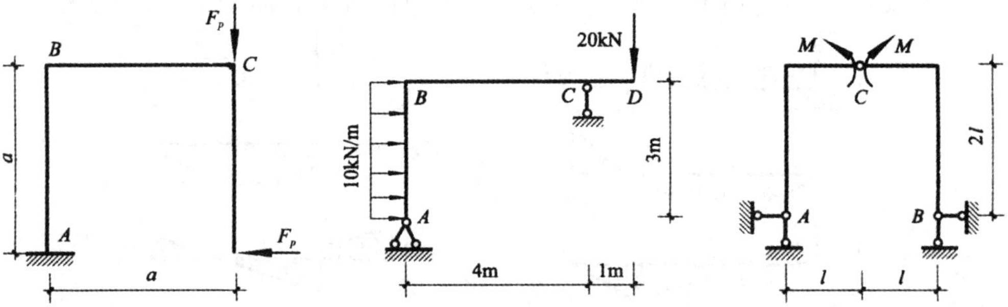

题 4-8 图

4-9 作图示刚架的弯矩图。

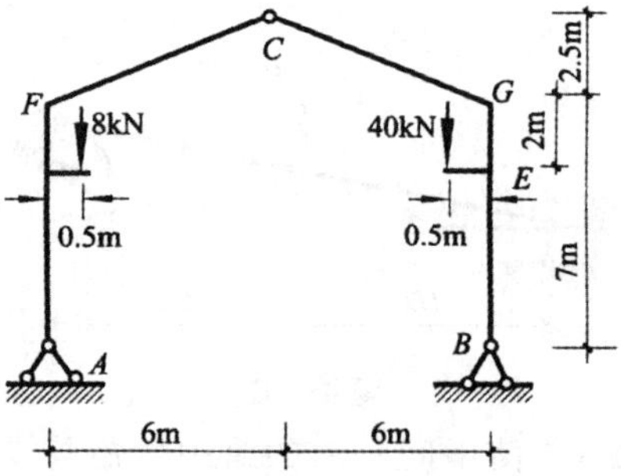

题 4-9 图

4-10　判定图示桁架的零杆。

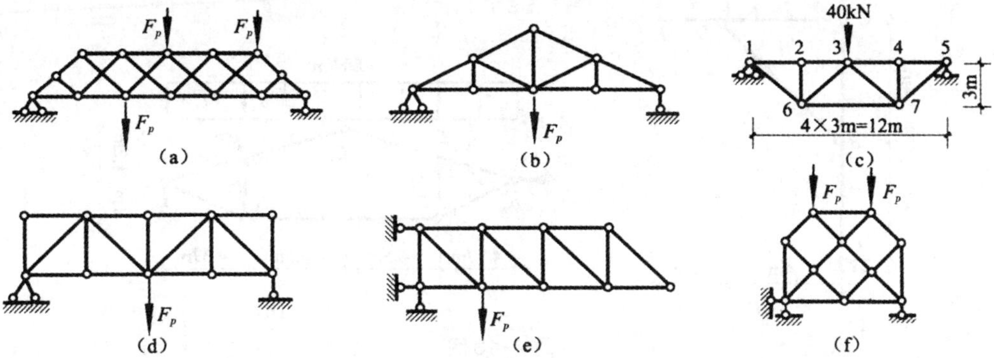

题 4-10 图

4-11　用截面法计算图示桁架指定杆件的内力。

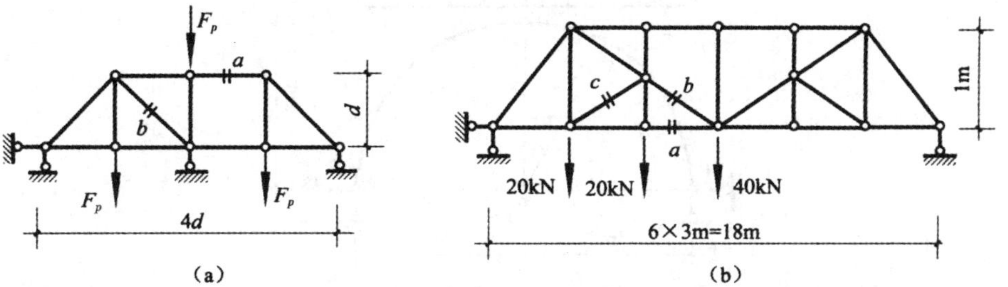

题 4-11 图

4-12　选择适当方法计算图示桁架指定杆件的内力。

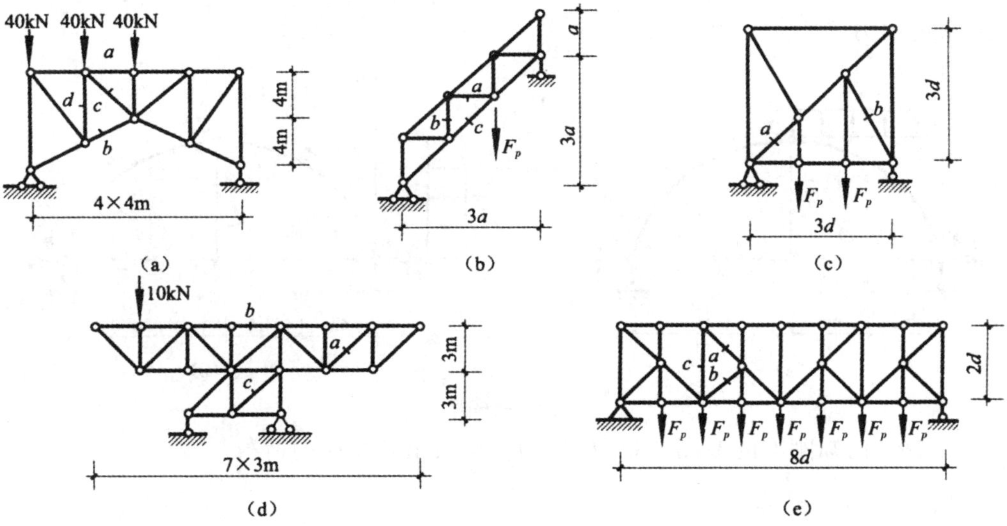

题 4-12 图

4-13　计算图示组合结构中链杆的轴力并绘制梁式杆的内力图。

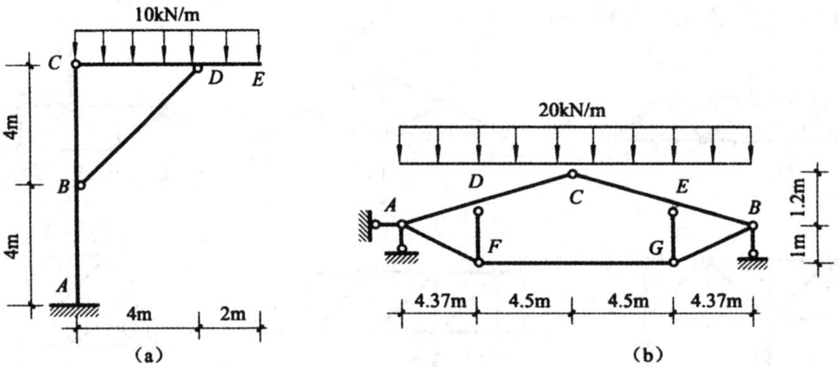

题 4-13 图

4-14 求图示圆弧三铰拱的支座反力和截面K的内力。

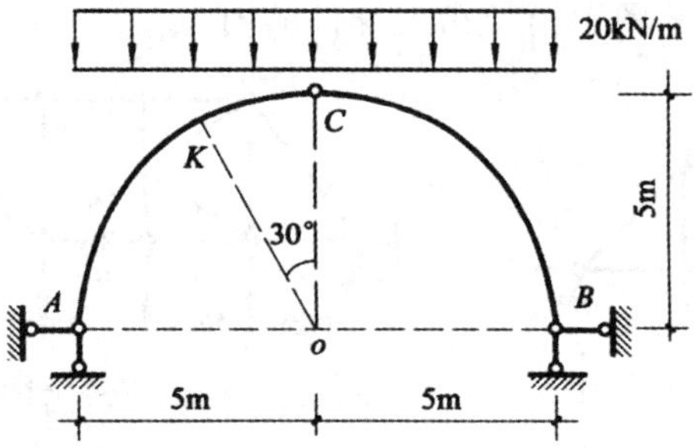

题 4-14 图

4-15 图示三铰拱的轴线方程为$y=\frac{4f}{l^2}x\ (l-x)$，求荷载q作用下的支座反力及截面K的内力。

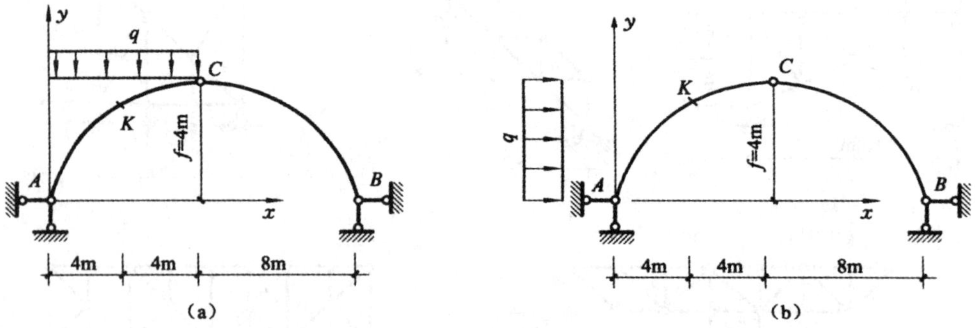

题 4-15 图

4-16 已知刚架的M图（单位 kNm），试绘出其相应的荷载。

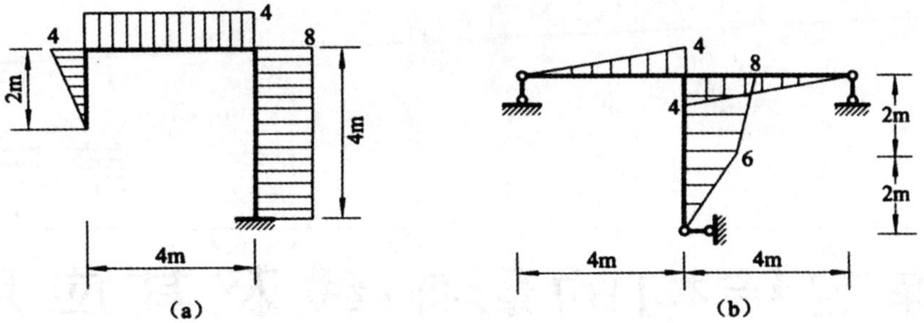

题 4-16 图

4-17　选择适当方法计算图示桁架指定杆件 a、b 的内力。(参考答案：$F_{Na}=F_p$（拉）；$F_{Nb}=-\sqrt{2}F_p$（压））

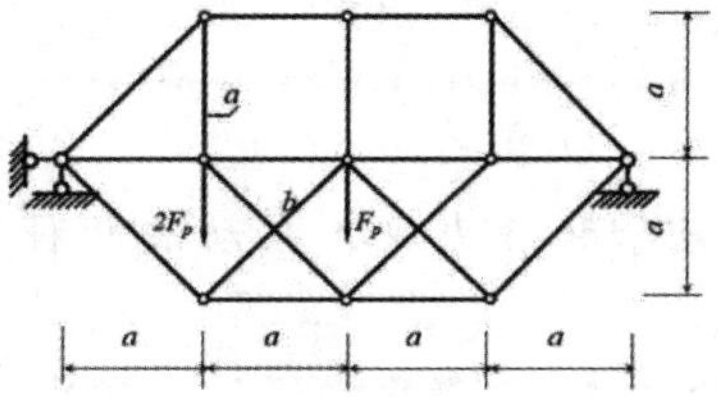

题 4-17 图

4-18　选择适当方法计算图示桁架杆件的内力。(参考答案：AG，AM，GM，GE，ED 和 MC 杆件内力为零)

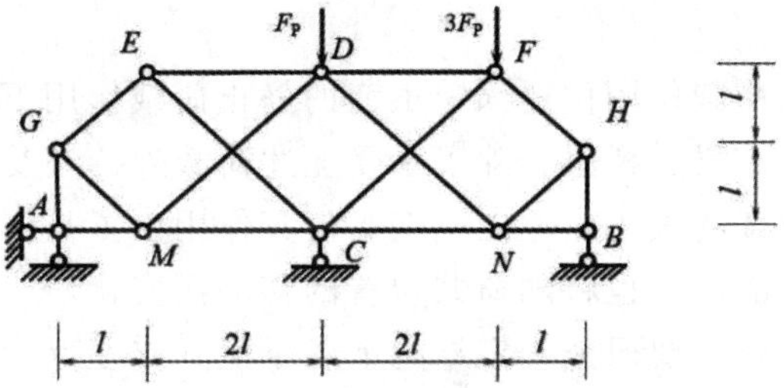

题 4-18 图

第五章

静定结构的影响线及其应用

□ 学习目标

掌握影响线的概念和静力法、机动法两种绘制影响线的方法；理解影响线的应用。

第一节　影响线的概念

第四章讨论了在荷载作用位置固定不变的静止荷载作用下的计算，然而，工程中的一些结构，如吊车梁、桥梁，除了承受上述荷载外，还受到吊车、汽车等移动荷载的作用。这些荷载的大小、方向不变，但其作用位置是不断移动的，因而结构的支座反力与各截面的内力也将随荷载位置的移动而变化。

本章的主要内容就是要研究静定结构上各量值（支座反力和内力等）随荷载移动而变化的规律。由于结构上各量值变化情况各不相同，因此，在研究移动荷载对结构的影响时，对各个反力和内力的变化情况必须逐一考虑。在进行结构设计时，必须求出各个量值的最大值，为此需要确定荷载的最不利位置——使结构某一量值达到最大值的荷载位置。

实际工程中所遇到的移动荷载，通常是间距不变的（如吊车、汽车的轮距都是一定的）平行集中荷载或均布荷载。为简便起见，先研究一个移动荷载 $F_p=1$（典型的移动荷载，它是各种移动荷载最简单、最基本的元素）在结构上移动所产生的影响，然后根据叠加原理再进一步研究各种移动荷载对结构产生的影响。

表示单位移动荷载作用下结构反力，某截面内力或挠度等变化规律的图形称作反力影响线、截面内力影响线或挠度的影响线。它是研究移动荷载作用的基本工具，下面举例说明影响线的概念。

如图 5-1（a）所示为一简支梁 AB，设 $F_p=1$ 在梁上移动，我们讨论支座反力

F_{RB}的变化规律。

取A点为坐标原点，用x表示荷载作用点的横坐标。显然x为定值时，F_p为固定荷载；当x为变量时，F_p就是移动荷载了。在本例中x为变量，取值范围为$0 \leq x \leq l$，利用平衡条件$\sum M_A = 0$，得

$$F_{RB} = \frac{x}{l} \tag{5-1}$$

式（5-1）称为反力F_{RB}的影响线方程，它表示反力F_{RB}与荷载位置x之间的函数关系。将式（5-1）用图形来表示，即得F_{RB}的影响线，如图5-1（b）所示。由于式（5-1）F_{RB}为x的一次函数，故F_{RB}的影响线是一条直线，当

$x=0$时，$F_{RB}=0$

$x=l$时，$F_{RB}=1$

根据这两个竖标值分别建立相应的竖标再连以直线，便得到了F_{RB}的影响线。

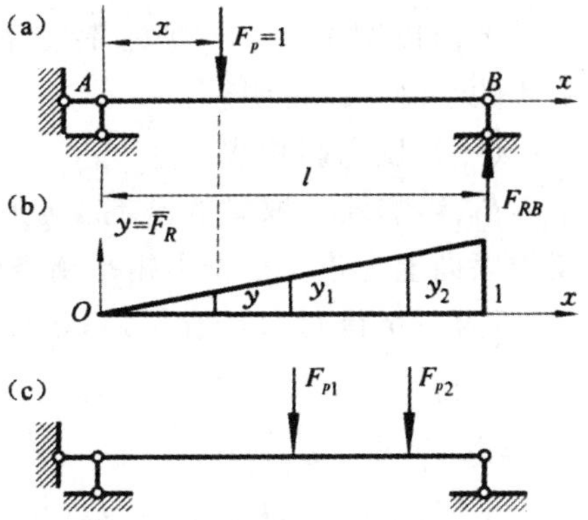

图5-1

图5-1（b）的影响线形象地表明了支座反力F_{RB}随荷载$F_p=1$移动而变化的规律：当荷载$F_p=1$从A点开始，逐渐向B点移动时，支座反力F_{RB}则相应地从零开始，逐渐增大，最后达到最大值$F_{RB}=1$，此时$x=l$，故这一荷载位置称作支座反力F_{RB}的最不利荷载位置。

F_{RB}的影响线还可用来求各种荷载作用下引起的支座反力F_{RB}，例如图5-1（c）所示梁上有吊车轮压F_{p1}和F_{p2}作用，根据叠加原理，这时支座反力F_{RB}应为

$$F_{RB} = F_1 y_1 + F_2 y_2$$

y_1, y_2分别为对应于荷载F_{p1}和F_{p2}的位置的影响线竖标值（图5-1（b））。

综上所述，可得影响线的定义如下：当方向不变的单位集中荷载沿结构移动时，表示结构某指定处的某一量值（反力、某截面内力或挠度等）变化规律的图形，称为该量值的影响线。

第二节　静力法作影响线

一、静力法绘制影响线的基本步骤

用静力法绘制影响线是绘制影响线的基本方法。静力法是以荷载的作用位置x为变量，通过平衡条件，确定所求反力或某截面内力等的影响线函数。其步骤如下：

1.选定坐标系，首先选取原点的位置，然后，将$F_p=1$置于任意位置，以自变

量x表示$F_p=1$的作用位置。

2.直接由静力平衡条件，求出指定位置特定内力或反力与x之间的函数关系，即影响线的函数表达式。

3.由影响线函数表达式绘出影响线。

二、静力法绘制简支梁的影响线

下面以图5-2（a）所示简支梁为例分别对反力影响线、弯矩影响线和剪力影响线的绘制予以说明。

（一）反力影响线

F_{RA}影响线：取梁的左端A为原点，令x表示荷载$F_p=1$至原点A的距离，假定反力以向上为正。根据力矩平衡条件，可得

$\sum M_B=0$，得 $F_{RA}\cdot l-F_p(l-x)=0$

可得

$$F_{RA}=\frac{l-x}{l}\quad(0\leqslant x\leqslant l)$$

上式即为F_{RA}的影响线函数表达式，因F_{RA}是x的一次函数，故F_{RA}的影响线为一直线，于是只需要定出两个竖标即可给出F_{RA}的影响线。

当$x=0$时，　$F_{RA}=1$

当$x=l$时，　$F_{RA}=0$

在水平基线上对应于梁端A,B处分别画出上述竖标并连以直线，即得F_{RA}的影响线如图5-2（c）所示。用同样的方法可以绘出F_{RB}的影响线，如图5-2（d）所示。

在作影响线时，规定将正号的影响线竖标绘在基线的上边，负号竖标绘在基线的下边。

（二）弯矩影响线

如图5-2（a）所示，设要绘制指定截面C的弯矩影响线，为此，先将荷载$F_p=1$作用于截面C的左侧，即令$x\leqslant a$，即梁的CB段为分离体，如图5-2（b）所示，以F_{RB}对C点取矩，并规定以使梁下部纤维受拉的弯矩为正，则有

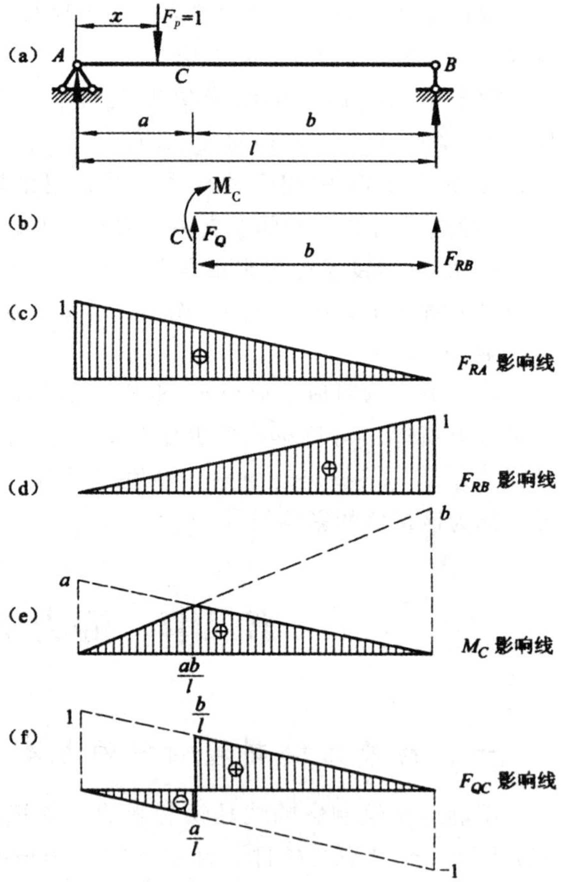

图5-2

$M_C = F_{RB} \cdot b = \frac{x}{l} b$

由此可知，M_C的影响线在截面C以左部分为一直线。

当x=0时，　M_C=0

当$x = a$时，　$M_C=\frac{ab}{l}$

于是只需在截面C处取一个等于$\frac{ab}{l}$的竖标，然后以其顶点与左端的零点相连，即可得出当荷载F_p=1在截面C以左移动时M_C影响线图（图5-2（e））。

当F_p=1作用于截面C的右侧，即令$x \geqslant a$时，上式所求得的影响线方程式显然已不适用。因此，需另行列出M_C的表达式才能作出相应部分的影响线。这时，为了计算简便，可取AC段为隔离体，以F_{RA}对C点取矩，即得当荷载F_p=1在截面C以右移动时，M_C的影响线方程式：

$M_C = F_{RA} \cdot a=\frac{(l-x)}{l} a$

上式表明，M_C的影响线在截面C以右部分也是一直线。

当$x = a$时，　$M_C = \frac{ab}{l}$

当$x = l$时，　M_C=0

据此，即可作出当荷载F_p=1在截面C以右移动时M_C的影响线。其全部影响线如图5-2（e）中实线所示。

由图5-2（e）可以看出，M_C的影响线分成AC和CB两段，每一段都是直线，形成一个三角形，当F_p=1作用在C点时，弯矩M_C为最大值（$\frac{ab}{l}$），当F_p=1由C点向梁的两端移动时，弯矩M_C逐渐减小直至两端到零。

（三）剪力影响线

在给出反力影响线、弯矩影响线之后绘制图5-2（a）截面C的剪力影响线。剪力的正负号与前述章节所规定的相同，即以使隔离体具有顺时针转动趋势的剪力为正，反之为负。当F_p=1在截面C以左移动时，取截面C以右的部分为隔离体，如图5-2（b）所示，由$\sum F_y = 0$，得

$F_{QC} = -F_{RB}$

当F_p=1在截面C以右移动时，取截面C以左部分为隔离体（读者自行绘制隔离体的受力图），由$\sum F_y = 0$，得

$F_{QC} = F_{RA}$

由上列两式可知，F_{QC}影响线的左直线与反力F_{RB}的影响线相同，只是符号相反，而其右直线则与F_{RA}的影响线相同，符号相同。据此，即可作出F_{QC}影响线如图5-2（f）所示。

由图5-2（f）可以看出，F_{QC}的影响线由AC和CB两段平行线所组成，在C点

形成台阶。当$F_p=1$作用在AC段任一点时，截面C为负号剪力，当$F_p=1$作用在CB段任一点时，截面C为正号剪力，当$F_p=1$越过C点时，截面C的剪力将引起突变。

三、静力法绘制伸臂梁的影响线

关于伸臂梁的影响线，将以图5-3为例予以说明。试求出图5-3（a）所示伸臂梁的反力影响线以及截面C和D的弯矩、剪力影响线。

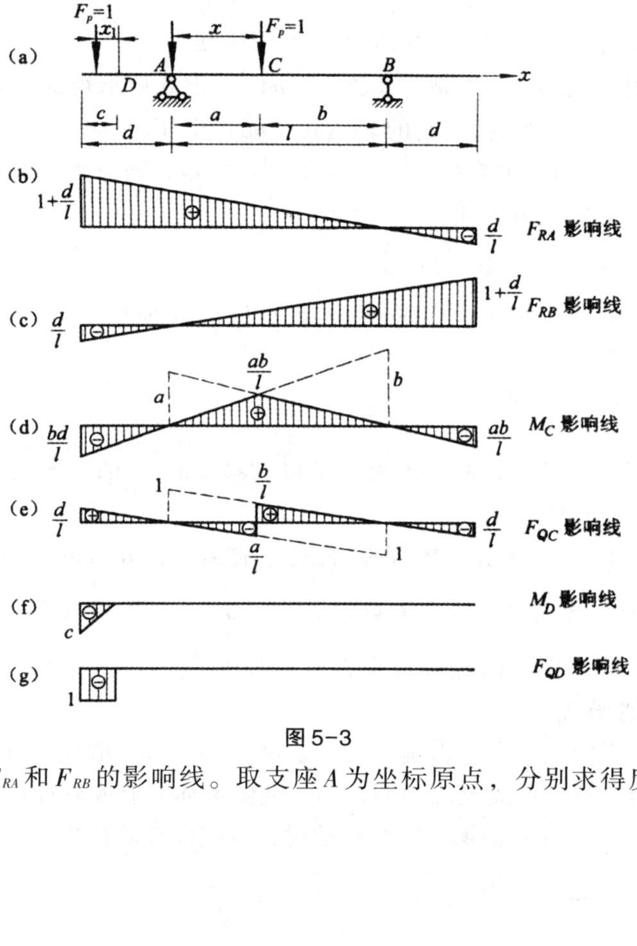

图5-3

先作反力F_{RA}和F_{RB}的影响线。取支座A为坐标原点，分别求得反力F_{RA}和F_{RB}的影响线方程为：

$$F_{RA}=\frac{l-x}{l}$$

$$F_{RB}=\frac{x}{l}$$

只要注意到当荷载$F_p=1$位于支座A以左时x取负值，则上面两个影响线方程在梁全长范围内均能适用。据此，可绘得反力F_{RA}和F_{RB}的影响线如图5-3（b）、（c）所示。

再作截面C的弯矩M_C和F_{QC}的影响线。当$F_p=1$位于截面C的左方时，求得M_C和F_{QC}的影响方程为：

$$M_C = F_{RB}\cdot b$$

$$F_{QC} = -F_{RB}$$

当$F_p=1$位于截面C的右方时，则有

$M_C = F_{RA} \cdot a$

$F_{QC} = F_{RA}$

绘得M_C和F_{QC}的影响线如图5-3（d）、（e）所示。

最后作截面D的弯矩M_D和F_{QD}的影响线。此时，为计算方便起见，宜取D为坐标原点，以x_1表示F_p=1至原点D的距离，且令x_1在D以左时取正值，取截面D以左部分为隔离体，考虑其平衡条件可知，当位于D以左部分时，有

$M_D = -x_1$

$F_{QD} = -1$

当F_p=1位于D以右部分时，则有

M_D=0

F_{QD}=0

据此，可作出M_D和F_{QD}的影响线如图5-3（f）、（g）所示。

四、静力法绘制在间接荷载作用下简支梁的影响线

上面介绍了荷载直接作用于梁上时影响线的作法，实际上不少结构常受到间接荷载（也称结点荷载）的作用。例如桥梁或民用建筑中的某些主梁，是通过一些次梁（纵梁和横梁）将荷载传到主梁上的，主梁上这些荷载传递点即为主梁的结点。从移动荷载来说，不论荷载在次梁上的哪些位置，其作用都要通过这些固定的结点传递到主梁上。如图5-4（a）所示的梁系，AB为一简支主梁，横梁支在主梁的A, C, D, E, B点处，这些点就是结点。横梁上面为四根简支梁。当F_p=1在C, D之间的纵梁上移动时，主梁即在结点C, D处受到结点荷载的作用。

我们以主梁上截面F的弯矩M_F影响线为例，当F_p=1作用于结点C, D之间的纵梁上时，主梁AB在C, D两点所承受的结点荷载分别为$\frac{d-x}{d}$和$\frac{x}{d}$（图5-4（b））。根据影响线的定义并利用叠加原理可知，在这两个结点荷载共同作用下，M_F的影响线竖标的计算式为

$$M_F=\frac{d-x}{d}y_C+\frac{x}{d}y_D$$

式中y_C和y_D分别为直接荷载作用下，M_F影响线在C, D两点的竖标（图5-4（c）），由上式可知：

当x=0时，$M_F = y_C$

当$x = d$时，$M_F = y_D$

这说明当F_p=1分别作用在C, D点时，M_F的竖标分别为y_C, y_D。从上式又能看出M_F是x的一次式。因此，M_F影响线在C, D之间为一直线。将y_C和y_D的顶点用一条直线相连，从比例关系可知，图5-4（c）中，F_p=1下方的竖标y就等于上式所示M_F的影响线竖标。因此，在结点荷载作用下，M_F的影响线如图5-4（c）的实线所示。

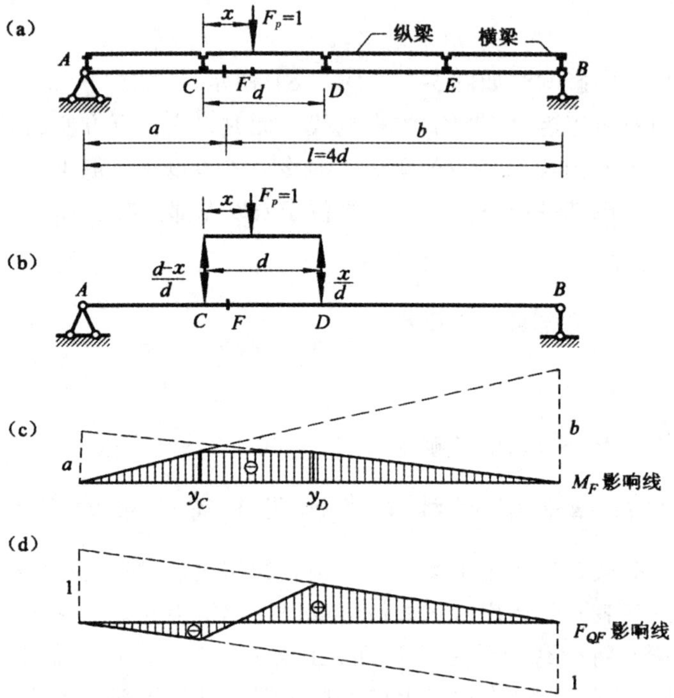

图 5-4

以上的讨论同样也适用于主梁其他量值的影响线。这样，我们可能将结点荷载作用下某一量值影响线的作法归纳如下：

（1）在结点荷载作用下，结构任何影响线在相邻两结点之间为一直线。

（2）先作直接荷载作用下的影响线，用直线连接相邻两结点的竖距，就得到结点荷载作用下的影响线。

依照上述做法，主梁反力F_{RA},F_{RB}的影响线和结点处截面的内力（M, F_Q）影响线与直接荷载作用时完全相同（参见图 5-4（d）所示M_F的影响线）。此外，主梁上截面F的剪力F_{QF}影响线如图 5-4（d）中的实线所示，由于主梁在C, D两点之间没有外力，因此CD一段各截面的剪力都相等，通常称为节间剪力，以F_{QCD}表示，不论截面F位于C, D两点之间的任何一处，F_{QCD}的影响线与F_{QF}影响线都一样。

五、静力法绘制桁架的影响线

如图 5-5 所示为一平行弦桁架。设单位荷载沿桁架下弦AG移动，试作各杆轴力的影响线。

桁架通常承受结点荷载，荷载传递的方式与如图 5-5（b）所示的梁相同。任一杆的轴力（例如F_{Nbc}）的影响线在相邻结点之间为一直线。我们可以把单位荷载F_p=1 依次置于A, B, C, D, E, F, G诸点。计算F_{Nbc}的数值，用竖距表示出来，再连以直线，就得到F_{Nbc}的影响线。

下面结合图5-5说明桁架影响线的静力作法，其基础知识仍然是截面法和结点法。

1.F_{RA}和F_{RG}的影响线

F_{RA}和F_{RG}的影响线与简支梁相同，图中没有画出。

2.上弦杆轴力F_{Nbc}的影响线

作截面Ⅰ-Ⅰ，以C为力矩中心，用力矩方程$\sum M_C=0$求F_{Nbc}。如单位荷载在C点的右方，取截面Ⅰ-Ⅰ左部为隔离体，得

$$F_{RA}\cdot 2d+F_{Nbc}\cdot h=0$$

$$F_{Nbc}=-\frac{2d}{h}F_{RA} \tag{5-2}$$

如单位荷载在C点以左，取截面Ⅰ-Ⅰ以右部分为隔离体，得

$$F_{RG}\cdot 4d+F_{Nbc}\cdot h=0$$

$$F_{Nbc}=-\frac{4d}{h}F_{RG} \tag{5-3}$$

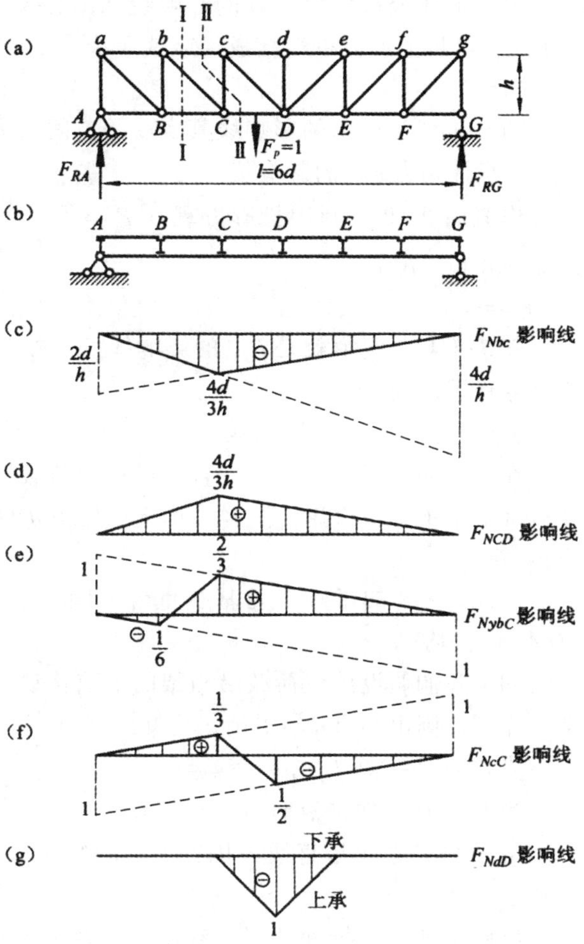

图5-5

在图5-5（c）中，利用式（5-2）作出F_{RA}的影响线，将竖距乘以$\frac{2d}{h}$，画于基线以下，取C以右一段；又利用式（5-3）作出F_{RG}的影响线，将竖距乘以$\frac{4d}{h}$，画于基线以下，取C以左一段。这样得到一个三角形。由于在相邻结点之间都是直线，因此得到的三角形就是F_{Nbc}的影响线。

式（5-2）和式（5-3）可以合并为一个式子，即

$$F_{Nbc}=-\frac{M_C^0}{h} \tag{5-4}$$

式中M_C^0为相应的简支梁（图5-5（b））结点C的弯矩。

由式（5-4）可知，F_{Nbc}的影响线为一三角形，顶点的竖距为

$$-\frac{ab}{lh}=-\frac{2d\cdot 4d}{6dh}=-\frac{4d}{3h}$$

3.下弦杆轴力F_{NCD}的影响线

作截面Ⅱ-Ⅱ，以结点C为力矩中心，用力矩方程$\sum M_c=0$，得

$$F_{NCD}=\frac{M_C^0}{h} \tag{5-5}$$

即F_{NCD}的影响线可由相应梁结点C的弯矩影响线得到，只需将后者的竖距除以h。如图5-5（d）所示为F_{NCD}的影响线。

4.斜杆bC轴力的竖向分力F_{NybC}的影响线

仍然用截面Ⅰ-Ⅰ，分三段考虑。单位荷载在C点以右时，考虑截面Ⅰ-Ⅰ以左部分的平衡，由投影方程$\sum F_y=0$，得

$$F_{NybC}=F_{RA} \tag{5-6}$$

单位荷载在B点以左时，考虑截面Ⅰ-Ⅰ以右部分的平衡，由投影方程$\sum F_y=0$，得

$$F_{NybC}=-F_{RG} \tag{5-7}$$

单位荷载在B,C之间，影响线为直线。

根据上述分析作出F_{NybC}的影响线如图5-5（e）所示。利用相应梁节间BC的剪力F_{QBC}^0，可将上述分析概括成一个式子为

$$F_{ybC}=F_{QBC}^0 \tag{5-8}$$

图5-5（e）所示的影响线其实就是节间剪力F_{QBC}^0的影响线。

5.竖杆轴力F_{NcC}的影响线

作截面Ⅱ-Ⅱ，利用投影方程$\sum F_y=0$，求F_{NcC}。可利用相应梁节间CD的剪力F_{QCD}^0列出下列式子

$$F_{NcC}=-F_{QCD}^0 \tag{5-9}$$

图5-5（f）所示就是F_{NcC}的影响线，是按节间剪力F_{QCD}^0的影响线作出的，但将正负号作了改变。

6.竖杆轴力F_{NdD}的影响线

在上面的分析中，我们一直假设单位荷载沿下弦移动，即由桁架下弦结点承受荷载（下承桁架）作用。这样，由上弦结点d的平衡，可知

$$F_{NdD}=0$$

因此，F_{NdD}的影响线与基线重合（图5-5（g）），不管单位荷载在什么位置，dD永远是零杆。

如果我们假设单位荷载沿桁架的上弦移动，由桁架上弦结点承受荷载（上承桁架）作用，则由结点d的平衡，可知

当$F_p=1$在结点d时，　$F_{NdD}=-1$

当$F_p=1$在其他结点时，　$F_{NdD}=0$

由于结点之间是直线，因此F_{NdD}的影响线如图5-5（g）中实线所示，是一个三角形。

由此可知，作桁架的影响线时，要注意区分桁架是下弦承载，还是上弦承载。在本例中，如果桁架改为上承，则F_{Nbc}，F_{NCD}，F_{NybC}的影响线仍如图5-5（c）、（d）、（e）所示，但图5-5（f）中的F_{NcC}影响线需要修改，因为在上承桁架中，式（5-9）应用下式代替：

$F_{NcC}=-F_{Qbc}^{0}$

而 F_{NcC} 影响线应按节间剪力 F_{Qbc}^{0} 的影响线作出，但正负号相反。

六、静力法绘制三铰拱的影响线

如图5-6（a）所示为一三铰拱。三铰拱在竖向荷载作用下的支座反力和内力计算公式已在第四章第六节中得出。移动荷载作用下三铰拱的支座反力和内力影响线仍由上述公式求得。

（一）三铰拱支座反力影响线

在第四章第六节中已经得到以下公式：

三铰拱的竖向反力为

$$F_{yA}=F_{yA}^{0} \qquad (5-10)$$

$$F_{yB}=F_{yB}^{0}$$

三铰拱的水平推力为

$$F_{x}=\frac{M_{C}^{0}}{f} \qquad (5-11)$$

式中，F_{yA}^{0}，F_{yB}^{0}——同样竖向荷载作用下简支梁的支座反力；

M_{C}^{0}——单位力移动到 C 截面处简支梁截面 C 的弯矩。

由式（5-10）可知，在单位移动荷载作用下，三铰拱竖向反力 F_{yA},F_{yB} 影响线与对应的简支梁竖向反力 F_{yA}^{0}，F_{yB}^{0} 影响线完全相同。如图5-6（b）所示即三铰拱竖向反力 F_{yA}，F_{yB} 影响线。由式（5-11）可以看出，三铰拱推力 F_{x} 影响线与简支梁弯矩 M_{C}^{0} 影响线形状相似，其影响系数值为 M_{C}^{0} 影响系数值的 $1/f$ 倍。图5-6（c）为三铰拱推力 F_{x} 影响线。

（二）三铰拱的弯矩影响线

由第四章第六节中得知，在竖向荷载作用下，三铰拱的弯矩计算公式为

$$M_{D}=M_{D}^{0}-F_{x}\cdot y_{D} \qquad (5-12)$$

当荷载 $F_{p}=1$ 移动时，三铰拱某截面 D 的弯矩 M_{D}、相应简支梁截面 x 的弯矩 M_{D}^{0} 和三铰拱的推力 F_{x} 都随之变化，它们都是荷载位置参数 x 的函数。而三铰拱截面 D 的纵坐标 y_{D} 是一常数，不随 x 而变化。因此，式（5-12）可写成

（M_{D} 影响线）=（M_{D}^{0} 影响线）-（F_{x} 影响线）·（常数 y_{D}）

按此式作三铰拱弯矩 M_{D} 影响线的步骤如下（图5-6（a））：先作简支梁弯矩 M_{D}^{0} 影响线，再在同一基线上作拱的推力 F_{x} 影响线并乘以常数 y_{D}，最后将两个图形重叠的部分抵消，余下的部分便是 M_{D} 影响线。其中，由 M_{D}^{0} 余下的图形取正号，由 F_{x} 余下的取负号。

如图5-6（e）所示为以水平线为基线的 M_{D} 影响线。

（三）三铰拱的剪力影响线

由第四章第六节得知，在竖向荷载作用下，三铰拱的剪力计算公式为

$$F_{QD}=F_{QD}^{0}\cos\varphi_{D}-F_{x}\sin\varphi_{D} \qquad (5-13)$$

当荷载$F=1$移动时，根据F^0_{QD}和F_x两条影响线而得到F_{QD}影响线，如图5-6（f）所示。如图5-6（g）所示为以水平线为基线的F_{QD}影响线。

（四）三铰拱的轴力影响线

在竖向荷载作用下，三铰拱的轴力计算公式为

$$F_{ND}=-F^0_{QD}\sin\varphi_D-F_x\cos\varphi_D \tag{5-14}$$

当荷载$F=1$移动时，图5-6（h）为根据F^0_{QD}和F_x两个影响线而得到的F_{ND}影响线。如图5-6（i）所示为以水平线为基线的F_{ND}影响线。

（五）利用零点绘制三铰拱的内力影响线

由图5-6（e）、（g）、（i）可以看出，三铰拱的M_D，F_{QD}，F_{ND}三个影响线都是由三段直线组成的。影响线的左、右两根直线分别在支座A,B处与基线相交，中间一段直线（或其延长线）与基线的交点F'称为零点。

利用零点作影响线是很方便的。例如，当图5-6（e）中M_D影响线上零点F'的位置为已知时，在左端取截距a，作为F'的直线，其在D，C两点间的线段$D'F'C'$便是影响线的中间一段直线。其中，D'和C'分别为此直线与过点D和C竖线的交点。再将D'和C'分别与支座处基点相连，得到多边形$A'D'C'B'$。这就是M_D影响线。

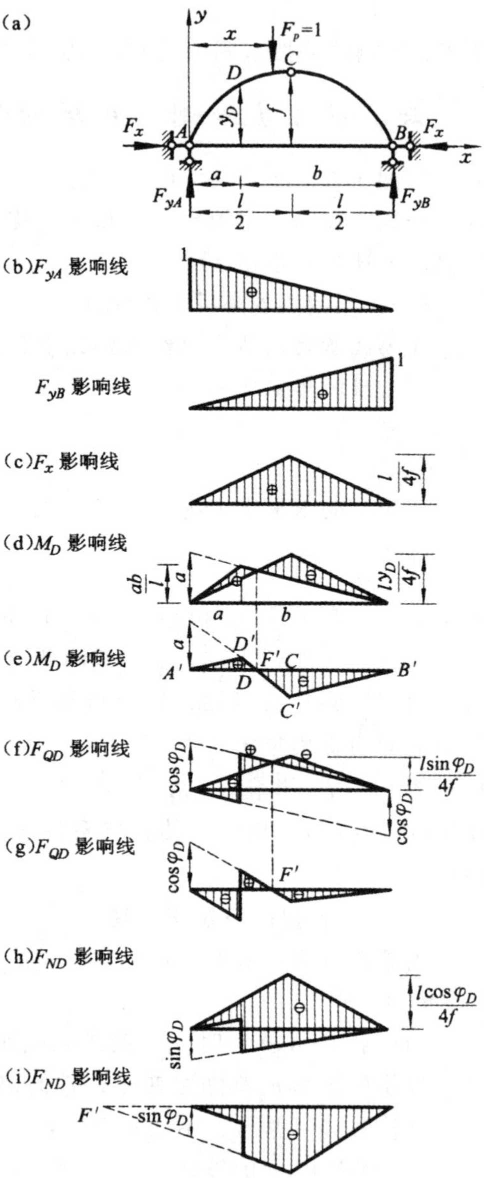

图5-6

零点的位置很容易用图解法确定。某量影响线的零点表明：当单位荷载作用于零点处时，该量的值应为零。三铰拱的M_D,F_{QD},F_{ND}三个影响线的零点位置确定：当压力线通过D截面中心时，单位荷载所在位置就是对应于M_D影响线上零点F'的位置，如图5-7所示；当压力线方向与D点拱轴切线相平行时，单位荷载所在位置就是对应于F_{QD}影响线上零点F'的位置，如图5-8所示；当压力线方向与D点拱轴切线相垂直时，单位荷载所在位置就是对应于F_{ND}影响线上零点F'的位置，如图5-9所示。

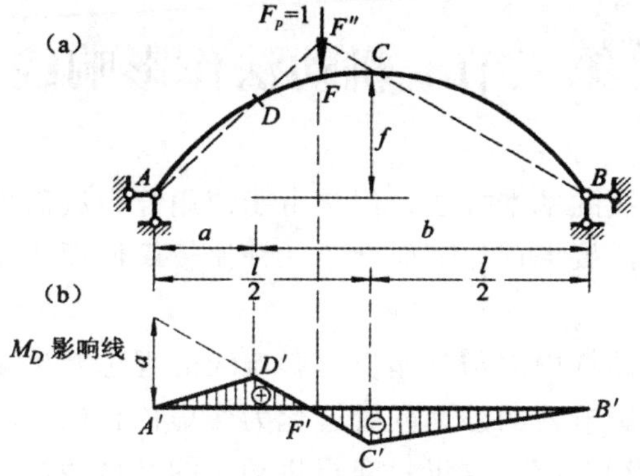
(a)
$F_p=1$
F''
C
D
F
f
A
B
a
b
(b)
M_D 影响线
D'
A'
F'
C'
B'

图 5-7

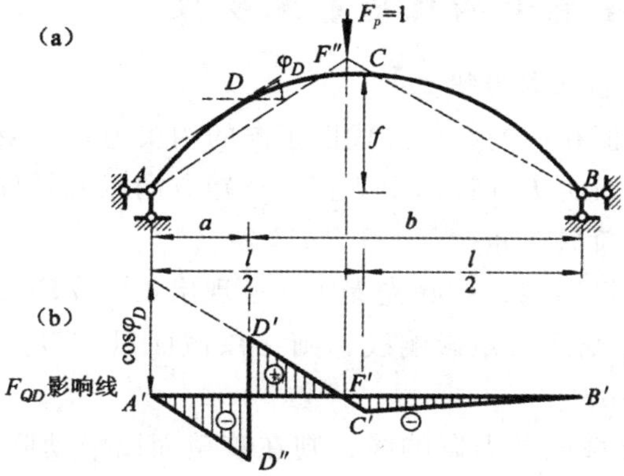
(a)
$F_p=1$
φ_D
F''
C
D
f
A
B
a
b
(b)
$\cos\varphi_D$
D'
F_{QD}影响线
A'
F'
C'
B'
D''

图 5-8

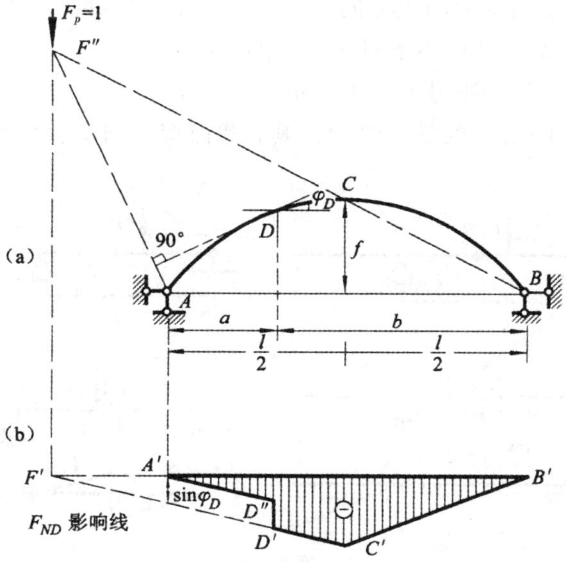
$F_p=1$
F''
C
φ_D
D
90°
f
(a)
A
B
a
b
(b)
F'
A'
B'
$\sin\varphi_D$
D''
F_{ND} 影响线
D'
C'

图 5-9

第三节 机动法作影响线

静力法是作影响线的基本方法，但是由于使用静力法需要求解结构，因此，在具体作影响线时往往比较繁琐。下面介绍一种比较简便而实用的作影响线方法——机动法。

用机动法作静定结构内力与支座反力影响线的理论基础是刚体的虚功原理，功的互等定理，是将作影响线的静力问题转化为作虚位移的几何问题。关于刚体的虚功原理将在第八章详细介绍，这里只介绍机动法的具体做法。

一、机动法绘制影响线的基本步骤

机动法作影响线的基本步骤：

1.去除与所求量值相应的约束并代以正向的约束力。约束力的方向规定与前述章节规定一致：支座反力方向以向上为正；弯矩方向以使杆件下部受拉为正；剪力方向以使杆件顺时针旋转为正。

（1）求支座反力影响线，则除去支座，呈现出正向支座反力 F_R。

（2）求跨中任意截面弯矩影响线，则在该截面以铰接点连接，以对称力偶 M 表示出正向弯矩作用。

（3）求跨中任意截面剪力影响线，则在该截面以滑动联结相连，以对称力 F_Q 表示出正向剪力作用。

2.使所得体系沿约束力的正方向发生相应的单位位移，由此得到结构位移图即为该结构在单位荷载 F_p=1 作用下对应量值的影响线。

3.基线以上的竖标取正号，以下取负号。

4.对于如图 5-10所示的基本结构，其 C 截面弯矩与剪力影响线如图 5-10（a）、（b）所示。

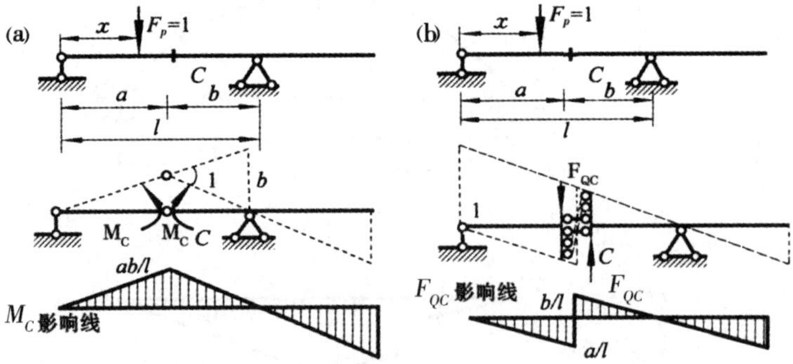

图 5-10

二、机动法作影响线的具体做法

如图5-11所示，采用机动法作多跨静定梁跨中截面弯矩M_k、剪力F_{QK}、C支座反力F_{RC}的影响线。

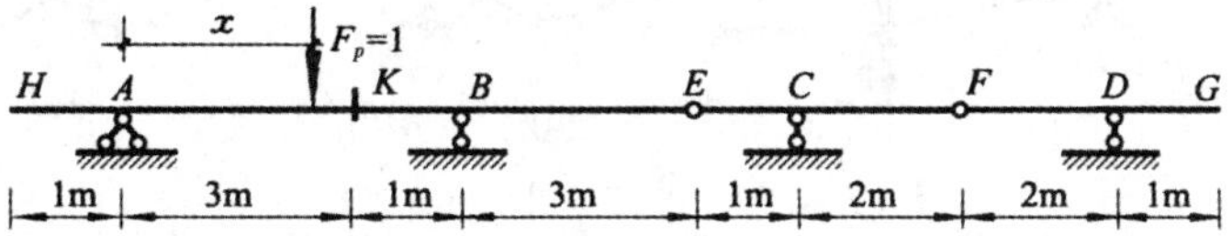

图5-11

1.确定梁跨中截面弯矩M_K的影响线

在K截面以铰接点连接，图5-11所示结构变成机构，以对称力偶M_K表示出弯矩作用，如图5-12所示。

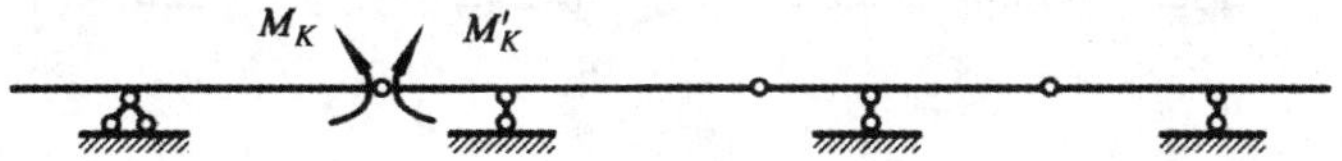

图5-12

图5-12所示机构在M_k作用下发生变形，铰接点K发生单位转角位移——转角为1，其位移图如图5-13所示。

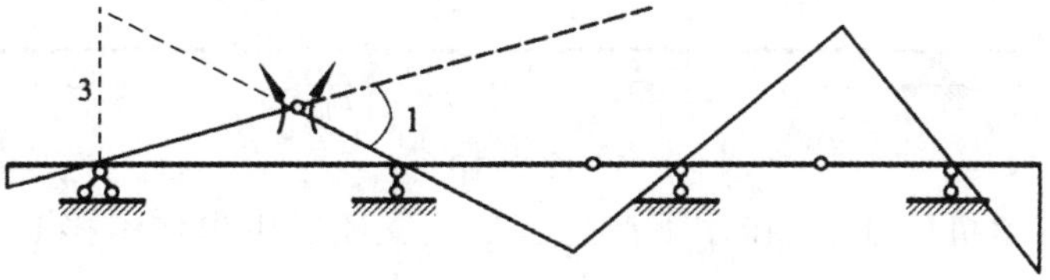

图5-13

根据梁的尺度与几何关系，计算出各点的数值并标注在对应位置上，如图5-14所示。

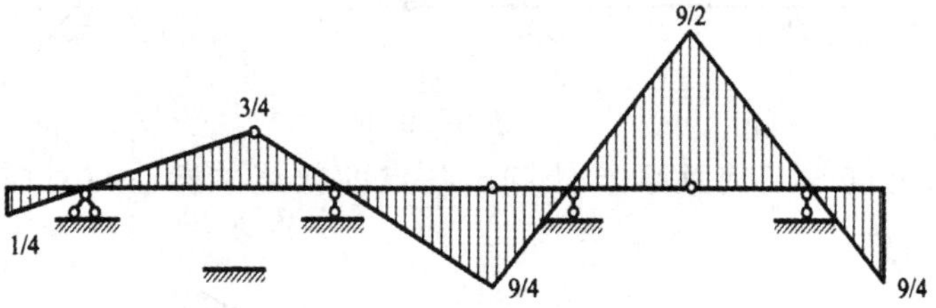

图5-14

2.梁跨中截面剪力F_{QK}的影响线

在K截面以滑动联结相连，图5-11所示结构变成机构，以对称力表示出剪力F_{QK}作用，如图5-15所示。

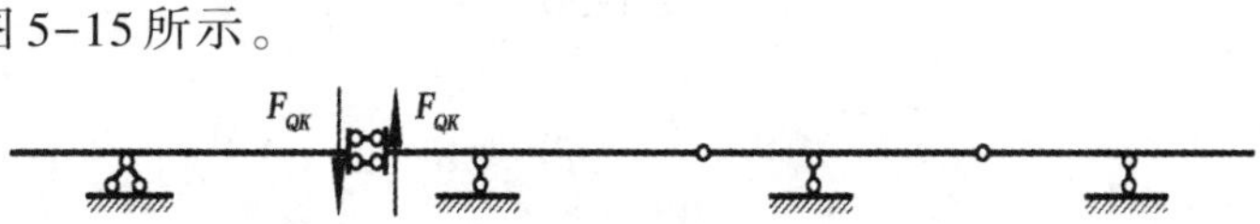

图5-15

图5-15所示机构，在F_{QK}作用下产生变形，滑动联结点K发生单位相对错动位移1，其位移图如图5-16所示。

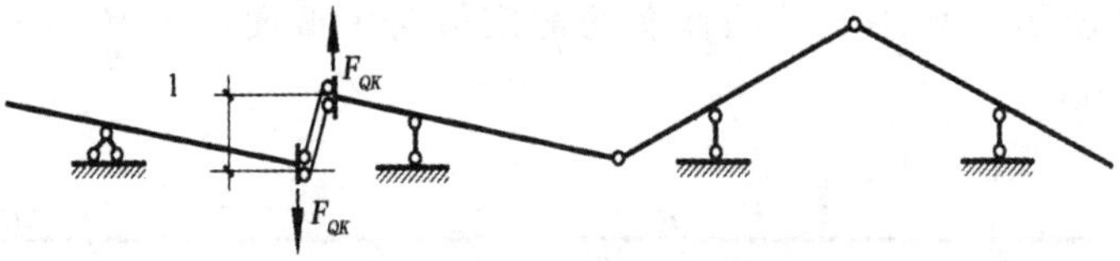

图5-16

根据梁的尺度与几何关系，计算出各点的数值并标注在对应位置上，如图5-17所示。

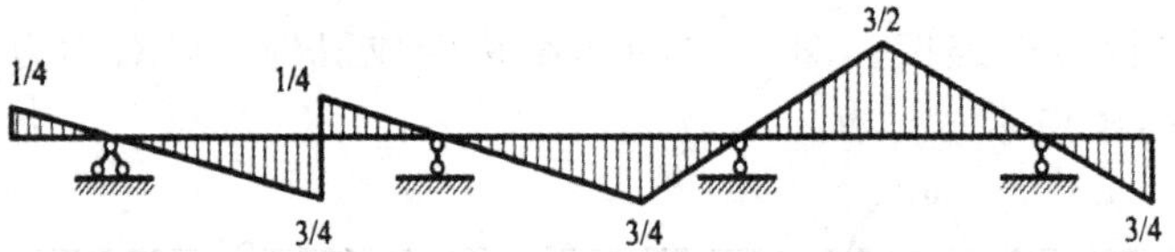

图5-17

3.梁C支座反力F_{RC}的影响线

求支座反力影响线，则除去支座，呈现出支座反力F_{RC}，图5-11所示结构变成机构，如图5-18所示。

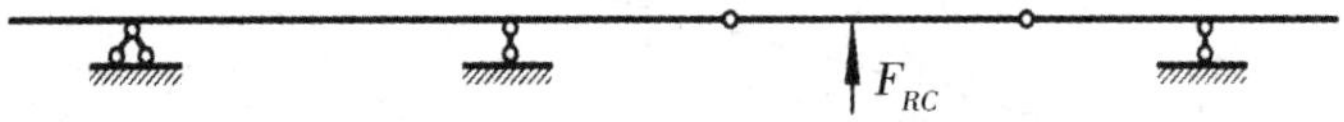

图5-18

图5-18所示机构在F_{RC}作用下产生变形，支座发生单位位移1，其位移图如图5-19所示。

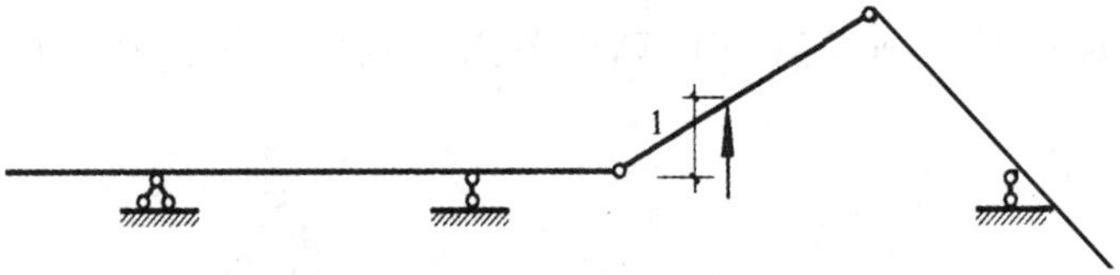

图5-19

根据梁的尺度与几何关系，计算出各点的数值并标注在对应位置上，如图5-20所示。

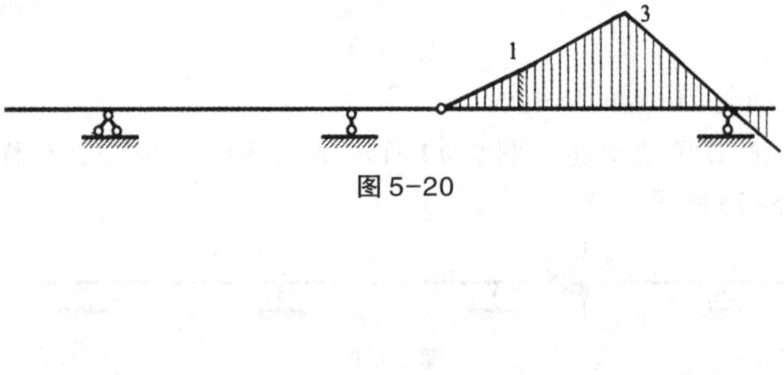

图5-20

第四节　影响线的应用

前面两节我们讨论了一个集中单位荷载$F_p=1$在梁上移动时，反力和内力的变化规律，引出影响线的概念，以及如何绘制静定梁，桁架和拱的反力、内力的影响线。本节将在此基础上进一步讨论影响线应用中的三个问题。一是利用影响线求结构的反力与内力；二是利用影响线判定最不利荷载位置；三是简支梁的内力包络图和绝对最大弯矩。

一、利用影响线求结构的反力与内力

1.集中荷载作用情况

在如图5-21（a）所示的简支梁上，有一组位置确定的集中荷载F_{p1},F_{p2},F_{p3}作用于梁上，现拟求截面C处的剪力值。为此，首先绘制F_{QC}影响线如图5-21（a）所示，并计算出对应各荷载作用点的竖坐标y_1,y_2,y_3。根据叠加原理可知，在F_{p1},F_{p2},F_{p3}共同作用下，F_{QC}值为

$$F_{QC}=F_{p1y_1}+F_{p2y_2}+F_{p3y_3}$$

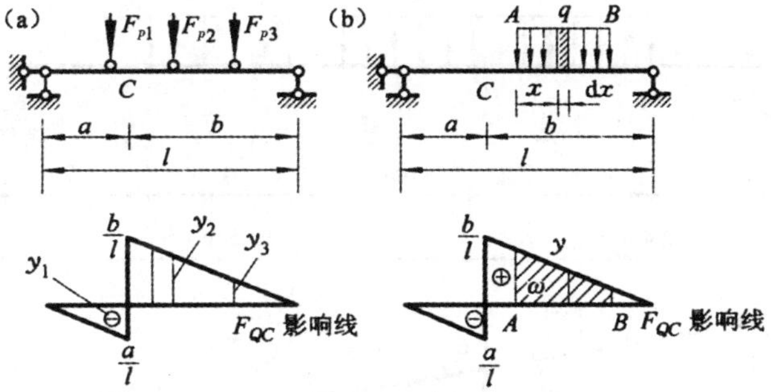

图5-21

一般情况，若有一系列集中荷载$F_{p1},F_{p2},\cdots,F_{pn}$同时作用在结构上，而结构的某一量值$F_S$的影响线在各荷载作用点处的竖标为$y_1,y_2,\cdots,y_n$，则在这组集中荷载共同作用下，量值$F_S$为

$$F_S=F_{p1}y_1+F_{p2}y_2+\cdots+F_{pn}y_n=\sum_{i=1}^{n}F_{pi}y_i \tag{5-15}$$

应用式（5-15）时，需注意竖标y_i的正负号。

2.分布荷载作用情况

如图5-21（b）所示，结构AB段承受均布荷载q的作用，在微段dx上的荷载$q dx$可看作集中荷载，它所引起的F_{QC}值为$yq dx$，在AB段均布荷载作用下的F_{QC}值为

$$F_{QC}=\int_{A}^{B} q(x)y\mathrm{d}x = q\cdot\omega \tag{5-16}$$

这里ω表示影响线图形对应在受载段AB上的面积。注意影响线中y和面积ω有正负的区分，计算面积时应注意。推广到一般情形，在分布荷载作用下，结构的某一量值F_S等于

$$F_S=\int_{x_1}^{x_2} q(x)y\mathrm{d}x \tag{5-17}$$

式中，y——x处之F_S影响线的竖标；

x_1, x_2——分布荷载作用区之端点的坐标。

【例5-1】试利用F_{QC}影响线求简支梁（图5-22（a））在图示荷载作用下的F_{QC}值。

【解】先作F_{QC}影响线并求出有关的竖标值如图5-22所示。按公式（5-16）可算得

$$F_{QC}=q(\omega_1+\omega_2)$$
$$=10\times\left[\frac{1}{2}\times(0.2+0.6)\times 2.4-\frac{1}{2}\times(0.2+0.4)\times 1.2\right]$$
$$=\frac{10}{2}\times(0.8\times 2.4-0.6\times 1.2)$$
$$=6\text{kN}$$

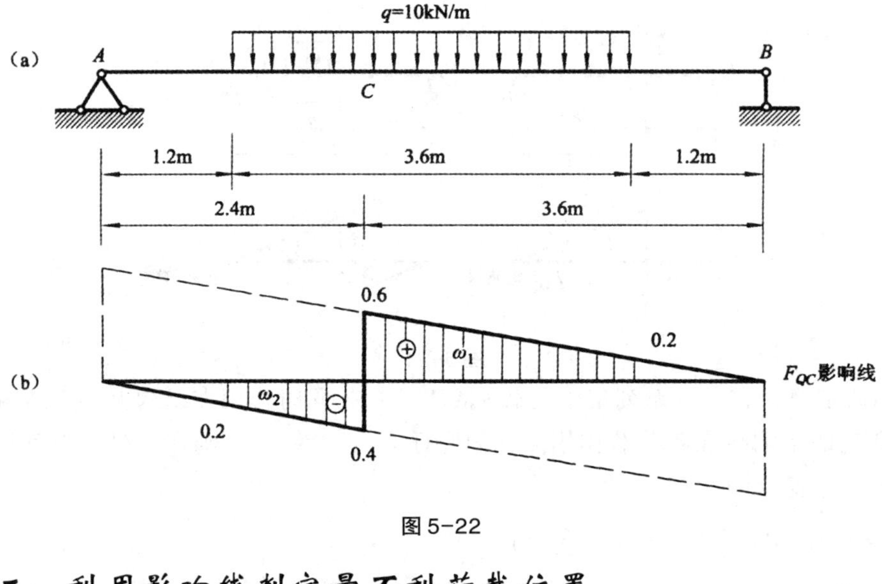

图5-22

二、利用影响线判定最不利荷载位置

移动荷载作用于结构时，结构中任一量值F_S将随着荷载位置的变化而变化，如果荷载移动到某个位置，使量值F_S达到最大值（最大正值$F_{S\max}$或最大负值$F_{S\min}$，最大负值亦即最小值），此荷载位置即为量值F_S的最不利位置。最不利位置一经判定，相应的最大（最小）值就像恒载作用下那样，用前面各章或本节第一段中所述方法求出。影响线的最重要作用就是用来确定荷载的最不利位置。

1.均布荷载

（1）长度固定的一段均布荷载

履带式起重机是这种荷载的典型例子。此外，如集中荷载的个数较多，间距较小，数值较接近时，也可当作均布荷载看待。

设在如图5-23（a）所示的简支梁上的一段长度为d，集度为q的移动均布荷载，现确定在其作用下，对某一截面C的弯矩的最不利位置。

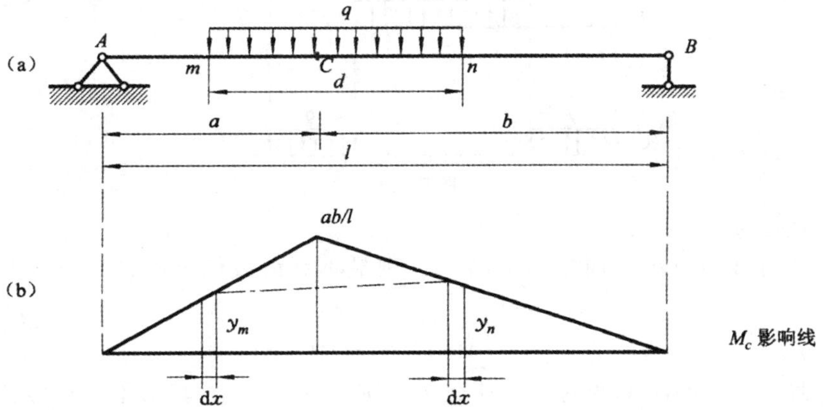

图5-23

首先绘出M_C影响线，如图5-23（b）所示。设荷载停留在如图5-23（a）所示的位置上不动，则由式（5-16）可算得

$$M_C = q \cdot \omega$$

若荷载位置向右有一微小移动dx，则荷载在M_C影响线上所对应的面积将增加y_ndx，并减小y_mdx，见图5-23（b），于是弯矩M_C的增量dM_C为

$$\mathrm{d}M_C = q(y_n\mathrm{d}x - y_m\mathrm{d}x) = q(y_n - y_m)\mathrm{d}x$$

即

$$\frac{\mathrm{d}M_C}{\mathrm{d}x} = q(y_n - y_m)$$

当截面C的弯矩M_C为最大时，应满足$\frac{\mathrm{d}M_C}{\mathrm{d}x}=0$的条件，即

$$\frac{\mathrm{d}M_C}{\mathrm{d}x} = q(y_n - y_m) = 0 \tag{5-18}$$

由于q为定值，不能为零，只有$y_n - y_m = 0$或$y_n = y_m$。

上式说明，一般长度为d的移动荷载，其集度为q，当移动至两端点对应的影响线竖标相等时，所对应的影响线面积最大，也即M_C达到最大，故而这一荷载位置即为最不利荷载位置。

（2）可以任意布置的均布荷载

建筑物中的人群等荷载属于这种荷载。由于可以任意断续地布置，故不利位置是在影响线正号都分布满荷载（求最大值时），或在负号部分布满荷载（求最小值时），分别如图5-24（b）、（c）所示。

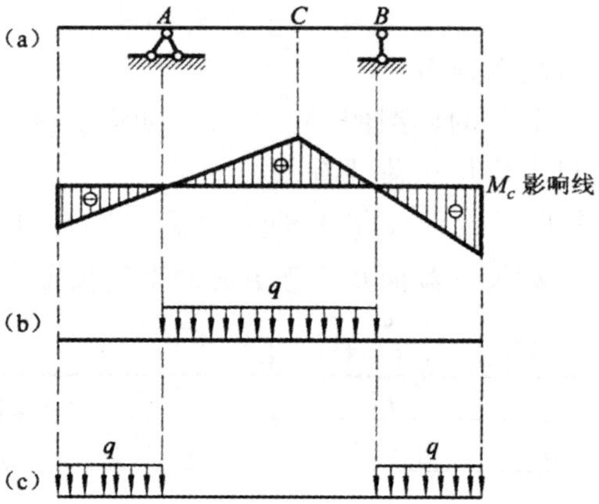

图 5-24

2.集中荷载

若移动荷载为单个竖向集中荷载 F_p，则最不利荷载位置即在影响线竖标为最大值处，即

$$F_{S\max} = F_p \cdot y_{\max} \tag{5-19}$$

若荷载为一组间距不变的移动荷载 F_{p1}，F_{p2}，…，F_{pn}，其最不利荷载位置较难确定。下面仅就影响线为三角形的情况，研究如何确定产生 $F_{S\max}$ 的最不利位置。

图 5-25（a）、（b）分别表示一移动荷载组合某一量值 F_S 的影响线。设荷载组处于图示位置，相应的 F_S 量值为

$$F_{S1} = F_{p1y_1} + F_{p2y_2} + \cdots + F_{piy_i} + \cdots + \beta F_{pn} y_n$$

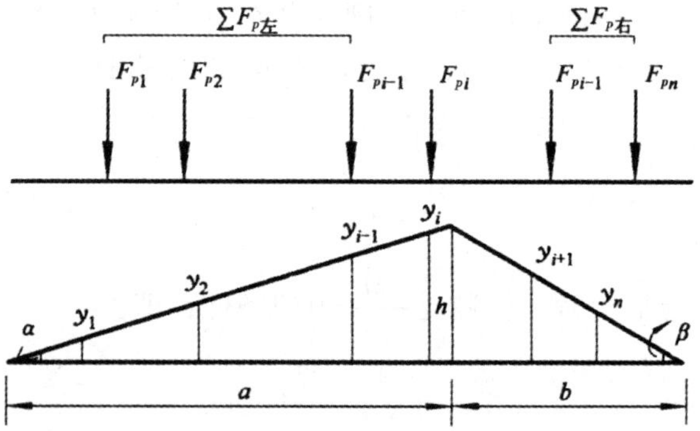

图 5-25

当荷载向右移动一距离 Δx 时，则 F_S 值将变为

$$F_{S2} = F_{p1}(y_1 + \Delta y_1) + F_{p2}(y_2 + \Delta y_2) + \cdots + F_{pi}(y_i + \Delta y_i) + \cdots + F_{pn}(y_n + \Delta y_n)$$

式中，Δy_i——F_{pi} 相对应的影响线竖标的增量。

由上列两式之差可得出量值 F_S 的增量为

$$\Delta F_S = F_{S2} - F_{S1} = F_{p1}\Delta y_1 + F_{p2}\Delta y_2 + \cdots + F_{pi}\Delta y_i + \cdots + F_{pn}\Delta y_n$$

或 $$\Delta F_S = \sum_{i=1}^{n} F_{pi}\Delta y_i$$

在影响线为同一直线部分，各竖标增量是相等的。三角形影响线的左、右直线

部分，分别有以下关系

$$\Delta y_1=\Delta y_2=\cdots=\Delta y_i=\Delta\tan\alpha=\Delta x\frac{h}{a}$$

$$\Delta y_{i+1}=\Delta y_{i+2}=\cdots=\Delta y_n=\Delta x\tan\beta=\Delta x\frac{h}{b}$$

当移动荷载自左向右移动时，Δx恒取正值，含$\tan\alpha$的增量对应于竖标增大故为正，而含$\tan\beta$的增量对应于竖标减小故为负，F_S的增量可写为

$$\Delta F_S=(F_{p1}+F_{p2}+\cdots+F_{pi})\frac{h}{a}\Delta x-(F_{pi+1}+\cdots+F_{pn})\frac{h}{b}\Delta x \tag{5-20}$$

根据上式ΔF_S的增减，我们就可以研究最不利荷载位置。从高等数学可知：函数的极值或发生在$\frac{\mathrm{d}F_s}{\mathrm{d}x}=0$处，或发生在$\frac{\mathrm{d}F_s}{\mathrm{d}x}$变号的尖点处。在我们所讨论的问题中，因荷载为集中力，而影响线又是由x的一次函数表示的折线图形，故由$F_S=\sum F_{pi}y_i$可知，量值F_S与荷载位置x之间的关系曲线为一折线。于是F_S的极值应发生在$\frac{\mathrm{d}s}{\mathrm{d}x}$改变符号的尖点处。这一极值条件可用增量$\Delta F_S$变号时，则$F_S$有极值。

现在来讨论当荷载处于什么位置时，有可能使ΔF_S变号。从式（5-20）可知，当没有集中荷载经过影响线的顶点时，ΔF_S是一个不变的常数值，因此要使ΔF_S变号，就必须有某个集中荷载由影响线顶点的左边过渡到右边。换句话说，只有当一个集中荷载位于影响线的顶点时，才有可能使ΔF_S变号，从而使F_S有极值。由此可知，集中荷载位于影响线的顶点是使F_S有极值的一个必要条件。然而，它并非是充分条件。因为荷载经过影响线的顶点虽然使ΔF_S的大小发生了变化，但并不一定就能使ΔF_S改变符号。只有那种既通过影响线顶点又能使ΔF_S改变符号的荷载（设以F_{pK}表示）才会使F_S发生极值。我们称这一荷载F_{pK}为临界荷载。与此相应的荷载位置称为临界位置。显然，当F_{pK}位于影响线的顶点时，它应满足如下的极值条件：

当F_S为极大值时，则ΔF_S由大于零变为小于零；

当F_S为极小值时，则ΔF_S由小于零变为大于零。

对于寻求极大值来说，根据式（5-19），可将上述极值条件表示为

$$\left.\begin{aligned}&(F_{p1}+F_{p2}+\cdots+F_{pK})\frac{h}{a}\Delta x-(F_{pK+1}+\cdots+F_{pn})\frac{h}{b}\Delta x\geqslant 0\\&(F_{p1}+F_{p2}+\cdots+F_{pK-1})\frac{h}{a}\Delta x-(F_{pK}+F_{pK+1}+\cdots+F_{pn})\frac{h}{b}\Delta x\leqslant 0\end{aligned}\right\}$$

令$\sum F_{左}$和$\sum F_{右}$分别代表F_{pK}以左和F_{pK}以右的荷载之和，并考虑到$h\Delta x$为正值，则以上两个不等式可改写为

$$\left.\begin{aligned}&\frac{\sum F_{左}+F_{pK}}{a}\geqslant\frac{\sum F_{右}}{b}\\&\frac{\sum F_{左}}{a}\leqslant\frac{F_{pK}+\sum F_{右}}{b}\end{aligned}\right\} \tag{5-21}$$

应注意，以上判别式是假定荷载自左向右移动而推得的，如自右向左也可得到

同样的判别式（读者试自行推演），故判别式与荷载移动方向无关。

一般而言，给出一组移动荷载和量值F_S的影响线后，需根据式（5-21）选取若干个荷载试算，方能确定哪一个是临界荷载并从而定出最不利荷载位置。通常在数值较大、排列较密的那几个荷载中，出现临界荷载的可能性较大。有时临界荷载不只一个，这时可将相应极值分别算出，看哪一个为最大，发生最大极值的那个荷载位置就是最不利位置。

最后我们指出：以上是针对寻求F_S的极大值来讨论，并建立起判别式（5-21）的。若F_S的三角形影响线位于基线的下方，则需寻求F_S的极小值；仿照以上推导方法，其临界荷载的判别式也不难得出。另外，我们也可将影响线图形反转到基线的上方，仍然利用式（5-21）确定临界位置，此位置也即是产生极小值的位置。

【例5-2】如图5-26（a）所示一简支梁，其上有门式起重机运行。一台起重机的轮压F_p及六个轮子布置简图如图5-26（b）所示。考虑两台起重机共同工作，两台起重机的最小距离（轮距）为1.5m，求截面C最大弯矩值。

【解】左边起重机的六个机轮分别称为第1至第6轮，右边起重机的六个机轮分别称为第7至第12轮，第6至第7轮的距离是1.5m。

绘出截面C弯矩影响线如图5-26（c）所示。

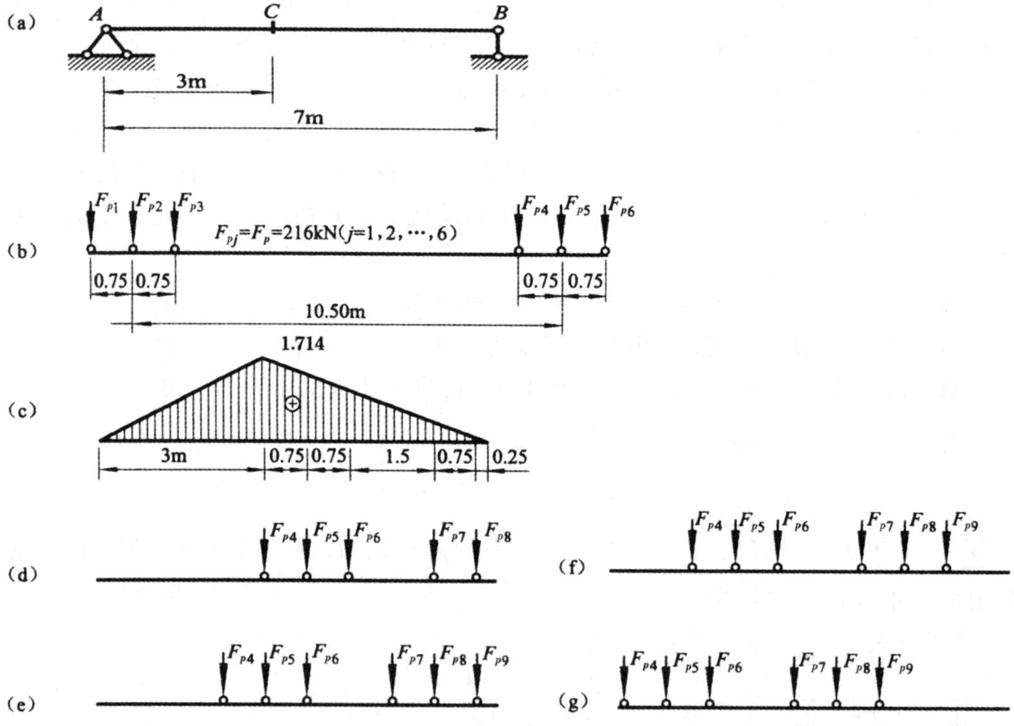

图5-26

经过分析可以看出，第1，2，3共三个机轮作用于梁上的情况（其余机轮尚未进入梁上）不会比第4，5，6，7，8，9共六个机轮作用于梁上的情况更为不利（第4至第9轮作用于梁上时，第1，2，3轮已离开此梁而第10，11，12轮尚未进入此梁），所以不必运用式（5-21）对第1，2，3轮进行试算。同理也不必运用式（5-21）对第10，11，12轮进行试算。

当F_{p4}在C点时，梁上共有$F_{p4},F_{p5},\cdots,F_{p8}$共五个轮压作用（图5-26（d））。若把$F_{p4}$计算入截面$C$以左荷载之内，则$\frac{\sum F_{p左}+F_{p4}}{a}=\frac{2F_p}{3}$，$\frac{\sum F_{p右}}{b}=\frac{4F_p}{4}$，即$\frac{\sum F_{p左}+F_{p4}}{a}<\frac{\sum F_{p右}}{b}$，若把$F_{p4}$计入截面$C$以右荷载之内，则显然有$\frac{\sum F_{p左}}{a}<\frac{\sum F_{p右}+F_{p4}}{b}$。以上结果说明$F_{p4}$不是临界荷载。再先后将$F_{p5},F_{p6},F_{p7}$置于$C$点，用式（5-21）进行计算，梁上荷载的布置情况分别见图5-26（e）、（f）、（g）。计算工作列表，见表5-1。结果表明F_{p6}为临界荷载。又经计算表明F_{p8}、F_{p9}都不是临界荷载，这里不再赘述。前已证明只有第1，2，3三个轮或只有第10，11，12三个轮作用于梁上时都不可能使M_C有最大值，故第6轮在影响线顶点时就是最不利荷载位置，此时与梁上的6个荷载F_{p4}~F_{p9}分别相应的M_C影响线的竖标为0.857m、1.286m、1.714m、1.071m、0.750m、0.429m，所以M_C的最大值为

$$
\begin{aligned}
M_{C\max}&=F_p\times(0.857+1.286+1.714+1.071+0.750+0.429)\\
&=216\times6.107\\
&=1\,319\text{kN}\cdot\text{m}
\end{aligned}
$$

表 5-1　**计算工作列表**

作试算荷载(以F_{pi}表示)	$F_{pi}=F_{p5}$	$F_{pi}=F_{p6}$	$F_{pi}=F_{p7}$
把F_{pi}计入C点以左	$\frac{2}{3}F_p<\frac{4}{4}F_p$	$\frac{3}{3}F_p>\frac{3}{4}F_p$	$\frac{4}{3}F_p>\frac{2}{4}F_p$
把F_{pi}计入C点以右	$\frac{1}{3}F_p<\frac{5}{4}F_p$	$\frac{2}{3}F_p<\frac{4}{4}F_p$	$\frac{3}{3}F_p>\frac{3}{4}F_p$
是否满足临界荷载的条件	否	是	否

三、简支梁的内力包络图和绝对最大弯矩

在设计承受移动荷载的结构时，必须求各截面上内力的最大值（最大正值和最大负值）。用上节介绍的确定最不利荷载位置进而求某量值最大值的方法，可以求出简支梁任一截面的最大内力值。如果把梁上各截面内力的最大值按同一比例标在图上，连成曲线，这一曲线即称为内力包络图。梁的包络图有弯矩包络图和剪力包络图。包络图表示各截面内力变化的极限值，是结构设计中的主要依据。

下面以单个集中荷载F_p作用下的简支梁为例，说明怎样绘制弯矩、剪力包络

图。如图5-27（c）所示。

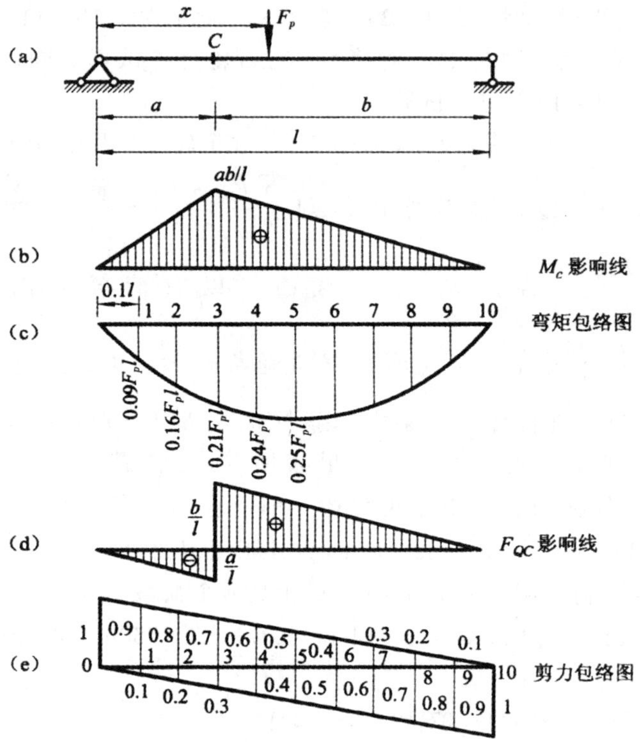

图5-27

如图5-27（a）所示简支梁，单个集中荷载F_p在梁上移动，M_C影响线已示于图5-27（b）中。从上节分析可知，最不利荷载位置即是F_p作用于影响线之三角形的顶点处时，而此时$M_{C\max}=F_p\dfrac{ab}{l}$。当荷载由A向B移动时，只要逐个算出荷载作用点处的截面弯矩，连成曲线便可得到弯矩包络图。我们将梁分成十等分，求出每一个截面的最大弯矩（如截面4处，$a=0.4l$，$b=0.6l$，$M_{4\max}=0.24F_pl$），将逐点算出的最大弯矩值相连即得到弯矩包络图。如图5-57（c）所示。

图5-27（d）为F_{QC}影响线，将梁分成十等分，将各等分点的最大（最小）剪力值标于图5-27（e）的水平基线上，连接各竖标值，即为剪力包络图（如图5-27（e）所示，竖标乘F_p）。

图5-28（a）是一简支梁，梁上有移动荷载，其大小及间距如图中所示。将梁分成十等分，求出各等分点所在截面的弯矩最大值及剪力的最大（最小）值，在梁上按同一比例尺绘出竖标并连成曲线即为弯矩、剪力包络图，如图5-28（b）、（c）所示。

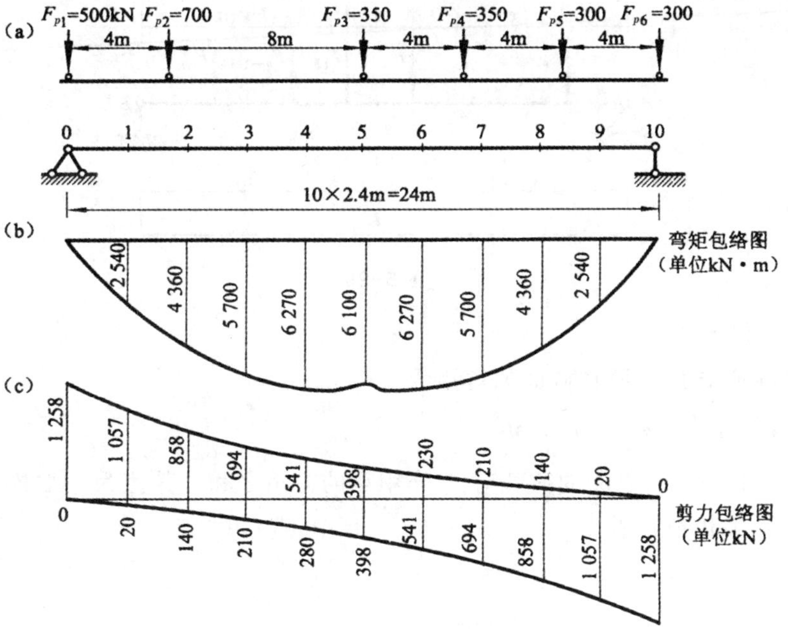

图 5-28

弯矩包络图表示出了各截面的最大弯矩值，其中弯矩值最大者称为绝对最大弯矩。在进行结构设计时，绝对最大弯矩是设计的重要依据。

确定在移动荷载作用下的绝对最大弯矩，与两个未知因素有关，一是荷载位置，二是截面位置。也就是说要求绝对最大弯矩，不仅要知道产生绝对最大弯矩的截面所在位置，而且要知道相应于此截面的最不利荷载位置。通过上节及所附例题已掌握了确定简支梁某一截面弯矩的最不利荷载位置的方法。根据所述可知，梁上任一截面最大弯矩必然发生在某一临界荷载F_{pk}作用于该截面时，由此断定，绝对最大弯矩值必然发生在某一荷载下面的截面处（我们特称此荷载为绝对最大弯矩的临界荷载）。由于梁的截面有无限多个，如果采用对每个截面逐一计算，然后进行比较，找出其最大值的方法，则必然工作量很大。但荷载总是有限的几个，利用绝对最大弯矩必然发生在某一荷载下的结论，就可改以荷载为准来做比较工作。即先取某一荷载为对象，分析它移动到什么位置时其作用点处的弯矩最大；这样将各个荷载分别作为对象，分别求出其相应的最大弯矩再加以比较，即可得出绝对最大弯矩。

如图 5-29 所示为一简支梁AB及作用于梁上的荷载，在荷载组中指定某一荷载F_{pi}，并以M_i表示F_{pi}作用点处截面的弯矩。现设荷载组沿梁移动，我们来寻求使M_i达到极值的荷载位置。以x表示F_{pi}至支座A的距离，a表示梁上所有荷载的合力F_R与F_{pi}作用线之间的距离，由$\sum M_B = 0$得

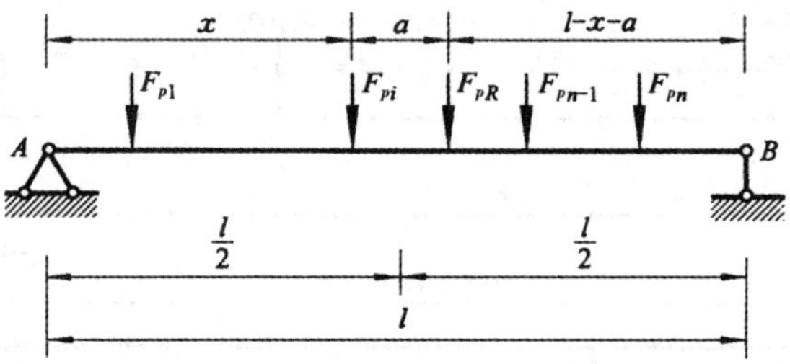

图 5-29

$$F_{RA}=\frac{F_R}{l}(l-x-a)$$

进而可求得 F_{pi} 作用点所在截面的弯矩为

$$M_i=F_{RA}x-\bar{M}=\frac{F_R}{l}(l-x-a)x-\bar{M} \quad (5-22)$$

式中，$\bar{M}$——F_{pi} 以左的荷载对 F_{pi} 作用点的力矩之和，其值为一常数。

为求 M_i 之极值，可令

$$\frac{dM_i}{dx}=0$$

则

$$\frac{F_R}{l}(l-2x-a)=0$$

得

$$x=\frac{l-a}{2} \quad (5-23)$$

由此可看出，F_{pi} 所在截面之弯矩为最大时，梁上所有荷载的合力 F_R 与 F_{pi} 恰好位于梁的中线两侧对称位置。计算时应注意 F_R 为梁上实有荷载的和。安排 F_{pi} 与 F_R 的位置时，可能有的荷载来到梁上或有的荷载离开梁上，这时需重新计算合力 F_R 的数值和位置。

将式（5-23）代入式（5-22）得

$$M_{i,\max}=\frac{F_R}{l}\frac{(l-a)^2}{4}-\bar{M} \quad (5-24)$$

应用式（5-24）或按一般静力学方法，可计算出荷载 F_{pi} 在截面内的最大弯矩值。同样可把每个荷载下截面的最大弯矩值求得，加以比较后，其中最大一个就是所求的绝对最大弯矩。但经验告诉我们，简支梁绝对最大弯矩虽然不一定发生在梁的中央，但总是发生在梁跨度中央附近的截面中。所以可以认为，使梁中央截面产生最大弯矩的临界荷载，也就是产生绝对最大弯矩的临界荷载。

由此可知，计算绝对最大弯矩可按以下步骤进行：首先判定使梁跨度中点发生最大弯矩的临界荷载 F_{pK}，然后移动荷载组，使 F_{pK} 与梁上全部荷载的合力 F_R 对称于梁的中点，再算出此时 F_{pK} 所在截面的弯矩，即得到绝对最大弯矩。

【例 5-3】如图 5-30 所示为一简支梁，$l=24m$，移动荷载如图所示，求此梁的绝对最大弯矩。

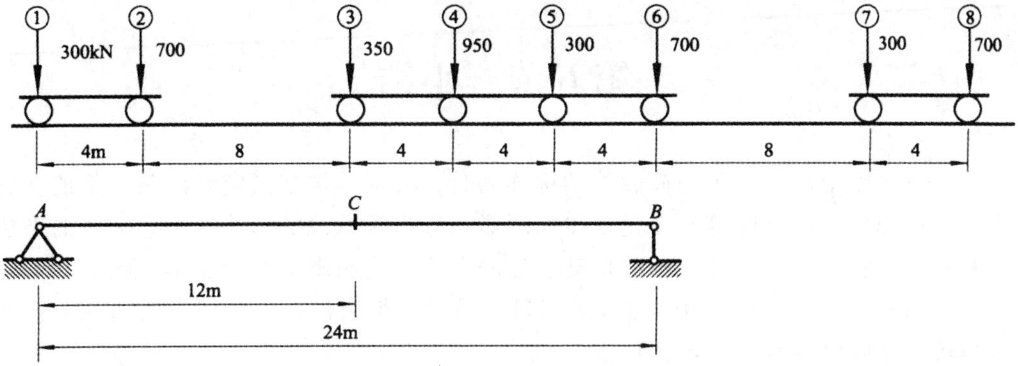

图 5-30

【解】(1) 首先确定这组荷载作用下，梁中间截面 C 的临界荷载。一般将最大荷载放置在影响线的最大竖标处，假设④轮为临界荷载，则应用式（5-21)，得

$$\frac{350+950}{12}(=108)>\frac{300+700}{12}(=83.3)$$

$$\frac{700+350}{12}(=87.5)<\frac{950+300+700}{12}(=162)$$

满足判别式要求，所以④轮为临界荷载。

再试设⑤轮为临界荷载，则

$$\frac{350+950+300}{12}(=133)>\frac{700+300}{12}(=83.3)$$

$$\frac{350+950}{12}(=108)>\frac{300+700}{12}(=83.3)$$

故不满足要求，所以⑤轮处不是临界荷载。

(2) 确定④轮处的绝对最大弯矩值。图 5-31 显示，当④轮为临界荷载时，梁上仅有③、④、⑤、⑥轮作用。故

$$F_R=350+950+300+700=2\,300\text{kN}$$

求④轮和合力 F_R 作用线间距离 a，有

$$a=\frac{300\times4+700\times80-350\times4}{2\,300}=2.34\text{m}$$

再应用式（5-23）计算出 x，则

$$x=\frac{24-2.34}{2}=10.83\text{m}$$

$$M_{\max}=\frac{2\,300}{24}\times\left(\frac{24-2.34}{2}\right)^2-350\times4=9\,840\text{kN}\cdot\text{m}$$

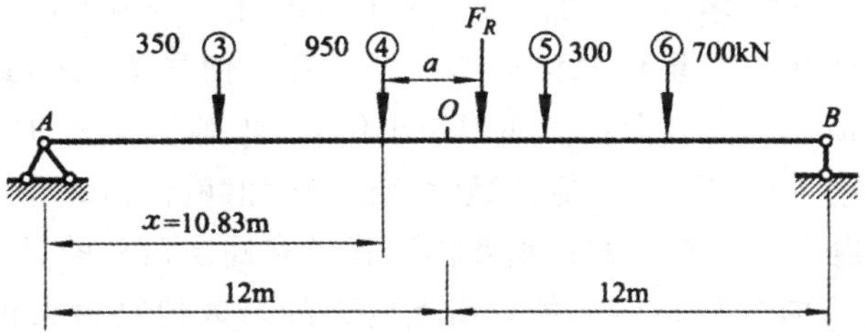

图 5-31

第五节　小结

当方向不变的单位集中荷载沿结构移动时，表示结构某指定处的某一量值（反力、某截面内力或挠度等）变化规律的图形，称为该量值的影响线。影响线的做法有两种，一种是静力法，一种是机动法。静力法是绘制影响线的基本方法。

静力法是以荷载的作用位置x为变量，通过平衡条件，确定所求反力或某截面内力等的影响线方程。其步骤如下：

第一步，选定坐标系，首先选取原点的位置，然后，将$F_p=1$置于任意位置，以自变量x表示$F_p=1$的作用位置。

第二步，直接由静力平衡条件，求出指定位置特定内力或反力与x之间的函数关系，即影响线的函数表达式。

第三步，由影响线函数表达式绘出影响线。

用机动法绘制影响线的基本步骤：

第一步，去除与所求量值相应的约束并代以正向的约束力。约束力的方向规定：支座反力方向以向上为正；弯矩方向以使杆件下部受拉为正；剪力方向以使杆件顺时针旋转为正。

（1）求支座反力影响线，则除去支座，呈现出正向支座反力。

（2）求跨中任意截面弯矩影响线，则在该截面以铰接点连接，以对称力偶表示出正向弯矩作用。

（3）求跨中任意截面剪力影响线，则在该截面以滑动联结相连，以对称力表示出正向剪力作用。

第二步，使所得体系沿约束力的正方向发生相应的单位位移，由此得到结构位移图即为该结构在单位荷载$F_p=1$作用下的影响线。

第三步，基线以上的竖标取正号，以下取负号。

绘制影响线的目的是解决移动荷载作用下的结构计算问题，概括起来，一是当荷载位置已知时，利用影响线求内力；一是利用某种量值的影响线判断移动荷载对该量值的最不利位置。集中荷载和分布荷载作用下利用影响线求解内力分别可见公式（5-15）和公式（5-16）。移动荷载作用于结构时，结构中任一量值F_S将随着荷载位置的变化而变化，如果荷载移动到某个位置，使量值F_S达到最大值（最大正值$F_{S\max}$或最大负值$F_{S\min}$，最大负值亦即最小值），此荷载位置即为量值F_S的最不利位置。最不利位置一经判定，相应的最大（最小）值就像恒载作用下那样，用前面的公式求出最大内力。影响线的最重要作用就是来确定荷载的最不利位置。在设计承受移动荷载的结构时，必须求各截面上内力的最大值（最大正值和最大负值）。用本章第四节第二部分介绍的确定最不利荷载位置进而求某量值最大值的方法，可以求出简支梁任一截面的最大内力值。如果把梁上各截面内力的最大值按同一比例标在图上，连成曲线，这一曲线即称为内力包络图。梁的内力包络图有弯矩包络图和剪力包络图。包络图表示各截面内力变化的极限值，是结构设计中的主要依据。

□ 关键概念

影响线　静力法　机动法　内力包络图　临界荷载　最大弯矩值

□ 复习思考题

5-1　影响线的含义是什么？

5-2　静力法与机动法作影响线各有何优缺点？

5-3　用静力法作桁架影响线时有什么特点？

5-4　为什么作桁架影响线时，要注意区分桁架是下弦承载还是上弦承载？在什么情况下，两种承载方式的影响线彼此相同？

5-5　什么是临界荷载？什么是临界位置？

5-6　为什么说集中荷载位于影响线的顶点只是使 F_S 有极值的一个必要条件，而非充分条件？

5-7　求梁上某截面剪力的最大值时，不利荷载位置应当如何确定？

5-8　内力包络图与内力图有何区别？

5-9　简支梁的绝对最大弯矩与跨中截面最大弯矩何时相等？

□ 习题

5-1　图（a）表示简支梁在图示荷载作用下的 M 图。图（b）为同一简支梁的 M_c 影响线。试分别扼要说明两图纵距 y_c 的物理意义及其量纲。

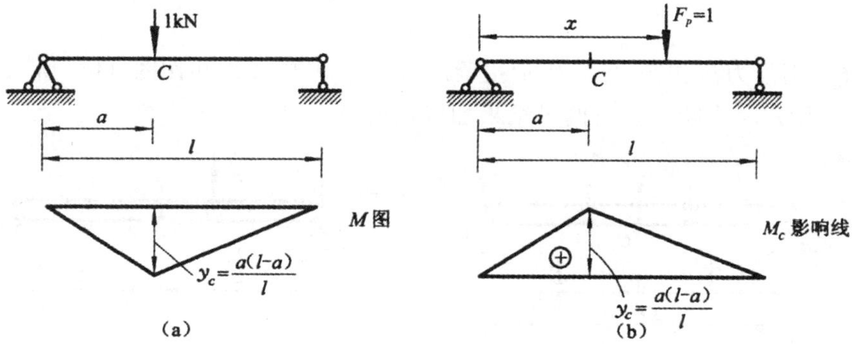

题 5-1 图

5-2　图（a）表示简支梁在图示荷载作用下的 F_Q 图。图（b）为同一简支梁的 F_{QC} 影响线。两者在 C 处均有突变。说明两图中 C 处纵距各有什么物理意义及其量纲。

5-3　用静力法作 F_{yB}, M_A, M_C, F_{QC} 的影响线。用机动法校核。

5-4　设荷载 $F_p=1$ 在 DE 范围内移动，用静力法作梁 AB 的 M_C, F_{QC} 影响线。用

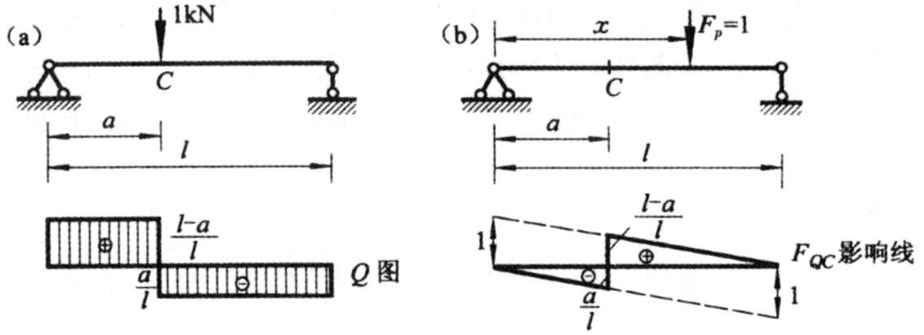

题 5-2 图

机动法校核。

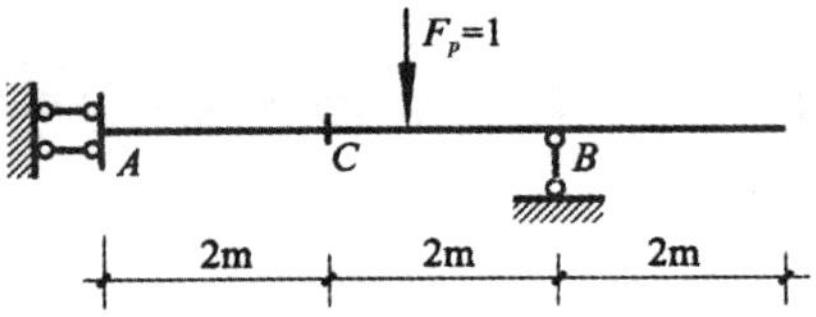

题 5-3 图

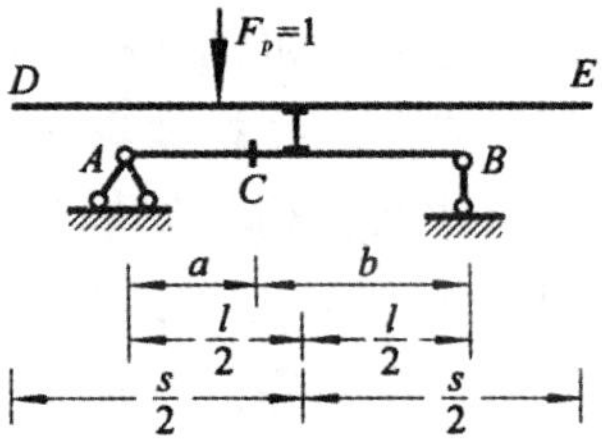

题 5-4 图

5-5 用静力法作图示刚架的 F_{yA}, F_{RB}, M_D, F_{QD}, F_{ND}, M_E, F_{QE} 和 F_{NE} 影响线。

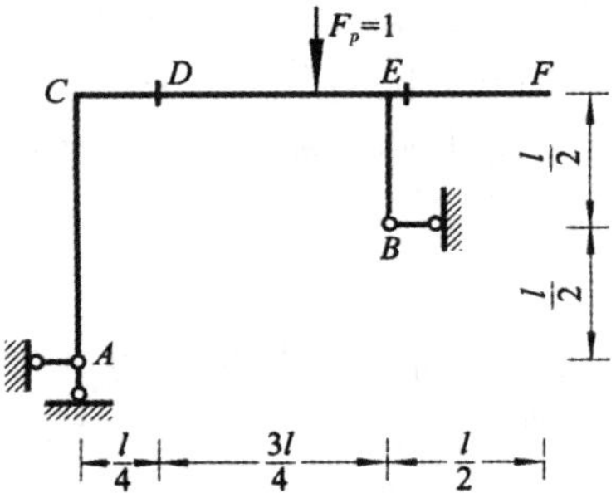

题 5-5 图

5-6 用静力法作图（a）所示主梁的 M_C, F_{QC} 影响线，并作图（b）所示主梁的 M_C，$F_{QC左}$ 和 $F_{QC右}$ 影响线。将两者结果加以比较。

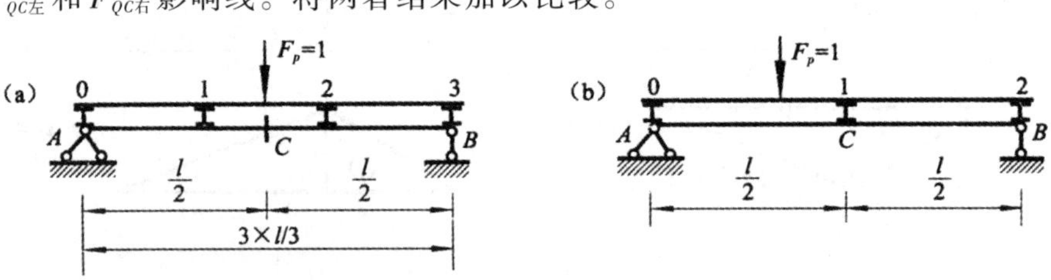

题 5-6 图

5-7 图示桁架当上弦承载时，试作图中指定杆件的内力影响线。若下弦承载时，指定杆件的内力影响线与前者比较有什么变化？

5-8 用机动法检验图 5-7 所示由静力法作出的桁架指定杆轴力影响线。

5-9 简支梁在 q=30kN · m 作用下，利用影响线求 M_C, F_{QC} 值。

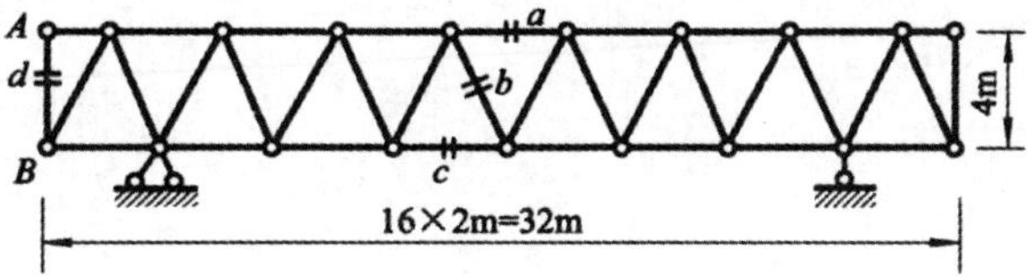

题 5-7 图

5-10　在图示荷载作用下，利用影响线求 M_C, F_{QC} 值。

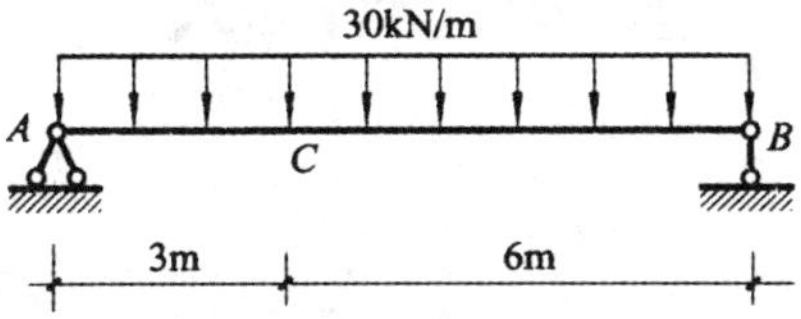

题 5-9 图

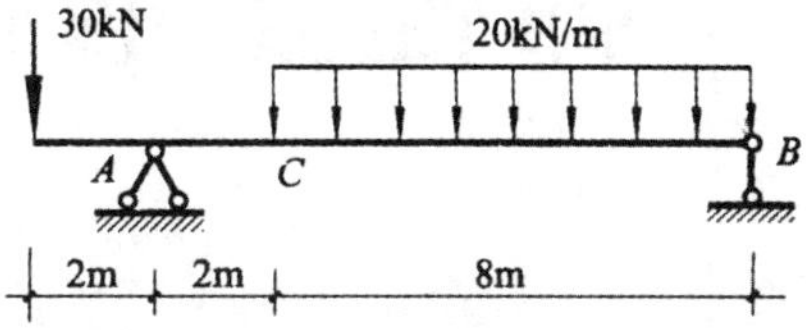

题 5-10 图

5-11　利用影响线计算图示多跨静定梁在所给荷载作用下的 M_G, F_{QG}, M_B 和 $F_{QB左}$ 值。

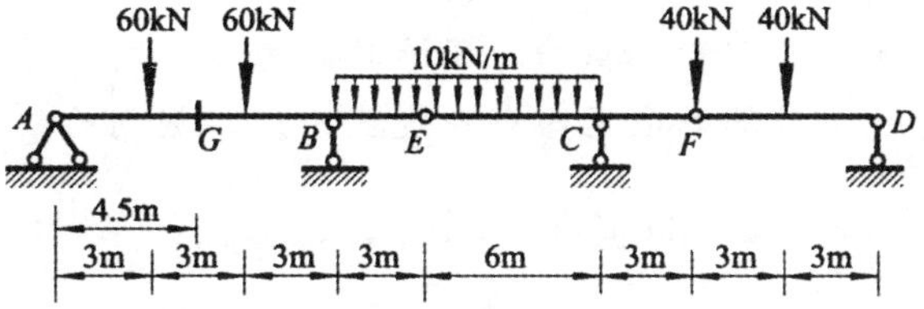

题 5-11 图

5-12　对图示影响线在图示行列荷载作用下，试确定其最不利荷载位置。

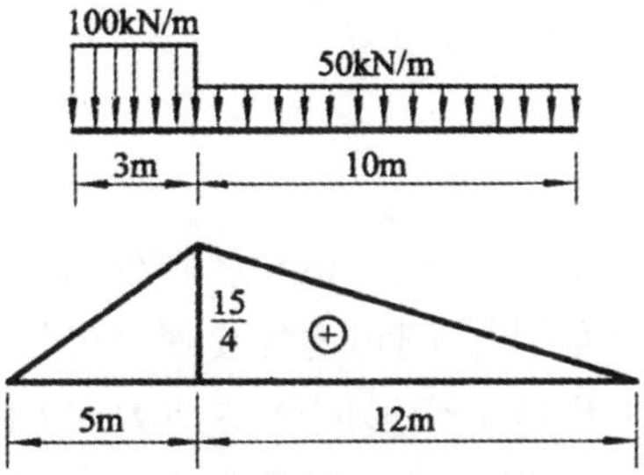

题 5-12 图

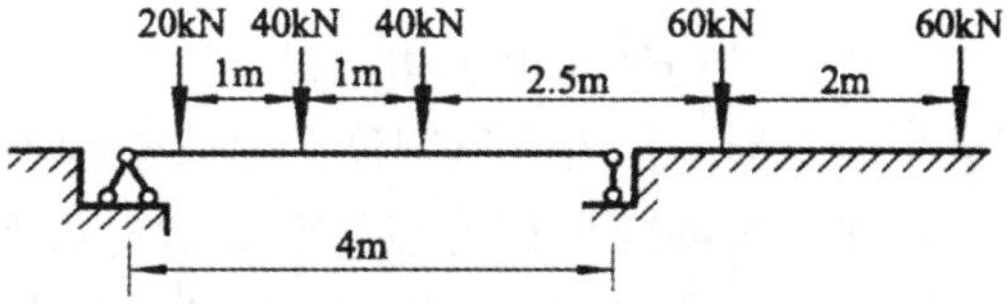

题 5-13 图

5-13　求图示简支梁在所给行列荷载作用下的绝对最大弯矩值及其截面所在位置。

5-14　求图示结构中 CD 梁的绝对最大弯矩值。

5-15　作图示单跨梁的弯矩包络图。设梁自重 q=5kN/m，行列荷载如图所示。

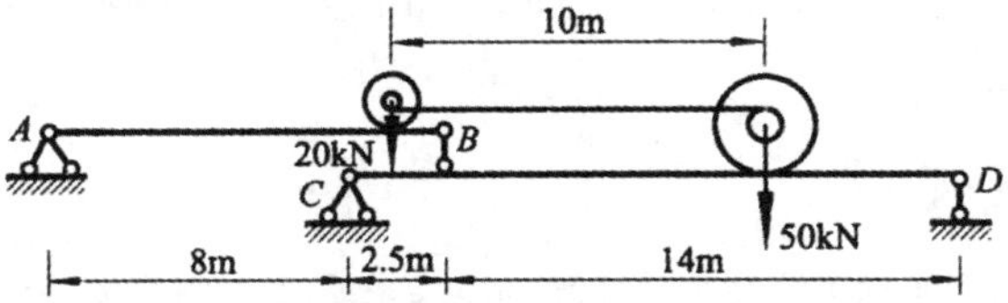

题 5-14 图

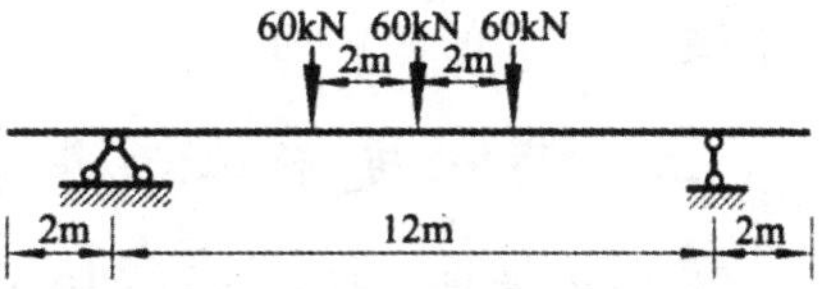

题 5-15 图

第六章

弹性变形体的基本知识

□ 学习目标

掌握正应力、正应变和剪应力、剪应变的基本概念；掌握线应变和胡克定律；了解材料拉伸与压缩时的力学性质，并通过不同材料的破坏特性，理解并应用四个强度理论；掌握判断结构构件安全的原理。

第一节 弹性变形体的概念及基本假设

一、弹性变形体的概念

工程中的构件均由固体材料（比如钢、混凝土）制成。这些固体材料在外力作用下会发生变形，称为变形固体。如果变形在外力卸去后消失，则称这种变形为弹性变形；不能消失的变形称为塑性变形。弹性变形和塑性变形是变形固体的两大宏观属性。在材料力学中，通常把构件简化为发生弹性变形的变形固体，即弹性变形体。

构件所用材料虽然在物理性质方面是多种多样的，但是它们的共同特点是在外力作用下均会发生变形。为了解决构件的强度、刚度、稳定性问题，需要研究构件在外力作用下的内效应——内力、应力、应变等。应力与应变与构件材料的变形有关。因此，在研究构件的强度、刚度、稳定性问题时，不能再将物体看作刚体，而应将组成构件的固体材料看作弹性变形体。

二、弹性变形体的基本假设

材料力学是以变形固体的宏观力学性质为基础，并不涉及其微观结构，所以，在进行理论分析时，为了使问题得到简化，可以取弹性变形体作为材料力学中研究对象的理想化模型，但必须作出以下三个基本假设。

（一）连续性假设

认为组成固体的物质是连续、毫无空隙地充满了固体的体积。根据这个假设，物体内的一些物理量才能用连续的函数表示其变化规律，对这些量就可以进行坐标增量为无限小的极限分析，从而有利于建立相应的数学模型。实际上，可变形固体内部存在着气孔、杂质等缺陷，但其与构件尺寸相比极其微小，可忽略不计，我们的假设就是可以成立的。

（二）均匀性假设

认为物体内部各部分的材料性质都是完全相同的。根据这个假设，从构件内部任何部位切取的微小单元体都与构件具有相同的性质。因此，从任意一点处取出的体积单元，其力学性能都能代表整个物体的力学性能。这样，在研究构件时，可取构件内任意的微小部分作为研究对象。

（三）各向同性假设

认为在固体的任意一点的各个方向都具有相同的材料性质。即物体的力学性能不随方向的改变而改变。对于各向同性的材料（如钢材、铸铁、玻璃、混凝土等），从不同方向作理论分析时，都得到相同的结论。但有些材料（木材、复合材料等）沿不同的方向表现的力学性能是不同的，称为各向异性材料。我们着重研究各向同性的材料。

综上所述，当对构件进行强度、刚度、稳定性等力学方面的研究时，一般在弹性变形范围内将材料看作均匀、连续、各向同性的弹性变形体。实践证明，在此基础上建立起来的分析理论和分析计算结果是能够满足工程设计需要的。

第二节　杆件变形的基本形式

在外荷载作用下，实际杆件的变形是很复杂的，但这些复杂的变形总可以分解为以下四种基本变形的形式。

一、轴向拉伸或轴向压缩变形

当一对外力沿杆件轴线作用时，使杆件发生沿其轴线方向伸长或者缩短的变形，称为轴向拉伸或轴向压缩，简称拉伸或压缩，如图6-1（a）、（b）所示。桁架结构中的杆件变形形式就是拉伸或压缩变形。

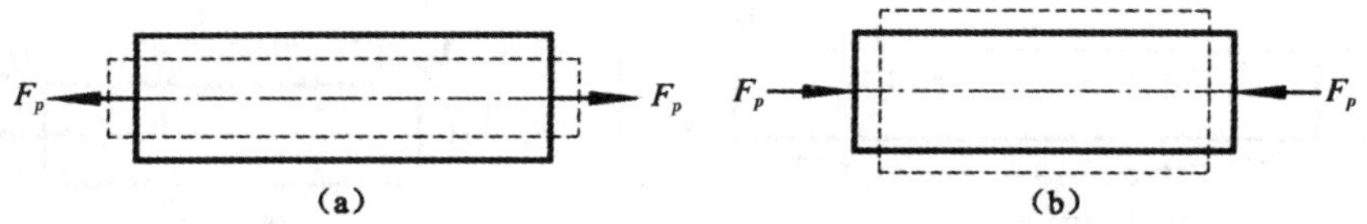

图6-1

二、剪切变形

在相距很近的两个平行于杆横截面的平面内，分别作用大小相等、方向相对（相反）的两个力，构件在这两个平行面间的任一（平行）横截面将产生错动变形（如图6-2所示）。这种变形形式称为剪切变形。工程结构中，受有横向力作用的构件都会发生剪切变形。

三、扭转变形

在一对转向相反、作用面垂直于直杆轴线的外力偶（其力偶矩为M_e）作用下，直杆相邻的横截面将发生绕轴线（轴线保持原来的直线形状）相对转动的变形，这种变形形式称为扭转变形（如图6-3所示）。

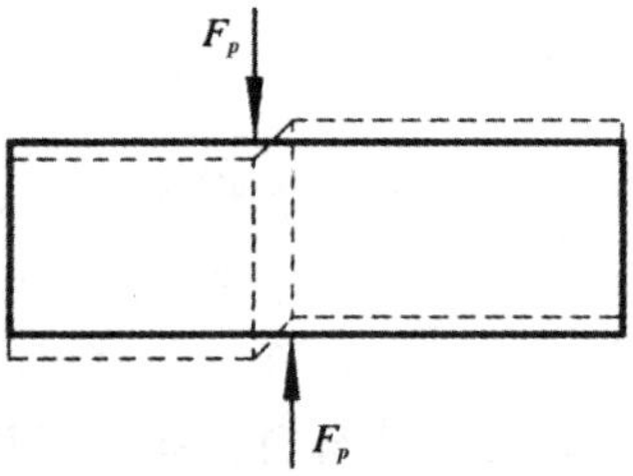

图6-2

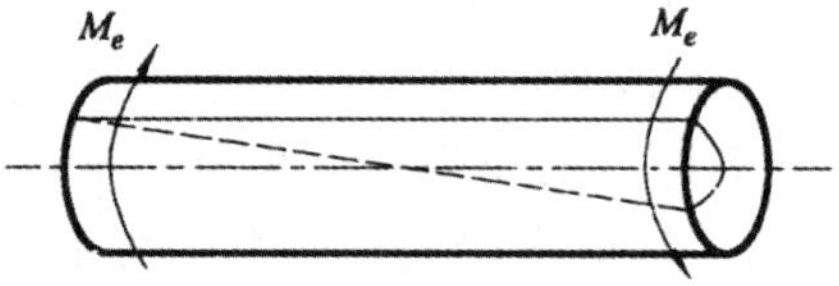

图6-3

四、弯曲变形

在一对转向相反、作用面在杆件的纵向平面（包含杆件轴线在内的平面）内的外力偶（其力偶矩为M_e）作用下，直杆的相邻横截面将绕垂直于杆件轴线的轴发生相对转动，变形后的杆轴线将弯成曲线。这种变形形式称为弯曲变形（如图6-4所示）。

工程中常用构件在荷载作用下的变形，大多为上述四种基本变形形式的组合，纯属一种基本变形形式的构件较为少见。但若以某一种基本变形形式为主，其他属于次要变形的，则可按这一种基本变形形式计算。若几种变形形式都属于非次要变形，则属于组合变形问题。

组合变形是指由上述四种基本变形形式中的两种或两种以上所共同形成的变形形式，图6-5中所示杆件的变形，即为拉伸与弯曲的组合（其中力偶M_e作用在纸平面内），由此而形成的变形即为拉伸与弯曲的组合变形。

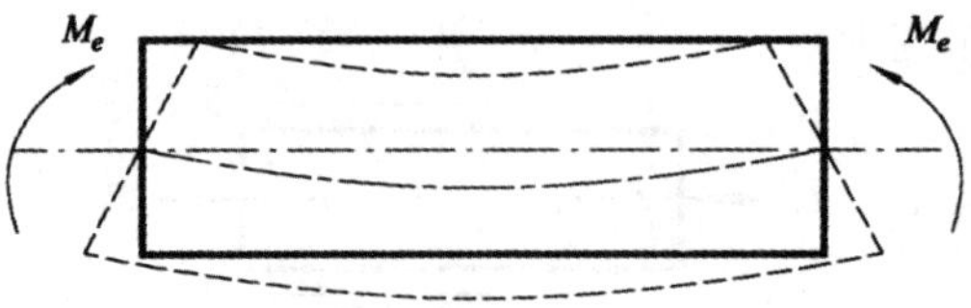

图6-4

图6-5

第三节　正应力与剪应力的概念

第四章利用静力平衡条件求得的静定结构的内力只是整个截面上分布内力的合力，不能反映截面上的内力分布规律，而为了研究构件强度、刚度、稳定性等问题必须要知道截面上的内力分布规律，因此需要引入应力的概念。截面内某点的应力是指截面上该点处的内力分布集度。应力的大小反映了该点内力分布的强弱程度。

图6-6（a）为一任意平衡力系作用下的受力构件。如果在构件上假想有一截面m-m将构件截开，然后取左边部分为分离体，可知截面上必有分布内力与外力F_{p1}，F_{p2}平衡，分布内力不一定在截面内是均匀分布的。围绕截面上任一点B取微小面积ΔA，其上作用的分布内力为ΔF_p（图6-6（b）），则ΔF_p与ΔA的比值p_m则是B处ΔA面积上的平均应力，其表达式如下

$$p_m = \frac{\Delta F_p}{\Delta A} \tag{6-1}$$

一般来说，截面上的内力分布是不均匀的，所以平均应力的大小和方向与所取面积ΔA的大小有关。为了消除ΔA的影响，运用极限的概念，令ΔA无限地向B点缩小，使ΔA趋近于零，从而得到平均应力的极限值（图6-6（c））。

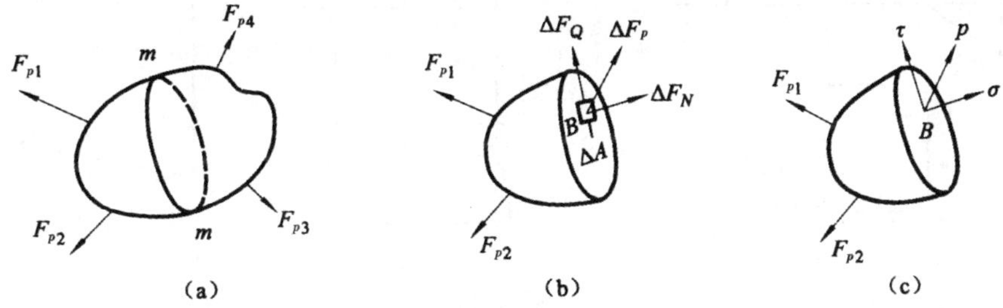

图6-6

$$p=\lim_{\Delta A\to 0}\frac{\Delta F}{\Delta A}=\frac{\mathrm{d}F_p}{\mathrm{d}A} \tag{6-2}$$

p即为截面上B点处的应力。

通常应力p的方向既不与截面垂直，也不与截面平行。工程上的构件常常是垂直截面的正应力σ引起的分离破坏或平行截面的剪应力τ引起的滑移破坏。故将ΔA面积上的分布内力ΔF_p分解为垂直于截面的分布内力ΔF_N和与平行于截面的分布内力ΔF_Q（如图6-6（b）所示），当ΔA趋近于零时的应力极限值，即为B点的正应力与剪切应力（剪应力）（如图6-6（c）所示）：

$$\sigma = \lim_{\Delta A\to 0}\frac{\Delta F_N}{\Delta A}=\frac{\mathrm{d}F_N}{\mathrm{d}A} \tag{6-3}$$

$$\tau = \lim_{\Delta A\to 0}\frac{\Delta F_Q}{\Delta A}=\frac{\mathrm{d}F_Q}{\mathrm{d}A} \tag{6-4}$$

正应力的正负号规定：拉应力为正，压应力为负。剪应力的正负号规定绕研究对象顺时针转向为正，反之为负。

应力的量纲为［力］/［长度］^{2}，其国际单位制的单位是“帕斯卡”（Pascal），简称“帕”（Pa）。1Pa=1N/m^2；1kPa=1×10^{3}N/m^2；1MPa=1×10^{6}N/m^2；1GPa=1×10^{9}N/m^2。

第四节　正应变与剪应变的概念

在载荷作用下，构件的尺寸和形状发生的变化称为变形。构件产生变形的同时，内部产生应力。为了研究整个构件的变形以及其内部的应力分布，假想构件由许多极其微小的正六面体组成（图6-7（a））。构件在外力作用下发生变形，这些变形可以看成是各微小的正六面体变形的宏观效果。一个微小正六面体的变形可以分解成边长的改变（图6-7（b））和各边夹角改变的形式（图6-7（c））。

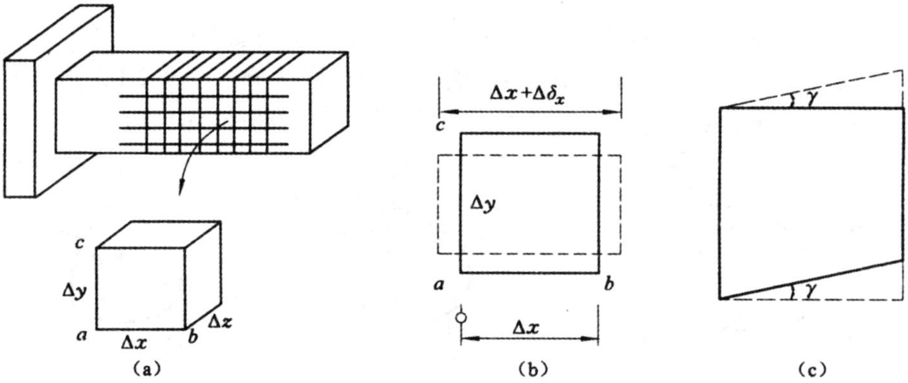

图6-7

设正六面体 ab 边原长为 Δx，变形后其长度改变了 $\Delta\delta_x$，$\Delta\delta_x$ 与原长 Δx 的比值，称为 ab 边的平均正应变，用 ε_m 表示，即

$$\varepsilon_m=\frac{\Delta\delta_x}{\Delta x} \tag{6-5}$$

通常，ab 边上各点的变形情况并不相同，因此各点的正应变也不一样。ab 边上 a 点的正应变应取平均正应变的极限值，即

$$\varepsilon=\lim_{\Delta x\to 0}\frac{\Delta\delta_x}{\Delta x}=\frac{\mathrm{d}\delta_x}{\mathrm{d}x} \tag{6-6}$$

微小正六面体各边互成直角，微体相邻棱边所夹直角的改变量，称为剪切应变（剪应变），用 γ 表示。

正应变的正负号规定拉应变为正，压应变为负。剪应变均以直角变小为正，增大为负。

正应变ε和剪应变γ都是无量纲量。

应力与应变之间存在着对应关系：正应力引起正应变；剪应力引起剪应变。在弹性条件下，应力与应变呈线性关系。

第五节　胡克定律与泊松比

一、胡克定律

当杆件受到轴向荷载作用荷时，其轴向与横向尺寸均会变化到图6-8中的虚线位置。沿轴线方向的变形称为纵向变形，垂直于轴线方向的变形称为横向变形。

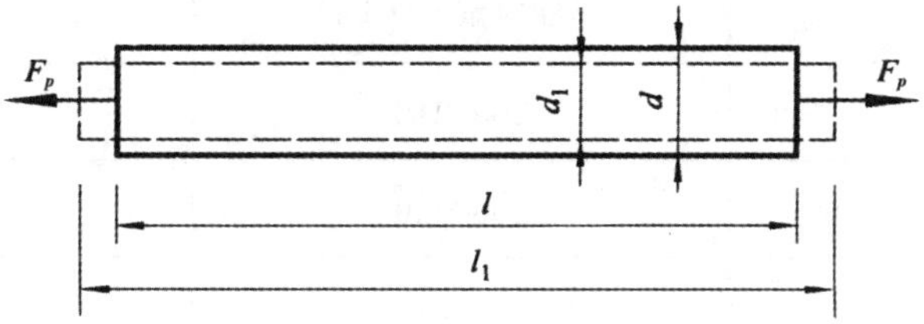

图6-8

如图6-8所示，设等直杆的原长为l，横截面面积为A。在轴向力F_p作用下，长度变为l_1。杆件在轴线方向的伸长，即轴向变形为

$$\Delta l = l_1 - l$$

由于杆内各点的轴向应力与轴向应变为均匀分布，所以一点轴向线应变即为杆件的伸长与原长之比，即

$$\varepsilon = \frac{\Delta l}{l} \tag{6-7}$$

式中，ε——杆的纵向线应变，是一个无量纲数。

轴向拉压实验表明，正应力σ在一定范围内，应变与其成正比关系，即

$$\sigma \propto \varepsilon$$

引入比例常数E，上式可以写成

$$\sigma = E\varepsilon \tag{6-8}$$

式（6-8）称为胡克定律。比例常数E称为弹性模量（单位为GPa），与材料有关，可以通过实验来测定。

二、泊松比

在轴向载荷作用下，杆件不但纵向变形，横向也要变形。横向尺寸从d变成d_1，同样地，横向线应变ε'为

$$\varepsilon' = \frac{\Delta d}{d} = \frac{d - d_1}{d} \tag{6-9}$$

一般来讲，横向变形与纵向变形符号相反。例如在轴向拉伸时，纵向变形为正，而横向变形为负。

通过实验同样可以看到，在一定的纵向应力范围内，横向线应变与纵向线应变之比的绝对值为一常数，此常数称为横向变形系数或泊松比，通常用μ表示为

$$\mu=\left|\frac{\varepsilon'}{\varepsilon}\right| \tag{6-10}$$

或者是

$$\varepsilon'=-\mu\varepsilon \tag{6-11}$$

泊松比是一无量纲常数，与弹性模量一样，都是表示材料力学性能的重要常数，由实验来测定。表6-1给出了一些材料的E和μ值。

表 6-1 **一些材料的 E 和 μ 值**

材料名称	弹性模量E(GPa)	泊松比μ
低碳钢	200~210	0.25~0.33
16锰钢	200~220	0.25~0.33
合金钢	190~220	0.24~0.33
灰口、白口铸铁	115~160	0.23~0.27
可锻铸铁	155	
硬铝合金	71	0.33
铜及其合金	74~130	0.31~0.42
铅	17	0.42
混凝土	14.6~36	0.16~0.18
木材(顺纹)	10~12	
橡胶	0.08	0.47

三、广义胡克定律

在上文（杆件轴向拉压）中，介绍了单向应力状态下的应力应变关系——胡克定律。现在考察各向同性材料在复杂应力状态下的应力应变关系。

一般空间应力状态下有9个应力分量：$\sigma_x,\tau_{xy},\tau_{xz}$；$\sigma_y,\tau_{yz},\tau_{yx}$；$\sigma_z,\tau_{zx},\tau_{zy}$，如图6-9所示。剪应力的下标中，第一个下标表示剪应力所在平面，第二个下标表示剪应力的方向。

根据剪应力互等定理（剪应力互等定理证明见第七章第二节，$\tau_{xy}=\tau_{yx},\tau_{yz}=\tau_{zy}$，$\tau_{zx}=\tau_{xz}$，因此在9个应力分量中只有6个是独立的，即$\sigma_x,\sigma_y,\sigma_z,\tau_{xy},\tau_{yz},\tau_{zx}$），与之相应的有6个独立的应变分量：$\varepsilon_x,\varepsilon_y,\varepsilon_z,\gamma_{xy},\gamma_{yz},\gamma_{zx}$。

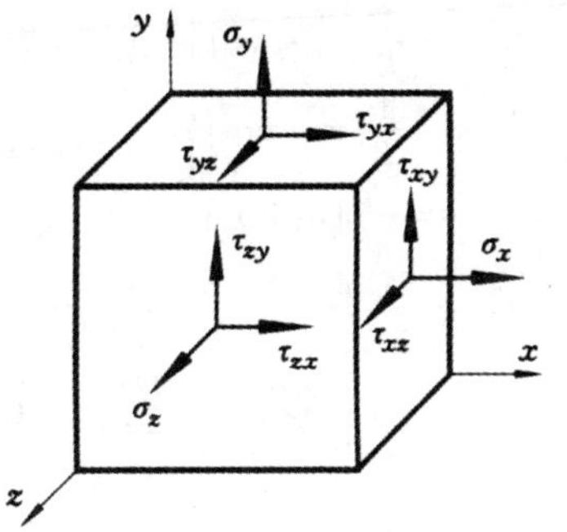

图6-9

线应变$\varepsilon_x,\varepsilon_y,\varepsilon_z$与正应力$\sigma_x,\sigma_y,\sigma_z$之间的关系，可以用叠加原理求得。在$\sigma_x,\sigma_y,\sigma_z$单独存在时，$x$方向的线应变依次为

$$\varepsilon_{xx}=\frac{\sigma_x}{E},\varepsilon_{xy}=-\mu\frac{\sigma_y}{E},\varepsilon_{xz}=-\mu\frac{\sigma_z}{E}$$

ε_{xx}——由σ_x产生的x方向的线应变；

ε_{xy}——由σ_y产生的x方向的线应变；

ε_{xz}——由σ_z产生的x方向的线应变。

于是在$\sigma_x,\sigma_y,\sigma_z$同时作用时，可得$x$方向的线应变，同理可得$y$和$z$方向的线应变，分别为

$$\left.\begin{aligned}\varepsilon_x&=\frac{1}{E}[\sigma_x-\mu(\sigma_y+\sigma_z)]\\\varepsilon_y&=\frac{1}{E}[\sigma_y-\mu(\sigma_z+\sigma_x)]\\\varepsilon_z&=\frac{1}{E}[\sigma_z-\mu(\sigma_x+\sigma_y)]\end{aligned}\right\}\tag{6-12a}$$

剪应力与剪应变之间的关系为

$$\left.\begin{aligned}\gamma_{xy}&=\frac{\tau_{xy}}{G}\\\gamma_{yz}&=\frac{\tau_{yz}}{G}\\\gamma_{zx}&=\frac{\tau_{zx}}{G}\end{aligned}\right\}\tag{6-12b}$$

上式中E为弹性模量，μ为泊松比，G为剪切模量，式（6-12a）、（6-12b）即为各向同性材料的广义胡克定律。

如果已知空间应力状态下单元体的三个主应力$\sigma_1,\sigma_2,\sigma_3$，则沿主应力方向只有线应变，没有角应变。与主应力$\sigma_1,\sigma_2,\sigma_3$相应的线应变分别记为$\varepsilon_1,\varepsilon_2,\varepsilon_3$，称为主应变，这时广义胡克定律表示为

$$\left.\begin{aligned}\varepsilon_1&=\frac{1}{E}[\sigma_1-\mu(\sigma_2+\sigma_3)]\\\varepsilon_2&=\frac{1}{E}[\sigma_2-\mu(\sigma_3+\sigma_1)]\\\varepsilon_3&=\frac{1}{E}[\sigma_3-\mu(\sigma_1+\sigma_2)]\end{aligned}\right\}\tag{6-13}$$

在平面应力状态下，作为空间应力状态的一种特例，一个主应力为零，设$\sigma_3=0$，则由式（6-13）可得

$$\left.\begin{aligned}\varepsilon_1&=\frac{1}{E}[\sigma_1-\mu\sigma_2]\\ \varepsilon_2&=\frac{1}{E}[\sigma_2-\mu\sigma_1]\\ \varepsilon_3&=-\frac{\mu}{E}[\sigma_1+\sigma_2]\end{aligned}\right\}\tag{6-14}$$

第六节　材料拉伸与压缩时的力学性质

分析工程构件的强度以保证其正常工作，不仅要知道应力的计算，还应了解构件材料的机械性质。所谓材料的机械性质（或力学性质）是指材料从开始受力直至破坏的全过程中所呈现的受力和变形间的各种特征，它们是材料固有的属性，通过试验进行测定。常温（室温）、静荷下的拉伸试验是最基本的一种，静荷是指加载速度平稳、载荷缓慢且逐渐增减。

一、材料拉伸试验

低碳钢（如A_3钢）是工程上使用较广的材料，同时它在拉伸试验中所表现出的机械性质具有典型性，因此我们就以低碳钢材料为例研究其拉伸时的机械性质。

按照我国国家标准《金属材料　室温拉伸试验方法》（GB/T 228—2002）进行试验①。为了便于对不同材料的试验结果进行比较，规定将材料做成标准尺寸的试件，如图6-10所示，试件中间等直部分取一段长度L_0称为原始标距，对圆截面标准试件规定原始标距L_0与横截面直径d的比例为$L_0=10d$，$L_0=5d$。前者称为10倍试件，后者称为5倍试件。对矩形截面的平板试件，10倍与5倍试件的原始标距L_0与原始横截面面积S_0的关系分别为$L_0=11.3\sqrt{S_0}$和$L_0=5.65\sqrt{S_0}$。

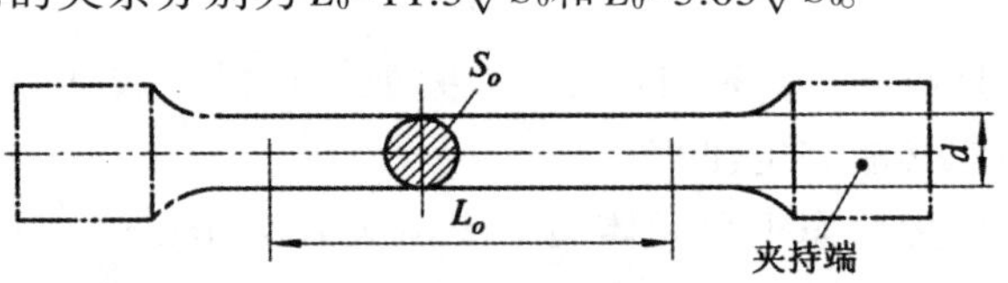

图6-10

测量试件的原始标距L_0和横截面直径d后，把试件夹持在材料试验机的夹具中，通过加载机构缓慢地开始加力使试件受到拉伸。另一方面在试件上安装引伸仪以测量原始标距L_0受拉后的变形ΔL（关于材料试验机及引伸仪可参考有关《材料力学试验》）。

在试验过程中，我们可以记录下施加的载荷值与相应的试件标距的伸长ΔL，以外载荷F_p为纵坐标，ΔL为横坐标可得到载荷与变形的关系曲线（F_p-ΔL曲线），

① 《金属材料　室温拉伸试验方法》（GB/T 228—2002)与原《金属　拉伸试验方法》（GB/T 228—1987）相比较，屈服强度与抗拉强度的定义有明显差异，其他性能的定义无实质性差异。

称为拉伸图。其反映了试件受力过程中的各种现象，由于此图形与试件的几何尺寸有关，为了消除试件尺寸的影响，让试验更确切地反映材料的性质，可将拉力F_p除以试件原始截面面积S_0，即用应力σ来衡量材料的受力情况，同时把标距间伸长ΔL除以L_0，即以应变ε来衡量材料的变形情况，经过这样一系列变换后，使试件的拉伸图曲线（F_p-ΔL曲线）换算为应力-应变（σ-ε）曲线。这样的曲线与试件尺寸无关，只要是同一材料则试验曲线相同，它代表了材料在拉伸下的机械性质。需要说明的是：由于σ-ε曲线是将原F_p-ΔL曲线的纵横坐标各除以常数的，所以，它们形状显然是相似的。

由σ-ε曲线（图6-11）可知拉伸试验的过程分为几个不同阶段，现分段进行研究以确定材料的机械性质。

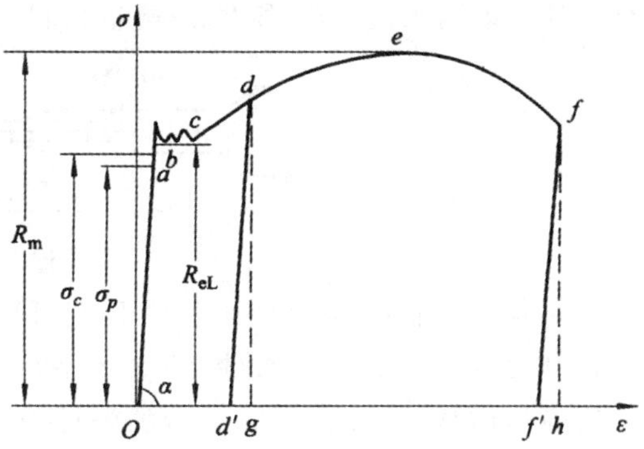

图6-11

（一）弹性阶段

Oa段：在拉伸的初始阶段应力与应变为直线关系直至a点，此时a点所对应的应力值称为比例极限（低碳钢的比例极限在200MPa左右），用σ_p表示。σ_p是应力与应变成正比例的最大极限。这一阶段的变形称为线弹性变形。

ab段：当应力超过比例极限增加到b点时，其关系偏离直线，此时若将荷载卸至零，则应变随之消失（一旦应力超过b点，卸载后，会有一部分应变不能消除），这种性能称为弹性，相应的这种变形称为弹性变形，此b点对应的应力σ_e为弹性极限，是材料只有弹性变形的极限值。我们把Ob段称为弹性阶段。

但是由于a,b两点应力值非常接近，在实验中很难区分，因此，在工程中常说在弹性范围内材料符合胡克定律（式（6-8））。弹性模量E为直线Oa的斜率，即$E=\tan\alpha$。

（二）屈服阶段

bc段：应力超过弹性极限后继续加载，会出现一种现象，即应力增加很少或不增加，应变会很快增加，这种现象叫屈服。开始发生屈服后，bc内点所对应的最小应力叫屈服极限，又称为下屈服强度（R_{eL}）[①]（低碳钢的下屈服强度约为240MPa）。在屈服阶段，应力不变而应变不断增加，材料似乎失去了抵抗变形的能力，因此产生了显著的塑性变形（此后若卸载，应变不会完全消失，而存在残余变形，也称塑性变形），所以屈服极限是衡量材料强度的重要指标。

表面磨光的低碳钢试样屈服时，表面将出现与轴线成45°倾角的条纹，称为滑移线，这是由于材料内部晶格相对滑移形成的。

---

① 《金属材料　拉伸试验》（第1部分：室温试验方法）（GB/T 228.1—2010）代替《金属材料　室温拉伸试验方法》（GB/T 228—2002）。

（三）强化阶段

*ce*段：越过屈服阶段后，如要让试件继续变形，必须继续加载，材料似乎强化了，即强化阶段。应变强化阶段的最高点（*e*点）所对应的应力称为强度极限，又称抗拉强度（R_m）[①]（低碳钢抗拉强度约为400MPa）。它表示材料所能承受的最大应力。

（四）局部变形阶段

*ef*段：过*e*点后，即应力达到强度极限后，试件局部发生剧烈收缩的现象，称为颈缩，如图6-12所示。进而试件内部出现裂纹，名义应力下跌，至*f*点试件断裂。对低碳钢来说，R_{eL}和R_m是衡量材料强度的重要指标。

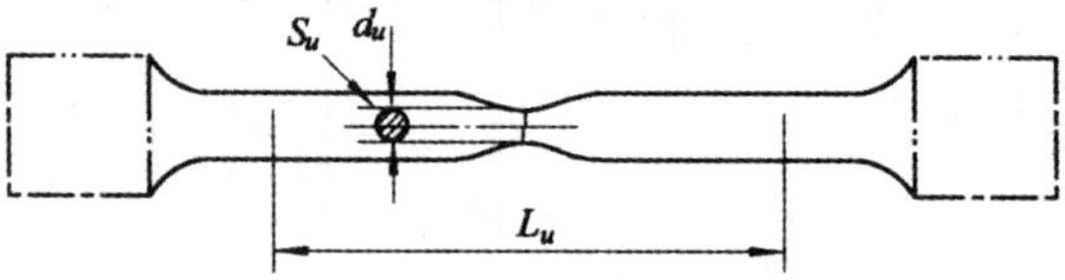

图6-12

同时，在低碳钢拉伸试验中我们可以看到：试样加载到超过屈服极限后（图6-11中*d*点）卸载，卸载线dd'大致平行于线Oa，此时，其中$d'g$为卸载过程中恢复的弹性应变ε_e，Od'为卸载后的塑性应变ε_p，卸载至d'后若再加载，加载线仍沿dd'线上升，因此加载的应力-应变关系符合胡克定律。

上述材料进入强化阶段以后的卸载再加载（如经冷拉处理的钢筋），使材料此后的应力-应变关系沿$d'dff'$路径，此时材料的比例极限和开始强化的应力提高了，而塑性变形能力降低了，这一现象称为冷作硬化。

为度量材料塑性变形的能力，定义断后伸长率*A*为

$$A=\frac{L_u-L_0}{L_0}\times 100\% \tag{6-15}$$

式中，L_0——试件的原始标距；

L_u——试件断裂后量得的标距间的长度。

定义断面收缩率*Z*为

$$Z=\frac{S_0-S_u}{S_0}\times 100\% \tag{6-16}$$

式中，S_0——试件原来面积；

S_u——断裂后试件颈缩处面积。

低碳钢的*A*、*Z*分别为20%~30%和60%。

工程中规定：$A\geq 5\%$为塑性材料，$A<5\%$为脆性材料。

下面，我们简单讲述一下其他材料拉伸时的力学性能。

① 在《金属材料　拉伸试验》（GB/T 228.1—2010）中，抗拉强度定义为相应最大力（F_{pm}）的应力。最大力（F_{pm}）定义为试样在屈服阶段之后所能抵抗的最大力，对于无明显屈服（连续屈服）的金属材料，为试验期间的最大力。

其他塑性材料的拉伸曲线将不如低碳钢那样典型，一些塑性材料的拉伸曲线如图6-13所示。

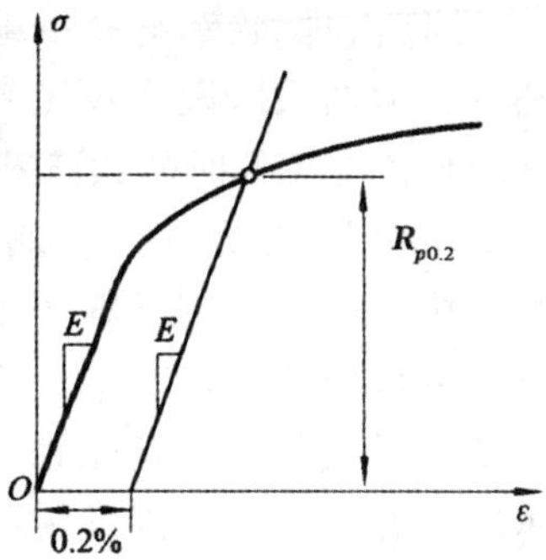

图6-13

但是它们都具有共同的特点：都有明显的弹性阶段和较大的塑性变形（$A \geqslant 5\%$）。但是，多数材料屈服阶段不明显，无法直接得到材料的下屈服极限R_{eL}，工程上一般把剩余应变达到0.2%时的应力值作为材料的下屈服极限，我们称为规定非比例延伸强度$R_{p0.2}$。

其他脆性材料，例如铸铁拉伸时的力学性能具有以下特点：

图6-14（a）所示为灰口铸铁拉伸时的应力-应变关系，它只有一个强度指标R_m，且抗拉强度较低；在断裂破坏前，几乎没有塑性变形；应力-应变关系近似服从胡克定律并以割线的斜率作为弹性模量。

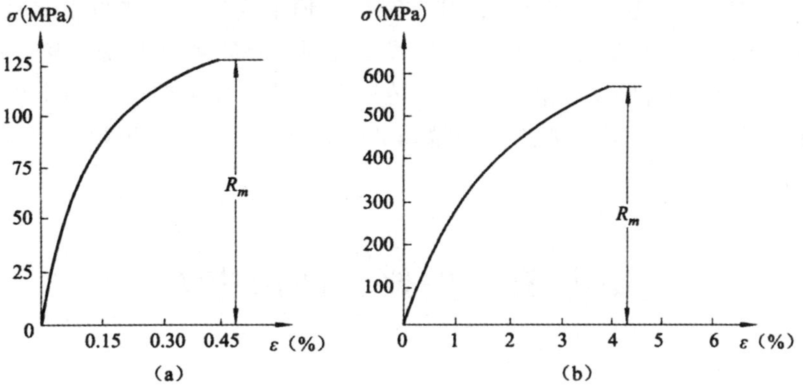

图6-14

二、材料压缩试验

材料在压缩时的机械性质也是通过试验测得的。做压缩试验常把材料加工成短柱状试件，一般金属材料的压缩试件，其长度L与直径d之比在1.5~3.0之间（若L与d之比太大，则试件在破坏前易压弯失稳。同样，以外载荷F_p为纵坐标，ΔL为横坐标可得到载荷与变形的关系曲线（F_p-ΔL曲线），称为压缩图。为了消除试件尺寸的影响，还是把试件的压缩图曲线（F_p-ΔL曲线）换算为应力-应变（σ-ε）曲线来了解材料在压缩时的机械性质。

（一）低碳钢压缩时的机械性质

图6-15中实线代表低碳钢压缩时的应力-应变曲线，虚线则为拉伸时的应力-应变曲线。比较两曲线可以看出，在弹性阶段内两条曲线基本重合，说明材料在拉伸和压缩时的弹性模量E的数值相同，在这阶段内，应力σ和应变ε成正比，故拉伸时的胡克定律（式6-8）同样适用，只是压缩时对应的是压应力和压应变而已。

同时，低碳钢材料压缩时也有屈服现象，但屈服阶段比较短暂。压缩屈服点的数值与拉伸时的数值基本上相同。

超过屈服阶段，材料进入强化阶段，拉伸时低碳钢材料产生颈缩最后断裂，可得到抗拉强度R_m。但压缩时低碳钢试件横截面面积越压越大，甚至压成薄块，并不破裂，因此无法得到塑性材料的抗压强度。

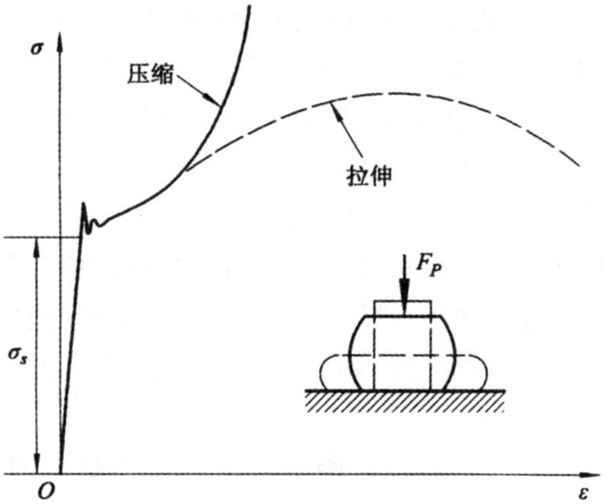

图 6-15

（二）铸铁压缩时的机械性质

图 6-14（b）中为铸铁材料压缩时的应力-应变曲线，而拉伸时的应力-应变曲线为图 6-14（a）。比较两曲线得铸铁在拉伸及压缩时的应力-应变曲线，其直线部分均不明显，拉伸与压缩时均不存在屈服点。破坏时，铸铁试件沿 45°~55°斜截面破裂，断裂是由于最大剪应力造成的。压缩时的R_m为拉伸时的 4~5 倍。所以，铸铁在机械工程中被广泛用作机械底座等承压部件。同样，作为另一类典型的脆性材料的混凝土，石料等则是建筑工程中重要的承压材料。

第七节 失效、许用应力

一、失效

我们已经讨论了构件在拉伸（压缩）时的应力计算及材料在拉伸（压缩）时的机械性质。要求构件正常工作运转，必须保证构件由载荷引起的工作应力小于构件材料所能承受的极限应力或危险应力，以符号σ_0表示。如果工作应力大于危险应力，结构将丧失其正常工作能力的现象，称为失效。

二、许用应力

危险应力是根据材料在拉伸或压缩时的机械性质确定的。对于用低碳钢、低合金钢等塑性材料制成的构件，当应力达到下屈服强度R_{eL}产生显著的塑性变形（或应力达到$R_{p0.2}$）时，影响其正常工作，所以通常以屈服点作为它的危险应力。对于用铸铁等脆性材料制成的构件，由于它破坏时无明显的塑性变形，构件断裂即丧失工作能力，所以取材料的抗拉强度R_m（抗拉或拉压）作为它的危险应力。

为了保证构件具备足够的强度，它的工作应力必须低于所用材料的危险应力。如果再考虑到其他的几个影响因素，如材料性质实际上未必均匀，载荷估计难以准确以及计算方法的近似性等，就必须给构件强度以必要的储备，在工作期间留有余地以保证安全，故构件工作应力的最大容许值只能是材料极限强度R_{max}的若干分之一，此最大容许值称为材料的许用应力，用［σ］表示，即

对塑性材料

$$[\sigma]=\frac{R_{eL}}{n_S} \tag{6-17}$$

对脆性材料

$$[\sigma]=\frac{R_m}{n_b} \tag{6-18}$$

式中，n_S,n_b——安全系数。通常$n_S=1.5\sim2.0,n_b=2.5\sim3.0$。

在确定安全系数时，要考虑诸多方面的因素，对具体情况作具体分析。选择安全系数，关系到正确处理安全与经济之间的矛盾。如仅从保证安全的角度来考虑，应加大安全系数，降低许用应力，这就要多消耗材料，提高成本，有损经济。另一方面如片面地从经济上着眼，势必减小安全系数，提高许用应力，这样虽可节约材料，减轻自重，但往往不能保证安全，易生事故。在设计工作中，我们应权衡安全与经济两方面的要求，合理地选取安全系数，力求设计出来的构件满足既安全又经济的要求。

第八节　二向应力状态下的强度条件——强度理论

当杆件轴向拉压或圆轴扭转时，其强度条件可以通过试验来确定。但实际工程中许多构件的危险点往往处于二向或三向应力状态。二向或三向试验比较困难和复杂，一方面是这种试验机非常昂贵，另一方面是由于主应力$\sigma_1,\sigma_2,\sigma_3$之间存在无数种数值组合或比例，要试验测出每种主应力比值下的相应极限应力$\sigma_{1u},\sigma_{2u},\sigma_{3u}$，实际上是不可能的。因此，研究材料在复杂应力状态下的破坏规律是非常必要的。

大量的试验表明，材料在静载荷作用下的失效形式主要有两种：一为断裂，另一为屈服。断裂破坏时，材料没有明显的塑性变形。断裂失效往往和最大拉应力或最大拉应变有关。例如，灰口铸铁试件拉伸时沿横截面断裂，扭转时沿与轴线约成45°倾角的螺旋面断裂，混凝土、石材试件受压时沿纵截面断裂，都与最大拉应力或最大拉应变有关。材料发生屈服现象时，会出现明显的塑性变形。屈服失效往往与最大剪应力有关。例如，低碳钢试件拉伸屈服时，在其表面与轴线约成45°的方向出现滑移线，扭转屈服时沿纵、横方向出现滑移线，都与最大剪应力有关。

上述情况表明，材料失效也是存在规律的。通过长期对各种材料的失效现象的研究，人们提出了种种假说或学说，这些关于材料失效或破坏规律的假说或学说，

通常称为强度理论。对于材料破坏的主要两种形式，相应地存在两类强度理论：一类是解释材料断裂现象的，现在常用的有最大拉应力理论与最大拉应变理论；另一类是解释材料屈服失效现象的，现在常用的有最大剪应力理论与畸变能理论。

一、最大拉应力理论——第一强度理论

按照最大拉应力理论，引起材料断裂的主要原因是最大拉应力，即无论材料处于何种应力状态，只要最大拉应力 σ_1 达到材料单向拉伸断裂时的抗拉强度（R_m），材料即发生断裂。因此材料断裂破坏条件为

$$\sigma_1 = R_m$$

试验表明，脆性材料在二向或三向受拉断裂时，最大拉应力理论可以很好地解释试验结果。即使在具有压应力的情况下，只要压应力不超过最大拉应力很多，试验结果也和最大拉应力理论符合。

将最大拉应力理论用于构件的强度分析，达到相应的强度条件为

$$\sigma_{r1} = \sigma_1 \leqslant [\sigma] = \frac{R_m}{n} \tag{6-19}$$

式中，σ_1——构件危险点处的最大拉应力；

[σ]——材料单向拉伸时的许用应力。

二、最大拉应变理论——第二强度理论

按照最大拉应变理论，引起材料断裂的主要原因是最大拉应变，即不论材料处于何种应力状态，只要最大拉应变 ε_1 达到材料单向拉伸断裂时的最大拉应变 ε_{1u}，材料即发生断裂。因此材料断裂破坏条件为

$$\varepsilon_1=\varepsilon_{1u} \tag{a}$$

对于灰口铸铁、石材等脆性材料，从开始受力到最后断裂，其变形很小，应力、应变关系基本符合胡克定律，因此三向应力状态下的最大拉应变为

$$\varepsilon_1=\frac{1}{E}[\sigma_1-\mu(\sigma_2+\sigma_3)] \tag{b}$$

而材料在单向拉伸断裂时的最大拉应变为

$$\varepsilon_1=\frac{R_m}{E} \tag{c}$$

将式（b）、（c）代入式（a），得材料断裂破坏条件为

$$\sigma_1 - \mu(\sigma_2 + \sigma_3) = R_m \tag{d}$$

混凝土、砖、石等脆性材料，在压缩时沿纵向截面断裂，可以由最大拉应变理论得到说明。将最大拉应变理论用于构件的强度分析，达到相应的强度条件为

$$\sigma_{r2} = \sigma_1 - \mu(\sigma_2 + \sigma_3) \leqslant [\sigma] = \frac{R_m}{n} \tag{6-20}$$

式中，σ_{r2}——相当应力，它是把主应力的某一综合值和材料单向拉伸许用应力进行比较的相当值。

三、最大剪应力理论——第三强度理论[①]

按照最大剪应力理论，引起材料屈服的主要原因是最大剪应力，即无论材料处于何种应力状态，只要最大剪应力 τ_{max} 达到材料单向拉伸屈服时的最大剪应力 τ_s，材料即发生屈服。因此材料屈服失效条件为

$$\tau_{max}=\tau_s \tag{e}$$

复杂应力状态下的最大剪应力为

$$\tau_{max}=\frac{\sigma_1-\sigma_3}{2} \tag{f}$$

材料单向拉伸屈服时的最大剪应力为

$$\tau_s=\frac{R_{eL}-0}{2} \tag{g}$$

将式（g）、（f）代入式（e），得材料屈服条件为

$$\sigma_1-\sigma_3=R_{eL}$$

相应的强度条件为

$$\sigma_{r3}=\sigma_1-\sigma_3\leqslant[\sigma]=\frac{R_{eL}}{n} \tag{6-21}$$

对于工程中广泛使用的钢材、合金材料等塑性材料，最大剪应力理论与试验结果很接近，在工程中应用广泛。但由于未考虑主应力 σ_2 的影响，强度条件稍微有一点保守。

四、畸变能理论——第四强度理论[②]

弹性体在外力作用下发生变形，荷载作用点位置发生变化，荷载做功。由能量守恒定律可知，荷载所做功将转化为储存在弹性体内的弹性势能，称为应变能。

外力作用下的单元体，其形状和体积一般均发生变化，与此对应，应变能分为形状改变能和体积改变能。研究发现，对材料的强度影响起主导作用的是形状改变能。单位体积内的形状改变能称为畸变能密度，其表达式为（推导从略）

$$v_d=\frac{(1+\mu)}{6E}[(\sigma_1-\sigma_2)^2+(\sigma_2-\sigma_3)^2+(\sigma_3-\sigma_1)^2] \tag{h}$$

按照畸变能理论，引起材料屈服的主要原因是畸变能，即无论材料处于何种应力状态，只要畸变能密度 v_d 达到材料单向拉伸屈服时的畸变能密度 v_{ds}，材料即发生屈服。因此材料屈服失效条件为

$$v_d=v_{ds} \tag{i}$$

材料单向拉伸屈服时的主应力为 $\sigma_1=\sigma_s=R_{eL}$，$\sigma_2=\sigma_3=0$。由式（h）得到

---

① 法国工程师特雷斯卡于 1864 年通过多次挤压实验，提出最大剪应力理论，因此，最大剪应力理论也称为特雷斯卡理论。

② 德国工程师米泽斯于 1913 年提出了一个屈服条件，即后来称为畸变能理论的屈服条件，认为畸变能是引起材料屈服的主要原因，因此畸变能理论也称为米泽斯理论。

$$v_{ds}=\frac{(1+\mu)R_{eL}^2}{3E} \tag{j}$$

将式（h）、（j）代入式（i），得材料屈服条件为

$$\sqrt{\frac{1}{2}[(\sigma_1-\sigma_2)^2+(\sigma_2-\sigma_3)^2+(\sigma_3-\sigma_1)^2]}=R_{eL}^2$$

相应的强度条件为

$$\sigma_{r4}=\sqrt{\frac{1}{2}[(\sigma_1-\sigma_2)^2+(\sigma_2-\sigma_3)^2+(\sigma_3-\sigma_1)^2]}\leqslant[\sigma]=\frac{R_{eL}}{n} \tag{6-22}$$

试验表明，对于钢、铜、铝等常用的塑性材料，畸变能理论比最大剪应力理论更符合试验结果。这两个理论在工程中均得到广泛应用。

上述四个强度理论，是分别针对断裂和屈服两种失效形式建立的，是工程材料常用的强度理论。一般来说，最大拉应力理论和最大拉应变理论适合于脆性材料，而最大剪应力理论和畸变能理论适合于塑性材料。但材料失效形式不仅与材料性质有关，还与其工作应力状态和温度等因素有关。例如，在三向压缩的情况下，灰口铸铁等脆性材料也会产生明显的塑性变形；而在三向拉伸的情况下，钢等塑性材料也会发生脆性断裂。在很低的温度下，钢等塑性材料的失效往往表现为脆性断裂。

【例 6-1】根据第三与第四强度理论，确定单向与纯剪切组合应力状态（图 6-16）的强度条件，并确定塑性材料的剪切许用应力和单向拉伸许用应力的关系。

【解】可以求出该单元体的主应力为

$$\left.\begin{matrix}\sigma_1\\ \sigma_3\end{matrix}\right\}=\frac{1}{2}(\sigma\pm\sqrt{\sigma^2+4\tau^2})$$

根据第三强度理论，由式（6-21），得到

$$\sigma_{r3}=\sqrt{\sigma^2+4\tau^2}\leqslant[\sigma]$$

根据第四强度理论，由式（6-22），得到

$$\sigma_{r4}=\sqrt{\sigma^2+3\tau^2}\leqslant[\sigma]$$

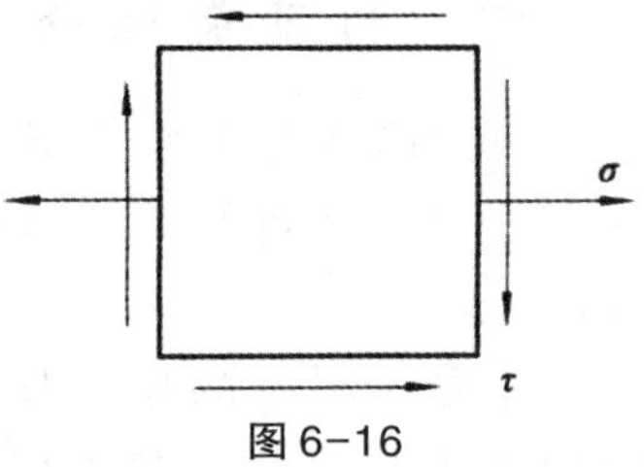

图 6-16

当$\sigma=0$时，如图 6-16 所示的单元体处于纯剪应力状态，则由上述两式得到相应的按第三强度理论和第四强度理论计算的强度条件分别为

$$2\tau\leqslant[\sigma]$$

$$\sqrt{3}\tau\leqslant[\sigma]$$

对应纯剪应力状态下的剪应力强度条件

$$\tau\leqslant[\tau]$$

得到按第三强度理论和第四强度理论计算的许用剪应力和许用拉应力之间的关系为

$$[\tau]=\frac{[\sigma]}{2}$$

$$[\tau]=\frac{[\sigma]}{\sqrt{3}}$$

第九节　小结

杆件变形的基本形式包括轴向拉伸（或压缩）、剪切、扭转和弯曲。

截面内某点的应力是指截面上该点处的内力分布集度。应力的大小反映了该点分布内力的强弱程度。正应力的正负号规定如下：拉应力为正，压应力为负。剪应力的正负号规定如下：绕研究对象顺时针转向为正，反之为负；正应力引起正应变，正应变是变形后长度的改变量与原长的比值，正应变的符号规定为拉应变为正，压应变为负。剪应力引起剪应变，剪应变是微小六面体相邻棱边所夹直角的改变量，剪应变以直角变小为正，增大为负。

在轴向拉压试验中，应力σ和应变ε在一定范围内成正比关系，即$\sigma = E\varepsilon$，称为胡克定律。比例常数E称为弹性模量，与材料有关，可以通过实验来测定。

在一定的纵向应力范围内，横向线应变与纵向线应变之比的绝对值为一常数，此常数称为横向变形系数或泊松比，通常用μ表示为$\mu = \left|\frac{\varepsilon'}{\varepsilon}\right|$。泊松比也是一无量纲数，与弹性模量一样，都是表示材料力学性能的重要常数，由实验来测定。

低碳钢拉伸试验中，应力应变曲线可以分为弹性阶段、屈服阶段、强化阶段和局部变形阶段。弹性阶段应力与应变成比例的最大极限叫比例极限，用σ_p表示；应力超过弹性极限后继续加载，会出现一种现象，即应力增加很少或不增加，应变会很快增加，这种现象叫屈服。屈服极限，又称屈服强度，是衡量材料强度的重要指标；应变强化阶段的最高点所对应的应力为强度极限，又称抗拉强度，它表示材料所能承受的最大应力；在局部变形阶段，应力达到强度极限后，试件局部发生剧烈收缩的现象，称为颈缩。

低碳钢压缩和拉伸时在弹性阶段的应力应变曲线基本一致，压缩屈服点与拉伸时基本相同，进入强化阶段，并不会出现颈缩现象，而是被压成薄块，无法得到此种塑性材料的抗压强度；铸铁压缩时的抗压强度是受拉时的4~5倍，所以铸铁是很好的承压部件。

如果工作应力大于危险应力，结构将丧失其正常工作能力的现象，称为失效。

为了给构件强度以必要的储备，在工作期间留有余地以保证安全，构件工作应力的最大容许值只能是材料极限应力σ^0的若干分之一，此最大容许值称为材料的许用应力，用$[\sigma]$表示。

第一强度理论——最大拉应力理论：引起材料断裂的主要原因是最大拉应力，即无论材料处于何种应力状态，只要最大拉应力σ_1达到材料单向拉伸断裂时的最大拉应力σ_b，材料即发生断裂。相应的强度条件为

$$\sigma_1 \leqslant [\sigma] = \frac{\sigma_b}{n}$$

式中，σ_1——构件危险点处的最大拉应力；

[σ] ——材料单向拉伸时的许用应力。

第二强度理论——最大拉应变理论：引起材料断裂的主要原因是最大拉应变，即不论材料处于何种应力状态，只要最大拉应变ε_1达到材料单向拉伸断裂时的最大拉应变ε_{1u}，材料即发生断裂。相应的强度条件为

$$\sigma_{r2} = \sigma_1 - \mu(\sigma_2 + \sigma_3) \leqslant [\sigma]$$

式中，σ_{r2}——相当应力，它是把主应力的某一综合值和材料单向拉伸许用应力进行比较的相当值。

第三强度理论——最大剪应力理论：引起材料屈服的主要原因是最大剪应力，即无论材料处于何种应力状态，只要最大剪应力τ_{max}达到材料单向拉伸屈服时的最大剪应力τ_s，材料即发生屈服。相应的强度条件为

$$\sigma_{r3} = \sigma_1 - \sigma_3 \leqslant [\sigma]$$

第四强度理论——畸变能理论：引起材料屈服的主要原因是畸变能，即不论材料处于何种应力状态，只要畸变能密度v_d达到材料单向拉伸屈服时的畸变能密度v_{ds}，材料即发生屈服。相应的强度条件为

$$\sigma_{r4} = \sqrt{\frac{1}{2}[(\sigma_1 - \sigma_2)^2 + (\sigma_2 - \sigma_3)^2 + (\sigma_3 - \sigma_1)^2]} \leqslant [\sigma]$$

□ 关键概念

正应力　剪应力　正应变　剪应变　轴向拉伸或压缩　剪切　扭转　弯曲　胡克定律　线应变　弹性模量　泊松比　比例极限　屈服极限　强度极限　失效　危险应力　许用应力

□ 复习思考题

5-1　什么是应力？应力与内力有何区别和联系？

5-2　剪应力与正应力的区别是什么？杆件在什么样的外力作用下会出现剪应力？

5-3　胡克定律有几种表达形式？它的适用范围是什么？

5-4　低碳钢在拉伸过程中表现为几个阶段？有哪几个特征？各代表什么含义？

5-5　写出低碳钢拉伸过程中四个阶段的特点及相应的应力极限。

5-6　简述比例极限σ_p和弹性极限σ_e的异同。

5-7　怎么区别塑性材料与脆性材料？试比较塑性材料和脆性材料的力学性能。

5-8　如何理解材料的极限应力、许用应力？塑性材料和脆性材料的许用应力

如何确定？

5-9　材料的主要强度指标和塑性指标有哪些？

5-10　以什么来区分材料是塑性还是脆性？

5-11　在确定许用应力时，不同材料的极限应力是如何选择的？

第七章

结构构件的强度与刚度问题

□ 学习目标

掌握拉杆强度计算、弯曲正应力计算，采用应力圆进行平面应力状态分析，以及拉杆的变形计算；了解杆件在组合变形下的强度计算、梁的变形计算。

第一节　拉（压）杆的强度计算

一、拉（压）杆的应力计算

（一）横截面上的应力

利用截面法可以确定杆件的轴力。但只知道轴力，还不足以弄清楚杆件的破坏情况。举个简单例子，材料相同，横截面面积不同的铁丝和铁杆，在相同的拉力作用下，杆件的内力相同，但抵抗被拉断的能力是不同的。同样，阶梯形直杆，受力如图7-1（a）所示，其轴力分布如图7-1（b）所示。可以看出：两段轴力相同，荷载F_p逐步增大时，BC段先发生破坏。因为AB段比BC段粗，即BC段单位截面面积上的内力比AB段大。

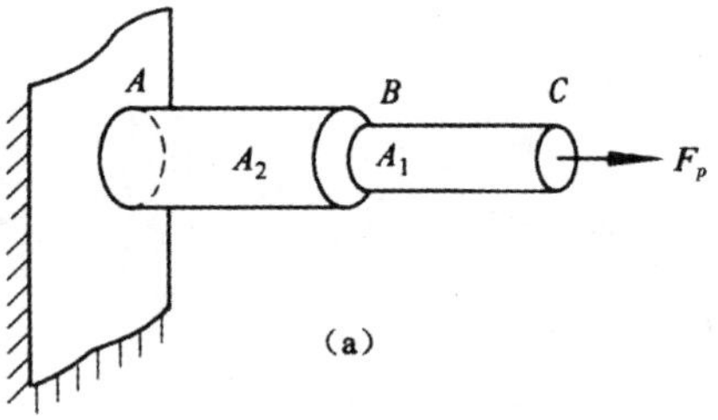

（a）

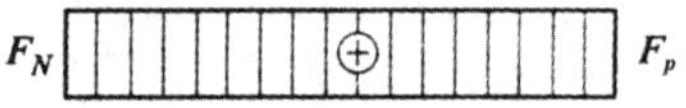

（b）

图7-1

因此必须用横截面上的应力来度量杆件的受力程度。关于应力的分布问题，须先研究杆件变形，以确定杆件横截面上的应力分布规律。

取一等截面直杆，其横截面面积为A，两端受外力F_p作用，如图7-2所示。变形前形状以实线表示，变形后形状以虚线表示。从观察可知，作用拉力后，杆件伸长，横截面 ab, cd 变形后相应平移到 $a'b'$，$c'd'$。而且，变形之前横截面为平面，变形之后仍保持为平面，并且仍垂直于杆轴线。

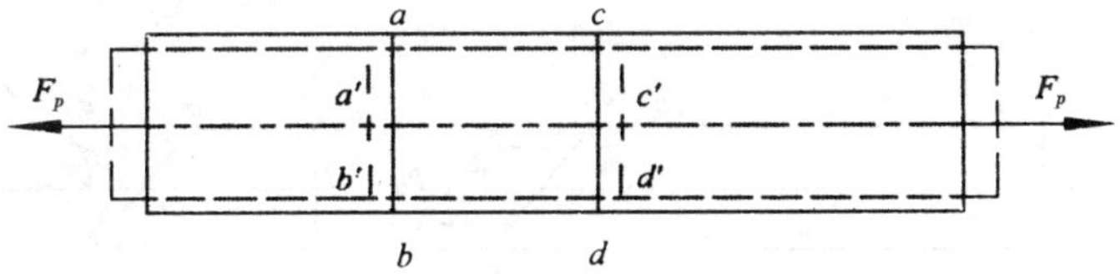

图 7-2

根据观察到的现象进行推断，可作下列假设：

在杆件中的原为平面的横截面在拉伸（压缩）变形后仍保持为平面。这一假设称为“平面截面假设”。进一步设想此段杆件由无数纵向纤维所组成，则由前面假设可以推断此段杆内各纤维伸长相同；又因为材料均匀，由此可推知横截面上各点正应力 σ 也相同，即等于常量。如图 7-3 所示。

而且，在整个横截面上的轴力为正应力 σ 的合成。

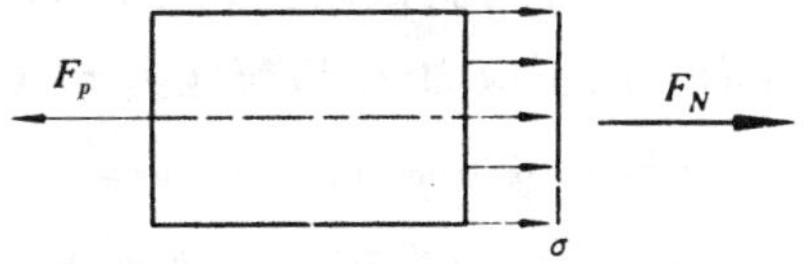

图 7-3

因此有

$$F_N = \int_A \sigma \mathrm{d}A = \sigma \int_A \mathrm{d}A = \sigma A \qquad (7\text{-}1)$$

则

$$\sigma = \frac{F_N}{A} \qquad (7\text{-}2)$$

此式为拉（压）杆横截面上的正应力公式，在光弹试验中可以得到证实。正应力 σ 的正负号规定拉应力为正，压应力为负。

当杆件受到几个轴向外力作用时，由截面法可求得沿轴线分布的轴力，进而可以得到杆内最大正应力为

$$\sigma_{\max} = \left(\frac{F_{Ni}}{A_i}\right)_{\max} \qquad (7\text{-}3)$$

式中，F_{Ni} 和 A_i 为不同段内的轴力和面积，最大应力所在的截面为危险截面。

（二）斜截面上的应力

拉（压）杆件有时沿斜截面发生破坏，因此，需要研究拉（压）杆件斜截面上的应力分布情况。一等直杆（图 7-4（a）），受轴向拉力 F_p 作用，横截面面积为 A，取相互平行的两个斜截面 m'-m' 和 m-m 的法线 n 与 x 轴夹角为 α。通过观察可以看出，它们之间部分沿 x 方向的伸长变形相同，所以斜截面上应力是均匀分布的。

设斜截面 m-m 上的应力为 p_α（图 7-4（b）），根据平衡条件，有

$$\int_{A_\alpha} p_\alpha \mathrm{d}A_\alpha = F_p \qquad (7\text{-}4)$$

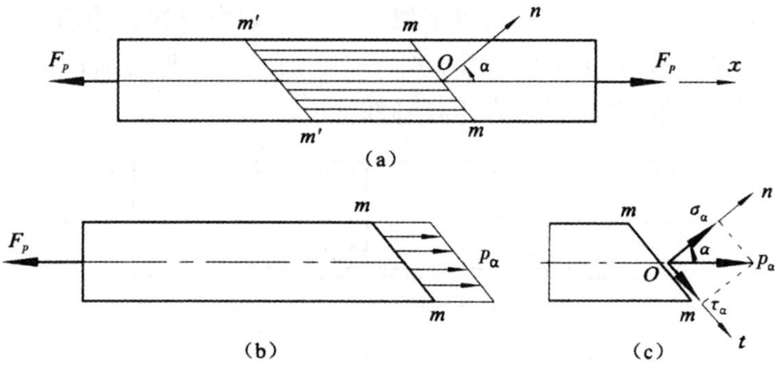

图 7-4

根据上式积分，可以得到

$$p_\alpha = \frac{F_P}{A_\alpha}=\frac{F_P}{A/\cos\alpha}=\frac{F_P}{A}\cos\alpha = \sigma\cos\alpha \tag{7-5}$$

式中，σ——横截面上的正应力。

p_α称为斜截面上的全应力，将其沿斜截面的法线方向和切线方向分解得到斜截面上的正应力σ_α和剪应力τ_α（图 7-4（c））。

$$\sigma_\alpha=p_\alpha\cos\alpha=\sigma\cos^2\alpha\,,\tau_\alpha=p_\alpha\sin\alpha=\frac{1}{2}\sigma\sin 2\alpha \tag{7-6}$$

由式（7-6）可以得到如下结论：

$\alpha = 0,\sigma_\alpha = \sigma_{\max} = \sigma,\tau_\alpha = 0$，在横截面上正应力最大，剪应力等于 0；

$\alpha = \pm 45°,\sigma_\alpha = \sigma/2,\tau_\alpha = \pm\sigma/2$，在此斜截面上剪应力达到其最大值；

$\alpha = 90°,\sigma_\alpha = \tau_\alpha = 0$，平行于轴线的纵截面上无应力。

二、拉（压）杆的变形计算

当杆件受到轴向载荷时，其轴向与横向尺寸均会变化到图 7-5 中的虚线位置。其沿轴线方向的变形称为纵向变形，垂直于轴线方向的变形称为横向变形。

利用胡克定律，可以得出轴向拉压杆件的纵向变形 Δl 与轴力 F_N 的关系。由式（7-2）、$\varepsilon = \dfrac{\Delta l}{l}$ 和 $\sigma = E\varepsilon$ 有

$$\sigma=\frac{F_N}{A}=E\frac{\Delta l}{l} \tag{7-7}$$

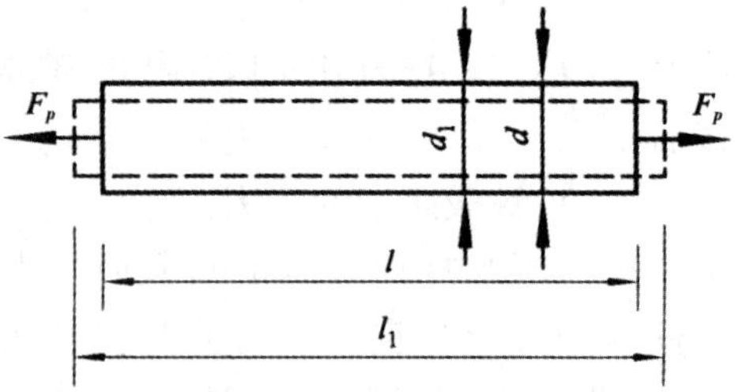

图 7-5

整理得

$$\Delta l = \frac{F_N l}{EA} \tag{7-8}$$

上述关系称为轴向拉（压）杆的胡克定律，EA 称为杆件的抗拉（压）刚度。其适用范围为同材料的等截面杆件，如果是变截面杆件，应该分段计算其变形再进行叠加，即

$$\Delta l=\sum\frac{F_{Ni}l_i}{E_iA_i} \tag{7-9}$$

式中，下标i表示不同部分的各变量值。

通过式（7-8）可以看出，在相同的轴力作用下，抗拉（压）刚度越大，杆件的纵向变形越小；同时杆件的变形与轴力具有相同的符号。

【例 7-1】阶梯杆如图 7-6 所示，已知AB段横截面积A_1=2cm^2，BD段横截面积A_2=4cm^2，F_{P1}=5kN，F_{P2}=10kN，F_{P3}=5kN。求AD杆的变形。（材料的弹性模量E=120GPa）

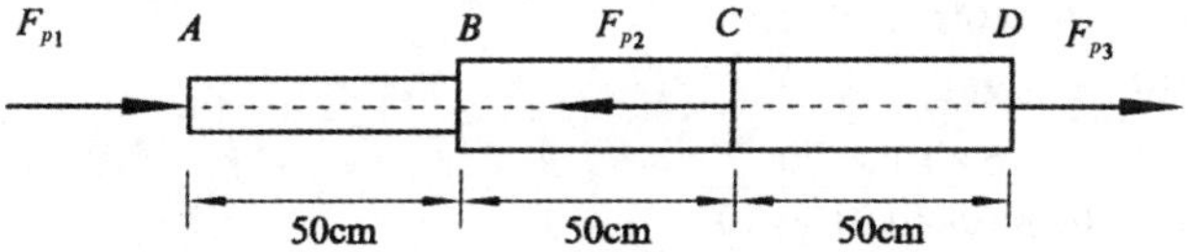

图 7-6

【解】首先分别求得AB,BC,CD三段的轴力F_{N1},F_{N2},F_{N3}为

$F_{N1}=-5\text{kN},F_{N2}=-5\text{kN},F_{N3}=5\text{kN}$

由公式（7-8）有

$$\Delta l_{AB}=\frac{F_{N1}l_1}{EA_1}=\frac{-5\times10^3\times0.5}{120\times10^9\times2\times10^{-4}}=-1.042\times10^{-4}\text{m}$$

$$\Delta l_{BC}=\frac{F_{N2}l_2}{EA_2}=\frac{-5\times10^3\times0.5}{120\times10^9\times4\times10^{-4}}=-0.521\times10^{-4}\text{m}$$

$$\Delta l_{CD}=\frac{F_{N3}l_3}{EA_2}=\frac{5\times10^3\times0.5}{120\times10^9\times4\times10^{-4}}=0.521\times10^{-4}\text{m}$$

所以

$$\Delta l_{AD}=\Delta l_{AB}+\Delta l_{BC}+\Delta l_{CD}=-1.042\times10^{-4}\text{m}$$

Δl_{AD}为负，说明此阶梯杆总体缩短。

【例 7-2】如图 7-7（a）所示为杆系结构，已知BC,BD杆为圆截面，长度分别为l_1=1.2m，l_2=2m；直径分别为d_1=20mm，d_2=36mm；弹性模量E=200GPa。α=arctan（4/3），F_p=60kN。求B点的位移。

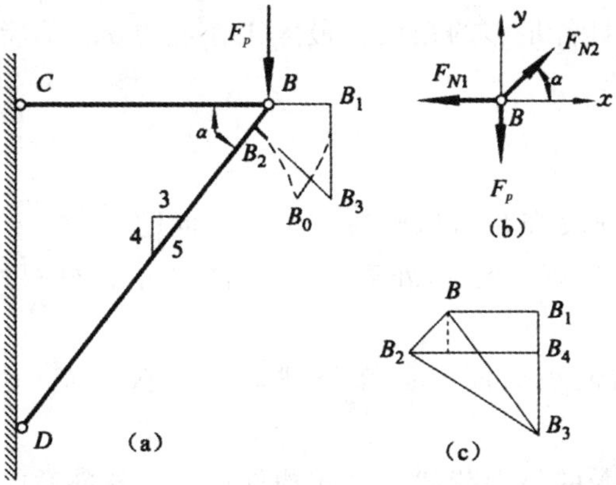

图 7-7

【解】首先，计算 BC, BD 杆轴力 F_{N1}, F_{N2}。取 B 节点，如图 7-7（b）所示，有

$$\cos\alpha F_{N2}=F_{N1},\ \sin\alpha F_{N2}=F_p$$

得到

$$F_{N1}=45\text{kN}(\text{拉}),\ F_{N2}=75\text{kN}(\text{压})$$

由图 7-7（b）可知，BC 受拉，BD 受压，在计算变形时应当注意正负号。

其次，计算 BC,BD 杆变形，根据胡克定律有

$$BB_1=\Delta l_1=\frac{F_{N1}l_1}{EA_1}=\frac{45\times10^3\times1.2}{200\times10^9\times314\times10^{-6}}$$

$$=0.860\times10^{-3}\text{m}(+)$$

$$BB_2=\Delta l_2=\frac{F_{N2}l_2}{EA_2}=\frac{75\times10^3\times2.0}{200\times10^9\times1017\times10^{-6}}$$

$$=0.737\times10^{-3}\text{m}(-)$$

最后，计算 B 点位移，理论上说，B 点最后位置的确定方法为：以 C 为圆心，CB_1 为半径作圆，以 D 为圆心，DB_2 为半径作圆，两圆弧的交点 B_0，即为 B 点最后位置。显然，用此方法计算非常麻烦。因为是小变形，可以用切线代替圆弧。所以用分别垂直于 BC 和 BD 的直线线段 B_1B_3 和 B_2B_3 来代替（图 7-7（a））。

由局部放大变形图 7-7（c），可以得到：

$$\Delta x_B=BB_1=\Delta l_1=0.86\text{mm}$$

$$\Delta y_B=B_1B_4+B_4B_3$$

$$=\Delta l_2\sin\alpha+(\Delta l_1+\Delta l_2\cos\alpha)\cot\alpha$$

$$=0.737\times\frac{4}{5}+(0.86+0.737\times\frac{3}{5})\times\frac{3}{4}$$

$$=1.57\text{mm}$$

所以，B 点位移的大小为：

$$BB_3=\sqrt{(\Delta x_B)^2+(\Delta y_B)^2}=1.79\text{mm}$$

三、拉（压）杆的强度计算

为了保证拉压杆具备足够的强度，最大工作应力 σ_{max} 不能超过材料的许用应力 $[\sigma]$，即其强度条件为

$$\sigma_{max}=\left(\frac{F_N}{A}\right)_{max}\leqslant[\sigma] \tag{7-10}$$

利用式（7-10）强度条件可以解决三类工程问题：

（1）校核构件的强度。已知外载荷、构件尺寸、材料性能，要求校核构件的强度。

（2）设计构件的最小截面。已知外载荷、材料性能，设计构件的尺寸，即 $A\geqslant F_N/[\sigma]$。

（3）确定构件承受的最大荷载。已知构件尺寸、材料性能，确定构件能承受的最大载荷，即 $F_N\leqslant[\sigma]A$。

【例 7-3】三角架受力如图 7-8（a）所示，AB 由两个 8 号等边角钢（d=7mm）组成，AC 由两个 10 号槽钢组成。材料的［σ］=120MPa，F_p=120kN。校核结构的强度。

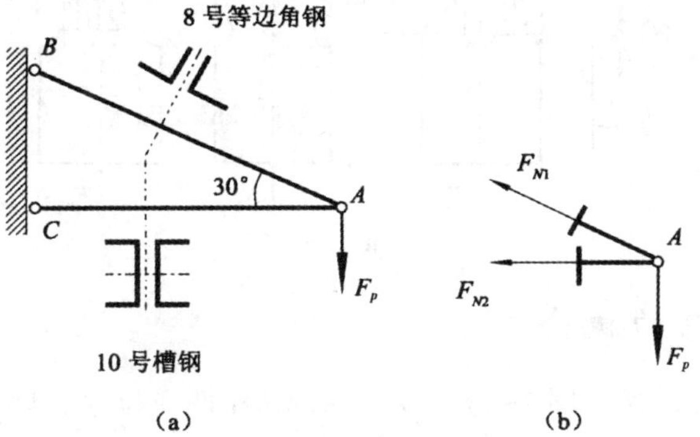

图 7-8

【解】受力分析取研究对象见图 7-8（b）。由 $\sum F_y=0$，有

$$F_{N1}=\frac{F_p}{\sin 30°}=2F_p=240\text{kN}(\text{拉})$$

由 $\sum F_x=0$，有

$$F_{N2}=F_{N1}\cos 30°=208\text{kN}(\text{压})$$

由附录Ⅱ第一节、第四节查表，有

AB 杆的横截面面积 $A_1=2\times10.86\text{cm}^2=21.72\times10^{-4}\text{m}^2$；$AC$ 杆的横截面面积 $A_2=2\times12.74\text{cm}^2=25.48\times10^{-4}\text{m}^2$。

计算两杆的应力

$$\sigma_{AB}=\frac{F_{N1}}{A_1}=\frac{240\times10^3}{21.72\times10^{-4}}=110\text{MPa}$$

$$\sigma_{AC}=\frac{F_{N2}}{A_2}=\frac{208\times10^3}{25.48\times10^{-4}}=81.6\text{MPa}$$

由于 $\sigma_{AB}<[\sigma]$，$\sigma_{AC}<[\sigma]$，所以结构安全。

四、应力集中概念

实际工程构件中，有些零件常存在切口、切槽、油孔、螺纹等，致使这些部位上的截面尺寸突然发生变化。如图 7-9 所示开有圆孔和带有切口的板条，当其受轴向拉伸时，在圆孔和切口附近的局部区域内，应力的数值剧烈增加，而在离开这一区域稍远的地方，应力迅速降低而趋于均匀。这种现象称为应力集中。

令 σ_0 为杆件削弱了的截面上的平均应力值，截面上局部最大应力 σ_{max} 与平均应力 σ_0 之比称为应力集中系数，它反映了应力集中的程度，以 K 表示，即

$$K=\frac{\sigma_{max}}{\sigma_0} \tag{7-11}$$

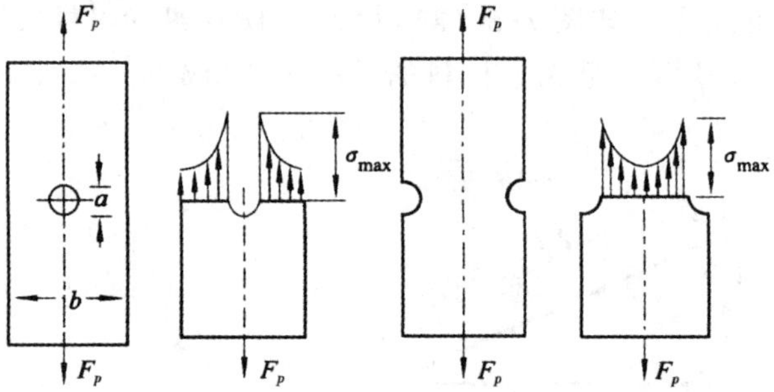

图 7-9

五、应变能的概念

在弹性范围内，当如图 7-10（a）所示 AB 杆件受拉时，随着外力从零逐渐增加至 F_p 值，杆件的变形也由零随之增加到 Δl。杆件由于弹性变形而积聚在杆内的能量，称为弹性应变能，简称应变能 U。杆件的这个能量将随着外力的逐渐撤除而逐渐释放，在释放应变能的过程中，杆件可对其他物体做功。

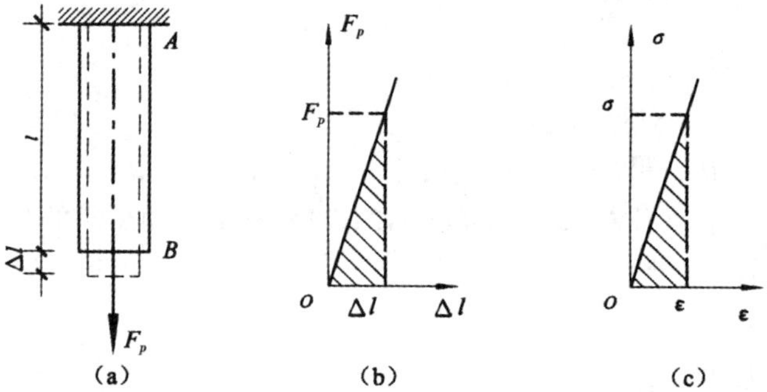

图 7-10

忽略能量的损耗，根据能量守恒原理，外力对杆件所做的功 W 在数值上等于积蓄在杆件内的应变能 U：

$$W = U \tag{7-12}$$

拉杆在线弹性范围内，F_p 力与变形 Δl 呈线性关系，故 F_p 力对 AB 杆所做的功等于 F_p 与 F_p 力作用点的位移 Δl 乘积的一半，即图 7-10（b）中 F_p-Δl 关系图线下的阴影面积：

$$W = \frac{1}{2}F_p\Delta l$$

由式（7-12）得积蓄在杆内的应变能

$$U = \frac{1}{2}F_p\Delta l$$

也可以用拉杆内的轴力 F_N 表示上式

$$U = \frac{1}{2}F_N\Delta l \tag{7-13}$$

利用式（7-8）关系代入上式，得

$$U = \frac{F_N^2 l}{2EA} \tag{7-14}$$

这是杆内积蓄的总的应变能，应变能的国际单位制为焦耳，用 J 表示，1J=1Nm。

杆件单位体积内积蓄的应变能称比能，用 u 表示：

$$u = \frac{U}{V} = \frac{\frac{1}{2}F_N\Delta l}{Al} = \frac{1}{2}\sigma\varepsilon$$

比能的国际单位为 J/m^3。拉杆比能的值，可用该杆材料在线弹性范围 σ-ε 曲线（图 7-10（c））关系图线下的面积计算。

以上应变能、比能的公式同样适用于压杆，但应注意这些公式只限于杆件材料处于线弹性范围内。

六、拉（压）杆连接部分的强度计算

工程实践中构件之间的连接，如螺栓卯连接、铆钉连接、榫卯连接、键连接等（见图 7-11），这些连接构件在受力时以剪切为主，同时受有挤压作用。下面介绍连接构件的剪切与挤压实用计算方法。

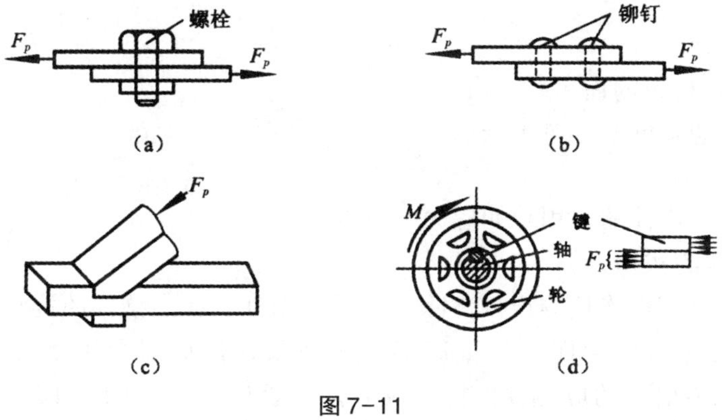

图 7-11

（一）剪切的实用计算

连接件受剪切时的内力仍用截面法。现举例说明，如图 7-12（a）所示，A,B 两板由铆钉 CD 连接，CD 受力如图 7-12（b）所示。

铆钉的剪切面上内力 F_S 可以通过将其沿剪切面切开来计算（图 7-12（c））。取铆钉下半部分，根据平衡条件可知，$F_S = F_p$。力 F_S 与剪切面平行，称为剪力。

与直杆受拉伸时计算截面上的应力类似，求得剪力后要进一步确定剪切面上的应力分布情况，由于受剪为主的连接件一般不是细长杆件，其变形及受力情况比较复杂，难以化成简单的计算模型，因此根据工程实践上的经验，采用近似的实用方

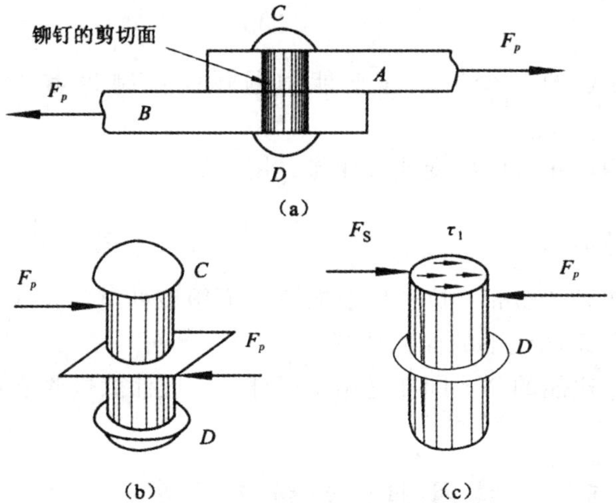

图 7-12

法或采用被称为“假定计算”方法，假设受剪面上各点处的剪应力相等，即剪应力在截面上作均匀分布考虑，按此假定算出的应力称为“名义剪应力”，它实质上是剪切面上的平均剪应力值，即

$$\tau=\frac{F_S}{A} \tag{7-15}$$

式中，A——剪切面的面积。

因此，剪切强度条件可表示为

$$\tau \leqslant [\tau] \tag{7-16}$$

式中，$[\tau]$ ——构件的许用剪切应力。

（二）挤压的实用计算

螺栓、铆钉、键连接等连接件除了承受剪切外，在连接件的接触面上必相互相压紧，在承受压力的侧面上发生局部受压现象，该局部受压处的压缩力称为挤压力，由挤压力引起的应力称为挤压应力，一般写成σ_{bs}。图 7-13 中，当板上的铆钉承受挤压应力过大，将会因挤压而破坏。因此，对连接件还应作必要的挤压强度校核。

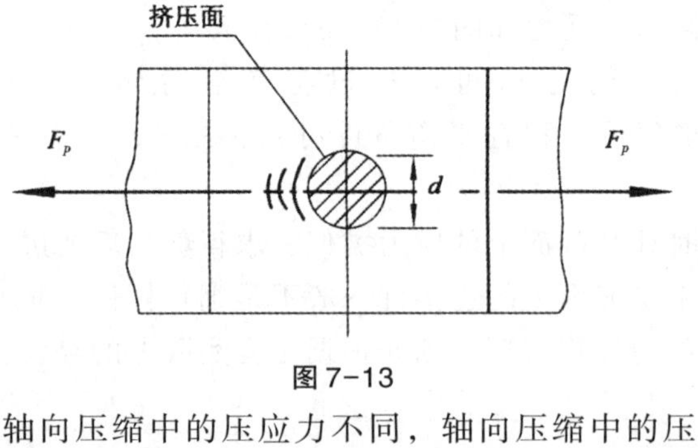

图 7-13

挤压应力σ_{bs}与轴向压缩中的压应力不同，轴向压缩中的压应力遍及整个受压杆的内部，故在横截面上压应力是均匀分布的。而挤压应力只限于接触面的附近区

域，且挤压应力在接触面上的分布比较复杂。对图7-14中问题的受力进行有限元分析，其应力分布如图7-14（a）、（b）所示。

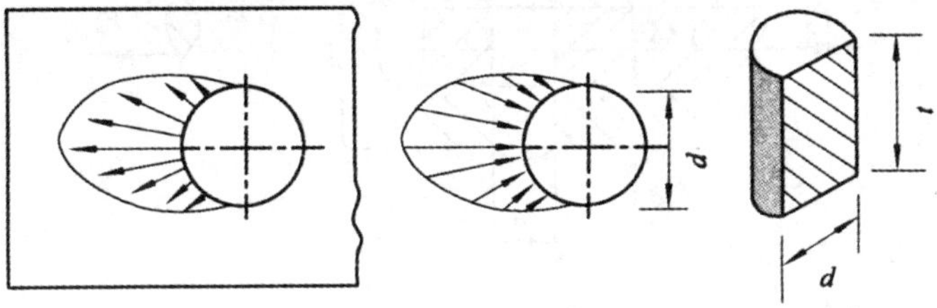

（a）　（b）　（c）

图7-14

与剪切实用计算一样，对挤压也采用实用计算方法。假定挤压应力在受挤面上是均匀分布的，如以 F_p 表示挤压面上的作用力，且 A_{bs} 是受挤面的面积，则挤压应力的计算公式为

$$\sigma_{bs}=\frac{F_p}{A_{bs}} \tag{7-17}$$

因此，挤压强度条件可表示为

$$\sigma_{bs}\leqslant[\sigma_{bs}] \tag{7-18}$$

式中，$[\sigma_{bs}]$ ——构件的许用挤压应力。

关于受挤面面积 A_{bs} 的计算，要根据接触面的情况而定。如键连接中，其接触面是平面，就以相互接触的面积作为受挤面积。又如螺栓、销钉、铆钉等和被它们所连接的零件，其接触面是圆柱面，在接触面上，板与钉孔之间挤压应力的分布如图7-14（a）、（b）所示，对称于圆轴，最大应力发生在圆柱形接触面的中点处。若以挤压力 F_p 除以铆钉的直径平面面积（图7-14（c）中阴影部分的面积）$A_{bs}=dt$ 得到的挤压应力 σ_{bs} 与接触面上的实际最大应力大致相等。所以，工程计算中，对于圆柱型接触面，一般假设挤压应力是均匀作用在挤压面的正投影面上，由此求出的 σ_{bs} 称为名义挤压应力。

【例7-4】连接件如图7-15（a）所示，d=20mm，δ=8mm，F_p=15kN，$[\tau]$=30MPa，$[\sigma_{bs}]$=80MPa。试校核剪切和挤压强度。

【解】插销受双剪，如图7-15（b）所示。每一个剪切面的剪力为：

$$F_S=\frac{F_p}{2}=\frac{15}{2}=7.5\text{kN}$$

所以

$$\tau=\frac{F_S}{A}=\frac{7.5\times10^3}{\frac{\pi}{4}d^2}=\frac{7.5\times10^3}{\frac{\pi}{4}(20\times10^{-3})^2}$$

$$=25\text{MPa}\leqslant[\tau]$$

剪切强度符合要求。

如图7-15（c）所示，对于挤压应力的计算，应该分为三段，即插销上下两段挤压力为 $F_p/2$，插销中部挤压力为 F_p。它们挤压面积分别为

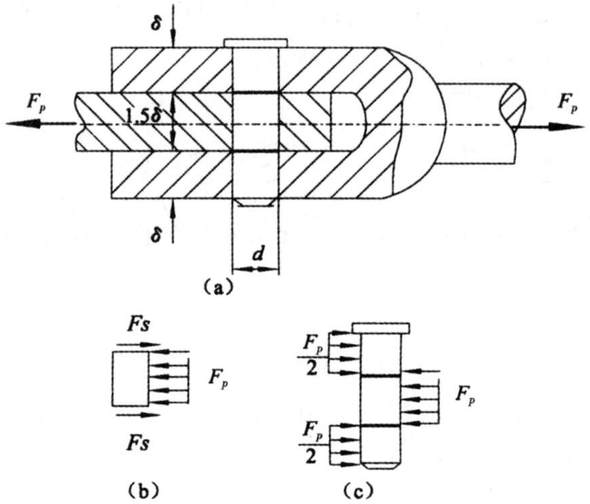

图 7-15

$A_{bs1}=d\times\delta=20\times8\times10^{-6}\text{m}^2=160\times10^{-6}\text{m}^2$

和

$A_{bs2}=d\times1.5\times\delta=20\times1.5\times8\times10^{-6}\text{m}^2=240\times10^{-6}\text{m}^2$

所示，它们的挤压应力分别为

$$\sigma_{bs1}=\frac{F_p/2}{A_{bs1}}=\frac{15\times10^3}{160\times10^{-6}}$$

$$=46.875\text{MPa}<[\sigma_{bs}]$$

$$\sigma_{bs2}=\frac{F_p}{A_{bs2}}=\frac{15\times10^3}{240\times10^{-6}}$$

$$=62.5\text{MPa}<[\sigma_{bs}]$$

挤压强度符合要求。

第二节　扭转

一、外力偶矩与内力扭矩

研究圆轴扭转的强度、刚度问题，首先要对圆轴进行受力分析，对于传动轴，通常给出它的转速和所传递的功率，根据功率和转速可换算出作用在轴上的转动力矩。

由动力学知，单位时间内所做的功称为功率 P，它等于转动力矩 M_e 和角速度 ω 的乘积

$$P=M_e\omega=\frac{2\pi n}{60}M_e \tag{7-19}$$

式中，n——传动轴每分钟转动的圈数。

如果同时将上式中P的单位换成kW，则传动力矩为

$$M_e = \frac{9549 \times P}{n} \tag{7-20}$$

当作用在轴上的外力矩求得后，可运用截面法计算轴某一横截面上的内力偶矩——扭矩。现以如图7-16（a）所示的两段受力偶矩的圆轴为例，如以截面m-m将圆轴截分为两部分，并取左边部分作为研究对象，如图7-16（b）所示。由于轴是整体平衡的，所以此部分也处于平衡状态下，由左边部分的平衡条件$\sum M_x = 0$，得

$$M_e - T = 0, M_e = T \tag{7-21}$$

扭矩T是图中左右两部在m-m截面上相互作用的分布内力系的合力偶矩，扭矩的矢量垂直于横截面m-m（或沿x轴向）。如取右边部分作研究对象，如图7-16（c）所示，可得相同结果，但其转向与以左边部分为研究对象时求出的扭矩相反。为了使无论用左边部分或右边部分求出的截面上的扭矩非但数值相等，而且符号也相同，故把扭矩T的符号规定如下：

按右手螺旋法则把T表示为矢量，当矢量方向与截面的外法线方向一致时，扭矩T为正，反之为负。

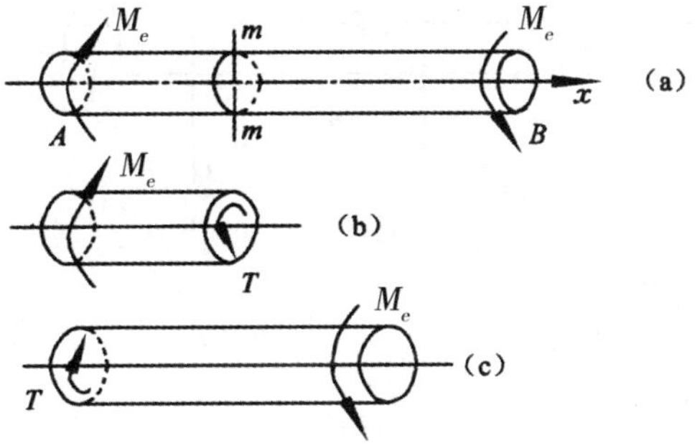

图7-16

若作用在轴上的力偶矩有多个时，与在轴向拉压问题中的作轴力图一样，用图线表示出轴在各截面上的扭矩变化规律，以横轴表示横截面的位置（x），纵轴表示相应截面上的扭矩（T），这种图线称为扭矩图。

下面通过例题说明如何作扭矩图。

【例7-5】已知圆轴$BCAD$上受扭如图7-17（a）所示，且外力偶矩M_{eB}=350Nm，M_{eC}=350Nm，M_{eA}=1 146Nm，M_{eD}=446Nm。作轴的扭矩图。

【解】先进行受力分析，由于圆轴中间有两个外力偶矩作用，因此须将轴分为三段来分别计算其中的钮矩。

具体计算如下：

BC段：利用截面1-1将轴截开，得到分离体如图7-17（b）所示。由平衡方程有

$$\sum M_x = 0, T_1 + M_{eB} = 0$$

整理得

$T_1=-M_{eB}$=-350Nm

CA段：利用截面2-2将轴截开，得到分离体如图7-17（c）所示。由平衡方程有

$\sum M_x=0, T_2+M_{eB}+M_{eC}=0$

整理得

$T_2=-M_{eB}-M_{eC}$=-700Nm

AD段：利用截面3-3将轴截开，得到分离体如图7-17（d）所示。由平衡方程有

$\sum M_x=0, T_3+M_{eB}+M_{eC}+M_{eA}=0$

整理得

$T_3=-M_{eB}-M_{eC}-M_{eA}$ =446Nm

如果求出的扭矩为负，说明实际扭矩与假设方向相反。根据不同部分求出的扭矩，最后作出扭矩图7-17（e）。

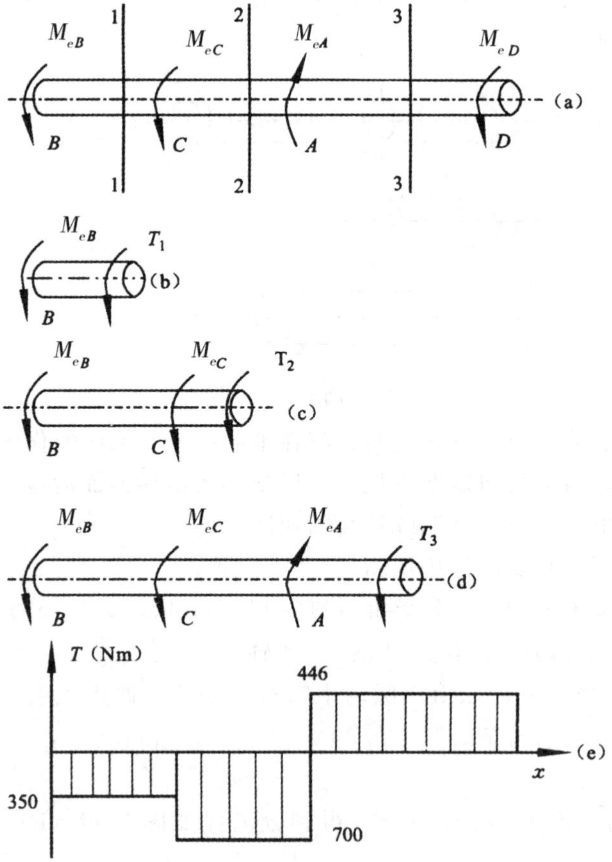

图7-17

二、剪应力互等定律

各点处于纯剪切状态的实际构件是很少见的，为了研究纯剪切的变形规律与材料在剪切下的力学性质，通常采用一薄壁圆筒的纯扭转近似地作为纯剪切来进行研究。

取薄壁圆筒的平均半径为r，厚度为t，长l，如图7-18（a）所示。若在薄壁圆筒的外表面画上一系列互相平行的纵向直线和横向圆周线，将其分成一个个小方格，其中代表性的一个小方格如图7-18（a）所示。这时使筒在外力偶M_e作用下扭转，扭转后相邻圆周线绕轴线相对转过一微小转角γ，纵线均倾斜一微小倾角从而使方格变成菱形（图7-18（b））。在图7-18（b）中的阴影部分取出一个小单元体，如图7-18（c）所示，根据剪应变的定义，图中转角γ其实就是圆筒中的剪应变。

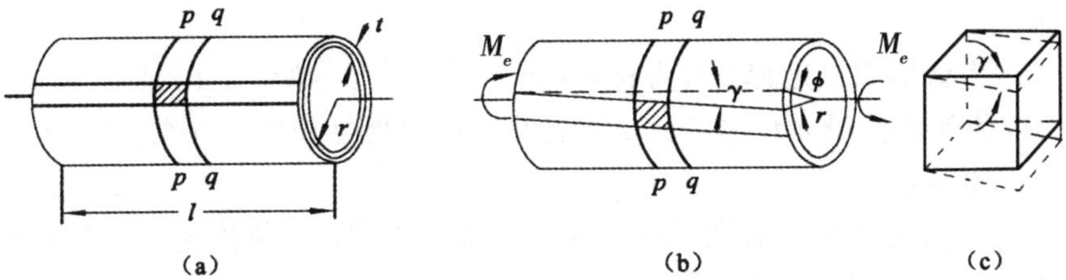

图7-18

同时，圆筒沿轴线及周线的长度都没有变化。这表明，当薄壁圆筒扭转时，其横截面和包含轴线的纵向截面上都没有正应力，横截面上只有切于截面的剪应力，因为筒壁的厚度很小，可以认为沿筒壁厚度剪应力不变，又根据圆截面的轴对称性，横截面上的剪应力沿圆环处处相等。由截面法，沿q-q截面切开，得到图7-19（a），根据平衡方程，有

$$M_e = \int_A r\tau \mathrm{d}A = 2\pi r^2 t\tau \tag{7-22}$$

得到

$$\tau = \frac{M_e}{2\pi r^2 t} \tag{7-23}$$

上式为薄壁圆筒扭转产生的剪应力的计算公式。

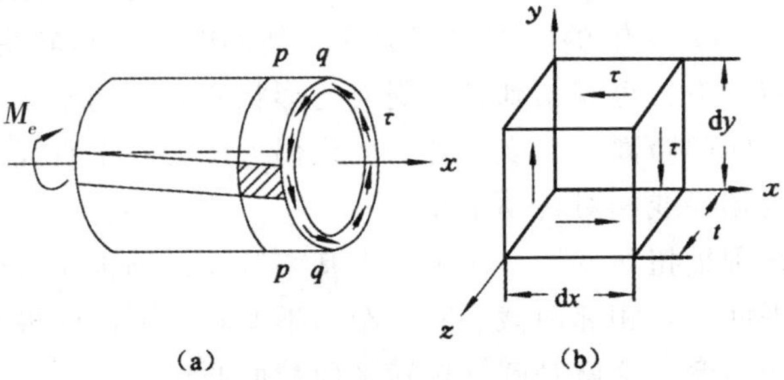

图7-19

如果从薄壁圆筒上取出的相应于图7-19（a）上小方块的单元体（如图7-19（b）所示），它的厚度为壁厚t，宽度和高度分别为dx、dy。当薄壁圆筒受扭时，此单元体分别相应于p-p，q-q圆周面的左右侧面上有剪应力，因此在这两个侧面上有剪力，而且这两个侧面上剪力大小相等而方向相反，形成一个力偶，其力偶矩为$\tau t\mathrm{d}y\mathrm{d}x$。为了平衡这一力偶，上下水平面上也必须有一对剪应力τ'作用。对整个单元体，必须满足平衡条件，即$\sum M_z=0$，有

$$\tau t\mathrm{d}y\mathrm{d}x=\tau' t\mathrm{d}x\mathrm{d}y \tag{7-24}$$

得到

$$\tau=\tau' \tag{7-25}$$

上式表明，在一对相互垂直的微面上，与棱线正交的剪应力应大小相等，方向共同指向或背离两个截面的交线，这就是剪应力互等定理。

薄圆筒扭转试验表明，在一定范围内，剪应变与剪应力成正比，即

$$\tau=G\gamma \tag{7-26}$$

上式称为剪切胡克定律。G为材料剪切弹性模量，单位是Pa或GPa。剪切弹性模量G、拉伸弹性模量E及泊松比μ是表明材料弹性性质的三个常数，这三个常数都可以由试验确定。

对于各向同性材料，剪切弹性模量G、弹性模量E和泊松比μ三个常数之间存在如下关系

$$G=\frac{E}{2(1+\mu)} \tag{7-27}$$

由上式可见，材料弹性性质的基本参数只有两个是独立的，已知其中任意两个，就可以利用式（7-27）求得第三个。这个关系已由试验得到证实。提醒注意，式（7-27）的关系只能适用于各向同性材料，对于各向异性材料，式（7-27）不再适用。

三、等直圆杆扭转时的应力与变形

对于实心圆轴在分析探讨横截面上的剪应力分布规律时，需要从变形几何关系、物理关系和静力平衡条件三个方面来考虑。

（1）变形几何关系：观察半径为R的圆轴扭转时的变形，先在轴表面上画一组圆周线和纵向线，然后在轴的两端作用力偶矩使圆轴产生扭转变形，如图7-20所示。在小变形的前提下，可观察到各圆周线的形状和大小均不变，仅绕轴线作相对转动，两圆周线之间的距离也不变。各纵向线仍近似为一条直线，只是倾斜了一个微小角度，左右两端径线相对转动了ϕ。

为了便于分析圆轴扭转变形，作出如下基本假设：圆轴扭转变形前的横截面在变形后仍保持为平面，且相邻两截面间的距离不变。变形前的横截面变形后仍为平面，且形状、大小不变。这就是圆轴扭转平面截面假设。

根据圆轴扭转的平面截面假设，圆轴发生扭转变形时，各横截面如同刚性圆片

绕轴线作了相对转动。

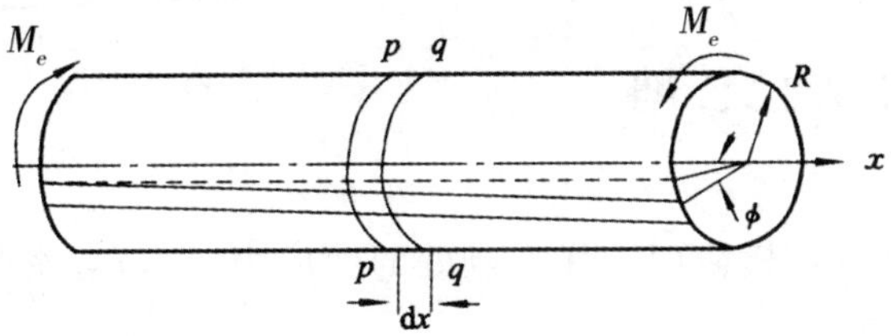

图 7-20

以圆轴扭转平面截面假设为基础推导出的圆轴扭转时应力和变形计算公式，与试验结果相符，经工程实践验证，这一假设对于圆轴扭转是合理的。

用相邻的两横截面 p-p，q-q 从图 7-20 的圆轴中截取长为 dx 的微段（图 7-21（a））。根据圆轴扭转平面截面假设，截面 q-q 相对于截面 p-p 如同刚性圆片一样绕轴线转动了一个角度 dφ，称为扭转角，扭转角的单位是弧度。

圆轴表面上的矩形 $abcd$ 变成菱形 $a'b'cd$，原来为直角的 adc 变成了角 $a'dc$，其改变为 $\gamma(R)$，即为扭转时圆轴表明的剪应变。aa' 的长度很明显为 $R\mathrm{d}\varphi$（图 7-21（a））。

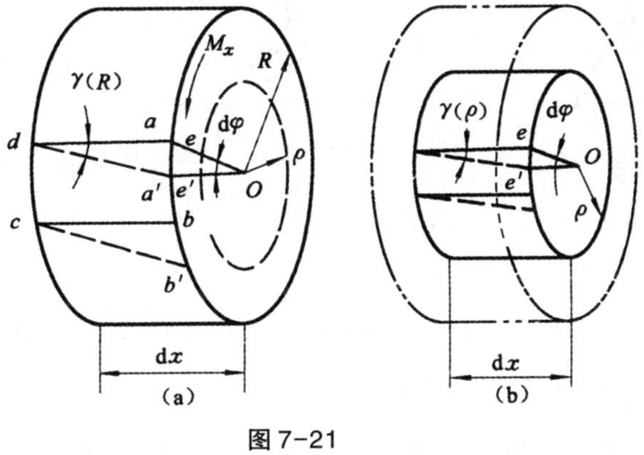

图 7-21

由于是小变形，$\gamma(R)$ 大小为

$$\gamma(R)=R\frac{\mathrm{d}\varphi}{\mathrm{d}x} \tag{7-28}$$

同样，在圆轴内部（图 7-21（b）），半径为 ρ 的圆柱面上的剪应变 $\gamma(\rho)$ 为

$$\gamma(\rho)=\rho\frac{\mathrm{d}\varphi}{\mathrm{d}x} \tag{7-29}$$

上式中的 $\mathrm{d}\varphi/\mathrm{d}x$ 为扭转角沿轴长的变化率，称为单拉扭转角。在同一截面上 $\mathrm{d}\varphi/\mathrm{d}x$ 是一个常量，因同一截面上的各点绕轴线转过同一角度，故（7-29）式表明：横截面上任意点的剪应变 $\gamma(\rho)$ 与该点至圆心的距离 ρ 成正比。因此距圆心等距离的所有点上的剪应变均相等。

（2）物理关系：当圆杆材料处于弹性范围内，由扭转试验可得，圆杆横截面上距圆心为 ρ 的任意点处的剪应力 $\tau(\rho)$ 与该点处的剪应变 $\gamma(\rho)$ 之间的关系，符合剪切胡克定律：

$$\tau(\rho)=G\gamma(\rho) \tag{7-30}$$

将（7-29）式代入上式，得

$$\tau(\rho)=G\rho\frac{\mathrm{d}\varphi}{\mathrm{d}x} \tag{7-31}$$

式（7-31）表明q-q横截面上任意点处的剪应力$\tau(\rho)$与该点到圆心的距离ρ成正比。剪应力分布如图7-22所示。

（3）静力平衡条件：在距圆心为ρ的点处取环形微面积$\mathrm{d}A$，如图7-23（a）所示。环内任一点至圆心的距离均为ρ，故各点的剪应力均相等，且垂直于通过各点的半径。$\mathrm{d}A$上的内力系在任何方向上的投影的总和皆等于零，内力力系合成为一个微力偶矩$\rho\tau(\rho)\mathrm{d}A$。通过积分可以求出整个横截面上内力系所组成的内力偶矩，即扭矩。

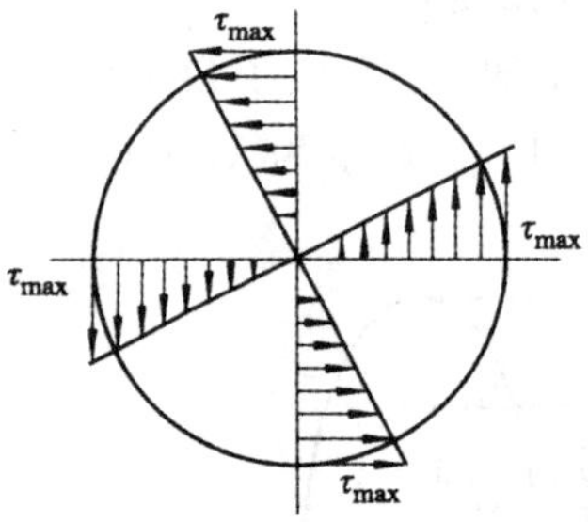

图7-22

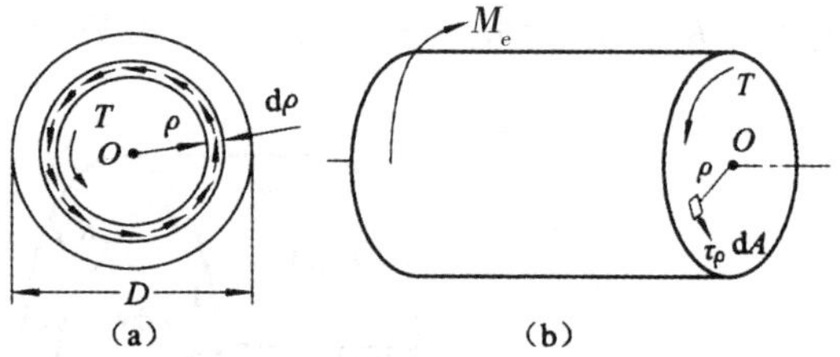

图7-23

如图7-23（b）所示，根据力系平衡条件，有

$$M_e=T=\int_A\rho\tau(\rho)\mathrm{d}A \tag{7-32}$$

将式（7-31）代入式（7-32），给定横截面上的单位扭转角是常数，故有

$$T=\int_A\rho\tau(\rho)\mathrm{d}A=\int_A\rho G\rho\frac{\mathrm{d}\varphi}{\mathrm{d}x}\mathrm{d}A=G\frac{\mathrm{d}\varphi}{\mathrm{d}x}\int_A\rho^2\mathrm{d}A \tag{7-33}$$

式（7-33）中，积分$\int_A\rho^2\mathrm{d}A$只与横截面的几何形状有关，称为横截面对圆心的极惯性矩（极惯性矩计算见附录Ⅰ第二节），用I_ρ表示，即

$$I_\rho=\int_A\rho^2\mathrm{d}A \tag{7-34}$$

因此，式（7-33）可写成

$$T=GI_\rho\frac{\mathrm{d}\varphi}{\mathrm{d}x} \tag{7-35}$$

将式（7-35）与式（7-31）整理，得

$$\tau(\rho)=\frac{T}{I_\rho}\rho \tag{7-36}$$

当$\rho=R$时，剪应力将达到最大值，即

$$\tau_{max}=\frac{TR}{I_\rho} \tag{7-37}$$

式（7-37）中，R和I_ρ均是与几何尺寸有关的量，可把它们合并成一个量，即

$W_\rho = I_\rho / R$，则有

$$\tau_{\max} = \frac{T}{W_\rho} \tag{7-38}$$

式中，W_ρ——抗扭截面系数，也是截面的几何性质。

从式（7-38）可以看出，最大剪应力$\tau_{\max}$与横截面内的扭矩T成正比，与抗扭截面系数W_ρ成反比。

式（7-36）和式（7-38）是以平截面假设为基础导出的，试验结果表明，只有对横截面不变的圆轴，此假设才是正确的，因此这些公式适用于等直圆轴。但对圆截面沿轴线变化缓慢的杆件也可以近似地应用上述公式。

四、矩形截面等直杆在自由扭转时的应力与变形

在外力偶矩T作用下矩形截面等直杆发生扭转变形时，横截面已不再保持原来的平面形状，而发生翘曲变形（图7-24），此时不能再应用圆截面杆扭转时的应力与变形公式。当该杆的两端面没有约束，端面可以自由翘曲时称为自由扭转。端面不能自由翘曲（如一端固定），则称约束扭转，矩形截面杆在约束扭转的情况下，截面内不但有扭转引起的剪应力，而且还有因截面翘曲程度不同而引起的附加的正应力。但对于实体截面杆来说，附加正应力一般均很小，可忽略不计。

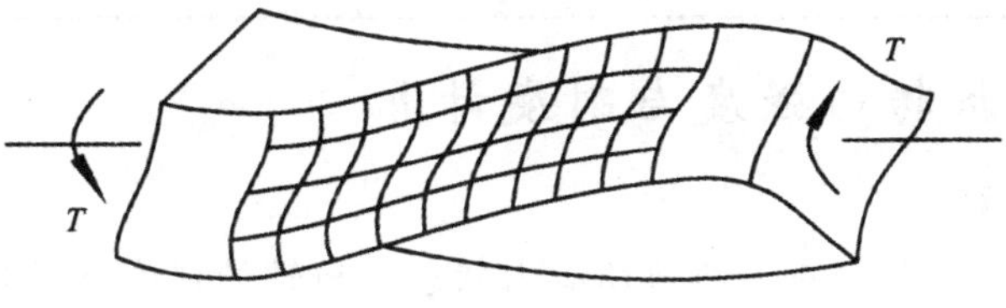

图7-24

在这里简单介绍矩形截面等直杆在自由扭转时的弹性力学解答。

如图7-25所示，矩形截面的长边为h，短边为b。图中表示了剪应力分布的规律与方向：

1.截面周边上各点的剪应力方向必与周边相切，其流向与内力扭矩方向相同

若周边上各点的剪应力方向不与周边相切的话，则必有一剪应力分量垂直周边，但根据剪应力互等定律，杆件表面没有任何应力与其成对，故该分量不存在。

2.截面的四个凸角点处的剪应力一定为零

道理同上。

3.截面上最大剪应力位于长边的中点

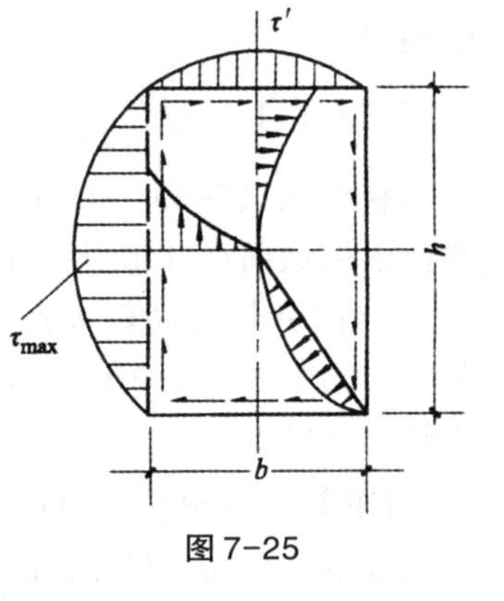

图7-25

$$\tau_{\max} = \frac{M_T}{W_T} \tag{7-39}$$

式（7-39）中，抗扭截面模量 $W_T = \alpha hb^2$。

短边的最大剪应力 τ' 也在其中点，但小于长边最大剪应力 τ_{max}：

$$\tau' = \gamma\tau_{max}(\gamma < 1)$$

矩形截面杆的扭转角

$$\phi = \frac{M_T l}{GI_T}(\text{rad}) \tag{7-40}$$

式中，相当极惯性矩 $I_T = \beta hb^3$，GI_T 仍称为抗扭刚度。

矩形截面杆的单位长度扭转角

$$\theta = \frac{M_T}{GI_T}(\text{rad/m}) \tag{7-41}$$

式中，α, β, γ 三个系数可查表 7-1。

表 7-1　**矩形截面杆扭转时的系数 α, β, γ**

$\frac{h}{b}$	1.0	1.2	1.5	2.0	2.5	3.0	4.0	6.0	8.0	10.0	∞
α	0.208	0.219	0.231	0.246	0.258	0.267	0.282	0.299	0.307	0.313	0.333
β	0.141	0.166	0.196	0.229	0.249	0.263	0.281	0.299	0.307	0.313	0.333
γ	1.000	0.930	0.859	0.796	0.767	0.753	0.745	0.743	0.743	0.743	0.743

五、圆轴扭转的强度与刚度计算

（一）强度计算

圆轴扭转时，各点均处于纯剪切应力状态，故轴的强度条件是最大工作剪应力 τ_{max} 不得超过材料的许用剪应力［τ］，即

$$\tau_{max} \leqslant [\tau] \tag{7-42}$$

等直圆轴的 τ_{max} 是在最大扭矩所在截面即危险截面的周边上任一点处，先作轴的扭矩图，找出最大扭矩值 T_{max}，用式（7-38）代入式（7-42），得到强度条件

$$\frac{T_{max}}{W_\rho} \leqslant [\tau] \tag{7-43}$$

利用式（7-43）即可对实心或空心圆轴进行强度计算，即校核轴的抗扭强度，选择轴的截面尺寸或计算轴的许用载荷。

【例 7-6】传动轴如图 7-26 所示，已知：传递功率 P=7.5kW，n=100r/min，许用剪应力［τ］=40MPa，空心圆轴的内外径之比 α=0.5。求：实心轴的直径 d_1 和空心轴的外径 D_2。

【解】由传递功率可以得出圆轴内部的扭矩如下

$$T = M_e = 9\,549 \times \frac{P}{n} = 9\,549 \times \frac{7.5}{100}$$

$$= 716.2\text{Nm}$$

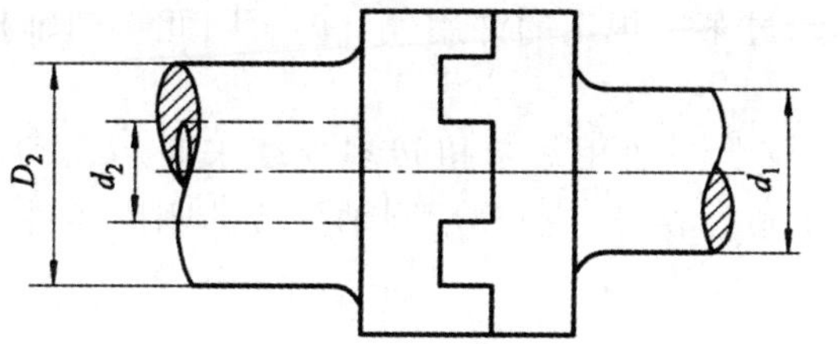

图 7-26

所以，由强度条件，对实心圆轴

$$\tau_{max}=\frac{T}{W_{\rho1}}=\frac{T}{\frac{\pi d_1^3}{16}}\leqslant 40\text{MPa}$$

得到

$$d_1\geqslant\sqrt[3]{\frac{16\times716.2}{\pi\times40\times10^6}}=0.045\text{m}=45\text{mm}$$

对于空心圆轴

$$\tau_{max}=\frac{T}{W_{\rho2}}=\frac{T}{\frac{\pi D_2^3(1-\alpha^4)}{16}}\leqslant 40\text{MPa}$$

得到

$$D_2\geqslant\sqrt[3]{\frac{16\times716.2}{\pi\times(1-0.5^4)\times40\times10^6}}=0.046\text{m}=46\text{mm}$$

$W_{\rho1}$，$W_{\rho2}$ 计算参见附录 I 第二节。

通过上述计算结果可以得到承受相同外载荷的实心和空心圆轴的面积之比

$$\frac{A_1}{A_2}=\frac{d_1^2}{D_2^2(1-\alpha^2)}=1.276$$

由实心和空心圆轴的面积的比值分析，说明在相同外载荷下，空心圆轴能比实心圆轴更充分地使用材料。

（二）刚度计算

圆轴的扭转变形可以分为单位扭转角和相对扭转角。单位扭转角用 θ 表示，可以通过式（7-35）计算

$$\theta=\frac{d\varphi}{dx}=\frac{T}{GI_\rho}\qquad(7\text{-}44)$$

同时在扭转时，两横截面（相距 l）间的相对扭转角 φ 可对上式积分而得到

$$\varphi=\int_0^l\frac{d\varphi}{dx}dx=\int_0^l\frac{T}{GI_\rho}dx\qquad(7\text{-}45)$$

如沿轴线各横截面的扭矩 T 为常量，则两端的相对扭转角为

$$\varphi=\frac{Tl}{GI_\rho}\qquad(7\text{-}46)$$

工程上对于某些轴，除应满足强度要求外，对它们的扭转变形也应有一定的限制，即还应满足刚度要求。如机械传动轴若产生过大的扭转变形，则势必影响其正常工作，或运转时引起较大的振动。在扭转刚度的要求上，通常对轴的单位扭转角

θ加以限制，使其不超过某一规定的许用值［θ］。因此，圆轴扭转的刚度条件为

$$\theta \leqslant [\theta] \tag{7-47}$$

式（7-47）中，［θ］一般用每米扭转多少度来表示，即度/米（°/m），因此式（7-47）应该在单位上进行换算。换算后圆轴扭转的刚度条件为

$$\frac{T}{GI_\rho}\times\frac{180}{\pi}\leqslant[\theta] \tag{7-48}$$

【例 7-7】圆轴受扭杆件如图 7-27（a）所示，已知 M_{I} =39.3N · m，M_{II} =194.3N · m以及M_{III}=150N · m，圆杆的许用单位扭转角为［θ'］=1.5°/m。试从扭转刚度条件角度设计圆杆的直径D。

【解】作圆杆的扭矩图，如图7-27（b）所示，根据刚度条件（7-48）有

$$\theta'_{max} = \frac{T_{max}}{GI_\rho}\times\frac{180}{\pi}=\frac{32T_{max}}{G\pi D^4}\times\frac{180}{\pi}\leqslant[\theta']$$

即

$$D\geqslant\sqrt[4]{\frac{32\times180\times T_{max}}{\pi^2 G[\varphi']}}=\sqrt[4]{\frac{32\times180\times155}{\pi^2\times80\times10^9\times1.5}}=0.0295\text{m}$$

最后应选择D=30mm。I_ρ的计算见附录Ⅰ第二节。

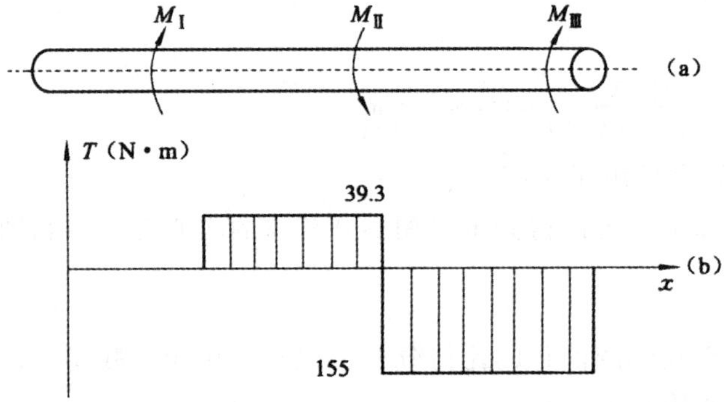

图 7-27

第三节 弯曲

一、弯曲正应力

由第四章可知，梁的截面上一般同时存在剪力和弯矩。因此，在梁的横截面上将同时存在剪应力和正应力，剪应力合成剪力，正应力构成弯矩。本节考察对称弯曲时梁的弯曲正应力在截面上的分布规律。

（一）基本假设

在一根矩形截面梁的侧面画上纵线和横线（图7-28（a）），然后在梁的两端纵向对称面施加一对转向相反、力偶矩相等的外力偶M，使梁处于纯弯曲状态。观

察梁的变形，有以下现象（图7-28（b））：纵线弯曲为弧线，而且靠近梁顶面的纵线缩短，靠近底面的纵线伸长；横线仍为直线，并在相对转动了一个角度后仍与弯曲后的纵线正交。

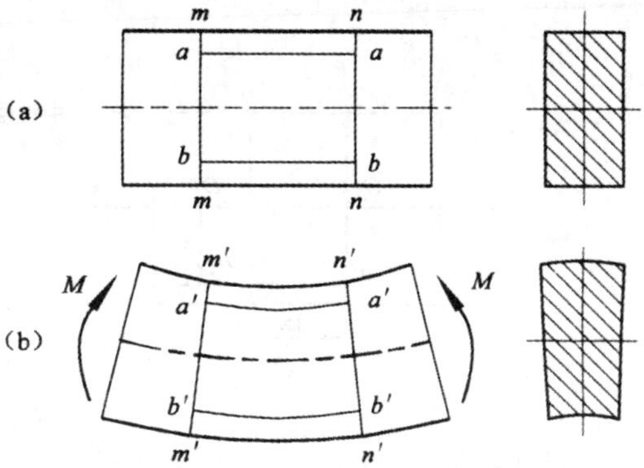

图7-28

根据上述现象，对梁的变形作如下假设：

1.纯受弯构件变形后，横截面仍保持平面，并绕垂直于纵对称面的某一轴转动，且仍与纵线正交。该假设称为弯曲平截面假设，对于纯弯曲梁，弹性理论可以证明其正确性。

2.梁内各纵向纤维仅承受轴向拉应力或压应力。该假设称为单向受力假设。

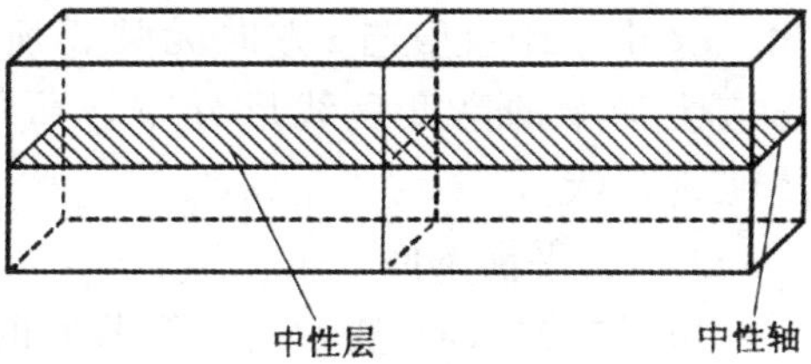

图7-29

根据平截面假设，横截面上各点处均无剪应变，因此梁纯弯曲时横截面上没有剪应力。梁弯曲时（图7-28（b）），上部纤维缩短，下部纤维伸长，由变形的连续性，中间必有一层纤维长度不变，称为中性层（图7-29）。中性层和横截面的交线，称为中性轴。梁对称弯曲时，其变形对于纵向对称面对称，因此中性轴必垂直于横截面的纵向对称轴，而梁的横截面就是绕中性轴作相对转动的。

（二）弯曲正应力

从几何关系、物理关系和静力平衡条件三个方面来建立弯曲正应力公式。

1.几何关系

从梁中截出长为dx的一个微段（图7-30（a）），沿截面纵向对称轴与中性轴分别设立坐标轴y和z（图7-30（b））。梁弯曲后，纵坐标为y的纵线ab变为弧线$a'b'$。设微段的两个截面在弯曲变形后的相对转角为$d\theta$，中性层O_1O_2的曲率半径为ρ（图7-30（c）），则纵线ab的正应变为

$$\varepsilon(y)=\frac{a'b'-dx}{dx}=\frac{(\rho+y)d\theta-\rho d\theta}{\rho d\theta}=\frac{y}{\rho} \tag{7-49}$$

式（7-49）说明应变沿梁高度的分布规律。应变ε与中性层曲率半径ρ成反比，与该纤维到中性层的距离y成正比，与z方向的位置无关。纯弯曲时ρ是常数。

2.物理方面

各纵向纤维都是单向受力，当正应力处于材料的比例极限以内时，满足胡克定律，得到横截面上坐标为y处的正应力为

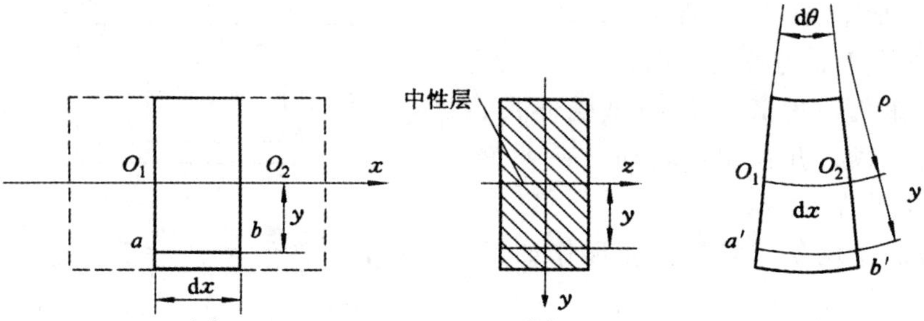

图 7-30

$$\sigma = \frac{Ey}{\rho} \tag{7-50}$$

式（7-50）中，因为E和ρ为常数，所以梁横截面上的正应力σ与y成正比。又由于应变ε与z方向无关，所以横截面同一高度上各点的应力相同。即正应力沿梁的高度呈线形分布，而中性轴上各点（y=0）的正应力均为零，外边缘上最大。

3.静力平衡条件

如图7-31（a）所示。在横截面的各点处的法向微内力$\sigma \mathrm{d}A$组成一空间平行力系，其在x-y平面内的合成结果与弯矩M满足静力平衡条件

由$\sum F_x = 0$,得$\int_A \sigma \mathrm{d}A = 0$ （7-51）

由$\sum M_y = 0$,得$\int_A z\sigma \mathrm{d}A = 0$ （7-52）

由$\sum M_z = 0$,得$\int_A y\sigma \mathrm{d}A = M$ （7-53）

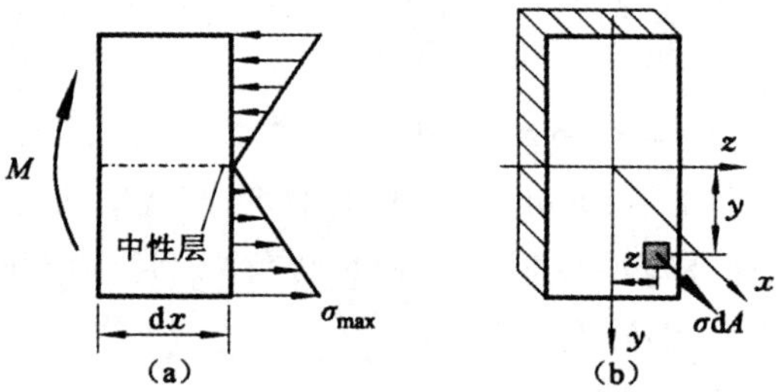

图 7-31

将式（7-50）代入式（7-51），得

$$\int_A E\frac{y}{\rho}\mathrm{dA}=\frac{E}{\rho}\int_A y\mathrm{d}A = 0 \tag{7-54}$$

上式，由于$\frac{E}{\rho}\neq 0$，要满足平衡条件，必须有

$$\int_A y\mathrm{d}A = 0$$

由静力学知识，考虑上式的结果，截面形心C的坐标为

$$y_C = \frac{\int_A y\mathrm{d}A}{A} = 0$$

由此可见，中性轴通过形心，z轴为形心轴。

将式（7-50）代入式（7-52），得

$$\frac{E}{\rho}\int_A zy\mathrm{d}A = 0$$

要满足上式，必须$\int_A zy\mathrm{d}A = 0$，即惯性矩$I_{yz}=0$（惯性矩计算参见附录Ⅰ第二节），因为y轴是对称轴，故自动满足。

将式（7-50）代入式（7-53），得

$$\frac{E}{\rho}\int_A y^2\,\mathrm{d}A = M \qquad (7\text{-}55)$$

令

$$I_z = \int_A y^2\,\mathrm{d}A \qquad (7\text{-}56)$$

式（7-56）中，I_z称为截面对z轴的惯性矩（惯性矩计算参见附录Ⅰ第二节），它仅与截面几何形状和尺寸有关。

式（7-55）可改写为

$$\frac{1}{\rho}=\frac{M}{EI_z} \qquad (7\text{-}57)$$

式（7-57）即为曲率表示的弯曲变形公式，式中EI_z称为抗弯刚度。

将式（7-57）代入式（7-50），得

$$\sigma = \frac{My}{I_z} \qquad (7\text{-}58)$$

这就是弯曲正应力的一般公式。

当$y = y_{\max}$，即离中性轴最远处的正应力为

$$\sigma_{\max} = \frac{My_{\max}}{I_z}=\frac{M}{I_z/y_{\max}}$$

令

$$W_z = \frac{I_z}{y_{\max}} \qquad (7\text{-}59)$$

则

$$\sigma_{\max} = \frac{M}{W_z} \qquad (7\text{-}60)$$

式中，W_z称为抗弯截面系数，它反映了在一定弯矩作用下，截面的形状和尺寸对于弯曲正应力的综合影响。

【例7-8】如图7-32（a）所示简支梁，由I20a热轧工字钢制成，跨度l=2m，承受集度q=30kN/m的均布荷载作用，试确定梁内的最大弯曲正应力。

【解】（1）内力分析

梁的弯矩图如图7-32（b）所示，最大弯矩发生在跨度中点，为

$M_{max} = ql^2/8=30\times2^2/8=15\text{kN}\cdot\text{m}$

（2）应力分析

由附录Ⅱ第三节形钢表查得，I20a热轧工字钢的抗弯截面模量为

$W_z=237\text{cm}^3=2.37\times10^{-4}\text{m}^3$

梁内的最大弯曲正应力明显为梁跨度中点截面上的最大应力，为

$\sigma_{max} = \dfrac{M_{max}}{W_z}=\dfrac{15\times10^3}{2.37\times10^{-4}}=63.3\times10^6\text{Pa}=63.3\text{MPa}$

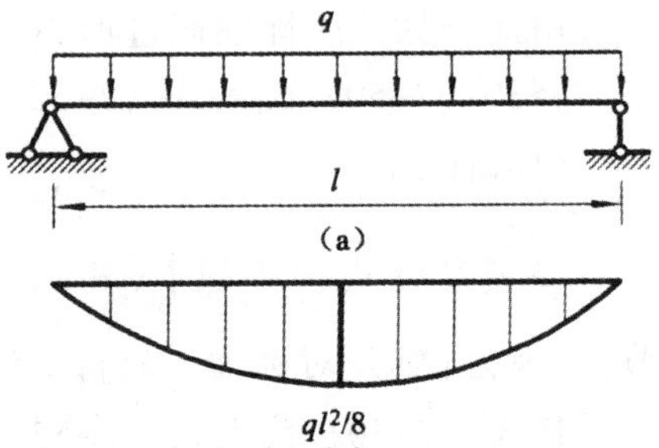

图7-32

二、弯曲剪应力

在一般弯曲状态下，梁截面的内力除了弯矩以外，还有剪力。如图7-33（a）所示梁的矩形截面的宽度与高度分别为b与h，截面的剪力为F_Q，显然剪应力的合力就是剪力F_Q。由剪应力互等定理可知，如果梁的侧表面是自由表面，即侧表面无轴向剪应力作用，则截面边缘无垂直于截面周边的剪应力分量，换言之，截面边缘处的剪应力一定平行截面周边。对于矩形截面，假设截面各点的剪应力与剪力方向相同，且沿截面宽度均匀分布。

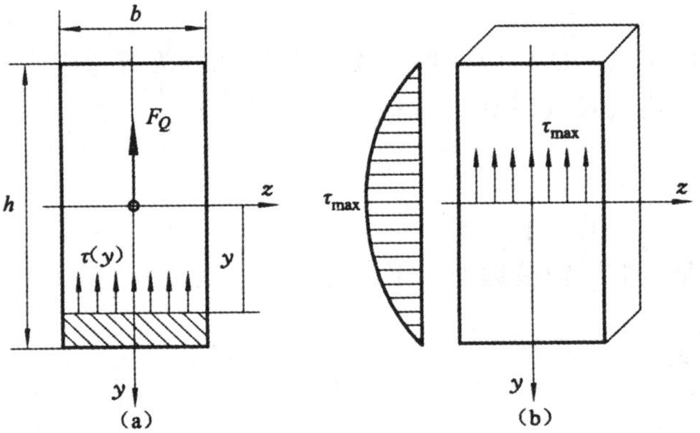

图7-33

根据以上假设，可以得到距中性轴为y处的剪应力为

$$\tau(y)=\frac{F_Q S_z^*}{I_z b} \tag{7-61}$$

式中，F_Q为截面上的剪力，I_z为截面的惯性矩，b为截面的宽度，S_z^*为距中性轴为y的横线以外部分（图7-33（a）阴影部分）的面积对中性轴的静矩，即

$$S_z^*=\int_y^{\frac{h}{2}} y_1 b\,\mathrm{d}y_1=\frac{b}{2}\left(\frac{h^2}{4}-y^2\right)$$

把上式代入式（7-61），得到

$$\tau(y)=\frac{F_Q}{2I_z}\left(\frac{h^2}{4}-y^2\right) \tag{7-62}$$

可见，剪应力沿截面高度是按二次抛物线规律变化的（图7-33（b））。当$y=\pm h/2$

时，即横截面上距中性轴最远处，剪应力$\tau=0$；当$y=0$时，即中性轴上各点，剪应力达到最大值为

$$\tau_{\max}=\frac{3F_Q}{2A} \tag{7-63}$$

式中，$A=bh$，为截面面积。

梁弯曲时横截面同时存在正应力和剪应力，但对于非薄壁截面的梁，影响强度的主要是弯曲正应力。对于图7-33（b）所示的矩形截面悬臂梁，最大剪力和最大弯矩分别为

$$F_{Q,\max}=ql$$

$$|M|_{\max}=\frac{1}{2}ql^2$$

由式（7-60）得到最大弯曲正应力为

$$\sigma_{\max}=\frac{|M|_{\max}}{W_z}=\frac{ql^2}{2}/\left(\frac{bh^2}{6}\right)=\frac{3ql^2}{bh^2}$$

由式（7-62）得到最大弯曲剪应力为

$$\tau_{\max}=\frac{3}{2}\times\frac{F_{Q,\max}}{A}=\frac{3ql}{2bh}$$

两者的比值为

$$\frac{\sigma_{\max}}{\tau_{\max}}=\frac{2l}{h}$$

当梁的跨度l远大于其截面高度h时，$l/h\geqslant10$（一般非高深梁），最大弯曲正应力远大于最大弯曲剪应力，因此在强度问题中，主要考虑弯曲正应力。

距中性轴为y处的剪应力公式推导如下：

取受弯构件一部分作为推到剪应力公式的研究对象，如图7-34（a）所示。

在图7-34（a）中取微段mn长度为$\mathrm{d}x$，其受力状态如图7-34（b）所示。

推导距中性轴为y处的剪应力计算公式，如图7-34（c）所示。

取距中性轴为y处以外部分为分离体，如图7-34（d）、（e）所示。

图7-34（d）为分离体受力状态为应力状态。

由图7-34（e）所示受力状态，根据平衡条件$\sum F_x=0$，得

$$\int_{A_S}\sigma_2\,\mathrm{d}A-\int_{A_S}\sigma_1\,\mathrm{d}A=\tau(y)\,b\,\mathrm{d}x$$

将$\sigma_1=\dfrac{My}{I_z}$，$\sigma_2=\dfrac{M+\mathrm{d}M}{I_z}y$代入上式得

$$\int_{A_S}\frac{M+\mathrm{d}M}{I_z}y\,\mathrm{d}A-\int_{A_S}\frac{M}{I_z}y\,\mathrm{d}A=\tau(y)\,b\,\mathrm{d}x$$

令$S_z^*=\int_{A_S}y\,\mathrm{d}A$，则上式可写成

$$\frac{M+\mathrm{d}M}{I_z}S_z^*-\frac{M}{I_z}S_z^*=\tau(y)\,b\,\mathrm{d}x$$

由于$\mathrm{d}M=F_Q\,\mathrm{d}x$，则上式可写成

$$\frac{M+F_Q\,\mathrm{d}x}{I_z}S_z^*-\frac{M}{I_z}S_z^*=\tau(y)\,b\,\mathrm{d}x$$

整理得

$$\frac{F_Q\mathrm{d}x}{I_z}S_z^* = \tau(y)b\mathrm{d}x$$

整理得

$$\tau(y) = \frac{F_Q S_z^*}{bI_z}$$

距中性轴为y处的剪应力公式推导完毕。

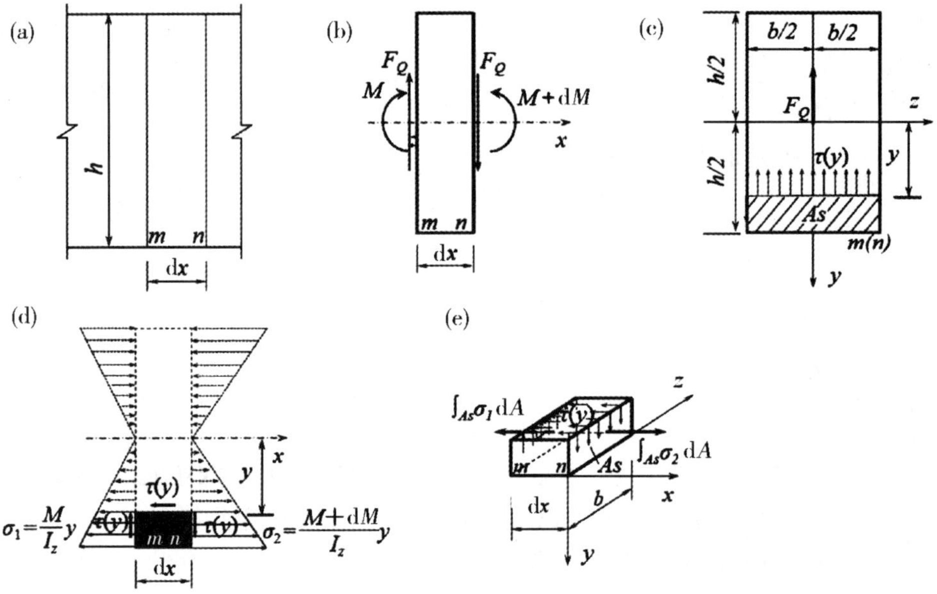

图 7-34

三、平面应力状态应力分析

研究构件的某一点处的应力情况，一般是通过这点做一个微立方体，这样的微立方体称为单元体，如图 7-35 所示。把单元体的各个侧面上的应力表示出来。由于单元体的边长为无穷小，过这点的单元体的各侧面的应力状况，就准确表示这点处的应力状况，称为该点处的应力状态。即该点各方位截面上应力的全部情况称为该点的应力状态。当单元体的各侧面的应力已知时，则过这点所做的各微截面的应力可以完全确定。所以在分析一点处的应力状态时，通常以单元体为研究对象。

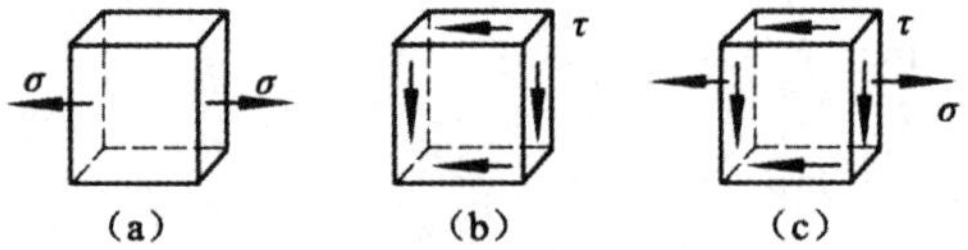

图 7-35

应力状态有多种类型，其中比较常见的是如图 7-35（a）、（b）、（c）所示的所谓平面应力状态。在单元体的六个侧面中，只有四个相对的侧面作用应力，剩余的两个相对侧面是自由侧面，无应力作用，而且作用在单元体四个侧面上的应力的作用线和这两个面平行，这种应力状态称为平面应力状态。

任意取出拉杆的B点（图7-36（a）），将其放大为正六面体，该正六面体被称为单元体。因此，实际单元体是一个无限小的正六面体，令其互相垂直的三个边长为dx, dy, dz（图7-36（b））。单元体各面的法线若分别为x, y, z坐标轴方向，则相应地称该面为x面、y面、z面。由于单元体实际是一个点，故假设应力单元体各面上的应力是均匀分布的，且互相平行的两个面上的应力值相等。

对于拉（压）杆，若取x面为横截面，y面为纵截面，则z面与纸平面平行。在x面上的正应力$\sigma=\dfrac{F_N}{A}$，而z面上无应力，故可将这样的应力单元体用平面图形7-36（c）表示。该应力单元体α截面上的应力值用下式进行计算。

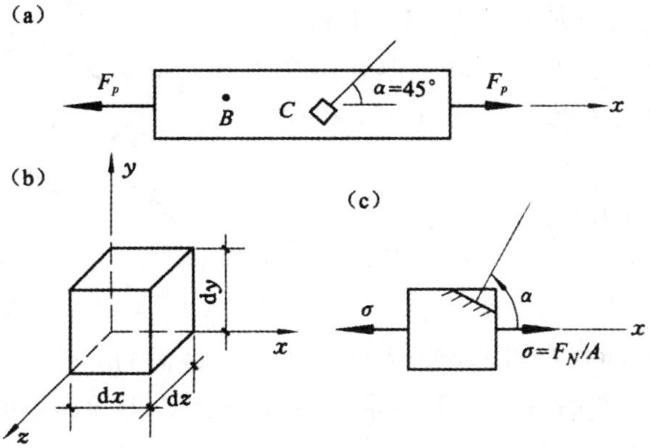

图7-36

$$\left.\begin{aligned}\sigma_\alpha&=\sigma\cos^2\alpha=\frac{\sigma}{2}(1+\cos 2\alpha)\\ \tau_\alpha&=\frac{\alpha}{2}\sin 2\alpha\end{aligned}\right\}\qquad(7-64)$$

式中，σ_α——垂直于[α]截面的正应力；

τ_α——平行于[α]截面的剪应力。

由式（7-64）可以看出，拉（压）杆中一点的应力状态由其横截面上的正应力σ即可完全确定，因此，这样的应力状态称为单向应力状态。

【例7-9】已知如图7-36（a）所示拉杆受轴向拉力F_p=10kN作用，拉杆横截面直径d=10mm。取杆内C点，C点单元体的α斜截面与x轴夹角为45°，要求计算并画图表示C点单元体各面的应力方向及应力值。

【解】拉杆横截面面积

$$A=\frac{\pi d^2}{4}=\frac{\pi\times10^2}{4}\times10^{-6}=78.5\times10^{-6}\text{m}^2$$

横截面上正应力

$$\sigma=\frac{F_N}{A}=\frac{10\times10^3}{78.5\times10^{-6}}=127.4\text{MPa}$$

C点单元体如图7-37所示，计算该单元体α斜截面上应力

$$\sigma_\alpha=\frac{\sigma}{2}(1+\cos2\alpha)=\frac{127.4}{2}[1+\cos(2\times45°)]=63.7\text{MPa}(拉)$$

$$\tau_\alpha=\frac{\sigma}{2}\sin2\alpha=\frac{127.4}{2}\times\sin(2\times45°)=63.7\text{MPa}$$

令与α面垂直的为β面，则$\beta=90°+\alpha$，故

$$\sigma_\beta=\frac{\sigma}{2}[1+\cos2(90°+\alpha)]=63.7\text{MPa}$$

$$\tau_\beta=\frac{\sigma}{2}\sin2\beta=\frac{\sigma}{2}\sin2(90°+\alpha)=-63.7\text{MPa}$$

最后画C点应力单元体，并在图上表示应力值及方向（图7-37）。

从本例中可见$\tau_\alpha=-\tau_\beta$。现将其作进一步的推广。当单元体的α面与β面为互相垂直的截面（即$\beta=90°+\alpha$）时，均可从式（7-64）中得到$\tau_\alpha=-\tau_\beta$，此结果符合剪应力互等定理：单元体互相垂直平面上的剪应力大小相等，其方向都指向或背离两平面的交线。

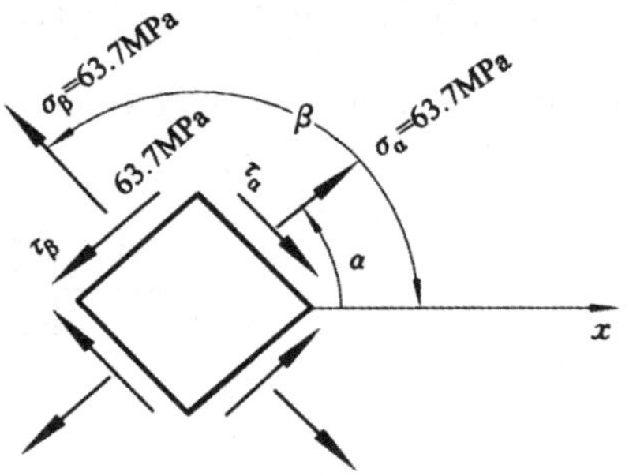

图7-37

（一）斜截面上的应力

已知一平面应力状态单元体上的应力为σ_x,τ_x和σ_y,τ_y，如图7-38所示，这里下标x和y分别表示垂直x轴和y轴的截面上的应力。现在考察与z轴平行的任一斜截面ef上的应力。斜截面的方位以它的外法线n与x轴的夹角α来确定，该截面上的应力用σ_α和τ_α表示。应力和夹角的正负号规定如下：对正应力，拉应力为正，压应力为负，对剪应力，使单元体顺时针转动的为正，反之为负；方位角α则规定从x轴到外法线n逆时针转向为正，反之为负。

假想沿斜截面ef将单元体切开，选三角形单元体ebf为研究对象。由于单元体的前后两个侧面上没有应力，可以用平面单元体来表示（图7-39（a））。设截面ef的面积为$\mathrm{d}A$，则截面eb和bf的面积分别为$\cos\alpha\mathrm{d}A$和$\sin\alpha\mathrm{d}A$，单元体ebf的受力图如图7-39（b）所示，该单元体各个面上的力组成平衡力系，沿斜截面法向和切向的平衡方程分别为

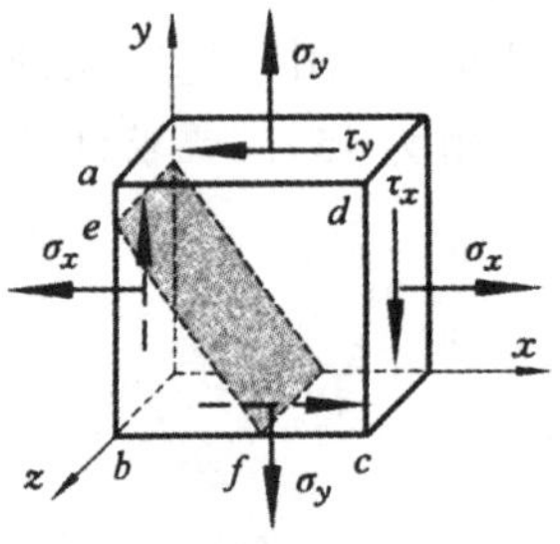

图7-38

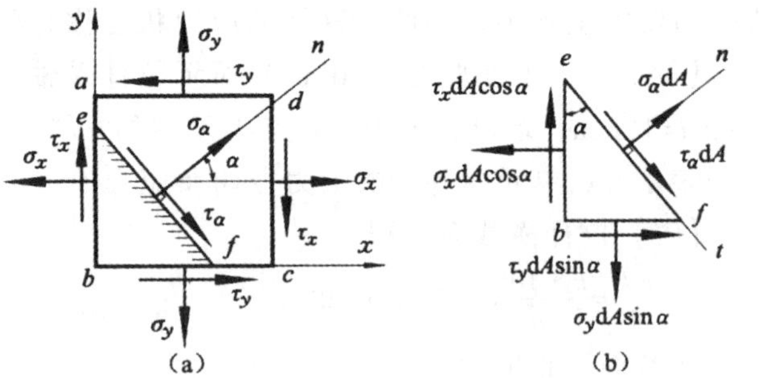

图7-39

$$\sum F_n=0,\sigma_\alpha\mathrm{d}A+(\tau_x\mathrm{d}A\cos\alpha)\sin\alpha-(\sigma_x\mathrm{d}A\cos\alpha)\cos\alpha+(\tau_y\mathrm{d}A\sin\alpha)\cos\alpha-(\sigma_y\mathrm{d}A\sin\alpha)\sin\alpha=0$$

$$\sum F_t=0,\tau_\alpha\mathrm{d}A-(\tau_x\mathrm{d}A\cos\alpha)\cos\alpha-(\sigma_x\mathrm{d}A\cos\alpha)\sin\alpha+(\tau_y\mathrm{d}A\sin\alpha)\sin\alpha+(\sigma_y\mathrm{d}A\sin\alpha)\cos\alpha=0$$

由剪应力互等定理可知τ_x和τ_y的数值相等，再利用三角学的倍角公式，可以得到斜截面上的应力为

$$\sigma_\alpha=\frac{\sigma_x+\sigma_y}{2}+\frac{\sigma_x-\sigma_y}{2}\cos 2\alpha-\tau_x\sin 2\alpha \tag{7-65}$$

$$\tau_\alpha=\frac{\sigma_x-\sigma_y}{2}\sin 2\alpha+\tau_x\cos 2\alpha \tag{7-66}$$

这就是平面应力状态下任一斜截面上应力的计算公式。

（二）应力圆及其应用

1.应力圆

由式（7-65）、式（7-66）可知，斜截面上的应力σ_α和τ_α为斜面方位角α的函数，也可以把以上两式看成是以α为参变量的参数方程。为了建立σ_α和τ_α之间的关系式，需消去式（7-65）、（7-66）中的参变量。将式（7-65）改写成

$$\sigma_\alpha-\frac{\sigma_x+\sigma_y}{2}=\frac{\sigma_x-\sigma_y}{2}\cos 2\alpha-\tau_x\sin 2\alpha \tag{7-67}$$

将式（7-66）和式（7-67）等式两边平方后相加，得到

$$\left(\sigma_\alpha-\frac{\sigma_x+\sigma_y}{2}\right)^2+\tau_\alpha^2=\left(\frac{\sigma_x-\sigma_y}{2}\right)^2+\tau_x^2$$

可以看出，在以σ为横坐标、τ为纵坐标的平面内，上述方程为圆的方程，其圆心坐标为$\left(\frac{\sigma_x+\sigma_y}{2},0\right)$，半径为$R=\sqrt{\left(\frac{\sigma_x-\sigma_y}{2}\right)^2+\tau_x^2}$，圆上任一点的横、纵坐标，则分别代表某一截面上的正应力和剪应力，该圆称为应力圆或莫尔图。

2.应力圆的应用

作图7-40（a）所示应力状态下的应力图。具体作法是：在以σ为横轴、τ为纵轴的平面内，以x轴为法线的面上的应力对应点$D_1(\sigma_x,\tau_x)$，以y轴为法线的面上的应力对应点$D_2(\sigma_y,\tau_y)$。由于τ_x与τ_y数值相等，$D_1B_1=D_2B_2$，因此线段$\overline{D_1D_2}$与σ轴的交点C为其中点，它的横坐标为（$\sigma_x+\sigma_y$）/2，因此C点为应力圆的圆心。以C点为圆心，$\overline{CD_1}$或$\overline{CD_2}$为半径作圆，即为应力圆（图7-40（b））。

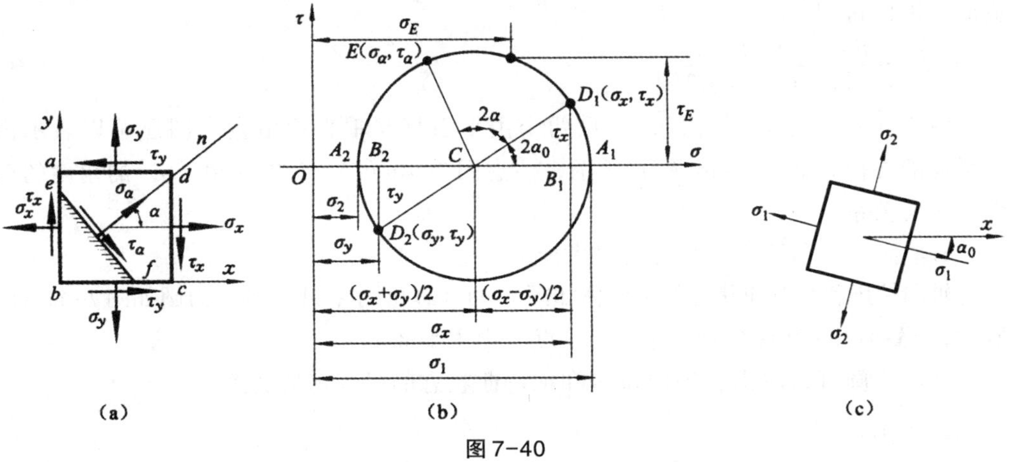

图7-40

如果要确定如图7-40（a）所示α截面上的应力，则只需将半径$\overline{CD_1}$沿方位角α的转向转动2α角。得到半径$\overline{CE}$，E点的横坐标σ_E、纵坐标τ_E分别代表该截面上的正应力和剪应力，现证明如下：

$$\begin{aligned}\sigma_E &= \overline{OC}+\overline{CE}\cos(2\alpha_0+2\alpha)=\overline{OC}+\overline{CD_1}\cos(2\alpha_0+2\alpha)\\&=\overline{OC}+\overline{CD_1}\cos2\alpha_0\cos2\alpha-\overline{CD_1}\sin2\alpha_0\sin2\alpha\\&=\frac{\sigma_x+\sigma_y}{2}+\frac{\sigma_x-\sigma_y}{2}\cos2\alpha-\tau_x\sin2\alpha=\sigma_\alpha\end{aligned}$$

同理可证

$$\tau_E=\tau_\alpha$$

（三）主应力和主平面

由图7-40（b）可见，应力圆和横轴的两个交点A_1和A_2的横坐标分别为单元体的所有截面中正应力最大值和最小值，它们的纵坐标为零，说明在这两个截面上的剪应力为零。这种剪应力为零的截面称为主平面，主平面上的正应力称为主应力。主应力是过一点处所有不同截面上正应力的极值应力。对公式（7-65）等式两边同时求导，得$d\sigma_\alpha/d(2\alpha)=-\tau_\alpha$，也可以看出剪应力为零的截面上正应力取极值。可以证明，任一点处都存在这样一个单元体，其三个相互垂直的面均为主平面，相应的三个主应力分别记为σ_1，σ_2和σ_3，且规定按数值大小的顺序排列为$\sigma_1\geqslant\sigma_2\geqslant\sigma_3$。

用应力圆可以容易地求出单元体的主平面方位和主应力数值。由图7-40（b）可见，A_1和A_2的横坐标分别为主应力σ_1和σ_2，具体表示为

$$\overline{OA_1}=\overline{OC}+\overline{CA_1},\overline{OA_2}=\overline{OC}-\overline{CA_2}$$

得主应力数值为

$$\left.\begin{matrix}\sigma_1\\\sigma_2\end{matrix}\right\}=\frac{\sigma_x+\sigma_y}{2}\pm\sqrt{\left(\frac{\sigma_x-\sigma_y}{2}\right)+\tau_x^2}\tag{7-68}$$

应力圆上D_1和A_1两点分别对应单元体上x平面和σ_1主平面，$\angle D_1CA_1=2\alpha_0$为这两个平面的夹角α_0的两倍，从x平面到σ_1主平面为顺时针转向，按规定角度为负值，因此得到

$$\tan2\alpha_0=-\frac{\overline{B_1D_1}}{\overline{CB_1}}=-\frac{\tau_x}{(\sigma_x-\sigma_y)/2}\tag{7-69}$$

由于$\overline{A_1A_2}$为应力圆直径，可见两个主平面相互垂直。由应力圆还可以表示出主平面的方位，如图7-40（c）所示，注意图7-40（c）和图7-40（b）的角度的倍数和转向关系。

1.轴向拉压和纯弯曲状态的最大应力

轴向拉压和纯弯曲状态的单元体如图7-41（a）所示，相应的应力圆如图7-41（b）所示，x截面和y截面分别对应A与O点，为主平面。

从应力圆可以看出，轴向拉压和纯弯曲状态的最大剪应力为

$$\tau_{max}=-\tau_{min}=\frac{\sigma}{2}$$

分别位于$\alpha=-45°$与$\alpha=45°$的截面上。低碳钢试件在轴向拉伸屈服时，在其表面出现与轴线约成45°倾角的滑移线，就与最大剪应力有关。

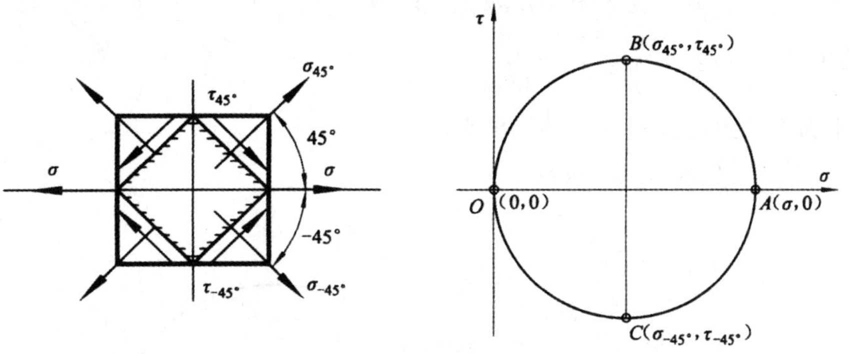

(a) (b)

图7-41

2.纯剪切状态的最大应力

纯剪切状态的单元体如图7-42（a）所示，相应的应力圆如图7-42（b）所示，x截面和y截面分别对应A点与B点。

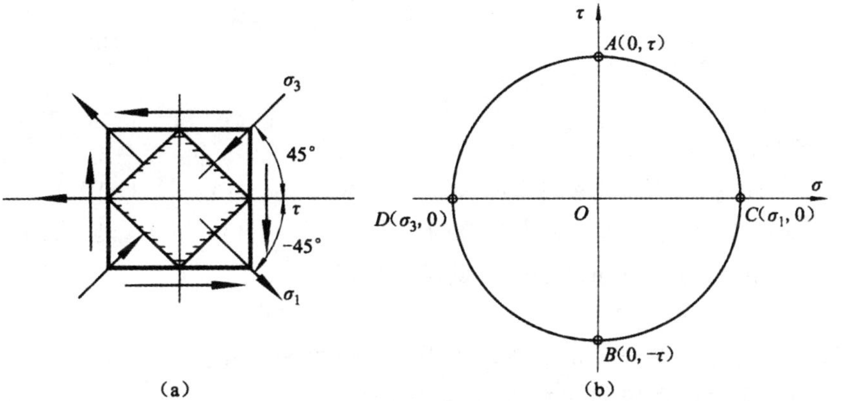

(a) (b)

图7-42

纯剪切应力状态的最大拉应力和最大压应力分别为

$$\sigma_{\max} = \sigma_1 = \tau$$

$$\sigma_{\min} = \sigma_3 = -\tau$$

分别位于$\alpha=-45°$与$\alpha=45°$的截面上。

从应力圆还可以看出，在单元体的纵、横截面上，剪应力取极值。低碳钢圆轴试件在扭转屈服时，在其表面纵、横出现滑移线，就与最大剪应力有关。灰口铸铁圆轴试件在扭转破坏时，在与轴线约成45°倾角的螺旋面发生断裂，就与最大拉应力有关。

【例7-10】已知应力状态如图7-43所示（应力单位MPa），试用解析公式和图解法确定主应力大小和主平面方位，并在单元体中画出。

【解】（1）解析法

$\sigma_x=30\text{MPa},\tau_x=-15\text{MPa},\sigma_y=-10\text{MPa}$

将其代入主应力计算公式（7-68），得

$$\left.\begin{matrix}\sigma_1\\ \sigma_3\end{matrix}\right\}=\frac{30-10}{2}\pm\sqrt{\left(\frac{30+10}{2}\right)^2+15^2}=\begin{cases}35\text{MPa}\\ -15\text{MPa}\end{cases}$$

主平面方位角由公式（7-69）确定

$$\tan 2\alpha_0=-\frac{2\times(-15)}{30+10}=0.75，\ \alpha_0=18.5°$$

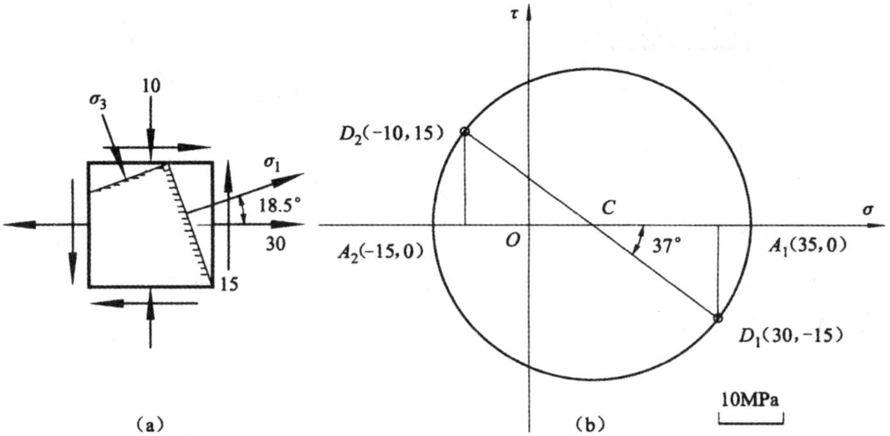

图 7-43

（2）图解法

在σ-τ平面内，按照确定的比例尺，由坐标（30，-15）与（-10，15）确定D_1和D_2点，以D_1D_2为直径即可画出相应的应力圆（图 7-43（b））。应力圆与坐标轴σ相交于A_1与A_2两点，按照确定的比例尺，量得

σ_1=35.0MPa，σ_3=-15.0MPa

在应力圆上量得$\angle D_1CA_1$=37.0°，所以主平面方位角α_0=18.5°。

主应力与主平面位置如图 7-43（a）所示。

四、梁的强度与刚度计算

（一）梁的强度条件

等直梁的任一截面上的最大正应力发生在离中性轴最远的各点处，而这些点处的剪应力一般为零，因而最大正应力作用点处于单向应力状态。在梁的弯矩最大的截面（危险截面）上的最大正应力，是梁的所有截面上正应力中最大的，所以弯曲正应力强度条件是

$$\sigma_{\max}=\frac{M_{\max}}{W_z}\leqslant[\sigma] \tag{7-70}$$

对于用铸铁等脆性材料制成的梁，由于许用压应力明显高于许用拉应力，则需要分别按拉伸和压缩进行强度计算。

等直梁的最大剪应力一般是在最大剪力所在横截面的中性轴的各点处，这些点处的正应力为零，最大剪应力所在点处于纯剪切应力状态，因此梁的剪应力强度条件为

$$\tau_{\max}=\frac{F_{Q,\max}S_{z,\max}^{*}}{I_z b}\leqslant[\tau] \tag{7-71}$$

在选择梁的截面时，需要同时满足正应力和剪应力强度条件。通常是先按正应力强度条件选出截面，再按剪应力强度条件进行校核。对于绝大多数工程中的梁，强度主要由正应力控制，只要满足正应力强度条件，一般剪应力强度条件也会满足。但对于薄壁截面梁、高深梁和剪切强度较低的材料（如木材）制成的梁，除了考虑正应力强度条件外，也要考虑剪应力强度条件。

【例 7-11】T形截面铸铁梁如图 7-44（a）所示，铸铁的抗拉许用应力为［σ_t］=35MPa，抗压许用应力为［σ_c］=140MPa。已知 F_p=3kN，q=15kN/m，截面的惯性矩 $I_z=8.84\times10^{-6}\text{m}^4$，截面形心距顶边和底边的距离分别为 y_1=45mm，y_2=95mm，试校核梁的强度。

【解】（1）确定危险截面和危险点

梁的弯矩图如图 7-44（b）所示，在截面 D 和 B 上，分别作用最大正弯矩和最大负弯矩，因此这两个截面均为危险截面。截面 D 和 B 上的应力分布如图 7-44（c）、（d）所示，因为 $|M_D|>|M_B|$ 且 $y_2>y_1$，截面 D 上的最大压应力大于截面 B 上的最大压应力，所以，截面 D 的顶边和底边上的各点、截面 B 的顶边上的各点都是危险点。

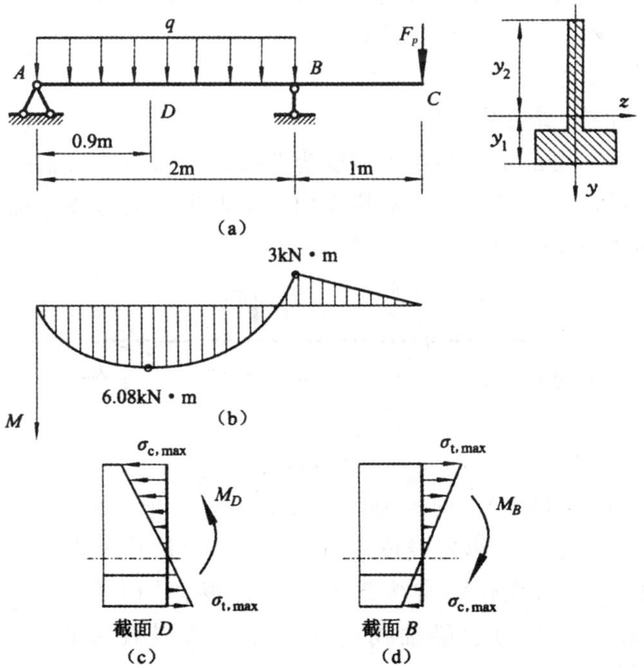

图 7-44

（2）强度校核

截面D上

$$\sigma_{c,\max}=\frac{M_D y_2}{I_z}=\frac{6.08\times10^3\times95\times10^{-3}}{8.84\times10^{-6}}=6.53\times10^7\text{Pa}=65.3\text{MPa}<[\sigma_c]$$

$$\sigma_{t,\max}=\frac{M_D y_1}{I_z}=\frac{6.08\times10^3\times45\times10^{-3}}{8.84\times10^{-6}}=3.10\times10^7\text{Pa}=31.0\text{MPa}<[\sigma_t]$$

截面B上

$$\sigma_{t,\max}=\frac{M_B y_2}{I_z}=\frac{3\times10^3\times95\times10^{-3}}{8.84\times10^{-6}}=3.22\times10^7\text{Pa}=32.2\text{MPa}<[\sigma_t]$$

梁满足弯曲强度条件。

（二）梁的刚度条件

1.梁的刚度

对于土木工程中的许多梁，除了要满足强度条件外，还需要满足刚度条件。如桥梁的挠度过大，则车辆通过时会产生很大的振动。

梁的刚度条件为

$$\frac{y_{\max}}{l}\leqslant\left[\frac{y}{l}\right] \tag{7-72}$$

$$\theta_{\max}\leqslant[\theta] \tag{7-73}$$

即要求梁的最大相对挠度与最大转角分别不超过各自的许可值。在土木工程中，梁的相对挠应［y/l］许可值通常取1/250~1/1 000范围内。

一般土木工程中的构件，如果满足了强度条件，往往刚度条件也能满足。当构件的变形限制很严或按强度条件选用的构件截面过于单薄时，刚度条件也能起主导控制作用。下面介绍一般梁的变形计算。

2.梁的变形

1）梁挠曲线的近似微分方程

在外力作用下，梁的轴线将由直线变为曲线，弯曲后的梁轴线称为挠曲线。当作用在梁上的荷载位于梁的一纵向对称面内，梁发生平面弯曲，挠曲线是连续光滑的平面曲线，如图7-45所示。

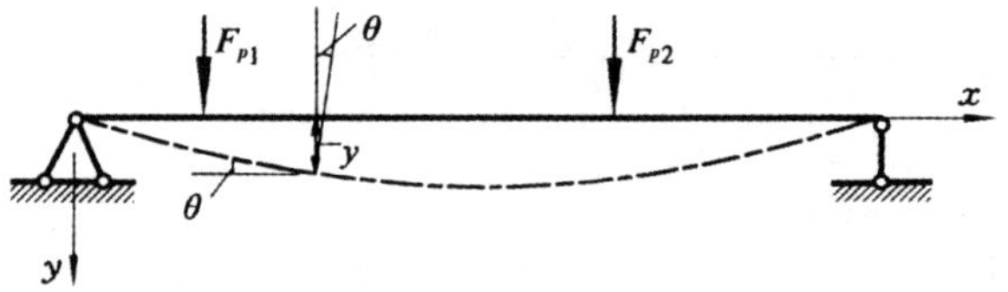

图7-45

研究表明，对于细长梁，剪切力对变形的影响与弯矩相比很小，可忽略不计。梁的变形可用横截面形心的纵向线位移与横截面的角位移来表示。

横截面形心的纵向线位移称为该截面的挠度，用y表示。不同截面的挠度一般不同，如果沿变形前的梁轴线设立坐标系，则截面的挠度为其位置的函数，即

$$y = y(x) \tag{a}$$

式（a）称为挠曲线方程。横截面的角位移称为转角，用θ表示，它也等于挠曲线在该截面处的切线与x轴的夹角。由于挠度和跨度相比很小，挠曲线是一平坦曲线，故有

$$\theta \approx \tan\theta = y'(x) \tag{b}$$

式（b）称为转角方程。

在如图7-45所示的坐标系中，挠度和转角的正负号规定为：挠度向下为正值，向上为负值；转角顺时针为正值，逆时针为负值。

为了求得梁的绕曲线方程，利用第三节中已经导出的曲率和弯矩的关系式（7-57），即

$$\frac{1}{\rho(x)} = \frac{M(x)}{EI} \tag{c}$$

由于弯矩是x的函数，所以曲率半径也是x的函数。

由高等数学的解析几何知识，平面曲线的曲率为

$$\frac{1}{\rho(x)} = \pm\frac{y''}{[1+(y')^2]^{[3/2]}} \tag{d}$$

当取图7-46所示的坐标系时，曲线向上凸时，y''为正，向下凸时，y''为负。而按弯矩的正负号规定，曲线向上凸时，M为负，向下凸时，M为正。可见M与y''的正负号正好相反。将式（d）代入式（c），得

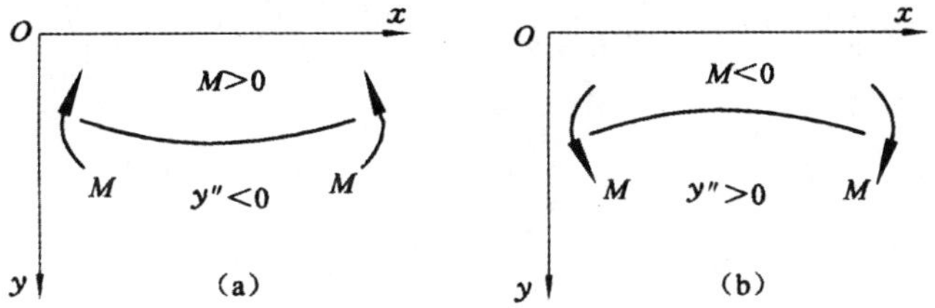

图7-46

$$\frac{y''}{[1+(y')^2]^{3/2}} = -\frac{M(x)}{EI} \tag{7-74}$$

由于梁的挠曲线为一平坦的曲线，y'远小于1，可以略去不计，故式（7-74）可近似写为

$$EIy'' = -M(x) \tag{7-75}$$

式（7-75）称为梁的挠曲线近似微分方程。

将式（7-75）积分一次，可得转角方程，再积分一次可得挠度方程。

2）用积分法求梁的变形

对等截面梁，EI是常量，对式（7-75）积分后得

$$EI\theta = EIy' = -\int M(x)\,dx + C \tag{e}$$

$$EIy = -\iint M(x)\,dx\,dx + Cx + D \tag{f}$$

式中，C与D为积分常数，在梁的挠曲线上某些点的挠度或转角是已知的。例如，

简支梁的简支端的挠度为零；悬臂梁固定端的挠度与转角为零。这些条件即为边界条件。由梁的边界条件即可确定积分常数C与D。当梁内弯矩方程有n个时，则得到相应的挠度与转角的微分方程总数为$2n$个，此时可利用变形连续条件补充所需要的条件方可求出积分常数。因为挠曲线是一条连续光滑的平面曲线，所以挠曲线上的任意一点只能有唯一的转角与挠度。因此，弯矩分段处的转角与挠度相等就是所需要补充的连续条件。下面通过例题加以说明。

【例7-12】如图7-47所示一弯曲刚度为EI的悬臂梁，承受集度为q的均布荷载作用，试求梁的挠曲线方程和转角方程。

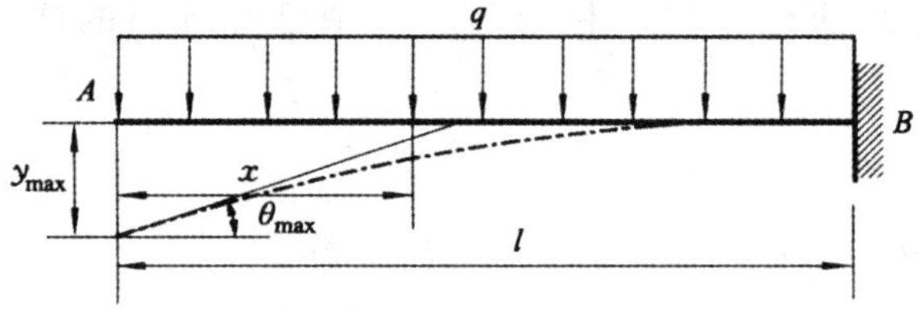

图7-47

【解】（1）确定弯矩方程和挠曲线方程

利用截面法，可以求出距自由端A为x远处的弯矩为

$$M(x)=-\frac{1}{2}qx^2$$

挠曲线方程为

$$EIy''=\frac{1}{2}qx^2$$

连续积分两次，得到

$$EIy'=\frac{1}{6}qx^3+C$$

$$EIy=\frac{1}{24}qx^4+Cx+D$$

（2）由边界条件确定积分常数

在悬臂梁的固定端，转角和挠度均为零，边界条件为

在$x=l$处，$y'=0$，$y=0$

代入上式，可确定积分常数为

$$C=-\frac{1}{6}ql^3$$

$$D=\frac{1}{8}ql^4$$

因此转角方程和挠度方程分别为

$$\theta=y'=\frac{q}{6EI}(x^3-l^3)$$

$$y=\frac{q}{24EI}(x^4-4l^3x+3l^4)$$

很显然，悬臂梁的最大转角和挠度都发生在自由端A，为

$$\theta_{max}=\frac{ql^3}{6EI}\text{(逆时针)}$$

$y_{max}=\dfrac{ql^4}{8EI}(\downarrow)$

【例7-13】如图7-48所示，一弯曲刚度为EI的简支梁，在C点处受一集中荷载F_p作用，试求梁的挠曲线方程和转角方程。

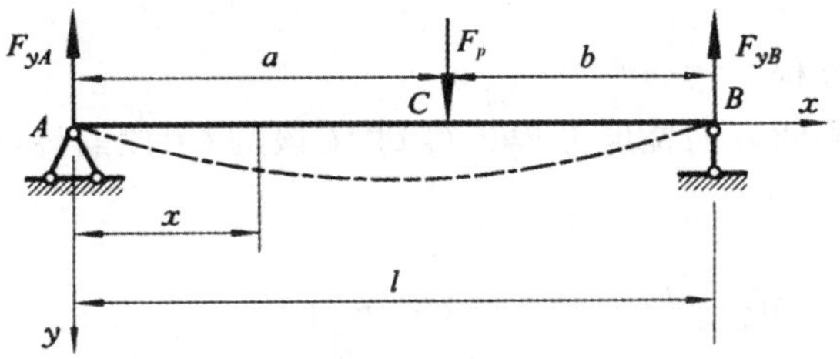

图7-48

【解】(1) 确定弯矩方程和挠曲线方程

由平衡方程得A与B端的支反力分别为

$F_{yA}=\dfrac{F_pb}{l},F_{yB}=\dfrac{F_pa}{l}$

AC段与CB段的弯矩方程不同，分别为

AC段 $(0\leqslant x\leqslant a)$

$M(x)=F_{yA}x=\dfrac{F_pb}{l}x$

CB段 $(a\leqslant x\leqslant l)$

$M(x)=F_{yA}x-F_p(x-a)=\dfrac{F_pb}{l}x-F_p(x-a)$

因此AC段与CB段的挠曲线方程也不同，应分段建立，分别进行积分。

AC段 $(0\leqslant x\leqslant a)$

$EIy''_1=-M(x)=\dfrac{F_pb}{l}x$

$EIy'_1=-\dfrac{F_pb}{2l}x^2+C_1$

$EIy_1=-\dfrac{F_pb}{6l}x^3+C_1x+D_1$

CB段 $(a\leqslant x\leqslant l)$

$EIy''_2=-M(x)=-\dfrac{F_pb}{l}x+F_p(x-a)$

$EIy'_2=-\dfrac{F_pb}{2l}x^2-\dfrac{F_p}{2}(x-a)^2+C_2$

$EIy_2=-\dfrac{F_pb}{6l}x^3+\dfrac{F_p}{6}(x-a)^3+C_2x+D_2$

(2) 由边界条件确定积分常数

在梁两端的铰支座处，挠度为零，边界条件为

在$x=0$处，$y_1=0$；在$x=l$处，$y_2=0$

此外，梁段AC与CB在截面C处具有相同的转角和相同的挠度，位移保持连续，因此有

在 $x=a$ 处，$y'_1=y'_2$；在 $x=a$ 处，$y_1=y_2$

由以上两个边界条件和两个连续性条件，可以确定出四个积分常数为

$$D_1=D_2=0$$

$$C_1=C_2=\frac{F_pb}{6l}(l^2-b^2)$$

（3）建立挠度方程

把积分常数代入两段的挠度方程，得到 AC 段与 CB 段的挠度方程分别为

$$y_1=\frac{F_pbx}{6EIl}(l^2-b^2-x^2) \quad (0\leqslant x\leqslant a)$$

$$y_2=\frac{F_pbx}{6EIl}(l^2-b^2-x^2)+\frac{F_p}{6EI}(x-a)^3 \quad (a\leqslant x\leqslant l)$$

（4）确定最大挠度

梁的挠曲线如虚线所示，显然最大挠度发生在较长的梁段中。设 $a>b$，则最大挠度发生在 AC 段中，在最大挠度处挠曲线的导数（转角）为零，即

$$y'_1=\frac{F_pb}{6EIl}(l^2-b^2-3x^2)=0$$

得到最大挠度所在截面的位置为

$$x_0=\sqrt{\frac{l^2-b^2}{3}}$$

把 x_0 代入 AC 段挠曲线方程中，得到最大挠度为

$$y_{\max}=\frac{F_pb(l^2-b^2)^{3/2}}{9\sqrt{3}EIl}$$

在工程实际中，如果 b 和 a 相差不是很大，常常用跨度中点（简称跨中）的挠度来代替最大挠度，也可以取得比较满意的结果。跨中的挠度为

$$y_m=\frac{F_pb}{12EI}\left(\frac{3l^3}{4}-b^2\right)$$

如果 $b=l/3$，算得 $y_m=0.9903y_{\max}$，误差为0.97%，满足工程误差的要求。

如果荷载 F_p 作用在梁跨度中点，即 $a=b=l/2$ 时，则梁的最大挠度也发生在跨中，为

$$y_{\max}=\frac{F_pl^3}{48EI}$$

3）叠加法求梁的变形

对各种常见梁承受不同荷载时的挠曲变形进行分析，得到相应的挠曲线方程和特殊点的位移，结果列在表7-2中。

表 7-2 **梁在简单荷载作用下的变形**

梁的简图	挠曲线方程	端截面转角	最大挠度
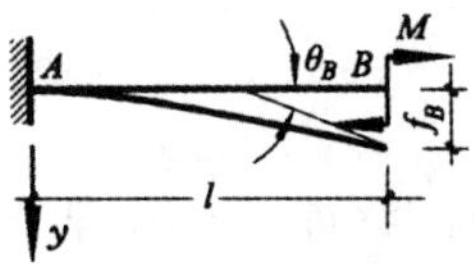	$y=\frac{Mx^2}{2EI}$	$\theta_B=\frac{Ml}{EI}$	$f_B=\frac{Ml^2}{2EI}$

续表

梁的简图	挠曲线方程	端截面转角	最大挠度
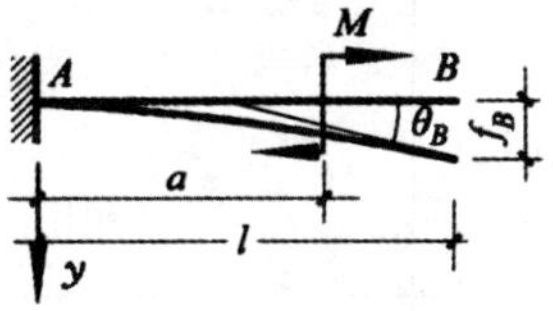	$y=\frac{Mx^2}{2EI}$, $0\leqslant x\leqslant a$ $y=\frac{Ma}{EI}\left[(x-a)+\frac{a}{2}\right]$, $a\leqslant x\leqslant l$	$\theta_B=\frac{Ma}{EI}$	$f_B=\frac{Ma}{EI}\left(1-\frac{a}{2}\right)$
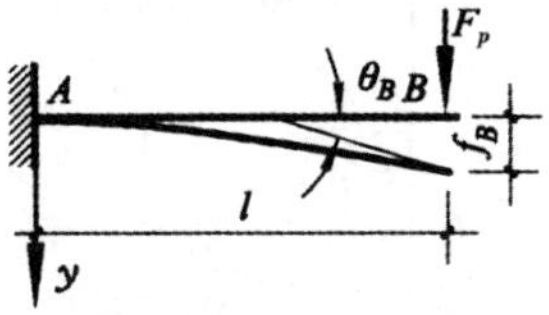	$y=\frac{F_px^2}{6EI}(3l-x)$	$\theta_B=\frac{F_pl^2}{2EI}$	$F_{pB}=\frac{Fl^3}{3EI}$
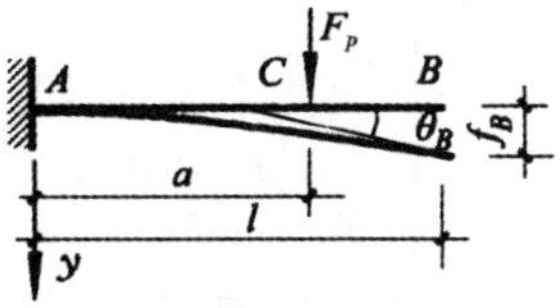	$y=\frac{F_px^2}{6EI}(3a-x)$, $0\leqslant x\leqslant a$ $y=\frac{F_pa^2}{6EI}(3x-a)$, $a\leqslant x\leqslant l$	$\theta_B=\frac{F_pa^2}{2EI}$	$f_B=\frac{F_pa^2}{6EI}(3l-a)$
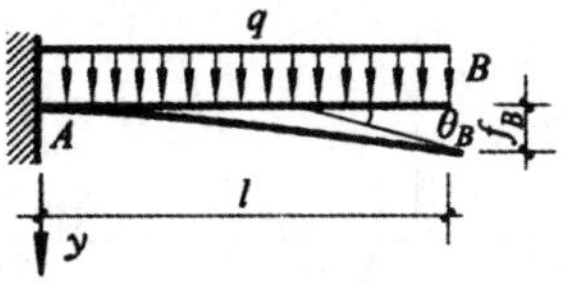	$y=\frac{qx^2}{24EI}(x^2-4lx+6l^2)$	$\theta_B=\frac{ql^3}{6EI}$	$f_B=\frac{ql^4}{8EI}$
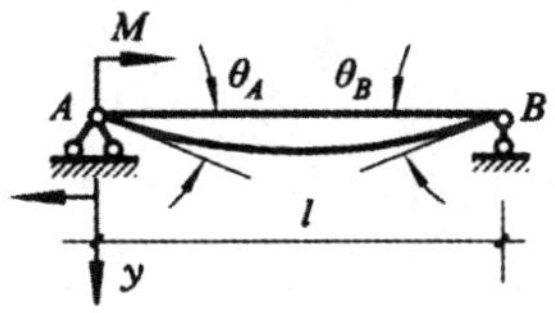	$y=\frac{Mx}{6EIl}(l-x)(2l-x)$	$\theta_A=\frac{Ml}{3EI}$ $\theta_B=\frac{-Ml}{6EI}$	$x=\left(1-\frac{1}{\sqrt{3}}\right)l$ $f_{max}=\frac{Ml^2}{9\sqrt{3}EI}$ $x=\frac{1}{2}$, $f_{\frac{1}{2}}=\frac{Ml^2}{16EI}$
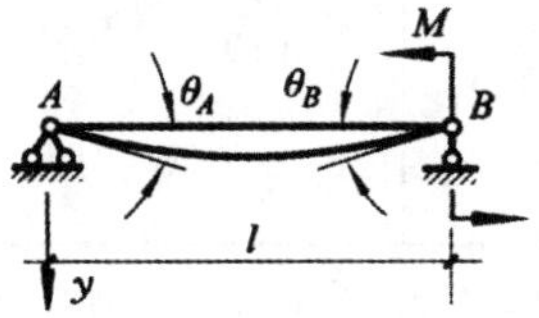	$y=\frac{Mx}{6EIl}(l^2-x^2)$	$\theta_A=\frac{Ml}{6EI}$ $\theta B=\frac{-Ml}{3EI}$	$x=\frac{l}{\sqrt{3}}$ $f_{max}=\frac{Ml^2}{9\sqrt{3}EI}$ $x=\frac{1}{2}$, $f_{\frac{1}{2}}=\frac{Ml^2}{16EI}$
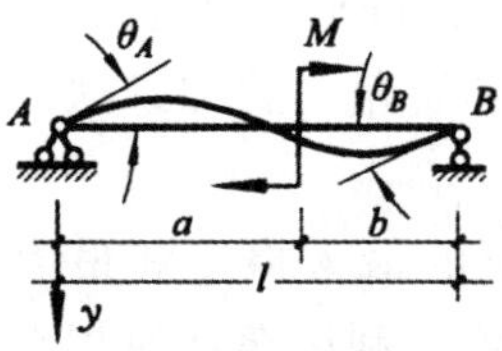	$y=-\frac{Mx}{6EIl}(l^2-3b^2-x^2)$, $0\leqslant x\leqslant a$ $y=-\frac{M}{6MIl}[-x^3+3l$ $(x-a)^2+(l^2-3b^2)x]$, $a\leqslant x\leqslant l$	$\theta_A=\frac{-M}{6EIl}$ (l^2-3b^2) $\theta_B=\frac{-M}{6EIl}$ (l^2-3a^2)	

续表

梁的简图	挠曲线方程	端截面转角	最大挠度
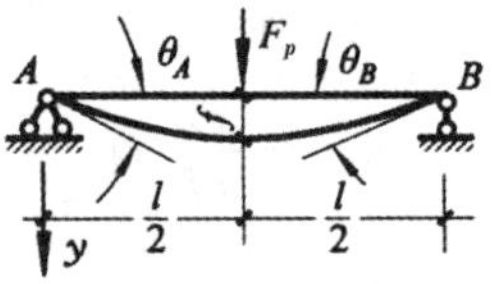	$y=\frac{F_p x}{48EI}(3l^2-4x^2)$， $0\leqslant x\leqslant\frac{l}{2}$	$\theta_A=-\theta_B=\frac{F_p l^2}{16EI}$	$f_B=\frac{F_p l^3}{48EI}$
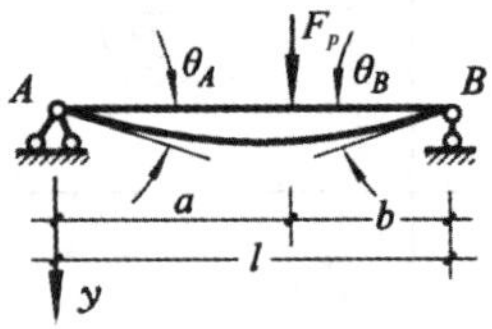	$y=-\frac{F_p bx}{6EIl}(l^2-x^2-b^2)$， $0\leqslant x\leqslant a$ $y=\frac{F_p b}{6EIl}[\frac{l}{b}(x-a)^3$ $+(l^2-b^2)x-x^3]$， $a\leqslant x\leqslant l$	$\theta_A=\frac{F_p ab(l+b)}{6EIl}$ $\theta_B=\frac{-F_p ab(l+a)}{6EIl}$	设$[a>b]$， 在$x=\sqrt{\frac{l^2-b^2}{3}}$处， $f_{max}=\frac{F_p b(l^2-b^2)^{\frac{3}{2}}}{9\sqrt{3}EI}$ 在$x=\frac{l}{2}$处， $f_{\frac{l}{2}}=\frac{F_p b(3l^2-4b^2)}{48EI}$
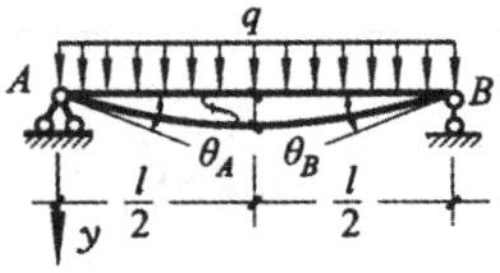	$y=\frac{qx}{24EI}(l^3-2lx^2+x^3)$	$\theta_A=-\theta_B=\frac{ql^3}{24EI}$	$f=\frac{5ql^4}{384EI}$
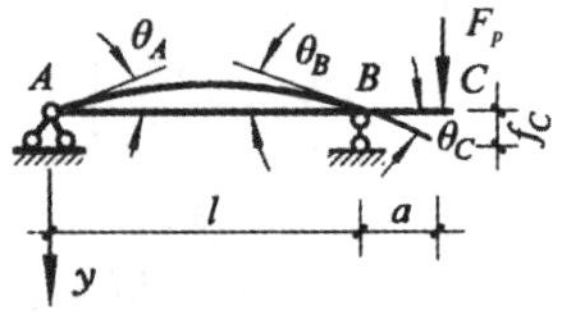	$y=\frac{-F_p ax}{6EIl}(l^2-x^2)$， $0\leqslant x\leqslant l$ $y=\frac{F_p(x-l)}{6EI}[a(3x-l)$ $-(x-l)^2]$，$l\leqslant x\leqslant(l+a)$	$\theta_A=-\frac{1}{2}$ $\theta_B=\frac{-F_p al}{6EI}$ $\theta_C=\frac{F_p a}{6EI}(2l+3a)$	$f_C=\frac{F_p a^2}{3EI}(l+a)$
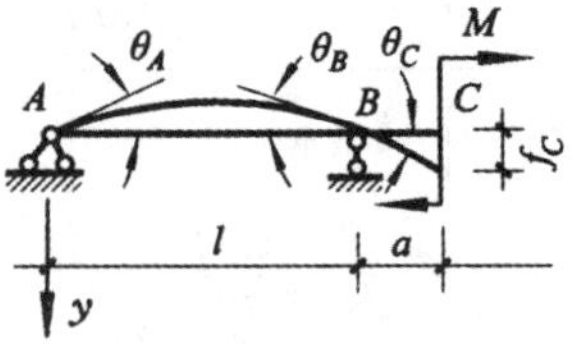	$y=\frac{Mx}{6EIl}(x^2-l^2)$，$0\leqslant x\leqslant l$ $y=\frac{M}{6EI}(3x^2-4xl+l^2)$， $l\leqslant x\leqslant(l+a)$	$\theta_A=-\frac{1}{2}$ $\theta_B=\frac{-Ml}{6EI}$ $\theta_C=\frac{M}{3EI}(l+3a)$	$f_C=\frac{Ma}{6EI}(2l+3a)$

由于梁的变形微小，梁变形后截面形心的轴向位移可以忽略不计，且梁截面的应力不超过材料的比例极限，因此梁的挠度和转角均与作用在梁上的荷载呈线性关系。当梁在几个荷载（集中力、集中力偶或分布力均可）同时作用下，某一截面的挠度和转角就等于每个荷载单独作用下该截面的挠度和转角的叠加，这就是叠加原理。

在工程实际中，往往需要计算梁在几个荷载同时作用下的最大挠度和最大转角。如果已知梁在每个荷载单独作用下的最大挠度和最大转角，利用叠加原理来直接求解梁的最大挠度和最大转角比较方便。

（三）梁的合理设计

1.合理强度设计

由梁的正应力强度条件可知，梁的强度与其所用的材料、横截面形状与尺寸、最大弯矩有关。对于给定的梁材料，合理强度设计是指：①合理配置梁的支座位置和荷载作用，尽量降低最大弯矩；②采用合理的梁截面，提高抗弯截面模量；③等强度设计。

1）合理配置梁的支座位置和荷载

如图7-49（a）所示简支梁，承受均布荷载q的作用，梁截面最大弯矩为$ql^2/8$，如果采用如图7-49（b）所示的制作布置形式，即把支座向内移动$l/5$（图7-49（b）），则最大弯矩为$ql^2/40$，只有前者的1/5，由此达到解决材料的目的。又如第四章例4-15也是通过支座合理布置达到合理设计的目的。

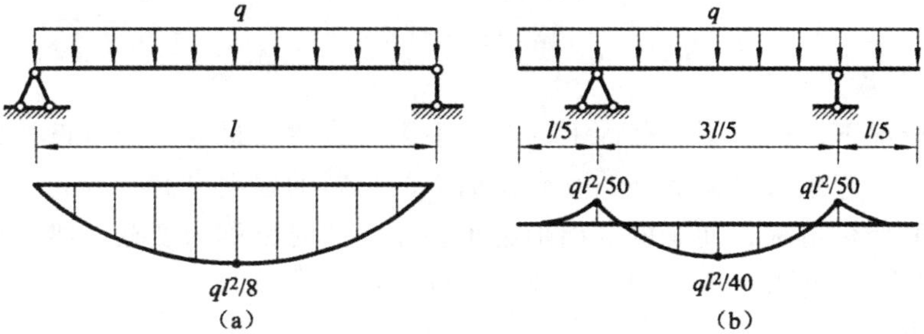

图7-49

如图7-50（a）所示简支梁，在跨度中点承受集中力F_p作用，梁截面最大弯矩为$F_p l/4$，如果使集中力通过辅助梁再作用到梁上（图7-50（b）），则最大弯矩为$F_p l/8$，减小一半。图7-50（b）是利用合理分配荷载在设计中达到经济目的的范例。

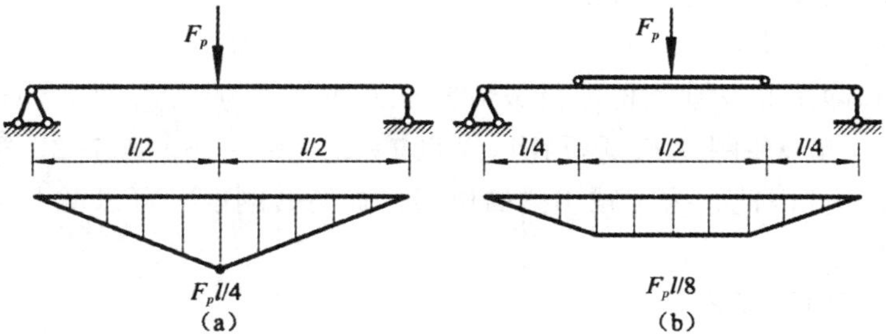

图7-50

2）选用合理的梁截面形状

对于同样的弯矩分布和截面面积，如果梁的抗弯截面模量较大，则其具有的强度也较大。在一般截面中，抗弯截面模量和截面高度的平方成正比，因此合理的截面形状应该是把较多材料放置在远离中性轴的位置。另一面，由于弯曲正应力以中性轴为零点，沿截面高度线性分布，因此在离中性轴较远的位置配置较多的材料，将提高材料的利用率。

对于抗拉和抗压强度相同的塑性材料（如钢材）梁，常采用中性轴为截面对称轴的工字形和箱形等截面（图7-51（a）、（b））；对于抗压强度高于抗拉强度的脆性材料（如石料、铸铁）梁，则常采用中性轴靠近受拉一侧的截面，如T字形与槽形（图7-51（c）、（d））。

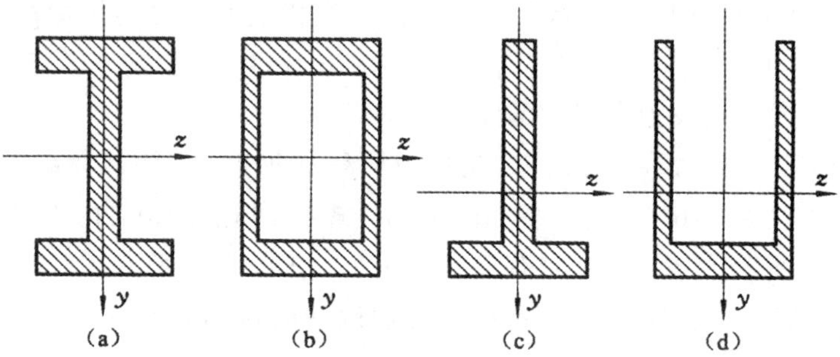

图7-51

3）等强度梁设计

一般情况下，梁的不同截面上的弯矩不同。这时按最大弯矩所设计的等截面梁中，除了最大弯矩所在截面外，其余截面上的材料的强度没有得到充分利用。如果按照弯矩的变化情况，使梁的截面随梁轴变化，这时梁称为变截面梁。理想情况是梁截面的变化，使得每个截面最大应力相同，即

$$\sigma_{\max}=\frac{M(x)}{W(x)}=[\sigma]$$

得到

$$W(x)=\frac{M(x)}{[\sigma]} \tag{7-76}$$

按式（7-76）设计的变截面梁，每个截面的强度都相同，称为等强度梁。此种设计的弊端是设计与施工都比较复杂。

2.合理刚度设计

梁的位移除了与支承条件和荷载情况有关外，还与跨度l的n（n=1，2，3，4）次幂成正比，与弯曲刚度EI成反比（见例7-12，例7-13，表7-2，第八章静定结构的位移计算）。因此，为了减小梁的位移，提高其刚度，可以增大弯曲刚度EI或减小梁的跨度l。

1）增大弯曲刚度EI

对于钢材来说，采用高强度钢可以明显提高强度，但对于刚度则没有明显提高，因为高强度钢和普通钢的弹性模量是很接近的。这时可行的措施是提高惯性矩I。和强度问题中选用合理的梁截面形状相似，也是选用工字形和箱形等截面形状，使得在离中性轴较远的位置配置较多的材料。

2）减小梁的跨度l

由于梁的位移与跨度l的n（n=1，2，3，4）次幂成正比，因此如能缩短梁的跨度，将能显著地减小梁的位移。

对于如图 7-49（a）所示承受均布荷载的简支梁，跨度中点的挠度为 $y_{c1}=5ql^4/384EI$；

而对于缩短了跨度的梁（图 7-49（b）），跨度中点的挠度为 $y_{c2}=63ql^4/80\,000EI$，后者仅为前者的 6.05%。

第四节　弯曲中心的概念

前面讨论的是在平面弯曲情形下的弯曲问题，也就是杆件有纵向对称平面，外力均作用在该对称平面内。如果杆件无纵向对称平面，例如用槽钢做的梁，外力作用在 yOx 平面内，杆件除弯曲变形外，还发生扭转变形（图 7-52（a））。只有当外力的作用平面与形心主惯性轴平行且通过某一特定点 A 时，杆件才只有弯曲变形，而无扭转变形（图 7-52（b））。这一特定点 A 称作弯曲中心。槽钢等这一类截面称为薄壁截面，具有开口薄壁截面的杆件，称开口薄壁杆件。确定这种杆件的弯曲中心位置时具有较大的实用意义，因为工程中不希望这种梁发生扭转变形，此时必须使外力作用点通过弯曲中心。

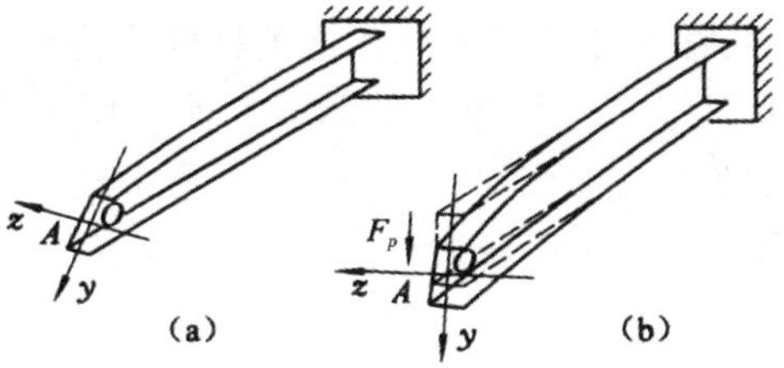

图 7-52

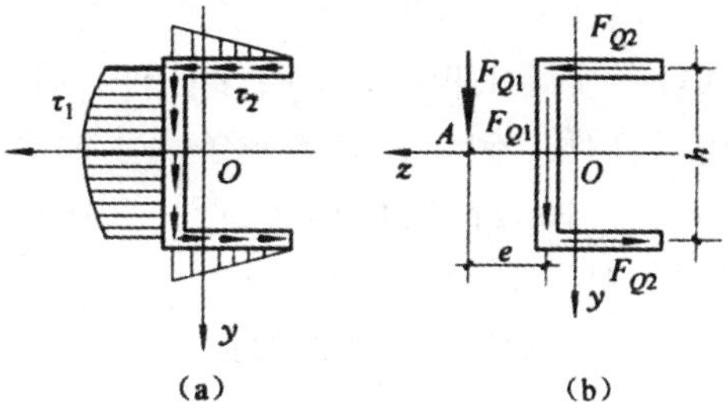

图 7-53

下面以槽钢为例说明确定弯曲中心位置的方法。图 7-53（a）是槽形截面梁的横截面，当外力平行于 y 轴时，与工字形截面一样，槽形截面的腹板上有垂直方向剪应力 τ_1，而槽形截面的翼板上有水平剪应力 τ_2，其分布见图 7-53（a），这些剪应力可用合力 F_{Q1} 与 F_{Q2} 来表示，F_{Q1} 近似地等于截面上的剪力 F_Q，上下翼板的水平剪力 F_{Q2} 将组成一力偶矩 $F_{Q2}h$，将力偶矩 $F_{Q2}h$ 与 F_{Q1} 合并，得到切向内力系的最终合力（图 7-53（b））。这一合力仍等于 F_{Q1}，只是作用线向左平移了一个距离 e，如对腹板中线与 z 轴的交点取矩，由合力矩定理得

因为　$F_{Q2}h=F_{Q1}e$

故　$F_{Q1}=F_Q$

$$e=\frac{F_{Q2}h}{F_Q} \tag{7-77}$$

关于 e 的具体数值，这里不详细叙述，可参阅有关书籍。如果外力不通过弯曲中心，则发生扭转变形，属开口薄壁杆件的扭弯计算问题，表 7-3 列出了几种开口

薄壁截面的弯曲中心 e 的位置。

表 7-3 几种截面的弯曲中心 e 的位置

截面形状	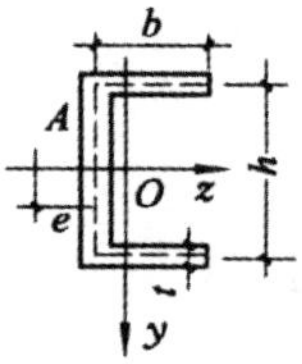	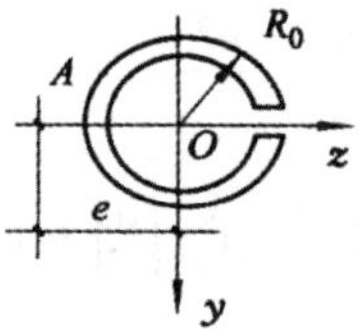	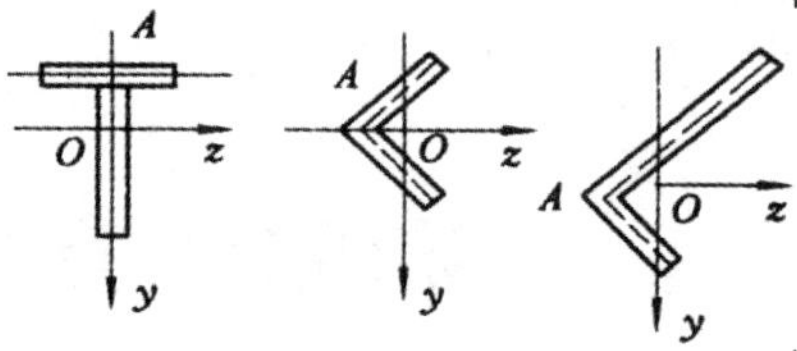	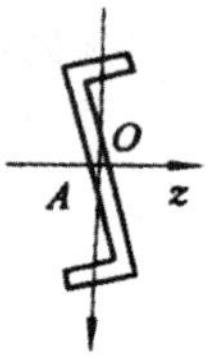
弯曲中心 e 的位置	$e=\dfrac{b^2h^2t}{4I_z}$	$e=2R_0$	在两个狭长矩形中线的交点	与形心重合

第五节 杆件在组合变形下的强度计算

前面各节分别叙述了拉伸、剪切、扭转和弯曲等基本变形的杆件的强度和刚度计算。实际工程中，有许多杆件往往同时存在着几种基本变形，这类杆件称为组合变形杆件。例如，矩形檩条属于两个方向平面弯曲的组合，又称斜弯曲（图 7-54（a））。偏心荷载作用下的柱子则为压缩与纯弯曲的组合，又称偏心受压柱（图 7-54（b））；烟囱受到自重与风力的共同作用时，属于压弯杆件（图 7-54（c））。本节主要讨论组合杆件的强度计算。

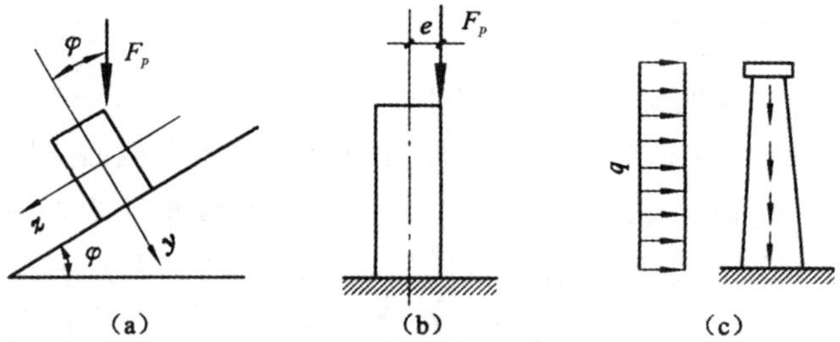

图 7-54

一、斜弯曲

外力作用平面与形心主惯性平面成一个角度，例如檩条，当其横截面采用矩形、工字形、槽形、Z形时（图 7-55），变形后杆件的挠曲线不在外力作用平面内，这种弯曲称斜弯曲。

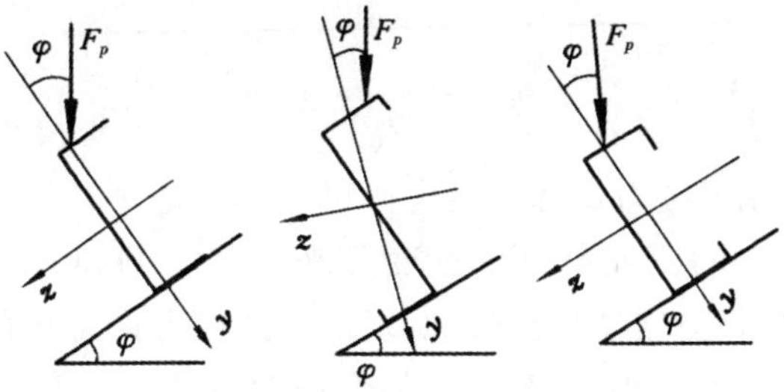

图 7-55

下面以矩形截面悬臂梁自由端作用集中力为例（图 7-56），说明斜弯曲时的应力与变形计算。梁自由端截面作用的 F_p 力通过形心，但与 y 轴成一夹角 φ。设立坐标系，并将集中力 F_p 分解到 z 轴和 y 轴上，得

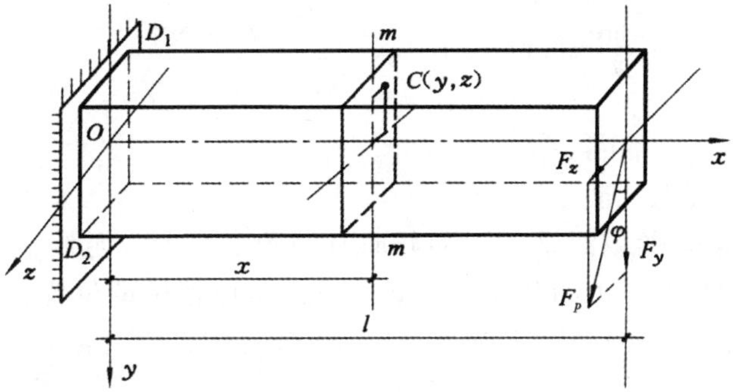

图 7-56

$$F_y = F_p\cos\varphi, F_z = F_p\sin\varphi$$

F_y 与 F_z 将分别使梁在垂直平面和水平平面内发生平面弯曲，在梁任意横截面 m-m 上引起的弯矩分别为

$$M_z = F_y(l-x) = F_p\cos\varphi(l-x) = M\cos\varphi$$

$$M_y = F_z(l-x) = F_p\sin\varphi(l-x) = M\sin\varphi$$

式中，M——F_p 力对 m-m 截面的弯矩，即 $M = F_p(l-x)$。

m-m 截面上 C 点的正应力，可分别计算 M_z 和 M_y 所引起的 C 点的应力，然后代数相加。

由 M_z 引起的正应力用 σ' 表示

$$\sigma' = \frac{M_z y}{I_z} = \frac{M\cos\varphi}{I_z}y$$

由 M_y 引起的正应力用 σ'' 表示：

$$\sigma'' = \frac{M_y z}{I_y} = \frac{M\sin\varphi}{I_y}z$$

式中，M_z，M_y，y 和 z 均为负值，所以 σ' 和 σ'' 是正值。I_z 和 I_y 分别是横截面对 y 和 z 轴的惯性矩。相加后得 C 点的正应力为

$$\sigma = \sigma' + \sigma'' = \frac{M\cos\varphi}{I_z}y + \frac{M\sin\varphi}{I_y}z$$

或

$$\sigma = M\left(\frac{\cos\varphi}{I_z}y+\frac{\sin\varphi}{I_y}z\right) \tag{7-78}$$

在斜弯曲中，计算正应力σ时，事先亦可以不考虑弯矩和坐标的正负号，均用绝对值计算，而应力σ的正或负可根据变形来确定。例如，在此悬臂梁中，在F_y和F_z作用下使m-m截面的C点均受拉，所以σ是拉应力，为正值。

下面建立悬臂梁在F_p力作用下发生斜弯曲时的强度条件，首先必须找到最大应力作用截面上的最大应力点，通常称它为危险点。图7-56梁中的危险截面是固端截面，而危险点在固端截面上的D_1或D_2点上。D_1为最大拉应力作用点，D_2为最大压应力作用点。两点的应力数值相等，斜弯曲时的强度条件，也就是要使最大应力不超过许用应力，如果材料的许用拉力与许用应力相等，则强度条件可写作

$$\sigma_{\max} = M_{\max}\left(\frac{\cos\varphi}{I_z}y_{\max}+\frac{\sin\varphi}{I_y}z_{\max}\right)\leqslant[\sigma]$$

或

$$\sigma_{\max} = \frac{M_z}{W_z}+\frac{M_y}{W_z}\leqslant[\sigma]$$

在这里因为是矩形截面梁，矩形截面有凸角点，所以危险点一定在凸角点上（图7-57（a））。对无凸角的截面，则必须先确定中性轴的位置，然后才能定出危险点的位置（图7-57（b））。

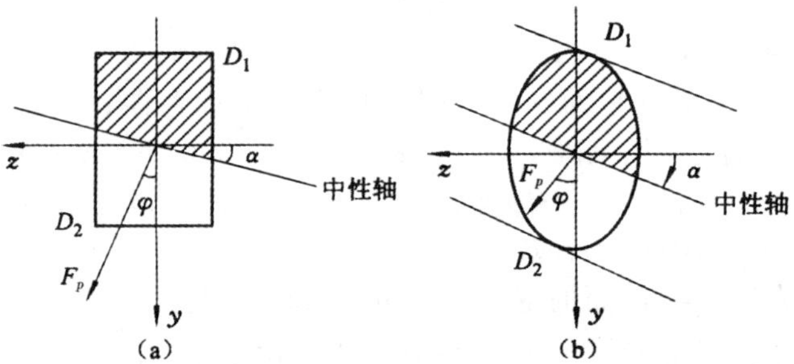

图7-57

确定斜弯曲梁横截面上中性轴的位置时，设中性轴上各点的坐标为y_0和z_0，因中性轴上各点的应力等于零，所以

$$\sigma = M\left(\frac{\cos\varphi}{I_z}y_0+\frac{\sin\varphi}{I_y}z_0\right)=0$$

故中性轴方程为

$$\frac{\cos\varphi}{I_z}y_0+\frac{\sin\varphi}{I_y}z_0=0 \tag{7-79}$$

可见中性轴是一条通过截面形心的斜直线，它与x轴的夹角是

$$\tan\alpha = \frac{y_0}{z_0}=-\frac{I_z}{I_y}\tan\varphi \tag{7-80}$$

中性轴将截面分为受拉区和受压区两个部分。对无凸角的截面，确定了中性轴的位置后，可求得距中性轴最远的点D_1和D_2的坐标，如图7-57（b）所示，这两点就是应力最大的点，即危险点。

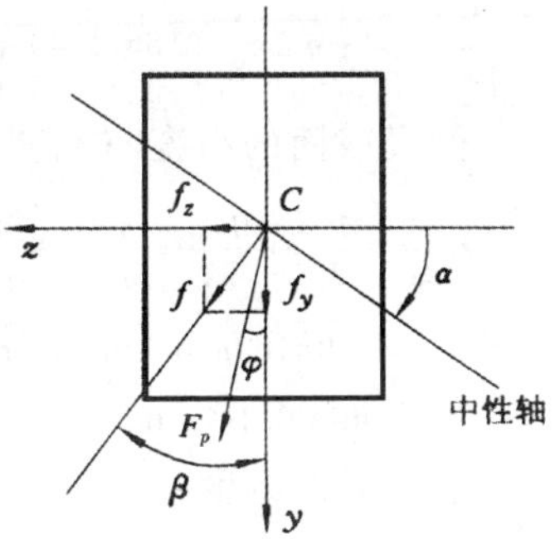

图7-58

下面讨论斜弯曲梁的变形（图7-58），变形也可按叠加原理来计算。上述悬臂梁，在xy平面内梁的自由端由F_y引起的挠度

$$f_y=\frac{F_y l^3}{3EI_z}=\frac{F\cos\varphi l^3}{3EI_z}$$

在xz平面内梁自由端由F_z引起的挠度

$$f_z=\frac{F_z l^3}{3EI_y}=\frac{F_p\sin\varphi l^3}{3EI_y}$$

梁自由端的总挠度f是f_y和f_z的矢量和，其数值及刚度条件为

$$f=\sqrt{f_y^2+f_z^2},f/l\leq[f/l]$$

挠度方向与y轴的夹角β为

$$\tan\beta=\frac{f_z}{f_y}=\frac{I_z}{I_y}\tan\varphi \tag{7-81}$$

从上式可知，当$I_y=I_z$时，则$\beta=\varphi$，即为平面弯曲，例如正方形、圆形等截面，只发生平面弯曲，不会发生斜弯曲。如果$I_z\neq I_y$，则$\beta\neq\varphi$，梁的挠曲线与集中荷载F_p不在同一平面内，所以属斜弯曲。

比较式（7-80）、式（7-81），可见中性轴z轴的夹角α等于挠度与y轴的夹角β，故斜弯曲时中性轴仍垂直于挠度f所在平面。

【例7-14】如图7-59所示矩形截面木檩条，跨长$l=3m$，受均布荷载作用，q=800N/m，檩条材料为杉木，许用拉应力［σ］=12MPa，$E=9\times10^3$MPa，允许挠度［f/l］$=\frac{1}{200}$。试选择截面尺寸并作刚度校核。

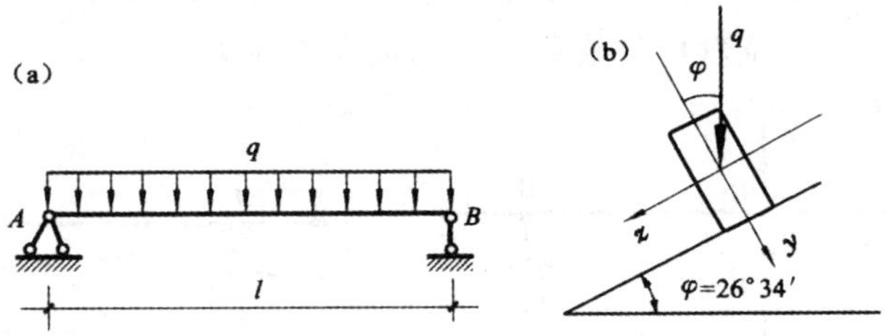

图7-59

【解】先将q分解为

$$q_y=q\cos\varphi=800\times0.894=715\text{N/m}$$

$$q_z=q\sin\varphi=800\times0.447=358\text{N/m}$$

再求$M_{z\max}$和$M_{y\max}$，它们均发生在檩条的跨中截面上

$$M_{z\max}=\frac{1}{8}q_y l^2=\frac{1}{8}\times715\times3^2=804\text{N}\cdot\text{m}$$

$M_{y\max} = \frac{1}{8}q_z l^2 = \frac{1}{8}\times358\times3^2 = 403\text{N}\cdot\text{m}$

假设截面的高度与宽度之比为 $\frac{h}{b}=1.5$，则

$\sigma_{\max} = \frac{M_{z\max}}{W_z}+\frac{M_{y\max}}{W_y}=\frac{804}{bh^2/6}+\frac{403}{hb^2/6}=\frac{6\times804}{b(1.5b)^2}+\frac{6\times403}{1.5b\times b^2}\leqslant12\times10^6$

解得　$b=6.79\times10^{-2}\text{m}=67.9\text{mm}$，$h=1.5\times67.9=102\text{mm}$

取70mm×110mm的矩形截面檩条。

校核梁的刚度：

$I_z = \frac{bh^3}{12}=\frac{70}{12}\times110^3=776\times10^4\text{mm}^4=776\times10^{-8}\text{m}^4$

$I_y = \frac{hb^3}{12}=\frac{110}{12}\times70^3=314\times10^4\text{mm}^4=314\times10^{-8}\text{m}^4$

$f_y = \frac{5q_y l^4}{384EI_z}=\frac{5\times715\times3^4}{384\times9\times10^9\times776\times10^{-8}}=1.080\times10^{-2}\text{m}=10.80\text{mm}$

$f_z = \frac{5q_z l^4}{384EI_y}=\frac{5\times358\times3^4}{384\times9\times10^9\times314\times10^{-8}}=1.336\times10^{-2}\text{m}=13.36\text{mm}$

梁跨中的总挠度：

$f = \sqrt{f_y^2+f_z^2}=\sqrt{10.80^2+13.36^2}=17.2\text{mm}$

$f/l = \frac{17.2}{3\times10^3}=\frac{1}{174}>[f/l]=\frac{1}{200}$

故刚度条件不满足，必须增大截面尺寸，然后再校核刚度。读者可自己完成。

二、拉伸（压缩）与弯曲组合变形的强度计算

在杆件上同时作用有横向力 F_p 和轴向力 F_T 时，杆件将发生弯曲与拉伸（压缩）的组合变形。

对于抗弯刚度 EI 较大的杆，由横向力引起的变形较小，可忽略轴向力引起的附加弯矩 $M_f = F_T f$。此时仍可用叠加原理计算横截面上的正应力。下面以图7-60（a）所示的杆件为例，计算拉弯杆件横截面上的最大正应力。

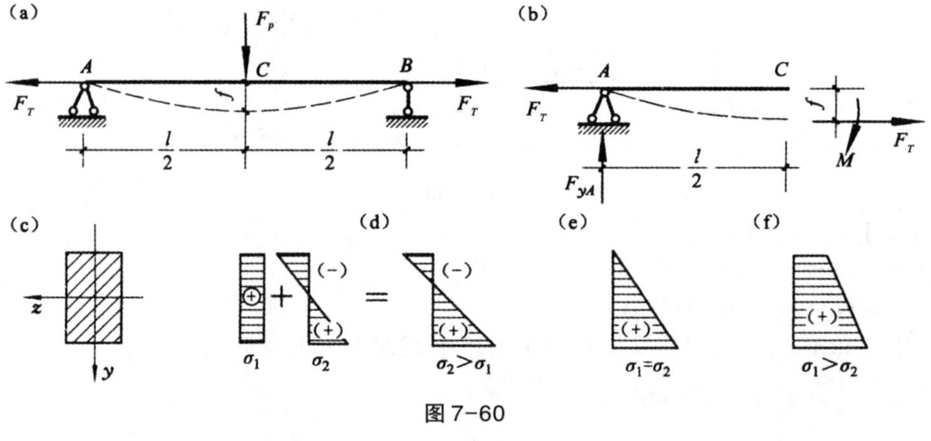

图7-60

在轴向力F_T单独作用下，杆横截面上的正应力用σ_1表示

$$\sigma_1=\frac{F_T}{A}$$

在横向力F_p单独作用下，杆横截面上的正应力用σ_2表示

$$\sigma_2=\frac{M_{\max}}{W_z}=\frac{F_p l}{4W_z}$$

在危险截面C上正应力沿梁高度的分布，如图7-60（c）所示。叠加σ_1与σ_2以后，沿截面高度正应力的分布，可能出现三种情况，如图7-60（d）、（e）、（f）所示。这取决于σ_1与σ_2的数值。由图7-60可知，无论是哪一种情况，最大正应力发生在横截面的下边缘，且为拉应力。其值是

$$\sigma_{\max}=\frac{F_T}{A}+\frac{F_p l}{4W_z}$$

强度条件是

$$\sigma_{\max}=\frac{F_T}{A}+\frac{F_p l}{4W_z}\leqslant[\sigma]$$

其他情形的梁，同样可按上述方法计算。应该注意，当轴向力为压力时，则最大应力在梁的上边缘，且是压应力。

在上述拉弯组合变形的例子中，忽略附加弯矩引起的正应力是偏于安全的，因为附加弯矩M_f是负弯矩，正好与横向力发生的弯矩M符号相反。如考虑附加弯矩，则实际上是减少总的弯矩，应力也随之减少。如果是压弯组合变形，那么，附加弯矩与横向力引起的弯矩是同号的，所以用叠加原理计算横截面上的正应力，即忽略附加弯矩引起的正应力是偏于不安全的。但对于抗弯刚度较大的杆件影响非常小，仍可用叠加原理计算。而对抗弯刚度较小的杆件，则必须考虑附加弯矩。考虑附加弯矩以后，在压弯组合变形下（图7-60（a））梁横截面上的最大正应力的计算式为

$$\sigma_{\max}=\left(\frac{F_T}{A}+\frac{F_p l}{4W_z}+\frac{F_T f}{W_z}\right)$$

【例7-15】砖砌烟囱（图7-61），高H=30m，底部Ⅰ-Ⅰ截面的外径为d_1=3m，内径d_2=2m，自重$W=2\times10^3$kN，水平风力$q=330\text{N/m}^2$，求Ⅰ-Ⅰ截面上最大压应力。

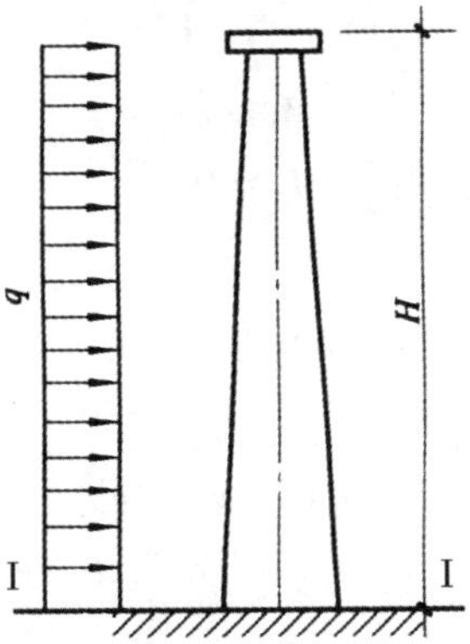

图7-61

【解】在自重和风压力作用下，烟囱将发生压弯组合变形，计算风力时，可略去烟囱直径的变化，把它视作等截面梁，则风的合力为

$F_R = qHd_1=330\times30\times3=29\ 700N=29.7\text{kN}$

设合力作用于烟囱的$H/2$处，它对Ⅰ-Ⅰ截面的弯矩为

$$M_{\max} = 29.7\times\frac{H}{2}=29.7\times\frac{30}{2}=445.5\text{kN}\cdot\text{m}$$

截面Ⅰ-Ⅰ的抗弯截面模量

$$W_z = \frac{\pi d_1^3}{32}(1-a^4)=\frac{\pi\times3^3}{32}\left[1-\left(\frac{2}{3}\right)^4\right]=2.14\text{m}^3$$

截面Ⅰ-Ⅰ的面积为

$$A = \frac{\pi}{4}(d_1^2-d_2^2)=\frac{\pi}{4}(3^3-2^2)=3.93\text{m}^2$$

故最大压应力为

$$\sigma_{a\max} = -\left(\frac{F_N}{A}+\frac{M_{\max}}{W_z}\right)=-\left(\frac{2\times10^3\times10^3}{3.93}+\frac{445.5\times10^3}{2.14}\right)$$

$$=-(0.509+0.208)\times10^6\text{N/m}^2=-0.717\text{MPa}$$

【例7-16】简易起重架，AB杆由工字钢Ⅰ18制成，BC杆为圆截面拉杆，在AB杆中点D处的滑车连同起吊重量F_p=25kN，如图7-62所示。钢材的许用应力［σ］=100MPa。试用叠加原理校核AB杆的强度。

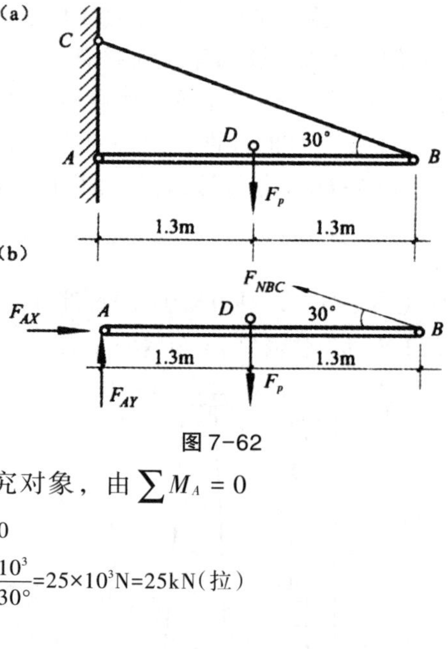

图7-62

【解】取AB杆为研究对象，由$\sum M_A = 0$

$F_{NBC}\sin30°\times2.6-F_p\times1.3=0$

$$F_{NBC} = \frac{1.3F_p}{2.6\sin30°}=\frac{25\times10^3}{2\sin30°}=25\times10^3\text{N}=25\text{kN(拉)}$$

杆AB的轴力为

$F_{NAB} = F_{NBC}\cos30°=25\times0.866=21.65\text{kN}$(压)

杆AB在D截面的最大弯矩

$$M_{\max} = \frac{F_p l}{4}=\frac{25\times2.6}{4}=16.25\text{kN}\cdot\text{m}$$

由附录Ⅱ第三节查得Ⅰ18的面积$A=30.6\text{cm}^2$，$W_z=185\text{cm}^3$，故危险截面上危险点的应力为

$$\sigma_{a\max}=-\frac{F_{NAB}}{A}-\frac{M_{\max}}{W_z}=-\frac{21.65\times10^3}{30.6\times10^{-4}}-\frac{16.25\times10^3}{185\times10^{-6}}$$

$$=(-7.075-87.83)\times10^6=-94.9\text{MPa}<[\sigma]$$

校核结果安全。

三、偏心压缩杆件的强度计算、截面核心

在建筑结构中，常常遇到压力作用线不通过杆件截面形心的情形，这种受力情况称为偏心压缩。

例如，如图7-63所示的柱子，在F_{p1}和F_{p2}作用下，对下部柱则为偏心压缩。本节仅讨论柱子在受到偏心压缩时的强度计算问题。

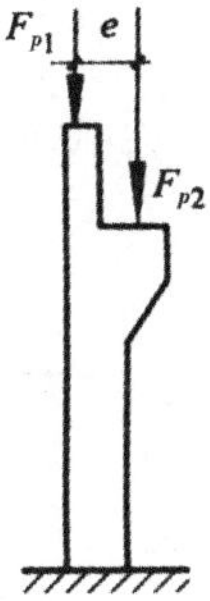

图7-63

（一）偏心受压柱的强度计算

1.单向偏心受压柱

图7-64（a）为单向偏心受压柱，外力作用在z轴上的A点，A点距离形心O的距离为e，e称为偏心距。

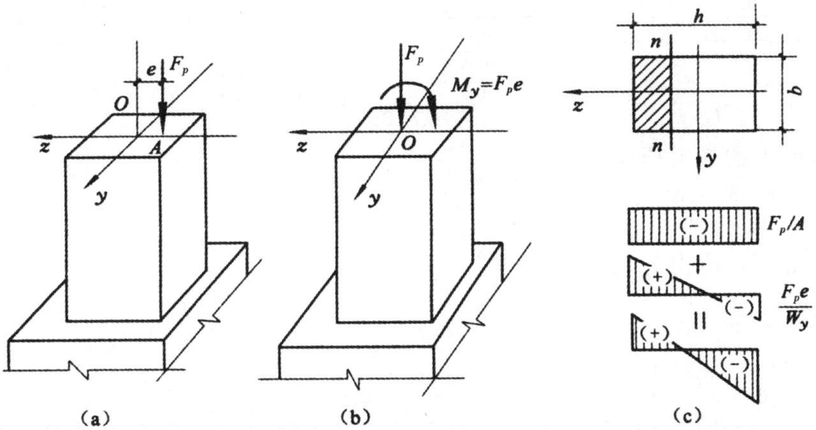

图7-64

将F_p力向截面形心简化，其结果如图7-64（b）所示。柱承受轴向压力F_p和弯矩$M_y=F_pe$的共同作用，柱的任一横截面受力均相同。因此，它是轴向压缩与纯弯曲的组合变形，其最大压应力

$$\sigma_{a\max}=-\frac{F_p}{A}-\frac{F_pe}{W_y}$$

当$\left|\frac{F_pe}{W_y}\right|>\left|\frac{F_p}{A}\right|$时，最大拉应力为

$$\sigma_{l\max}=-\frac{F_p}{A}+\frac{F_pe}{W_y}$$

其中性轴为n-n轴，它将横截面分为受拉区和受压区。

偏心受压的强度条件为

$$\left|-\frac{F_p}{A}-\frac{F_pe}{W_y}\right|\leqslant[\sigma]_a$$

$$-\frac{F_p}{A}+\frac{F_pe}{W_y}\leqslant[\sigma]_l$$

上述公式对其他截面形状柱也适用。

2.双向偏心受压柱

图7-65（a）属双向偏心受压柱，外力F_p作用于A点，A点的坐标为y_F和z_F。将F_p力向柱的截面形心简化，得轴力F_p和弯矩M_y与M_z（图7-65（b））

$$M_y=F_p\cdot z_F,M_z=F_p\cdot y_F$$

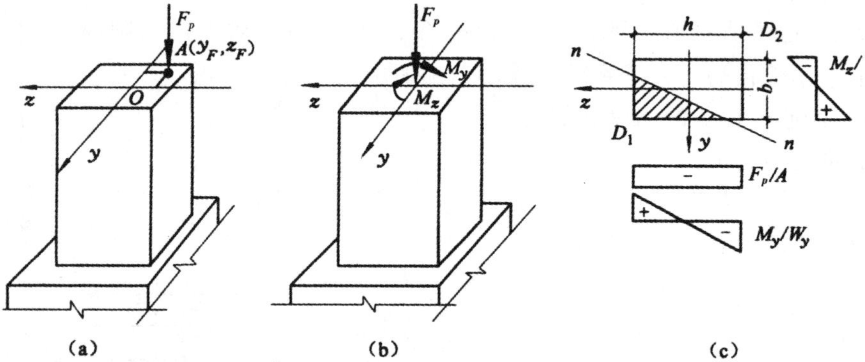

图7-65

因此，截面上的最大压应力为

$$\sigma_{a\max}=-\frac{F_p}{A}-\frac{M_y}{W_y}-\frac{M_z}{W_z}$$

截面上的最大拉应力为

$$\sigma_{l\max}=-\frac{F_p}{A}+\frac{M_y}{W_y}+\frac{M_z}{W_z}$$

式中，$W_y=\frac{bh^2}{6}$，$W_z=\frac{hb^2}{6}$

应力分布如图7-65（c）所示。双向偏心时中性轴是一条不通过形心O的斜直线，这一结论可用下面方法得到证明，即使正应力等于零，得到中性轴方程

$$\sigma=-\frac{F_p}{A}+\frac{F_p\cdot z_F}{I_y}z+\frac{F_p\cdot y_F}{I_z}y=0$$

式中，可用$i_y^2A=I_y$，$i_z^2A=I_z$代替，所以上式可改写成

$$\sigma=-\frac{F_p}{A}\left(1-\frac{z_F\cdot z}{i_y^2}-\frac{y_F\cdot y}{i_z^2}\right)=0$$

中性轴方程是

$$\left(1-\frac{z_F\cdot z}{i_y^2}-\frac{y_F\cdot y}{i_z^2}\right)=0$$

从中性轴方程证明了上述结论。对矩形等有凸角的截面，最大拉、压应力在凸角处，即在D_1和D_2点（图7-65（c））。

（二）截面核心

单向偏心受压柱的最大拉应力公式是

$$\sigma_{t\max}=-\frac{F_p}{A}+\frac{F_pe}{W}$$

如果$\left|\frac{F_pe}{W}\right|>\left|\frac{F_p}{A}\right|$，则横截面上将出现拉应力，这对用脆性材料制作的柱，如砖石、混凝土柱是不利的。最好使横截面不出现拉应力，这样必须使

$$\sigma_{t\max}=-\frac{F_p}{A}+\frac{F_pe}{W}\leqslant 0$$

或使偏心距e为

$$e\leqslant\frac{W}{A}$$

对于直径为d的圆形截面

$$W=\frac{\pi d^3}{32},A=\frac{\pi d^2}{4}$$

所以

$$e\leqslant\frac{d}{8}$$

上式说明，当压力F_p的作用点位于截面核心以内时，柱截面上将不会出现拉应力，力作用在1点，则中性轴为Ⅰ-Ⅰ轴，如图7-66所示。

对于矩形截面，截面核心如图7-67所示的菱形。当F_p力作用在z轴上1点时，将$W_y=\frac{hb^2}{6}$，$A=bh$代入式（7-82）得$e=\frac{b}{6}$；同理，当F_p作用在y轴上2点时，将$W_z=\frac{bh^2}{6}$，$A=bh$代入式（7-82）得$e=\frac{h}{6}$。

通过以上分析可以看出，截面核心的形状、尺寸与压力F_p的大小无关，只与柱的横截面形状和尺寸有关。这样可先根据截面的形状和尺寸，确定截面核心的范围，然后只要使力F_p的作用点在截面核心之内，就可达到使整个截面不出现拉应力的目的。

【例7-17】校核松木矩形截面柱的强度，柱受力如图7-68所示。已知F_{p1}=50kN，F_{p2}=5kN，e=2cm，$[\sigma]_c$=12MPa，$[\sigma]_t$=10MPa，H=1.2m，b=12cm，h=20cm，此柱允许出现拉应力。

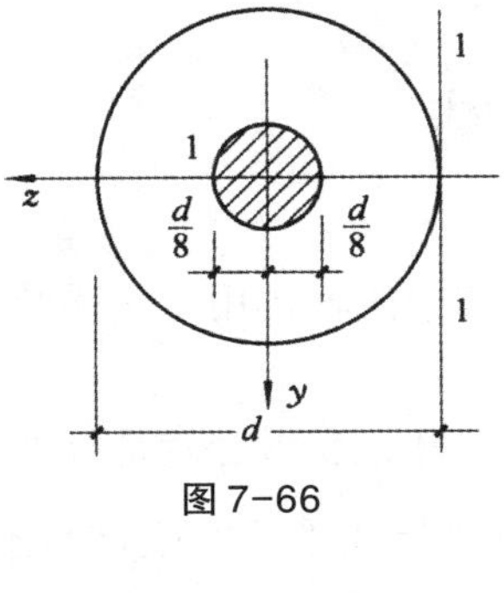

图7-66

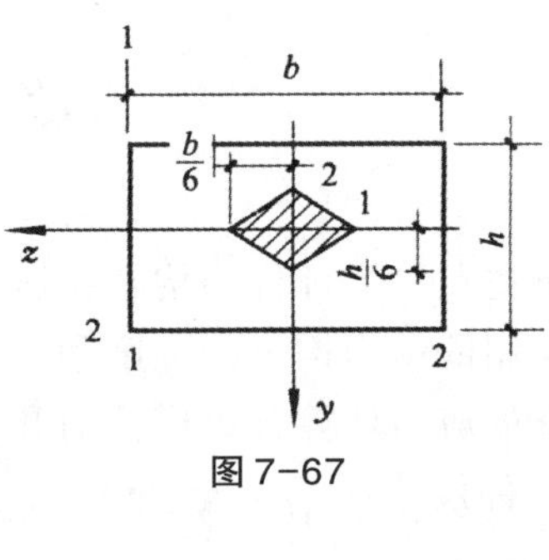

图7-67

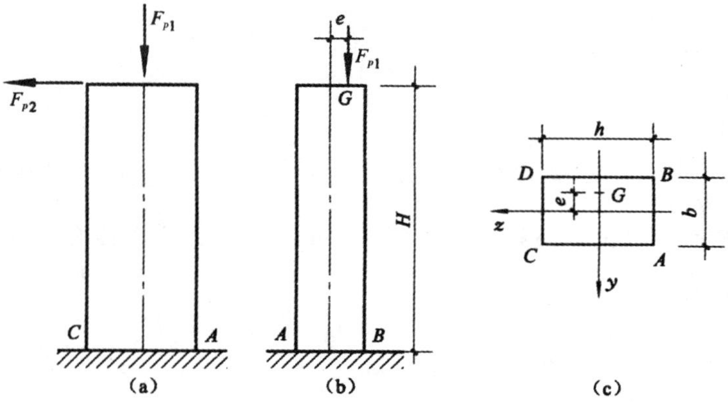

图 7-68

【解】由图 7-68 可知，危险截面在固定端。固端截面上的内力有：

轴力　$F_N = F_{p1}$

弯矩　$M_y = F_{p2}H, M_z = F_{p1}e$

最大压应力在 D 点：

$$\sigma_{a\max} = \sigma_D = -\left[\frac{F_{p1}}{A} + \frac{F_{p1}e}{W_Z} + \frac{F_{p2}H}{W_y}\right]$$

$$=-\left[\frac{50\times10^3}{0.12\times0.20} + \frac{50\times10^3\times0.02}{\frac{1}{6}\times0.20\times0.12^2} + \frac{5\times10^3\times1.20}{\frac{1}{6}\times0.12\times0.20^2}\right]$$

$$=-(2.083+2.083+7.5)\times10^6$$

$$=-11.66\text{MPa}<[\sigma]_C=12\text{MPa}$$

最大拉应力在 A 点

$$\sigma_{l\max} = \sigma_A = -\frac{F_{p1}}{A} + \frac{F_{p1}e}{W_Z} + \frac{F_{p2}H}{W_y}$$

$$=-\frac{50\times10^3}{0.12\times0.20} + \frac{50\times10^3\times0.02}{\frac{1}{6}\times0.02\times0.12^2} + \frac{5\times10^3\times1.20}{\frac{1}{6}\times0.12\times0.20^2}$$

$$=-2.083+2.083+7.5$$

$$=7.5\text{MPa}<[\sigma]_l=10\text{MPa}$$

故该松木柱的强度足够。

第六节　小结

本章主要讲了杆件结构在拉压作用下、圆轴结构扭转作用下，梁受弯和拉压弯曲组合作用的结构构件的强度和刚度计算。

杆件的应力计算分为横截面和斜截面的应力计算，变形也就是杆件的拉伸和压缩长度计算公式是 $\Delta l = \sum\frac{F_{Ni}l_i}{E_iA_i}$。强度计算要求杆件所受的应力应该小于许用应力，刚度计算要求变形小于许用变形；这一节中，还讲了集中应力这一概念，实际工程构件中，有些零件常存在切口、切槽、油孔、螺纹等，致使这些部位上的截面尺寸发生突然变化。当其受轴向拉伸时，在圆孔和切口附近的局部区域内，应力的数值剧烈增加，而在离开这一区域稍远的地方，应力迅速降低而趋于均匀。这种现象，称为应力集中；除此之外，杆件连接部分在拉压作用下，需要验算剪切和挤压应力是否符合强度条件。

剪应力互等定理：在一对相互垂直的微面上，与棱线正交的剪应力应大小相等，方向共同指向或背离两个截面的交线。

弯曲正应力的计算公式为$\sigma=\dfrac{My}{I_z}$，当$y=y_{\max}$，即离中性轴最远处的正应力为

$$\sigma_{\max}=\frac{My_{\max}}{I_z}$$

令

$$W_z=\frac{I_z}{y_{\max}}$$

即

$$\sigma_{\max}=\frac{M}{W_z}$$

式中，W_z称为抗弯截面系数，它反映了在一定弯矩作用下，截面的形状和尺寸对于弯曲正应力的综合影响。弯曲正应力沿截面分布情况如图7-31所示。剪应力沿截面呈二次抛物线，中性轴处最大。

平面应力状态分析中，应根据应力圆找到主应力和主平面，进而判断结构构件的破坏。应力圆可以表达为

$$\left(\sigma_\alpha-\frac{\sigma_x+\sigma_y}{2}\right)^2+\tau_\alpha^2=\left(\frac{\sigma_x-\sigma_y}{2}\right)^2+\tau_x^2$$

主应力的数值可以通过上式求得

$$\left.\begin{matrix}\sigma_1\\ \sigma_2\end{matrix}\right\}=\frac{\sigma_x+\sigma_y}{2}\pm\sqrt{\left(\frac{\sigma_x-\sigma_y}{2}\right)^2+\tau_x^2}$$

主应力的方向为

$$\tan 2\alpha_0=\frac{\tau_x}{(\sigma_x-\sigma_y)/2}$$

梁的合理强度设计有三种途径：（1）合理配置梁的支座位置和荷载；（2）选用合理的梁截面；（3）等强度梁设计。提高梁的刚度可以通过增大弯曲刚度、减小梁的跨度来实现。

当外力的作用平面与形心主惯性轴平行且通过某一特定点时，杆件只有弯曲变形，而无扭转变形，则该点称作弯曲中心。

杆件在组合变形下的应力计算需要分别计算每个单独荷载作用下杆件的应力，然后进行叠加，得到杆件的最终应力。最后进行强度校核。

□ 关键概念

应力集中　剪切应力　挤压应力　剪应力互等定理　弯曲正应力　惯性矩　抗弯截面系数　弯曲剪应力　单元体　应力圆　主应力　主平面　挠度

□ 复习思考题

7-1　什么是平面假设？作此假设的根据是什么？为什么推导截面上的正应力时必须先作出这个假设？

7-2　何谓抗拉（压）刚度？

7-3　何谓危险截面？根据什么来确定构件的危险截面？

7-4　已知钢的弹性模量 $E=200\times10^6$kPa，混凝土的弹性模量 $E=28\times10^6$kPa。若两杆等长，同样的截面面积，分别用钢和混凝土制成，问：

（1）当两杆应力相等时，哪根杆件变形量大？

（2）当两杆变形相等时，哪根杆件应力大？

（3）当两杆应变相同时，哪根杆件的承载能力高？

7-5　悬臂梁自由端作用垂直于梁轴线的集中力 F_p，横截面若用图示的六种形状，集中力的方向如图上虚线的方向。试问哪几种属平面弯曲，哪几种属斜弯曲（A 点是弯曲中心，F_p 通过 A 点，则不发生扭转）？

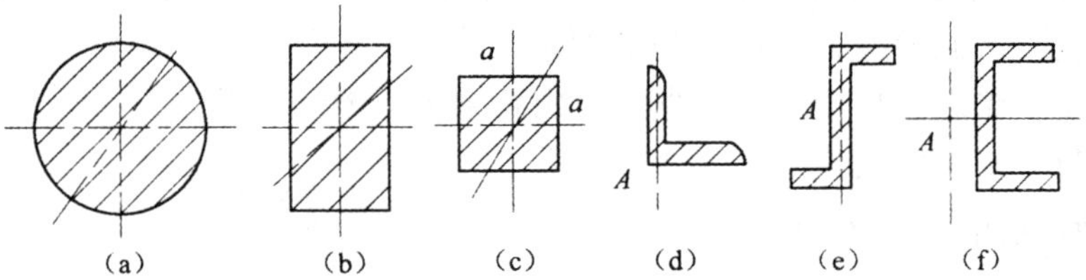

思考题 7-5 图

7-6　在推导对称弯曲正应力公式时作了哪些假设？在什么条件下这些假设才是正确的？

7-7　建立弯曲正应力公式时如何考虑几何、物理和静力学三个方面的条件？弯曲平面假设与单向受力假设在建立弯曲正应力公式时起什么作用？

7-8　试区分下列概念：中性轴与形心轴；纯弯曲与横力弯曲；惯性矩与极惯性矩；弯曲刚度与截面系数。

7-9　弯矩值最大的横截面上的弯曲正应力值是否一定最大？

7-10　直梁弯曲时，为什么中性轴必定通过截面的形心？

7-11　梁截面合理设计的原则是什么？什么是变截面梁与等强度梁？等强度设计的原则是什么？

7-12　如何建立挠曲线近似微分方程？该方程与坐标轴 x、y 的选取有什么关系？

7-13　叠加法的概念是什么？成立的条件是什么？如何利用叠加法计算梁的位移？

7-14　提高梁弯曲刚度的主要措施有哪些？提高梁的刚度与提高其强度有什么不同？

7-15　什么是叠加法？叠加原理成立的条件是什么？如何利用叠加法计算横截面的应力？

7-16　在拉伸或压缩与弯曲的组合变形中，如何计算横截面上的正应力？横截面上正应力的分布如何？如何确定中性轴在横截面上的位置？

7-17　在双对称截面梁的非对称弯曲问题中，如何计算梁的正应力？正应力的分布如何？如何确定中性轴的位置？

7-18　当圆轴处于弯曲扭转组合及弯曲拉伸（压缩）扭转组合变形时，横截面上存在哪些内力？应力分布如何？危险点处于何种应力状态？

7-19　杆件处于扭转和弯曲的组合变形，如何确定其危险点？如何计算危险点的强度？

□ 习题

7-1　求图示杆件在指定截面上的应力。已知横截面面积 A=400mm^2。

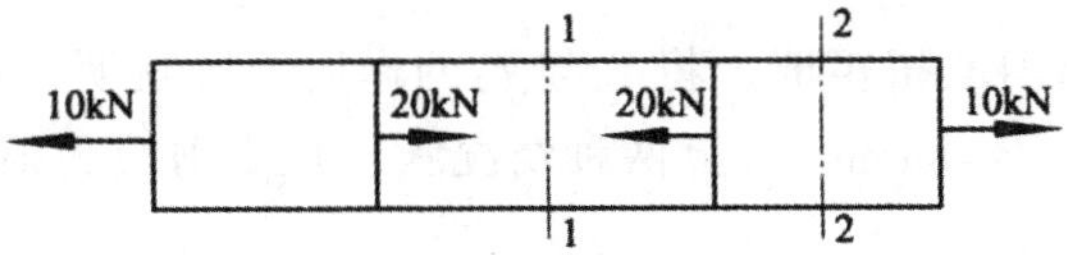

题 7-1 图

7-2　图示变截面圆杆，其直径分别为：d_1=20mm；d_2=10mm。试求其横截面上的正应力大小的比值。

7-3　图示拉杆承受轴向拉力 F_p=20kN，杆的横截面面积 A=200mm^2，如以 α 表示某斜截面与横截面的夹角，试分别计算 α=0°，30°，60°，120°时，各斜截面上的正应力和剪应力。

7-4　三角构架如图所示，AB 杆的横截面面积为 A_1=10cm^2，BC 杆的横截面面积为 A_2=6cm^2，若材料的容许拉应力为 $[\sigma]_l$=40MPa，容许压应力为 $[\sigma]_a$=20MPa，试校核其强度。

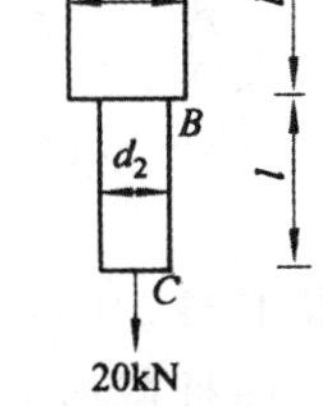

题 7-2 图

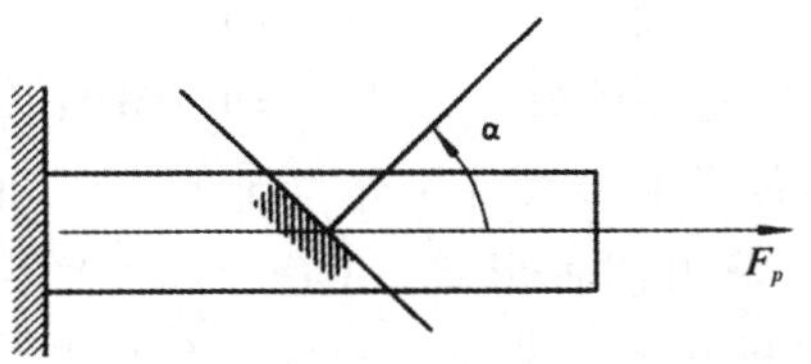

题 7-3 图

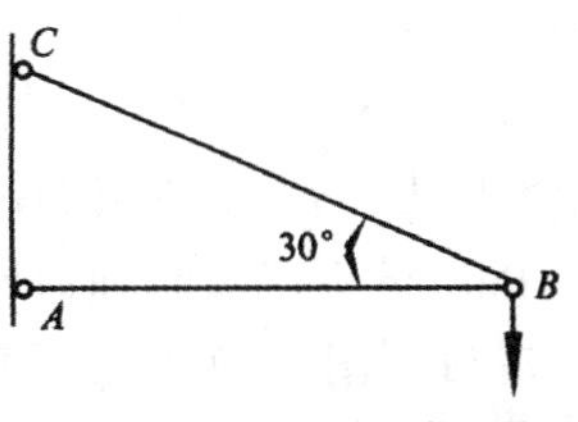

题 7-4 图

7-5　图示构架中，杆1、2的横截面均为圆形，直径分别为：d_1=30mm；d_2=20mm。两杆件材料相同，容许应力[σ]=160MPa。在节点B处受铅垂方向的荷载F_p作用，试确定荷载F_p的最大允许值。

7-6　图示结构中，拉杆AB为圆截面钢杆，若F_p=20kN，材料的允许应力［σ］=120MPa，试设计AB杆的直径。

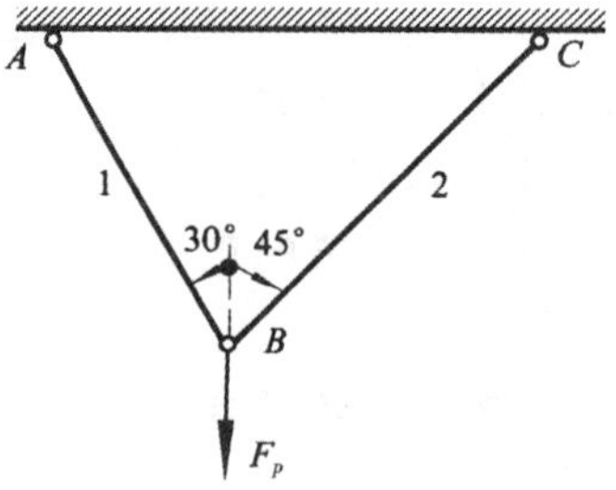

题7-5图

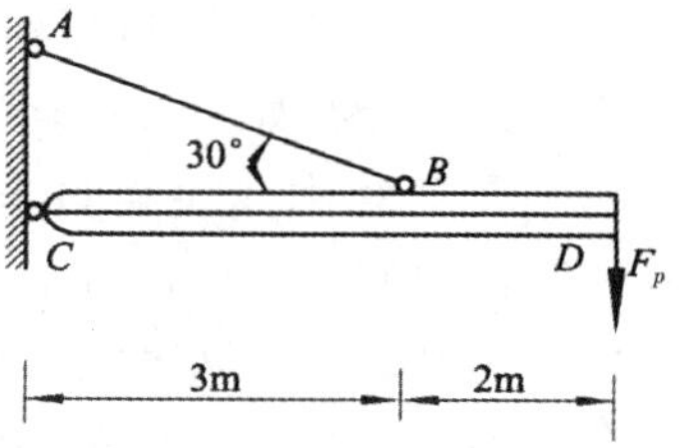

题7-6图

7-7　图示杆件，横截面面积A=400mm²，材料的弹性模量E=2×10⁵MPa，试求各段的变形、应变及全杆的总变形。

7-8　钢制圆轴上作用有四个外力偶，其矩T_1=0.6kN·m，T_2=0.2kN·m，T_3=1kN·m，T_4=0.2kN·m。

（1）作轴的扭矩图。

（2）为减少截面内的扭矩值，将T_3与T_2的作用位置互换，作该轴的扭矩图。

（3）若圆轴直径d=48mm，计算两种情况下的最大剪应力值。

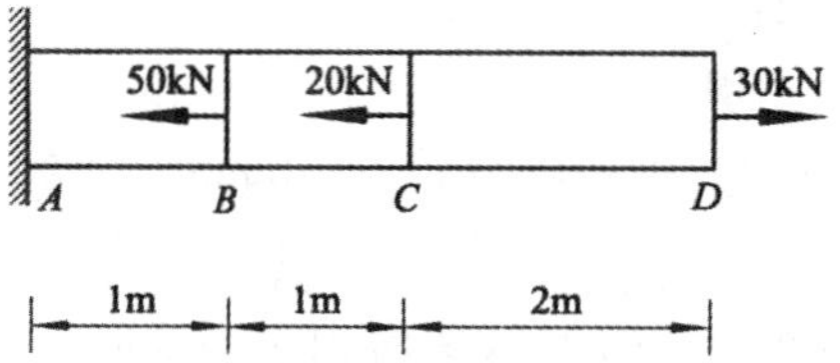

题7-7图

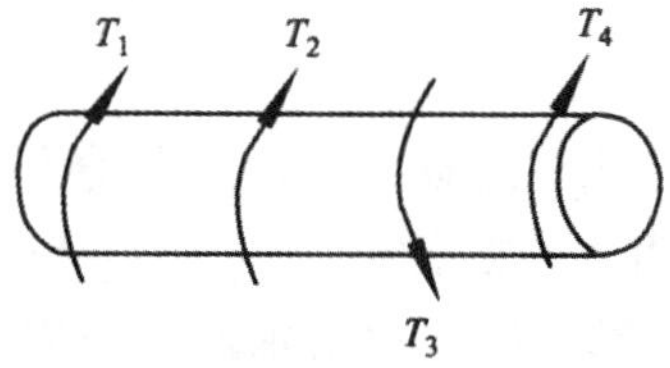

题7-8图

7-9　图示实心圆轴的计算简图。已知轴的直径d=76mm，T_1=4.5kN·m，T_2=2kN·m，T_3=1.5kN·m，T_4=1kN·m。设材料的G=8×10⁴MPa，［τ］=60MPa，要求［θ］=1.2°/m，试校核该轴的强度和刚度。

7-10　实心圆轴和空心圆轴由凸缘上的八个直径d=10mm的螺栓连接，已知凸缘的平均直径D_0=140mm，实心轴的直径d_1=60mm，空心轴的直径d_2=40mm，D_2=80mm。轴与螺栓的材料相同，轴扭转时的许用剪应力［τ］$_{扭}$=80MPa，螺栓的许用剪应力［τ］=100MPa和许用挤压应力[σ]$_c$=220MPa。试确定该联轴器所能传递的最大许用外力偶矩［T］值。

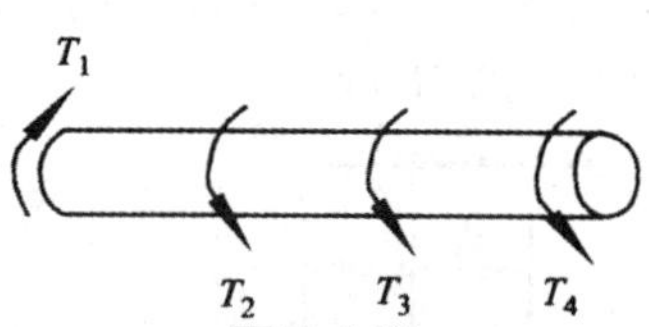

题7-9图

7-11　图示简支木梁截面采用四种形式。(a)与(c)为整根木料，(b)与(d)均为由两根10cm×10cm木料并成，两根木料间无任何联结，这四种截面上的正应力σ与剪应力τ的分布相同吗？为什么？试求这四种截面上的σ_{max}与τ_{max}。

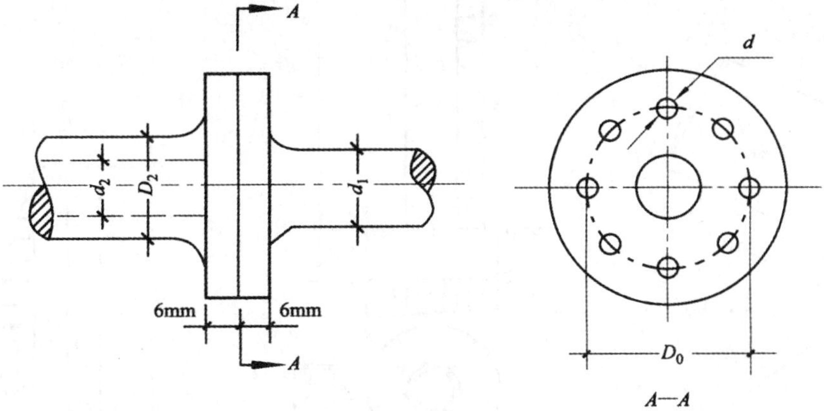

题7-10图

7-12　图示简支梁AB，若荷载F_p直接作用在梁跨中点，梁的σ_{max}将超过$[\sigma]_m$的20%。为消除这一现象，配置一根副梁CD如图，试求副梁的最短长度a值。

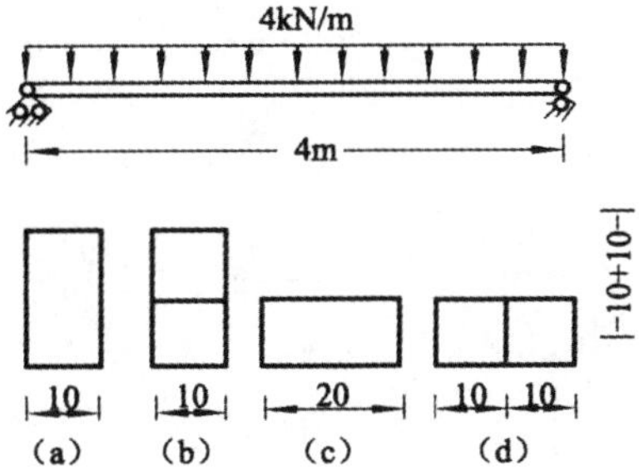

题7-11图

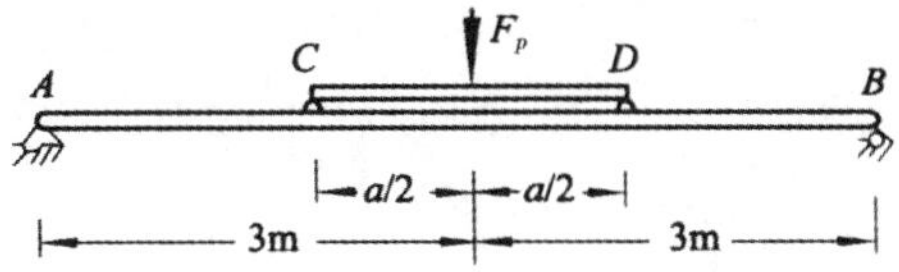

题7-12图

7-13　图示某大厦大门的吊挂雨篷，全部采用3号钢材，雨篷板上总荷载为5kN/m。(a) BC杆采用由双等边角钢焊成的管形截面，试确定所需等边角钢的规格。(b) AB杆采用由双槽钢［2］16a焊成的正方管形截面，试验算其强度。

7-14　图示为砖烟囱。已知风力（迎风面压力与背风面吸力）$\bar{q}$=1kN/m^2，砖烟囱筒身外方1.75m×1.75m，内方1m×1m的正方管形截面，毛石基础为$D_m \times D_m$。(1) 试确定砖烟囱不产生拉应力时的最大高度H_{max}及此时砖砌体的最大压应力σ_{max}。(2) 按控制倾斜要求$\frac{\sigma_{min}}{\sigma_{max}} \geq \frac{3}{4}$，确定此时的毛石砌体基础尺寸$D$与地基土的最大压应力$\sigma_{max}$。

7-15　如图所示，有一高$H = 1.2m$，厚$b = 0.3m$的素混凝土墙，浇筑于牢固的基础上，作挡水坝用。已知水的表观密度γ_0=9.8kN/m^3，混凝土的表观密度γ_1=24kN/m^3，试求：(1) 当水位达到坝顶时，坝底部截面处的最大拉、压应力；(2) 如果要求底部截面不出现拉应力，问最大允许水深h为多少？

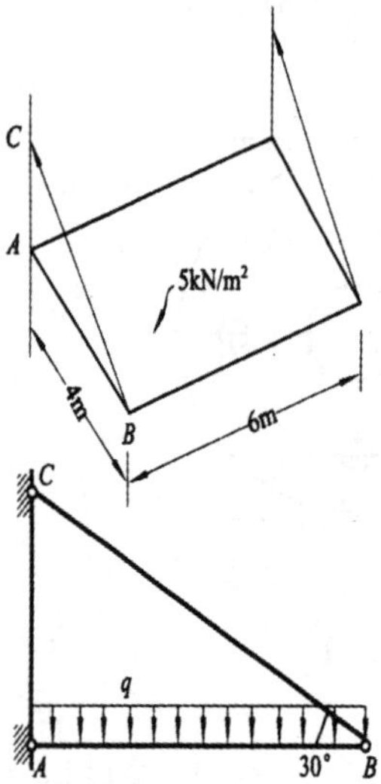

题 7-13 图

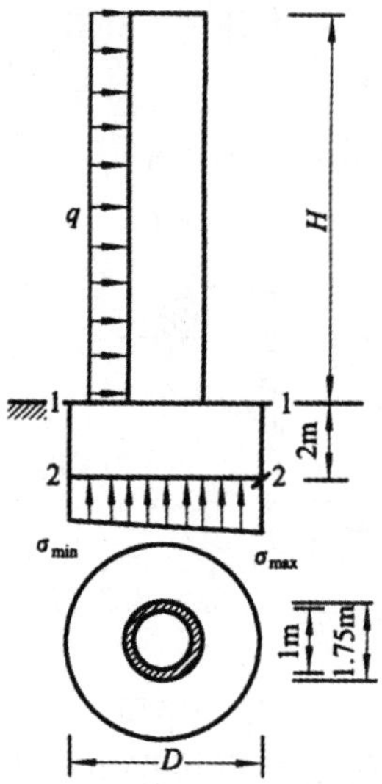

题 7-14 图

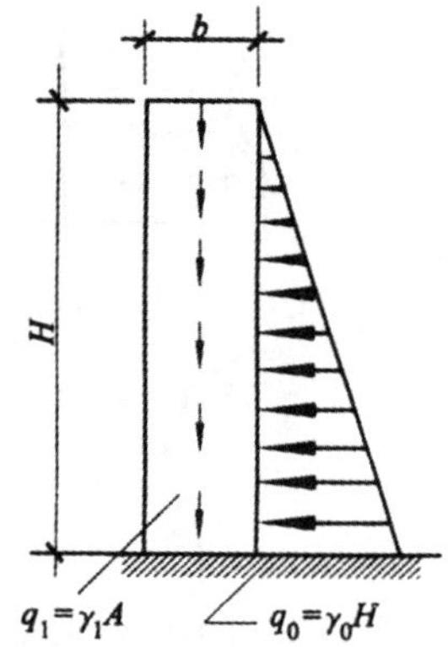

题 7-15 图

第八章

静定结构位移计算

□ 学习目标

掌握变形体的虚功原理，熟练掌握静定结构在荷载作用下位移计算的一般方法和图乘法；了解静定结构在非荷载作用下位移计算方法。

静定结构位移计算是验算结构刚度和计算超静定结构所必需的。结构位移计算的依据是虚功原理，所以本章先讨论刚体、变形体的虚功原理，然后推导出杆件结构位移计算的一般公式，再讨论各种具体结构的位移计算。

第一节　概述

一、结构的位移

由于结构变形，其上各点或截面位置发生改变，这称为结构位移。位移一般分为线位移和角位移两种。线位移是指结构上点的移动（图 8-1（a）、（b）），在荷载作用下，杆件产生弯曲变形，点产生线位移为 Δ_C，其可分解为水平位移分量 Δ_{xC} 与竖直位移分量 Δ_{yC}（简称为水平位移和竖向位移）；角位移是指杆件横截面产生的转动（图 8-1（c））。

结构产生位移的主要原因有以下三种：荷载作用；温度改变和材料胀缩；支座移动或制造误差。

对于静定结构，在荷载作用下产生内力和变形，因而使结构产生位移（图 8-1）；由于温度改变引起材料胀缩，结构不产生内力只产生变形，使结构产生位移（图 8-2（a））；有支座移动或制造误差时，不产生应力和应变，只引起位移。支

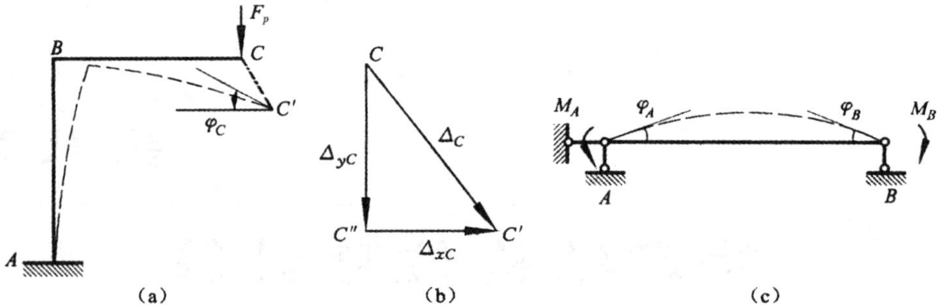

图 8-1

座移动使结构几何位置发生变化，产生刚体位移（图 8-2（b）），制造误差则产生变形位移（如图 8-2（c））。

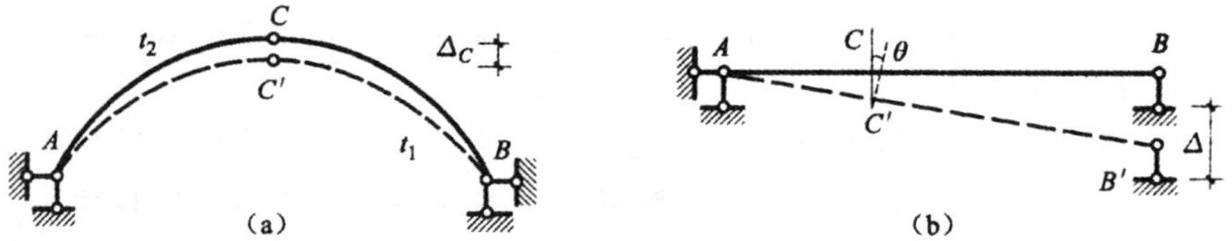

图 8-2

二、计算结构位移的目的

在结构设计中，除了使结构满足强度要求外，还要求结构具有足够的刚度，即保证结构在使用过程中不致产生过大的变形，以符合工程中使用的要求。结构变形不得超过规范规定的容许值。例如，框架结构弹性层间位移限值为 1/450，吊车梁的最大挠度不得超过跨度的 1/600。此外，在结构制作、施工过程中也须预先知道结构变形后的位置，以便做好一定的施工措施，例如，起重机吊装梁、板以及进行屋架安装等。

计算超静定结构的支座反力和内力时，只用静力平衡条件是不能全部确定的，还必须考虑变形条件，而建立变形条件就需要计算位移。因此，位移计算是超静定结构计算的基础。

三、计算位移的有关假定

在求结构位移时，为了简化计算，常采用如下假设：

1. 结构的材料服从胡克定律，即应力与应变呈线性关系。

2. 结构变形很小，不影响荷载的作用。在建立平衡方程式时，可以忽略结构的变形，仍然应用结构变形前的原有几何尺寸；同时，由于变形微小，应变与位移、位移与荷载呈线性关系。

3. 结构各部分之间为理想联结，不考虑摩擦阻力等的影响。

4. 当一直杆在杆端承受轴向力，同时因作用有横向力而弯曲时，不考虑由于弯曲所引起的杆端轴向力对弯矩及弯曲变形的影响（分析稳定问题时除外）。

满足上述假设条件的理想化体系，其位移与荷载之间为线性关系，常称为线性变形体系。因此，计算位移时可以应用叠加原理。

位移与荷载之间呈非线性关系的体系称非线性变形体系。线性变形体系与非线性变形体系统称为变形体系。这里仅讨论线性变形体系的位移计算。

对于大多数的实际工程结构，按照上述假设计算的结果能够满足实际工程需要的精度要求。

第二节　变形体的虚功原理

为了推导求解位移的计算公式，下面介绍虚功原理。

一、功、实功与虚功的概念

（一）功的概念

如图8-3所示，设物体由A移动到A'，移动的水平位移为S。作用在物体上的力，其大小和方向在位移过程中不变，力和位移之间的夹角为θ。则

$$W = F_p \cdot S\cos\theta \tag{8-1}$$

W——力在位移过程中所做的功。

式（8-1）表示力所做的功等于力的大小、力作用点的位移大小及它们两者之间的夹角余弦三者的乘积。功本身是没有方向的物理量即标量，它的量钢是力乘以长度，其单位用N · m或kN · m来表示。

由式（8-1）可知，一个力所做的功，可能是正值，也可能是负值。$F_p \neq 0$，$S \neq 0$，当$\theta < \frac{\pi}{2}$时，功为正值，$F_p \neq 0$，$S \neq 0$，$\theta > \frac{\pi}{2}$时，功为负值。当$F_p = 0$，或$S=0$，或$\theta = \frac{\pi}{2}$时，功均为零。

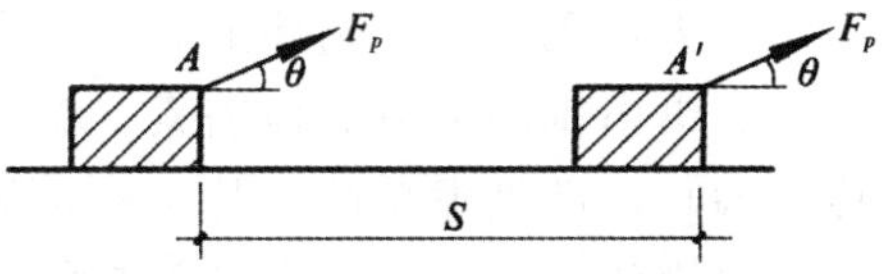

图8-3

若力的大小不变但方向在移动的过程中发生改变，而且其作用点不是沿直线而是沿曲线位移，则由积分可知功的表达式为

$$W = F_p \int_S \cos\theta \mathrm{d}S \tag{8-2}$$

上式的积分应沿着位移进行积分。

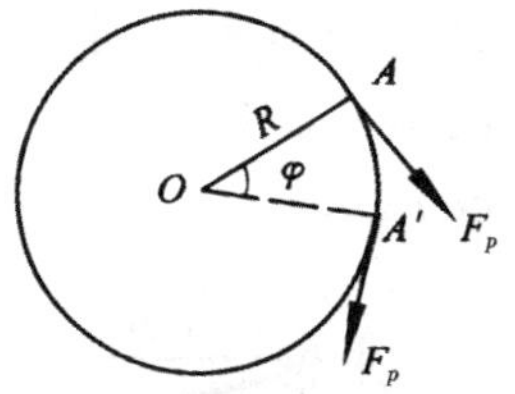

图8-4

图8-4为一绕点转动的轮子，在轮子的边缘有力的作用，设力的大小不变，方向在改变，但始终沿着轮子的切线方向，即垂直于轮子的半径。当力的作用点转到A'时，即轮子转动φ角后，则力所做的功由公式（8-2）得

$$W = F_p \int_0^S \cos 0° \mathrm{d}S = F_p \int_0^S \mathrm{d}S = F_p S = F_p R\varphi$$

式中，$F_p R$——力对点的力矩，以 M 表示，则有

$$W = M\varphi \tag{8-3}$$

即力矩所做的功，等于力矩的大小和其所转过的角位移两者的乘积。同理可证力偶所做的功，等于力偶矩的大小和其所转过的角位移两者的乘积。

（二）实功与虚功

如图 8-5（a）所示简支梁，在梁上平稳、缓慢地作静力加载，荷载由零逐渐增至最终值 F_{p1} 时，力作用点的位移 Δ 也逐渐增大，最后达到 Δ_1。若结构材料符合胡克定律，且结构变形不大时，静力加载过程中力与位移间的关系如图 8-5（b）所示。这时，荷载在位移 Δ 上所做的功为

$$W = \frac{1}{2} F_{p1} \Delta_1$$

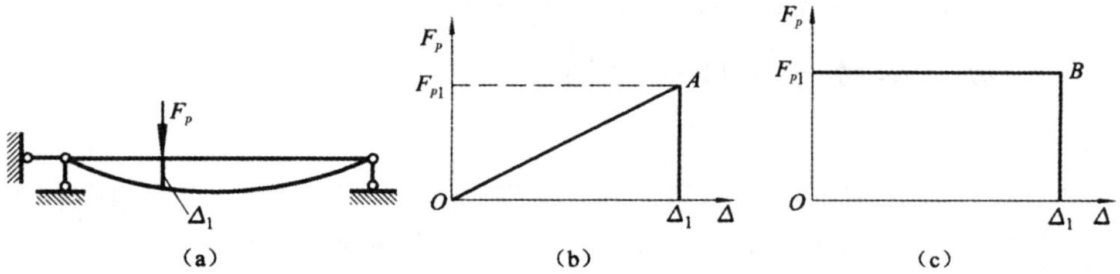

图 8-5

公式中的系数 1/2 是因为荷载是从零逐渐增大到 F_{p1} 时，相应的位移也从零逐渐增大到 Δ_1，力与位移呈线性函数关系的缘故。W 值即等于图 8-5（b）中三角形 $OA\Delta_1$ 的面积。

常力所做的功则不含系数 1/2，这是因为荷载为恒力，功的大小等于图 8-5（c）中矩形 $OF_{p1}B\Delta_1$ 的面积。

当力作用在弹性物体上时，力在其本身引起的位移上所做的功称为实功。

力沿由别的力或其他因素（温度改变、支座移动等）所引起的位移上所做的功称为虚功，即做虚功的力与位移是彼此独立的。

当力的方向与其他因素引起的位移方向一致时，虚功为正值，反之为负值。

二、刚体的虚功原理

在虚功中，由于力与位移是彼此独立无关的两个因素，因此，可将二者看成是分别属于同一结构的两种彼此无关的状态，其中力系所属状态称为力状态或第一状态（图 8-6（b）），位移所属状态称为位移状态或第二状态（图 8-6（c））。

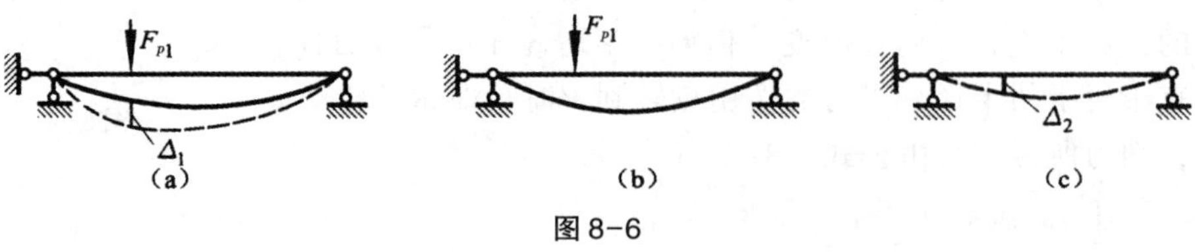

图 8-6

在具有理想约束的刚体体系上，如果力状态中的力系满足平衡条件，位移状态中刚体体系的位移符合虚位移的要求，那么，力状态中的力系在位移状态中的虚位移上做的虚功之和等于零。这就是刚体的虚功原理。根据虚设对象的不同，虚功原理可以有两种表达式——虚位移原理和虚力原理，用以解决两类问题。

（一）虚位移原理

虚位移原理——虚设位移状态，令实际的力系在虚位移上做功。

如图8-7所示，在简支梁上作用已知荷载F_{p1},F_{p2}和F_{p3}，要求支座的反力。

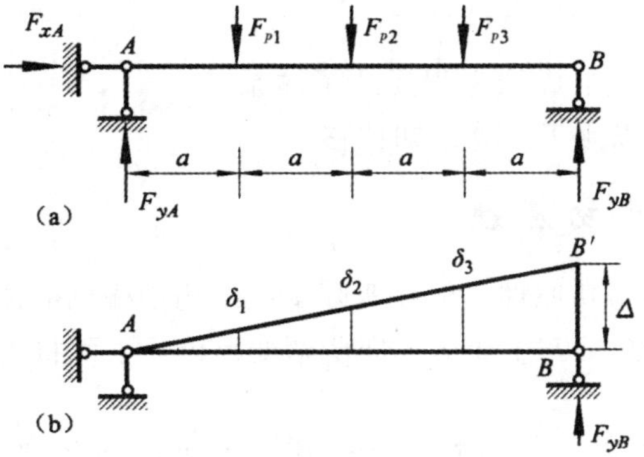

图8-7

为使该梁发生刚体位移，可将与未知力相应的联系去掉，并以未知力代替其作用，使结构变成可变体系如图8-7（b）所示。令沿其作用线方向产生虚位移Δ，这就是虚设的位移状态。在如图8-7（a）所示的力状态与如图8-7（b）所示的位移状态之间建立应用虚功原理的虚功方程为

$$\Delta\times F_{yB}-\delta_3\times F_{p3}-\delta_2\times F_{p2}-\delta_1\times F_{p1}=0$$

由图8-7（b）利用几何关系求得

$$\delta_1=\frac{1}{4}\Delta,\delta_2=\frac{1}{2}\Delta,\delta_3=\frac{3}{4}\Delta$$

代入上式得

$$F_{yB}=\frac{3}{4}F_{p3}+\frac{1}{2}F_{p2}+\frac{1}{4}F_{p1}$$

上述计算是在给定的力系与虚设的位移之间应用虚功原理，这种形式的应用又称虚位移原理。用虚位移原理建立的虚功方程反映了力系的平衡条件，可用来求力系中的未知力。

（二）虚力原理

虚力原理——虚设力状态，令其在实际的位移上做功。

如图8-8（a）所示简支梁，现已知B点的竖向位移动Δ，现欲求C点的竖向位移δ_{yC}，并假定这些位移均符合虚位移的条件。为此，可虚设一个平衡力系作为虚力状态，如图8-8（b）所示，令虚设的力状态在实际的位移状态上做功，建立虚功方程为

$$F\times\delta_{yC}-F_{yB}\times\Delta=0$$

得

$$\delta_{yC}=\frac{F_{yB}\times\Delta}{F_p}=\frac{\frac{F_pa}{l}\times\Delta}{F_p}=\frac{a}{l}\Delta$$

这种沿未知位移方向虚设单位荷载 $F_p=1$ 的方法称为单位荷载法。

上述计算是在给定的位移状态与虚设的力系之间应用虚功原理，这种形式的应用也称虚力原理。

应用虚力原理建立的虚功方程反映了体系的位移协调关系，可以用于计算未知位移。

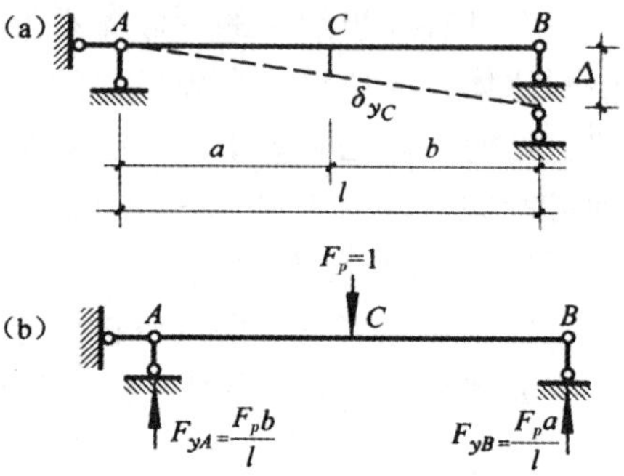

图 8-8

三、变形体虚功原理

前面讨论了刚体虚功原理，但在实际工程结构中碰到的体系并非刚体，当受到外界因素的影响以后总要产生变形，即所谓变形体。下面将进一步讨论变形体的虚功原理。

如图 8-9（a）所示为一平面杆系结构，在外荷载作用下处于平衡状态（称为力状态）。该结构中由于外荷载作用所产生的位移在图 8-9（a）中未表示出来，因为它们与目前所讨论的问题无关。图 8-9（b）为同一结构由于其他外界原因（在图 8-9（b）中未表示出来）的影响而产生的虚位移（图 8-9（b）虚线），称为位移状态。这里的虚位移是与力状态毫不相关的，是其他原因引起的，甚至是假想的。而且位移状态中的虚位移必须是微小的，为支承约束条件和变形所允许的。因此，图 8-9（b）位移状态可作为图 8-9（a）力状态的虚位移。

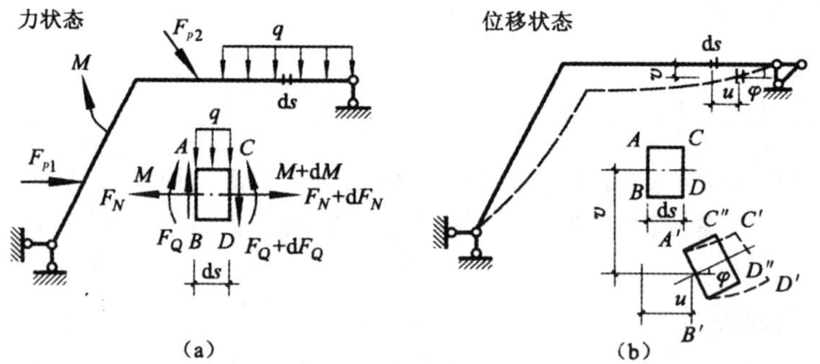

图 8-9

现从两个方面来研究其虚功。

1. 从外力和内力来计算其虚功

从图 8-9（a）的力状态中任取出微段 ds 为脱离体，其上作用有外力和两侧截面上的弯矩、剪力和轴力，一般称为内力。在图 8-9（b）的位移状态中，同一微段由于其他因素的影响此微段由 $ABCD$ 的初始位置移到 $A'B'C'D'$ 的最终位置。在这一过程中微段上的外力和内力将在相应的位移上分别做虚功。把所有微段的虚功加起来，便得到整个结构的虚功。微段上各力所做的虚功由两部分组成，即

$$dW_{总} = dW_{外} + dW_{内}$$

式中，$dW_{总}$——微段上所有各力所做的虚功；

$dW_{外}$——微段上外力所做的虚功；

$dW_{内}$——微段上内力所做的虚功。

将上式沿杆段积分，并把所有杆件的虚功总和起来，就得到整个结构的总虚功为

$$\sum\int dW_{总} = \sum\int dW_{外} + \sum\int dW_{内}$$

简写为

$$W_{总} = W_{外} + W_{内} \tag{8-4}$$

式中，$W_{外}$——整个结构所有外力（包括支座反力）在其相应的虚位移上所做的总虚功，简称外力虚功；

$W_{内}$——所有微段截面上的内力所做虚功的总和。

由于任何两相邻微段的相邻截面上的内力互为作用与反作用力，它们大小相等方向相反，另外虚位移是满足变形连续条件，即两微段相邻截面上的虚位移不存在相互错开、脱离或重叠现象。因此，每一对相邻截面上的内力所做的虚功总是大小相等、正负号相反而相互抵消，故所有微段截面上内力所做的虚功总和必然为零，即

$$W_{内}=0$$

将上式代入式（8-4），得

$$W_{总} = W_{外} \tag{8-5}$$

即整个结构的总虚功等于外力虚功。

2.从刚体和变形体来计算其虚功

图 8-9（b）中微段的虚位移可分解为先只发生刚体位移，即由 $ABCD$ 移到 $A'B'C''D''$ 的位置，然后再发生变形位移，即截面 $A'B'$ 不动，而 $C''D''$ 再移到 $C'D'$。同样在这一过程中的虚功也由两部分组成，即

$$dW_{总} = dW_{刚} + dW_{变}$$

式中，$dW_{刚}$——微段上所有各力（外力和内力）在刚体位移上所做的虚功；

$dW_{变}$——微段上所有各力（外力和内力）在变形位移上所做的虚功。

由刚体虚功原理可知

$$dW_{刚} = 0$$

故

$$dW_{总} = dW_{变}$$

对于整个结构的总虚功为

$$\sum\int \mathrm{d}W_{总}=\sum\int \mathrm{d}W_{变}$$

即

$$W_{总}=W_{变} \tag{8-6}$$

式中，$W_{变}$——变形体各微段截面上的内力在其变形上所做虚功的总和，即称变形虚功。

比较式（8-5）和式（8-6），即得

$$W_{外}=W_{变} \tag{8-7}$$

式（8-7）称为变形体的虚功方程。

所以，变形体的虚功原理可表述为：变形连续体系处于平衡的必要和充分条件是外力所做的虚功总和等于变形虚功。

上述仅着重从物理概念上来论证和分析变形体虚功原理的必要条件，关于更详细的推导及充分性的证明，读者可参阅有关书籍。

第三节　结构位移计算的一般公式

现在讨论建立计算结构位移的一般公式。

设图8-10（a）所示刚架（图示为一超静定刚架，但无论结构为静定或超静定，以下讨论和所得公式均适用），由于荷载、支座位移（水平向右移动c'_c，竖直向下移动c''_c）和温度变化等作用下，结构变形如图8-10（a）中虚线所示，这一状态是结构的实际受力和变形状态，如前所述即为位移状态。如果要求点$K-K'$方向的线性位移Δ_K，可在同一结构所求的点沿所求方向加一单位荷载，即在K点沿$-K'$方向加虚单位力$F_K=1$，如图8-10（b）所示，并取这个虚拟状态作虚力原理的力状态。

根据以上两种状态，可得外力做的虚功$W_{外}$

$$W_{外}=F_K\Delta_K+\bar{F}_{yC}c''_C+\bar{F}_{Cx}c'_C$$

将F_K=1代入上式，得

$$W_{外}=\Delta_K+\bar{F}_{yC}c''_C+\bar{F}_{Cx}c'_C$$

下面求结构的变形虚功$W_{外}$。

如图8-10所示，若略去微段上弯矩、轴力和剪力的增量（$\mathrm{d}\bar{M}_K$，$\mathrm{d}\bar{M}_{QK}$，$\mathrm{d}\bar{M}_{NK}$）在这些相应变形上所做虚功的高阶微量，则微段上各力（即图8-10（b）中微段）在其相应变形上（即图8-10（a）中同一微段，其微段$\mathrm{d}s$变形如图8-11所示，对于平面杆系结构，微段的变形可以分为弯曲变形$\mathrm{d}\varphi$、轴向变形$\mathrm{d}u$和剪切变形$\gamma\mathrm{d}s$）所做的虚功为

$$\mathrm{d}W_{变}=\bar{M}_K\mathrm{d}\varphi+\bar{F}_{NK}\mathrm{d}u+\bar{F}_{QK}\gamma\mathrm{d}s$$

对于整个结构，变形总虚功为

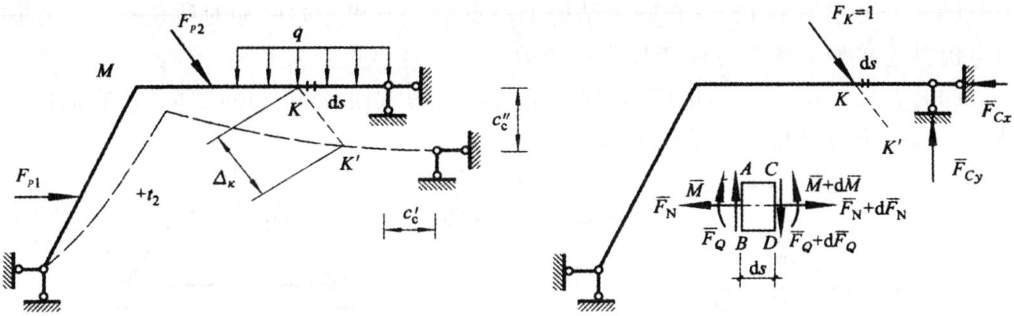

du，dv，dφ
位移状态
（a）

$\bar{F}_{NK}$，$\bar{F}_{QK}$，$\bar{M}_K$
虚力状态
（b）

图 8-10

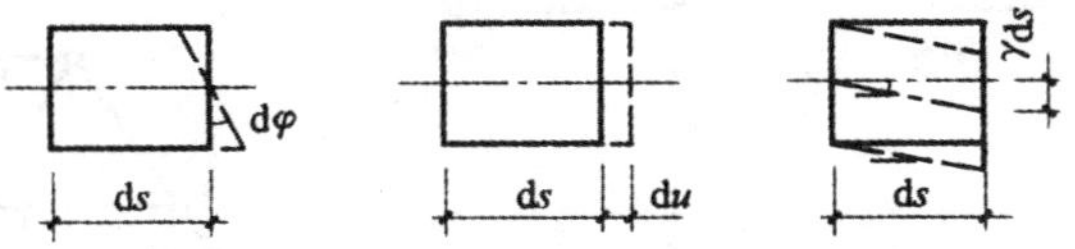

（a）　（b）　（c）

图 8-11

$$W_{变}=\sum\int\bar{F}_{NK}\mathrm{d}u+\sum\int\bar{F}_{QK}\gamma\mathrm{d}s+\sum\int\bar{M}_K\mathrm{d}\varphi \tag{8-8}$$

按式（8-7）建立虚功方程，得

$$\Delta_K+\bar{F}_{Cx}c'_C+\bar{F}_{yC}c''_C=\sum\int\bar{F}_{NK}\mathrm{d}u+\sum\int\bar{F}_{QK}\gamma\mathrm{d}s+\sum\int\bar{M}_K\mathrm{d}\varphi$$

整理得：

$$\Delta_K=\sum\int\bar{F}_{NK}\mathrm{d}u+\sum\int\bar{F}_{QK}\gamma\mathrm{d}s+\sum\int\bar{M}_K\mathrm{d}\varphi-\sum\bar{R}_K\cdot c \tag{8-9}$$

式中，$\bar{R}_K$，$\bar{F}_{NK}$，$\bar{F}_{QK}$ 和 $\bar{M}_K$——分别为虚设状态由单位荷载 $F_K=1$ 引起的反力、轴力、剪力和弯矩；

c——支座位移。

式（8-9）就是计算结构位移的一般公式（亦称单位荷载法）。它可以用于计算静定或超静定平面杆件结构由于荷载、温度变化和支座沉陷等因素的作用所产生的位移，并且适用于弹性或非弹性材料的结构。

利用式（8-9）可以计算结构的所有位移，只要在虚设状态中所加的单位力（单位力偶）和所计算的位移相对应即可。

下面以图 8-12 所示的几种情况具体说明。

（1）若要求图 8-12（a）、（b）、（c）所示结构上 C 点的竖向线位移，可在该点沿所求位移方向施加一单位力。

（2）若要求图 8-12（d）、（e）所示结构上 A 截面的角位移，可在该截面加一单位力偶。如要求图 8-12（f）所示桁架中 BC 杆的角位移，则应加构成单位力偶的两个集中力，其值为 $1/d$，各作用于该杆的两端并与杆轴垂直，这里 d 为该杆的长度。

（3）若要求图8–12（g）所示结构上两点沿其连线方向的相对线位移，可在该两点沿其连接加上两个方向相反的单位力。

（4）若要求图8–12（h）所示结构C铰左右两截面的相对角位移，可在此两个截面上加两个方向相反的单位力偶。

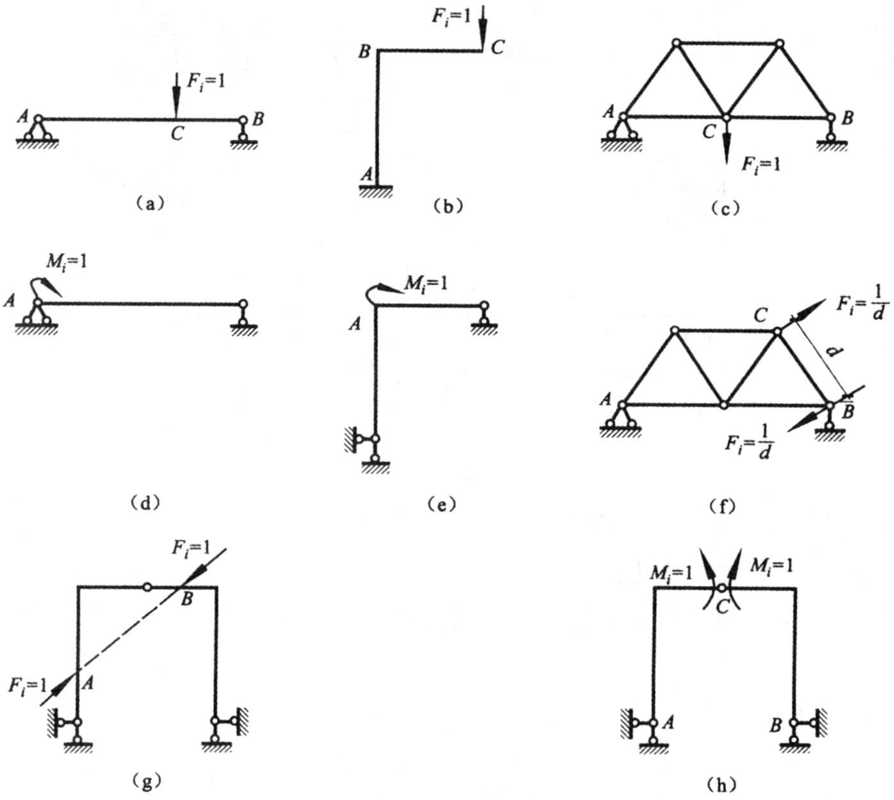

图8–12

第四节　静定结构在荷载作用下的位移计算

对于静定结构在荷载作用下的位移计算，只考虑荷载作用，因此，设支座位移为零（$c=0$），公式（8–9）可改写为

$$\Delta_K=\sum\int\bar{F}_{NK}\,\mathrm{d}u+\sum\int\bar{F}_{QK}\,\gamma\mathrm{d}s+\sum\int\bar{M}_K\,\mathrm{d}\varphi$$

设Δ_{ip}表示由于荷载作用下沿单位力$F_i=1$作用的i-i方向上的位移，设$\bar{F}_N$，$\bar{F}_Q$和$\bar{M}$分别为虚设状态由单位荷载$F_i=1$引起的轴力、剪力和弯矩，则上式可改写为

$$\Delta_{ip}=\sum\int\bar{F}_N\,\mathrm{d}u+\sum\int\bar{F}_Q\,\gamma\mathrm{d}s+\sum\int\bar{M}\,\mathrm{d}\varphi \tag{8-10}$$

又因为不考虑温度变化的影响，故上式中微段变形只有荷载产生内力。由实际

荷载在ds微段引起的轴向、剪切和弯曲变形，记为：du，γds和$d\varphi$。对于线弹性材料，由材料力学公式知

$$\left.\begin{aligned} du=\varepsilon ds=\frac{F_{Np}}{EA}ds \\ \gamma ds=dv=\mu\frac{F_{Qp}}{GA}ds \\ d\varphi=\frac{1}{\rho}ds=\frac{M_p}{EI}ds \end{aligned}\right\} \tag{8-11}$$

式中，EA，GA和EI——分别为截面的抗拉、抗剪和抗弯刚度；

μ——截面的剪力分布不均匀系数[①]。

将式（8-11）代入式（8-10），得

$$\Delta_{ip}=\sum\int\bar{F}_N\frac{F_{Np}}{EA}ds+\sum\int\bar{F}_Q\mu\frac{F_{Qp}}{GA}ds+\sum\int\bar{M}\frac{M_p}{EI}ds \tag{8-12}$$ [②]

M_p，F_{Qp}和F_{Np}——荷载作用下产生的弯矩、剪力和轴力。

式（8-12）就是静定结构在荷载作用下求位移的一般计算公式，计算结果Δ_{ip}如果为正值，说明所求位移的方向与虚设状态中的单位力的方向相同；反之，则方向相反。

式（8-12）在具体计算中比较烦琐，针对不同类型的结构形式，略去产生位移的次要因素，可以得到结构位移计算的实用公式如下：

1.在梁、刚架中，轴向、剪切变形很小，可以略去。以弯曲变形为主，其位移计算公式可以简化为

$$\Delta_{ip}=\sum\int_L\frac{\bar{M}M_p}{EI}ds \tag{8-13}$$ [③]

2.在桁架中，只有轴力，且同一杆件的轴力$\bar{F}_N$，F_{Np}及EA沿杆长度l均为常数。其位移计算公式可以简化为

$$\Delta_{ip}=\sum\int_L\frac{\bar{F}_NF_{Np}}{EA}ds=\sum\frac{\bar{F}_NF_{Np}l}{EA} \tag{8-14}$$

3.对于比较扁平的拱，当计算要求精度较高时，除弯矩外还要考虑轴力的影响。其位移计算公式可以简化为

$$\Delta_{ip}=\sum\int_L\frac{\bar{M}M_p}{EI}ds+\sum\int_L\frac{\bar{F}_NF_{Np}}{EA}ds \tag{8-15}$$

一般实体拱中，只考虑弯矩的影响也能达到足够的精度要求。

4.对于组合结构的位移计算，可分别考虑。受弯杆件只考虑弯矩的影响，桁架杆件只考虑轴力的影响。其位移计算公式可以简化为

$$\Delta ip=\sum\int_L\frac{\bar{M}M_p}{EI}ds+\sum\frac{\bar{F}_NF_{Np}l}{EA} \tag{8-16}$$

---

① $\mu=\frac{A}{I^2}\int_A\frac{S^2}{b^2}dA^*$——剪应力沿截面分布不均匀的修正系数，和截面形状有关。如矩形截面μ=1.2，圆形μ=32/27，工字形截面只计算腹板的面积，则可取μ=1。

② 公式在推导过程中，没有考虑杆件的曲率对变形的影响，但对于一般曲杆，只要曲率不大，仍可以近似采用。

③ 这种直接利用公式积分求位移的方法叫积分法。注意：第一，各杆可根据需要取不同坐标轴，列内力表达式；第二，同一杆两种状态内力表示时，坐标轴应相同；第三，同一杆件，两种状态下，内力正负号规定应相同；第四，必须对所有杆件叠加，不能遗漏。

【例8-1】如图8-13（a）所示简支梁，在均布荷载q作用下，EI为常数。试求：（1）B支座处的转角；（2）梁跨中C点的竖向线位移。

【解】（1）求截面的角位移

在截面处加以单位力偶$M_i=1$，建立虚设状态如图8-13（b）所示。以A点为坐标原点，分别列出荷载作用和单位力偶作用下的弯矩方程为

$$M_p=\frac{1}{2}qlx-\frac{1}{2}qx^2;\bar{M}=-\frac{1}{l}x\quad(0\leqslant x\leqslant l)$$

将上式代入式（8-11），并积分得

$$\Delta_{ip}=\varphi_B=\int_0^l\frac{\bar{M}M_p}{EI}\mathrm{d}x=\int_0^l\frac{\left(-\frac{x}{l}\right)\left(\frac{1}{2}qlx-\frac{1}{2}qx^2\right)}{EI}\mathrm{d}x$$

$$=\frac{1}{EI}\int_0^l\left(-\frac{1}{2}qx^2+\frac{1}{2l}qx^3\right)\mathrm{d}x=-\frac{ql^3}{24EI}(\circlearrowleft)$$

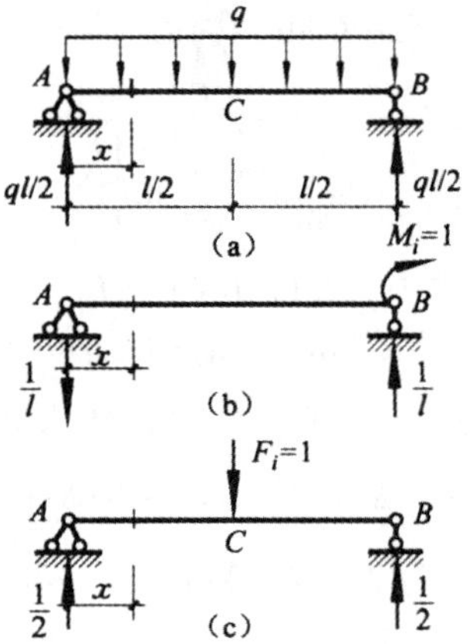

图8-13

φ_B为负值，表明截面转动方向与所加的单位力偶方向相反，即B截面逆时针转动。

（2）求梁跨中C点的竖向线位移

在C点加单位力$F_i=1$，建立虚设状态如图8-13（c）所示，分别列出荷载作用与单位力作用下的弯矩方向。以A点坐标为原点，当$0\leqslant x\leqslant\frac{l}{2}$时，有

$$M_p=\frac{1}{2}qlx-\frac{1}{2}qx^2;\bar{M}=\frac{1}{2}x$$

因为对称关系，将上式代入式（8-13），并积分得

$$\Delta_{ip}=\Delta_{vc}=2\int_0^{\frac{l}{2}}\frac{\bar{M}M_p}{EI}\mathrm{d}x=2\int_0^{\frac{l}{2}}\frac{\left(\frac{x}{2}\right)\left(\frac{1}{2}qlx-\frac{1}{2}qx^2\right)}{EI}\mathrm{d}x$$

$$=\frac{q}{2EI}\int_0^{\frac{l}{2}}(lx^2-x^3)\mathrm{d}x=\frac{5ql^4}{384EI}(\downarrow)$$

Δ_{vc}的结果为正值，表示C点的竖向位移方向与单位力方向相同，即C点位移向下。

【例8-2】试求如图8-14（a）所示刚架结点B的水平位移Δ_{HB}与角位移θ_B。

【解】（1）在荷载作用下，刚架各段的弯矩方程为（以刚架内侧受拉为正）

AB段（A为坐标原点）：

$$M_p=qlx\quad(0\leqslant x\leqslant l)$$

BC段（C为坐标原点）：

$$M_p=\frac{3}{2}qlx-\frac{1}{2}qx^2\quad(0\leqslant x\leqslant l)$$

（2）求结点B的水平位移Δ_{HB}时，可在B点水平施加一单位力，得虚设状态如图8-14（b）所示，此时的弯矩方程为

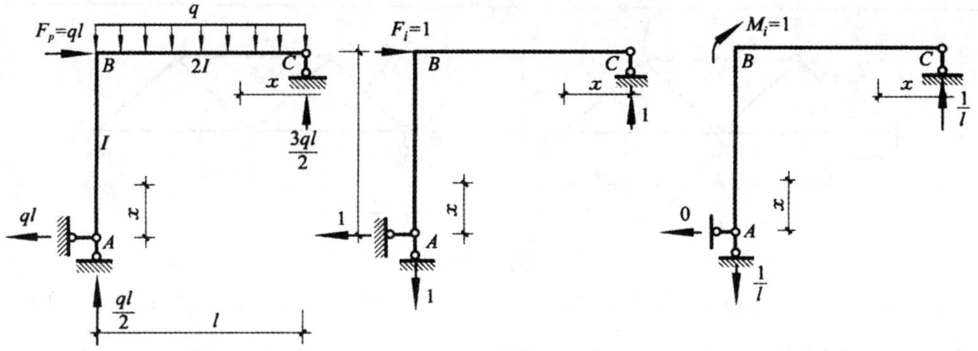

图 8-14

AB 段:

$\bar{M} = x \quad (0 \leq x \leq l)$

BC 段:

$\bar{M} = x \quad (0 \leq x \leq l)$

代入式（8-13），得

$$\Delta_{HB} = \sum \int_L \frac{\bar{M} M_P}{EI} \mathrm{d}x = \frac{1}{EI} \int_0^l qlx \cdot x \mathrm{d}x + \frac{1}{2EI} \int_0^l \left(\frac{3}{2} qlx - \frac{1}{2} qx^2\right) x \mathrm{d}x$$

$$= \frac{1}{EI} \mathrm{ql} \cdot \frac{1}{3} l^3 + \frac{1}{2EI} q \left(\frac{3}{2} l \times \frac{1}{3} l^3 - \frac{1}{2} \times \frac{1}{4} l^4\right) = \frac{25}{48EI} ql^4 (\rightarrow)$$

Δ_{HB} 为正值，表明 *B* 点水平方向与所加的单位力方向相同，即 *B* 点水平位移向右。

（3）求结点 *B* 的角位移 θ_B 时，可在 *B* 点水平施加一单位力偶，得虚设状态如图 8-14（c）所示，此时的弯矩方程为

AB 段:

$\bar{M}=0 \quad (0 \leq x \leq l)$

BC 段:

$\bar{M}=\frac{1}{l} x \quad (0 \leq x \leq l)$

代入式（8-11），得

$$\Delta_{ip} = \theta_B = \sum \int_L \frac{\bar{M} M_P}{EI} \mathrm{d}x = 0 + \frac{1}{2EI} \int_0^1 \left(\frac{3}{2} qlx - \frac{1}{2} qx^2\right) \times \frac{1}{l} x \mathrm{d}x$$

$$= \frac{1}{2EIl} \left(\frac{3}{2} ql \times \frac{1}{3} l^3 - \frac{1}{2} q \times \frac{1}{4} l^4\right) = \frac{3}{16EI} ql^3 (\curvearrowright)$$

θ_B 为正值，表明 *B* 截面转动方向与所加的单位力偶方向相同，即 *B* 截面顺时针转动。

【例 8-3】如图 8-15（a）所示，试求桁架结点 *C* 的竖向位移。已知各杆的 *EA* 都相同且为常数。

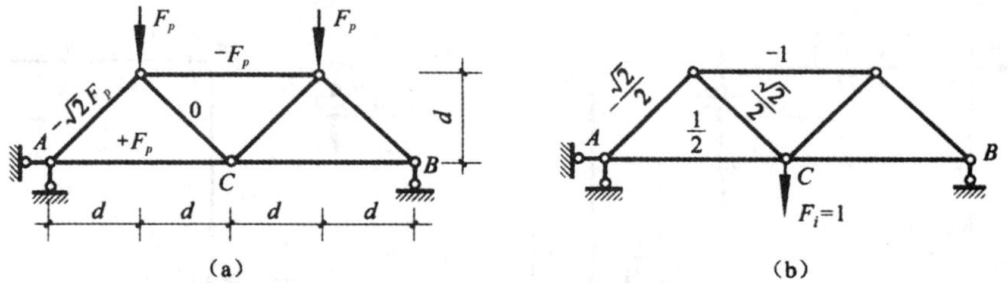

图 8-15

【解】(1)建立虚设状态，如图 8-15（b）所示，即在结点 C 加一单位力 $F_i=1$。

（2）计算位移状态和虚设状态各杆的轴力，由于桁架及其荷载均为对称，故只需计算一半桁架的内力。计算结果标注在图 8-15 中的各杆上。

（3）将各杆的 F_{Np} 和 $\bar{F}_N$ 代入式（8-14），得

$$\Delta_{ip}=\Delta_{vc}=\sum\frac{\bar{F}_N F_{Np}\cdot l}{EA}=\frac{1}{EA}\left[2(-\sqrt{2}F_p)\left(-\frac{\sqrt{2}}{2}\right)\sqrt{2}d+2F_p\times\frac{1}{2}\times 2d+(-F_p)(-1)2d\right]$$

$$=\frac{2F_pd}{EA}(2+\sqrt{2})=6.83\frac{F_pd}{EA}(\downarrow)$$

【例 8-4】如图 8-16（a）所示，半径为 R 的圆弧形等截面曲梁，试求曲梁点 B 的竖向位移。已知 E, A, G 均为常数。

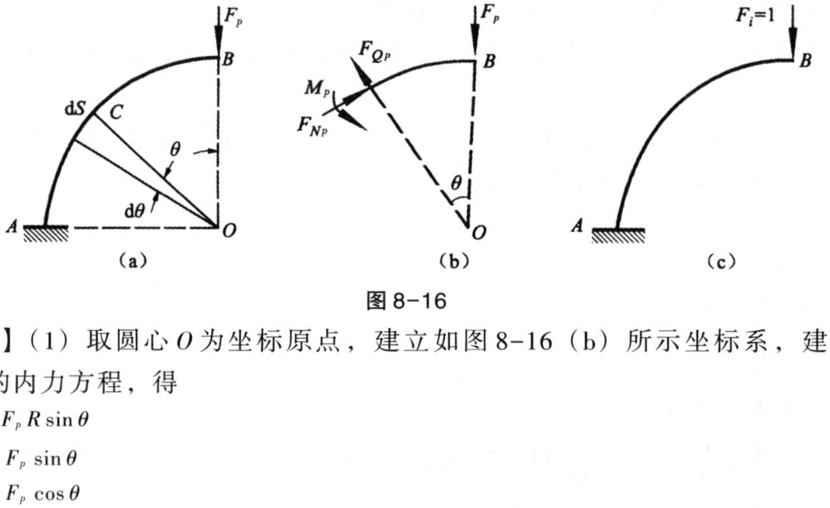

图 8-16

【解】(1)取圆心 O 为坐标原点，建立如图 8-16（b）所示坐标系，建立实际状态下的内力方程，得

$$\begin{aligned}M_p&=F_pR\sin\theta\\F_{Np}&=F_p\sin\theta\\F_{Qp}&=F_p\cos\theta\end{aligned}\qquad(8-17)$$

（2）在 B 点施加单位力 $F_i=1$，得虚设状态如图 8-16（c）所示，建立此时的内力方程，得

$$\begin{aligned}\bar{M}&=R\sin\theta\\\bar{F}_N&=\sin\theta\\\bar{F}_Q&=\cos\theta\end{aligned}\qquad(8-18)$$

（3）计算曲梁点 B 的竖向位移 Δ_{vB}。

将式（8-17）和式（8-18）及 $ds=Rd\theta$ 代入式（8-12）中，得

$$\Delta_{vB}=\int_B^A \bar{F}_N\frac{F_{Np}}{EA}\mathrm{d}s+\int_B^A \bar{F}_Q\,\mu\frac{F_{Qp}}{GA}\mathrm{d}s+\int_B^A \bar{M}\frac{M_p}{EI}\mathrm{d}s$$

$$=\frac{F_pR}{EA}\int_0^{\frac{\pi}{2}}\sin^2\theta d\theta+\frac{\mu F_pR}{GA}\int_0^{\frac{\pi}{2}}\cos^2\theta\mathrm{d}\theta+\frac{F_pR^3}{EI}\int_0^{\frac{\pi}{2}}\sin^2\theta\mathrm{d}\theta$$

$$=\frac{\pi F_pR}{4EA}+\frac{\mu\pi F_pR}{4GA}+\frac{\pi F_pR^3}{4EI}$$

上式中右边三项分别为轴力、剪力和弯矩所引起的位移，设曲梁截面为矩形（$h\times b$），则有

$$\mu=1.2,\frac{I}{A}=\frac{h^2}{12}$$

此时，取$G=0.4E$，则有

$$\Delta_{vB}=\frac{\pi F_pR^3}{4EI}\left[\frac{1}{12}\left(\frac{h}{R}\right)^2+\frac{1}{4}\left(\frac{h}{R}\right)^2+1\right]=\frac{\pi F_pR^3}{4EI}\left[\frac{1}{3}\left(\frac{h}{R}\right)^2+1\right](\downarrow)$$

式中括号内前一项为轴力与剪力对位移的影响，实际结构中，若截面高度h远小于半径R，则括号内前一项的值远小于1，就是说若曲梁截面比较薄，跨度比较大时轴力与剪力的影响很小，可以忽略不计。

据此，对上述结构的位移计算，可简化为

$$\Delta_{ip}=\sum\int_L\frac{\bar{M}M_p}{EI}\mathrm{d}s \tag{8-19}$$

第五节　图乘法

梁式杆件在荷载作用下位移计算公式为

$$\Delta_{ip}=\sum\int\frac{\bar{M}M_p}{EI}\mathrm{d}s$$

当结构中的杆件较多，同时荷载又比较复杂时，利用积分法求解位移比较困难[①]。

如果结构和荷载满足以下三个条件时，可以用图乘的方法来代替积分法，则计算可以得到简化，其条件为：①杆件为等截面直杆；②当EI沿长度方向不变时，即EI为常数（工程中梁、刚架、组合结构的杆件大多是等截面直杆且由同一材料做成）；③分别作出该段杆的$\bar{M}$，M_p图，其中有一个图形是直线图形[②]。

现以图8-17所示杆段的两个弯矩图来说明简化计算的方法。图中AB为直杆，$\bar{M}$图为一段直线，而M_p图为任意形状，现以AB杆轴线为x轴，$\bar{M}$图直线段的延长线与x轴的交点为坐标原点，建立坐标系。如果该杆截面的抗弯刚度EI为常数，则

$$\Delta_{ip}=\int_A^B\frac{\bar{M}M_p}{EI}\mathrm{d}s=\frac{1}{EI}\int_A^B\bar{M}M_p\,\mathrm{d}x$$

---

① 因为一般情况下，每杆的$\bar{M}$，Mp变化规律各不相同，同一杆荷载复杂时，必须每个杆取一坐标系，分几段列弯矩方程、积分再求和。

② 在荷载作用下，M_p图不一定总是直线形状，但其$\bar{M}$图总是由单位力或单位力偶引起，$\bar{M}$图总是由直线段组成。此时只需分段考虑即可满足条件。

为了求得$\int_A^B \bar{M}M_p\,dx$的简化计算结果，在AB杆上距原点x处任取一截面，则由图8-17可知

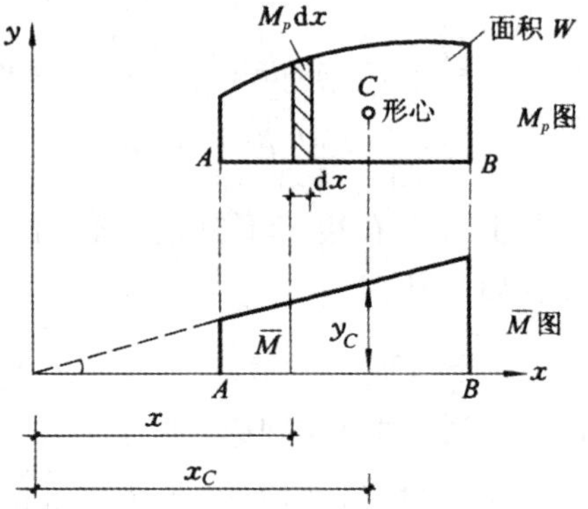

图8-17

$\bar{M} = x\tan\alpha$

因此

$\int_A^B \bar{M}\,M_p\,dx=\tan\alpha\int_A^B xM_p\,dx$

上式中，$M_p\,dx$是M_p图中的微分面积（图8-17中的阴影线所示面积）；

$xM_p\,dx$是这个微面积对纵轴y的静矩，因而积分$\int_A^B xM_p\,dx$就表示M_p图的全面积ω对纵轴y的静矩。

若M_p图的形心为C，对应$\bar{M}$图的坐标为（x_c，y_c），根据面积矩定理，此积分应等于M_p图的全面积ω乘以其形心到y轴的距离x_c，即

$\int_A^B xM_p\,dx = \omega \cdot x_c$

故有

$\int_A^B \bar{M}M_p\,dx = \omega xc \cdot \tan\alpha$

由图8-16可知

$x_c \cdot \tan\alpha = y_c$

所以

$\int_A^B \bar{M}M_p\,dx = \omega \cdot y_c$

亦即是，两个图形相乘的积分等于其中一个图形的面积（通常取曲线图形的面积）乘以此图形面积的形心所对应的另一图形（必须是直线图形）的纵坐标值y_c。

如是，位移计算公式就可写成

$$\Delta_{ip} = \sum \frac{\omega \cdot y_c}{EI} \tag{8-20}$$

式（8-20）就是图乘法的位移计算公式。应用图乘法计算时应注意以下几点：

1.正负号规定：面积ω与y_c在杆的同侧时，$\omega \cdot y_c$的乘积取正号；ω与y_c在杆轴线的异侧时，$\omega \cdot y_c$的乘积取负号。

2.杆件应为等截面杆，若截面改变，应分段计算。

3.y_c必须取自直线图中，而ω则可取自直线图形也可取自曲线图形的面积。

4.如果某一个图形是由几段直线组成的折线，则应分段计算，对如图8-18所示的情形，则有

$\int \bar{M}\,M_p\,dx = \omega_1 y_1 + \omega_2 y_2 + \omega_3 y_3$

5.一般形式的二次抛物线图形相乘，如图8-19所示。因均布荷载而引起的为二次抛物线弯矩图，此图形的面积可分解为由$ABCD$梯形与抛物线CED的面积叠加

而得。因此，可以将 M_p 图分解为上述两个图形（梯形和抛物线图形）分别与 $\bar{M}$（梯形）相乘，然后取代数和，即得所求结果。

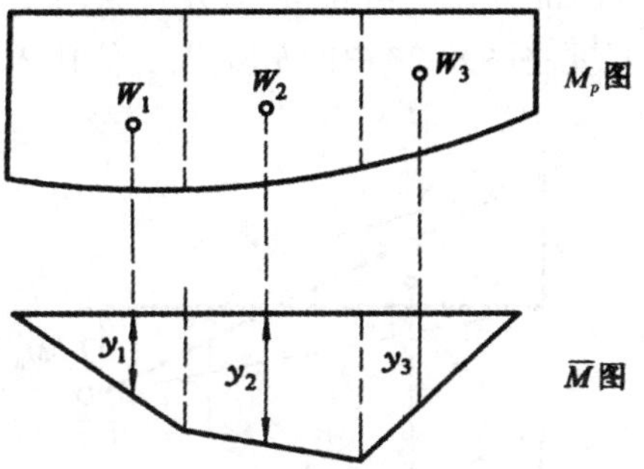

图 8-18

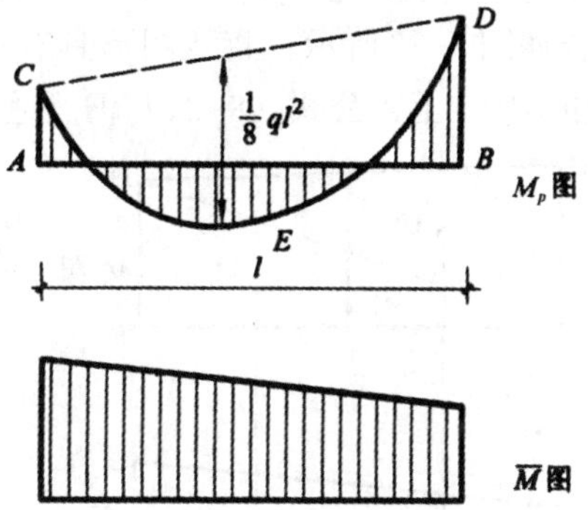

图 8-19

在应用抛物线图形的公式时，抛物线所包括面积计算公式如图 8-20 所示。但必须注意此公式只适用于图形的一个角点是抛物线的顶点的情况。在图 8-20 中给出了位移计算中常见的抛物线图形的面积和形心位置。

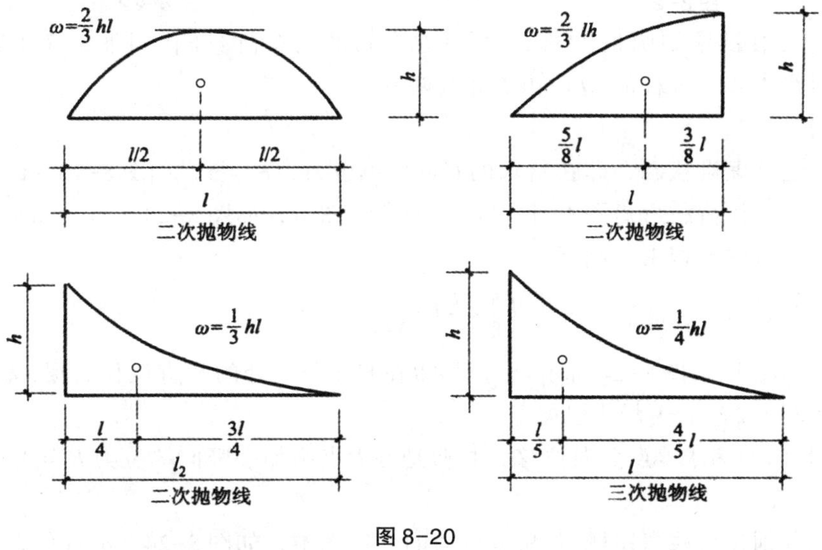

图 8-20

6. 若两梯形相乘时，如图 8-21 所示，可不必找出梯形的形心，而将其中一个梯形 $ABCD$（M_p 图）分解为两个三角形 ABD（M'_p 图）和 ADC（M''_p 图）（或分解为一个矩形和一个三角形），任一截面在两个三角形中的 M_p 值分别为 M'_p 和 M''_p，代入式（8-13），得

$$\int\frac{\bar{M}M_p}{EI}\mathrm{d}x=\frac{1}{EI}\int\bar{M}\ (M'_p+M''_p)\,\mathrm{d}x=\frac{1}{EI}\left(\int\bar{M}M'_p\mathrm{d}x+\int\bar{M}\,M''_p\mathrm{d}x\right)$$

可将两个三角形分别与 $\bar{M}$ 图乘，得

$$\int\frac{\bar{M}M_p}{EI}\mathrm{d}x=\frac{1}{EI}\left(\frac{al}{2}y_a+\frac{bl}{2}y_b\right)=\frac{l}{6EI}\ (2ac+2bd+bc+ad) \tag{8-21}$$

式中

$$y_a=\frac{2}{3}c+\frac{1}{3}d,y_b=\frac{1}{3}c+\frac{2}{3}d$$

若如图8-22所示，直线图形具有正负号两部分，则可将M_p图分解为两个三角形ABD和ABC，上述公式（8-21）仍然适用，只要将图8-22中的b、d以负值代入即可。

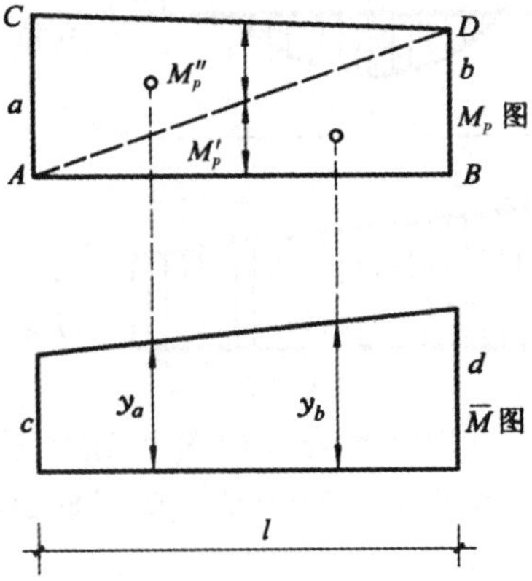

图8-21

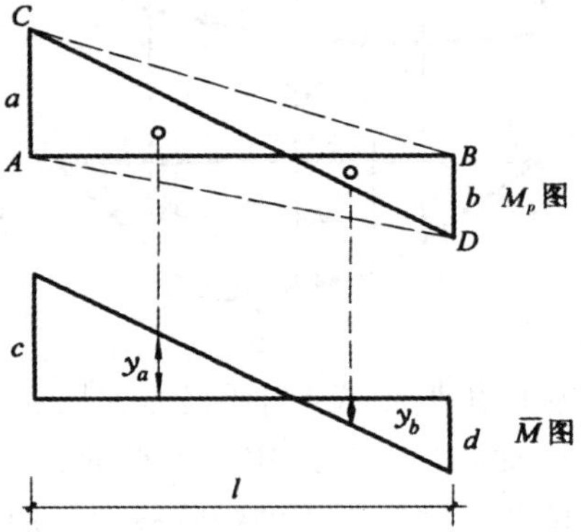

图8-22

【例8-5】试求如图8-23（a）所示在全跨的均布荷载q作用下，简支梁跨中C点的竖向线位移。各杆的EI均相等并为常数。

【解】

（1）建立虚设状态，即在所求的C点加单位力，$F_i=1$，如图8-23（b）所示。

（2）分别作荷载弯矩图M_p和单位力的弯矩图$\bar{M}$，如图8-23（c）、（d）所示。

（3）进行图形相乘，则得

$$\Delta_{vc}=\frac{2}{EI}(\omega_1y_1)=\frac{2}{EI}\left[\left(\frac{2}{3}\times\frac{l}{2}\times\frac{ql^2}{8}\right)\left(\frac{5}{8}\times\frac{l}{4}\right)\right]=\frac{5ql^4}{384EI}(\downarrow)$$

【例8-6】试求图8-24所示悬臂梁AB在自由端B处的竖直位移，梁AC和CB两段的抗弯刚度EI_1，EI_2均为已知。

【解】（1）为求B点竖向位移，相应地在B点施加一竖向单位力$F_i=1$。如图8-24（c）所示。

（2）分别作荷载弯矩图M_p和单位力的弯矩图$\bar{M}$，如图8-24（b）、（c）所示。

（3）进行图形相乘，则得

$$\Delta_{vB}=\sum\frac{\omega y_c}{EI}=\frac{\omega_1y_1}{EI_1}+\frac{\omega_2y_2}{EI_1}+\frac{\omega_3y_3}{EI_2}$$

$$=\frac{1}{EI_1}\left[\frac{1}{2}\times(l-a)\times F_pl\right]\times\left(\frac{2}{3}l+\frac{1}{3}a\right)+\frac{1}{EI_1}\left[\frac{1}{2}\times(l-a)\times F_pa\right]\times\left(\frac{1}{3}l+\frac{2}{3}a\right)+\frac{1}{EI_2}\times$$

$$\frac{1}{2}\times a\times F_pa\times\frac{2}{3}a$$

$$=\frac{F_pl^3}{3EI_1}\left[1-\left(1-\frac{I_1}{I_2}\right)\left(\frac{a}{l}\right)^3\right](\downarrow)$$

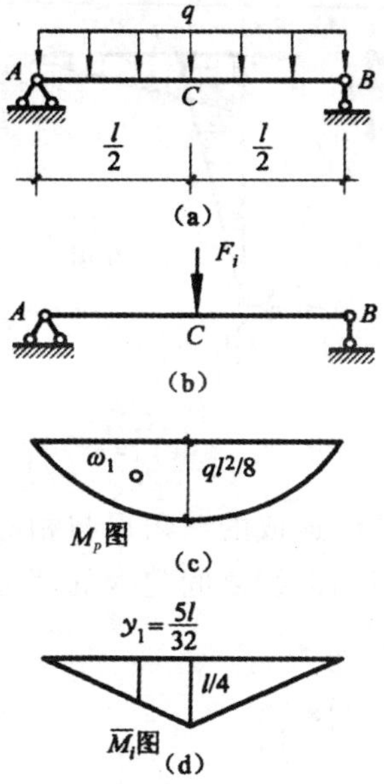

图 8-23

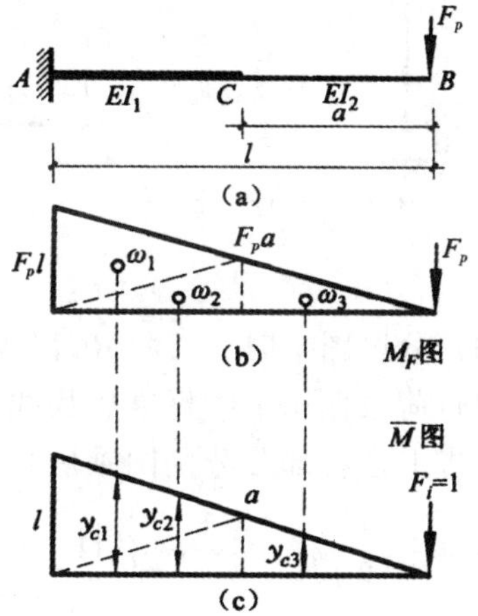

图 8-24

【例 8-7】如图 8-25（a）所示，在已知荷载 F_p 作用下，试求悬臂梁中点 C 的竖向线位移，EI 为常数。

【解】（1）为计算 C 点的竖向位移，可在 C 点加一单位力 $F_i=1$，如图 8-25（c）所示。

（2）分别作荷载弯矩图 M_p 和单位力的弯矩图 $\bar{M}$，如图 8-25（b）、（c）所示。

（3）如取 M_p 图面积，$\bar{M}$ 图的纵坐标，计算得

$$\Delta_{vC}=\frac{1}{EI}\times\frac{1}{2}F_pl^2\times\frac{1}{6}l=\frac{F_pl^3}{12EI}(\downarrow)$$

（4）如取 $\bar{M}$ 图面积，M_p 图的纵坐标，计算得

$$\Delta_{vC}=\frac{1}{EI}\left(\frac{1}{2}\times\frac{l}{2}\times\frac{l}{2}\right)\times\frac{5}{6}F_pl=\frac{5F_pl^3}{48EI}$$

为什么计算的结果不一样？请读者自己思考。

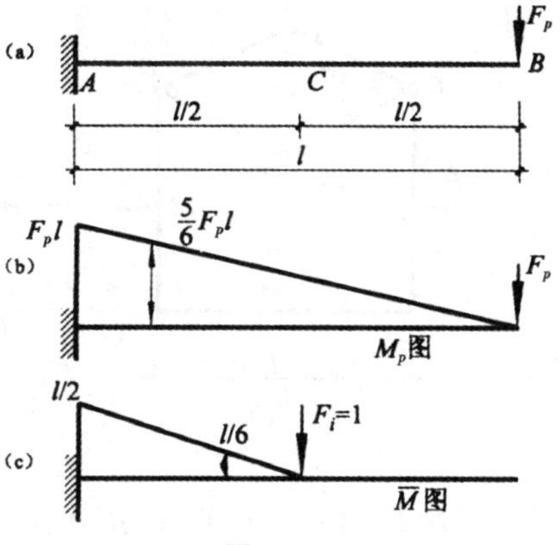

图 8-25

【例 8-8】试求如图 8-26（a）所示刚架 B 点的水平位移，EI 为常数。

【解】（1）为计算 B 点的水平位移，可在 B 点加一水平单位力 $F_i=1$，如图 8-26（c）所示。

（2）分别作荷载弯矩图 M_p 和单位力的弯矩图 $\bar{M}$，如图 8-26（b）、（c）所示。

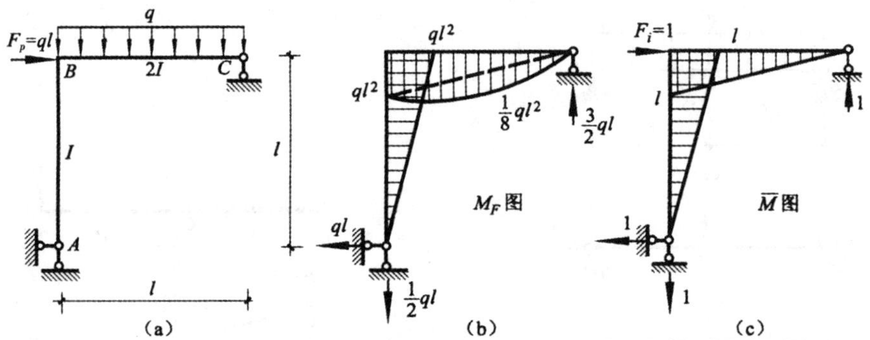

图 8-26

（3）分段图乘时，可将BC段视作为虚线与BC轴线连成的三角形与相应的简支梁在均布荷载作用下的标准抛物线图形（即图中虚线与曲线之间包含的部分）叠加而成，将上述各部分分别图乘后叠加得

$$\Delta_{vB}=\frac{1}{EI}\left(\frac{1}{2}\times ql^2\times l\right)\times\frac{2}{3}l+\frac{1}{2EI}\left[\left(\frac{1}{2}\times ql^2\times l\right)\times\frac{2}{3}l+\left(\frac{2}{3}\times\frac{ql^2}{8}\times l\right)\times\frac{1}{2}\right]$$

$$=\frac{25ql^4}{48EI}(\rightarrow)$$

【例 8-9】试求如图 8-27（a）所示结构中AB两点的竖向相对位移，设各杆EI与EA均为常数。

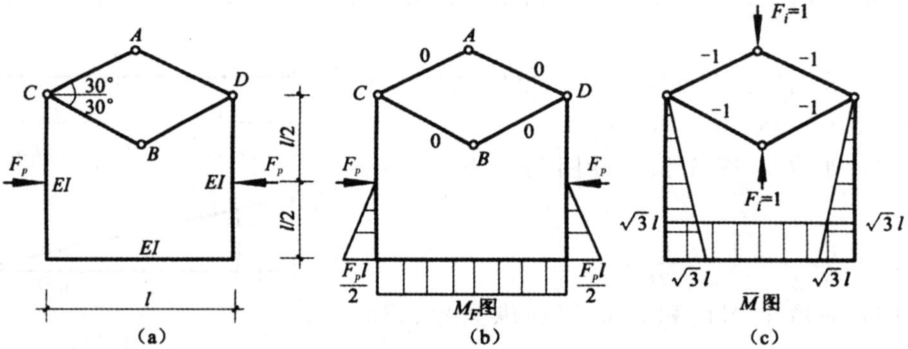

图 8-27

【解】（1）为计算A, B两点的相对位移，可在A, B两点加一对方向相反的单位力$F_i=1$。

（2）分别作荷载弯矩图M_p和单位力的弯矩图$\bar{M}$，如图 8-27（b）、（c）所示。

（3）分别计算各杆在荷载和单位力作用下的轴力，如图 8-27（b）、（c）所示。

（4）将图 8-27（b）与图 8-27（c）相乘得

$$\Delta_{vA-B}=\sum\int\frac{M_p\bar{M}}{EI}\mathrm{d}s+\sum\int\frac{F_{Np}\bar{F}_N}{EA}\mathrm{d}s$$

$$=\sum\int\frac{M_p\bar{M}}{EI}\mathrm{d}s+0$$

$$=-\frac{1}{EI}\left[\left(\frac{1}{2}\times\frac{F_pl}{2}\times\frac{l}{2}\times\frac{5}{6}\times\sqrt{3}l\right)\times 2+\frac{F_pl}{2}\times l\times\sqrt{3}l\right]$$

$$=-\frac{F_pl^3}{EI}\left(\frac{5\sqrt{3}}{24}+\frac{\sqrt{3}}{2}\right)=-\frac{17\sqrt{3}}{24}\cdot\frac{F_pl^3}{EI}$$

计算结果为负号，表明A, B两点的相对竖向位移与虚设力的指向相反，即A,B两点是相互离开的。

第六节　静定结构在非荷载作用下的位移计算

静定结构由于温度改变和支座移动等因素的作用，虽然不产生内力，但将产生位移。下面通过单位荷载法来计算由上述因素引起的位移。

一、静定结构温度变化时的位移计算

对于静定结构，在受温度变化影响时，各杆自由变形而不产生内力。这时结构的位移表达式可以根据式（8-9）改写为

$$\Delta_{it}=\sum\int\bar{F}_N\,\mathrm{d}u+\sum\int\bar{F}_Q\,\gamma\mathrm{d}s+\sum\int\bar{M}\,\mathrm{d}\varphi \tag{8-22}$$

这里由于变形的外界因素为温度变化，所以把公式中所求位移的脚标加一t，即由Δ_{it}来表示；$\mathrm{d}\varphi$，$\mathrm{d}u$，$\gamma\mathrm{d}s$分别表示由于温度变化而使杆件中微段$\mathrm{d}s$产生的弯曲变形、轴向变形及剪切变形。在杆系结构中由于温度改变只产生弯曲变形和轴向变形，不产生剪切变形，即

$$\gamma\mathrm{d}s=0$$

所以式（8-22）改写为

$$\Delta_{it}=\sum\int\bar{F}_N\,\mathrm{d}u+\sum\int\bar{M}\,\mathrm{d}\varphi \tag{8-23}$$

只要求出杆件中微段$\mathrm{d}s$产生的弯曲变形$\mathrm{d}\varphi$、轴向变形$\mathrm{d}u$的表达式，而后代入式（8-23），即得出由于温度变化引起结构位移的计算公式。

下面进一步讨论位移状态中微段$\mathrm{d}s$的$\mathrm{d}u$，$\mathrm{d}\varphi$的具体表达式。

如图8-28（a）所示结构，由于温度变化，下侧温度升高t_2，上侧温度升高t_1，使结构产生变形，如图8-28（a）中虚线所示，这是实际的位移状态。从图8-28（a）所示结构的杆件中截取任一微段$\mathrm{d}s$，如图8-28（b）所示，截面高为h，形心轴线距上下边的距离各为h_1及h_2，材料的线膨胀系数为α，为了计算的简化，假定温度沿杆截面的高度h按直线变化，因而发生变形之后，截面仍将保持为平面。按比例关系则有

$$\mathrm{d}u=\frac{\alpha t_2\mathrm{d}sh_1}{h}+\frac{\alpha t_1\mathrm{d}sh_2}{h}=\alpha\frac{h_1t_2+h_2t_1}{h}\mathrm{d}s$$

$$\mathrm{d}\varphi=\frac{\alpha t_2\mathrm{d}s-\alpha t_1\mathrm{d}s}{h}=\alpha\frac{t_2-t_1}{h}\mathrm{d}s$$

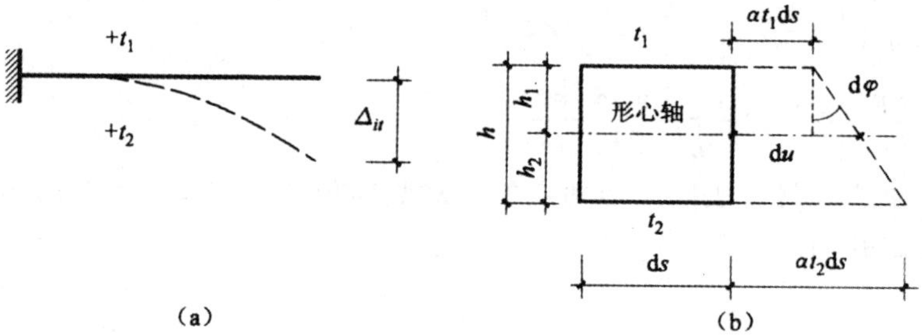

图 8-28

设 $\Delta t = t_2 - t_1$，表示杆件截面两侧的温度改变之差（计算时取绝对值）；$t_0 = \dfrac{h_1 t_2 + h_2 t_1}{h}$ 表示形心轴线处的温度变化，则有

$$du = \alpha t_0 ds$$

$$d\varphi = \alpha \frac{\Delta t}{h} ds \tag{8-24}$$

将式（8-24）代入式（8-23），得

$$\Delta_{it} = \sum \int \bar{F}_N \alpha t_0 ds + \sum \int \bar{M} \alpha \frac{\Delta t}{h} ds \tag{8-25}$$

上式为静定结构由于温度变化所引起的位移计算公式。

如果每个杆件沿其全长温度改变相同，材料相同（即 α 为常数）且截面高度不变，则上式可改写为

$$\Delta_{it} = \sum \alpha t_0 \int \bar{F}_N ds + \sum \alpha \frac{\Delta t}{h} \int \bar{M} ds$$

即

$$\Delta_{it} = \sum \alpha t_0 \omega_{\bar{F}_N} + \sum \alpha \frac{\Delta t}{h} \omega_{\bar{M}} \tag{8-26}$$

式中，$\omega_{\bar{F}_N}$，$\omega_{\bar{M}}$——分别为 $\bar{F}_N$，$\bar{M}$ 图的面积。

应用式（8-25）或式（8-26）时，应注意正负号。若温度引起的轴向变形及弯曲变形与单位力引起的轴向变形及弯曲变形方向一致时取正；反之取负。

从公式中可知，在计算梁和刚架由于温度变化引起的位移时，不能略去轴向变形的影响。

对于桁架结构，求其由于温度变化引起的位移时，因为各杆的 $\bar{M}=0$，$\bar{F}_N$ 为常数，则有

$$\Delta_{it} = \sum \bar{F}_N \alpha t_0 \int ds = \sum a t_0 \int \bar{F}_N l \tag{8-27}$$

式中，l——各杆的杆长。

【例 8-10】图 8-29（a）所示结构各杆的截面相同且与形心轴对称，各杆线膨胀系数为 α，截面高度为 h，试求当只有内侧的温度升高 10℃时，在 C 点所产生的竖向线位移。

【解】（1）建立虚设状态，即在 C 点竖向加单位力 $F_i = 1$，如图 8-29（b）、（c）所示。

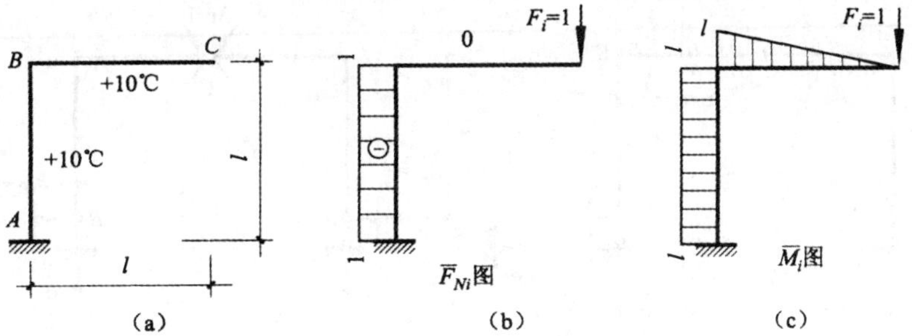

图 8-29

（2）在单位力作用下，分别作 $\bar{F}_N$ 图如 $\bar{M}$ 图，如图 8-29（b）、（c）所示。从图中可知，温度改变使结构内侧伸长，$\bar{M}$ 图中是杆件外侧受位，两图中弯曲变形方向相反，所以公式中乘积取负值；同样 AB 杆的轴向变形方向也是相反（AB 杆轴向伸长，$\bar{F}_N$ 图 AB 杆产生压力），也取负值。

（3）计算各杆轴线处的温度和各杆两侧温度差，得

$$\Delta t = t_2 - t_1 = |10° - 0| = 10°$$

$$t_0 = \frac{h_1 t_2 + h_2 t_1}{h} = \frac{t_2 + t_1}{2} = \frac{10° + 0}{2} = 5°$$

温差、单位力引起的 $\bar{F}_N$ 等均取绝对值，因正负号将由两种状态下各杆相对应的变形方向来决定。

代入式（8-26），得

$$\Delta_{it} = \Delta_{vC} = \sum \alpha\, t_0 \omega_{\bar{F}_N} + \sum \alpha \frac{\Delta t}{h} \omega_{\bar{M}} = -5\alpha l - \frac{10\alpha}{h}\left(\frac{l^2}{2} + l^2\right)$$

$$= -5\alpha l\left(1 + \frac{3l}{h}\right)(\uparrow)$$

C 点的实际方向与 $F_i = 1$ 方向相反，即 C 点位移向上。

二、静定结构在支座移动时的位移计算

静定结构由于支座移动并不产生内力也无变形，只会发生刚体位移。因此，静定结构由于支座移动引起的位移计算属于刚体体系问题。应用虚功方程求解时，虚拟状态的选取同前，因实际状态的变形为零，因此内力虚功为零。这时结构的位移表达式可以根据式（8-9）改写为

$$\Delta_K = -\sum \bar{R}_k \cdot c \tag{8-28}$$

如果令 Δ_{ic} 表示支座移动所引起的位移，$\bar{R}$ 为虚拟状态中的支座反力，c 表示支座位移，则式（8-28）改写为

$$\Delta_{ic} = -\sum \bar{R} \cdot c \tag{8-29}$$

式（8-29）就是计算结构由于支座移动所引起的位移表达式。

【例 8-11】如图 8-30（a）所示为三铰刚架。支座 B 有水平位移 a 和竖向位移 b，试求铰 C 两边截面的相对转角。

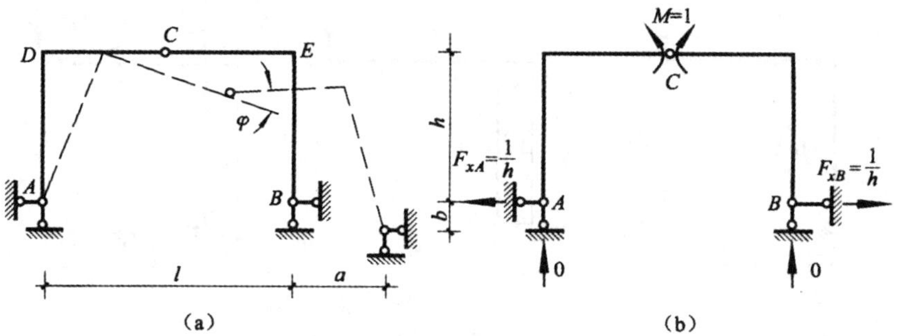

图 8-30

【解】为求 C 铰两边截面的相对转角，需在其两边截面施加一对方向相反的单位力偶。此时因单位力偶的作用产生的支座反力为 $\bar{F}_{xA}$，$\bar{F}_{yA}$，$\bar{F}_{xB}$，$\bar{F}_{yB}$，如图 8-30（b）所示。

利用式（8-29），得

$$\Delta_{ic}=\varphi_c=-\sum\bar{R}\cdot c=-(\bar{F}_{xB}\cdot a-\bar{F}_{yB}\cdot b)=-\left(\frac{1}{h}\times a-0\right)=-\frac{a}{h}(\text{弧度})$$

负号表示 C 处的相对转动的方向与所设的单位力偶的转向相反。

三、制造误差引起的位移计算公式

制造误差通常是杆件长度偏差 λ_0 和直杆制成微弯杆（假设曲率半径 ρ_0 为段为常数），将制造误差视为初变形，制造误差引起的位移就等于单位荷载产生的内力在这些初变形上做的虚功，即

$$\Delta=\sum(\pm\bar{F}_N\lambda_0)+\sum(\pm\frac{1}{\rho_0}\omega_{\bar{M}}) \tag{8-30}$$

式（8-30）就是由于制造误差引起的位移的计算公式。公式中的正负号规定：$\bar{F}_N$，$\bar{M}$ 产生的变形与初变形方向一致时，它们的乘积为正，反之为负。

若静定结构同时承受荷载、温度改变、支座位移和制造误差的作用时，则计算位移的一般公式为

$$\Delta_K=\sum\int\bar{F}_N\frac{F_{Np}}{EA}\mathrm{d}s+\sum\int\bar{F}_Q\mu\frac{F_{Qp}}{GA}\mathrm{d}s+\sum\int\bar{M}\frac{M_p}{EI}\mathrm{d}s+\sum\alpha t_0\int\bar{F}_N\mathrm{d}s+\sum\alpha\frac{\Delta t}{h}\int\bar{M}\mathrm{d}s-\sum\bar{R}_k\cdot c+\sum(\pm\bar{F}_N\lambda_0)+\sum(\pm\frac{1}{\rho_0}\omega_{\bar{M}})$$

第七节　弹性结构的互等定理

在后面的超静定问题分析中，经常用到弹性体系的互等定理，即功的互等定理、位移互等定理、反力互等定理和反力与位移互等定理。其中功的互等定理是最基本的，另外三个定理都可由它推导出来。

一、功的互等定理

如图8-31（a）所示简支梁先后作用F_{p1}和F_{p2}两组荷载，并假定F_{p1}及其引起的位移为第一状态（图8-31（a）），F_{p2}及其引起的位移为第二状态（图8-31（b）），现讨论这两组荷载按不同次序先后作用于这同一结构上时所做的功。

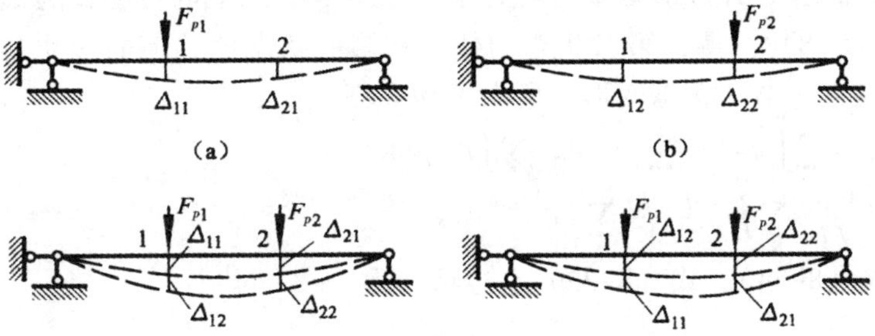

图8-31

在结构上先加F_{p1}后加F_{p2}，梁先后的变形情况如图8-31（c）所示，则外力所做总功为

$$w_{12}=\frac{1}{2}F_{p1}\Delta_{11}+F_{p1}\Delta_{12}+\frac{1}{2}F_{p2}\Delta_{22} \tag{8-31}$$

式中位移Δ_{ij}的两个角标含义是：第一个角标“i”表示位移发生的地点和方向，即表示F_i作用点沿F_i方向上的位移；第二个角标“j”表示引起位移的原因，即此位移是由F_j作用而引起的。

若改为先加F_{p2}后加F_{p1}，图8-31（b）变形如图8-31（d）所示，此时外力所做总功为

$$w_{21}=\frac{1}{2}F_{p2}\Delta_{22}+F_{p2}\Delta_{21}+\frac{1}{2}F_{p1}\Delta_{11} \tag{8-32}$$

在上述两种加载过程中，外力先后次序虽不同，但最后的荷载及变形情况是相同的，则两者加载情况所做的总功应相等，也就是说明外力所做的功和加载次序无关。故

$$w_{12}=w_{21} \tag{8-33}$$

将式（8-31）、式（8-32）代入式（8-33），得

$$\frac{1}{2}F_{p1}\Delta_{11}+F_{p1}\Delta_{12}+\frac{1}{2}F_{p2}\Delta_{22}=\frac{1}{2}F_{p2}\Delta_{22}+F_{p2}\Delta_{21}+\frac{1}{2}F_{p1}\Delta_{11}$$

所以

$$F_{p1}\Delta_{12}=F_{p2}\Delta_{21}$$

一般情况下可写成

$$F_{pi}\Delta_{ij}=F_{pj}\Delta_{ji} \tag{8-34}$$

式（8-34）称为功的互等定理。

一般情况下，利用虚功原理证明功的互等定理如下：

1.取第一状态上的力系为做功的力系，取第二状态上的位移作为虚位移，由虚

功原理（式（8-8））得：第一状态的外力在第二状态位移上的虚功，等于第一状态上各微段内力在第二状态变形上所做虚功。则

$$w_{12}=F_{p1}\Delta_{12}=\sum\int M_1\mathrm{d}\varphi_2+\sum\int F_{N1}\mathrm{d}u_2+\sum\int F_{Q1}\gamma_2\mathrm{d}s$$

$$=\sum\int M_1\frac{M_2ds}{EI}+\sum\int F_{N1}\frac{F_{N2}ds}{EA}+\sum\int F_{Q1}\frac{\mu F_{Q2}}{GA}\mathrm{d}s \tag{8-35}$$

2.取第二状态上的力系为做功的力系，取第一状态上的位移作为虚位移，由虚功原理（式（8-8））得：第二状态的外力在第一状态位移上的虚功，等于第二状态上各微段内力在第一状态变形上所做虚功。则

$$w_{21}=F_{p2}\Delta_{21}=\sum\int M_2\mathrm{d}\varphi_1+\sum\int F_{N2}\mathrm{d}u_1+\sum\int F_{Q2}\gamma_1\mathrm{d}s$$

$$=\sum\int M_2\frac{M_1ds}{EI}+\sum\int F_{N2}\frac{F_{N1}ds}{EA}+\sum\int F_{Q2}\frac{\mu F_{Q1}}{GA}\mathrm{d}s \tag{8-36}$$

3.比较式（8-31）、式（8-32）右边项，得

$$w_{12}=w_{21}$$

即

$$F_{p1}\Delta_{12}=F_{p2}\Delta_{21} \tag{8-37}$$

功的互等定理可以叙述如下：在一线性变形体系中，第一状态的外力在第二状态的位移所做的虚功，等于第二状态的外力在第一状态的位移所做的虚功。注意：同一位置的广义力和广义位移应该一一对应。

二、位移互等定理

功的互等定理的第一种特殊情况为位移互等定理。

设第一状态和第二状态中都只有一个荷载F_p或m作用，且$F_p=1$，$m=1$，如图8-32（a）、（b）所示。其中δ_{21}表示单位力$F_p=1$引起的m作用处相应的位移，δ_{12}表示单位力偶矩m=1引起的F_p作用处相应的位移。由功的互等定理得

$$1\cdot\delta_{12}=1\cdot\delta_{21}$$

故得

$$\delta_{12}=\delta_{21}$$

一般情况下可写作

$$\delta_{ij}=\delta_{ji} \tag{8-38}$$

式（8-38）称为位移互等定理，此处位移应理解为广义位移。式中δ_{ij}称为位移影响系数，它在数值上等于单位力$F_j=1$所引起的在力F_i作用处相应的位移。

所以位移互等定理可表述为：单位力$F_j=1$引起的在F_i作用点处沿F_i方向的位移δ_{ij}，等于单位力$F_i=1$引起的在F_j作用点处沿F_j方向的位移δ_{ji}。

无论是哪种广义力和广义位移，式（8-38）的互等关系不仅在数值上相等而且在量纲上也相同。

如图8-33（a）、（b）所示为同一简支梁，当跨中1点处作用$F_i=1$，在2点产生角位移φ_{12}（图8-33（a）），在同一结构2点处作用$M_2=1$，在1点产生竖向位移δ_{12}（图8-33（b））。可由位移互等定理得

$\delta_{12} = \varphi_{21}$

如果用图乘法计算也可证实二者是相等的，其值为

$$\delta_{12} = \varphi_{21} = \frac{l^2}{16EI}$$

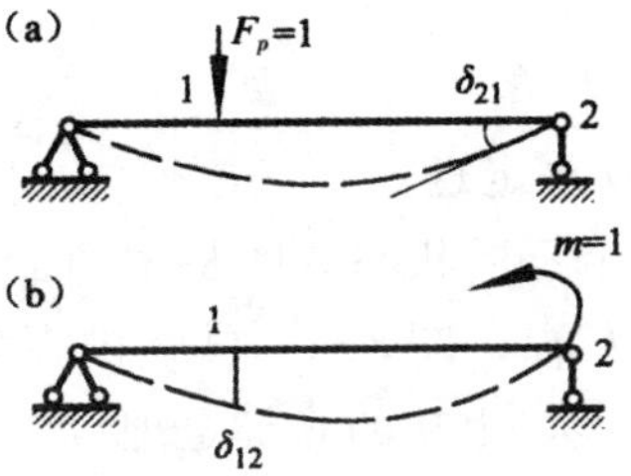

图 8-32

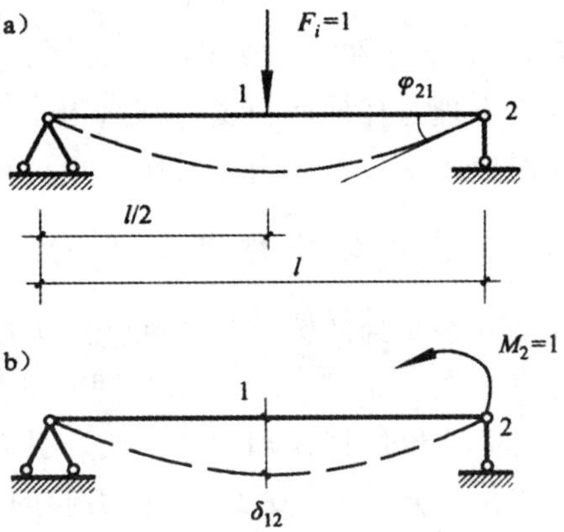

图 8-33

由上述的计算结果不难知道：虽然δ_{12}（线位移）和φ_{21}（角位移）其含义不同，但是二者在数值上是相等的，同时量纲也相同。

三、反力互等定理

功的互等定理的第二种特殊情况为反力互等定理。

用小写字母r表示因支座产生单位位移而引起的支座反力。图 8-34（a）、（b）为同一结构，设图 8-34（a）为第一状态，即因支座 1 产生单位位移$\Delta_1=1$而引起支座 2 的支座反力r_{21}。图 8-34（b）为第二状态，即因支座 2 产生单位位移$\Delta_2=1$而引起支座 1 的支座反力r_{12}，这两个状态中虽然还有其他支座反力。但因其他支座处没有位移（位移为零），其他支座的反力做功为零。因此，由功的互等定理可得

$$r_{21}\Delta_2=r_{12}\Delta_1$$

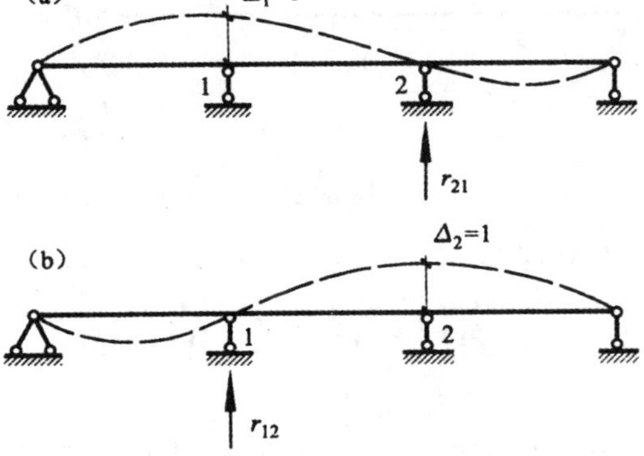

图 8-34

因为$\Delta_1=1$，$\Delta_2=1$，得

$r_{21} = r_{12}$

一般情况下可写作

$$r_{ji} = r_{ij} \tag{8-39}$$

式（8-39）称为反力互等定理。即在第一支座i处发生单位位移，在第二个支座j处引起的反力r_{ji}，等于在第二支座j处发生单位位移，在第一个支座i处引起的反力r_{ij}。

这一定理对任何两个支座都适用，但要注意反力与位移在做功的关系上应相适应，力对应于线位移，力偶对应于角位移。位移互等定理也适用于超静定结构。

四、反力与位移互等定理

功的互等定理的第三种特殊情况为反力与位移互等定理。

如图8-35（a）、（b）所示为同一结构，处在两个不同状态。图8-35（a）中支座1处发生单位位移$\Delta_1=1$，在2点处引起竖向位移为δ_{21}，图8-35（b）中在2点处作用一单位力$F_p = 1$，在支座1处引起的支座反力为r_{12}。由功的互等定理得

$r_{12}\Delta_1 + F_2\delta_{21} = 0$

因为$\Delta_1=1$，$F_p=1$，故有

$r_{12} = -\delta_{21}$

一般情况下可写为

$$r_{ij} = -\delta_{ji} \tag{8-40}$$

式（8-40）称为反力与位移互等定理。即由于单位力$F_j = 1$做用引起结构某一支座i的支座反力r_{ij}，等于该支座i发生单位位移$\Delta_i = 1$在单位力F_j作用点和方向上引起的位移δ_{ji}，但正负号相反。反力与位移互等定理也适用于超静定结构。

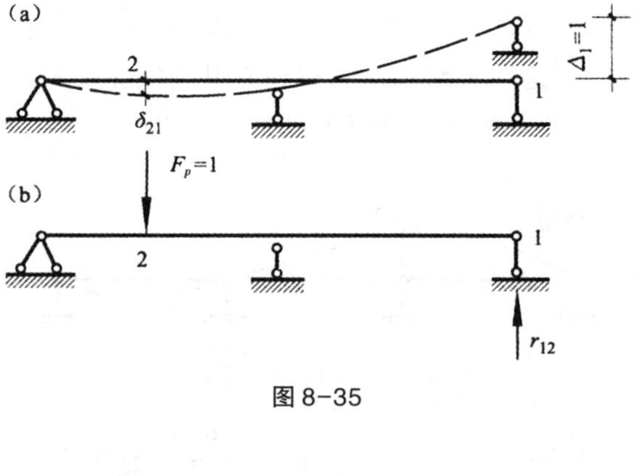

图8-35

第八节 小结

结构产生位移的主要原因有以下三种：荷载作用；温度改变引起材料胀缩；支座移动或制造误差。

力沿由别的力或其他因素（温度改变、支座移动等）所引起的位移上所做的功

称为虚功，即做虚功的力与位移是彼此独立的。当力的方向与其他因素引起的位移方向一致时，虚功为正值，反之为负值。在虚功中，由于力与位移是彼此独立无关的两个因素，因此，可将二者看成是分别属于同一结构的两种彼此无关的状态，其中力系所属状态称为力状态或第一状态，位移所属状态称为位移状态或第二状态。

在具有理想约束的刚体体系上，如果力状态中的力系满足平衡条件，位移状态中刚体体系的位移符合虚位移的要求，那么，力状态中的力系在位移状态中的虚位移上做的虚功之和等于零。这就是刚体的虚功原理。根据虚设对象的不同，虚功原理可以有两种表达式——虚位移原理和虚力原理，虚位移原理可以求解力，虚力原理可以求解位移。

变形体的虚功原理可表述为：变形连续体系处于平衡的必要和充分条件是外力所做的虚功总和等于变形虚功。与刚体的虚功原理相似，变形体的虚功原理也可依不同的虚设状态而分为虚位移原理和虚力原理。计算变形体的位移时，采用虚力原理，一般仍称为虚功原理。利用虚力原理可以计算结构的所有位移，只要在虚设状态中所加的单位力（单位力偶）和所计算的位移相对应即可。

计算结构位移的一般公式（亦称单位荷载法）为

$$\Delta_K + \sum \bar{R}_K C=\sum\int \bar{F}_{NK}\,du+\sum\int \bar{F}_{QK}\,\gamma ds+\sum\int \bar{M}_K\,d\varphi-\sum \bar{R}_k\cdot c$$

式中，$\bar{R}_K$，$\bar{F}_{NK}$，$\bar{F}_{QK}$ 和 $\bar{M}_K$——分别为虚设状态由单位荷载 $F_K=1$ 引起的反力、轴力、剪力和弯矩；

c——支座位移。

此公式可以用于计算静定或超静定平面杆件结构由于荷载、温度变化和支座沉陷等因素的作用所产生的位移，并且适用于弹性或非弹性材料的结构。

针对于不同类型的结构形式，略去产生位移的次要因素，可以得到结构位移计算的实用公式如下：

（1）在梁、刚架中，轴向、剪切变形很小，可以略去，是以弯曲变形为主，其位移计算公式可以简化为

$$\Delta_{ip}=\sum\int_L \frac{\bar{M}M_p}{EI}ds$$

（2）在桁架中，只有轴力，且同一杆件的轴力 $\bar{F}_N$，F_{Np} 及 EA 沿杆长度 l 均为常数。其位移计算公式可以简化为

$$\Delta_{ip}=\sum\int_L \frac{\bar{F}_N F_{Np}}{FA}ds=\sum\frac{\bar{F}_N F_{Np}\cdot l}{EA}$$

（3）对于比较扁平的拱，当计算要求精度较高时，除弯矩外还要考虑轴力的影响。其位移计算公式可以简化为

$$\Delta_{iF}=\sum\int_L \frac{\bar{M}M_p}{EI}ds+\sum\int_L \frac{\bar{F}_N F_{Np}}{EA}ds$$

一般实体拱中，只考虑弯矩的影响也能达到足够的精度要求。

（4）对于组合结构的位移计算，可分别考虑。受弯杆件只考虑弯矩的影响；桁架杆件，只考虑轴力的影响。其位移计算公式可以简化为

$$\Delta_{iF}=\sum\int_L\frac{\bar{M}M_p}{EI}\mathrm{d}s+\sum\frac{\bar{F}_N F_{Np}l}{EA}$$

对于梁式杆件，如果结构和荷载满足以下三个条件时，可以用图乘的方法来代替积分法，则计算可以得到简化，其条件为：①杆件为等截面直杆；②当EI沿长度方向不变时，即EI为常数（工程中梁、刚架、组合结构的杆件大多是等截面直杆且由同一材料做成）；③分别作出该段杆的$\bar{M}$，M_p图，其中有一个图形是直线图形。

位移计算公式就可写成$\Delta_{ip}=\sum\frac{\omega y_c}{EI}$。

应用图乘法计算时应注意以下几点：

第一，正负号规定：面积ω与y_c在杆的同侧时，ωy_c的乘积取正号；ω与y_c在杆轴线的异侧时，ωy_c的乘积取负号。

第二，杆件应为等截面杆，若截面改变，应分段计算。

第三，y_c必须取自直线图中，而ω则可取自直线图形也可取自曲线图形的面积。

第四，如果某一个图形是由几段直线组成的折线，则应分段计算。

对于静定结构，在受温度变化影响时，各杆自由变形而不产生内力。这时结构的位移表达为

$$\Delta_{it}=\sum\int\bar{F}_N\alpha t_0\,\mathrm{d}s+\sum\int\bar{M}\alpha\frac{\Delta t}{h}\mathrm{d}s$$

静定结构由于支座移动产生的位移表达式为

$$\Delta_K=-\sum\bar{R}_k\cdot c$$

□ 关键概念

线位移　角位移　实功　虚功　力状态　位移状态　刚体虚功原理　变形体虚功原理

□ 复习思考题

8-1　计算虚位移有哪些方法？简述利用刚体虚位移原理求静定结构约束力的优缺点。

8-2　利用刚体虚位移原理能否同时计算多个约束力？

8-3　怎样利用刚体虚位移原理建立静定梁和刚架的弯矩方程？

8-4　如何解释支座位移时，静定刚架只作刚体位移？

8-5　有应力就有应变，有应变就有应力，这种说法对吗？

8-6　没有变形就没有位移，此结论对否？

8-7　没有内力就没有位移，此结论对否？

8-8　什么是相对线位移和相对角位移？举例说明。

8-9　何谓实功和虚功？两者的区别是什么？

8-10 推导变形体虚功方程时，除了利用平衡条件外，还需要利用什么条件？

8-11 如何根据变形体虚功原理得到刚体虚功原理？

8-12 结构上本来没有虚拟单位荷载，但在求位移时却加上了虚拟单位荷载，这样求出的位移会等于原来的实际位移吗？它是否包括了虚拟单位荷载引起的位移？

8-13 求位移时怎样确定虚拟的单位广义力？这个单位广义力具有什么量纲？为什么？

8-14 为什么说荷载作用下的位移计算公式对曲杆来说是近似的？

8-15 如何计算静定结构在荷载作用下某点的全部线位移？

8-16 计算平面刚架的位移时，忽略剪切变形和轴向变形的误差有多大？

8-17 图乘法的应用条件是什么？求变截面梁和拱的位移时可否用图乘法？

8-18 用图乘法求位移时，哪些情况容易出错？

8-19 增加各杆刚度就一定能减小位移吗？

8-20 在变形体虚功原理中，两个状态的变形体是否必须为同一体系？

8-21 如何计算非弹性材料的静定结构在荷载作用下的位移？

8-22 在非弹性情况下，如何计算荷载作用下的位移？

8-23 在温度变化引起的位移计算公式中，如何确定各项的正负号？

8-24 功的互等定理中，体系的两种状态应具备什么条件？

8-25 在位移互等定理中，为什么线位移与角位移可以互等？位移系数的量纲与单位是什么？

8-26 反力互等定理是否可用于静定结构？这时会得出什么结果？

□ 习题

8-1 简支梁受均布荷载作用，试用刚体虚功原理求 B 支座反力？

8-2 如果要求图示结构指定点或指定截面的位移时，应怎样建立相应的虚设状态。(a) 图中 A 点的竖向位移和 A, B 两点的相对线位移；(b) 图中 C, D 两点的相对线位移和 CD, CE 两杆的相对角位移。

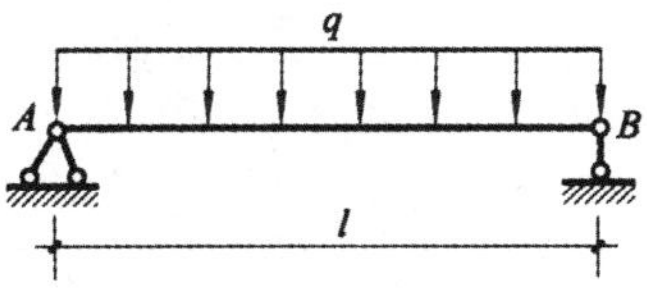

题 8-1 图

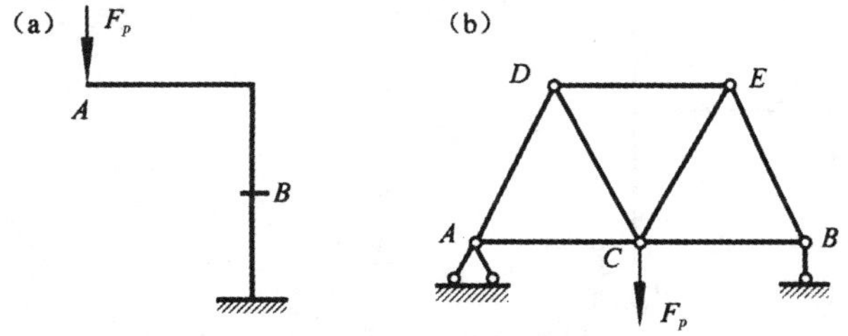

题 8-2 图

8-3 用积分法求下列结构中 B 处的转角和 C 点的竖向线位移。EI 为常数。

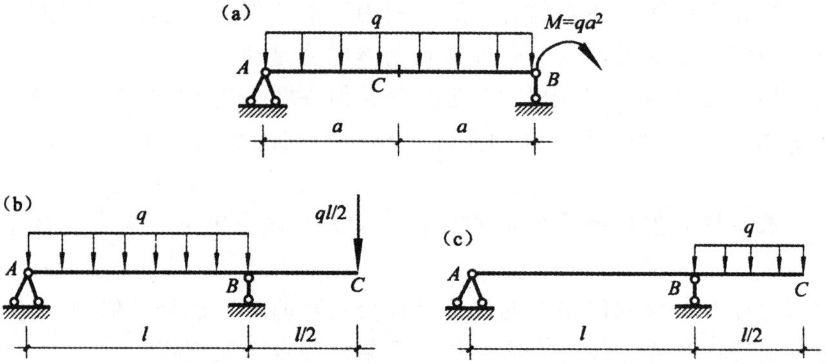

题 8-3 图

8-4　用积分法求习题图 8-4（a）中 D 点和 C 点的竖向线位移；习题图 8-4（b）中 B 点的水平线位移和 B 截面的转角。

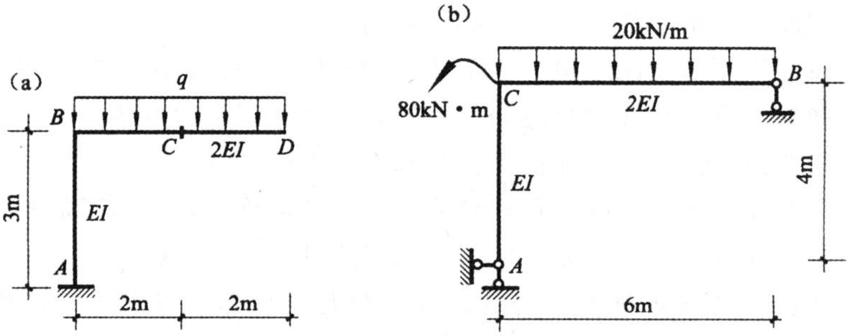

题 8-4 图

8-5　用图乘法求习题图 8-5 中 C 点的竖向位移和截面 B 的转角。EI 为常数。

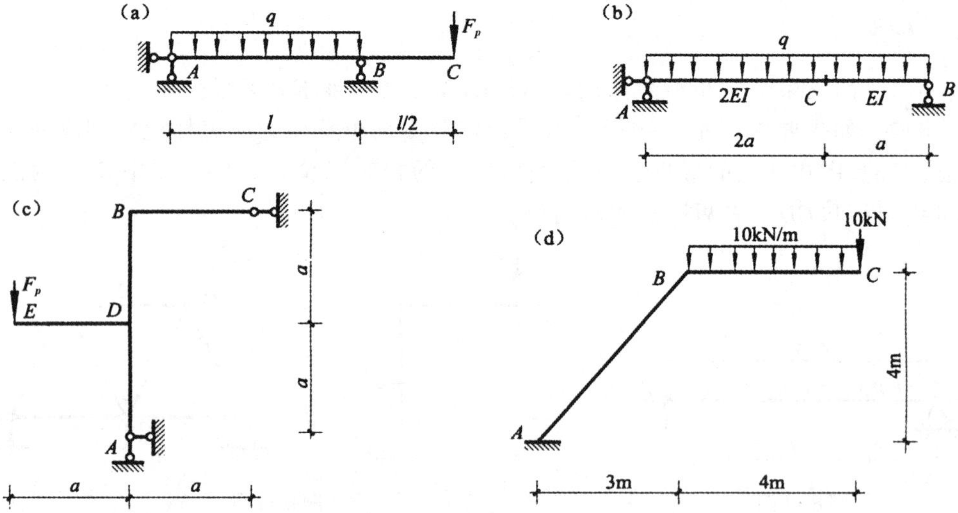

题 8-5 图

8-6　用图乘法求图示刚架 C, D 两点的相对水平线位移。

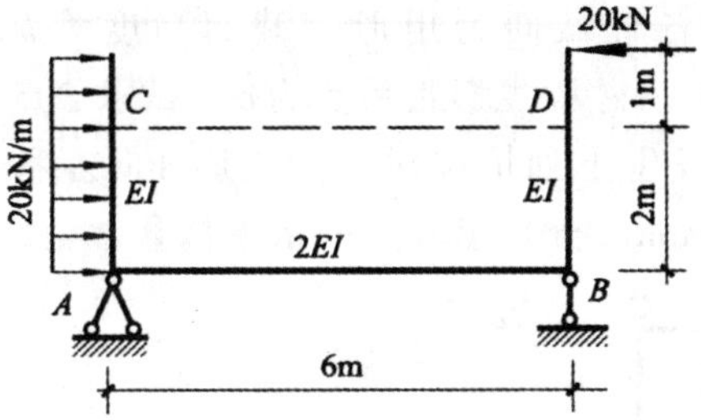

题 8-6 图

8-7 试求习题图 8-7（a）中 C 点的竖向线位移；习题图 8-7（b）中 B 点的竖向线位移。

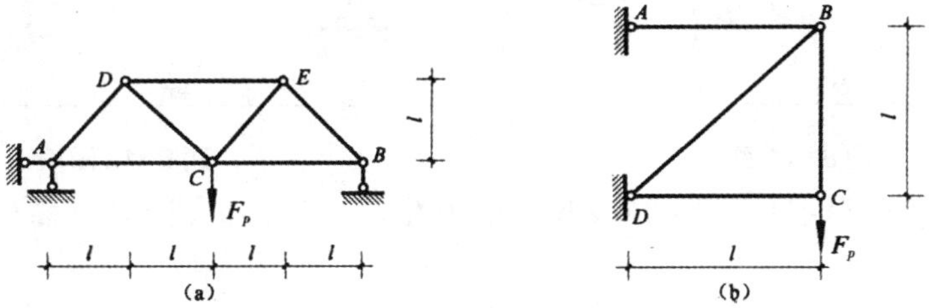

题 8-7 图

8-8 图示结构中 AB 杆的 EI 为常数，其他杆均为桁架杆，且 EA 也为常数。试求 C, D 两点的相对水平线位移。

8-9 求图示结构 A 点的竖向位移，已知 A_0=12cm^2，I=3 600cm^4，E=2.1×10^{4}kN/cm^2。

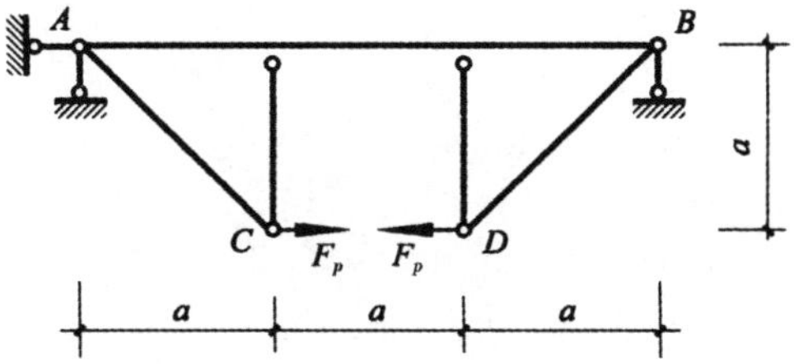

题 8-8 图

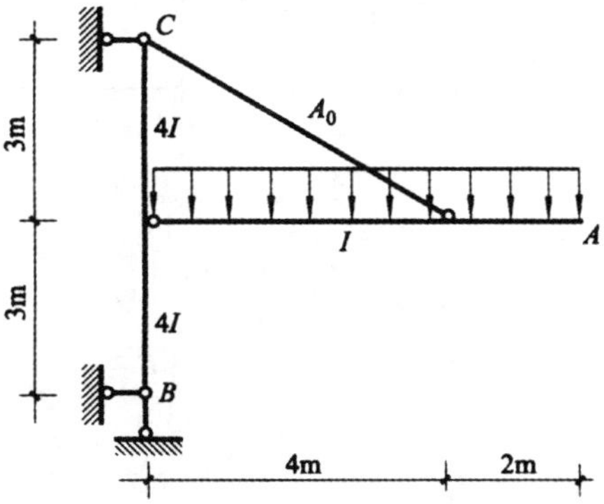

题 8-9 图

8-10 试求图示拱结构中 B 点的水平位移。

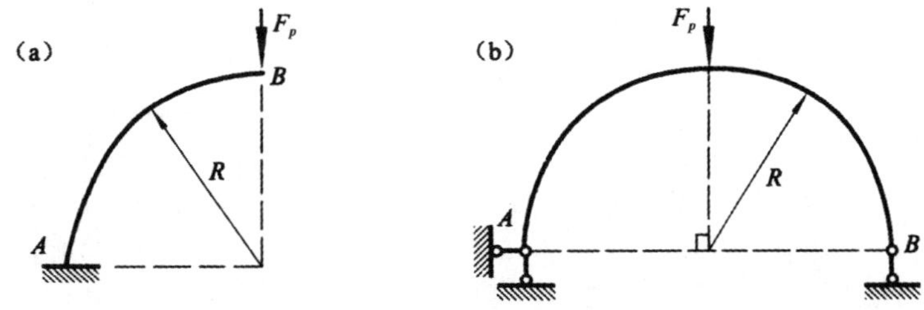

题 8-10 图

8-11　图示刚架，各杆截面为矩形，截面高度为 h，已知其内部温度升高 20℃，外部温度升高 10℃，材料线膨胀系数为 α。试求 B 点的水平线位移。

8-12　图示结构如发生下列情况时：①支座 A 向左移动 10mm；②支座 A 下沉 10mm；③支座 B 下沉 10mm。分别求 D 点的水平位移。

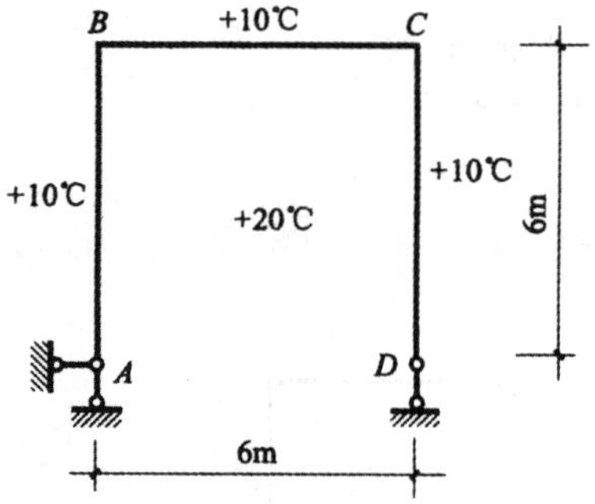

题 8-11 图

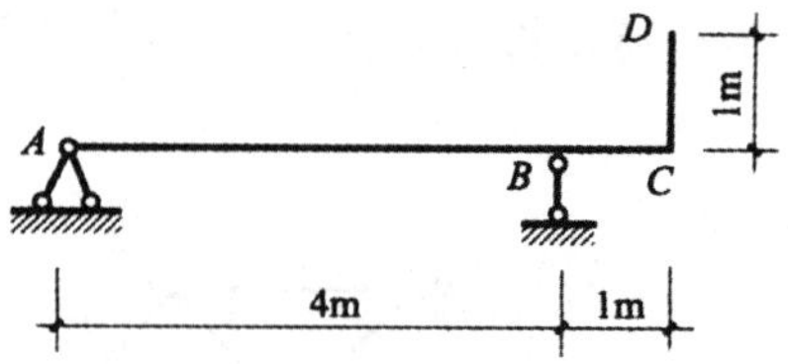

题 8-12 图

8-13　图示三铰拱，已知 B 支座向右发生水平位移 a，竖向位移 b。试求顶铰 C 的竖向位移。

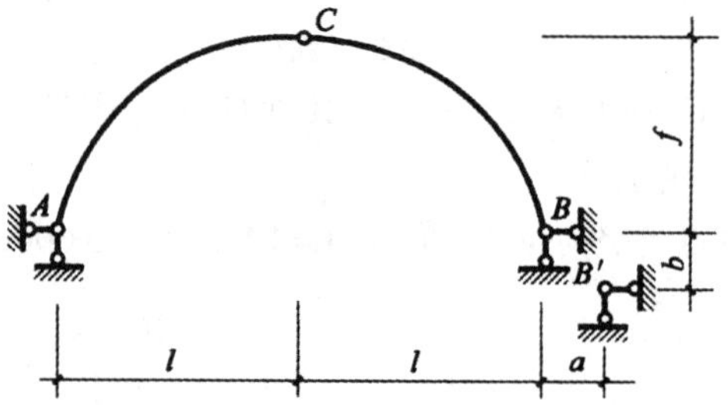

题 8-13 图

第九章

超静定结构计算

□ 学习目标

掌握超静定结构的概念和超静定结构的应用类型，了解超静定结构的分析方法，即力法和位移法。

第一节　超静定结构概述

一、超静定结构的概念

为了介绍超静定结构的概念，我们从两个方面进行分析：

首先，从静力平衡条件分析。结构未知约束力（支座或内部多余约束）的数目与能列出的独立的平衡方程的数目相等，其全部的支座反力和截面内力都可以通过静力平衡方程求得的结构，称之为静定结构；结构未知约束力（支座或内部多余约束）的数目多于能列出的独立平衡方程的数目，结构的支座反力和各截面的内力不能完全由静力平衡条件唯一确定的结构，称之为超静定结构。

如图9-1所示分别为静定结构和超静定结构的例子。如图9-1（a）所示简支梁是静定结构，它有三个未知支座反力F_{xA}，F_{yA}和F_{yB}，利用静力平衡条件可以求出全部支座反力及其内力。如图9-1（b）所示固端梁是超静定结构的一个例子。它有四个未知支座反力F_{xA}，F_{yA}，M_A和R_{yB}，却只有三个平衡方程，因而只用平衡方程求反力时将会有无穷多组解答。

其次，从结构的几何组成分析。静定结构是没有多余约束的几何不变体系；超静定结构是有多余约束的几何不变体系。所谓多余联系并不是说这些联系对结构的组成不重要，而是相对于静定结构而言，这些联系是多余的。

如图9-1（a）、（b）中所示的梁都是几何不变的。如果图9-1（a）中的静定梁

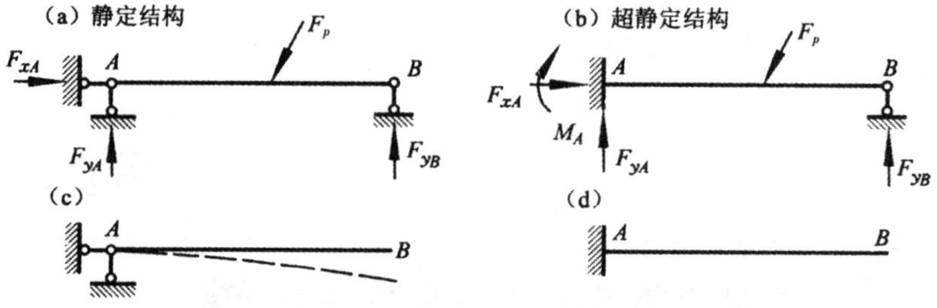

图 9-1

去掉B端固定铰支座，就变成了几何可变体系（图9-1（c）），即静定结构是没有多余约束的几何不变体系；而从图9-1（b）中的超静定梁上去掉B端固定铰支座，则仍是几何不变体系（图9-1（d）），即超静定结构是有多余约束的几何不变体系。

又如图9-2所示连续梁具有一个多余约束，可以将B端活动铰支座看作是多余约束，因为没有它体系仍然能保持几何不变，能承受荷载作用。也可将C端活动铰支座看作是多余的，还可将A端固定铰支座处的竖向支杆看作是多余的。但是不能去掉水平链杆，去掉此链杆，结构就变成可变体系，不再保持原结构的几何不变性。因此，当结构有多余约束时，其中某个约束能不能被视作是多余的，要看它是否为维持结构的几何不变性所必需。

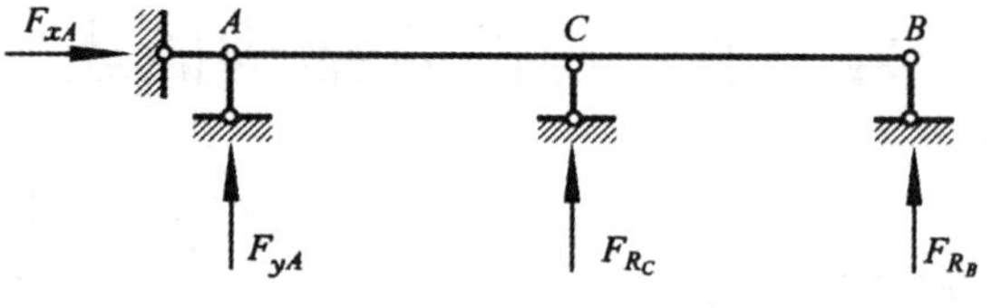

图 9-2

综上所述，静定结构是没有多余约束的几何不变体系，其全部的支座反力和截面内力都可以通过静力平衡方程求解；超静定结构是有多余约束的几何不变体系，其结构的支座反力和各截面的内力不能完全由静力平衡条件唯一确定。

超静定结构区别于静定结构的基本特点：不能用静力平衡条件确定全部反力或内力，有多余约束。

超静定结构中的多余未知力是不能用静力平衡条件确定的，关于如何确定多余未知力的问题，我们将在本章第二节中详细讨论。

二、超静定结构的类型

超静定结构的类型很多，其应用也较广。主要类型有以下几种：

1.单跨和多跨的超静定梁式结构。如图9-3（a）、（b）所示为单跨超静定梁，如图9-3（c）所示为多跨超静定梁。

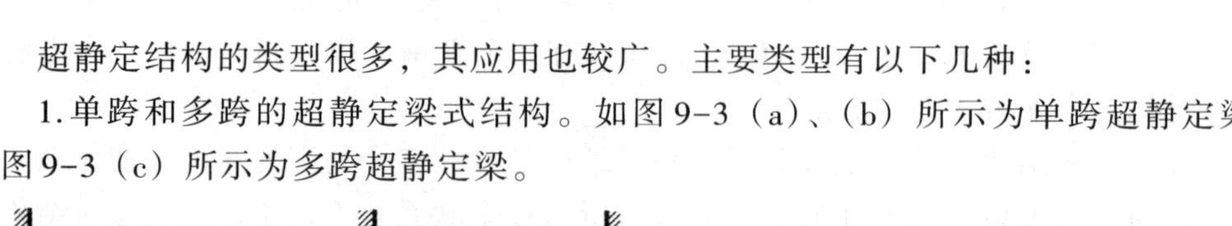

图 9-3

2.超静定刚架，其形式有单跨单层（图9-4（a））、多跨单层（图9-4（b））、单跨多层（图9-4（c））、多跨多层（图9-4（d））等。

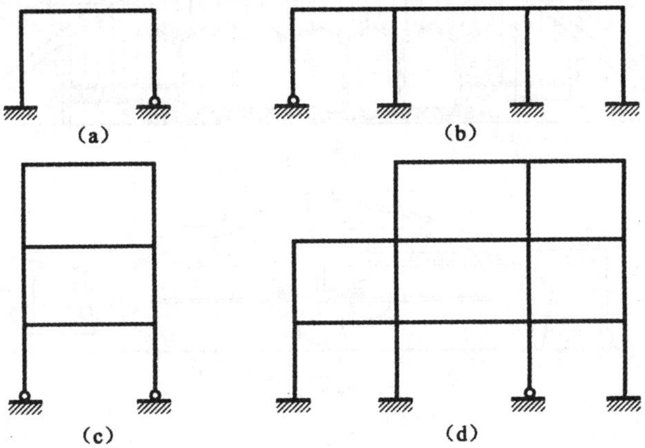

图9-4

3.超静定拱式结构。其形式有二铰拱（图9-5（a））、带有系杆的二铰拱（图9-5（b））和无铰拱（图9-5（c））等。

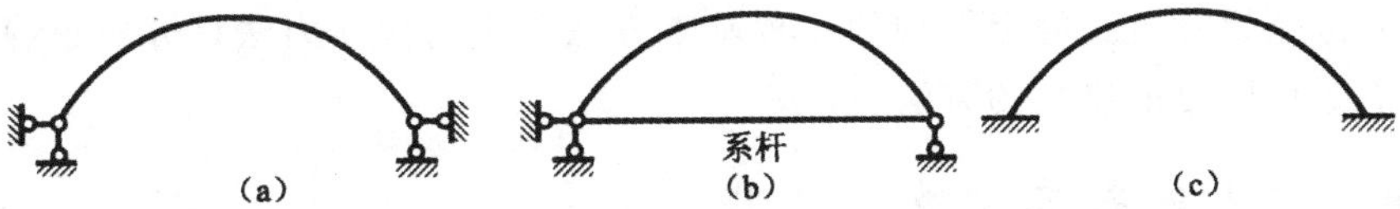

图9-5

4.超静定桁架，如图9-6所示。

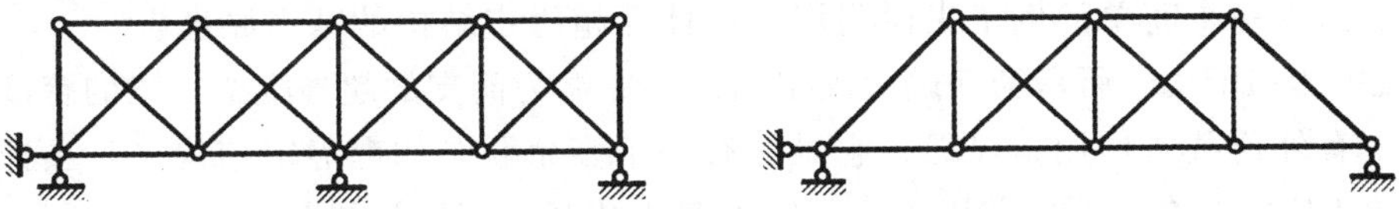

图9-6

5.超静定组合结构。图9-7（a）为梁和桁架的组合，如图9-7（b）所示为梁与拱的组合。

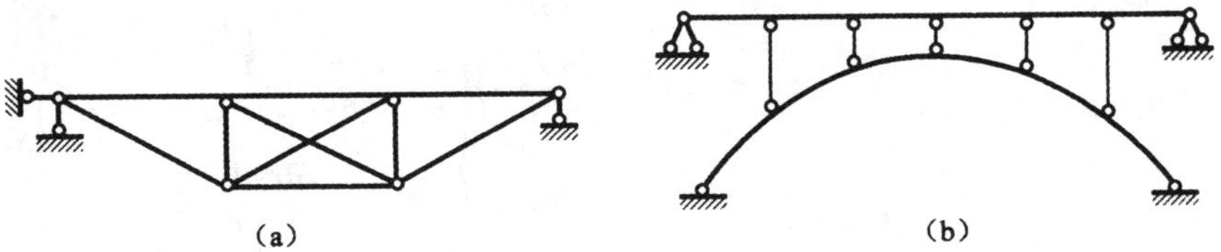

图9-7

超静定结构在建筑工程中的实际应用，图9-8为某校的大礼堂，是钢筋混凝土落地拱式结构；图9-9是某飞机维修车间的厂房，为单跨单层的超静定刚架结构。

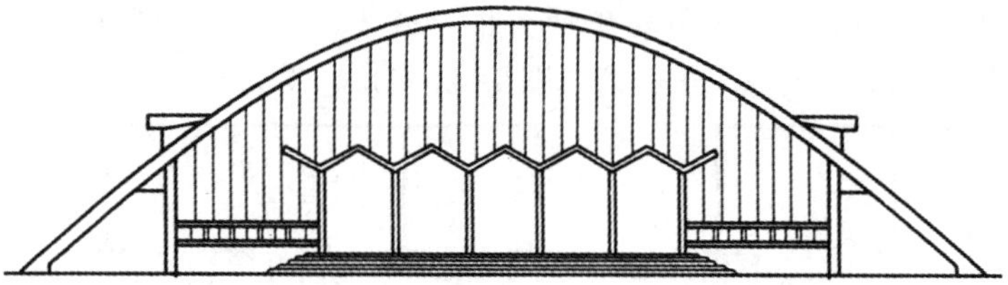

图 9-8

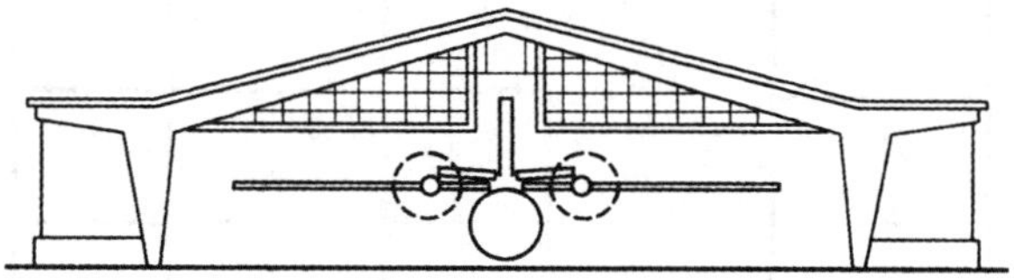

图 9-9

第二节 力法

本节将介绍分析超静定结构的一种基本方法——力法。力法是分析超静定结构的最基本而且历史最悠久的方法。

一、力法的基本概念

（一）力法的基本结构和力法基本原理

下面以一个简单的例子来说明用力法计算超静定结构的基本原理。

如图 9-10（a）所示为一端为固定端，另一端为简支的超静定梁，梁的跨度为l，在跨中有外荷载F_p作用，显然，它是具有一个多余联系的超静定结构。若去掉B端活动铰支座的多余联系，并以多余未知力X_B来代替，则得到如图 9-10（c）所示在F_p与X_B两力的共同作用下的静定结构体系（称之为基本体系）。去掉多余联系后所得到的静定结构，称之为原结构的基本结构（图 9-10（b）），即力法的基本结构。

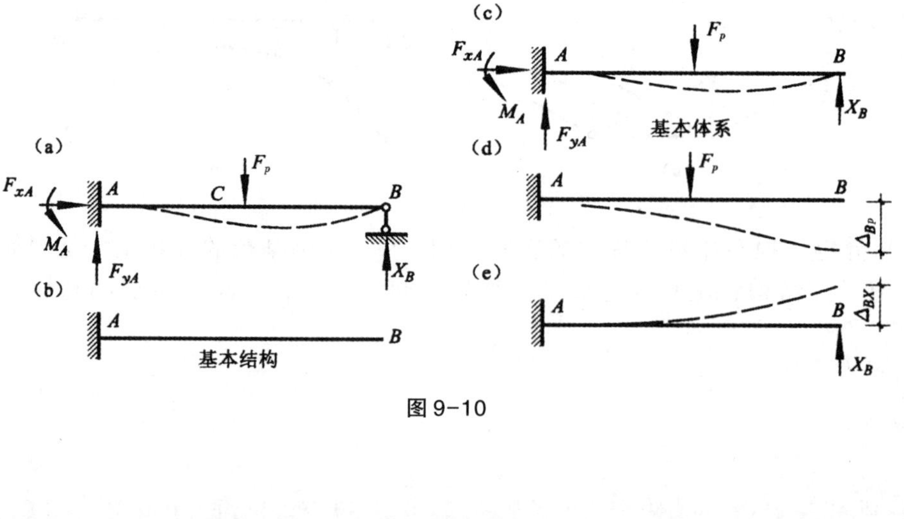

图 9-10

如果能够把多余未知力X_B计算出来，那么，原来超静定结构的计算问题就可化为静定结构的计算问题，应用平衡方程式就可以求出整个结构的反力与内力了。由此可知，计算超静定结构的关键就在于求出多余未知力。

如图9-10（a）所示，选择B端活动铰支座为研究对象①。原结构在B点有竖向支座约束，因此，该点没有竖向位移（$\Delta_B=0$）。要使基本结构的受力和变形情况与原结构的受力和变形完全一致，就要求基本结构在外荷载F_p和多余未知力X_B（其方向与B点竖直位移方向一致）的共同作用下（图9-10（c）），在B点产生的竖向位移必须与原结构的实际位移相同（$\Delta_B=0$）。

所以，用来确定多余未知力X_B的位移条件是：基本结构在原有荷载和多余未知力共同作用下，在去掉多余联系处的位移（即沿X_B力向上的位移）应与原结构中相应的位移相等，即

$$\Delta_B=\Delta_{BX}+\Delta_{Bp} \tag{a}$$

式中，Δ_{Bp}——表示荷载F_p在基本结构上，在B点处沿X_B方向引起的位移（图9-10（d）），其符号以沿假定的X_B方向为正；

Δ_{BX}——表示多余未知力X_B单独作用在基本结构上，在B点处沿X_B方向的位移（图9-10（e）），其符号以沿假定的X_B方向为正。

式（a）就是B点的位移变形协调条件，是根据B点的实际位移条件建立求解X_B的补充方程——力法方程。利用这个方程就可以计算出未知力X_B的数值。

为了计算基本结构在未知力X_B单独作用下沿X_B方向的位移Δ_{BX}。首先画出未知力X_B作用下的弯矩图M_x（图9-11（a））和单位荷载作用下的弯矩图$\bar{M}$（图9-11（b））。

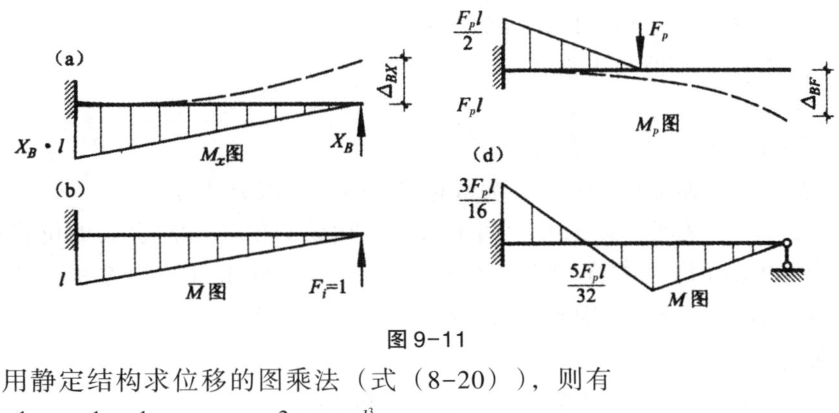

图9-11

利用静定结构求位移的图乘法（式（8-20）），则有

$$\Delta_{BX}=\frac{1}{EI}\omega y_c=\frac{1}{EI}\left(\frac{1}{2}\times l\times X_Bl\right)\times\left(\frac{2}{3}\times l\right)=\frac{l^3}{3EI}X_B \tag{b}$$

为了计算基本结构在荷载F_p单独作用下沿X_B方向的位移Δ_{BF}。首先画出荷载F_p作用下的弯矩图M_p（如图9-11（c）所示）和单位荷载作用下的弯矩图$\bar{M}$（如

① 选择B端活动铰支座作为研究对象，是因为此处的实际位移很容易判断（$\Delta_B=0$），建立的位移协调条件有利于力法方程的求解。

图9-11（b）所示）。利用静定结构求位移的图乘法（式（8-20）），则有

$$\Delta_{Bp}=\frac{1}{EI}\omega y_c=-\frac{1}{EI}\left(\frac{1}{2}\times\frac{1}{2}\times\frac{F_p l}{2}\right)\times\left(\frac{5}{6}\times l\right)=-\frac{5F_p l^3}{48EI} \tag{c}$$

将式（b）与式（c）代入式（a），得

$$\Delta_B=\Delta_{BX}+\Delta_{Bp}=\frac{l^3}{3EI}X_B-\frac{5F_p l^3}{48EI}$$

由于B点的实际竖向位移为零（即$\Delta_B=0$），得

$$\frac{l^3}{3El}X_B-\frac{5F_p l^3}{48El}=0$$

整理得

$$X_B=\frac{5F_p}{16}\ (\uparrow)$$

计算结果X_B为正号，表示反力的实际方向与原假设方向一致，多余力求出后，利用静力平衡方程就可以求出原结构的所有反力与内力，然后作弯矩图（图9-11（d）），由叠加原理可知$M=M_x+M_p$，叠加计算过程从略。

求解Δ_{BX}，也可以利用单位力$F_i=1$作用下在B点沿X_B方向产生的单位位移δ_{11}乘以未知力X_B来求得，即

$$\Delta_{BX}=X_B\delta_{11} \tag{d}$$

求δ_{11}，画出单位荷载作用下的弯矩图$\bar{M}$（图9-11（b））。利用静定结构求位移的图乘法（式（8-20）），则有

$$\delta_{11}=\frac{1}{EI}\left(\frac{1}{2}\times l\times l\right)\times\left(\frac{2}{3}\times l\right)=\frac{l^3}{3EI}$$

代入式（d）得

$$\Delta_{BX}=X_B\delta_{11}=\frac{l^3}{3EI}X_B \tag{e}$$

比较式（b）与式（e）可知其计算结果一致。

因此，式（a）可改写为下式

$$\Delta_B=X_B\delta_{11}+\Delta_{BF} \tag{f}$$

式（f）也是力法方程的一种表达式。

在上述分析的基础上，建立一次超静定结构的一般方法方程式。

为了表述一般情况，设未知力用X_1表示，由荷载沿X_1方向引起的位移用Δ_{1p}表示，由单位力$x_1=1$沿X_1方向引起的位移用δ_{11}表示，则由未知力X_1引起的位移为$\delta_{11}X_1$，实际位移用Δ_1表示。则式（a）或式（f）可改写为

$$\delta_{11}X_1+\Delta_{1p}=\Delta_1 \tag{9-1}$$

式（9-1）为一次超静定结构的力法方程一般表达式。

按照上述分析，对于超静定结构的计算，其基本思路是：先解除多余联系得到基本结构，以多余未知力作为基本未知数，然后根据基本结构与原结构具有相同的受力和变形状态的位移条件，建立补充方程，解此方程求出多余未知力，最后利用平衡条件或叠加原理，求内力并绘制内力图，这样就把超静定结构内力和位移计算的问题，化为静定结构内力和位移计算的问题，这种方法称

为力法。

下面举例来说明用力法求解超静定结构内力的具体步骤。

【例9-1】用力法计算如图9-12（a）所示的单跨超静定梁，绘出最后弯矩图和剪力图。EI为常数。

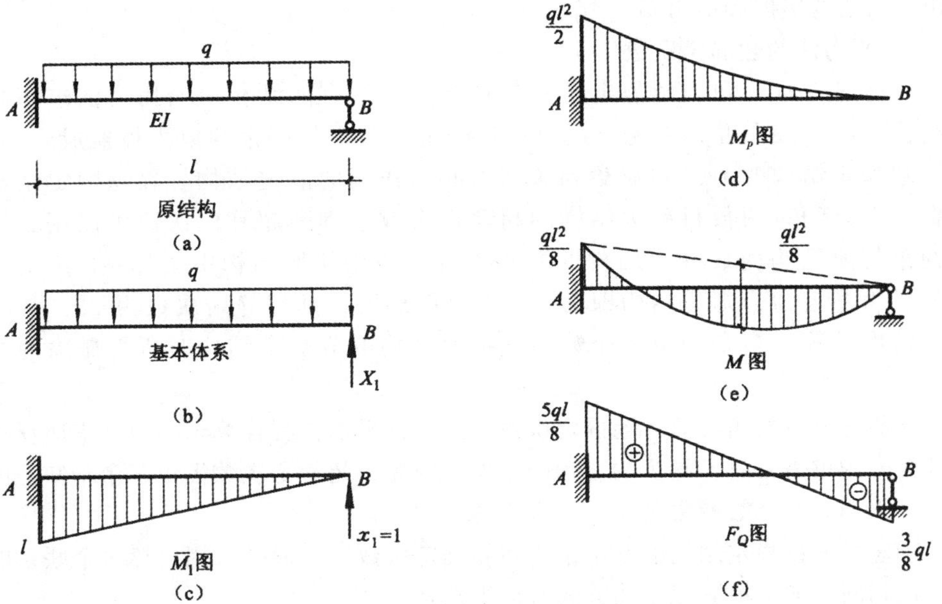

图9-12

【解】(1) 解除B点处的多余联系，以多余未知力X_1（在B点竖直方向）代替，得基本体系如图9-12（b）所示。

(2) 由B点的位移条件，即原结构在B点竖直方向的位移等于零，得力法方程为

$$\delta_{11}X_1+\Delta_{1p}=0 \tag{g}$$

(3) 给出基本结构在单位力$x_1=1$单独作用下的弯矩图$\bar{M}_1$和在荷载单独作用下的弯矩图M_p。如图9-12（c）、(d) 所示。利用图乘法求位移δ_{11}，Δ_{1p}，并解出多余知力X_1：

$$\delta_{11}=\frac{1}{EI}\left(\frac{1}{2}\times l\times l\right)\times\left(\frac{2}{3}l\right)=\frac{l^3}{3EI}$$

$$\Delta_{1p}=-\frac{1}{EI}\left(\frac{1}{3}\times l\times\frac{ql^2}{2}\right)\times\left(\frac{3}{4}\times l\right)=-\frac{ql^4}{8EI}$$

代入式（g），得

$$\frac{l^3}{3EI}X_1+\left(-\frac{ql^4}{8EI}\right)=0$$

$$X_1=\frac{ql^4}{8EI}\times\frac{3EI}{l^3}=\frac{3ql}{8}\ (\uparrow)$$

(4) 作最后内力图。

利用$\bar{M}_1$与M_p叠加得

$$M=M_p+X_1\bar{M}_1 \tag{9-2}$$

式（9-2）为弯矩叠加方程。利用式（9-2）就可以作出本题最后弯矩图。弯矩图和剪刀图（如图9-12（e）、（f）所示）。

也可以把已求得的X_1和荷载q共同作用在基本结构上，按求静定梁内力的方法作出最后的弯矩图和剪力图。

（二）力法的超静定次数

由上述分析可知，超静定结构是具有多余约束的结构。当用力法求解超静定结构时，一般来说，首先要把原来超静定结构中的多余约束去掉换成未知力，使原超静定结构变为已知荷载和未知力共同作用的静定结构。在超静定结构中存在的多余约束的数目称为结构的超静定次数。判断超静定次数可以用去掉多余约束使原结构变成静定结构的方法进行。如果从原结构中去掉n个约束，结构就成为静定的，则原结构即为n次超静定结构，其超静定次数为n次。因此，超静定次数等于多余约束的个数，即把原结构变成静定结构时所需撤除的约束个数。

从静力分析的角度看，超静定次数等于根据平衡方程计算未知力（支座反力或内部多余约束力）时所缺少的方程的个数，因此，超静定次数等于多余未知力的个数——未知力的个数减去独立平衡方程的个数。

确定任何超静定结构的基本结构与超静定次数，一般是采用去掉多余联系的方法。而切断（或去掉）联系的方式有以下几种：

1.切断一根链杆，等于去掉一个联系。如图9-13（a）所示的结构，若切断中间竖向链杆34①，X_1表示该杆的轴力，则原结构变成一个静定的基本结构，如图9-13（b）所示。所以，原结构为一次超静定结构。也可以切断13杆或23杆，得到相应的基本结构。

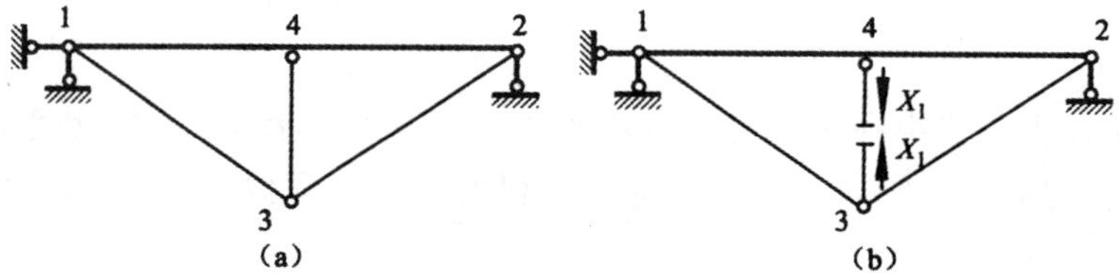

图9-13

2.切断一个单铰（连接两个杆件的铰称为单铰），等于去掉两个联系。如图9-14（a）所示，将单铰C处切断，则得如图9-14（b）所示静定的基本结构，相当于去掉C铰处两侧截面的水平方向和竖直方向的相对联系，分别以成对的X_1和X_2表示。所以，该结构为二次超静定结构。也可以去掉A或B处的单铰，得到相应的基本结构。

① 切断链杆在几何组成上看，会出现几何可变现象，但对于结构受力分析来说，符合静力平衡条件的要求，因此，在应用力法求解超静定问题时，可以采用切断链杆来寻求基本结构及判断超静定次数。

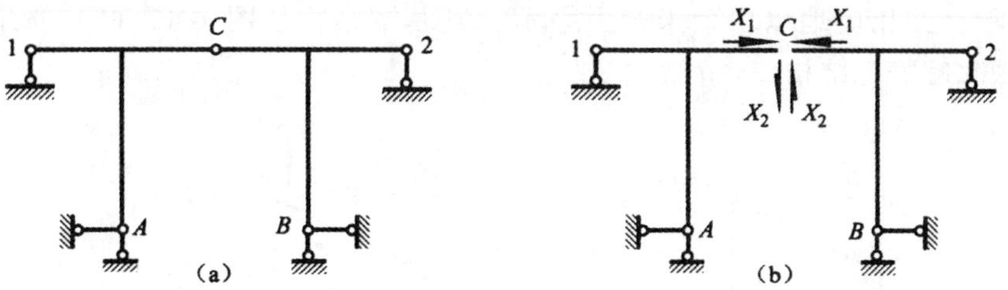

图9–14

3.切断受弯杆后加入一个铰，或将固定支座改为固定铰支座，等于去掉一个联系。图9–15（a）为3次超静定刚架，若将横梁的中点C，A和B两固定支座均改为铰接后，其整体结构如图9–15（b）所示，则分别去掉A，B，C处两侧截面相对转角的联系，相应地以X_1，X_2和X_3表示。所以，原结构为三次超静定结构。也可以原结构的任意一点和A，B两固定支座均改为铰接，得到相应的基本结构。但不能在一根梁式杆件上同时取三个铰作为基本结构。

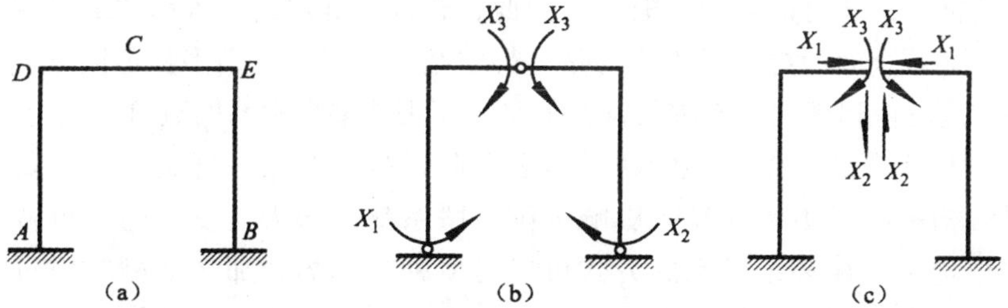

图9–15

4.切断一根受弯杆件，等于去掉三个联系。如图9–15（c）所示，在原结构（图9–15（a））横梁中点C处切断，就相当于去掉切口C处两侧截面相对水平、竖向和转角的联系，相应地以X_1，X_2和X_3表示。所以，该结构仍为三次超静定结构。对于梁式杆件可以在结构的任何一处切断，都会得到相应的基本结构（为静定悬臂刚架）。

5.支座（链杆支座、铰支座和固定支座）联系，分别等于去掉一个、两个、三个联系。如图9–16（a）、（b）所示。分别切断1、2和4处的支座联系，用相应的未知力X_1，X_2，X_3，X_4，X_5和X_6代替，得到相应的基本结构。所以，原结构为六次超静定结构。

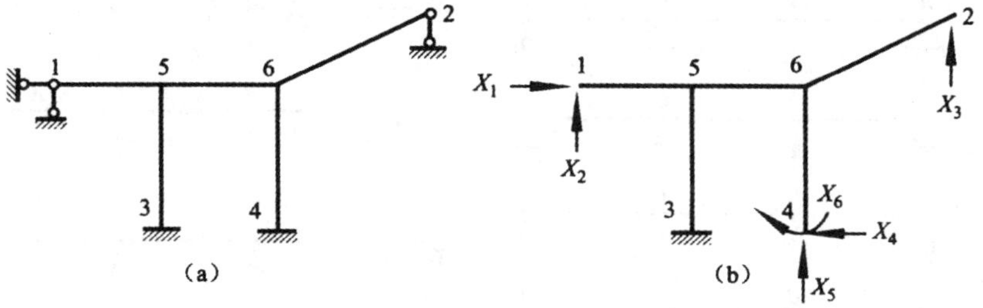

图9–16

应用上述几种去掉多余联系的基本方式，可以确定结构的基本结构与超静定次数。如图9–17（a）所示结构，若要确定其超静定次数，我们可分别将G铰、DE和

EF 杆切断，并相应地以多余未知力表示，其基本结构如图9-17（b）所示，则该结构为六次超静定结构。

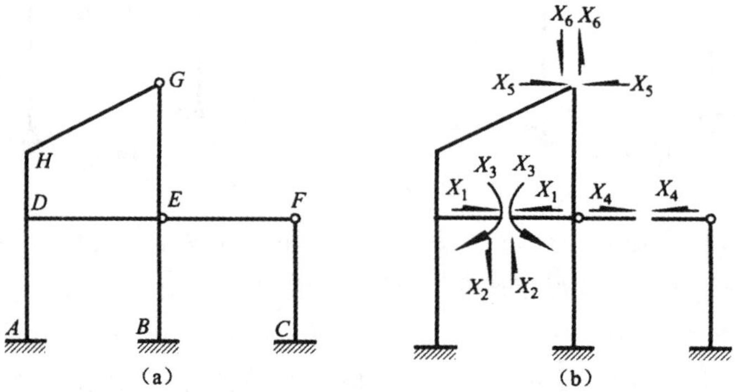

图9-17

如上所述，超静定结构存在的多余联系，可能是结构本身以外的支座，也可能是结构内部的杆件，还可能是两者兼有。因此，在选择静定的基本结构或者说去掉多余联系时，就必须全面考虑。对于同一个超静定结构，可以采用多种不同方式去掉多余联系，相应地可得到不同的基本结构，但是，所去掉多余联系的数目是完全相同的。

在一个超静定结构中，哪些联系是多余联系是没有唯一规定的，只要该联系去掉后，对结构的几何不变性没有影响，则该联系就可认为是多余的。也就是说，一个超静定结构，去掉多余联系的方式可以是多种多样的，那么，相应地所得到的基本结构可能具有不同的结构形式，但必须是没有多余约束且能够维持结构几何不变的，即静定结构。

如图9-18（a）所示结构为一多跨超静定梁，超静定次数为2，为了计算该结构，首先要取基本结构。该结构可以取的基本结构如图9-18（b）、（c）、（d）、（e）和（f）所示。但不能取图9-18（g）和（h）所示的结构作为基本结构，因为如果取图9-18（g）所示结构为基本结构，则基本结构为可变体系，如果取图9-18（h）所示的结构为基本结构，则基本结构为瞬变体系，以上两种体系不是静定结构，都不能承受荷载作用。

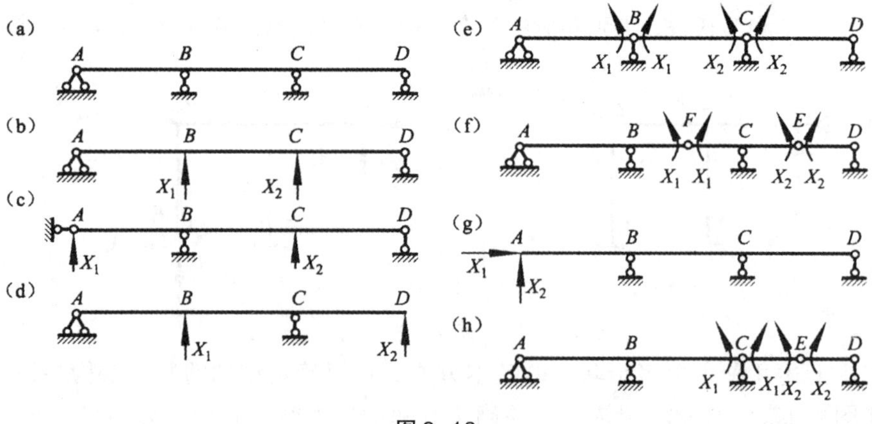

图9-18

二、力法的典型方程

在本节第一部分中，我们只是通过一个未知力的超静定结构的计算，初步了解力法的基本原理和计算步骤。本节将进一步讨论怎样建立多次超静定结构的力法方程。

图9-19（a）为二次超静定结构，如果将B端支座看作多余联系，去掉B端支座的两个多余联系，并相应地用两个未知力X_1和X_2表示，其基本结构如图9-19（b）所示。应用力法求解超静定结构的多余未知力需要满足的条件为：要求基本结构在未知力X_1，X_2和外荷载q共同作用下的内力与变形和原结构相同。为了求出多余未知力X_1和X_2，需要考察基本结构中B点的位移条件。由于原结构在固定支座B处的实际位移是线位移为零，所以，在未知力X_1，X_2和外荷载q共同作用下，基本结构在B处两个方向的线位移都应为零。设Δ_1为水平方向总的线位移，Δ_2为竖向总的线位移，得

$$\left.\begin{aligned}\Delta_1=0\\ \Delta_2=0\end{aligned}\right\} \tag{a}$$

式（a）就是建立力法方程求解未知力X_1，X_2的位移条件。根据叠加原理，式（a）可以写成如下形式

$$\left.\begin{aligned}\Delta_1=\Delta_{11}+\Delta_{12}+\Delta_{1p}=0\\ \Delta_2=\Delta_{21}+\Delta_{22}+\Delta_{2p}=0\end{aligned}\right\} \tag{b}$$

式（b）中Δ_{ij}（i，j=1，2）表示未知力X_j单独在基本结构上作用，在未知力X_i作用点沿X_i方向产生的位移；Δ_{ip}表示荷载单独在基本结构上作用，在未知力X_i作用点沿X_i方向产生的位移。所有位移的方向都取与所设X_i的方向相同者为正，式（b）可以写成如下形式

$$\left.\begin{aligned}\Delta_1=\delta_{11}X_1+\delta_{12}X_2+\Delta_{1p}=0\\ \Delta_2=\delta_{21}X_1+\delta_{22}X_2+\Delta_{2p}=0\end{aligned}\right\} \tag{9-3}$$

式中，δ_{ij}（i，j=1，2）表示基本结构由于X_j=1的作用，在X_i作用点沿X_i方向的位移。在未知力X_1，X_2和外荷载q分别作用下的变形如图9-19（c）、（d）、（e）所示。式（9-3）即是为求多余未知力X_1，X_2而建立的力法方程。其中系数δ_{ij}与自由项Δ_{ip}都是基本结构（静定结构）在已知荷载作用下的位移。

用同样的分析方法，我们可以建立力法的一般方程。对于n次超静定的结构，选择基本结构，根据n个已知的位移条件，建立n个力法方程：

$$\left.\begin{array}{l}\delta_{11}X_1+\delta_{12}X_2+\cdots+\delta_{1i}X_i+\cdots+\delta_{1n}X_n+\Delta_{1p}=\Delta_1\\ \delta_{21}X_1+\delta_{22}X_2+\cdots+\delta_{2i}X_i+\cdots+\delta_{2n}X_n+\Delta_{2p}=\Delta_2\\ \cdots\cdots\cdots\cdots\cdots\cdots\cdots\cdots\cdots\cdots\cdots\cdots\\ \delta_{i1}X_1+\delta_{i2}X_2+\cdots+\delta_{ii}X_i+\cdots+\delta_{in}X_n+\Delta_{ip}=\Delta_i\\ \cdots\cdots\cdots\cdots\cdots\cdots\cdots\cdots\cdots\cdots\cdots\cdots\\ \delta_{n1}X_1+\delta_{n2}X_2+\cdots+\delta_{ni}X_i+\cdots+\delta_{nn}X_n+\Delta_{np}=\Delta_n\end{array}\right\} \tag{9-4}$$

式（9-4）为力法方程的一般形式。

当式（9-4）中的Δ_i=0（i=1，2，…，n）时，得

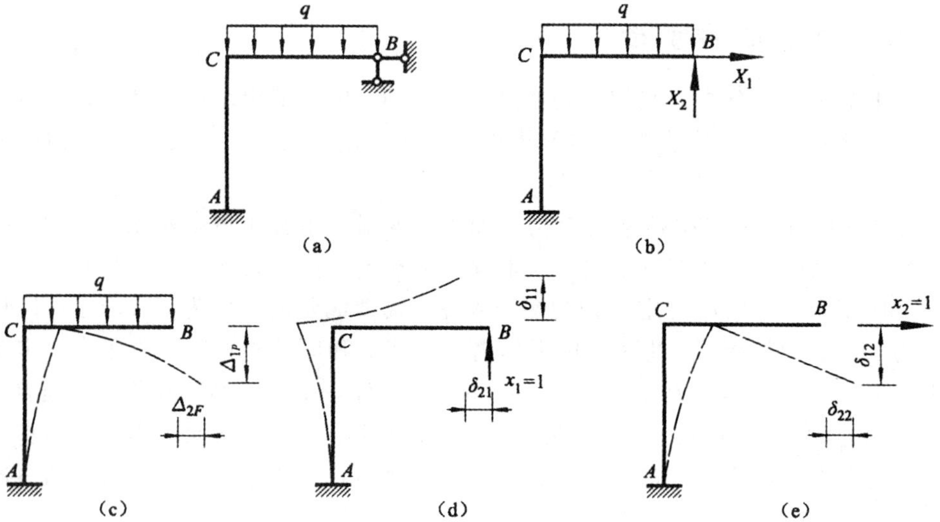

图 9-19

$$
\left.\begin{array}{l}
\delta_{11}X_1+\delta_{12}X_2+\cdots+\delta_{1i}X_i+\cdots+\delta_{1n}X_n+\Delta_{1p}=0\\
\delta_{21}X_1+\delta_{22}X_2+\cdots+\delta_{2i}X_i+\cdots+\delta_{2n}X_n+\Delta_{2p}=0\\
\cdots\cdots\\
\delta_{i1}X_1+\delta_{i2}X_2+\cdots+\delta_{ii}X_i+\cdots+\delta_{in}X_n+\Delta_{ip}=0\\
\cdots\cdots\\
\delta_{n1}X_1+\delta_{n2}X_2+\cdots+\delta_{ni}X_i+\cdots+\delta_{nn}X_n+\Delta_{np}=0
\end{array}\right\} \tag{9-5}
$$

式（9-5）为力法的典型方程①。

在以上的方程组中，等号左边位于左上方至右下方的一条主对角线上的系数 δ_{ii} 成为主系数，主对角线两侧的其他系数 δ_{ij}（$i\neq j$）则可能为正、负值或零。根据位移定理式（8-38）有

$$\delta_{ij}=\delta_{ji} \tag{c}$$

式（c）表明，力法方程中位于主对角线两侧对称位置的两个副系数是相等的。

力法方程中的系数与自由项可按第八章求位移的方法求得。对于梁与刚架，可按式（9-6）直接利用积分法或图乘法计算：

$$
\left.\begin{array}{l}
\delta_{ii}=\sum\int\dfrac{\bar{M}_i^2}{EI}\mathrm{d}s\\
\delta_{ij}=\sum\int\dfrac{\bar{M}_i\bar{M}_j}{EI}\mathrm{d}s\\
\Delta_{ip}=\sum\int\dfrac{\bar{M}_iM_p}{EI}\mathrm{d}s
\end{array}\right\} \tag{9-6}
$$

式中，$\bar{M}_i$，$\bar{M}_j$，M_p——分别表示由于 $x_i=1$，$x_j=1$ 和荷载单独作用下基本结构中的弯矩。

利用力法方程求解出多余未知力 X_i（$i=1$，2，…，n）后，即可按照静定结构的分析方法求原结构的支座反力和内力以及结构位移。结构的内力也可以按叠加原理，用式（9-7）计算：

① 取实际位移为零作为已知位移条件建立的力法方程——力法的典型方程。

$$\left.\begin{aligned}M &= \sum \bar{M}_i X_i + M_p \\ F_Q &= \sum \bar{F}_{Qi} X_i + F_{Qp} \\ F_N &= \sum \bar{F}_{Ni} X_i + F_{Np}\end{aligned}\right\} \ (i=1,\ 2,\ \cdots,\ n) \tag{9-7}$$

式中，$\bar{M}_i$，$\bar{F}_{Qi}$，$\bar{F}_{Ni}$——分别表示由于x_i=1作用下在基本结构中产生的内力；

M_p，F_{Qp}，F_{Np}——分别表示由于荷载作用下在基本结构中产生的内力。

在应用公式（9-7）的第一式画出原结构的弯矩图后，可以利用平衡条件计算剪力和轴力，并画出内力图。

三、力法计算举例

（一）力法的计算步骤

用力法计算超静定结构的步骤可归纳如下：

1.去掉结构的多余约束得到相应的基本结构，并以多余力代替相应的多余约束的作用。

2.根据基本结构在多余力和荷载共同作用下沿多余力方向的位移应与原结构中相应的位移相同的条件，建立力法方程。

3.作出基本结构的单位内力图和荷载内力图（或写出内力方程表达式），按照求位移的方法计算力法方程中的系数和自由项。

4.将计算所得的系数和自由项代入力法方程，求解各多余力。

5.求出多余力后，按分析静定结构的方法，绘出原结构的内力图，即最后内力图。最后弯矩图也可以利用已作出的基本结构的单位内力图和荷载内力图按公式（9-7）叠加求得。

（二）力法的计算示例

利用力法计算超静定梁和刚架。

1.利用力法计算超静定梁

【例9-2】试分析如图9-20（a）所示超静定梁。设EI为常数。

【解】（1）如图9-20（a）所示，该梁为三次超静定梁。取基本结构如图9-20（b）所示，根据B端支座位移为零的条件，可以建立如下的力法方程组

$$\left.\begin{aligned}\delta_{11}X_1+\delta_{12}X_2+\delta_{13}X_3+\Delta_{1p}=0\\ \delta_{21}X_1+\delta_{22}X_2+\delta_{23}X_3+\Delta_{2p}=0\\ \delta_{31}X_1+\delta_{32}X_2+\delta_{33}X_3+\Delta_{3p}=0\end{aligned}\right\} \tag{a}$$

（2）作基本结构的单位弯矩图和荷载弯矩图，如图9-20（c）、（d）、（e）、（f）所示。

（3）利用图乘法计算力法方程中的各系数与自由项为

$$\delta_{11}=\frac{1}{EI}\left(\frac{1}{2}\times l\times l\times\frac{2}{3}l\right)=\frac{l^3}{3EI}$$

$$\delta_{12}=\delta_{21}=-\frac{1}{EI}\left(\frac{1}{2}\times l\times l\times 1\right)=-\frac{l^2}{2EI}$$

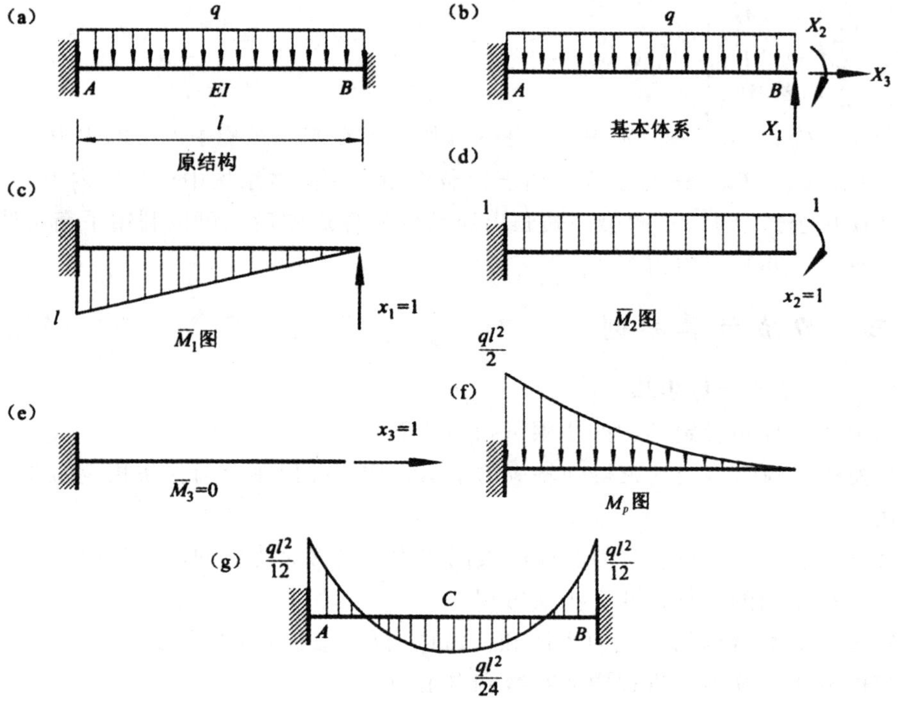

图 9-20

$\delta_{22}=\frac{1}{EI}\ (l\times1\times1)\ =\frac{l}{EI}$

$\delta_{13}=\delta_{31}=\delta_{23}=\delta_{32}=\delta_{33}=0$

$\Delta_{1p}=-\frac{1}{EI}\ (\frac{1}{3}\times l\times\frac{ql^2}{2}\times\frac{3}{4}l)\ =-\frac{ql^4}{8EI}$

$\Delta_{2p}=\frac{1}{EI}\ (\frac{1}{3}\times l\times\frac{ql^2}{2}\times1)\ =\frac{ql^3}{6EI}$

$\Delta_{3p}=0$

将以上系数及自由项代入力法方程，得

$$\left.\begin{array}{l}\frac{l^3}{3EI}X_1-\frac{l^2}{2EI}X_2-\frac{ql^4}{8EI}=0\\-\frac{l^2}{2EI}X_1+\frac{1}{EI}X_2+\frac{ql^3}{6EI}=0\\0\times X_3+0=0\end{array}\right\}$$

由前两式，解方程得

$X_1=\frac{1}{2}ql$

$X_2=\frac{1}{12}ql^2$

由式（a）中的第3式求不出 X_3 的确切值。这是因为计算 δ_{33} 时略去了轴力的影响，所以 $\delta_{33}=0$；如果考虑轴力对变形的影响，$\delta_{33}\neq0$ 而 Δ_{3p} 仍为零，则 $X_3=0$。

（4）按式（9-7）得

$M=\bar{M}_1X_1+\bar{M}_2X_2+M_p$

利用上式作出最后弯矩图，如图9–20（g）所示。

2.利用力法计算超静定刚架

【例9–3】试用力法计算如图9–21（a）所示的刚架，各杆的EI为常数。绘其内力图。

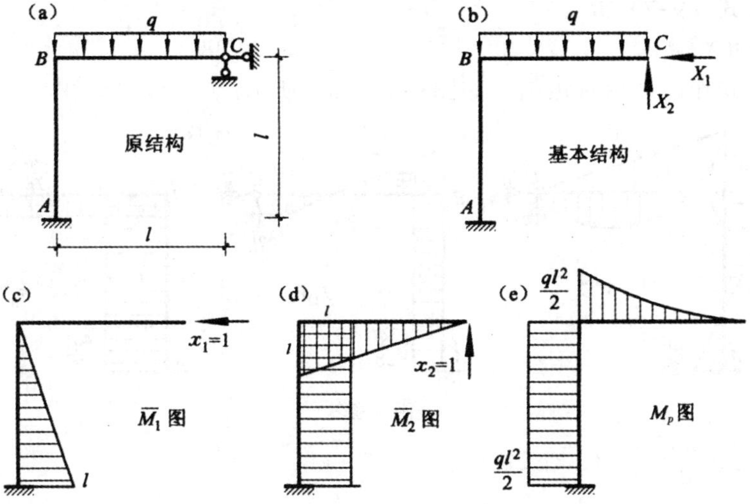

图9–21

【解法一】

（1）由几何组成分析可知，本题是二次超静定结构，去掉C处的两个多余联系，得基本结构如图9–21（b）所示。

（2）由已知C点的位移条件，建立典型力法方程为

$\delta_{11}X_1+\delta_{12}X_2+\Delta_{1p}=0$

$\delta_{21}X_1+\delta_{22}X_2+\Delta_{2p}=0$

（3）作$\bar{M}_1$，$\bar{M}_2$和M_p图（如图9–21（c）、（d）、（e）所示），利用图乘法求系数和自由项，并解方程得X_1，X_2为

$$\delta_{11}=\sum\int\frac{\bar{M}_1^2\mathrm{d}s}{EI}=\frac{1}{EI}\left(\frac{1}{2}\times l\times l\times\frac{2}{3}l\right)=\frac{l^3}{3EI}$$

$$\delta_{22}=\sum\int\frac{\bar{M}_2^2\mathrm{d}s}{EI}=\frac{1}{EI}\left[\left(\frac{1}{2}\times l\times l\times\frac{2}{3}l\right)+(l\times l\times l)\right]=\frac{4l^3}{3EI}$$

$$\delta_{12}=\delta_{21}=\sum\int\frac{\bar{M}_1\bar{M}_2\mathrm{d}s}{EI}=\frac{1}{EI}\left(\frac{1}{2}\times l\times l\times l\right)=\frac{l^3}{2EI}$$

$$\Delta_{1p}=\sum\int\frac{\bar{M}_1M_p\mathrm{d}s}{EI}=-\frac{1}{EI}\left(\frac{1}{2}\times l\times l\times\frac{ql^2}{2}\right)=-\frac{ql^4}{4EI}$$

$$\Delta_{2p}=\sum\int\frac{\bar{M}_2M_p\mathrm{d}s}{EI}=-\frac{1}{EI}\left[\left(\frac{1}{3}\times l\times\frac{ql^2}{2}\times\frac{3}{4}l\right)+\left(\frac{ql^2}{2}\times l\times l\right)\right]=-\frac{5ql^4}{8EI}$$

将各系数和自由项代入典型力法方程，得

$$\frac{l^3}{3EI}X_1+\frac{l^3}{2EI}X_2-\frac{ql^4}{4EI}=0$$

$$\frac{l^3}{2EI}X_1+\frac{4l^3}{3EI}X_2-\frac{5ql^4}{8EI}=0$$

解方程得

$X_1=\frac{3}{28}ql$（←）

$X_2=\frac{3}{7}ql$（↑）

（4）按式（9-7）得

$M=\bar{M}_1X_1+\bar{M}_2X_2+M_p$

利用上式作出最后弯矩图，如图9-22（a）所示。

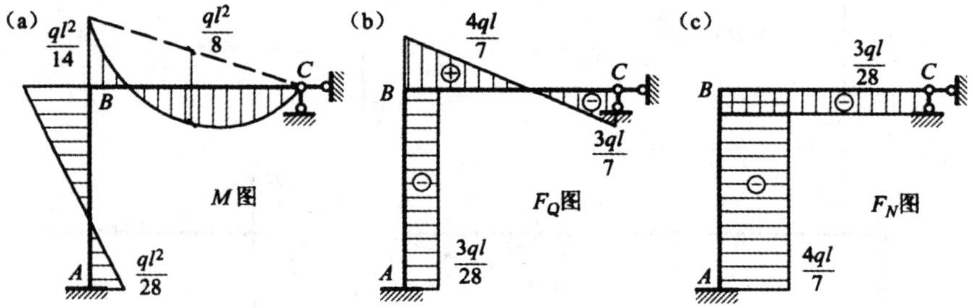

图9-22

$M_{BC}=0+l\times\frac{3}{7}ql-\frac{ql^2}{2}=-\frac{ql^2}{14}$（上边受拉）

$M_{AB}=l\times\frac{3}{28}ql+l\times\frac{3}{7}ql-\frac{ql^2}{2}=\frac{ql^2}{28}$（右边受拉）

（5）根据最后弯矩图（图9-22（a）），取脱离体如图9-23（a）、（b）、（c）所示，由平衡条件求得各杆杆端剪力和轴力如下：

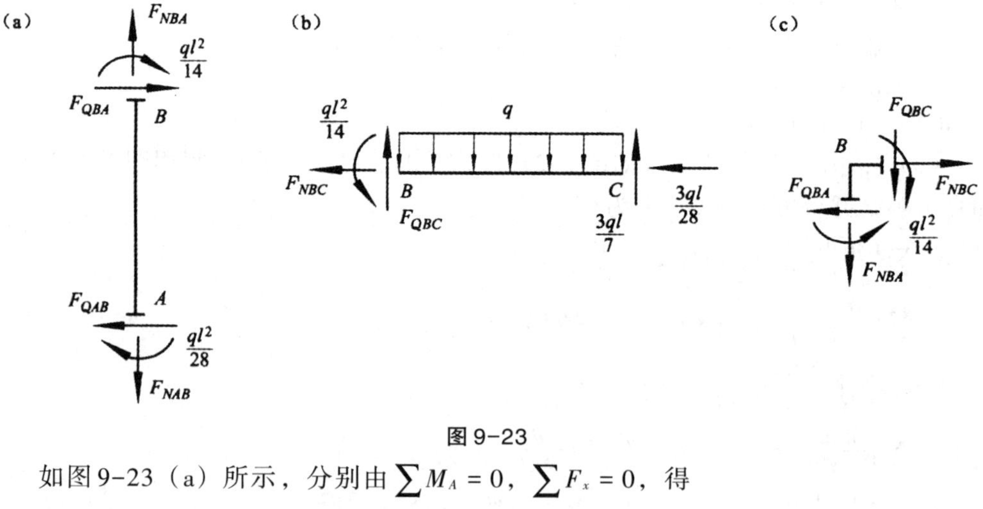

图9-23

如图9-23（a）所示，分别由$\sum M_A=0$，$\sum F_x=0$，得

$F_{QBA}=-\frac{3ql}{28}$，$F_{QAB}=F_{QBA}=-\frac{3ql}{28}$

如图9-23（b）所示，分别由$\sum M_C=0$，$\sum F_y=0$，得

$F_{QBC}=\frac{4}{7}ql$，$F_{NBC}=-\frac{3}{28}ql$

如图9-23（c）、（a）所示，由$\sum F_y=0$，得

$F_{NBA}=-F_{QBC}=-\frac{4}{7}ql$，$F_{NAB}=-F_{NBA}=-\frac{4}{7}ql$

最后，根据求得各杆杆端剪力和轴力值作剪力F_Q图和轴力F_N图，如图9-22（b）、（c）所示。

由上述学习可知，同一超静定结构在求解时，可选取不同形式的基本结构，现另选基本结构进行计算。

【解法二】

（1）分别在A，B处切断，加入铰，并相应以X_1，X_2代替，得基本结构如图9-24（b）所示。

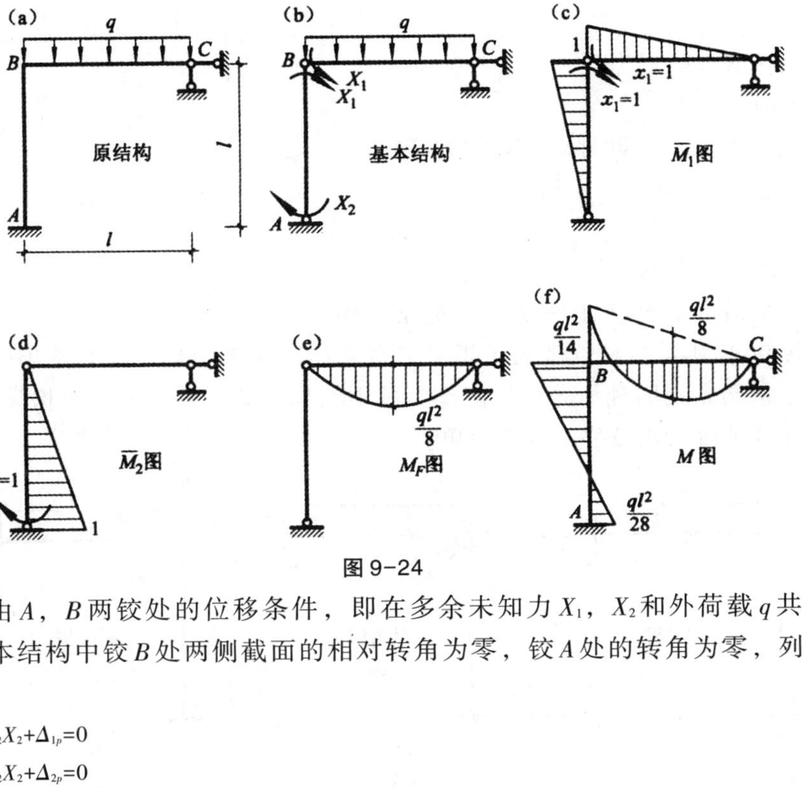

图9-24

（2）由A，B两铰处的位移条件，即在多余未知力X_1，X_2和外荷载q共同作用下，在基本结构中铰B处两侧截面的相对转角为零，铰A处的转角为零，列出典型方程为

$\delta_{11}X_1+\delta_{12}X_2+\Delta_{1p}=0$

$\delta_{21}X_1+\delta_{22}X_2+\Delta_{2p}=0$

请注意，在这两种解法中的典型方程式，从形式上来看是完全相同的，但两者的物理意义完全不一样。

（3）作$\bar{M}_1$，$\bar{M}_2$和M_p图（如图9-24（c）、（d）、（e）所示），利用图乘法求系数和自由项如下：

$$\delta_{11}=\sum\int\frac{\bar{M}_1^2\mathrm{d}s}{EI}=\frac{2}{EI}\left[\left(\frac{1}{2}\times l\times 1\right)\times\left(\frac{2}{3}\times 1\right)\right]=\frac{2l}{3EI}$$

$$\delta_{22}=\sum\int\frac{\bar{M}_2^2\mathrm{d}s}{EI}=\frac{1}{EI}\left(\frac{1}{2}\times l\times 1\times\frac{2}{3}\times 1\right)=\frac{l}{3EI}$$

$$\delta_{12}=\delta_{21}=\sum\int\frac{\bar{M}_1\bar{M}_2\mathrm{d}s}{EI}=-\frac{1}{EI}\left(\frac{1}{2}\times l\times 1\times\frac{1}{3}\times 1\right)=\frac{l}{6EI}$$

$\Delta_{1p}=\sum\int\frac{\bar{M}_1 M_p \mathrm{d}s}{EI}=-\frac{1}{EI}\left(\frac{2}{3}\times l\times\frac{ql^2}{8}\times\frac{1}{2}\right)=-\frac{ql^3}{24EI}$

$\Delta_{2p}=0$

将上述计算的系数和自由项代入典型方程，并各项乘以$\frac{3EI}{l}$，得

$2X_1-\frac{1}{2}X_2-\frac{ql^2}{8}=0$

$-\frac{1}{2}X_1+X_2+0=0$

解方程得X_1，X_2为

$X_1=\frac{ql^2}{14}$

$X_2=\frac{ql^2}{28}$

（4）按式（9-7）得

$M=\bar{M}_1X_1+\bar{M}_2X_2+M_p$

利用上式作出最后弯矩图，如图9-24（f）所示。

$M_{BC}=-1\times\frac{ql^2}{14}+0=-\frac{ql^2}{14}$（上边受拉）

$M_{AB}=0+1\times\frac{ql^2}{28}+0=-\frac{ql^2}{28}$（右边受拉）

所求得的最后弯矩图与图9-22（a）完全一样。

如图9-25所示，请读者自己思考能否采用图9-24（b）、（c）给出的两种结构作为基本结构，说明理由。如果能作为基本结构，请以其为基本结构计算原结构，并与上述两种解法比较哪一种更简单。

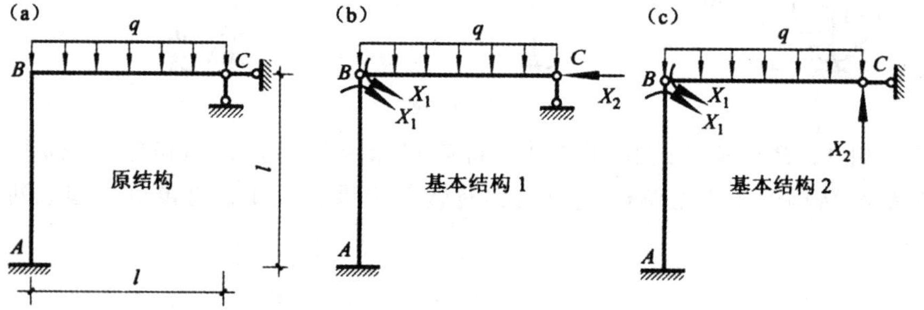

图9-25

（三）对称性的利用

用力法解算超静定结构时，结构的超静定次数愈高，多余未知力就愈多，计算工作量也就愈大。但在实际的建筑结构工程中，很多结构是对称的，我们可利用结构的对称性，适当地选取基本结构，使力法典型方程中尽可能多的使系数等于零，从而达到减少计算工作量的目的。

如果结构的几何形状、支座情况、杆件的截面及弹性模量等均对称于某一几何轴线时，则称此结构为对称结构。如图9-26（a）所示刚架为对称结构，可选取如图9-26（b）所示的基本结构，即在对称轴处切开，以多余未知力X_1，X_2和X_3来代

替所去掉的三个多余联系。对应的单位力弯矩图和荷载弯矩图分别如图9-26（c）、（d）、（e）和（f）所示，其中X_1，X_2为对称未知力，X_3为反对称的未知力。显然，$\bar{M}_1$，$\bar{M}_2$图是对称图形，$\bar{M}_3$是反对称图形。由图形相乘的结果可知

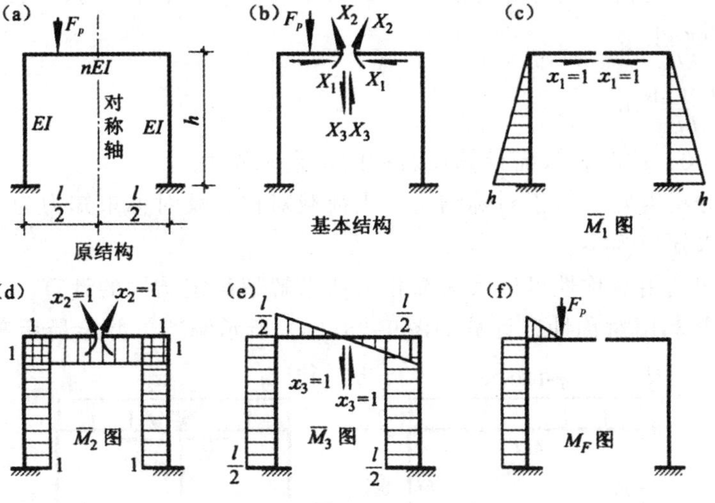

图9-26

$$\delta_{13}=\delta_{31}=\sum\int\frac{\bar{M}_2\bar{M}_3\mathrm{d}s}{EI}=0$$

$$\delta_{23}=\delta_{32}=\sum\int\frac{\bar{M}_2\bar{M}_3\mathrm{d}s}{EI}=0$$

故力法典型方程可简化为

$$\delta_{11}X_1+\delta_{12}X_2+\Delta_{1p}=0$$

$$\delta_{21}X_1+\delta_{22}X_2+\Delta_{2p}=0$$

$$\delta_{33}X_3+\Delta_{3p}=0$$

由此可知，力法典型方程将分成两组：一组只包含对称的未知力，即X_1，X_2；另一组只包含反对称的未知力X_3。因此，减少了解方程组的工作量。

作用在基本结构上的外荷载如图9-26（f）所示，如果将此荷载分解为对称的和反对称的两种情况，对应的荷载弯矩图如图9-27（a）、（b）所示，则计算还可进一步得到简化。

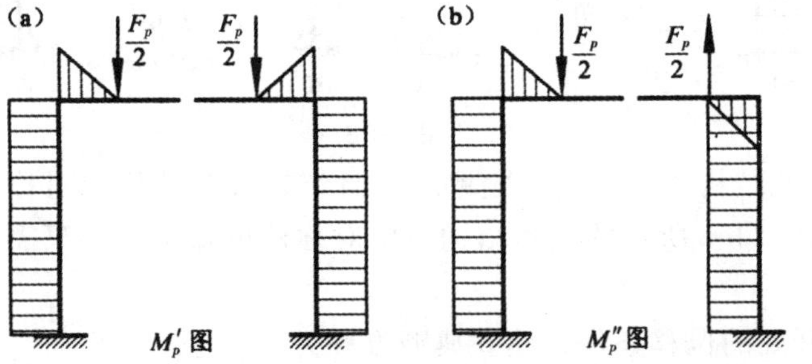

图9-27

外荷载对称时，使基本结构产生的弯矩图M'_p是对称的，则得

$$\Delta_{3p}=\sum\int\frac{\bar{M}_3 M'_p \mathrm{d}s}{EI}=0$$

从而得 $X_3=0$。这时只需计算对称多余未知力 X_1，X_2。

外荷载反对称时，使基本结构产生的弯矩图 M''_p 是反对称的，则得

$$\Delta_{1p}=\sum\int\frac{\bar{M}_1 M''_p \mathrm{d}s}{EI}=0$$

$$\Delta_{2p}=\sum\int\frac{\bar{M}_2 M''_p \mathrm{d}s}{EI}=0$$

从而得 $X_1=X_2=0$，这时，只需计算反对称的多余未知力 X_3。

由以上分析得知：对于对称结构，当荷载对称，反对称未知力为零；当荷载反对称，对称未知力为零。

由此可知利用对称性可以大大简化力法求解超静定结构的计算。

【例9-4】利用对称性，计算如图9-28（a）所示刚架，并绘最后弯矩图。

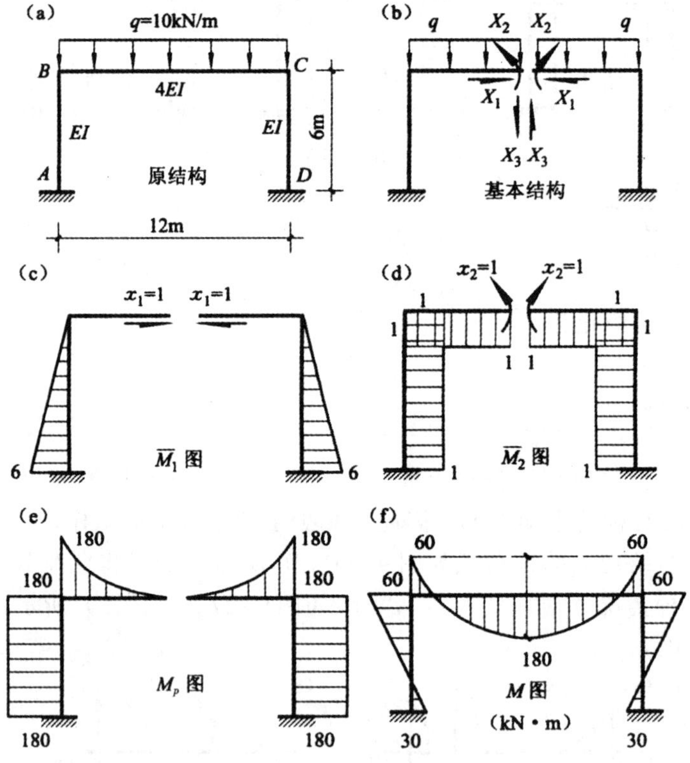

图 9-28

【解】(1) 此结构为三次超静定刚架，且结构及荷载均为对称。在对称轴处切开，取如图9-28（b）所示的基本结构。由对称性可知 $X_3=0$，只需考虑对称未知力 X_1，X_2。

(2) 由切开处的位移条件，建立典型方程为

$$\delta_{11}X_1+\delta_{12}X_2+\Delta_{1p}=0$$

$$\delta_{21}X_1+\delta_{22}X_2+\Delta_{2p}=0$$

（3）作$\bar{M}_1$，$\bar{M}_2$和M_p图（图9-28（c）、（d）、（e）），利用图乘法求系数和自由项，并解方程得X_1，X_2为

$$\delta_{11}=\sum\int\frac{\bar{M}_2^2\mathrm{d}s}{EI}=2\left(\frac{1}{EI}\times\frac{1}{2}\times6\times6\times\frac{2}{3}\times6\right)=\frac{144}{EI}$$

$$\delta_{22}=\sum\int\frac{\bar{M}_1^2\mathrm{d}s}{EI}=2\left(\frac{1}{EI}\times6\times1\times1+\frac{1}{4EI}\times6\times1\times1\right)=\frac{15}{EI}$$

$$\delta_{12}=\delta_{21}=\sum\int\frac{\bar{M}_1\bar{M}_2\mathrm{d}s}{EI}=-2\left(\frac{1}{EI}\times\frac{1}{2}\times6\times6\times1\right)=-\frac{36}{EI}$$

$$\Delta_{1p}=2\left(\frac{1}{EI}\times180\times6\times\frac{1}{2}\times6\right)=\frac{6\,480}{EI}$$

$$\Delta_{2p}=-2\left(\frac{1}{EI}\times180\times6\times1+\frac{1}{4EI}\times\frac{1}{3}\times6\times180\times1\right)=\frac{2\,340}{EI}$$

将各系数和自由项代入典型力法方程，解方程得

$X_1=-15\mathrm{kN}$

$X_2=120\mathrm{kN\cdot m}$

（4）按式（9-7）得

$M=\bar{M}_1X_1+\bar{M}_2X_2+M_p$

利用上式求出各杆端弯矩值，作出最后弯矩图，如图9-28（f）所示。

（四）利用力法计算超静定桁架与组合结构

1.用力法计算超静定桁架

用力法计算超静定桁架的原理和步骤与计算超静定梁和刚架相同。通常，桁架只承受结点荷载，因此桁架各杆中只产生轴力。若杆件均为等截面直杆，则力法典型方程中的系数和自由项的计算公式为

$$\left.\begin{aligned}\delta_{ii}&=\sum\frac{\bar{F}_{Ni}^2l}{EA}\\\delta_{ij}&=\sum\frac{\bar{F}_{Ni}\bar{F}_{Nj}l}{EA}\\\Delta_{iF}&=\sum\frac{\bar{F}_{Ni}F_{Np}l}{EA}\end{aligned}\right\}\qquad(9\text{-}8)$$

桁架各杆的内力可按下式计算

$$F_N=\sum\bar{F}_{Ni}\cdot X_i+\bar{F}_{Np}\ (i=1,\ 2,\ \cdots,\ n)\qquad(9\text{-}9)$$

【例9-5】如图9-29（a）所示，试计算超静定桁架各杆的轴力。已知各杆的EA相同。

【解】

（1）此桁架是一次超静定结构，切断AC杆并用多余力X_1代替，得到如图9-29（b）所示的基本结构。

（2）根据切口两侧截面沿杆轴方向的相对线位移为零的条件，可建立力法方程为

$\delta_{11}X_1+\Delta_{1p}=0$

（3）计算其系数和自由项，先分别求出单位力和已知荷载分别作用于基本结构时所产生的轴力，如图9-29（c）、（d）所示，则

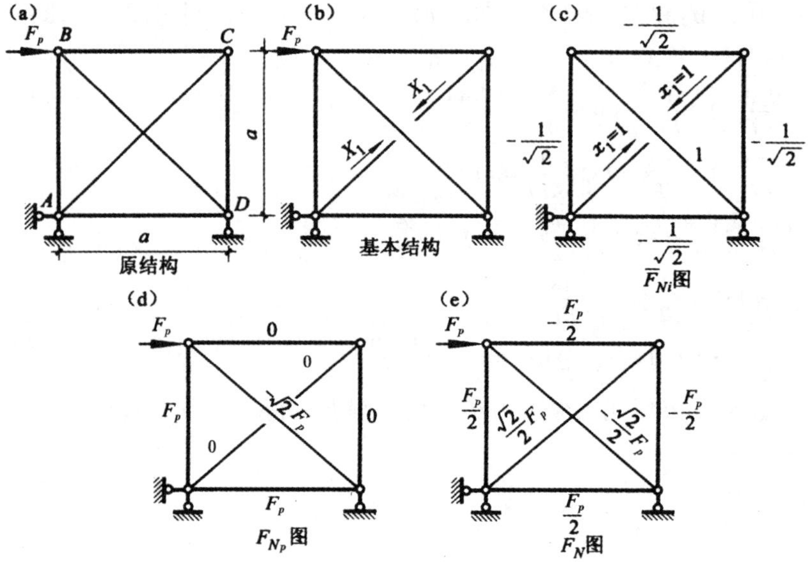

图 9-29

$$\delta_{11}=\sum\frac{\bar{F}_{Ni}^2 l}{EA}=\frac{1}{EA}\left[4\times\left(-\frac{1}{\sqrt{2}}\right)^2\times a+2\times\left(1^2\times\sqrt{2a}\right)\right]=\frac{2(1+\sqrt{2})a}{EA}$$

$$\delta_{1p}=\frac{1}{EA}\left[2\times\left(-\frac{1}{\sqrt{2}}\right)\times F_p\times a+1\times\left(-\sqrt{2}F_p\right)\times\sqrt{2}\mathrm{a}\right]=-\frac{(2+\sqrt{2})F_p a}{EA}$$

将系数与自由项代入力法方程，得

$$X_1=-\frac{\Delta_{1p}}{\delta_{11}}=\frac{\sqrt{2}}{2}F_p$$

（4）原结构中各杆的轴力可按下式计算

$$F_N=\bar{F}_{N1}X_1+F_{Np}=\frac{\sqrt{2}}{2}F_p\bar{F}_{N1}+F_{Np}$$

最后结果如图 9-29（e）所示。

2.用力法计算超静定组合结构

【例 9-6】计算图 9-30（a）中超静定组合结构的内力，已知各杆数据如下：

梁式杆 AB：$EI=1.989\times10^4$kN · m；$EA_1=1.99\times10^6$kN。轴力杆件 CE，DF：$EA_2=2.56\times10^5$kN；轴力杆件 AE，EF，FB：$EA_3=2.02\times10^5$kN。

【解】(1) 此结构为一次超静定结构，切断多余杆件 EF，用多余力 X_1 代替，得到如图 9-30（b）所示的基本结构。

（2）由于切口处两截面的相对位移为零，建立力法方程为

$$\delta_{11}X_1+\Delta_{1p}=0$$

（3）在单位力和荷载作用下，基本结构的弯矩图和轴力如图 9-30（c）、（d）所示，其系数和自由项（考虑梁式杆轴力的影响）计算如下：

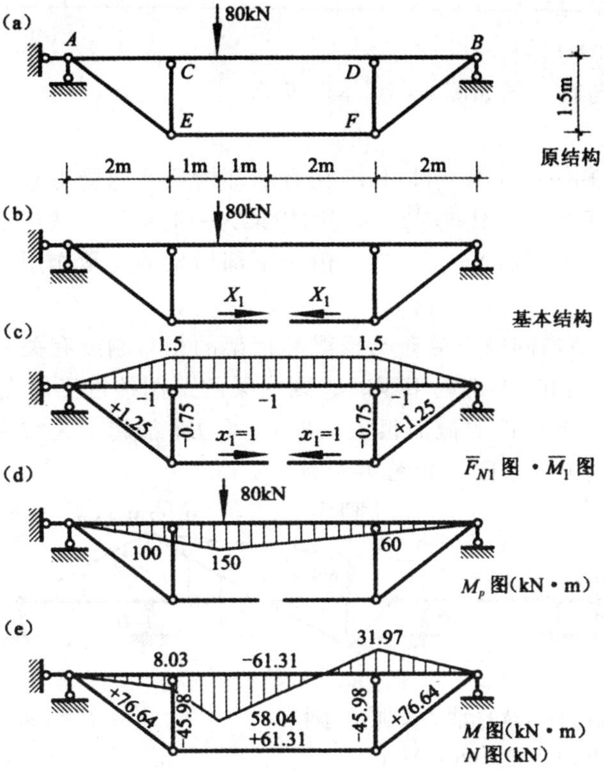

图 9-30

$$\delta_{11}=\sum\frac{\bar{F}_{N1}^2 l}{EA}+\sum\int\frac{\bar{M}_1^2}{EI}dx$$

$$=\frac{\sum\bar{F}_{N1}^2 l}{EA_2}+\frac{\sum\bar{F}_{N1}^2 l}{EA_3}+\frac{\bar{F}_{N1}^2 l}{EA_1}+\frac{1}{EI}\int\bar{M}_1^2 dx$$

$$=\frac{2}{2.56\times10^5}\left[(-0.75)^2\times1.5\right]+\frac{1}{2.02\times10^5}\left(2\times1.25^2\times\sqrt{2^2+1.5^2}+1^2\times4\right)+$$

$$\frac{1}{1.99\times10^6}\left[(-1)^2\times8\right]+\frac{1}{1.989\times10^4}\left[2\times\frac{1}{2}\times2\times1.5\times\frac{2}{3}\times1.5+4\times1.5\times1.5\right]$$

$$=(0.659+5.848+0.402+60.332)\times10^{-5}$$

$$=67.241\times10^{-5}$$

$$\delta_{1p}=\sum\frac{\bar{F}_{N1}F_{Np}l}{EA}+\sum\int\frac{\bar{M}_1 M_p}{EI}dx$$

$$=0-\frac{1}{1.989\times10^4}\left[\frac{1}{2}\times100\times2\times\frac{2}{3}\times1.5+\frac{1}{2}\times(150+100)\times1\times1.5+\right.$$

$$\left.\frac{1}{2}\times(150+60)\times3\times1.5+\frac{1}{2}\times60\times2\times\frac{2}{3}\times1.5\right]$$

$$=-4\,122.674\times10^{-5}$$

将系数与自由项代入力法方程，得

$$X_1=-\frac{\Delta_{1p}}{\delta_{11}}=61.31\text{kN}$$

（4）最后弯矩由下式计算

$$M=\bar{M}_1X_1+M_p=61.3\bar{M}_1+M_p$$

最后轴力由下式计算

$F_N=X_1\bar{F}_{N1}+F_{Np}=61.31\bar{F}_{N1}+F_{Np}$

最后弯矩图与轴力图如图9-30（e）所示。

讨论：

1）由图9-30（e）看出，横梁AB在有下部桁架共同受力时，横梁最大弯矩为58.04kNm，若没有下部桁架共同支承，则横梁为一简支梁，其弯矩图如图9-30（d）所示，其最大弯矩为150kNm。显然，由于下部桁架的支承作用，横梁的最大弯矩减少了61.3%。

2）该超静定结构的内力分布与横梁和桁架的相对刚度有关。如下部结构杆件的截面很小，即EA_2和EA_3都趋于零时，则横梁的M图接近于简支梁的M图（图9-30（d））。如果下部杆件的截面很大，即EA_2和EA_3都趋于无穷大时，则横梁的M图接近于三跨连续梁的M图，如图9-31所示。

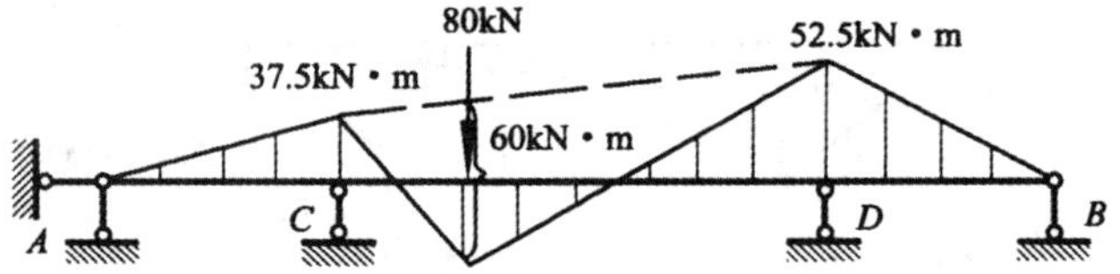

图9-31

3）如不计梁式杆AB的轴力影响，则有

$\delta_{11}=(67.241-0.402)\times10^{-5}=66.839\times10^{-5}$

$X_1=-\frac{\Delta_{1p}}{\delta_{11}}=\frac{(-4\,122.674\times10^{-5})}{66.839\times10^{-5}}=61.68\text{kN}$

其结果与原结果之差仅为0.6%。由此可见，对于梁式杆件通常均可不计轴力的影响。

（五）利用力法计算两铰拱

两铰拱是一次超静定结构，其形式有不带拉杆和带拉杆两种，如图9-32（a）、（b）所示。两铰拱在竖向荷载作用下也会产生水平推力和支座反力。其内力主要是轴力，弯矩很小。带拉杆的两铰拱，在竖向荷载作用下，拱所产生的水平推力由拉杆承担，这样，可以减小或消除推力对支座的不利影响。

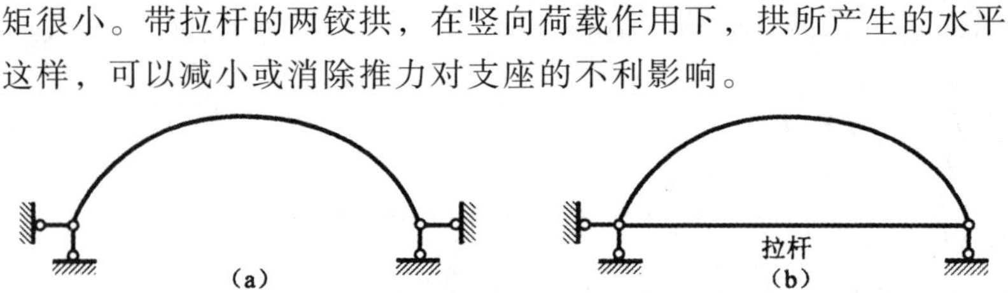

图9-32

用力法计算两铰拱时（如图9-33（a）所示），通常去掉支座处的水平多余联系，以多余未知力X_1代替，得原结构的基本结构如图9-33（b）所示。由原结构在支座B处沿X_1方向的水平位移等于零的条件，建立力法方程为

$\delta_{11}X_1+\Delta_{1p}=0$ （a）

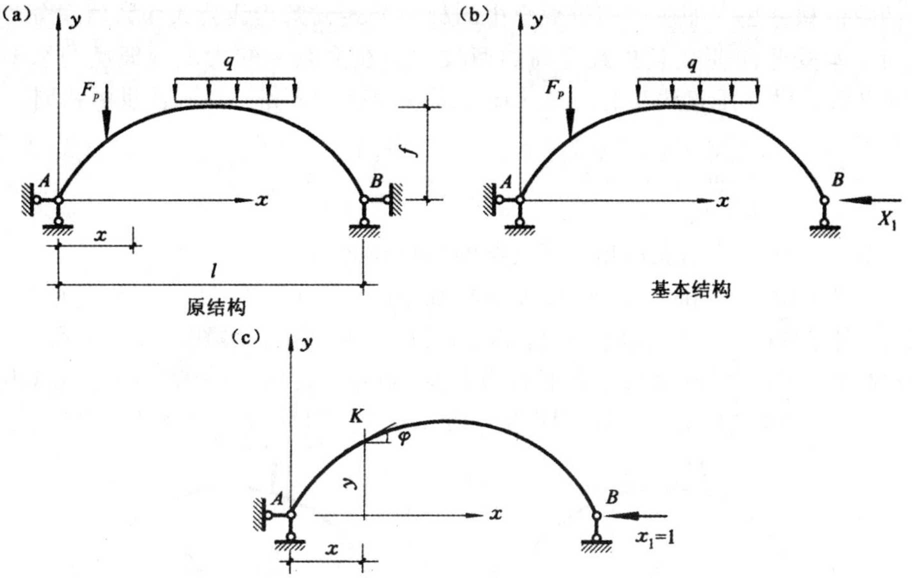

图9-33

计算系数与自由项时，轴力、剪力和弯矩对位移的影响在不同的情况下具有不同程度的影响。一般情况下剪力对位移的影响很小，常常把它忽略不计。此外，当拱高大于跨度1/3，拱截面厚度与跨度之比小于1/10时，即比较高和薄的拱，轴力对自由项的影响较小，也可以忽略不计。因此，系数和自由项的计算公式为

$$\left.\begin{aligned}\delta_{11}&=\int\frac{\bar{M}_1^2\mathrm{d}s}{EI}+\int\frac{\bar{F}_{N1}^2\mathrm{d}s}{EA}\\ \Delta_{1p}&=\int\frac{\bar{M}_1M_p\mathrm{d}s}{EI}\end{aligned}\right\}\tag{b}$$

若规定弯矩以使拱的内侧纤维受拉为正，轴力以使截面受压为正，取图9-33（b）所示的坐标系，基本结构（图9-33（b））由多余力x_1=1作用（图9-33（c）），在任意截面K所产生的弯矩和轴力分别为

$$\left.\begin{aligned}\bar{M}_1&=-y\\ \bar{F}_{N1}&=\cos\varphi\end{aligned}\right\}\tag{c}$$

式中，y——拱上任一截面K处的纵坐标。

将式（c）代入式（b），得

$$\left.\begin{aligned}\delta_{11}&=\int\frac{y^2\mathrm{d}s}{EI}+\int\frac{\cos^2\varphi\mathrm{d}s}{EA}\\ \Delta_{1p}&=\int\frac{yM_p\mathrm{d}s}{EI}\end{aligned}\right\}\tag{9-10}$$

将式（9-10）代入力法方程，得

$$X_1=-\frac{\Delta_{1p}}{\delta_{11}}=\frac{\int\frac{yM_p\mathrm{d}s}{EI}}{\int\frac{y^2\mathrm{d}s}{EI}+\int\frac{\cos^2\varphi\mathrm{d}s}{EA}}\tag{9-11}$$

按式（9-11）计算时，因拱轴为曲线，不能用图乘法代替直接积分。若拱的轴线形状、截面变化规律比较复杂，直接积分会遇到困难。在这种情况下，可应用

近似的数值积分法，如应用高等数学中的梯形公式或抛物线公式作数值积分。

对于承受竖向荷载且拱趾等高的两铰拱，在多余未知力 X_1（即拱的水平推力 F_x）求出后，拱上任意截面的内力计算方法和计算公式完全与三铰拱的相同。即

$$M=M^0-F_xy \tag{9-12}$$

$$F_Q=F_Q^0\cos\varphi-F_x\sin\varphi$$

$$F_N=F_Q^0\sin\varphi+F_x\cos\varphi$$

式中，M^0，F_Q^0——分别表示相应简支梁的弯矩和剪力。

当拱的基础比较弱时，如支撑在砖墙或独立柱上的两铰拱式屋盖结构，通常可在两铰拱的底部设置拉杆以承受水平推力。对于带拉杆的两铰拱，如图9-34（a）所示，其计算方法与无拉杆的两铰拱相似。以拉杆作为多余约束，切断后并取拉杆的拉力 X_1 作为多余未知力，如图9-34（b）所示，根据拉杆切口两侧水平位移为零的条件，建立力法方程

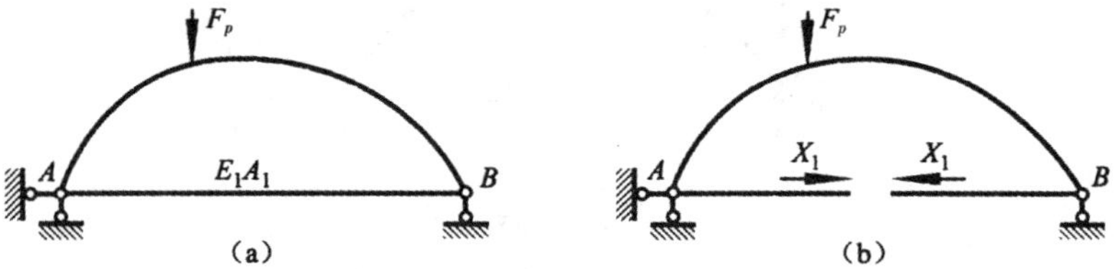

图9-34

$$\delta_{11}X_1+\Delta_{1p}=0$$

式中自由项 Δ_{1p} 的计算与无拉杆两铰拱的情况完全相同，系数 δ_{11} 的计算则除拱本身的变形外，还需考虑拉杆轴向变形的影响。在单位力 $x_1=1$ 作用下，拉杆由于轴向变形引起的相对位移为 $\dfrac{l}{E_1A_1}$（l 为拱跨），其中 E_1，A_1 为拉杆的弹性模量和截面面积。因此，多余未知力 X_1 的计算公式为

$$X_1=\frac{\int\frac{yM_p\mathrm{d}s}{EI}}{\int\frac{y^2\mathrm{d}s}{EI}+\int\frac{\cos^2\varphi\mathrm{d}s}{EA}+\frac{l}{E_1A_1}} \tag{9-13}$$

由式（9-13）可以看出，当拉杆的刚度很大（即 $E_1A_1\to\infty$）时，式（9-13）与无拉杆时的式（9-11）完全一样。若拉杆的刚度很小（即 $E_1A_1\to 0$）时，则拱的推力趋近于零，即拱将变成曲梁而失去拱的特征。因此，在设计拉杆时，为了减小拱本身的弯矩，改善拱的受力状态，应适当加大拉杆的刚度。

（六）超静定结构在温度变化、支座移动和有制作误差时的计算[①]

对于静定结构，在荷载作用下会产生内力，而在其他因素，如支座移动、温度改变、制造误差及材料的收缩膨胀等影响下，不会产生内力。但是，对于超静定结构，在上述几种因素作用下，结构将产生内力，这是超静定结构的重要特征之一。

在温度变化和支座移动作用下，超静定结构之所以会产生内力，是因为多余约束存在的缘故，由于多余约束的存在限制了结构的自由变形和位移，因而产生了内力。

① 在这部分内容的讲解中，为了有针对性，引起超静定结构内力的影响因素都单独考虑。因此，在建立力法方程时，没有考虑荷载的作用，故 $\Delta_{1p}=0$，如果有荷载作用，可采用叠加原理进行计算。

当用力法计算温度变化和支座移动所产生的内力时，同样需要去掉多余约束，使结构变成静定的基本结构。根据基本结构在支座移动或温度变化等外在因素和多余未知力共同的作用下，在多余未知力作用点处的位移应与原结构在该处的实际位移相符合这一位移条件，建立力法方程，并从力法方程中解出基本未知力，从而使整个问题得到解决。

1.超静定结构在温度变化下的计算

温度变化引起超静定结构的内力计算，方法与荷载作用下的计算相同，仍要判断超静定次数和选择适当的基本结构，不同点是力法方程中的自由项是由温度变化引起的基本结构上未知力作用点的位移，力法典型方程如下

$$\left.\begin{aligned}&\delta_{11}X_1+\delta_{12}X_2+\cdots+\delta_{1i}X_i+\cdots+\delta_{1n}X_n+\Delta_{1t}=0\\&\delta_{21}X_1+\delta_{22}X_2+\cdots+\delta_{2i}X_i+\cdots+\delta_{2n}X_n+\Delta_{2t}=0\\&\cdots\cdots\cdots\cdots\cdots\cdots\cdots\cdots\cdots\cdots\cdots\cdots\\&\delta_{i1}X_1+\delta_{i2}X_2+\cdots+\delta_{ii}X_i+\cdots+\delta_{in}X_n+\Delta_{it}=0\\&\cdots\cdots\cdots\cdots\cdots\cdots\cdots\cdots\cdots\cdots\cdots\cdots\\&\delta_{n1}X_1+\delta_{n2}X_2+\cdots+\delta_{ni}X_i+\cdots+\delta_{nn}X_n+\Delta_{nt}=0\end{aligned}\right\}\tag{9-14}$$

其中Δ_{it}是温度变化引起的基本结构（静定结构）未知力X_i作用点的位移，可按第八章公式（8-25）计算

$$\Delta_{it}=\sum\int\bar{F}_N\alpha t_0\mathrm{d}s+\sum\int\bar{M}\alpha\frac{\Delta t}{h}\mathrm{d}s$$

最后弯矩图由下式计算

$$M=\sum\bar{M}_iX_i\ (i=1,\ 2,\ \cdots,\ n)$$

【例9-7】试计算如图9-35（a）所示刚架的内力。设刚架各杆内侧温度升高10℃，外侧温度无变化；各杆线膨胀系数为α，EI和截面高度h均为常数。

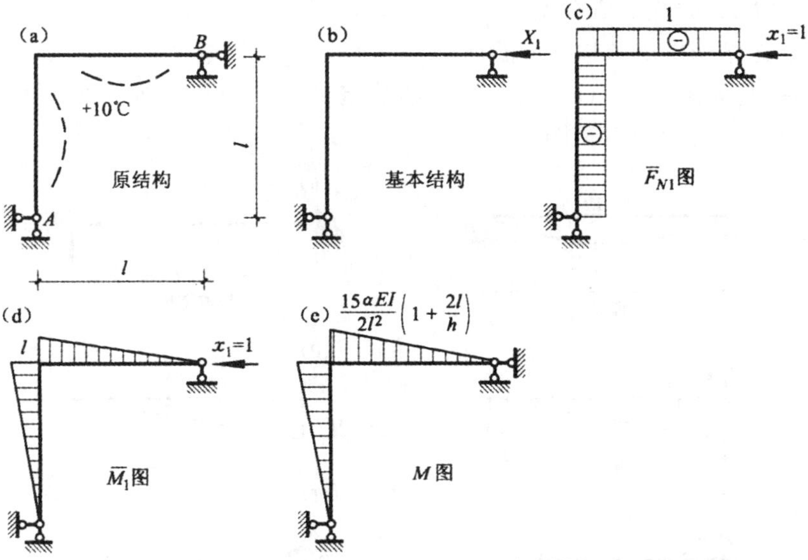

图9-35

【解】（1）建立力法方程。此刚架为一次超静定结构，取基本结构如图9-35（b）所示，力法方程为

$\delta_{11}X_1+\Delta_{1t}=0$

（2）计算系数和自由项。绘出$\bar{F}_{N1}$，$\bar{M}_l$图如图9-35（c）、（d）所示。计算系数和自由项如下

$t_0=\frac{1}{2}(0+10)=5℃$

$\Delta t=10-0=10℃$

$$\delta_{11}=\sum\int\frac{\bar{M}_1^2}{EI}dx=\frac{2}{EI}\times\left(\frac{1}{2}\times l\times l\times\frac{2}{3}\times l\right)=\frac{2l^3}{3EI}$$

$$\Delta_{1t}=\sum at_0\bar{F}_{N1}l+\sum a\frac{\Delta t}{h}\omega_{\bar{M}1}=-\alpha\times5\times1\times l-\alpha\times\frac{10}{h}\times2\times\frac{1}{2}l^2$$

$$=-\left(5+\frac{10l}{h}\right)al$$

在确定公式中系数和自由项的正负符号时应注意到系数和自由项的计算公式实际上是功的计算公式。当变形方向与内力方向一致时为正功，两者方向相反时为负功。对于本例的具体情况是：在计算Δ_{1t}时，轴向变形因$t_0>0$，温度上升，纤维拉伸变形，而在$\bar{F}_{N1}$图中，横梁受压力，故变形与应力方向相反，计算值取负号；在弯曲变形中，因刚架内侧升温，各杆变形如图9-35（a）中虚线所示，内侧纤维受拉，而在$\bar{M}_1$图中是内力使外侧纤维受拉，故变形与内力方向也是相反的，故计算值也取负号。

以此代入公式计算得

$$X_1=-\frac{\Delta_{1t}}{\delta_{11}}=\frac{15\alpha EI}{2l^2}\left(\frac{1+2l}{h}\right)$$

（3）作最后弯矩图。根据$M=X_1\bar{M}_1$，即可求得最后弯矩图如图9-35（e）所示。

从计算结果可以看出，超静定结构在温度变化下所引起的内力值与结构中杆件刚度EI（或EA）的绝对值有关。

2.超静定结构在支座移动下的计算

【例9-8】如图9-36（a）所示，一超静定梁AB，已知支座A处发生一转角φ。试求其支座反力并绘制弯矩图。

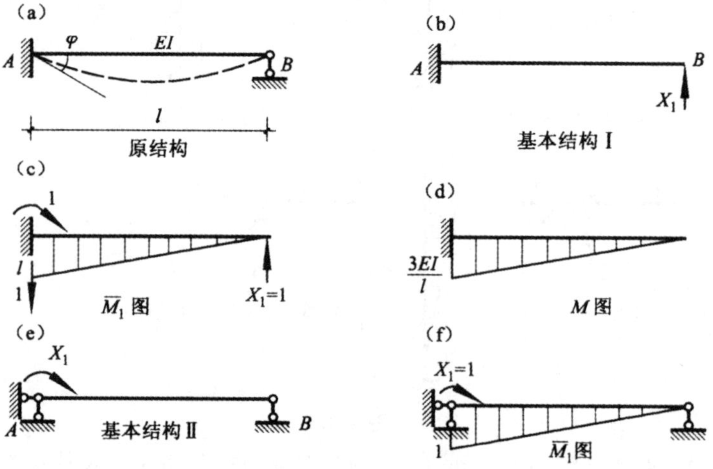

图9-36

【解法一】

（1）建立力法方程。取如图9-36（b）所示的悬臂梁作为基本结构 I，支座 B 的反力作为基本未知力 X_1，以支座 B 处的竖向位移等于零为位移条件，建立力法典型方程式为

$$\delta_{11}X_1+\Delta_{1c}=0 \tag{a}$$

式中第一项为未知力 X_1 作用下基本结构 B 点的位移，第二项为支座 A 转 φ 角引起基本结构在 B 点的竖向位移（Δ_{1c}），等号右侧表示 B 点的实际位移为零（$\Delta_1=0$）。

（2）计算系数和自由项。作单位力 $X_1=1$ 在基本结构上作用的 $\bar{M}_1$ 图，如图9-36（c）所示，计算式（a）中的系数与自由项。

$$\delta_{11}=\frac{1}{EI}\left(\frac{1}{2}\times l\times l\times\frac{2}{3}l\right)=\frac{l^3}{3EI}$$

$$\Delta_{1c}=-\sum\bar{R}\cdot c=-（l\varphi）=-l\varphi$$

代入力法方程解得

$$X_1=-\frac{\Delta_{1c}}{\delta_{11}}=\frac{3EI}{l^2}\varphi$$

（3）作最后弯矩图。根据 $M=X_1\bar{M}_1$，作最后弯矩图如图9-36（d）所示，梁的支座反力分别为

$$F_{yB}=X_1=\frac{3EI}{l^2}\varphi\ （\uparrow）$$

$$F_{yA}=-R_B=-\frac{3EI}{l^2}\varphi\ （\downarrow）$$

$$F_{xA}=0$$

$$M_A=\frac{3EI}{l}\varphi\quad（逆时针旋转）$$

从计算结果可看出，同温度变化下的情况一样，超静定结构在支座移动作用下所引起的内力值也是与结构中杆件刚度 EI（或 EA）的绝对值有关的。

【解法二】

（1）建立力法方程。用力法计算支座移动作用下的超静定结构时，若选择不同的基本结构其相应的力法方程式会有很大的不同。如果选取如图9-36（e）所示简支梁作为基本结构Ⅱ，则相应的力法方程为

$$\delta_{11}X_1+\Delta_{1c}=\varphi \tag{b}$$

这时力法方程式反映的是支座 A 的位移条件，即基本结构支座 A 在基本未知力 X_1 和支座移动的共同作用下其转角应等于原结构支座 A 的实际转角 φ。

（2）计算系数和自由项。为了求解此力法方程式作出单位力 $X_1=1$ 在基本结构上作用的 $\bar{M}_1$ 图（图9-36（f）），由此求得

$$\delta_{11}=\frac{1}{EI}\left(\frac{1}{2}\times l\times 1\times\frac{2}{3}\right)=\frac{l}{3EI}$$

由于选择了解除 A 支座转动约束的基本结构（则 A 支座反弯矩 $\bar{M}=0$），所以当支座转动 φ 角时，基本结构 A 支座不会产生位移，所以

$$\Delta_{1c}=-\sum\bar{R}\cdot c=0$$

代入力法方程解得

$$\frac{l}{3EI}X_1+0=\varphi$$

即

$$X_1=\frac{3EI}{l}\varphi$$

（3）作最后弯矩图。根据$M=X_1\bar{M}_1$作出的最后弯矩图仍同图9-36（d）一样。

由此看出，所选基本结构不同，力法方程中系数和自由项不同，但最后内力图相同。

从以上解题过程看出支座移动作用下的计算特点为：

1）用力法计算支座移动作用下的超静定结构时，选择不同的基本结构，其力法方程可以有较大的不同。力法方程式等号左侧表示的是基本结构上未知力作用点的位移，而等号右侧则表示原结构上未知力作用点的实际位移。它可以是零也可以不是零，这要视所选择的基本结构的具体情况而定。

2）力法方程中的自由项是支座移动作用下，基本结构（静定结构）未知力作用点的位移，其计算方法应按第八章公式（8-29）进行计算，即

$$\Delta_{1c}=-\sum\bar{R}\cdot c$$

其正负符号应以所选择的基本未知力X_1的方向为准，与X_1方向一致者为正，反之为负。

3）在荷载作用下超静定结构的内力只与各杆件之间的EI的比值有关，而与其绝对数值无关。在支座移动作用下其内力值与各杆EI的绝对数值有关。

3.有制作误差时超静定结构的计算

超静定结构由于材料收缩或制造误差也会引起内力。如图9-37（a）所示，在桁架中的AB杆在制作时短了e_1，CD杆长了e_2。AB杆可以看作为多余约束，CD杆则不是。取基本结构如图9-37（b）所示，力法方程为

$$\delta_{11}X_1+\Delta_{1p}=0$$

Δ_{1p}表示基本结构由于制造误差的原因所产生的与多余力X_1相应的位移。由虚功原理不难推得

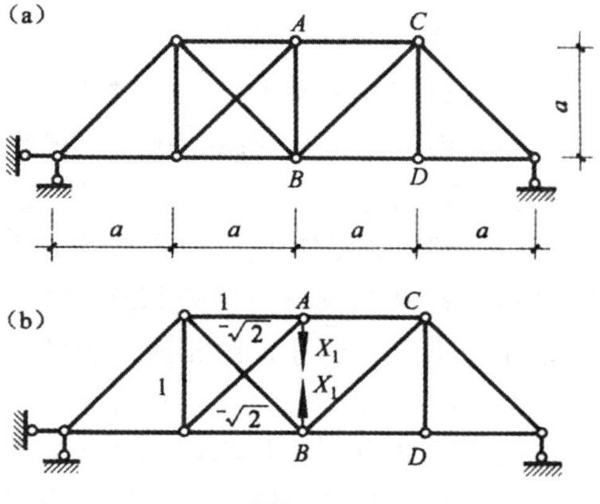

图9-37

$$\Delta_{1p}=\sum\bar{F}_N\cdot e$$

式中，$\bar{F}_N$——在多余力X_1=1作用下，基本结构中各杆的轴力，以拉力为正；

e——各杆的制造误差，以比准确值偏长为正。

针对本题

$$\Delta_{1F}=1\times(-e_1)+0\times e_2=-e_1$$

所以

$$X_1=-\frac{(-e_1)}{\delta_{11}}=\left|\frac{e_1}{\delta_{11}}\right|$$

由计算看出X_1的值与CD杆的制造误差无关。这是因为CD杆不是多余约束，它的制造误差不会使结构产生内力。多余力X_1求得后，其他的运算步骤与前面讲述的相同。此处不再赘述。

四、超静定结构位移计算及最后弯矩图校核

（一）超静定结构的位移计算

在第八章中我们讲述了静定结构的位移计算。其一般公式为

$$\Delta_K=\sum\int\bar{F}_N\frac{F_{Np}}{EA}ds+\sum\int\bar{F}_Q\mu\frac{F_{Qp}}{GA}ds+\sum\int\bar{M}\frac{M_p}{EI}ds+\sum\alpha t_0\int\bar{F}_Nds+$$
$$\sum\alpha\frac{\Delta t}{h}\int\bar{M}ds-\sum\bar{R}_k\cdot c+\sum\pm\bar{F}_N\lambda_0+\sum\pm\frac{1}{\rho_0}\omega_{\bar{M}}\qquad(a)$$

对于超静定结构，只要求出多余力，将多余力也当作荷载与原荷载同时加在基本结构上，则静定基本结构在上述荷载作用、温度改变、支座移动和制作误差共同作用下所产生的位移也就是原超静定结构的位移。

这样，计算超静定结构的位移问题利用基本结构就转化成了静定结构求位移的问题了。因此利用式（a）仍可求超静定结构的位移。此时，式中M_p，F_{Qp}和F_{Np}是基本结构由于荷载和多余力共同作用下产生的内力（即原超静定结构的实际内力）;，$\bar{M}$，$\bar{F}_Q$，$\bar{F}_N$和$\bar{R}_K$为基本结构由于虚单位力$X_1=1$的作用引起的内力与支座反力；t_0，Δt，c和λ_0，ρ_0分别为基本结构所承受温度改变、支座移动和制作误差，它们也是原结构的温度改变、支座移动和制作误差。

由于超静定结构的内力并不因为所取的基本结构的不同而改变，因此，我们可将其内力看作是按任一基本结构而求得的。这样，在计算超静定结构位移时，也就可以将单位力$X_1=1$施加于任一基本结构上作为虚力状态。为了使计算简化，我们应该选取单位力图比较简单的基本结构。

下面通过例题说明求超静定结构位移的具体算法。

【例9-9】如图9-38（a）所示刚架，试求其B截面的转角位移。各杆EI为常数。

【解】（1）建立虚设状态。在所求转角位移的位置加单位力偶$M_i=1$，如图9-38（b）所示，若用如图结构（即原结构）求内力，需要利用力法求解超静定结构在单位力作用下的弯矩图$\bar{M}_i$，这样很麻烦。

根据上述分析，我们可任取一基本结构作为虚设状态，如图9-38（c）所示。利用此基本结构作出单位力偶$M_i=1$作用下的弯矩图$\bar{M}_i$。

（2）计算结构B截面的转角位移。如图9-38（a）所示刚架，我们已经在【例9-3】中，用力法求解其内力后绘制出最终弯矩图（图9-38（d））。

利用静定结构求位移的计算公式，采取图乘法，得B截面的转角位移为

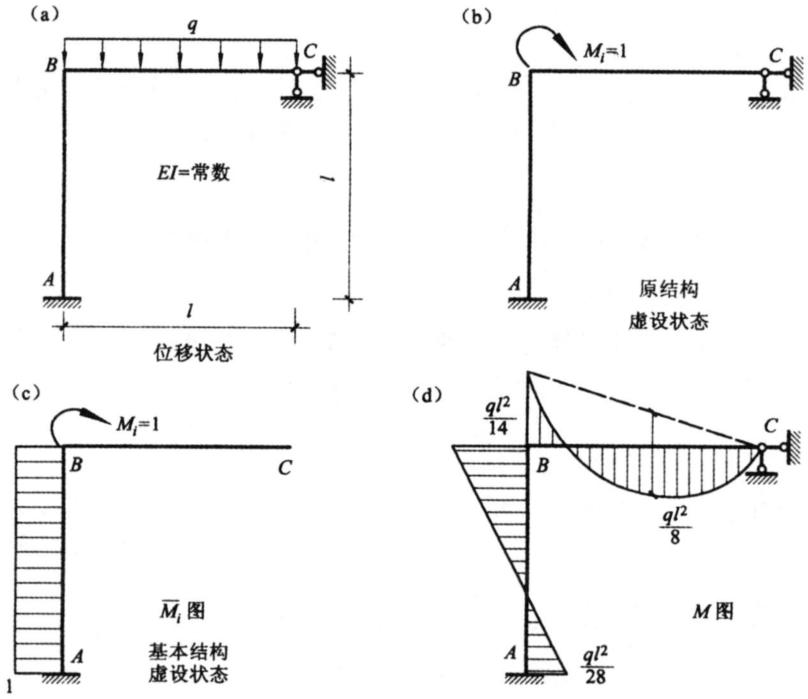

图 9-38

$$\Delta_{1p}=\varphi_B=\frac{1}{EI}\left(\frac{1}{2}\times l\times\frac{ql^2}{14}\times 1-\frac{1}{2}\times l\times\frac{ql^2}{28}\times 1\right)=\frac{ql^3}{56EI}\quad（顺时针转动）$$

读者可以采用其他的基本结构来计算转角位移，算出结果后体会一下，不同的基本结构对于位移的计算有何异同。

（二）最后弯矩图的校核

最后内力图是结构设计的依据，必须保证其正确无误。超静定结构计算所得到的最后内力图应满足静力平衡条件，同时还需要满足位移条件。因此，对超静定结构的计算得到最后内力图要进行上述两方面的校核。

1.静力平衡条件的校核

结构的内力应满足静力平衡条件，是指从结构中截取的任何一部分都应满足静力平衡条件。一般的做法是截取结点或截取一个杆件来进行静力平衡的校核。为了校核 M 图，可截取任一结点，校核是否满足力矩平衡条件 $\sum M=0$；为了校核 F_Q 图、F_N 图，可截取某一杆件，校核是否满足力的平衡条件 $\sum F_x=0$ 和 $\sum F_y=0$。

另外，还可以根据结构约束性质、弯矩、剪力和荷载集度之间的微分关系进行定性分析，如集中荷载作用处，剪力图有突变、弯矩图有折角，均布荷载作用段，剪力图为斜直线，弯矩图为抛物线等，有助于发现明显的错误。其作法在静定结构内力图校核时已经介绍，在此不再赘述。

【例 9-10】如图 9-39（a）所示刚架，利用力法求解，最后的弯矩图如图 9-39（b）所示，请根据平衡条件校核弯矩图是否正确。

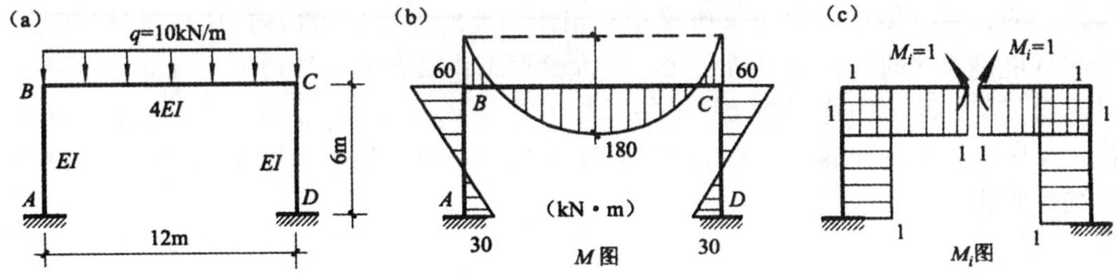

图 9-39

【解】取B，C结点，有

$$\sum M_B = 60 - 60 = 0$$

$$\sum M_C = 60 - 60 = 0$$

满足平衡条件。

关于F_Q图、F_N图的校核，读者可自己根据F_Q图、F_N图自行选择杆件校核。

2.位移条件的校核

仅仅满足平衡条件还不足以说明最后内力图是正确的，这是因为最后内力图是在求得多余力后按静定平衡条件求出的，而多余力本身是否有误，单靠静力平衡条件是检查不出来的。因此，还需对位移条件进行校核。

按位移条件进行校核的方法，一般是根据最后内力图验算沿任一多余力方向的位移是否与实际位移相符。对于n次超静定的刚架来说，一般校核最后弯矩图是否满足下式

$$\Delta_i=\sum\int\frac{\bar{M}_i M}{EI}\mathrm{d}s=0 \quad (i=1,\ 2,\ \cdots,\ n) \tag{9-15}$$

式中，$\bar{M}_i$——基本结构的单位弯矩图（图9-39（c））。

n次超静定结构利用了n个位移条件才求出所有多余力，所以，严格来说，校核时也应该进行n次校核，但一般都只作部分校核。

进行位移条件校核时，并非一定要用原来计算多余未知力时所采用的基本结构和位移条件，可以选取另外的基本结构并验证其他已知的位移条件。

【例9-11】如图9-39（a）所示刚架，利用力法求解，最后的弯矩图如图9-39（b）所示，请根据位移条件校核弯矩图是否正确。

【解】验证是否满足位移条件。在任一处切开，其切口处两边截面相对转角应该为零。

若在原结构的横梁中间切开，建立虚设状态如图9-39（c）所示，在切口处加一对单位力偶，其相应的$\bar{M}_i$如图9-39（c）所示，则由$\bar{M}_i$如图和M图相乘得

$$\frac{2}{EI}\left(-\frac{1}{2}\times 6\times 60\times 1+\frac{1}{2}\times 6\times 30\times 1\right)+\frac{1}{4EI}\left(\frac{2}{3}\times 12\times 180\times 1-60\times 12\times 1\right)=-\frac{180}{EI}+\frac{360}{EI}-\frac{180}{EI}=0$$

计算结果为零，即表明切开处两边截面没有相对转角位移，符合原结构的实际位移条件，则最后弯矩图正确。

最后需要指出，上述有关校核的内容是针对超静定结构受荷载作用的情况下进

行讨论的，至于温度变化、支座移动和制作误差所产生的最后内力图的校核问题，应注意位移条件的验算会有所变化。因为验算工作是在基本结构上进行的，由最后弯矩图与单位弯矩图作图乘运算的结果并不是等于原结构的位移，尚需考虑温度变化、支座移动和制作误差使基本结构产生的位移。所以在一般情况下应该用式（a）来进行验算。

第三节 位移法

一、位移法的基本概念

位移法比力法的发展稍晚一点。钢筋混凝土结构的出现，使刚架这一结构形式广泛地得到应用，超静定次数大大增加，倘用力法来进行计算将十分繁琐，适宜解这类结构的位移法便在这种需求情况下产生发展起来。

以位移为初始未知数求解结构内力的方法称为位移法。位移法是计算超静定结构的另一种基本方法，同时，位移法也可以用于求解静定结构的位移计算。

位移法中通常可采取以下变形假设。对于以弯矩为主要内力的受弯直杆，可略去轴向变形和剪切变形的影响，且由于弯曲变形是微小的，杆处于微弯状态，因此，假定受弯直杆两端之间距离在变形后保持不变。

二、位移法的基本原理及典型方程

（一）位移法的基本原理及基本方程

1.位移法的基本原理

如图9-40（a）中实线所示，有一荷载作用下的超静定连续梁（EI为常数），由于A，C为铰支座，所以，支座处弯矩M_{AB}，M_{CB}可以直接得出，即$M_{AB}=0$，$M_{CB}=0$。如果知道连续梁B处的弯矩M_{BA}，M_{BC}，那么，该梁的弯矩图就可以根据叠加原理直接作出。得到弯矩图后，根据弯矩、剪力与荷载之间的关系，就可以作出连续梁的剪力图并求出支座反力。因此，求解该连续梁内力问题的关键是如何求解连续梁B处的弯矩M_{BA}，M_{BC}。

下面围绕求解连续梁B处的弯矩M_{BA}，M_{BC}来讲述位移法的基本原理。

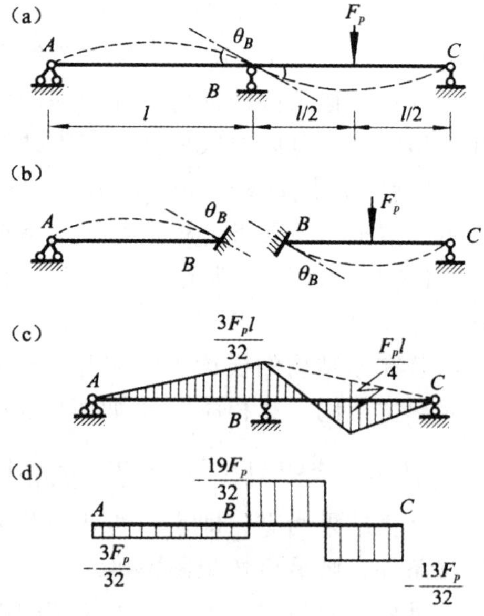

图9-40

研究图9-40（a）中B点在荷载作用下的位移情况，因支座A，B，C不能移动，且三点之间的距离又保持不变，故连续梁B点不会产生线位移而只能产生转角位移。AB，BC杆在B点刚接，两杆B端的转角相同，设以θ_B表示，θ_B为连续梁在荷载作用下B点产生的转角位移，即是用位移法求解时的位移未知量。图9-40（a）中的虚线表示连续梁在荷载作用下产生的变形曲线。

将图9-40（a）变形前的原结构划分为两个单元杆件，如图9-40（b）中实线所示，当杆件按图9-40（a）承受荷载并在B端发生杆端转动θ_B时，则图9-40（b）所示杆件与图9-40（a）所示结构的受力与变形情况完全相同。所以，图9-40（b）所示单元杆件的杆端弯矩即为图9-40（a）所示连续梁B处的弯矩M_{BA}，M_{BC}。如果θ_B为已知，那么，图9-40（b）所示单元杆件的杆端内力就可以用力法计算出来。因此，计算结点B的角位移θ_B就成为求解该问题的关键。

结构在外力F_p的作用下，将产生如图9-40（b）所示的变形。设在结点B处产生的实际转角位移为θ_B。对于图9-40（b）所示的结构，当梁AB的B端发生转角位移θ_B时，其杆端B产生弯矩M_{BA}，剪力F_{QBA}；当梁BC有外力F_p作用，同时B端发生转角位移θ_B时，其杆端B产生弯矩M_{BC}，剪力F_{QBC}。利用力法可以分别求出其内力为

$$M_{BA}=3i\theta_B \tag{a}$$

$$M_{BC}=3i\theta_B+M_{BC}^{p} \tag{b}$$

式中，$i=\dfrac{EI}{l}$。EI为等截面梁的抗弯刚度，梁的抗弯刚度EI与梁的跨度l比值用i表示，称为梁的线抗弯刚度，简称线刚度。M_{BC}^{p}表示在外力F_p作用下，BC结构的杆端B产生的弯矩（利用力法求得：$M_{BC}^{p}=-\dfrac{3}{16}F_pl$）。

由图9-40（a）所示结构可知，B点在外力作用下是平衡的，根据力的平衡条件$\sum M_B=0$有：

$$M_{BA}+M_{BC}=0 \tag{9-16}$$

式（9-16）即是位移法方程（实质上是力的平衡方程）。

将式（a）、（b）代入式（9-16）得

$$3i\theta_B+3i\theta_B+M_{BC}^{p}=0$$

整理得

$$\theta_B=-\frac{M_{BC}^{p}}{6i} \tag{a}$$

将式（c）代入式（a）、（b）得

$$M_{BA}=-\frac{1}{2}M_{BC}^{p}=\frac{3}{32}F_pl$$

$$M_{BC}=\frac{1}{2}M_{BC}^{p}=-\frac{3}{32}F_pl$$

至此，图9-40（a）所示连续梁的内力求解就可以顺利进行了。弯矩图如图9-40（c）所示。由弯矩、剪力与荷载之间的关系可以求出连续梁的剪力，这里不

再赘述，剪力图如图9-40（d）所示。

通过上述分析得知，位移法是以结点的实际位移为基本未知量，根据力的平衡条件建立位移方程求解位移，最后达到求解结构内力的目的。

2.位移法的基本方程

如图9-40（a）所示，为了使原结构转化成图9-40（b）的情况，便于以单元杆件为计算基础，又能保持结点B的变形连续，在原结构的结点B处加入一个附加约束——附加刚臂“▼”，刚臂的作用只限制结点的转动而不限制结点的线位移。由于结点B处没有结点线位移，当加入刚臂后，结点既不能转动又不能移动，因此，AB，BC都相当于一端固定一端简支的超静定梁。原结构就化成由AB，BC两根杆件组成的组合体（图9-41（a）），这个组合体称为原结构按位移法计算的基本结构。

若将外荷载作用于基本结构上，并强制基本结构的附加约束处产生转角Z_1（图9-41（b）），当$Z_1=\theta_B$时，则如图9-41（b）所示基本结构就与原结构的受力与变形情况完全相同。这时，基本结构附加约束外的约束反力R_1一定为零（因为原结构在结点B处没有外力）。由此可见，基本结构的强制位移Z_1与原结构实际位移一致的充分必要条件为：基本结构的约束反力为零。因此，当基本结构的强制位移Z_1与原结构实际位移一致时，用基本结构来代替原结构的计算是完全可行的。

为了建立求解位移未知量的方程，将图9-41（b）分解为图9-42（a）、(b）两种情况。图9-42（a）中，仅有荷载作用在基本结构上，约束处产生约束反力R_{1p}；在图9-42（b）中，强制基本结构附加约束处产生转角Z_1，约束处产生约束反力R_{11}，因R_1为零，故有

$$R_{11}+R_{1p}=0 \tag{9-17}$$

设以r_{11}表示为单位转角时的附加约束处产生的约束反力，则有$R_{11}=r_{11}Z_1$。代入上式得

$$r_{11}Z_1+R_{1p}=0 \tag{9-18}$$

式（9-18）称为位移法的基本方程。

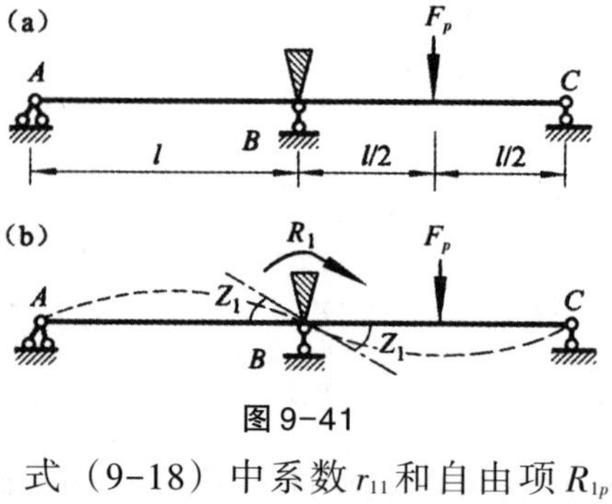

图9-41

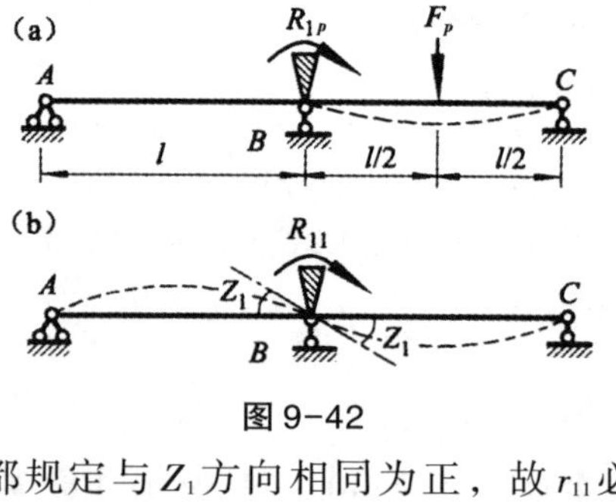

图9-42

式（9-18）中系数r_{11}和自由项R_{1p}的方向都规定与Z_1方向相同为正，故r_{11}必取正值。为了求得系数r_{11}和自由项R_{1p}，可用力法先计算出图9-42（a）、(b）中各单

个杆件的杆端弯矩并画出弯矩图。图9-43（a）所示为荷载作用时的弯矩图，如图9-43（b）所示为$\bar{Z}_1=1$时的弯矩图，又称为单位弯矩图。由于这里都是刚臂给结点B的反力偶，分别取图9-43（a）、（b）的结点B为分离体如图9-43（c）、（d）所示，由结点力矩平衡条件得

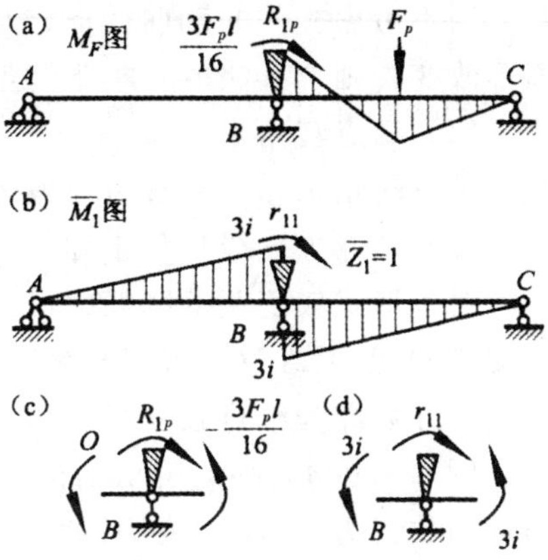

图9-43

$$R_{1p}=-\frac{F_pl}{16}$$

$$r_{11}=3i+3i=6i$$

代入式（9-18）位移法方程得

$$6iZ_1-\frac{3F_pl}{16}=0$$

解方程得

$$Z_1=\frac{F_pl}{32i}=\frac{F_pl^2}{32EI}$$

最后弯矩图按叠加公式$M=\bar{M}_1Z_1+M_p$求得。即知各杆杆端弯矩，再以杆及结点为隔离体，用静力平衡条件可求各杆端剪力。弯矩图及剪力图如图9-40（c）、（d）所示。

综上所述，位移法解题的关键有以下三个方面：

（1）准确确定位移未知量；

（2）将原结构分解为独立基本单元（独立梁），然后给出独立基本单元在杆端位移、荷载作用下的杆端弯矩与剪力；

（3）根据力的平衡条件建立位移方程，求解位移未知量。

（二）位移法的基本未知量与基本结构

1.位移法的基本未知量

位移法的基本未知量为结点的位移，包括结点的转角位移和独立的结点线位移两种。

如图9-44（a）所示刚架结构，在荷载的作用下会发生如图9-44（b）所示的变形，结构可能的变形为：C，D两点的水平位移与垂直位移，C，D两点的转角位移。根据位移法的基本假定，忽略杆件的轴向压缩变形，所以C，D两点不存在垂直位移，而且这两点的水平位移也相同。因此，C，D两点共有三个独立的位移：两个独立转角位移φ_C，φ_D和一个独立线位移$\Delta_{水平}$。

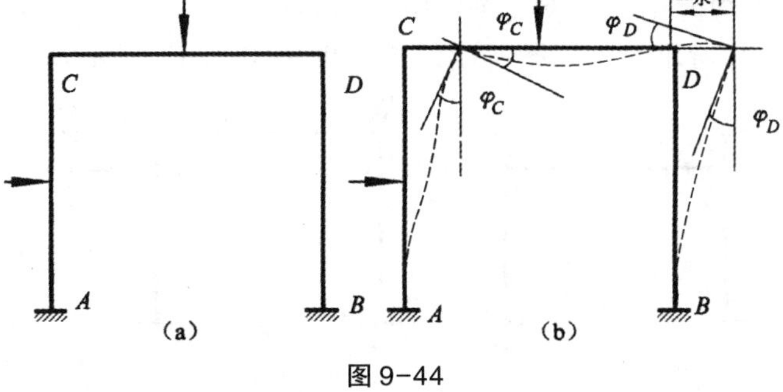

图9-44

当不考虑杆件的轴向变形，并假定弯曲变形是微小的，杆件弯曲后两端点的距离不改变，则位移法的基本未知量数目可由如下决定：

（1）结点转角未知量

结点转角未知量的数目一般等于刚结点数。

（2）结点独立线位移未知量

对于形式较复杂的刚架，可将结构中所有结点均改为铰结点（包括固定端改为铰支端），然后在这个铰结体系中增设链杆，使它恰好成为几何不变体系，则所增设的链杆数即为结点独立线位移未知量的数目。

例如图9-45（a）所示结构，有4个刚结点（结点C，D，E和F），所以转角未知量的数目为4。将它变为图9-45（b）的铰结体系后，增设链杆（1）、（2）、（3），则体系成为几何不变体系，所以结点独立线位移未知量的数目为3。总的未知量数目为4+3=7。

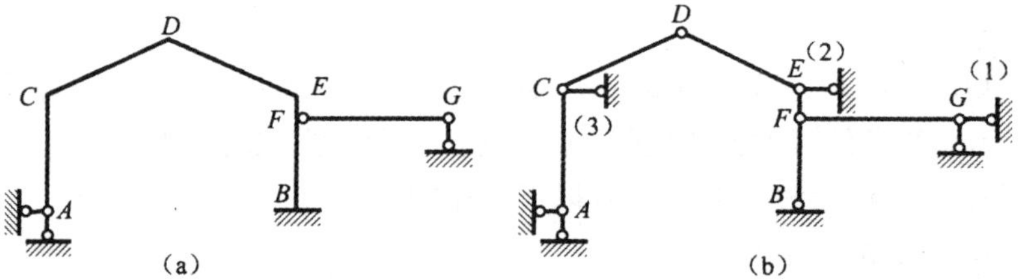

图9-45

顺便指出：在结构中有些结点角位移或结点线位移，由于分析内力时可以不需要先计算出该位移，因而不必将其列入基本未知量内，以减少计算工作量。例如图9-45（a）所示结构，FG附属部分为一静定简支梁，由其上荷载所引起FB杆在F点处的外力，可以先利用静定平衡条件求出后，将杆件FB视作基本结构中的一个构件，所以分析此杆件内力时，不需要计算F点的角位移与线位移，因而不作为基本未知量。这样，图9-45（a）所示结构的基本未知量就变成了3+2=5。

因此，在确定位移未知量时，首先要对结构进行初步的判断，这样有助于减少不必要的未知量，从而减少计算量。

2.位移法的基本结构

位移法的基本结构是在原结构上通过增加约束，将基本未知量（位移或变形）完全约束后，所得到的单跨超静定梁的组合式结构。

如图9-46（a）所示结构，其基本结构如图9-46（b）所示。

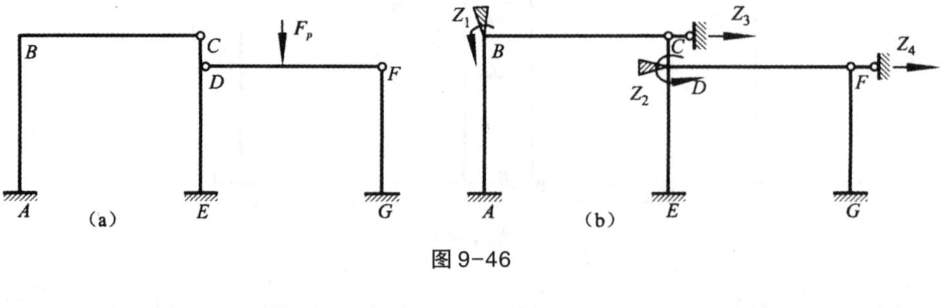

图9-46

在该结构中，刚结点有B，D两处，故有两个转角位移φ_B，φ_D；当把A，B，C，D，E，F，G转换为铰结点后，要确保结构为几何不变体系，需要加两根链杆，故该结构有两个独立线位移$\Delta_{B水平}$（$\Delta_{C水平}$）和$\Delta_{D水平}$（$\Delta_{F水平}$）。因此，如图9-46（a）所示结构具有四个基本未知量。根据结构的特点，可以将AB，ED简化为两端固定的单跨简单梁；BC，DC，GF和DF简化为一端固定，另一端铰支的单跨简单梁。

根据位移法的基本假定，忽略杆件可能发生的轴向变形，即B，C点发生水平位移相等，$\Delta_{B水平}=\Delta_{C水平}=\Delta_1$，$D$，$F$点发生水平位移相等，$\Delta_{D水平}=\Delta_{F水平}=\Delta_2$。

因此，要使原结构完全成为单跨简单梁式结构，应该在相应的位移φ_B，φ_D，Δ_1，Δ_2处附加相应的限制性约束——B，D点附加限制转动的约束，C，F点附加限制水平位移的约束，基本结构如图9-46（b）所示。该结构此时的基本未知量分别表示为Z_1，Z_2，Z_3，Z_4。

（三）杆端位移、荷载和杆端弯矩与剪力的关系

位移法中将原结构中的杆件分解成单跨超静定梁（图9-40（b）），杆端位移可看作单跨超静定梁的支座位移（图9-40（b））。对于等截面单跨超静定梁在荷载、支座位移（杆端位移）作用下的杆端弯矩和剪力（杆端内力）之间的关系式，称为等截面直杆转角位移方程。

1.两端与其他杆件刚性连接的杆件（如图9-47所示）

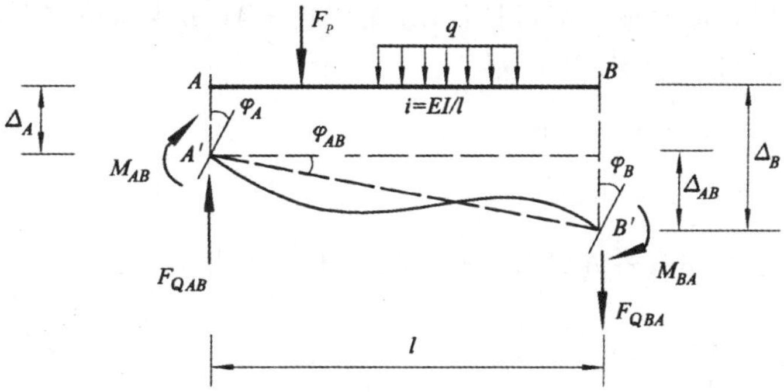

图9-47

在任意荷载作用下，可以根据力法求得该梁的杆端内力（也可以根据表9-2求得）：M_{AB}^p，F_{QAB}^p；当结构支座发生位移（正向）时，φ_A，φ_B，Δ_{AB}，利用力法求得该梁的杆端内力，也可以根据表9-1求得该梁的杆端内力。然后，利用叠架原理，可以得到杆件AB在荷载与A，B支座位移共同作用下的杆件A端内力M_{AB}和F_{QAB}的表达式为

$$\left.\begin{aligned}M_{AB}&=4i_{AB}\varphi_A+2i_{AB}\varphi_B-\frac{6i_{AB}}{l_{AB}}\Delta_{AB}+M_{AB}^p\\F_{QAB}&=-\frac{6i_{AB}}{l_{AB}}\varphi_A-\frac{6i_{AB}}{l_{AB}}\varphi_B+\frac{12i_{AB}}{l_{AB}^2}\Delta_{AB}+F_{QAB}^p\end{aligned}\right\}\qquad(9\text{-}19)$$

在图9-47中标出的杆端内力和位移均为正值。M_{AB}^p和F_{QAB}^p分别表示A端的固端

弯矩和固端剪力；$\Delta_{AB}=\Delta_B-\Delta_A$是杆件$AB$两端垂直杆轴方向的相对线位移，当弦转角$\varphi_{AB}=\dfrac{\Delta_{AB}}{l_{AB}}$并沿顺时针方向旋转时，$\Delta_{AB}$为正。

同理也可写出AB杆件B端内力M_{BA}和F_{QBA}的表达式为

$$\left.\begin{aligned}M_{BA}&=4i_{AB}\varphi_A+2i_{AB}\varphi_A-\frac{6i_{AB}}{l_{AB}}\Delta_{AB}+M_{BA}^{p}\\F_{QBA}&=-\frac{6i_{AB}}{l_{AB}}\varphi_A-\frac{6i_{AB}}{l_{AB}}\varphi_B+\frac{12i_{AB}}{l_{AB}^2}\Delta_{AB}+F_{QBA}^{p}\end{aligned}\right\}\tag{9-20}$$

2.一端与其他杆件刚性连接，另一端为铰接的杆件（如图9-48所示）

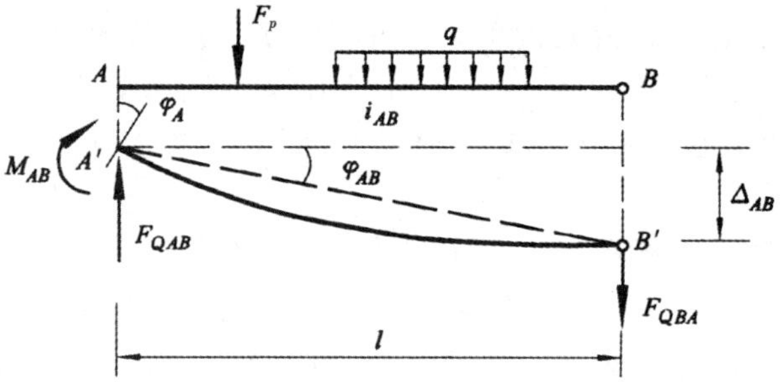

图9-48

在任意荷载作用下，可以根据表9-3求得该梁的杆端内力：M_{AB}^{p}，M_{BA}^{p}，F_{QAB}^{p}，F_{QBA}^{p}。当结构支座发生位移（正向）时，φ_A，Δ_{AB}可以根据表9-1求得该梁的杆端内力，然后，利用叠加原理，可得杆件AB在荷载与A，B支座位移共同作用下的AB杆件A端内力M_{AB}和F_{QAB}的表达式为

$$\left.\begin{aligned}M_{AB}&=3i_{AB}\varphi_A-\frac{3i_{AB}}{l_{AB}}\Delta_{AB}+M_{AB}^{p}\\F_{QAB}&=-\frac{3i_{AB}}{l_{AB}}\varphi_{AB}+\frac{3i_{AB}}{l_{AB}^2}\Delta_{AB}+M_{QAB}^{p}\end{aligned}\right\}\tag{9-21}$$

同理也可得到AB杆件B端内力M_{BA}和F_{QBA}的表达式为

$$\left.\begin{aligned}M_{BA}&=0\\F_{QAB}&=-\frac{3i_{AB}}{l_{AB}}\varphi_A+\frac{3i_{AB}}{l_{AB}^2}\Delta_{AB}+F_{QBA}^{p}\end{aligned}\right\}\tag{9-22}$$

3.常见位移及荷载引起的梁的杆端内力表

常见位移及荷载引起的梁的杆端内力表是利用力法求得的，见表9-1、表9-2、表9-3、表9-4。表中给出的内力通常称为位移法常数。杆端单位位移引起单跨超静定梁的杆端内力称为形常数；跨中荷载引起单跨超静定梁的杆端内力称为载常数，也叫固端力。

表中杆端力的符号规定如下：杆端弯矩（包括固端弯矩）以对杆端为顺时针转向为正；杆端剪力（包括固端剪力）以使杆件产生顺时针转向为正；如果荷载的指向与图中指向相反，表中所列固端弯矩与固端剪力公式中的荷载值取负值。

表 9-1　　常见位移引起的梁的杆端内力（形常数）（$i=EI/l$）

编号	简图	弯矩		剪力	
		M_{AB}	M_{BA}	F_{QAB}	F_{QBA}
1	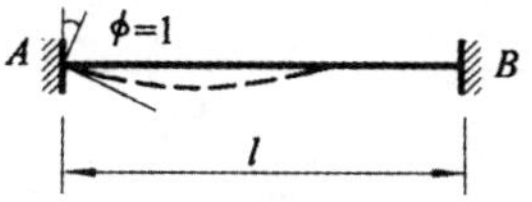	$4i$	$2i$	$-\frac{6i}{l}$	$-\frac{6i}{l}$
2	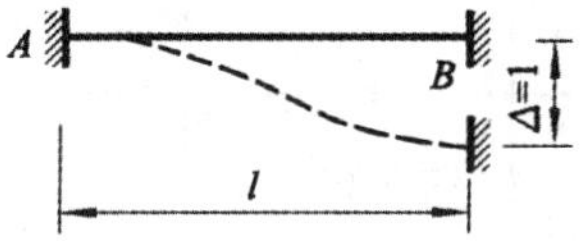	$-\frac{6i}{l}$	$-\frac{6i}{l}$	$\frac{12i}{l^2}$	$\frac{12i}{l^2}$
3	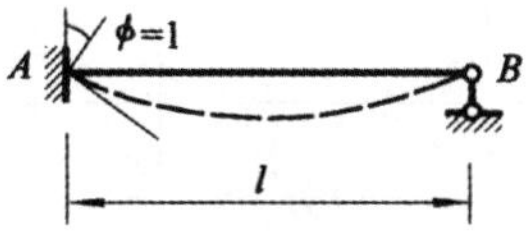	$3i$	0	$-\frac{3i}{l}$	$-\frac{3i}{l}$
4	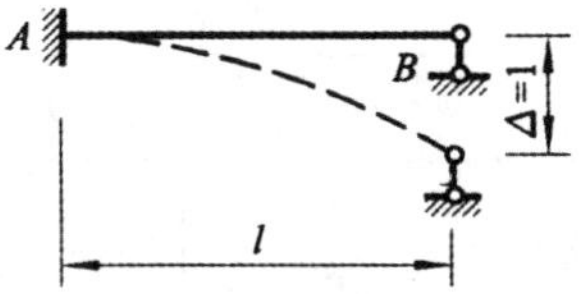	$-\frac{3i}{l}$	0	$\frac{3i}{l^2}$	$\frac{3i}{l^2}$
5	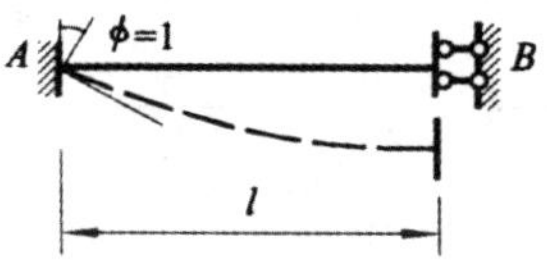	i	$-i$	0	0

注：(1) 表中的支座转角 φ 无论发生在哪一端，均以顺时针转向为正值。如实际 φ 角为逆时针转向，则表中所有杆端力均要乘以 -1。

(2) 表中的杆端相对线位移 Δ_{AB} 的正负号规定为：以使整个杆件顺时针转动为正，反之为负。若实际的 Δ_{AB} 为负值，表中相应的杆端力应该取反号。

表 9-2 常见荷载引起的两端为固端的梁的杆端内力（载常数）

编号	简图	固端弯矩		固端剪力	
		M_{AB}^{p}	M_{BA}^{p}	F_{QAB}^{p}	F_{QBA}^{p}
1	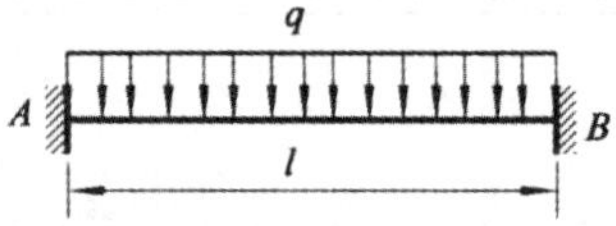	$-\frac{1}{12}ql^2$	$\frac{1}{12}ql^2$	$\frac{1}{2}ql$	$-\frac{1}{2}ql$
2	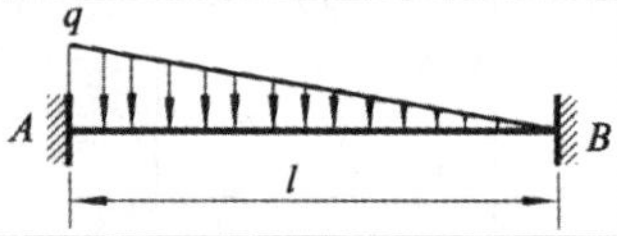	$-\frac{1}{20}ql^2$	$\frac{1}{30}ql^2$	$\frac{7}{20}ql$	$-\frac{3}{20}ql$
3	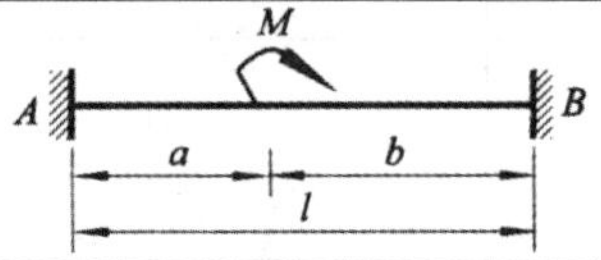	$M\frac{b(3a-l)}{l^2}$	$M\frac{a(3b-l)}{xt^2}$	$-M\frac{6ab}{l^3}$	$-M\frac{6ab}{l^3}$
4	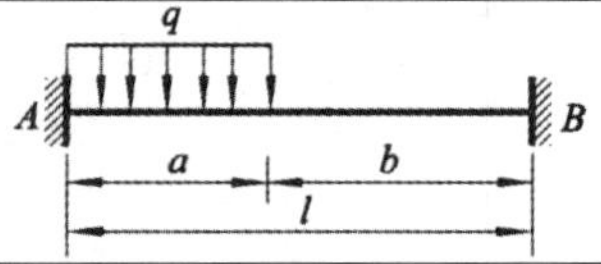	$-\frac{qa^2}{12l^2}(6l^2-8la+3a^2)$	$\frac{qa^3}{12l^2}(4l-3a)$	$\frac{qa}{2l^3}(2l^3-2la^2+a^3)$	$-\frac{qa^3}{2l^3}(2l-a)$
5	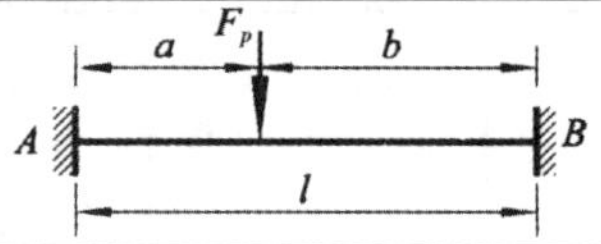	$-\frac{F_pab^2}{l^2}$	$\frac{F_pa^2b}{l^2}$	$\frac{F_pb^2(l+2a)}{l^3}$	$-\frac{F_pa^2(l+2b)}{l^3}$
6	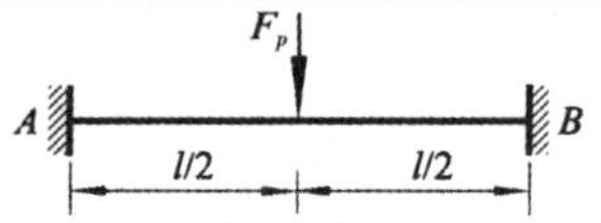	$-\frac{F_pl}{8}$	$\frac{F_pl}{8}$	$\frac{F_p}{2}$	$-\frac{F_p}{2}$

表 9-3 常见荷载引起的一端为固端一端为铰支的梁的杆端内力（载常数）

编号	简图	固端弯矩		固端剪力	
		M_{AB}^{p}	M_{BA}^{p}	F_{QAB}^{p}	F_{QBA}^{p}
1	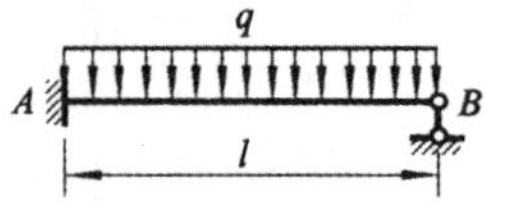	$-\frac{1}{8}ql^2$	0	$\frac{5}{8}ql$	$-\frac{3}{8}ql$
2	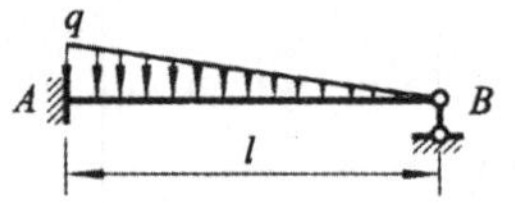	$-\frac{1}{15}ql^2$	0	$\frac{4}{10}ql$	$-\frac{1}{10}ql$
3	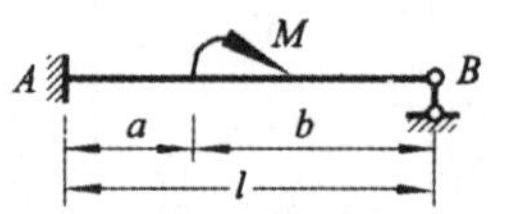	$M\frac{l^2-3b^2}{2l^2}$	0	$-M\frac{3(l^2-b^2)}{2l^3}$	$-M\frac{3(l^2-b^2)}{2l^3}$
4	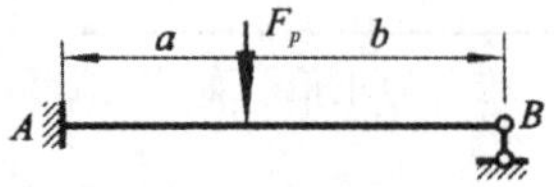	$-\frac{F_pab(l+b)}{2l^2}$	0	$\frac{F_pb(3l^2-b^2)}{2l^2}$	$\frac{F_pa^2(2l+b)}{2l^3}$

注：如果A端（即左端）为简支支座，B端（即右端）为固定支座时，则B端的固端弯矩等于表中A端固端弯矩的负值。

表 9-4　常见荷载引起的一端为固端一端为滑动支座的梁的杆端内力（载常数）

编号	简图	固端弯矩		固端剪力	
		M_{AB}^{F}	M_{BA}^{F}	F_{QAB}^{F}	F_{QBA}^{F}
1	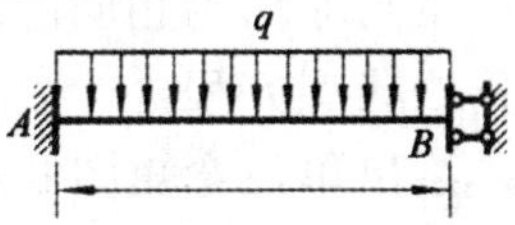	$-\frac{1}{3}ql^2$	$-\frac{1}{6}ql^2$	ql	0
2	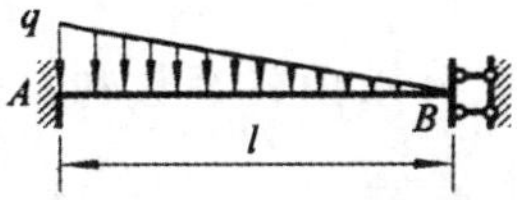	$-\frac{1}{8}ql^2$	$-\frac{5}{24}ql^2$	$\frac{1}{2}ql$	0
3	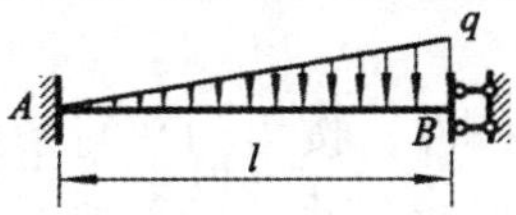	$-\frac{5}{24}ql^2$	$-\frac{1}{8}ql^2$	$\frac{1}{2}ql$	0
4	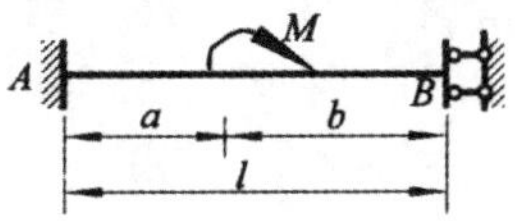	$-M\frac{b}{l}$	$-M\frac{a}{l}$	0	0
5	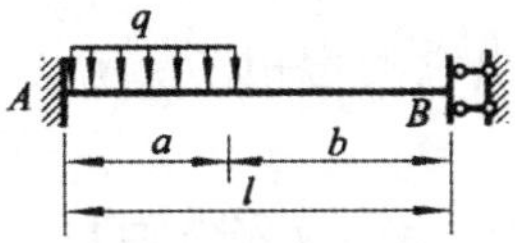	$-\frac{qa^2}{6l}(3l-a)$	$-\frac{qa^3}{6l}$	qa	0
6	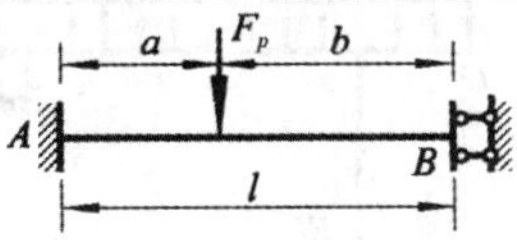	$-\frac{F_pa(l+b)}{2l}$	$-\frac{F_pa^2}{2l}$	F_p	0

（四）位移法的典型方程

由位移法的基本结构可知，当一个结构转换成位移法的基本结构（几个单跨梁的组合体系）时，需要在具有独立位移未知量处附加相应的附加约束，因此，如果独立位移未知量处的附加约束个数为 n，那么，位移未知量可以设为 Z_1，Z_2，…，Z_i，…，Z_n。又由附加约束处的总约束反力为零这一条件，可以列出 n 个独立方程如下

$$\left.\begin{aligned}&r_{11}Z_1+r_{12}Z_2+\cdots+r_{1j}Z_j+\cdots+r_{1n}Z_n+R_{1p}=0\\&\cdots\\&r_{i1}Z_1+r_{i2}Z_2+\cdots+r_{ij}Z_j+\cdots+r_{in}Z_n+R_{ip}=0\\&\cdots\\&r_{n1}Z_1+r_{n2}Z_2+\cdots+r_{nj}Z_j+\cdots+r_{nn}Z_n+R_{np}=0\end{aligned}\right\}\qquad(9-23)$$

式（9-23）称为位移法的典型方程。式中 r_{ij} 表示第 j 个约束处发生单位位移时，在第 i 个约束位置产生的约束反力，称为刚度系数。R_{ip} 表示荷载在第 i 个约束位置产生的相应内力。由反力互等定理得

$$r_{ij}=r_{ji}\qquad(9-24)$$

式（9-23）求解结果，如果为正值，则说明该位移与计算初始时所假设的位移方向相同，为负值则说明该位移与计算初始时所假设的位移方向相反。

方程中的各个参数r_{ij}，R_{ip}可以根据表9–1、表9–2、表9–3和表9–4中的数值求得。

综上所述，利用位移法对结构进行计算的步骤归纳如下：

（1）分析原结构的结构构成，确定基本未知量并选取基本结构。

（2）将原荷载作用在基本结构上，并令附加约束处产生与原结构相同的结点位移，然后根据每个约束处的总反力为零的条件，建立位移法典型方程。

（3）根据表9–1、表9–2、表9–3和表9–4中的数值，绘出单位弯矩图和荷载弯矩图。

（4）由基本结构中适当选择分离体，利用力的平衡条件求出各系数和自由项。

（5）求解典型方程，解出所有的基本未知量Z_i。

（6）按照$M=M_p+\sum Z_i \cdot \bar{M}_i$叠加得出最后弯矩图。

（7）在最后弯矩图的控制点处将结构切开成若干个杆件，按力的平衡条件求杆端剪力，绘制剪力图。然后取结点为分离体，按照力的平衡条件求杆端轴力，绘制轴力图。

三、位移法计算举例

【例9–12】试用位移法计算如图9–49所示刚架并作出它的弯矩图、剪力图和轴力图。

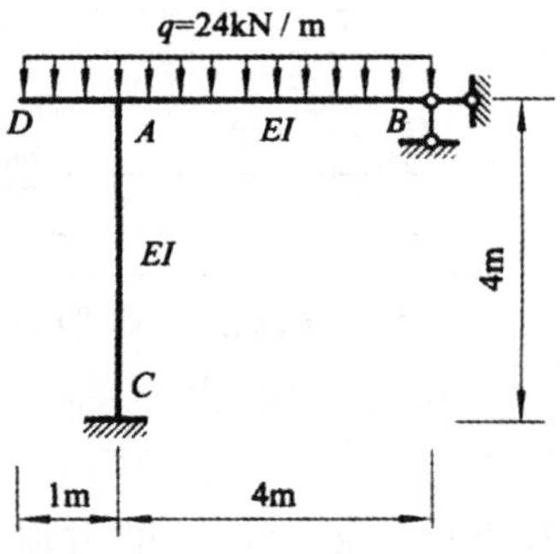

图9–49

【解】（1）求各杆的线刚度i：

$i_{AB}=\frac{EI}{4}$

$i_{AC}=\frac{EI}{4}$

为计算方便，令$i_0=\frac{EI}{4}$，

$i_{AB}=i_{AC}=i_0$

（2）确定基本未知量：φ_A（结点A的转角）

（3）建立各杆的转角位移方程

杆AB（$l=4m$，$i=i_0$）：

$\varphi_{AB}=\varphi_A$，$\Delta_{AB}=0$

$M_{AB}^{p}=-\frac{24\times 4^2}{8}=-48$

$M_{AB}=3i_0\varphi_A+0+0+(-48)$

$M_{BA}=0$

杆AC（$l=4m$，$i=i_0$）：

$\varphi_{AC}=\varphi_A$，$\Delta_{CA}=0$，$\Delta_{AC}=0$

$M_{AC}^{p}=M_{CA}^{p}=0$

$M_{AC}=4i_0\varphi_A+0+0+0$

$M_{CA}=0+2i_0\varphi_A+0+0$

杆DA：

杆DA为一静定梁（悬臂梁），它的杆端弯矩M_{AD}与杆端位移无关，可直接由平衡条件求出：

$$M_{AD}=\frac{24\times 1^2}{2}=12$$

注意它对杆端为顺时针转向，故为正值。

（4）建立位移法基本方程

对结点A：

$$\sum M_A=0,\ M_{AB}+M_{AC}+M_{AD}=0$$

将M_{AB}，M_{AC}，M_{AD}的转角位移方程代入上式，得

$$(3i_0\varphi_A-48)+(4i_0\varphi_A)+12=0$$

整理后得

$$7i_0\varphi_A-36=0$$

（5）求解基本未知量

由基本方程解出

$$\varphi_A=\frac{36}{7i_0}\ (\downarrow)$$

（6）计算杆端弯矩（各杆端弯矩单位均为kN·m）

$$M_{AB}=3i_0\times\frac{36}{7i_0}-48=-32.57$$

$$M_{BA}=0$$

$$M_{AC}=4i_0\times\frac{36}{7i_0}=20.57$$

$$M_{CA}=2i_0\times\frac{36}{7i_0}=10.29$$

$$M_{AD}=12$$

由以上计算可知，杆端弯矩与i_0的数值无关，也就是杆端弯矩只与各杆线刚度i的相对值有关。但要注意，只有在荷载作用下才是如此。

（7）作内力图

①作弯矩图

分别作出刚架每根杆件的弯矩图即得到刚架的弯矩图，如图9-50（a）所示。作每根杆件的弯矩图时，可把杆件视为一根简支梁，把杆端弯矩视为作用于该简支梁梁端的外力矩（即荷载）。如杆端弯矩为正值，则此外力矩方向为顺时针转向，否则为逆时针转向。杆件的弯矩图不注正负号，一律画在杆件受拉的一侧。如杆上荷载为均布荷载时，通常在弯矩图中只标注杆中央截面的弯矩值。提醒注意：杆内的最大弯矩一般不一定产生在杆长的中央截面。

②作剪力图

通常在作出刚架的弯矩图后才作剪力图。

作刚架剪力图时，也可把每根杆件视为一根简支梁来作它的剪力图。为了避免搞错剪力图的正负号，下面介绍一个较简便的方法，用以确定剪力图的正负号。

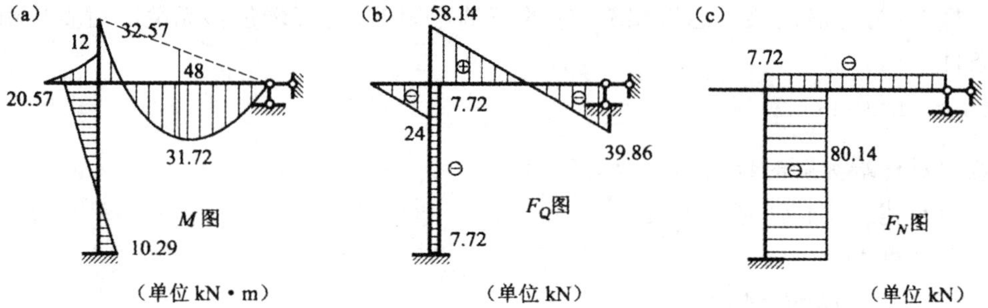

图 9-50

由弯矩与剪力的微分关系可知，弯矩图上某点的斜率等于该点截面的剪力。因此，对横梁来说，如弯矩图为上升，则剪力为负；弯矩图为下降，则剪力为正。对竖柱来说，从柱的右面（或左）来看柱，如弯矩图为上升，则剪力为负；弯矩图为下降，则剪力为正，如图 9-50（b）所示。画剪力图时，对横梁来说，正剪力图画在梁的上边，负剪力图画在梁的下边。对竖柱来说，正剪力图（或负剪力图）画在柱的任一侧都可以，但在同一剪力图内应按统一的规定。剪力图上必须注明正负号。

③作轴力图

作出刚架剪力图后，利用各结点力的投影平衡方程求出杆端的轴力，并据此作轴力图。如杆上荷载垂直于杆的轴线，则全杆轴力为一常量，故只需求出杆的一端轴力即可作杆的轴力图。

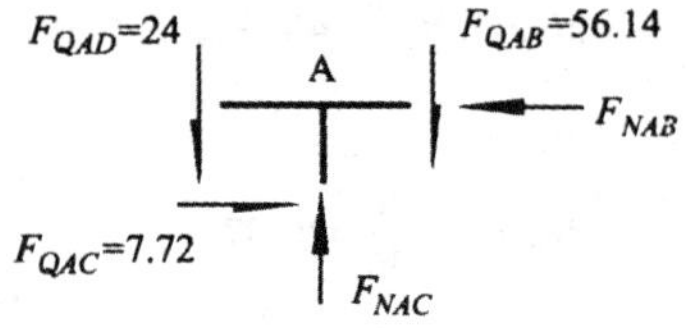

图 9-51

现取结点 A 为隔离体，如图 9-51 所示，刚架轴力图如图 9-50（c）所示。轴力图中以正号表示拉力，负号表示压力。

【例 9-13】试用位移法计算如图 9-52（a）所示二层刚架。

【解】由于此刚架中水平杆为刚性杆件（$EI=\infty$），又因为杆长不变，故两水平杆不能转动而只能平移，基本未知量仅有两个独立结点线位移 Z_1，Z_2，基本结构如图 9-52（b）所示。

根据各约束链杆中总反力为零的条件，可建立位移法方程如下：

$$r_{11}Z_1+r_{12}Z_2+R_p=0$$

$$r_{21}Z_1+r_{22}Z_2+R_p=0$$

为了计算方程中的系数和自由项，利用式（9-19）、式（9-20）分别绘出单位弯矩图 $\bar{M}_1$ 图、$\bar{M}_2$ 图及荷载弯矩图 M_p 图，如图 9-52（c）、（d）、（e）所示。根据这些弯矩图，不难求出杆端剪力，由于这些系数和自由项都是各附加链杆中的反力，所以分别截取图 9-52（c）、（d）、（e）中的横梁 CD 及 BF 为隔离体（图 9-53），利用隔离体的投影方程 $\sum X=0$ 即可求出，现在分别计算如下：

$$r_{11}=\frac{12i}{l^2}+\frac{12i}{l^2}=\frac{24i}{l^2}$$

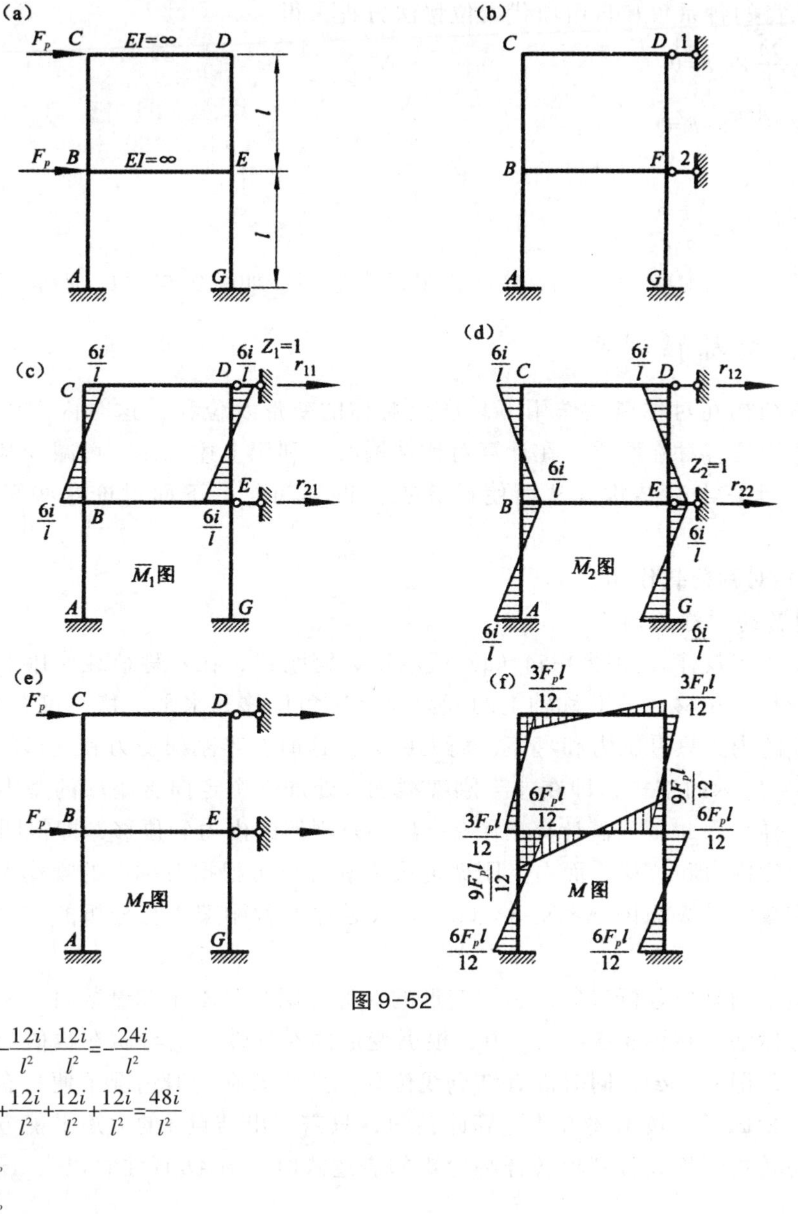

图 9-52

$$r_{21}=r_{12}=-\frac{12i}{l^2}-\frac{12i}{l^2}=-\frac{24i}{l^2}$$

$$r_{22}=\frac{12i}{l^2}+\frac{12i}{l^2}+\frac{12i}{l^2}+\frac{12i}{l^2}=\frac{48i}{l^2}$$

$$R_{1p}=-F_p$$

$$R_{2p}=-F_p$$

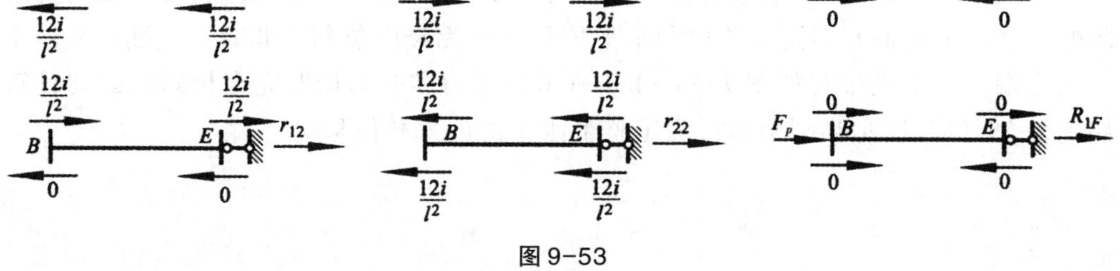

图 9-53

将求得的各系数和自由项代入位移法方程，得

$$\frac{24i}{l^2}Z_1-\frac{24i}{l^2}Z_2-F_p=0$$

$$-\frac{24i}{l^2}Z_1+\frac{48i}{l^2}Z_2-F_p=0$$

解得

$$Z_1=\frac{3F_pl^2}{24i},\ Z_2=\frac{2F_pl^2}{24i}$$

最后，按照$M=Z_1\bar{M}_1+Z_1\bar{M}_2+M_p$作出最后弯矩图，如图9-52（f）所示。

四、对称性利用

对称结构在对称荷载作用下只产生对称的变形及位移，这时内力中弯矩、轴力、剪力均具有对称性质。在计算对称结构时，利用上述规律，可减少基本未知量数，或只计算半边结构，从而使计算工作得到简化，下面讨论这些简化计算的方法。

（一）对称荷载作用

1.奇数跨对称结构

根据上述规律，如图9-54（a）所示奇数跨刚架，在对称荷载作用下，只产生对称的变形及位移，故对称轴上的截面没有转角位移和水平位移，仅有竖向位移，而截面上的内力只有轴力和弯矩，而无剪力。这时左半刚架受力和变形的情况如图9-54（b）所示的结构，即在左半刚架截面C处加一个定向支座后的受力、变形情况完全一样。因此，只需计算出图9-54（b）刚架的内力和位移，即得图9-54（a）左半刚架的内力和位移，而右半刚架的内力和位移可根据对称性的规律求得。这种用半个刚架的计算简图（图9-54（b））代替原对称刚架进行分析的方法称为半刚架法。

以整个刚架为分析对象，利用变形的对称性减少基本未知量数目，是简化计算的另一种做法。在图9-54（a）中，根据变形的对称性，φ_A与φ_B在数值上相等，而转向相反，即$\varphi_A=-\varphi_B$，同时没有结点线位移。此刚架在一般情况下便只有一个转角基本未知量φ_A了。按上述方法计算此转角，只需列出结点A的力矩平衡方程，而在应用杆的转角位移方程列出各杆端弯矩的表达式时，对AB杆注意以（$-\varphi_A$）代替φ_B即可。

2.偶数跨对称结构

如图9-55（a）所示偶数跨刚架，由于对称轴处有一根竖柱，竖柱的轴向变形忽略不计，故截面C不仅无转角和水平位移，也无竖向位移。此时，截面C相当于一固定端，左半刚架与如图9-55（b）所示的受力和变形情况完全相同。因此计算如图9-55（b）所示半刚架即可确定整个刚架的内力和位移。

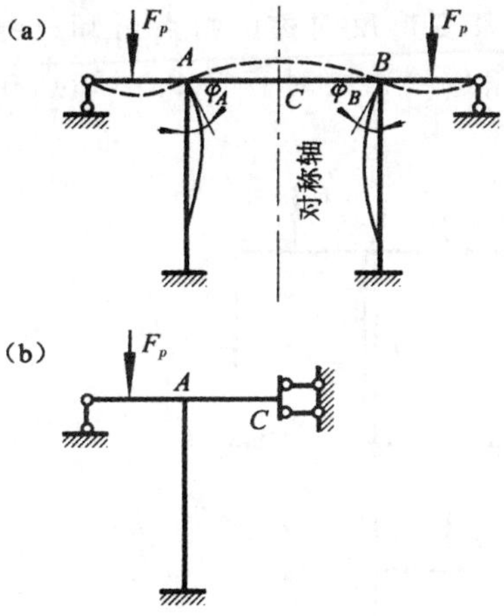

图 9-54

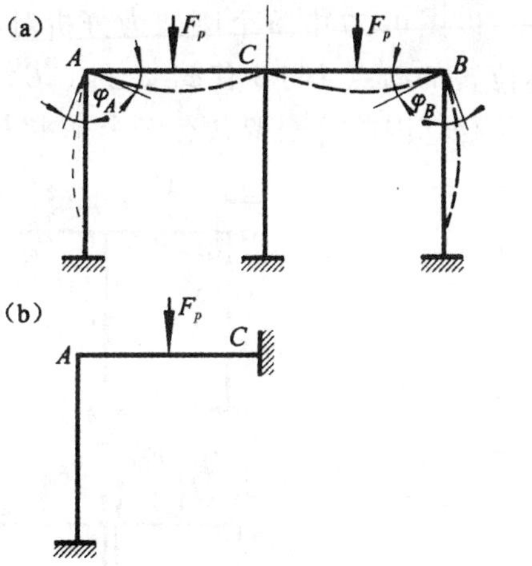

图 9-55

（二）反对称荷载作用

1.奇数跨对称结构

如图9-56（a）所示奇数跨刚架，在反对称荷载作用下，由于只产生反对称的变形及位移，因此对称轴上的截面C没有竖向位移，但有转角和水平位移。另一方面，从受力情况看，截面C处只应有反对称性质的内力——剪力。对左半刚架而言，此时截面C处相当于一可动铰支座，与如图9-56（b）所示刚架的受力和变形情况完全相同。因此只需计算如图9-56（b）所示半刚架即可确定整个刚架的内力和位移。

以整个刚架为分析对象，则因存在变形反对称的特点，在计算时有$\varphi_A=\varphi_B$的关系，且A，B结点的水平线位移都是Δ，因此刚架共有两个基本未知量。

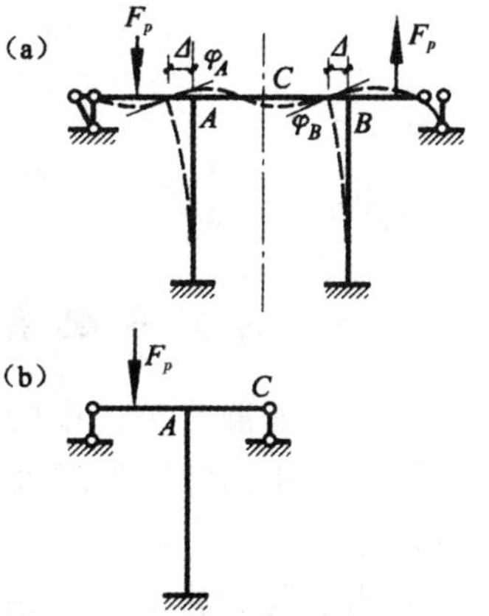

图 9-56

2.偶数跨对称结构

如图9-57（a）所示为偶数跨刚架。在对称轴处有一根竖柱，设想该柱是由两根各具有I/2的竖柱组成，它们分别在对称轴的两侧与横梁刚结，如图9-57（b）所示。设将此两柱之间的横梁切开，由于荷载是反对称的，故该截面上只有剪力存在（图9-57（c）），这一对剪力F_{QC}将只使对称轴两侧的两根竖柱分别产生大小相等性质相反的轴力。就中间柱的内力而言，它应等于此两根竖柱内力之和，因而由剪力F_{QC}所产生的轴力则刚好互相抵消。即剪力F_{QC}对原结构的内力和变形都无任何影响。于是可将F_{QC}略去而取原刚架的一半作为其计算简图，如图9-57（d）所示。左半刚架的内力和位移求得后，右半刚架的内力和位移可根据反对称的规律求得。应提出注意的是：图9-57（a）刚架中间柱的总内力为图9-57（b）中间两根分柱内力的叠加，由于反对称，两根分柱的弯矩、剪力相同，故总弯矩、总剪力分别为图9-57（d）中分柱的弯矩、剪力的两倍。

以图9-57中整个刚架为分析对象时，根据其变形反对称的特点可知：除了对称位置的结点A与B有$\varphi_A=\varphi_B$外，C结点不仅有角位移，同时有与A，B结点相同的线位移，因此该刚架共有三个基本未知量。

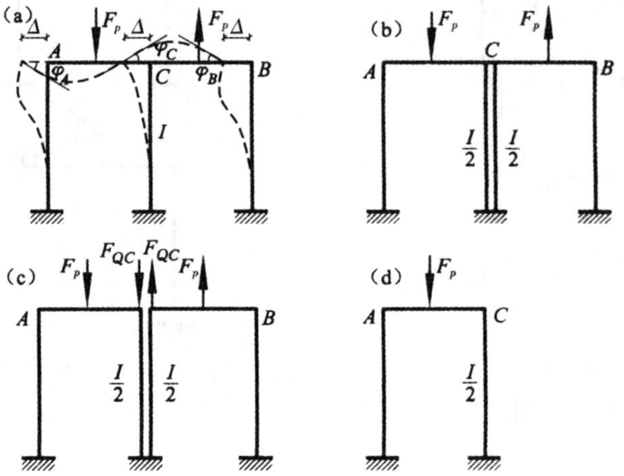

图9-57

第四节　力矩分配法

一、力矩分配法的基本概念

由于超静定结构中的多余约束可以使结构的安全性能得到大大的提高，所以，实际工程中的结构形式大多采用超静定结构。经常采用的超静定结构一般是连续梁或刚架。

力法与位移法是解超静定结构的两种最基本的方法，无论是力法还是位移法，在超静定结构的求解过程，都要解联立方程组，当未知量的数目较多时，除非使用计算机，则求解过程中的计算工作量是十分繁重的。

力矩分配法就是在用力法与位移法求解复杂的超静定结构时，为了减少计算量，逐渐发展起来的属于位移法类型的一种近似解法，它适用于求解无结点线位移的刚架和多跨连续梁。当采用力矩分配法与位移法的联合解法时，还可以计算有侧移刚架，主要是单层多跨刚架。同时，建立在力矩分配法基础上的无剪力分配法可以计算一些特殊的有侧移刚架。

实际上在此基础上产生的近似解法还很多，如计算多层多跨刚架的迭代法、特别有利于计算机使用的矩阵位移法等，本书在此不再一一赘述。

（一）力矩分配法的基本运算

力矩分配法的理论基础是位移法。对于力矩分配法的学习与研究，首先要明确几个基本概念。

设有如图9-58（a）所示刚架，其上各杆件均为等截面直杆。由图可知，它只有一个刚结点，在一般忽略杆件轴向变形的情形下，该结点不发生线位移而只能有角位移，我们称它为力矩分配法的一个计算单元。

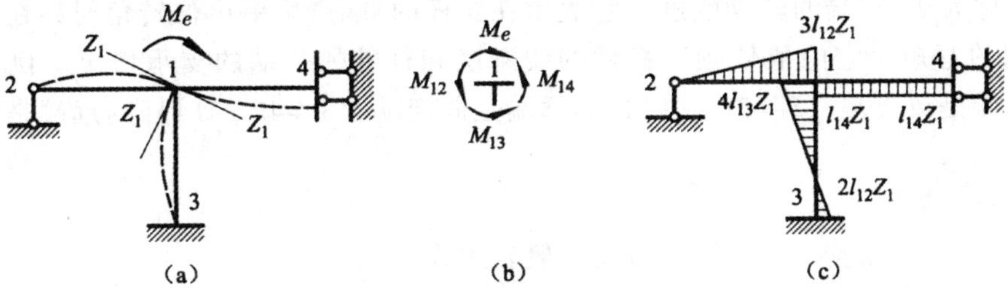

图 9-58

设在该单元的结点1作用一集中力偶M_e，现要求出汇交于结点1的各杆端弯矩值，对此我们称之为力矩分配法的基本运算。用渐近做法解具有多个结点角位移未知量的结构时，要反复应用这种基本运算。

在M_e的作用下，结点1产生角位移Z_1。利用转角位移方程，可以写出各杆端弯矩（Z_1尚为未知）：

$$\left.\begin{aligned} M_{12} &= 3i_{12}Z_1 \\ M_{13} &= 4i_{13}Z_1 \\ M_{14} &= i_{14}Z_1 \end{aligned}\right\} \tag{a}$$

$$\left.\begin{aligned} M_{21} &= 0 \\ M_{31} &= 2i_{13}Z_1 \\ M_{41} &= -i_{14}Z_1 \end{aligned}\right\} \tag{b}$$

取结点1为隔离体（图9-58（b）），由平衡条件$\sum M_1 = 0$，可知

$$M_{12}+M_{13}+M_{14}=M_e \tag{c}$$

将式（a）代入，解得

$$Z_1=\frac{M_e}{3i_{12}+4i_{13}+i_{14}} \tag{d}$$

然后将式（d）代回式（a）和式（b），即可求出各杆的杆端弯矩值如下：

$$\left.\begin{aligned} M_{12} &= \frac{3i_{12}}{3i_{12}+4i_{13}+i_{14}}M_e \\ M_{13} &= \frac{4i_{13}}{3i_{12}+4i_{13}+i_{14}}M_e \\ M_{14} &= \frac{i_{14}}{3i_{12}+4i_{13}+i_{14}}M_e \end{aligned}\right\} \tag{e}$$

$M_{21}=0$

$$\left.\begin{aligned} M_{31} &= \frac{1}{2}\left(\frac{4i_{13}}{3i_{12}+4i_{13}+i_{14}}\right)M_e \\ M_{41} &= -\frac{i_{14}}{3i_{12}+4i_{13}+i_{14}}M_e \end{aligned}\right\} \tag{f}$$

据此绘出结构的弯矩图，如图9-58（c）所示。现在引入转动刚度、分配系数、传递系数等定义，并用力矩分配和传递的概念进行计算。

1.转动刚度

式（a）中列出的各杆端弯矩式可写成一般表达式

$M_{ik}=S_{ik}Z_i$

S_{ik}称为ik杆i端的转动刚度。它表示在ik杆的i端产生一单位转角时，在该端所需作用的弯矩。它的值依赖于杆件的线刚度和杆件另一端的支承情况。例如：12杆的远端是铰支端，$S_{12}=3i_{12}$；13杆的远端是固定端，$S_{13}=4i_{13}$；14杆的远端是定向支座$S_{14}=i_{14}$。

2.分配系数

式（e）中的各杆端弯矩可写成一般表达式

$$M_{ik}=\frac{S_{ik}}{\sum_{k=1}^{n}S_{ik}}M_e=\mu_{ik}M_e \tag{9-25}$$

$$\mu_{ik}=\frac{S_{ik}}{\sum_{k=1}^{n}S_{ik}} \tag{9-26}$$

式中，$\sum_{i=1}^{n}S_{ik}$——汇交于结点i所有杆件在i端的转动刚度之和；

μ_{ik}——力矩分配系数，它的值永远小于1，而且$\sum_{i=1}^{n}\mu_{ik}=1$。

3.传递系数

式（f）中的各杆端弯矩可写成一般表达式

$$M_{ki}=C_{ik}M_{ik} \tag{h}$$

C_{ik}称为ik杆i端的传递系数。传递系数即表示当杆件近端发生转角时，远端弯矩与近端弯矩的比值。对于不同的远端支承情况，相应的传递系数也不同。例如：12杆的远端是铰支座，$C_{12}=0$；13杆的远端是固定端，$C_{13}=1/2$；14杆的远端是定向支座，$C_{14}=-1$。

由式（9-25）可知，作用于结点i的力偶M_e将按汇交于该结点各杆的转动刚度S_{ik}的比例分配给汇交于此结点的各杆端（称为近端），由此求得的各近端弯矩称为分配弯矩。为了在以后的分析中与杆端最后弯矩有所区别，在分配弯矩的右上角加入附标μ，即分配弯矩以M_{ik}^{μ}表示。这样，就可以不必求出转角Z_i而直接由式（9-25）求得汇交于结点i各杆端的分配弯矩。例如：

$M_{12}^{\mu}=\mu_{12}M_e$

$M_{13}^{\mu}=\mu_{13}M_e$

$M_{14}^{\mu}=\mu_{14}M_e$

分配弯矩求得后，则另一端（称为远端）的弯矩（传递弯矩）可用该分配弯矩乘上相应的传递系数而得（在传递弯矩的右上角则加入附标C）。例如：

$M_{21}^{C}=M_{12}^{\mu}\times C_{12}=0$

$M_{31}^{C}=M_{13}^{\mu}\times C_{13}=\frac{1}{2}M_{13}^{\mu}$

$M^{C}_{41}=M^{\mu}_{14}\times C_{14}=-M^{\mu}_{14}$

写成一般形式，则传递弯矩的计算公式为

$$M^{C}_{ki}=C_{ik}M^{\mu}_{ik} \tag{9-27}$$

综上所述，可将基本运算中杆端弯矩的计算方法归纳为：当集中力偶M_e作用在结点i时，按分配系数分配给各杆的近端即为近端杆端弯矩；远端弯矩等于近端弯矩乘以传递系数。

（二）具有一个结点角位移结构的计算

掌握了上述基本运算，再利用叠加原理，即可用力矩分配法计算荷载作用下具有一个结点角位移的结构。其计算步骤为：

1. 先在本来是发生角位移的刚结点i处假想加入附加刚臂，使其不能转动。由表9-2、表9-3和表9-4算出汇交于i点各杆端的固端弯矩后，利用该结点的力矩平衡条件求出附加刚臂给结点的约束力矩，并以M_i^P表示。约束力矩规定以顺时针转向为正。

2. 结点i处实际上并没有附加刚臂，也不存在约束力矩，为了能恢复到实际状态，抵消掉约束力矩M_i^P的作用，在结点i处施加一个与它反向的外力偶$M_i=-M_i^P$（注意M_i也以顺时针转向为正）。结构在M_i作用下的各杆端弯矩，应用一次基本运算即可求出。

3. 结构的实际受力状态，为以上两种情况的叠加。将第1步中各杆端的固端弯矩分别和第2步中的各杆端的分配弯矩或传递弯矩叠加，即得汇交于i点之各杆的近端或远端的最后弯矩。

【例9-14】试用弯矩分配法求解图9-59（a）所示结构的各杆端弯矩，已知各等截面杆的弯曲线刚度i值如图9-59（b）中所示。

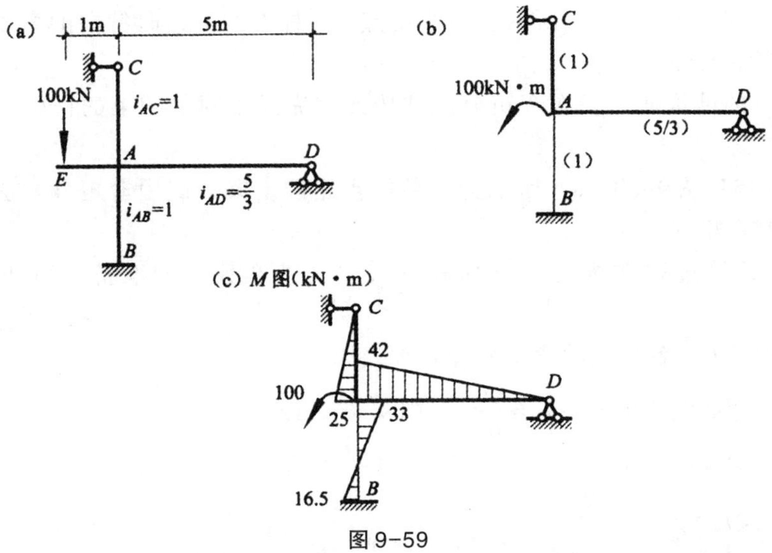

图9-59

【解】悬臂AE的内力是静定的，将E端集中荷载转化到结点A处，竖向力100kN将通过杆AB轴线直接传递至支座B；逆时针向力矩100kN · m的作用将对结构各杆产生影响，故可按图9-59（b）分析。

（1）求弯矩分配系数

$\sum S_{Aj}=4i_{AB}+3i_{AC}+3i_{AD}$

$=4\times1+3\times1+3\times\frac{5}{3}$

$=12$

$\mu_{AB}=\frac{4i_{AB}}{\sum S_{Aj}}=\frac{4}{12}=0.33$

$\mu_{AC}=\frac{3}{12}=0.25$

$\mu_{AD}=\frac{5}{12}=0.42$

以上分配系数的总和$\sum\mu_{Aj}=1.00$，计算无误。

（2）计算各杆端分配弯矩

按式（9-25）计算各杆端的分配弯矩时，注意到本例$R_{ip}=-m_A=+100$kN·m，即作用力矩为负号，则

$M_{AB}^{\mu}=0.33\times m_A=-33$kN·m

$M_{AC}^{\mu}=0.25\times$（-100）$=-25$kN·m

$M_{AD}^{\mu}=0.42\times$（-100）$=-42$kN·m

（3）利用传递系数算出各杆远端的传递弯矩，即

$M_{BA}^{C}=\frac{1}{2}M_{AB}^{\mu}=\frac{1}{2}\times$（$-33$）$=-16.5$kN·m

$M_{DA}^{C}=0$

$M_{CA}^{C}=0$

（4）因$M_p=0$，故根据所求得的各杆端的分配弯矩和传递弯矩值，即可绘出结构弯矩图，如图9-59（c）所示。其中结点A各杆端约为逆时针向的弯矩，结点上满足力矩平衡条件。

单结点的结构通过一次弯矩分配和传递就完成了附加约束的松弛，结果是精确的。

【例9-15】图9-60（a）所示为一单结点超静定梁，试用弯矩分配法计算杆端弯矩并绘制弯矩图。

【解】计算过程在梁的下方列表进行，其基本数据的准备及弯矩分配计算如下：

（1）结点B上各杆端的弯矩分配系数

两杆的弯曲线刚度，令$i_{AB}=\frac{EI}{6}=i$，则$i_{BC}=2i$，故

$\sum S_{Bj}=4i_{AB}+i_{BC}=4i+2i=6i$

$\mu_{BA}=\frac{4i}{6i}=\frac{2}{3}$，$\mu_{BC}=\frac{2i}{6i}=\frac{1}{3}$

将分配系数写在图9-60（a）梁下的表中第一行内。

(a)

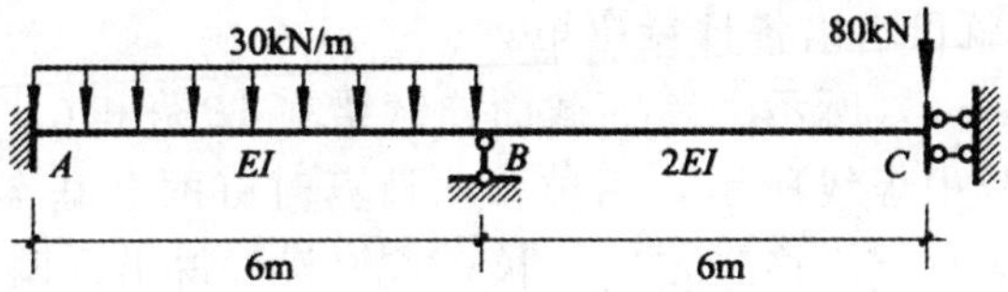

分配系数μ		2/3	1/3	
固端弯矩 M'	-90	+90	-240	-240
弯矩分配传递	+50 ←	+100	+50 →	-50
杆端最终弯矩	-40	+190	-190	-290

(b) M图(kN·m)

图 9-60

（2）各杆固端弯矩

$M^P_{BA}=-M^P_{AB}=\frac{ql^2}{12}=90\text{kN}\cdot\text{m}$

$M^P_{BC}=M^P_{CB}=-\frac{F_P l}{2}=-240\text{kN}\cdot\text{m}$

将此值写在图9-60（a）梁下的表中第二行内。

（3）进行弯矩分配和传递

先将结点B处固端弯矩总和（即约束力矩$R_{1p}=\sum M^P_{Bj}=-150\text{kN}\cdot\text{m}$）反其号，然后乘以各杆端分配系数，即得各个分配弯矩，如$M^\mu_{BA}=+150\times2/3=100\text{kN}\cdot\text{m}$；再乘以各杆的传递系数即得各远端的传递弯矩，如$M^C_{CB}=+50\times(-1)=-50\text{kN}\cdot\text{m}$。将这些值写在图9-60（a）梁下的表中第三行内。

（4）求杆端最终弯矩值并绘M图

将图9-60（a）梁下表中对应于每一杆端截面的竖列数值相叠加，就得到各杆端的最终弯矩值，如$M_{AB}=-90+50=-40\text{kN}\cdot\text{m}$，而$M_{BA}=+90+100=+190\text{kN}\cdot\text{m}$，$M_{BC}=-240+50=-190\text{kN}\cdot\text{m}$，这表示结点$B$之左、右两截面的弯矩正好平衡。这些值列于表中最后一行内。于是，按杆端弯矩的正负号规则，可绘出最终弯矩图如图9-60（b）所示。

一般来说，结构的最终弯矩图除应满足若干平衡条件及M图与荷载之间的关系外，还应满足结构的变形条件：在无结点线位移的结构中，同一刚结点A的各杆端最终弯矩对于固端弯矩的增量，应分别为$\Delta M_{Aj}=S_{Aj}\cdot\theta_{Aj}$。

二、力矩分配法计算连续梁和无结点线位移刚架

上节用只有一个结点角位移未知量的结构说明了力矩分配法的基本概念。对于具有两个以上结点的连续梁和无结点线位移的刚架，只要应用上述概念和采用逐次

渐近的做法，就可求出各杆端弯矩。

如图9-61（a）所示三跨等截面连续梁在AB跨和CD跨受荷载作用，变形曲线如图9-61（a）中虚线所示。用位移法计算时有两个基本未知量（结点B和C的角位移），可建立两个位移法方程，联立求解就可得出这两个角位移，从而求得各杆内力，采用力矩分配法计算时不用建立和求解联立方程。下面结合图9-61（a）所示连续梁说明力矩分配法的一般做法。

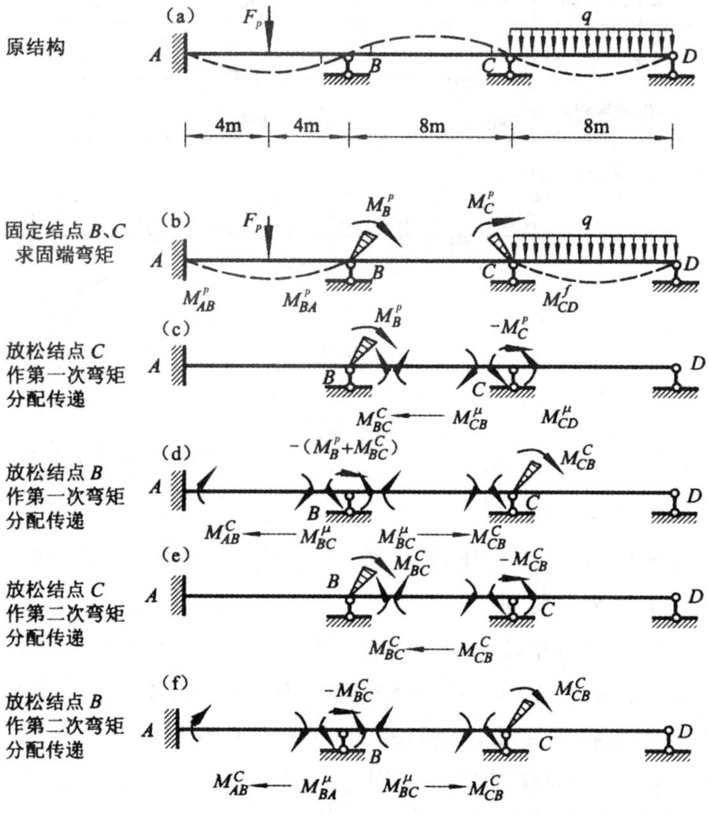

图9-61

1.用附加刚臂将结点B和C固定，然后施加荷载（图9-61（b）），这时连续梁变成三根单跨超静定梁，其变形如图9-61（b）中虚线所示。在利用表9-2、表9-3和表9-4求得各杆的固端弯矩M_{AB}^{p}，M_{BA}^{p}及M_{CD}^{p}后，由结点B，C处的力矩平衡条件可分别求得此两点的约束力矩M_{B}^{p}和M_{C}^{p}。

2.为了消去附加刚臂的影响，即消去上述两个约束力矩，必须放松结点B和C。在此采用逐个结点依次放松的办法，使各结点逐步转动到实际应用的位置。

首先，设想先放松一个结点，设为结点C（注意此时结点B仍被固定），即相当于在结点C处施加与约束力M_{C}^{p}反号的力矩（$-M_{C}^{p}$）。对于这个以结点C为中心的计算单元，由于力矩（$-M_{C}^{p}$）所引起的杆端弯矩，可利用力矩分配法的基本运算求出。在经过图9-61（c）所示的第一次力矩分配与传递后，结点C处的各杆端弯矩已经自相平衡，而结点B处的约束力矩成为$M_B^p+M_{BC}^C$。

3.将结点C重新固定，放松结点B。即相当于在结点B上施加与力矩$M_B^p+M_{BC}^C$反号的（-（$M_B^p+M_{BC}^C$））。对于当前以结点B为中心的计算单元，同样可用力矩分配法的基本运算求得这时所产生的杆端弯矩。在结点B通过第一次力矩分配与传递（图9-61（d））后，此点的各杆端弯矩即自相平衡。

4.由于结点B被放松时，结点C处的附加刚臂又产生新的约束力矩M_{CB}^C，所以还需重新固定结点B，再放松结点C。亦即在结点C施加（$-M_{CB}^C$）作第二次力矩分配与传递（图9-61（e））。

5.同理，再在结点B作二次力矩分配和传递，如图9-61（f）所示。按照以上做法，轮流放松结点C和结点B，则附加刚臂给予结点的约束力矩将愈来愈小，经过若干轮以后，当约束力矩小到可以忽略时，即可认为已解除了附加刚臂的作用，同时结构传到了真实的平衡状态。由于分配系数和传递系数均小于1，所以收敛是很快的。对结构的全部结点轮流放松一遍，各进行一次力矩分配与传递，称为一轮。通常进行二、三轮计算就能满足工程精度要求。

6.最后将杆端的固端弯矩、各次的分配弯矩和传递弯矩叠加，即得原结构的各杆端弯矩。

下面以具体实例说明。

【例9-16】用弯矩分配法计算如图9-62（a）所示连续梁的各杆端弯矩并绘最终弯矩图。各杆弯曲刚度如图9-62（a）中所示。

【解】右端悬臂DE段的内力是静定的，设将DE段截离，并以弯矩M_{DE}、剪力F_{QDE}反向作用于连续梁结点D处，结点D即可作为铰支端处理，如图9-62（b）所示。结点B和C的转动将被控制。

（1）计算结点B，C处弯矩分配系数

设$EI=6$，则有$i_{AB}=6/6=1$，$i_{BC}=6/4=1.5$，$i_{CD}=12/6=2$

$$\sum S_{Bj}=4i_{BA}+4i_{BC}=4\times1+4\times1.5=10$$

$$\mu_{BA}=\frac{4}{10}=0.4，\mu_{BC}=\frac{6}{10}=0.6$$

$$\sum S_{Cj}=4i_{CB}+3i_{CD}=4\times1.5+3\times2=12$$

$$\mu_{CB}=\frac{6}{12}=0.5，\mu_{CD}=\frac{6}{12}=0.5$$

（2）计算固端弯矩

$$M_{BA}^p=-M_{AB}^p=\sum\frac{F_p}{l_1^2}a^2b=\frac{30}{36}（2^2\times4+4^2\times2）=40\text{kN}\cdot\text{m}$$

$$M_{CB}^p=-M_{BC}^p=\frac{1}{8}\times40\times4=20\text{kN}\cdot\text{m}$$

计算M_{CD}^p时，应当注意，CD跨的C端作为固定，D端为铰支并有顺时针转向外力矩+20kN · m作用，受其影响，C端将有（20kN · m）/2的反力矩；再与跨内荷载产生的固端弯矩相叠加，得

$$M_{CD}^p=\frac{1}{2}\times20-\frac{1}{8}\times8\times6^2=10-36=-26\text{kN}\cdot\text{m}$$

（3）轮流单独地放松各结点、逐次进行弯矩分配和传递，过程详见图9-62中的计算表格。

（4）叠加出各杆端的最终弯矩值并检验结点的平衡条件，由此绘出各跨弯矩图，如图9-62（c）所示。

（a）

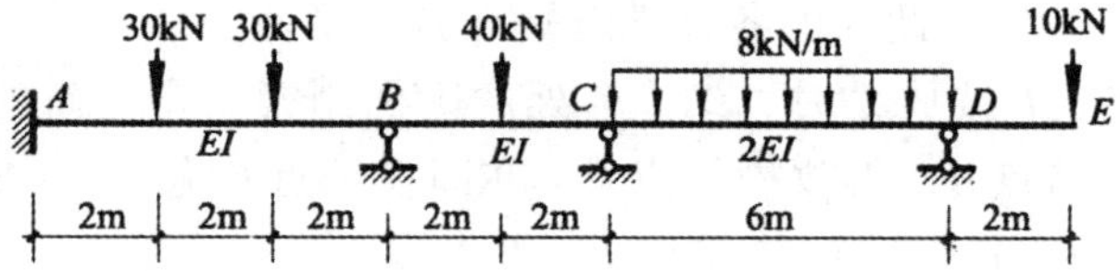

（b）

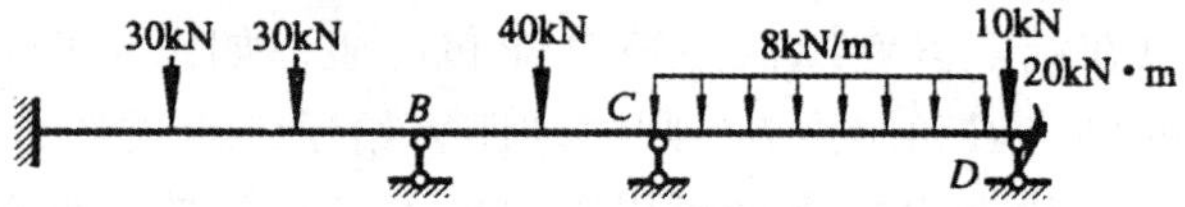

截面		AB	BA	BC	CB	CD	DC
μ			0.4	0.6	0.5	0.5	
M^P		−40	40	−20	20	−26	20
分配与传递	m_B=−20	−4 ←	−8	−12 →	−6		
	m_C=+12			3 ←	+6	+6 →	0
	m_B=−3	−0.6 ←	−1.2	−1.8 →	−0.9		
	m_C=+0.9			0.22 ←	+0.45	+0.45 →	0
	m_B=−0.22	−0.05 ←	−0.09	−0.13 ←	−0.06		
	m_C=+0.06				+0.03	+0.03	
最终弯矩		−44.65	30.71	−30.71	19.52	−19.52	20

（c）
M图
（kN·m）

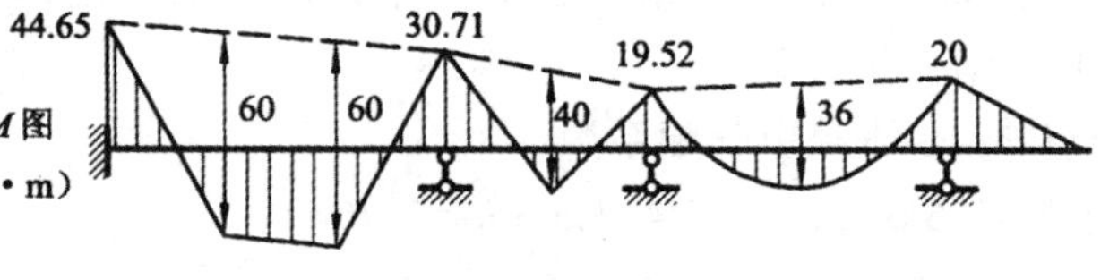

图9-62

【例9-17】用弯矩分配法求作图9-63（a）所示刚架的弯矩图。各杆EI=常数。

【解】此刚架左、右悬臂AB，DE段的内力是静定的。可将其截离并以等效力作用于B，D两结点作为荷载，如图9-63（b）所示，结点B化为铰支座，结点D成为两杆刚接。结点C，D的转角是刚架的基本位移量。

（1）计算弯矩分配系数

因各杆弯曲线刚度均为$i=\dfrac{EI}{6}$，故

$$\sum S_{Cj}=S_{CB}+S_{CF}+S_{CD}=3i+3i+4i=10i$$

$$\mu_{CB}=\frac{3i}{10i}=0.3，\mu_{CF}=0.3，\mu_{CD}=\frac{4i}{10i}=0.4$$

$$\sum S_{Dj}=S_{DC}+S_{DG}=4i+4i=8i$$

$$\mu_{DC}=\frac{4i}{8i}=0.5，\mu_{DG}=0.5$$

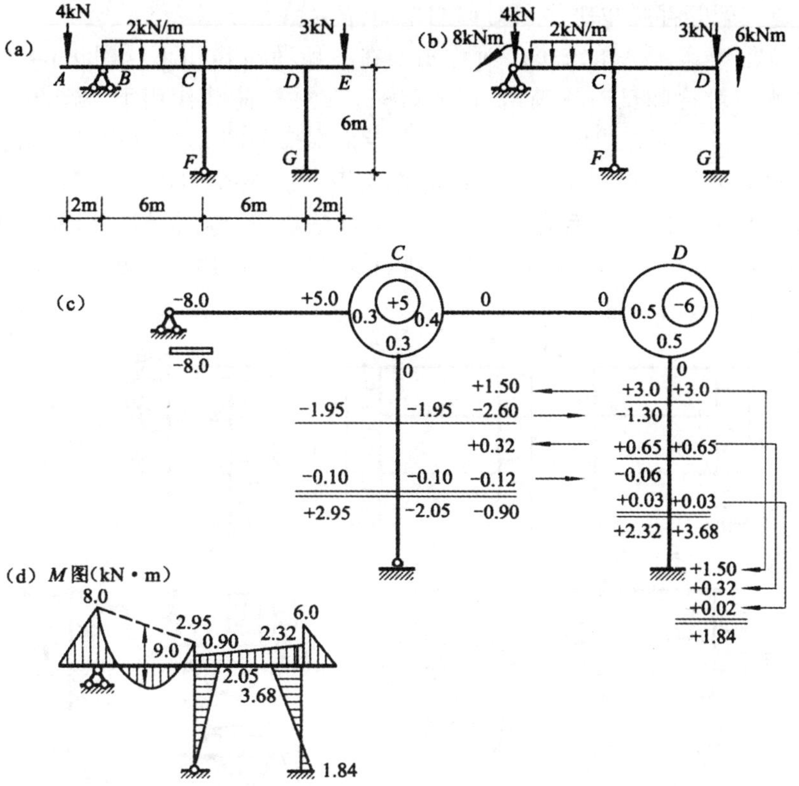

图 9-63

为运算方便，采用如图 9-63（c）所示图式作为计算格式。今将各分配系数写入相应结点处外圈的对应位置。

（2）计算固端弯矩

注意铰支端 B 处逆时针转向集中力矩 -8kN · m 对 C 端的影响。

$$M^F_{CB}=\frac{1}{2}\times(-8)+\frac{1}{8}\times2\times6^2=+5.0\text{kN}\cdot\text{m}$$

$$M^F_{BC}=-8\text{kN}\cdot\text{m}$$

结点 D 处顺时针转向集中力矩将产生约束反力矩（-6kN · m）。今将各固端弯矩值写在（图 9-63（c））相应杆端，而在两结点处的内圈中分别写出该结点的约束反力矩值。

（3）弯矩分配与传递

从约束力矩绝对值较大的结点开始，计算过程如图 9-63（c）所示。其中单横线表示经弯矩分配消除了一次约束的力矩；双横线表示计算结束，其下数字即为各杆端的最终弯矩值。

（4）绘出刚架弯矩图，如图 9-63（d）所示。

三、无剪力分配法

单跨多层对称刚架是工程中常用的一种结构形式。如化工厂的厂房骨架、渡槽支架、管道支架等都是单跨多层对称刚架。

为了简化计算，一单跨多层对称刚架在一般荷载作用下（图 9-64（a）），常将荷载分解为对称和反对称荷载分别求解。在对称荷载作用下（图 9-64（b）），结点只有角位移，没有线位移，可以取出半个刚架如图 9-64（c）所示，直接用前述力矩分配法进行计算。在反对称荷载作用下（图 9-64（d）），结点除有角位移外，还有结点线位移，就不能直接用力矩分配法进行计算；但可以取出半个刚架，如图 9-64（e）所示，用无剪力分配法进行计算。下面用如图 9-64（e）所示的半刚架来说明这种计算方法。

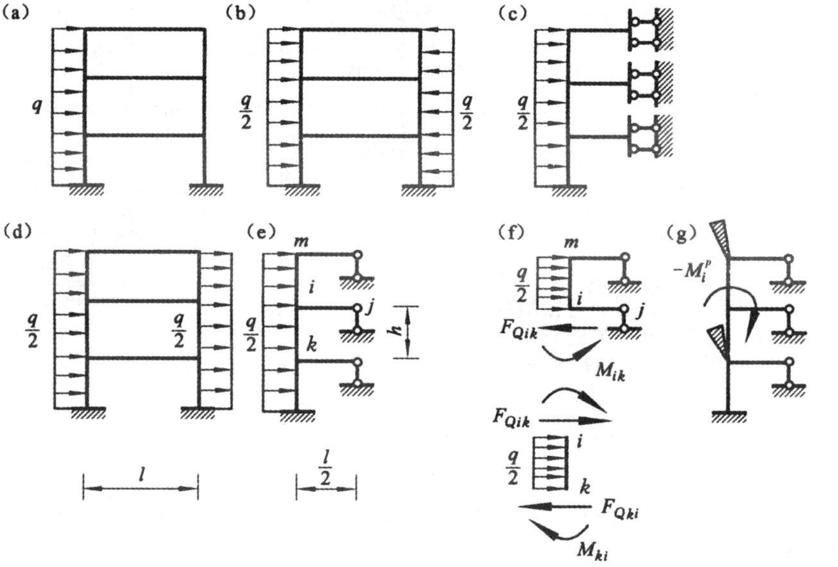

图 9-64

当荷载作用于图 9-64（e）中的刚架时，各横梁的两端不会有相对线位移。各柱的两端虽有相对侧移，但其剪力是静定的。以 ik 杆为例，设自其顶部作一截面，取截面以上部分为隔离体（图 9-64（f）），则由平衡条件 $\sum F_x=0$ 得

$$F_{Qik}=\sum F \tag{a}$$

式中，$\sum F$ 表示柱顶 i 以上所有外力之水平投影的代数和（以向右为正）。若一刚架如图 9-64（e）所示的那样，只有两端无相对线位移和剪力静定这两种杆件，便可用无剪力分配法求杆端弯矩。

用无剪力分配法计算图 9-64（e）中刚架的思路，与上节的力矩分配法共同之处是：第一步也是以附加刚臂约束住刚结点使不能转动（结点仍能移动），求荷载作用后的固端弯矩，并进一步利用结点平衡条件求约束力矩。第二步也是放松结点，在与约束力矩反号的外力偶作用下，求各杆的分配和传递弯矩。各结点轮流放松适当轮数后，将各步骤的杆端弯矩叠加在一起，即得实际杆端弯矩。所不同于力矩分配法的是：在产生固端弯矩以及在进行分配、传递的过程中，结点发生移动。对刚架的横梁（如 ij 杆）而言，不会因此而有杆端相对线位移，它的固端弯矩（当

横梁上作用有荷载时），杆端转动刚度及传递系数的确定方法和力矩分配法并无区别，不再赘述。对剪力静定的柱（如强杆）而言，则因结点移动时发生了杆端相对侧移，便需要重新建立固端弯矩和转动刚度等的计算式（为清晰起见，对剪力静定杆的这些量都冠以“修正”二字以示区别）。而为此先需推导剪力静定杆的转角位移方程，以下分别讨论。

剪力静定杆的转角位移方程：

以ik杆为例，杆端弯矩可表达为

$$\left.\begin{aligned} M_{ik} &= 2i_{ik}\left(2\varphi_i+\varphi_k-3\frac{\Delta_{ik}}{h_{ik}}\right)+M_{ik}^{p} \\ M_{ki} &= 2i_{ik}\left(2\varphi_k+\varphi_i-3\frac{\Delta_{ik}}{h_{ik}}\right)+M_{ki}^{p} \end{aligned}\right\} \tag{b}$$

因ik杆的剪力可先由静力平衡条件求出，见式（a），利用其剪力为已知条件，可消去上式中的相对侧移Δ_{ik}。由ik杆的平衡条件，有

$$F_{Qik}=-\frac{M_{ik}+M_{ki}}{h_{ik}}+F_{Qik}^{0}$$

F_{Qik}^{0}为ik杆两端简支时，本跨荷载所产生的i端剪力。将式（b）代入上式，得

$$F_{Qik}=\frac{6i_{ik}}{h_{ik}}\left(\varphi_i+\varphi_k-2\frac{\Delta_{ik}}{h_{ik}}\right)+F_{Qik}^{p} \tag{c}$$

式中，$F_{Qik}=-\dfrac{M_{ik}+M_{ki}}{h_{ik}}+F_{Qik}^{p}$，其物理意义为$ik$杆两端固定时，由本跨荷载所产生的$i$端剪力（即$i$端的固端剪力）。将式（c）代入式（a），可解得

$$\frac{\Delta_{ik}}{h_{ik}}=\frac{1}{2}\left(\varphi_i+\varphi_k\right)+\frac{h_{ik}}{12i_{ik}}\left(\sum F-F_{Qik}^{p}\right) \tag{d}$$

再将式（d）代入式（b），并加以整理后可得

$$\left.\begin{aligned} M_{ik} &= i_{ik}(\varphi_i-\varphi_k)+M_{ik}^{p'} \\ M_{ki} &= i_{ik}(\varphi_k-\varphi_i)+M_{ki}^{p'} \end{aligned}\right\} \tag{9-28}$$

式（9-28）即是剪力静定杆的转角位移方程，式中

$$\left.\begin{aligned} M_{ik}^{p'} &= M_{ik}^{p}-\frac{1}{2}\left(\sum F-F_{Qik}^{p}\right)h_{ik} \\ M_{ki}^{p'} &= M_{ki}^{p}-\frac{1}{2}\left(\sum F-F_{Qik}^{p}\right)h_{ik} \end{aligned}\right\} \tag{9-29}$$

剪力静定杆的修正固端弯矩，修正杆端转动刚度和修正传递系数：

仍以ik杆为例，在式（9-28）中，当$\varphi_i=\varphi_k=0$时，有

$$M_{ik}\Big|_{\varphi_i=\varphi_k=0}=M_{ik}^{p'},\ M_{ki}\Big|_{\varphi_i=\varphi_k=0}=M_{ki}^{p'}$$

故$M_{ik}^{p'}$，$M_{ki}^{p'}$即修正固端弯矩，式（9-29）为其计算式。

求放松结点i所导致的内力变化时，只在该点作用有外力偶，不存在其他荷载（参看图9-64（g）），故$M_{ik}^{p'}=0$；为了确定i端的修正转动刚度S'_{ik}和传递系数C'_{ik}，应再使$\varphi_k=0$，$\varphi_i=1$，由式（9-28）知，此时两杆端弯矩分别为

$$M_{ik}\Big|_{\varphi_i=1}=i_{ik},\ M_{ki}\Big|_{\varphi_i=1}=i_{ki}$$

由此得出修正转动刚度S'_{ik}和传递系数C'_{ik}为

$S'_{ik}=i_{ik}$，$C'_{ik}=-1$

同理，取$M^{F'}_{ki}=0$，$\varphi_k=1$，$\varphi_i=0$，再利用式（9-28）可得出k端的修正转动刚度和传递系数为

$S'_{ki}=i_{ik}$，$C'_{ki}=-1$

根据已得出确定剪力静定的修正固端弯矩、转动刚度和传递系数的式子，就可用力矩分配法解无结点线位移刚架那样，对图9-64（e）中刚架进行计算。可以看出，无剪力分配法是在对结点位移不施加附加约束的前提下建立的。在解题的各个步骤中，结点都有相应的移动。当仅以刚臂约束住结点转动后，在荷载作用下，各柱的剪力是静定的已知值；当放松结点，施加与约束力矩反号的外力偶（参看图9-64（g））时，各柱的剪力为零。由于在分配、传递过程中，各柱均无新的剪力产生，故此法称为无剪力分配法。

【例9-18】试用无剪力分配法计算图9-65（a）所示刚架并绘M图。

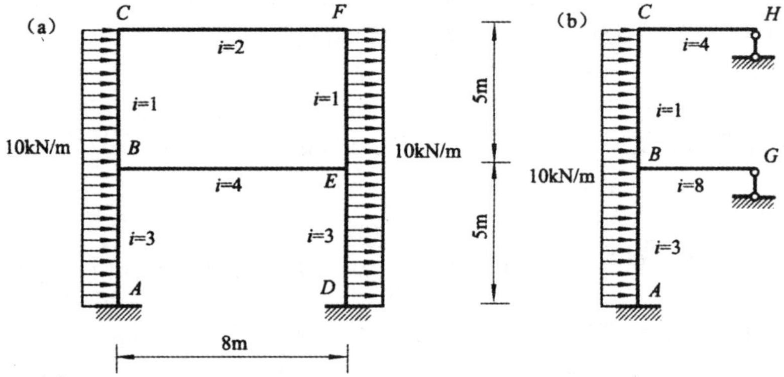

(c)

	A	B		C	H	B	G
分配系数		0.107	0.036	0.077	0.923	0.857	
固端弯矩	−208.333	−166.667	−83.333	−41.667			
结点B一次分配传递	−26.75	+26.75	+9.00	−9.00		+214.25	
结点C一次分配传递			−3.901	+3.901	+46.766		
结点B二次分配传递	−0.417	+0.417	+0.140	−0.140		+3.343	
结点C二次分配传递				+0.011	+0.129		
最后弯矩	−235.500	−139.500	−78.094	−46.895	+46.895	+217.593	

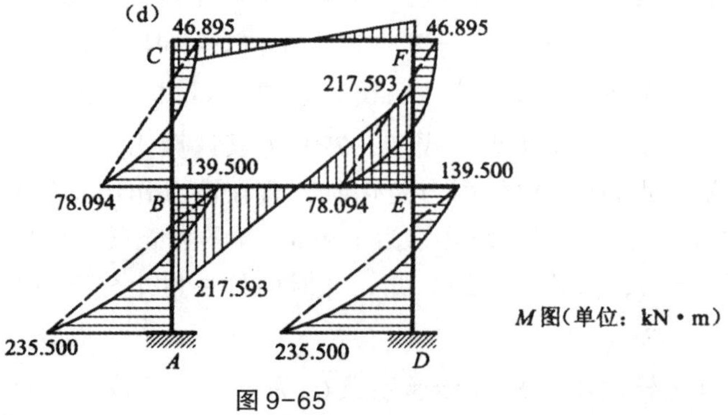

图9-65

【解】如图9-65（a）所示为一单跨两层对称刚架，其上受反对称的水平均布荷载作用，取如图9-65（b）所示半刚架进行计算，注意因横梁长度减少为原来的1/2，故线刚度$i=\frac{EI}{l}$增大一倍。

（1）计算分配系数

结点B：

汇交于B点之各杆的杆端转动刚度为

$S_{BG}=3i_{BG}=3\times8=24$

$S'_{BA}=i_{BA}=3$

$S'_{BC}=i_{BC}=1$

$\mu_{BA}=\frac{3}{3+24+1}=\frac{3}{28}=0.107$

$\mu_{BG}=\frac{24}{28}=0.857$

$\mu_{BC}=\frac{1}{28}=0.036$

结点C：

汇交于C点之各杆的杆端转动刚度为

$S_{CH}=3i_{CH}=12$

$S'_{CB}=i_{BC}=1$

故有

$\mu_{BC}=\frac{1}{1+12}=\frac{1}{13}=0.077$

$\mu_{CH}=\frac{12}{13}=0.923$

（2）计算固端弯矩

应用式（9-29）得

$M^{f'}_{CB}=\frac{10\times5^2}{12}-\frac{1}{2}\left[-\left(-\frac{10\times5}{2}\right)\right]\times5=-41.667\text{kN}\cdot\text{m}$

$M^{f'}_{BC}=-\frac{10\times5^2}{12}-\frac{1}{2}\left[-\left(-\frac{10\times5}{2}\right)\right]\times5=-83.333\text{kN}\cdot\text{m}$

$M^{f'}_{BA}=\frac{10\times5^2}{12}-\frac{1}{2}\left[10\times5-\left(-\frac{10\times5}{2}\right)\right]\times5=-166.667\text{kN}\cdot\text{m}$

$M^{f'}_{AB}=-\frac{10\times5^2}{12}-\frac{1}{2}\left[10\times5-\left(-\frac{10\times5}{2}\right)\right]\times5=-208.333\text{kN}\cdot\text{m}$

（3）力矩分配与传递如图9-65（c）所示。

（4）绘M图如图9-65（d）所示。

四、联合应用举例

化繁为简各个击破是求解较复杂问题时常用的原则。把一个总问题分解成几个简单的子问题，对各个子问题分别采用最适宜的方法，这样能够发挥各种方法的长处，收到很好的效果。这种方法称为联合法。

联合法中对总问题的分解方法有以下几种：（1）依荷载的不同性质分解（作用于对称结构的一般荷载分解为正对称和反对称两组）；（2）依求解过程的不同阶段分解；（3）依结构不同部位的构造特点分解。下面分别举例说明。

【例9-19】如图9-66（a）所示一对称刚架，当承受一般荷载作用时，可将其分解为正对称（图9-66（b））和反对称（图9-66（c））两组，分别采用适宜的方法计算，最后将两者的结果叠加。

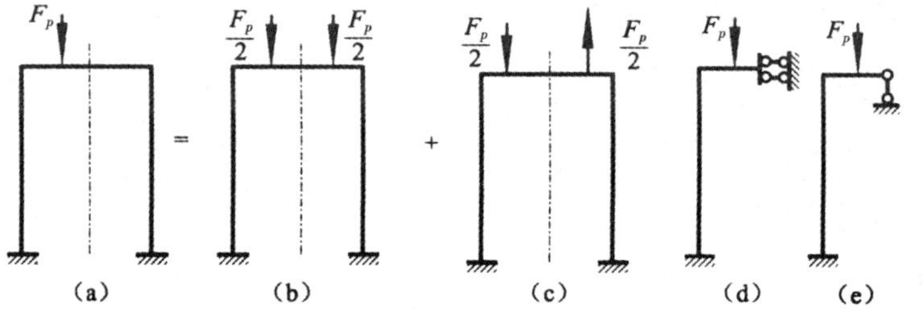

图9-66

【解】

先对正对称情况（图9-66（b））进行分析。它的半刚架如图9-66（d）所示，若采用位移法，它有一个基本未知量，而采用力法，则有两个未知量，故用位移法计算较为简便。

然后对反对称情况（图9-66（c））进行分析。它的半刚架如图9-66（e）所示，若采用位移法，它有两个基本未知量，而采用力法，则只有一个未知量，故用力法计算较为简便。

【例9-20】如图9-67（a）所示一具有两个结点角位移及一个独立结点线位移的刚架。由于它有线位移，不能直接用力矩分配法来计算。但在掌握了用力矩分配法分析无结点线位移刚架受荷载作用和发生支座移动时的方法之后，在此基础上，便可联合应用力矩分配法和位移法来计算具有线位移的刚架。

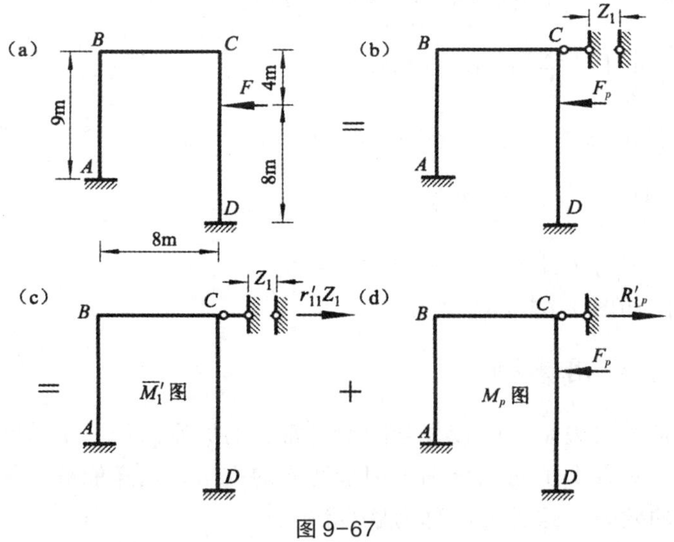

图9-67

【解】

设想先用一附加链杆控制刚架的线位移，使成为无结点线位移的刚架，以此作为位移法的基本结构。当基本结构承受荷载并发生与实际结构相同的线位移时（图9-67（b）），其变形和内力情况将与原结构完全相同。而图9-67（b）所示结构的内力，可由图9-67（c）和（d）两种情况下的内力叠加求得。其中关于图9-67（d）所示无线位移刚架，可用力矩分配法算出其各杆杆端弯矩及剪力，进而求出附加链杆上的反力R'_{1F}。至于图9-67（c）所示刚架，如将Z_1当作支座移动看待，则也可按力矩分配法求其杆端弯矩。但Z_1是待求的未知量，为此，可用力矩分配法先求出$\bar{Z}_1=1$时刚架各杆的内力，进而求出附加链杆上的反力r'_{11}。显然，在Z_1影响下附加链杆的反力应为$r'_{1i}Z_1$。

根据位移法的原理，基本结构附加链杆上的总反力应等于零，于是可建立位移法方程

$$r'_{11}Z_1+R'_{1p}=0$$

从而求出Z_1。而实际结构的最后弯矩为$M=\bar{M}'_1Z_1+M'_p$，其中$\bar{M}'_1$和M'_p分别为基本结构在$\bar{Z}_1=1$和荷载作用下的弯矩（图9-67（c）、（d））。

综上所述，依据求解过程的不同阶段，联合运用力矩分配法与位移法，便可计算荷载作用下有结点线位移的刚架。它与一般位移法不同之处在于以无线位移的刚架作为基本结构而不控制它的角位移，故基本未知量只限于线位移；而单位线位移和荷载作用下的弯矩则通过力矩分配法求出。

【例9-21】如图9-68（a）所示结构，仅用力法或位移法计算都较繁锁。为了使其内力计算工作得到简化，依据结构不同部位的构造特点，将原结构的GHJ部分简化成图9-68（b）所示，其中弹簧刚度系数k_1，k_2分别为原结构左右两边的刚架$AFGB$和$CJRD$的侧移刚度系数。分别采用适宜的方法计算出侧移刚度系数并解如图9-68（b）所示结构后，原结构任意一点的内力便不难得出。

【解】

先计算图9-68（d）中刚架$AFGB$的侧移刚度系数k_1，此时采用位移法比较方便。它相当于两根两端固定梁产生相对线位移时所引起的杆端剪力

$$k_1=2\times\frac{12EI}{(2a)^3}=\frac{3EI}{a^3}$$

由结构中各柱之截面惯性矩的相对值可知，刚架的$CJRD$的侧移刚度系数$k_2=2k_1$。

然后计算如图9-68（b）所示结构，此时，采用力法比较方便。取基本结构如图9-68（c）所示，根据基本结构在荷载及X_1共同作用下沿X_1方向的相对位移应该等于零的条件，建立力法方程

$$\delta_{11}X_1+\Delta_{1p}=0$$

而　$$\delta_{11}=\delta'_{11}+\frac{1}{k_1}+\frac{1}{k_2}$$

式中δ'_{11}为由于$\overline{X_1}=1$的作用，折杆CHJ之两端点在X_1方向的相对位移，在绘出M_1及M_p图（图9-68（e））后，δ'_{11}与Δ_{1F}可用图乘法求得

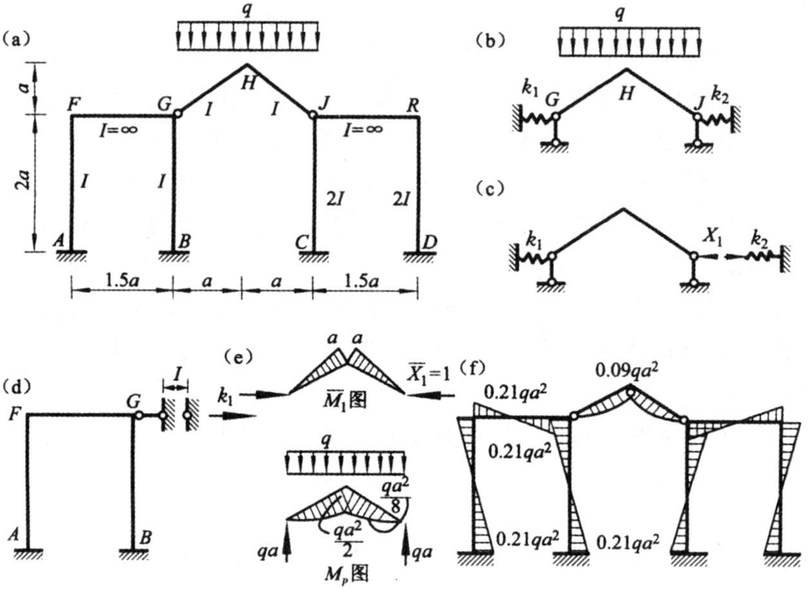

图 9-68

$$\delta_{11}'=\frac{1}{EI}\left(\frac{2\sqrt{2}}{3}a^{3}\right),\ \Delta_{1F}=\frac{1}{EI}\left(\frac{5\sqrt{2}}{12}qa^{4}\right)$$

将 δ_{11}'，Δ_{1F} 及 k_1，k_2 值一并代入方程，解得

$X_1=0.41qa$

最后弯矩图如图 9-68（f）所示。

第五节　小结

静定结构是没有多余约束的几何不变体系，且其全部的支座反力和截面内力都可以通过静力平衡方程求解；超静定结构是有多余约束的几何不变体系，但其结构的支座反力和各截面的内力不能完全由静力平衡条件唯一确定。

对于超静定结构的计算，办法的基本思路是：先解除多余联系得到基本结构，以多余未知力作为基本未知数，然后根据基本结构与原结构具有相同的受力和变形状态的位移条件，建立补充方程，解此方程求出多余未知力，最后利用平衡条件或叠加原理，求内力并绘制内力图，这样就把超静定结构计算的问题，化为静定结构内力和位移计算的问题，这种方法称为力法。

用力法计算超静定结构的步骤可归纳如下：

第一步，去掉结构的多余约束从而得到相应的基本结构，并以多余力代替相应的多余约束的作用。

第二步，根据基本结构在多余力和荷载共同作用下沿多余力方向的位移应与原结构中相应的位移相同的条件，建立力法方程。

第三步，作出基本结构的单位内力图和荷载内力图（或写出内力方程表达式），按照求位移的方法计算力法方程中的系数和自由项。

第四步，将计算所得的系数和自由项代入力法方程，求解各多余未知力。

第五步，求出多余未知力后，按分析静定结构的方法，绘出原结构的弯矩图，即最后弯矩图。最后弯矩图也可以利用已作出的基本结构的单位弯矩图和荷载弯矩图按公式（$M=\sum \bar{M}_i X_i+M_p$）叠加求得。

以位移为初始未知数求解结构内力的方法称为位移法。利用位移法对结构进行计算的步骤归纳如下：

第一步，分析原结构的结构构成，确定基本未知量并选取基本结构。

第二步，将原荷载作用在基本结构上，并令附加约束处产生与原结构相同的结点位移，然后根据每个约束处的总反力为零的条件，建立位移法典型方程。

第三步，根据表9-1、表9-2、表9-3、表9-4中的数值，绘出单位弯矩图和荷载弯矩图。

第四步，由基本结构中适当选择分离体，利用力的平衡条件求出各系数和自由项。

第五步，求解典型方程，解出所有的基本未知量Z。

第六步，按照$M=M_p+\sum Z_1 \cdot \bar{M}_i$叠加得出最后弯矩图。

第七步，在最后弯矩图的控制点处将结构切开成若干个杆件，按力的平衡条件求杆端剪力，绘制剪力图。然后取结点为分离体，按照力的平衡条件求杆端轴力，绘制轴力图。

力法与位移法是解超静定结构的两种最基本的方法。

力矩分配法是在用力法与位移法求解复杂的超静定结构时，为了减少计算量，逐渐发展起来的属于位移法类型的一种近似解法，它适用于求解无结点线位移的刚架和多跨连续梁。当采用力矩分配法与位移法的联合解法时，还可以计算有侧移刚架，主要是单层多跨刚架。同时，建立在力矩分配法基础上的无剪力分配法可以计算一些特殊的有侧移刚架。

□ 关键概念

超静定结构　力法　位移法　力矩分配法　无剪力分配法

□ 复习思考题

9-1　如何确定结构的超静定次数？

9-2　力法求解超静定结构的思路是什么？

9-3　什么是力法基本未知量？力法的基本结构与基本体系之间有什么不同？基本体系与原结构之间有什么不同？在选取力法基本结构时应掌握哪些原则？

9-4 在力法中为什么可以采用切断链杆后的体系作为基本体系？

9-5 在力法计算中可否利用超静定结构作为基本结构？为什么基本结构必须是几何不变的，如果去掉必要约束会出现什么问题？基本结构如采用超静定结构，会出现什么情况？

9-6 在超静定桁架和组合结构中，切开或撤去多余链杆的基本体系，两者的力法方程有何异同？

9-7 应用力法时，对超静定结构作了什么假定？

9-8 用力法计算超静定结构的解是唯一的吗？

9-9 满足力法方程能使基本体系与原结构在所有截面的对应位移都相同吗？

9-10 超静定结构发生支座位移时，选择不同基本体系，力法方程有何不同？

9-11 在力法计算中利用组合未知力有何优点？组合未知力能否任意选择？

9-12 力法方程的物理意义是什么？各系数和自由项的意义是什么？力法方程的右端是否一定为零？

9-13 为什么静定结构的内力与杆件的刚度无关而超静定结构与此有关？在什么情况下，超静定结构的内力只与各杆刚度的相对值有关？在什么情况下，超静定内力与各杆刚度的实际值有关？

9-14 求力法方程中的系数与自由项时，单位未知力与荷载可否加于不同的基本结构？

9-15 利用对称性简化力法计算时能否采用半边结构？

9-16 在力法计算中，什么情况下可用刚度的相对值？为什么？

9-17 如图所示的结构，若用力法计算，试问：

（1）超静定次数为多少？

（2）如何选择基本结构？

（3）若去掉A铰得基本结构时，则未知力如何表示？

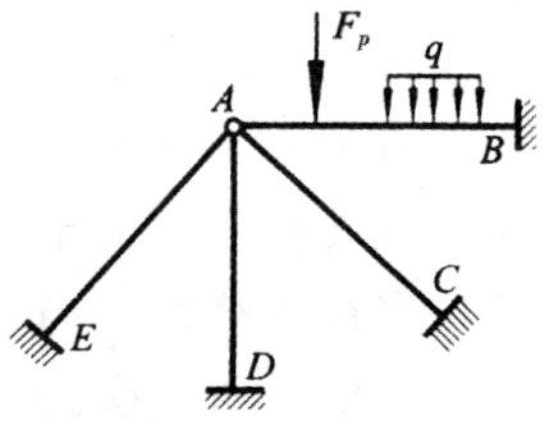

思考题9-17图

9-18 非弹性体系的超静定结构能否用力法求解？

9-19 如何计算非弹性材料的静定结构在荷载作用下的位移？

9-20 如何计算超静定结构的位移？为什么虚拟单位力可以加在任一基本结构上？可以加在原结构上吗？

9-21 试分别从不同结构类型（如梁、刚架、桁架等）的角度和不同外因作用（如荷载作用、温度变化等）的角度比较力法计算的异同。

9-22 支座位移产生的内力如何校核？

9-23 温度变化引起的内力如何校核？

9-24 用变形条件校核超静定结构内力计算结果时应注意什么？

9-25 位移法的基本结构在荷载作用下，杆件的杆端有可能产生角位移与线位移吗？

9-26　试问位移法中，计算附加约束反力时，什么情况下利用力矩平衡条件？什么情况下利用力的投影平衡条件？

9-27　用位移法求解具有多个未知量的超静定刚架时，如何综合考虑平衡条件与变形条件，这两方面条件是怎样得到满足的？

9-28　位移法典型方程右端是否恒等于零？如果不是，什么情况下不等于零？

9-29　力矩分配法的基本运算是什么？物理意义如何？

9-30　什么是分配系数？与转动刚度有什么关系？

9-31　用力矩分配法计算超静定结构时，为什么先要固定所有的刚结点使其不能转动？在放松时，为什么每次只能放松一个结点？能否同时放松两个结点？

9-32　用力矩分配法计算超静定结构时，为什么计算过程是收敛的？

9-33　当无结点线位移的刚架由于某种原因发生支座位移时，如何用力矩分配法计算它的内力？

9-34　当连续梁由于温度变化产生内力时，如何用力矩分配法计算它的杆端弯矩？

9-35　试比较力矩分配法与位移法的异同。

9-36　为什么力矩分配法不能用于有结点线位移的刚架？

9-37　什么是无剪力分配法？它适合于计算什么样的结构？

9-38　无剪力分配法能否应用于多跨刚架？

□ 习题

9-1　确定下列结构的超静定次数并选取力法的基本结构。

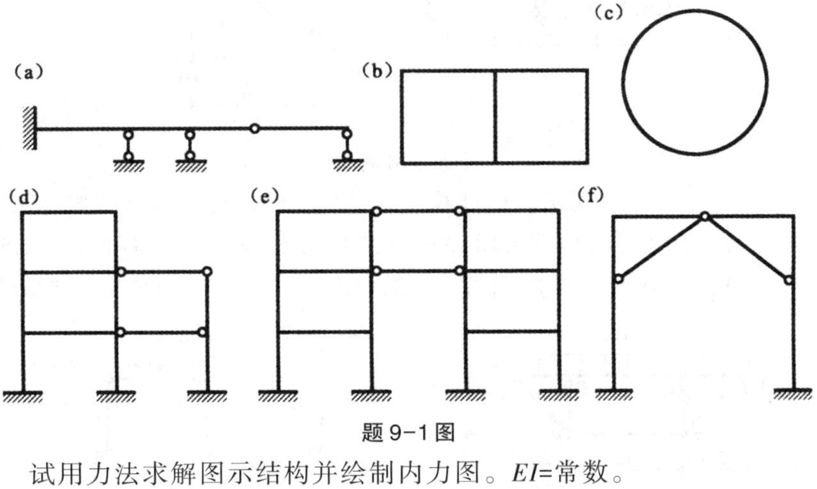

题 9-1 图

9-2　试用力法求解图示结构并绘制内力图。EI=常数。

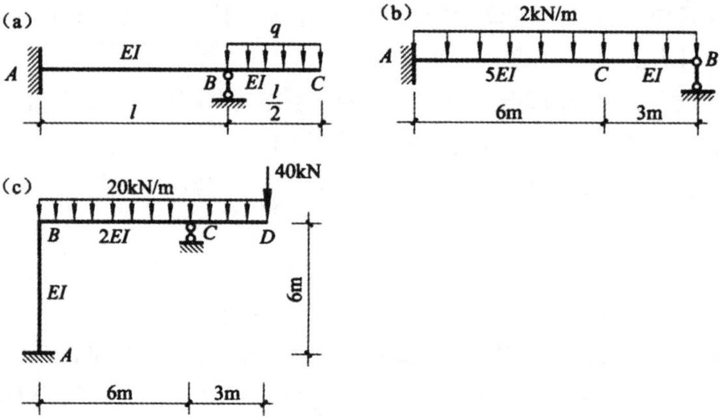

题 9-2 图

9-3 利用对称性计算图示结构，并绘制最终弯矩图。

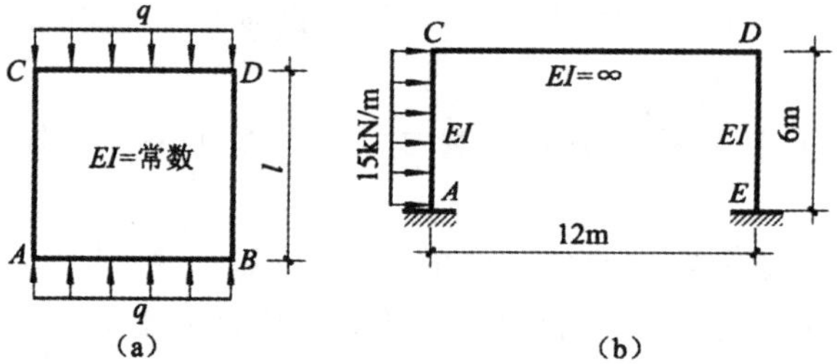

题 9-3 图

9-4 图示桁架各杆的 EA 均相同，试求各杆内力。

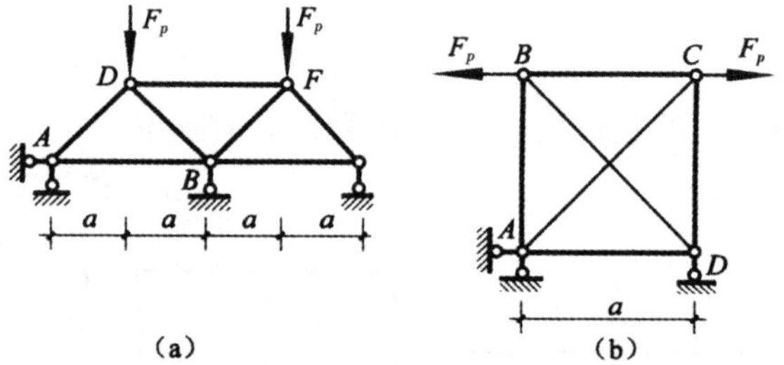

题 9-4 图

9-5 （1）如（a）图所示，试计算组合结构，绘出受弯构件的弯矩图并求轴向受力的杆件轴力。已知受弯构件 AB 的 $EI=1\times10^4\text{kN/m}^2$，轴向受力杆件 $EA=1.5\times10^5\text{kN}$。

（2）如（b）图所示为一不等高两跨排架，$EI_1:EI_2=4:3$。试作出该排架的弯矩图。

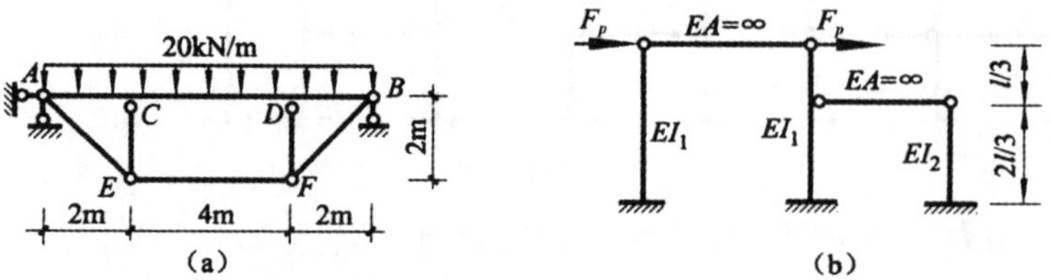

题 9-5 图

9-6　试求图示两铰拱中的拉杆AB的内力表达式（计算位移时，拱身只考虑弯矩的影响），设EI为常数，$E_1/E=n$；拱轴线方程为$y=4fx\ (l-x)\ /l^2$。

9-7　图示刚架，支座A竖直下沉Δ，设各杆EI=常数，绘制最后弯矩图。

9-8　结构的温度变化如图所示，已知杆件截面对称于形心轴，截面高度$h=l/10$，线膨胀系数为α，EI=常数，绘制最后弯矩图。

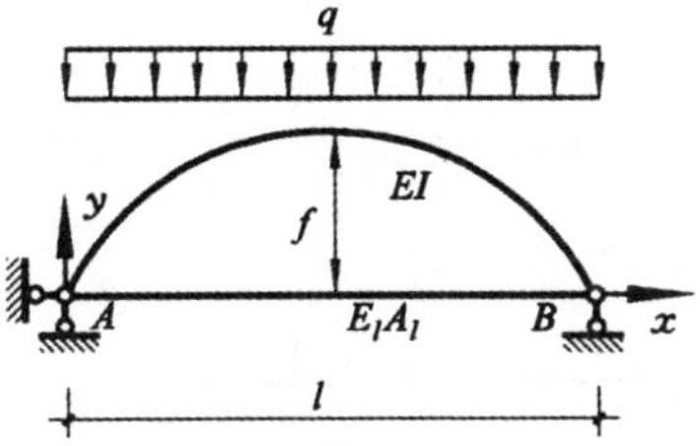

题 9-6 图

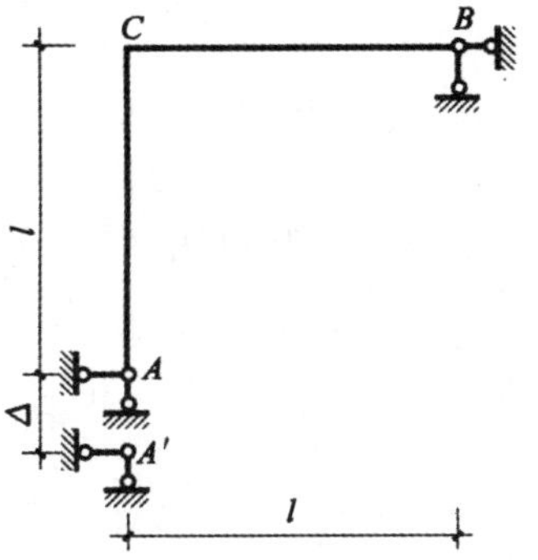

题 9-7 图

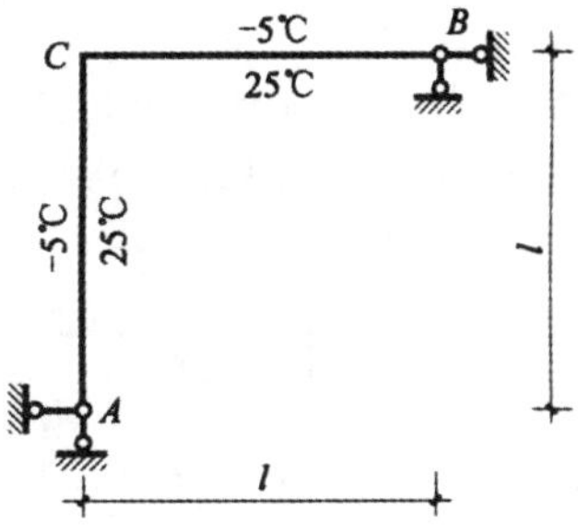

题 9-8 图

9-9　试确定用位移法计算下列结构时的基本未知量。

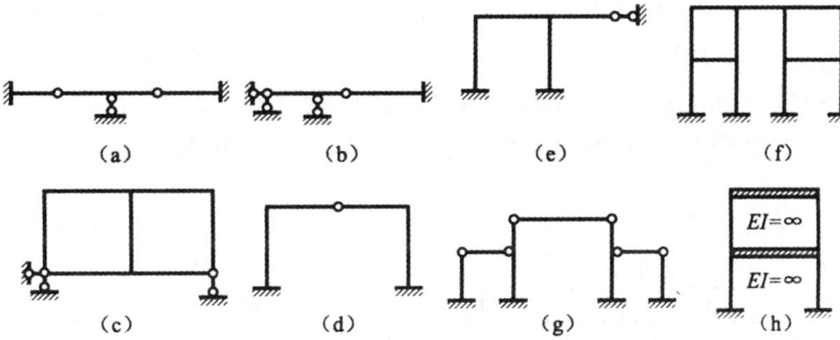

题 9-9 图

9-10　用位移法计算图示结构并作出M，F_Q，F_N图。

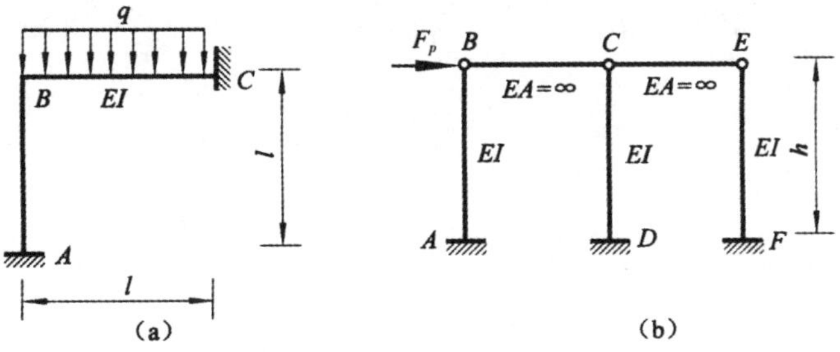

题 9-10 图

9-11　用位移法计算图示结构并作出M图。

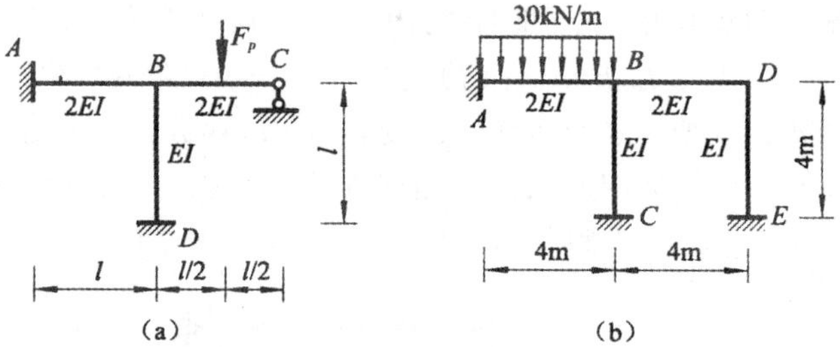

题 9-11 图

9-12　支座A下沉Δ，试作图示刚架的M图。

9-13　计算图示无侧移刚架，绘制M图。

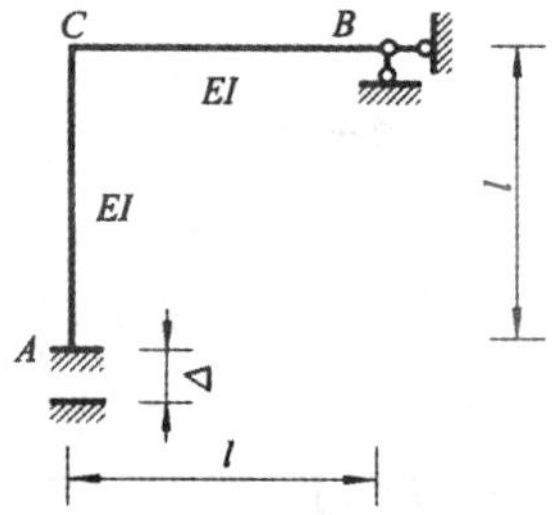

题 9-12 图

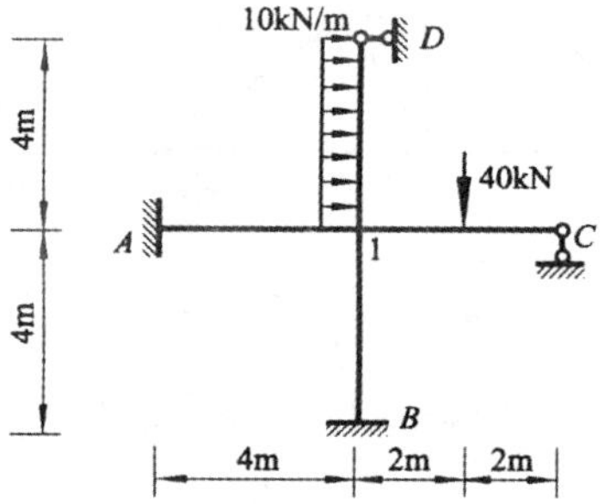

题 9-13 图

9-14　用力矩分配法计算图示连续梁的各杆端弯矩并绘制M图。

9-15　用力矩分配法求图示结构的杆端弯矩，绘制M图。

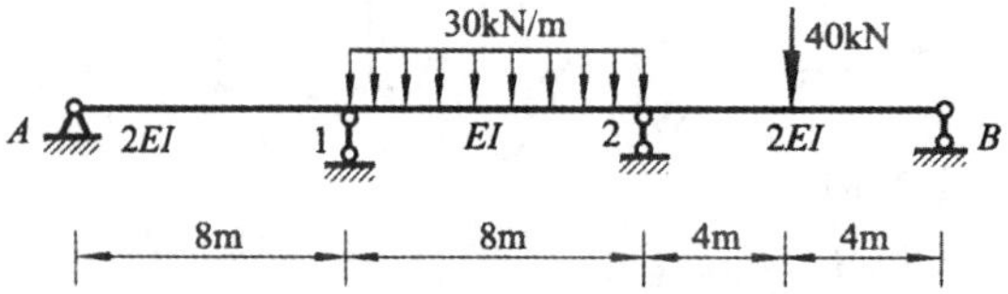

题 9-14 图

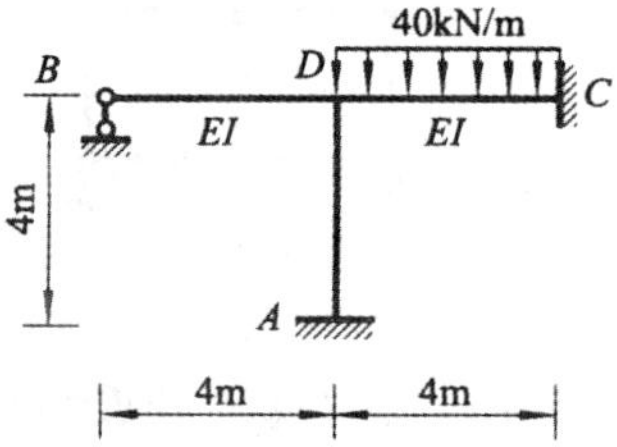

题 9-15 图

第十章

压杆稳定问题

□ 学习目标

理解工程中的压杆稳定问题，了解压杆稳定问题中临界荷载的计算，掌握保证压杆稳定的合理设计措施。

第一节　概述

一、工程中的稳定问题

本章仅讨论中心受压杆件的稳定问题。工程上经常遇到的中心受压杆（桁架中的压杆），中心受压杆件除必须满足强度条件外，主要需要考虑稳定问题，因为这类杆件往往会由于失稳而破坏。

中心受拉杆，荷载逐渐增大，直到杆件被拉断，杆件的轴线始终保持原有的直线形状。而细长的中心受压杆，在压力 F_p 远小于材料的抗压强度所确定的荷载时，杆就发生了弯曲，此时杆件已不能正常工作，严重时会引起整个结构物的倒塌。例如，1907 年北美的魁北克圣劳伦斯河上一座长 548m 的钢桥，在施工中突然倒塌，就是由于桁架中的一根压杆失稳所致，而不是因为强度不足。

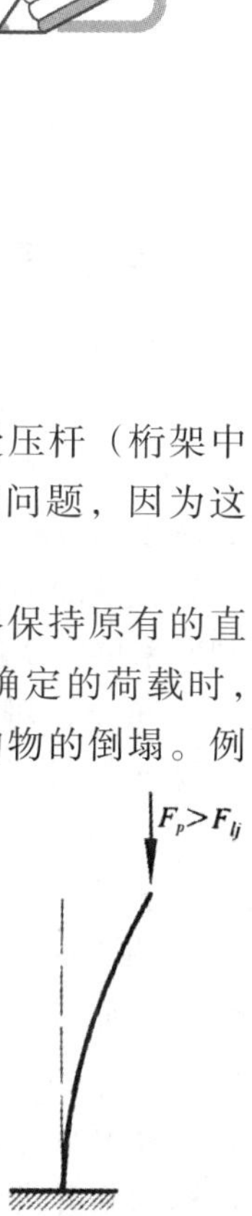

图 10–1

所谓失稳也就是本来直线状态的中心压杆，当荷载超过某一数值（此时杆件承受的荷载是远小于按抗压强度所确定的荷载）后，突然弯曲，改变了它原来的变形性质，即由压缩变形转化为压弯变形（图 10–1），因此出现压曲破坏。人们将细长压杆所发生的这种情形称为丧失稳定，或简称失稳，而把这一类性质的问题称为稳定问题。

除中心压杆会出现稳定问题外，其他一些构件也会出现类似的稳定问题。例如，狭长矩形截面梁的侧向整体失稳、薄板的失稳、薄壁圆柱筒壳的失稳和拱的失稳问题。如图10-2所示。

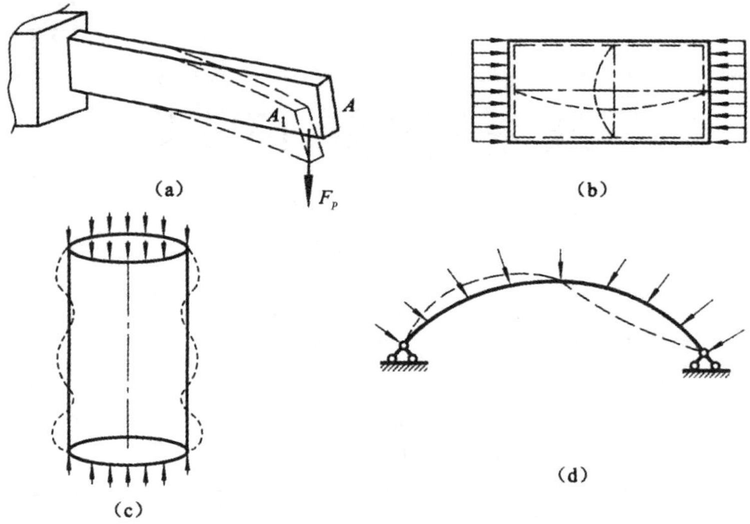

图10-2

本章主要讨论细长中心受压杆的稳定计算，这类稳定问题通常称为压杆稳定。

二、压杆的稳定平衡与不稳定平衡

图10-3（a）表示将一小球放在凹面的最低位置A处于平衡状态的情形。这时如果将小球轻轻推动一下，小球将由于本身重量的作用，在点A附近来回滚动，最后停留在原来位置A，小球在位置A的平衡是稳定的，即称为稳定平衡。图10-3（b）则表示将小球放在凸面上的B点，如果无干扰力，小球在最高点B也能平衡，但如果将小球轻微推动一下，小球将沿坡面滚下去，到另一位置C，然后静止平衡，再也不能回到原来位置B上，这种小球在原来位置B的平衡是不稳定的，称为不稳定平衡。

同样，对弹性压杆也有稳定平衡与不稳定平衡的问题。例如，细长的理想中心受压杆件，两端铰支且作用压力F_p，并使杆在微小横向干扰力作用下弯曲。图10-4（a）中，当F_p较小时，撤去横向干扰力以后，杆件便来回摆动最后恢复到原来的直线形状的平衡。所以，在较小的压力F_p作用时，杆件原有的直线形状的平衡是稳定的。如果增大F_p力，直到一定值F_{lj}时，压杆只要受到一微小的横向干扰力，即使将干扰力立即去除，也不能回复到原来的直线平衡状态，而变为曲线形状的平衡，如图10-4（b）所示。如果再增大压力F_p，则杆件继续弯曲以致最后折断，这时压杆原来的直线形状的平衡是不稳定的。从稳定平衡过渡到不稳定平衡的外力F_{lj}称为临界力。杆件上作用的外力超过临界力，杆件将发生失稳现象。工程上要求压杆在外力作用下始终保持其原有的直线形状的平衡，否则将会导致建筑物的倒塌。

以上所述是限于理想的中心压杆的情况，实际上，压杆上的荷载不可能绝对地

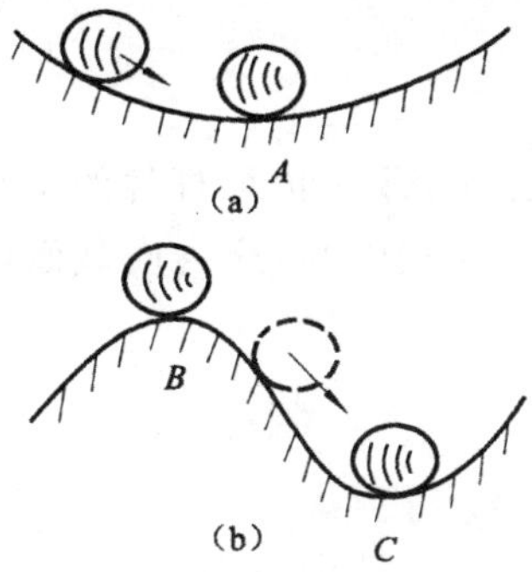

图 10-3

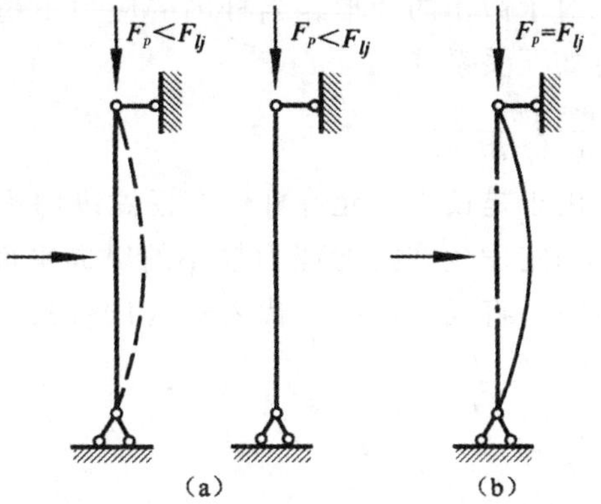

图 10-4

作用在杆的轴线上，而有初始偏心存在，同时杆件的材料不可能绝对均匀，并且制造上的误差也会存在初曲率，所以实际构件往往发生压弯现象，而不存在单纯的中心压杆的稳定。也就是说，实际压杆所能承受的最大压力必小于理想中心压杆的临界力 F_{lj}，所以临界力只能视作实际压杆承载能力的上限。这样在按临界力 F_{lj} 来计算压杆的许用压应力时，必须具体分析实际压杆与理想中心受压杆的差异，从而选择适当的附加安全系数。

第二节　压杆稳定的临界荷载

一、细长中心压杆的临界荷载计算公式

由前面的分析可知，只有当压力 F_p 达到临界荷载 F_{lj}（即 $F_p=F_{lj}$）时，压杆才由直线平衡过渡到曲线平衡状态，并且只有在这时才保持微弯的平衡状态。因此，使压杆在微弯状态保持平衡的最小轴向压力，即为压杆的临界荷载。

现在设细长压杆的两端为铰支（球铰），轴线为直线，压力 F_p 与轴线重合，选取坐标系如图 10-5 所示，距原点为 x 的任意截面的挠度为 y，弯矩 M 的绝对值为 F_py。若只取压力 F_p 的绝对值，则 y 为正时，M 为负；y 为负时，M 为正。即 M 与 y 的符号相反，所以此截面的弯矩为

$$M(x)=-F_py(x) \tag{10-1}$$

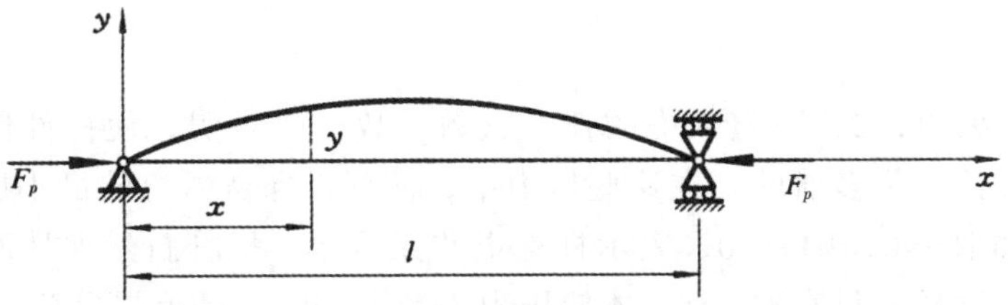

图 10-5

对于微小的变形，当杆内的应力不超过材料的比例极限时，压杆的挠曲线方程满足如下关系

$$\frac{d^2y}{dx^2}=\frac{M(x)}{EI} \qquad (10-2)$$

由于是铰支，允许杆件在任意纵向平面内发生弯曲变形，因而杆件的微小弯曲变形一定发生在抗弯能力最小的纵向平面内。所以，上式中的I应为横截面最小的惯性矩。将式（10-1）代入式（10-2），有

$$\frac{d^2y}{dx^2}=\frac{F_p y(x)}{EI} \qquad (10-3)$$

设

$$k^2=\frac{F_p}{EI} \qquad (10-4)$$

于是式（10-3）可写成

$$\frac{d^2y}{dx^2}+k^2y=0 \qquad (10-5)$$

式（10-5）微分方程的通解为

$$y = A\sin kx + B\cos kx \qquad (10-6)$$

式中，A，B——积分常数。

根据杆件的边界条件来确定积分常数A和B如下：

$x=0$时，$y=0$

$x=l$时，$y=0$

由此求得

$$B=0，A\sin kl=0 \qquad (10-7)$$

式（10-7）表明，B等于零。且A或者$\sin kl$等于零。由于B已经等于零，如果A再等于零，则由式（10-6）可知$y=0$，这表示杆件轴线任意点的挠度皆为零，它仍然是直线。当A，B皆为零时，不符合杆件失稳发生了微弯的实际情况。因此，式（10-7）中的A不能等于零，只能是

$$\sin kl=0$$

由上式得，kl是数列0，π，2π，3π，…中的任一个数。或者写成

$$kl=n\pi \quad (n=0，1，2，\cdots)$$

由上式求得

$$k=\frac{n\pi}{l} \qquad (10-8)$$

将式（10-8）代入式（10-4），解得F_p为

$$F_p=\frac{n^2\pi^2EI}{l^2}$$

因为n是0，1，2，…整数中的任一整数。故上式表明，使杆件保持为曲线平衡的压力，理论上是多值的。在这些压力中，使杆件保持微弯的最小压力，才是临界荷载F_{lj}。如取$n=0$，则$F_p=0$，表示杆件上并无压力，压杆自然保持原来的平衡状态而不失稳。这样，只有取$n=1$，才使压力为最小值。于是得临界荷载F_{lj}为

$$F_{lj}=\frac{\pi^2 EI}{l^2} \tag{10-9}$$

这就是两端铰支细长压杆的临界荷载计算公式，也称为两端铰支压杆的欧拉公式。两端铰支的细长压杆是实际工程中最常见的情况。例如桁架结构中的受压杆，一般可以简化成两端铰支压杆。

注意，如式（10-1）所示，导出欧拉公式时，是利用变形以后的位置计算弯矩的。

【例10-1】两端铰支中心压杆是钢制空心圆管，外径和内径分别为12mm和10mm，杆长383mm，钢材的E=210GPa。试计算压杆的临界荷载。

【解】压杆的横截面惯性矩为

$$I=\frac{\pi}{64}(D^4-d^4)=\frac{\pi}{64}(0.012^4-0.01^4)=0.0526\times10^{-8}\text{m}^4$$

由欧拉公式算出压杆的临界荷载为

$$F_{lj}=\frac{\pi^2 EI}{l^2}=\frac{\pi^2\times(210\times10^9)\times(0.0526\times10^{-8})}{0.383^2}=7\,432\text{N}$$

二、不同杆端约束下的细长压杆的临界荷载计算公式

在工程实际中，除上述两端铰支的压杆之外，还存在其他支承方式的压杆，例如一端自由另一端固定的压杆（例如千斤顶的螺杆，如图10-6所示）、一端铰支另一端固定的压杆、两端均固定的压杆等。在这里主要介绍上述几种支承形式的临界荷载计算公式。

对于不同杆端支承的细长压杆的临界荷载可按上述方法确定，也可以利用比较简便的方法求出。

杆件以微弯的形状保持平衡（如图10-7所示）。现把变形曲线延伸一倍，如图中假想线所示。比较图10-7和图10-5，可见一端固定另一端自由且长为l的压杆的挠曲线，与两端铰支长度为$2l$的压杆的挠曲线的上半部分相同。所以，对于一端固定另一端自由且长为l的压杆，其临界荷载等于两端铰支长为$2l$的压杆的临界荷载，即

$$F_{lj}=\frac{\pi^2 EI}{(2l)^2}$$

同理，可以得到其他约束类型下的细长压杆（如图10-8、图10-9所示）临界荷载的欧拉公式。

各种不同约束类型的细长压杆的欧拉公式中只是将长度作了一个折算，因此，欧拉公式可以写成

$$F_{lj}=\frac{\pi^2 EI}{(\mu l)^2} \tag{10-10}$$

式（10-10）是欧拉公式的一般形式。式中的μl表示把压杆折算成两端铰支杆的长度，称为相当长度或有效长度，μ称为长度因数。现将几种常见的细长压杆的长度因数μ列表如下，见表10-1。

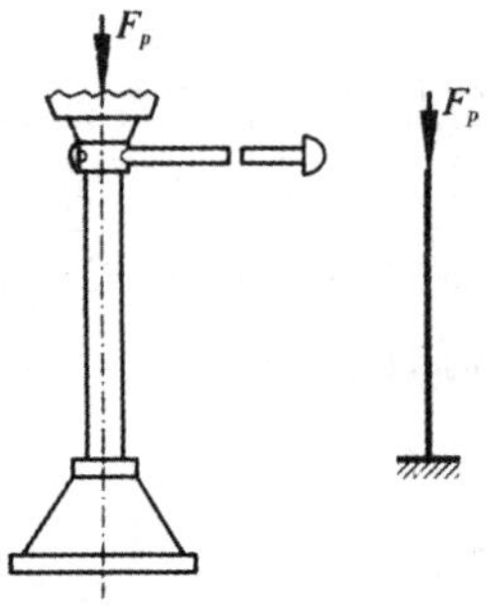

图 10-6

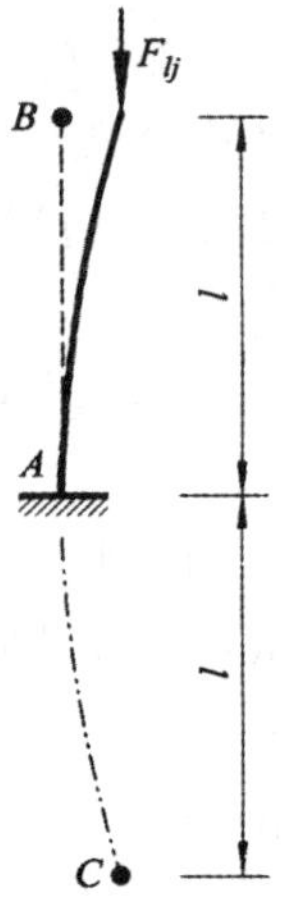

图 10-7

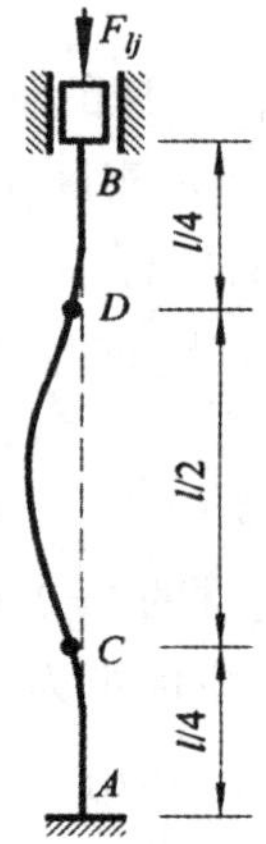

图 10-8

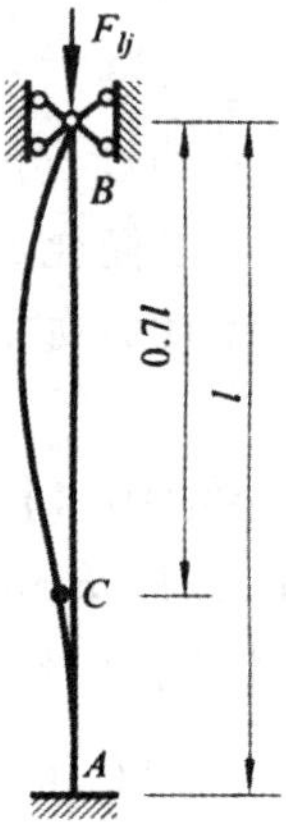

图 10-9

表 10-1　　几种常见细长压杆的长度因数 μ

压杆的约束条件	长度因数
两端铰支	μ=1
一端固定，另一端自由	μ=2
两端固定	μ=0.5
一端固定，另一端铰支	$\mu\approx$0.7

以上只是几种典型的情形，实际问题中压杆的支座还可能有其他情况。例如杆端与其他弹性构件固定的压杆，由于弹性构件也将发生变形，所以压杆的端截面就是介于固定支座和铰支座之间的弹性支座。此外，压杆上的荷载也有多种形式。例如压力可能沿轴线分布而不是集中于杆端。又如在弹性介质中的压杆，还将受到介质的阻抗力。上述各种情况，也可用不同的长度因数 μ 来反映。这些因数的值可从有关的设计手册或规范中查到。在此不再赘述。

第三节　压杆的临界应力与临界应力总图

前面导出的欧拉公式，是在线弹性条件下建立的，本节讨论一下该公式的适用范围以及压杆的非弹性稳定问题。

一、压杆的临界应力与柔度

压杆处于临界状态时横截面上的平均应力，称为压杆的临界压应力，并用 σ_{li} 表示。由于临界状态时作用在压杆上的压力为临界荷载，则临界应力的计算公式为

$$\sigma_{li}=\frac{F_{lj}}{A}=\frac{\pi^2 EI}{(\mu l)^2 A} \tag{10-11}$$

上式中的比值$\frac{I}{A}$仅与截面的形状及尺寸有关，通常用i^2表示，即

$$i^2=\frac{I}{A}$$

i也是几何性质之一，称作惯性半径（参见附录I第二节）。这样式（10-11）可写成

$$\sigma_{lj}=\frac{\pi^2 E}{\left(\frac{\mu l}{i}\right)^2} \tag{10-12}$$

令

$$\lambda=\frac{\mu l}{i} \tag{10-13}$$

λ是一个无量纲的量，称为柔度或长细比。它集中地反映了压杆的长度、约束条件、截面尺寸和形状等因素对临界应力σ_{lj}的影响。计算临界应力的公式（10-12）可以写成

$$\sigma_{lj}=\frac{\pi^2 E}{\lambda^2} \tag{10-14}$$

二、欧拉公式的适用范围与大柔度杆

式（10-14）是欧拉公式（10-10）的另一种表达形式，两者并无实质性的差别。欧拉公式是由弯曲变形的微分方程$\frac{d^2y}{dx^2}=\frac{M}{EI}$导出的，材料服从胡克定律是上述微分方程的基础，所以，只有临界应力小于比例极限σ_p时，公式（10-10）或公式（10-14）才是正确的。由此得

$$\frac{\pi^2 E}{\lambda^2}\leqslant\sigma_p \text{ 或 } \lambda\geqslant\sqrt{\frac{\pi^2 E}{\sigma_p}} \tag{10-15}$$

式（10-15）表明，只有当压杆的柔度λ大于或等于极限值$\sqrt{\frac{\pi^2 E}{\sigma_p}}$时，欧拉公式才是正确的。用$\lambda_p$代表这一极限值，即

$$\lambda_p=\sqrt{\frac{\pi^2 E}{\sigma_p}} \tag{10-16}$$

条件式（10-15）可以写成

$$\lambda\geqslant\lambda_p \tag{10-17}$$

这就是欧拉公式（10-10）或公式（10-14）的适用范围。满足此条件的杆件，就是我们前面说的细长杆，也称作大柔度杆。

公式（10-16）表明，λ_p与材料的性质有关，材料不同λ_p的数值也就不同。以Q235钢为例，E=206GPa，σ_p=200MPa，于是

$$\lambda_p=\sqrt{\frac{\pi^2\times(206\times10^9)}{200\times10^6}}\approx100$$

所以，用Q235钢制成的压杆，只有当$\lambda\geqslant100$时，才可以使用欧拉公式。

三、经验公式与中、小柔度杆

若压杆的柔度λ小于λ_p，则临界应力σ_{lj}大于材料的比例极限σ_p，这时欧拉公式已不能使用，属于超过比例极限的压杆稳定问题。对超过比例极限后压杆失稳问题，有相应的理论分析的结果。但工程中对这类压杆的计算，一般采用以试验结果为依据的经验公式。这里我们只介绍经常使用的经验公式——直线公式。

直线公式中把临界应力σ_{lj}与柔度λ表示为以下的直线关系：

$$\sigma_{lj}=a-b\lambda \tag{10-18}$$

式中a与b是与材料性质有关的常数。例如对Q235钢制成的压杆，a=304MPa，b=1.12MPa。各类材料a与b的数值可参考有关规范或设计手册。

柔度很小的短柱，如压缩试验用的金属短柱或水泥块，受压时不可能像大柔度杆那样出现弯曲变形，主要因应力达到屈服极限（塑性材料）或强度极限（脆性材料）而失效，这属于强度问题。所以，对塑性材料，按公式（10-18）算出的应力最高只能等于屈服极限R_{eL}，若相应的柔度为λ_s，则

$$\lambda_s=\frac{a-R_{eL}}{b} \tag{10-19}$$

这是用直线公式的最小柔度。如$\lambda<\lambda_s$，就应按压缩的强度计算，要求满足

$$\sigma_{lj}=\frac{F}{A}\leqslant R_{eL} \tag{10-20}$$

对于脆性材料，只需要把以上各式中的R_{eL}改成R_m即可。

对于压杆的应力要是超过屈服极限R_{eL}时，这类问题已不属于稳定问题。所以当$\lambda<\lambda_s$时，压杆称作小柔度杆；介于大柔度杆和小柔度杆之间的压杆称作中柔度杆（即$\lambda_p>\lambda\geqslant\lambda_s$的柔度杆件）。

四、临界应力总图

为了便于比较和记忆，通常将各类压杆的临界应力绘制成以σ_{lj}为纵坐标、λ为横坐标的坐标系内的曲线，这样的曲线称作临界应力总图，如图10-10所示。

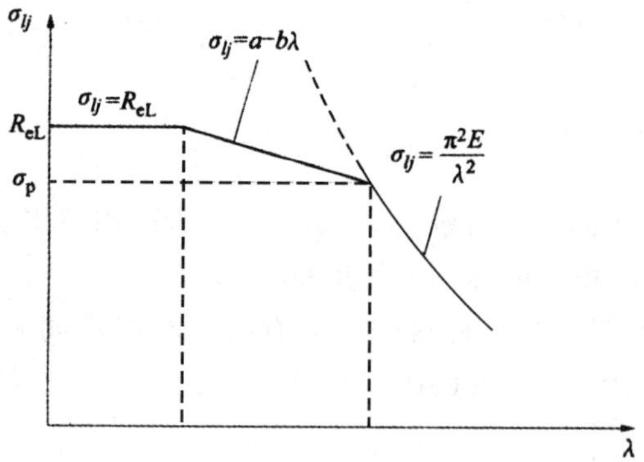

图10-10

第四节　稳定条件与合理设计

一、稳定条件

对于各类柔度的压杆，总可用相应的临界应力计算公式求出其临界应力，乘以相应的面积便为临界荷载F_{lj}。临界荷载F_{lj}与工作压力F_p之间的比值即为工作安全系n，它应该大于规定的安全系数n_{st}，故有

$$n=\frac{F_{lj}}{F_p}\geqslant n_{st} \tag{10-21}$$

稳定安全系数n_{st}一般要高于强度安全系数，这是因为一些难以避免的因素的存在，比如杆件的初弯曲、压力初偏心、材料的不均匀和支座的缺陷等，都严重地影响压杆的稳定，降低了临界压力。而同样这些因素，对于杆件的强度的影响就不像对稳定那么严重。关于稳定安全系数n_{st}，一般可以在设计手册或规范中查到。

【例 10-2】某压杆由 45 号钢制成，R_{eL}=350MPa，σ_p=280MPa，E=210GPa。长度l=703mm，直径d=45mm。最大压力F_{pmax}=41.6kN。规定的安全系数为n_{st}=8~10。试校核其稳定性。

【解】（1）确定压杆类型

由公式（10-16）求出

$$\lambda_p=\sqrt{\frac{\pi^2 E}{\sigma_p}}=\sqrt{\frac{\pi^2\times 210\times 10^9}{280\times 10^6}}=86$$

活塞杆可简化为两端铰支压杆，μ=1。截面为圆形，$i=\sqrt{\frac{I}{A}}=\frac{d}{4}$。柔度为

$$\lambda=\frac{\mu l}{i}=62.5$$

$$\lambda<\lambda_p$$

所以不能用欧拉公式计算临界应力。由公式（10-19），

$$\lambda_s=\frac{a-R_{eL}}{b}=\frac{461-350}{2.568}=43.2$$

可见压杆的柔度λ介于λ_s和λ_p之间，属于中柔度杆。

（2）计算临界荷载并校核

用直线公式计算临界应力

$$\sigma_{lj}=a-b\lambda=461-2.568\times 62.5=301\text{MPa}$$

临界荷载是

$$F_{lj}=\sigma_{lj}A=\frac{\pi}{4}\times 45\times 301=478\text{kN}$$

活塞的工作安全系数为

$$n=\frac{F_{lj}}{F_{\max}}=\frac{478}{41.6}=11.5>n_{st}$$

（3）结论

压杆满足稳定要求。

二、压杆的合理设计

1.选择合理的截面形状

由欧拉公式得知，截面的惯性矩I越大，临界荷载F_{lj}越大。由经验公式得知，柔度λ越小，临界应力越高。由于$\lambda=\frac{\mu l}{i}$，所以，提高惯性半径i的数值就能减小λ的数值。因此，如不增加截面面积，则尽可能地把材料放在离截面形心较远处，以取得较大的I和i，达到提高临界荷载的目的。例如，空心环形截面就比实心圆截面合理。同理，由四根角钢组成的压杆，其四根角钢易分散放置在截面的四角，不易集中地放置在截面的形心附近

2.改变压杆的约束条件

不同约束类型的压杆，其计算临界应力和临界荷载的欧拉公式中μ的取值是不同的。如条件允许，应该采用μ值较小的约束类型。由$\lambda=\frac{\mu l}{i}$得知，计算λ时，使用的l是两支座之间的距离、若增加支座，可以减小l的数值，也就是减小了λ的数值，相应的临界应力和临界荷载就提高了。

3.合理选择材料

细长压杆的欧拉公式中，临界荷载或临界应力只与材料的E有关，各类钢材的弹性模量E大致相等，所以选用优质钢材或低碳钢并无很大差别。对于中柔度杆，无论是经验公式或理论分析，都说明临界应力与材料的强度有关。优质钢材在一定程度上可以提高临界应力的数值。至于小柔度杆，本来就属于强度问题，优质钢材的强度高，其优越性是明显的。

第五节　小结

所谓失稳也就是本来直线状态的中心压杆，当荷载超过某一数值（此时杆件承受的荷载是远小于按抗压强度所确定的荷载）后，突然弯曲，改变了它原来的变形性质，即由压缩变形转化为压弯变形，因此出现压曲破坏。人们将细长压杆所发生的这种情形称为丧失稳定，或简称失稳，而把这一类性质的问题称为稳定问题。

使压杆在微弯状态保持平衡的最小轴向压力，即为压杆的临界荷载。

压杆的合理设计：选择合理的截面形状、改变压杆的约束条件、合理选择材料。

□ 关键概念

稳定　稳定平衡　不稳定平衡　临界荷载　长度因数　柔度　工作安全系数

□ 复习思考题

10-1　什么是失稳？什么是稳定平衡与不稳定平衡？什么是临界荷载？临界状态的特征是什么？

10-2　两端铰支细长压杆的临界荷载计算公式是如何建立的？应用该公式的条件是什么？

10-3　什么是相当长度与长度因数？如何确定两端非铰支细长压杆的临界荷载？

10-4　什么是柔度？它们的量纲是什么？什么是临界应力？如何确定欧拉公式的适用范围？

10-5　如何区分大柔度杆与小柔度杆？它们的临界应力（或极限应力）各如何确定？如何绘制临界应力总图？

10-6　压杆的稳定条件是如何建立的？有几种形式？

10-7　如何进行压杆的合理设计？

□ 习题

10-1　图示各杆材料和截面均相同，问哪一根压杆能承受的压力最大，哪一根最小。

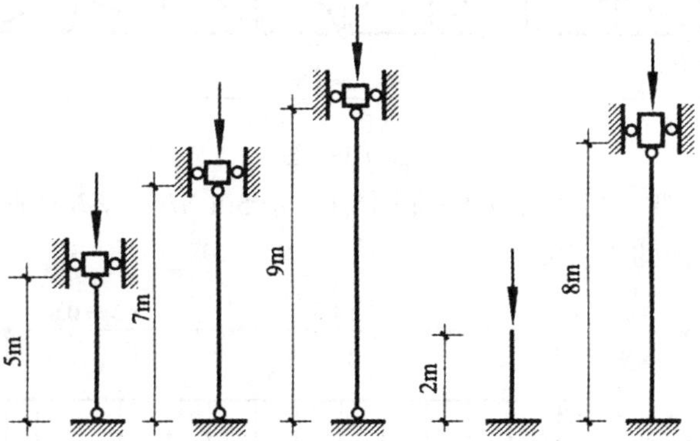

题 10-1 图

10-2　两端铰支的22a号工字型钢压杆（Q235钢），已知l=5m，试求此压杆的临界力。材料的弹性模量$E=2\times10^5$MPa。

10-3　图示矩形截面木压杆，已知l=4m，b=10cm，h=15cm，材料的弹性模量E=10GPa，λ_p=110。试求此压杆的临界力。

10-4　有一30mm×50mm的矩形截面压杆，两端为球形铰支。已知材料的弹性模量E=200GPa，比例极限σ_p=200MPa。试求可用欧拉公式计算临界力的最小长度。

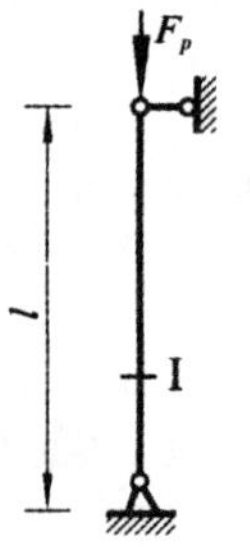

题 10-2 图

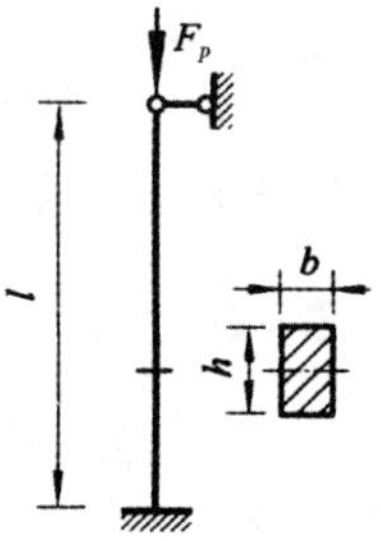

题 10-3 图

10-5 一根用 28b 工字钢（Q235）制成的立柱，上端自由，下端固定，柱长 l=2m，轴向压力 F_p=250kN，材料的强度设计值 f=215MPa，试校核立柱的稳定性。

10-6 三根圆截面压杆，直径均为 d=160mm，材料为 Q235 钢，E=200GPa，σ_s=240MPa。两段均为铰支，长度分别为 l_1，l_2 和 l_3，且 $l_1=2l_2=4l_3$=5m。试求各杆的临界荷载 F_{lj}。

10-7 三角形屋架的尺寸如图所示。F_p=9.7kN，斜腹杆 CD 按构造要求用最小截面尺寸 100mm×100mm 的正方形，材料为松木，其顺纹抗压许用应力［σ］=10MPa，若按两端铰支考虑，试校 CD 杆的稳定性。

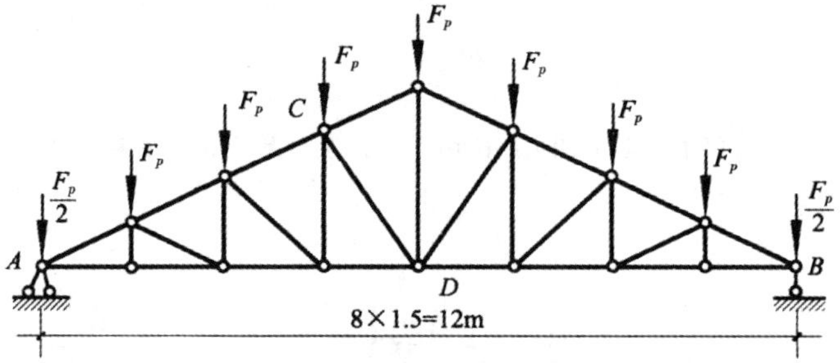

题 10-7 图

10-8 图示托架，其撑杆 AB 为圆木杆，q=50kN/m，AB 杆两端为柱形铰，［σ］=11MPa。试求 AB 杆的直径 d。

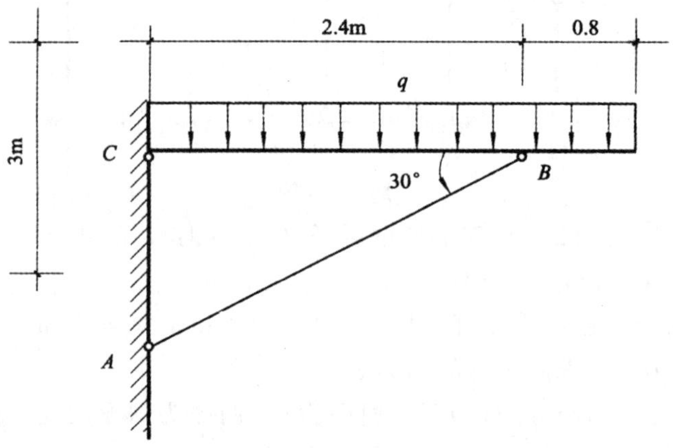

题 10-8 图

10-9　由A_3钢制成的一圆截面钢杆，长l=800mm，下端固定，上端自由，承受轴压力F_p=100kN，［σ］=170MPa，求杆的直径d。

10-10　千斤顶的最大承载压力为F_p=150kN，螺杆内径d=52mm，l=50cm。材料为钢Q235，E=200GPa，稳定安全系数规定为n_{st}=3。试校核其稳定性。

10-11　在图示铰支接杆结构ABC中，AB和BC皆为细长压杆，且截面相同，材料一样。若因在ABC平面内失稳而破坏，并规定$0<\alpha<\frac{\pi}{2}$，试确定F_p为最大值时的α角。

10-12　图示结构中，横梁AB由Ⅰ14制成，材料许用应力［σ］=160MPa，CD杆为Q235轧制钢管，设计强度值f=215MPa，d=26mm，D=36mm。试对结构作强度与稳定校核。

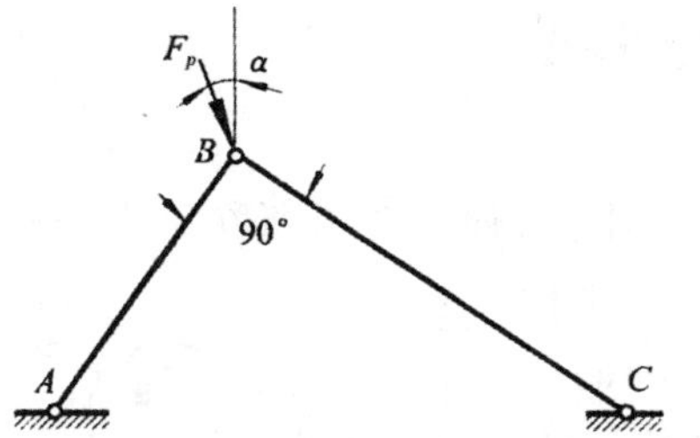

题10-11图

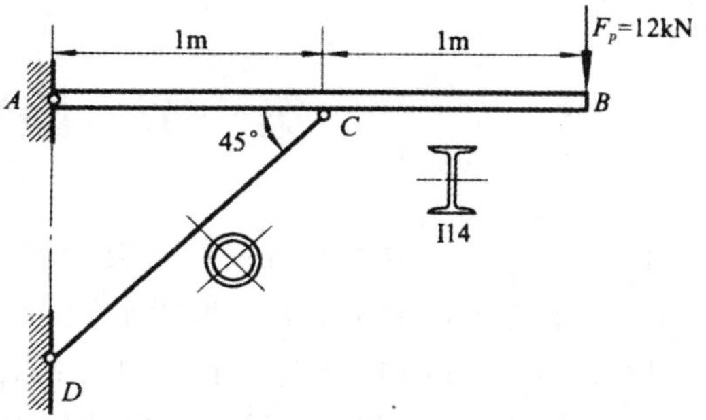

题10-12图

10-13　图示两端铰支格构式压杆，由四根Q235钢的70×70×6的角钢组成，按设计规范属b类截面。杆长l=5m，受轴向压力F_p=400kN，材料的强度设计值f=215MPa，试求压杆横截面的边长a值。

10-14　图示两端铰支薄壁轧制钢管柱，材料为Q235钢，设计强度值f=215MPa，F_p=160kN，l=3m。平均半径R=50mm。试求钢管壁厚t。

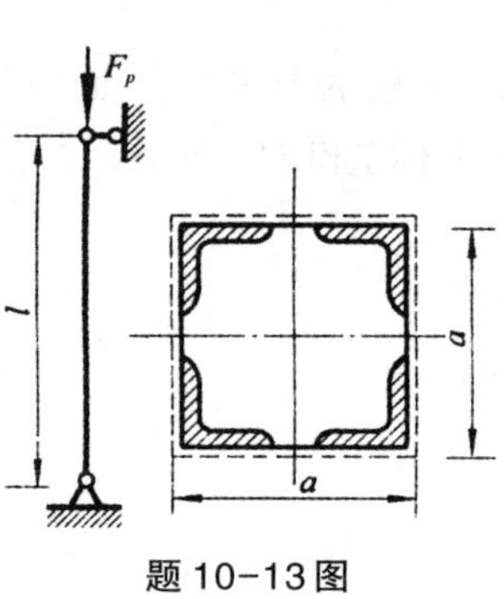

题10-13图

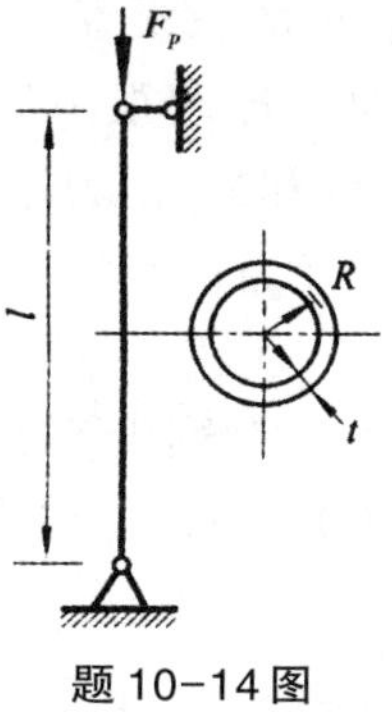

题10-14图

附录 I

平面图形的几何性质

第一节 静矩与形心

任意平面图形如图Ⅰ-1所示，其面积为A。y轴和z轴为图形所在平面内的坐标轴。在平面图形上A点处，取微面积dA，A点的坐标为y和z，定义ydA和zdA为微面积dA对z轴和y轴的静矩；而整个图形的面积A对z轴和y轴的静矩分别定义为

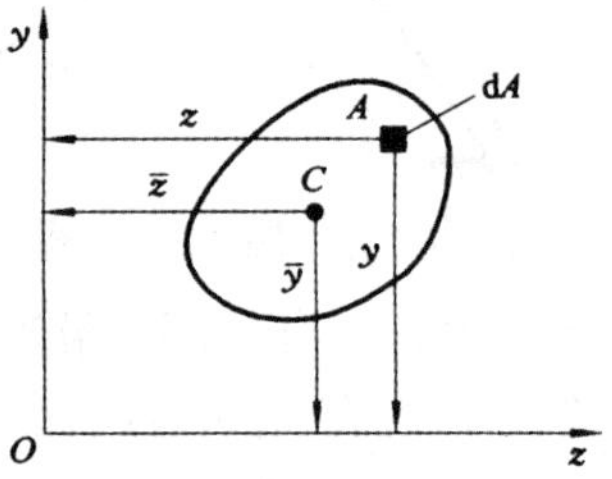

图Ⅰ-1

$$\left.\begin{aligned} S_z &= \int_A y\,\mathrm{d}A \\ S &= \int_A z\,\mathrm{d}A \end{aligned}\right\} \tag{Ⅰ-1}$$

上式也称作平面图形对z轴和y轴的一次矩或面积矩。

从公式（Ⅰ-1）可知，平面图形的静矩是对某一轴而言的，同一平面图形对不同的坐标轴，其静矩不相同。静矩的值可能为正，可能为负，也可能等于零。静矩的量纲是长度的三次方。

图Ⅰ-1是一厚度很小的均质薄板，则上述均质薄板的重心与平面图形的形心有相同的坐标$\bar{y}$和$\bar{z}$。由力矩定理可知，薄板重心的坐标$\bar{y}$和$\bar{z}$分别是

$$\bar{y}=\frac{\int_A y\,\mathrm{d}A}{A},\quad \bar{z}=\frac{\int_A z\,\mathrm{d}A}{A} \tag{Ⅰ-2}$$

这也是确定平面图形的形心坐标的公式。

利用式（Ⅰ-1），可将式（Ⅰ-2）改写成

$$\bar{y}=\frac{S_z}{A},\quad \bar{z}=\frac{S_y}{A} \tag{Ⅰ-3}$$

上式也可写成

$$S_z=A\bar{y},\quad S_y=A\bar{z} \tag{Ⅰ-4}$$

式（Ⅰ-4）表明，平面图形对y和z轴的静矩，分别等于图形的面积A乘以形心的坐标$\bar{z}$或$\bar{y}$。若静矩S_z=0，则$\bar{y}$=0；S_y=0，则$\bar{z}$=0。所以，若图形对某一轴的静矩等

于零，则该轴必然通过图形的形心；反之，若某一轴通过图形的形心，则图形对该轴的静矩必等于零。

【例Ⅰ-1】计算图示三角形对z轴的静矩。

【解】取平行于z轴的狭长条作微面积，因其上各点到z轴的距离y相同，而$dA=b_y dy$，由相似三角形关系，知$b_y=\frac{b}{h}(h-y)$。故

$$S_z=\int_A y dA=\int_0^h \frac{b}{h}(h-y)\,y dy=b\int_0^h y dy-\frac{b}{h}\int_0^h y^2 dy=\frac{bh^2}{6}$$

【例Ⅰ-2】求如图Ⅰ-2所示三角形图形的形心坐标$\bar{y}$。

若平面图形是由若干个简单图形，如矩形、圆形、三角形等组成时，称组合图形。求组合图形对某一轴的静矩时，由于简单图形的面积及形心坐标容易确定，从静矩的定义可知，平面图形各组成部分对于某一轴的静矩的代数和，就等于整个图形对同一轴的静矩。因此，先求出每一简单图形的静矩，然后求其代数和，即可得到整个图形对该轴的静矩。

$$S_z=\sum_{i=1}^{n}A_i\bar{y}_i,\quad S_y=\sum_{i=1}^{n}A_i\bar{z}_i \tag{Ⅰ-5}$$

式中，A_i——任一简单图形的面积；

$\bar{z}_i$，$\bar{y}_i$——分别代表任一简单图形的形心在zOy坐标系中的坐标；

n——组成此图形的简单图形的个数。

将上式代入式（Ⅰ-3），可得出组合图形形心坐标的计算式为

$$\bar{y}=\frac{\sum_{i=1}^{n}A_i\bar{y}_i}{\sum_{i=1}^{n}A_i},\quad \bar{z}=\frac{\sum_{i=1}^{n}A_i\bar{z}_i}{\sum_{i=1}^{n}A_i} \tag{Ⅰ-6}$$

【例Ⅰ-3】求如图Ⅰ-3所示平面图形的形心的坐标$\bar{y}$和$\bar{z}$。

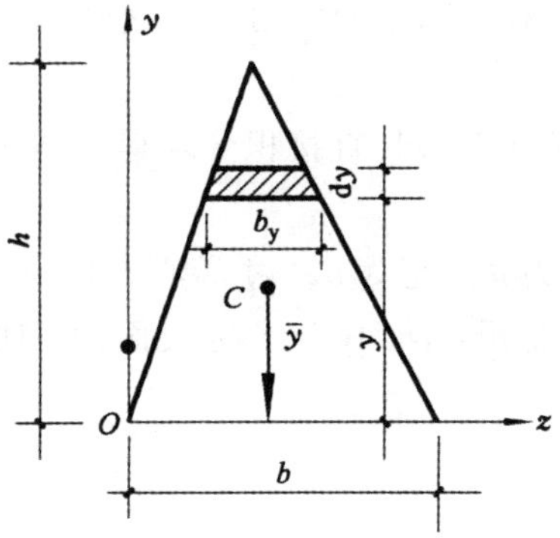

图Ⅰ-2

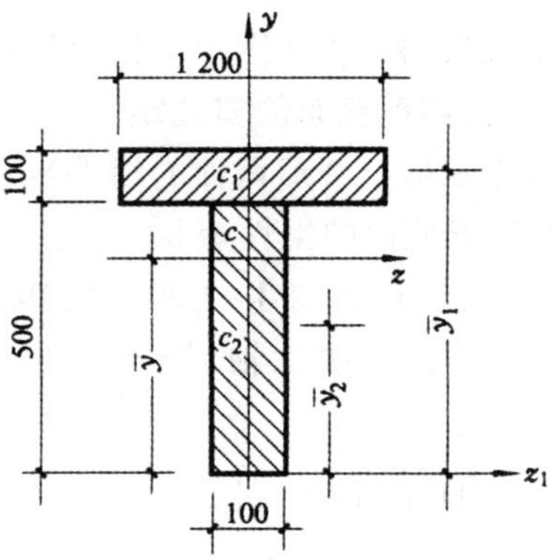

图Ⅰ-3

【解】取z_1为参考轴

$$\bar{y}=\frac{A_1\bar{y}_1+A_2\bar{y}_2}{A_1+A_2}=\frac{(100\times1\,200)\times550+(500\times100)\times250}{(100\times1\,200)+(500\times100)}=460\text{mm}$$

$$\bar{z}=0$$

第二节　惯性矩、惯性积和惯性半径

一、惯性矩

在任意平面图形中，取微面积 dA（图Ⅰ-4），微面积 dA 对 y 或 z 轴的二次矩 $z^2\mathrm{d}A$ 及 $y^2\mathrm{d}A$，分别定义为微面积对 y 轴和 z 轴的惯性矩，而整个平面图形对 y 轴和 z 轴的惯性矩可用下面两个积分式表示：

$$I_y=\int_A z^2\mathrm{d}A,\ I_z=\int_A y^2\mathrm{d}A \qquad (Ⅰ-7)$$

式中，I_y——平面图形对 y 轴的惯性矩；

I_z——平面图形对 z 轴的惯性矩。

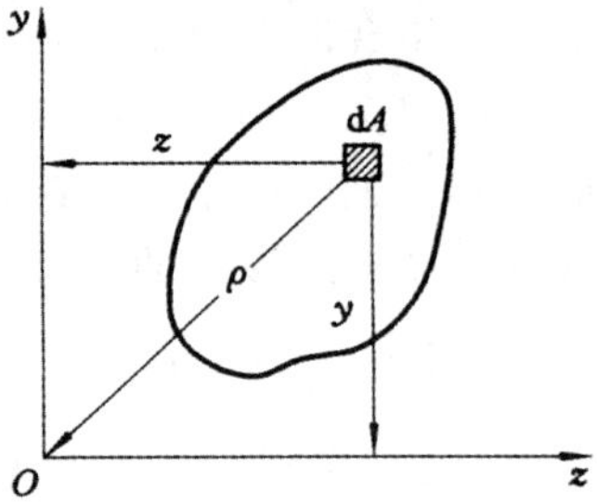

图Ⅰ-4

惯性矩又简称惯矩，惯矩是对某一轴而言，故又称轴惯矩。惯性矩是弯曲应力计算时必需的截面参量，它是重要的反映截面特性的几何量。

以直角坐标原点 O 为极点，设微面积 dA 到 O 点的距离为 ρ，则微面积 dA 对 O 点的二次矩为 $\rho^2\mathrm{d}A$，整个平面图形对 O 点的二次矩为

$$I_\rho=\int_A \rho^2\mathrm{d}A \qquad (Ⅰ-8)$$

式中，I_ρ——平面图形对极点 O 的极惯性矩，

从图Ⅰ-4知 $\rho^2=y^2+z^2$，所以

$$I_\rho=\int_A \rho^2\mathrm{d}A=\int_A (y^2+z^2)\mathrm{d}A=I_z+I_y \qquad (Ⅰ-9)$$

上式表明，平面图形的极惯性矩等于对同一对坐标轴的轴惯性矩之和。

（一）简单截面的惯性矩

对于矩形、圆形截面的惯性矩，可以利用式（Ⅰ-7）直接积分求得。

1.矩形截面的惯性矩

【解法一】如图Ⅰ-5所示的矩形截面，高为 h，宽为 b，过形心 C 作中性轴 z 和对称轴 y，距中性轴 y 远处，取一微条，其面积 $\mathrm{d}A=b\mathrm{d}y$，于是截面对 z 轴惯性矩为

$$I_z=\int_A y^2\mathrm{d}A=\int_{-h/2}^{h/2} y^2b\mathrm{d}y=\frac{bh^3}{12}$$

由式（7-59），得矩形截面的抗弯截面系数为

$$W_z=\frac{bh^2}{6}$$

【解法二】如图Ⅰ-6所示的矩形截面，取平行于 z 轴的狭长条为微面积 dA，$\mathrm{d}A=b\mathrm{d}y$，则

$$I_z=\int_A y^2\mathrm{d}A=\int_{-\frac{h}{2}}^{\frac{h}{2}} y^2b\mathrm{d}y=\frac{bh^3}{12}$$

同理，取平行于y轴的狭长条为微面积dA，dA=hdz，则

$$I_y=\int_A z^2\mathrm{d}A=\int_{-\frac{b}{2}}^{\frac{b}{2}} z^2h\mathrm{d}z=\frac{hb^3}{12}$$

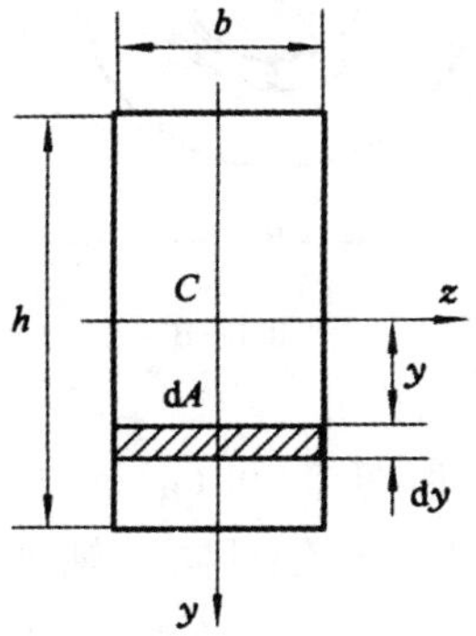

图Ⅰ-5

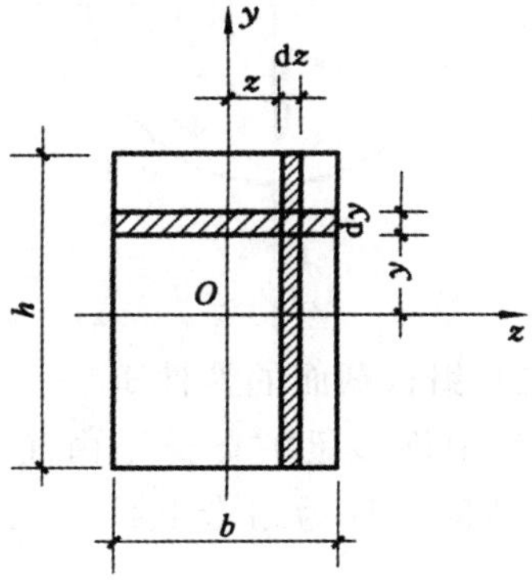

图Ⅰ-6

2.圆形截面的惯性矩

【解法一】如图Ⅰ-7所示的圆形截面，直径为d，过形心设立坐标轴z，y，根据公式（Ⅰ-9），则截面的极惯性矩为

$$I_\rho=\int_A \rho^2\mathrm{d}A=\int_A y^2\mathrm{d}A+\int_A z^2\mathrm{d}A=I_z+I_y$$

对于圆形截面，$I_z=I_y$

得到惯性矩为

$$I_z=\frac{I_\rho}{2}=\frac{\pi d^4}{64}$$

由式（7-59），得圆形截面的抗弯截面系数为

$$W_z=\frac{\pi d^3}{32}$$

【解法二】如图Ⅰ-8所示，在离圆心O距离为ρ处，取厚度为dρ的圆环为微面积dA，

$$\mathrm{d}A=2\pi\rho\mathrm{d}\rho$$

故

$$I_\rho=\int_A \rho^2\mathrm{d}A=\int_0^{\frac{d}{2}} \rho^2\left(2\pi\rho\mathrm{d}\rho\right)=\frac{\pi d^4}{32}$$

由于圆形对任意方向的直径轴都是对称的，故

$$I_y=I_z$$

利用公式（Ⅰ-9）$I_y+I_z=I_\rho$，并将$I_\rho=\dfrac{\pi d^4}{32}$代入，得

$$I_y=I_z=\frac{I_\rho}{2}=\frac{\pi d^4}{64}$$

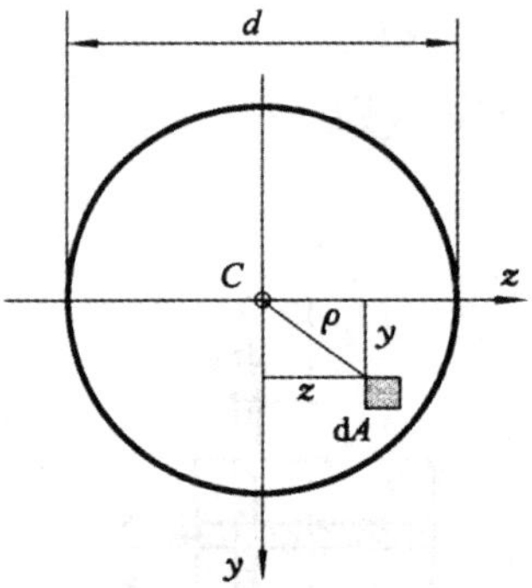

图Ⅰ-7

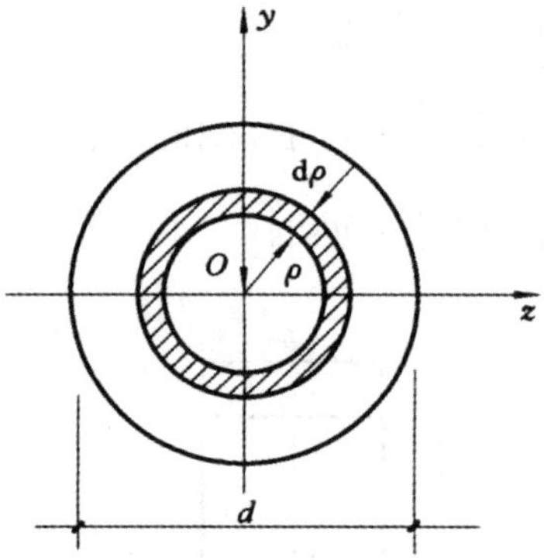

图Ⅰ-8

（二）组合截面的惯性矩

工程中许多梁的截面是由简单图形组合而成，如图Ⅰ-9（a）、（b）、（c）所示，这种截面称为组合截面，它的惯性矩等于各组成部分对同一轴惯性矩的代数和。

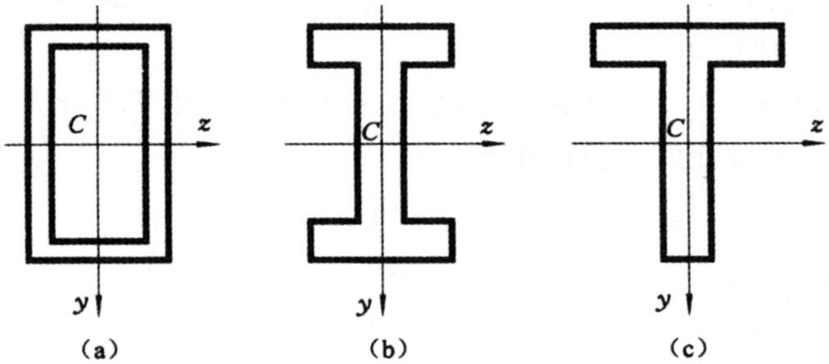

图Ⅰ-9

二、惯性积

$yz\mathrm{d}A$ 定义为微面积 $\mathrm{d}A$ 对 y 和 z 两坐标轴的惯性积，而整个平面图形对 y 和 z 轴的惯性积为

$$I_{yz}=\int_A yz\mathrm{d}A \qquad (\text{Ⅰ}-10)$$

从惯性矩和惯性积的定义知，I_z，I_y 和 I_ρ 都为正值，而惯积 I_{yz} 可能是正，可能是负，也可能等于零。它们的量纲均为长度的四次方。

如果图形有一对称轴，则图形对包含此轴的一对正交坐标轴的惯性积必为零。例如，图Ⅰ-10中 y 轴是对称轴，图中画出具有对称位置的两个微面积 $\mathrm{d}A$，这两个微面积对 y 轴和 z 轴的惯性积正负号相反，数值相同，其和为零，所以，整个平面图形对 y 和 z 轴的惯性积为零。

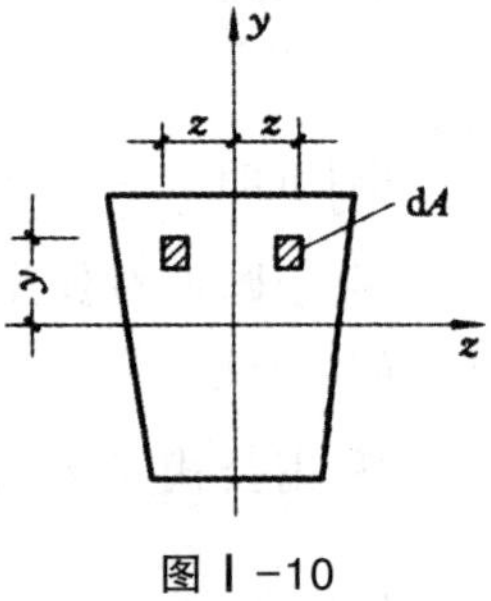

图Ⅰ-10

三、惯性半径

将惯性矩除以面积 A 再开方定义为惯性半径，用 i 表示（有时也用 r 表示）。所以对 z 和 y 轴的惯性半径分别为

$$i_z=\sqrt{\frac{I_z}{A}},\quad i_y=\sqrt{\frac{I_y}{A}} \tag{Ⅰ-11}$$

第三节　平行轴定理

同一平面图形对不同的互相平行的坐标轴的惯性矩和惯性积并不相同，当其中一个轴是图形的形心轴时，它们之间有比较简单的关系。应用这种关系计算组合图形的惯性矩和惯性积则较为简便，下面推导这种关系的表达式。

在图Ⅰ-11中，z_c 和 y_c 为形心坐标轴，其惯性矩和惯性积分别为

$$I_{y_c}=\int_A z_c^2\mathrm{d}A,\quad I_{z_c}=\int_A y_c^2\mathrm{d}A,\quad I_{y_cz_c}=\int_A y_cz_c\mathrm{d}A \tag{a}$$

现取任意直角坐标系，并使 y 轴和 z 轴分别平行于 y_c 和 z_c 轴，它们之间的距离为 b 和 a。

图形对 y 轴和 z 轴的惯性矩和惯性积分别为

$$I_y=\int_A z^2\mathrm{d}A,\quad I_z=\int_A y^2\mathrm{d}A,\quad I_{yz}=\int_A yz\mathrm{d}A \tag{b}$$

由图Ⅰ-11知

$$y=y_c+a,\quad z=z_c+b \tag{c}$$

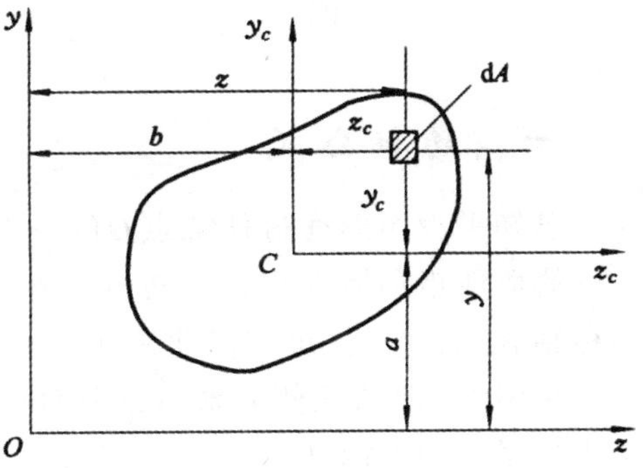

图Ⅰ-11

将式（c）代入式（b），得

$$I_y=\int_A z^2\mathrm{d}A=\int_A(z_c+b)^2\mathrm{d}A=\int_A z_c^2\mathrm{d}A+2b\int_A z_c\mathrm{d}A+b^2\int_A\mathrm{d}A$$

$$I_z=\int_A y^2\mathrm{d}A=\int_A(y_c+b)^2\mathrm{d}A=\int_A y_c^2\mathrm{d}A+2a\int_A y_c\mathrm{d}A+a^2\int_A\mathrm{d}A$$

$$I_{yz}=\int_A yz\mathrm{d}A=\int_A(y_c+a)(z_c+b)\mathrm{d}A=\int_A y_cz_c\mathrm{d}A+a\int_A z_c\mathrm{d}A+b\int_A y_c\mathrm{d}A+ab\int_A\mathrm{d}A$$

以上各式中，$\int_A z_c\mathrm{d}A$ 和 $\int_A y_c\mathrm{d}A$ 分别为图形对形心轴 y_c 和 z_c 的静矩，其值应为零，而 $\int_A\mathrm{d}A=A$，如再应用式（a），则上面三式简化为

$$\left.\begin{array}{l}I_y=I_{yc}+b^2A\\ I_z=I_{zc}+a^2A\\ I_{yz}=I_{y_cz_c}+abA\end{array}\right] \tag{Ⅰ-12}$$

公式（Ⅰ-12）为惯性矩和惯性积的平行移轴公式。

【例Ⅰ-4】求如图Ⅰ-12所示图形对形心轴 z_c 的惯性矩 I_{z_c}。

【解】取 y 和 z 轴为参考轴，如图Ⅰ-12所示。首先求形心坐标 $\bar{y}_c$ 和 $\bar{z}_c$，因为 y 为对称轴，所以，$\bar{z}_c=0$，而

$$\bar{y}_c=\frac{A_1\bar{y}_1+A_2\bar{y}_2}{A_1+A_2}=\frac{140\times20\times80+100\times20\times0}{140\times20+100\times20}=46.7\text{mm}$$

然后用平行移轴公式，分别求出矩形Ⅰ和Ⅱ对 z_c 轴的惯性矩 $I_{z_c}^{\mathrm{I}}$ 和 $I_{z_c}^{\mathrm{II}}$，最后相加，得整个图形的惯性矩 I_{z_c}：

$$I_{z_c}^{\mathrm{I}}=\frac{1}{12}\times20\times140^3+(80-46.7)^2\times20\times140=7.68\times10^6\text{mm}^4$$

$$I_{z_c}^{\mathrm{II}}=\frac{1}{12}\times100\times20^3+46.7^2\times100\times20=4.43\times10^6\text{mm}^4$$

整个图形的惯性矩 I_{z_c}

$$I_{z_c}=I_{z_c}^{\mathrm{I}}+I_{z_c}^{\mathrm{II}}=(7.68+4.33)\times10^6=12.11\times10^6\text{mm}^4$$

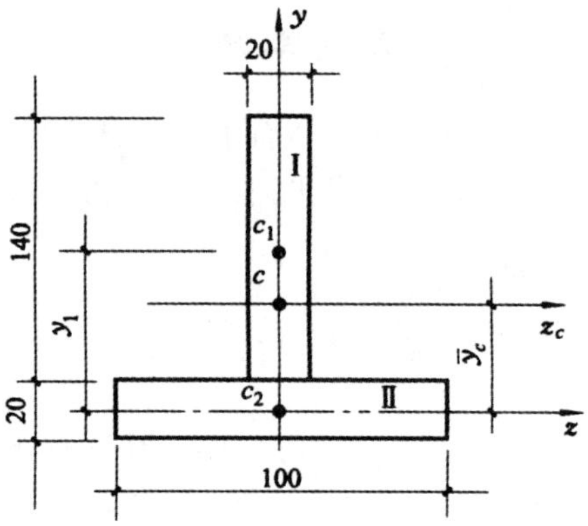

图Ⅰ-12

第四节 转轴公式、主惯性轴和主惯性矩

一、转轴公式

已知平面图形通过任意点 O 的一对坐标轴 y，z 的惯性矩和惯性积，求转过 α 角以后新的坐标轴 y_1，z_1 的惯性矩和惯性积（图Ⅰ-13）。

由图Ⅰ-13的几何关系知，微面积 dA 在两个坐标系中的坐标（y_1，z_1）和（y，z）之间的关系为

$$\begin{cases}y_1=y\cos\alpha-z\sin\alpha\\ z_1=z\cos\alpha+y\sin\alpha\end{cases}$$

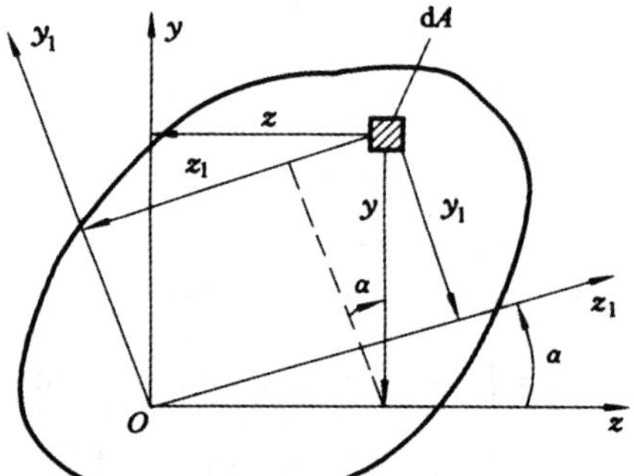

图Ⅰ-13

已知图形对 y 轴和 z 轴的惯性矩和惯性积为

$$I_z=\int_A y^2\mathrm{d}A,\quad I_y=\int_A z^2\mathrm{d}A,\quad I_{yz}=\int_A yz\mathrm{d}A$$

下面求对 y_1 和 z_1 轴的惯性矩和惯性积。

对 z_1 轴的惯性矩：

$$\begin{aligned}I_{z_1}&=\int_A y_1^2\mathrm{d}A=\int_A(y\cos\alpha-z\sin\alpha)^2\mathrm{d}A\\&=\cos^2\alpha\int_A y^2\mathrm{d}A+\sin^2\alpha\int_A z^2\mathrm{d}A-2\sin\alpha\cos\alpha\int_A yz\mathrm{d}A\\&=I_z\cos^2\alpha+I_y\sin^2\alpha-I_{yz}\sin2\alpha\end{aligned}$$

以 $\cos^2\alpha=\frac{1}{2}(1+\cos\alpha)$ 和 $\sin^2\alpha=\frac{1}{2}(1-\cos2\alpha)$ 代入上式，得

$$I_{z_1}=\frac{I_z+I_y}{2}+\frac{I_z-I_y}{2}\cos2\alpha-I_{yz}\sin2\alpha$$

同理可得到

$$\left.\begin{aligned}I_{y_1}&=\int_A z_1^2\mathrm{d}A=\frac{I_z+I_y}{2}-\frac{I_z-I_y}{2}\cos2\alpha+I_{yz}\sin2\alpha\\I_{y_1z_1}&=\int_A Z_1y_1\mathrm{d}A=\frac{I_z-I_y}{2}\sin2\alpha+I_{yz}\cos2\alpha\end{aligned}\right\}\tag{Ⅰ-13}$$

可见I_{z_1}，I_{y_1}，$I_{y_1z_1}$随α角的改变而变化，它们都是α的函数。

二、主惯性轴和主惯性矩

将式（Ⅰ-13）中第一式I_{z_1}对α求导，且使其等于零，可得出极值，此时图形的惯性矩为最大值或最小值，并令此时的$\alpha=\alpha_0$，则

$$\frac{\mathrm{d}I_{z_1}}{\mathrm{d}\alpha}=-2\left[\frac{I_z-I_y}{2}\sin2\alpha_0+I_{yz}\cos2\alpha_0\right]=0\tag{a}$$

上式即

$$\frac{I_z-I_y}{2}\sin2\alpha_0+I_{yz}\cos2\alpha_0=0\tag{b}$$

由此求出

$$\tan2\alpha_0=\frac{2I_{yz}}{I_y-I_z}\tag{Ⅰ-14}$$

由式（Ⅰ-14）可求出两个角度α_0和$\alpha_0+90°$，从而确定了一对y_0和z_0的坐标轴，图形对这一对轴中的一个轴的惯性矩为最大值$I_{\max}$，而对另一个轴的惯性矩为最小值I_{min}，这一对轴称主惯性轴。

比较式（b）和式（Ⅰ-13）中的第二式知，使导数$\frac{\mathrm{d}I_{z_1}}{\mathrm{d}\alpha}=0$的角度$\alpha_0$和$\alpha_0+90°$所对应的轴的惯性积等于零，即$I_{y_0z_0}=0$，所以，对主惯性轴的惯性积必等于零。

前面讨论的是平面图形对通过任一点O的主惯性轴和主惯性矩。图形对通过形心C的惯性轴，则称为形心主惯性轴。图形对形心主惯性轴的惯性矩，称形心主惯性矩。在计算梁的强度和刚度问题时，必须确定形心主惯性轴的方位和求出形心主惯性矩的数值。

对于图形有一个或一个以上对称轴时，由于图形对于对称轴的惯性积一定等于零，所以图形中通过形心而其中之一是对称轴的一对轴必定是形心主惯性轴。

三、主惯性矩公式

将α_0代入公式（Ⅰ-13）的第一式或第二式，可求出图形的主惯性矩的数值。为了计算方便，下面导出直接计算主惯性矩的公式，由公式（Ⅰ-14）可求出：

$$\cos2\alpha_0=\frac{1}{\sqrt{1+\tan^2 2\alpha_0}}=\frac{I_z-I_y}{\sqrt{(I_z-I_y)^2+4I_{zy}^2}}$$

$$\sin2\alpha_0=\tan2\alpha_0\cos2\alpha_0=\frac{-2I_{yz}}{\sqrt{(I_z-I_y)^2+4I_{yz}^2}}$$

将以上两式代入式（Ⅰ-13）的第一式和第二式，经简化后得到主惯性矩计算式：

$$\left.\begin{aligned}I_{\max}=I_{z_0}=\frac{I_z+I_y}{2}+\frac{1}{2}\sqrt{(I_z-I_y)^2+4I_{yz}^2}\\I_{\min}=I_{y_0}=\frac{I_z+I_y}{2}-\frac{1}{2}\sqrt{(I_z-I_y)^2+4I_{yz}^2}\end{aligned}\right\}\qquad(\text{I}-15)$$

例如，在梁的计算中，如果横截面无对称轴，必须先找出形心主惯性轴的位置，求出形心主惯性矩的数值，然后才能运用前面的公式计算梁的强度和刚度。

例如，Z形截面梁或L形截面梁，其形心主惯性轴的方位角α_0，可由式（Ⅰ-14）求出，其形心主惯性矩数值可由式（Ⅰ-15）求得。Z形和L形截面图形的形心主惯性轴大致位置如图Ⅰ-14所示。

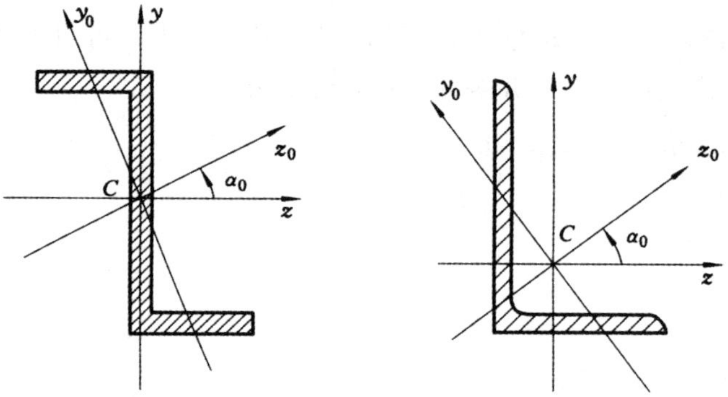

图Ⅰ-14

□ 习题

Ⅰ-1　确定半圆形的形心坐标$\bar{y}_c$。

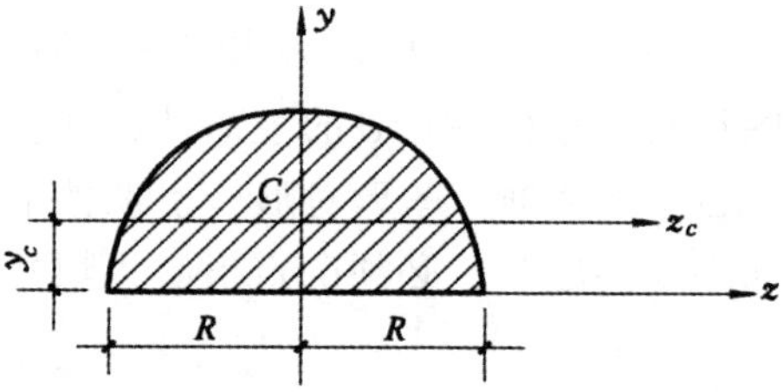

题Ⅰ-1图

Ⅰ-2　确定下列组合图形的形心坐标。

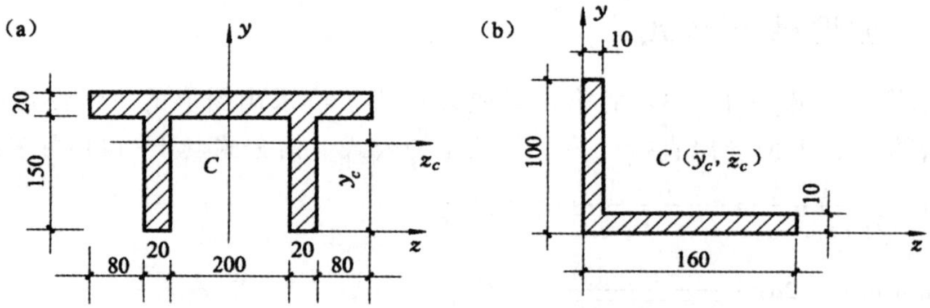

题Ⅰ-2图

Ⅰ-3　求下列图形中 z 轴上方截面面积对 z 轴的静矩 S。

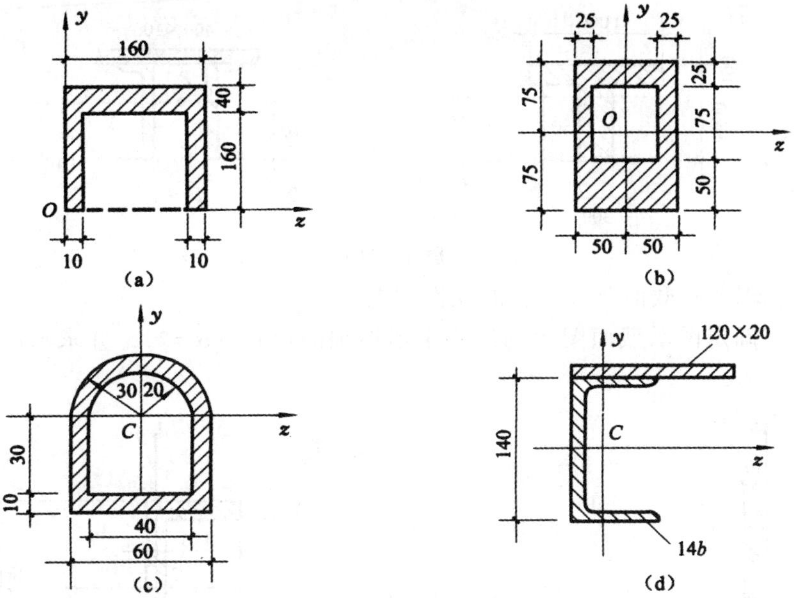

题Ⅰ-3图

Ⅰ-4　分别求环形和箱形截面对 z_c 轴的惯性矩 I_{z_c}。

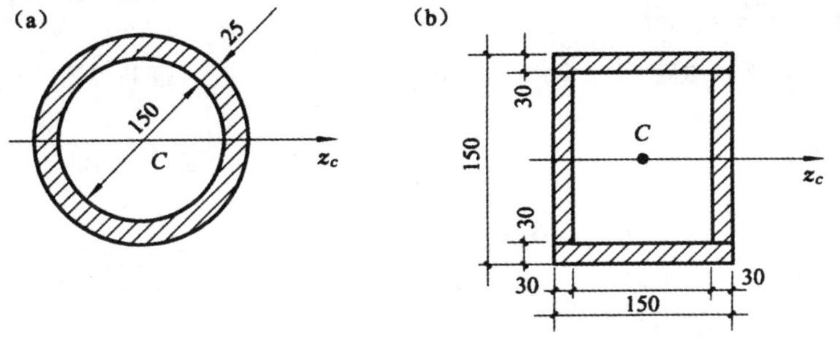

题Ⅰ-4图

Ⅰ-5　已知三角形对底边轴 z_1 的惯性矩 $I_{z_1}=\dfrac{bh^3}{12}$，试用平行移轴公式求对形心轴 z_c 的惯性矩 I_{z_c}，和求通过顶点 A 的 z_2 轴的惯性矩。

Ⅰ-6　求组合图形对其形心轴 z_c 的惯性矩 I_{z_c}。

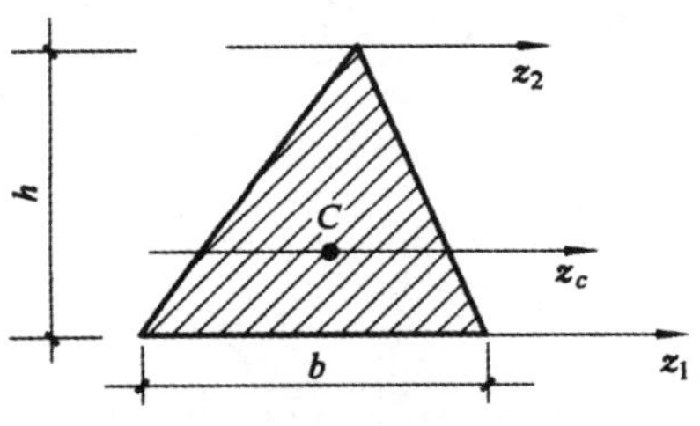

题Ⅰ-5图

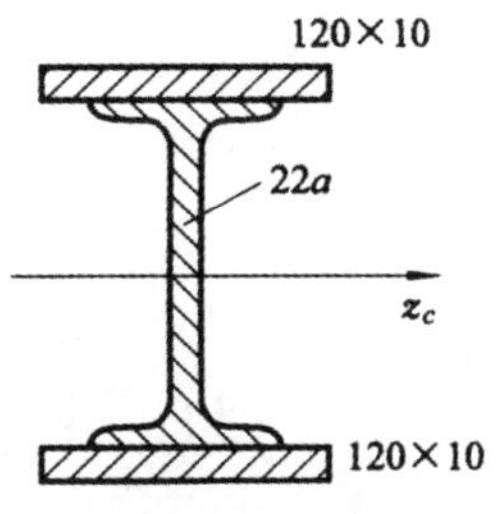

题Ⅰ-6图

Ⅰ-7　求下列图形的形心主惯性矩I_{z_c}。

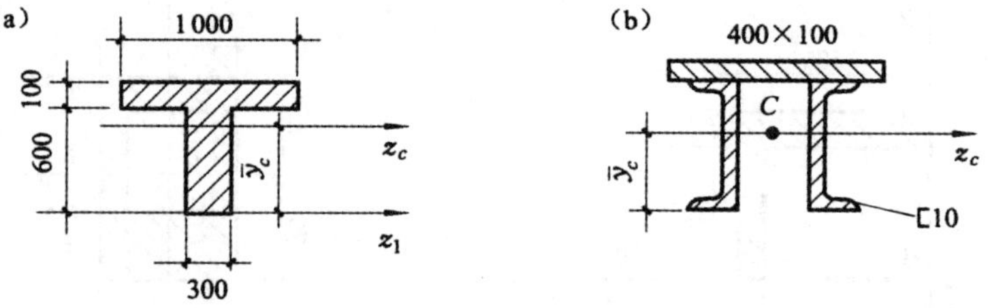

题Ⅰ-7图

Ⅰ-8　求图示截面对z，y轴的惯性积I_{yz}。

Ⅰ-9　确定图示截面图形的形心主惯性轴的位置（α_0=?），并求形心主惯性矩I_{z_c}和I_{y_c}。

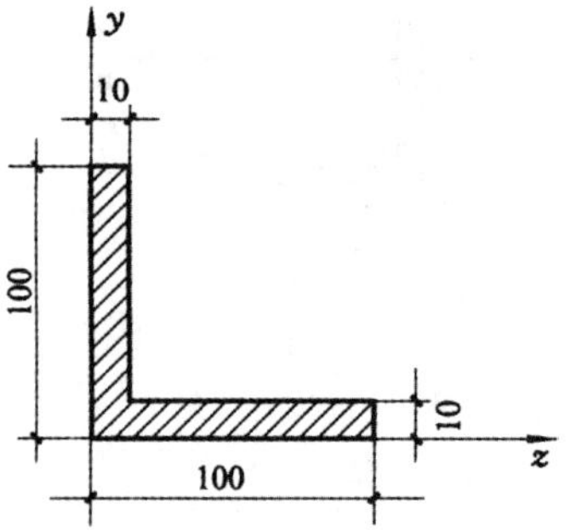

题Ⅰ-8图

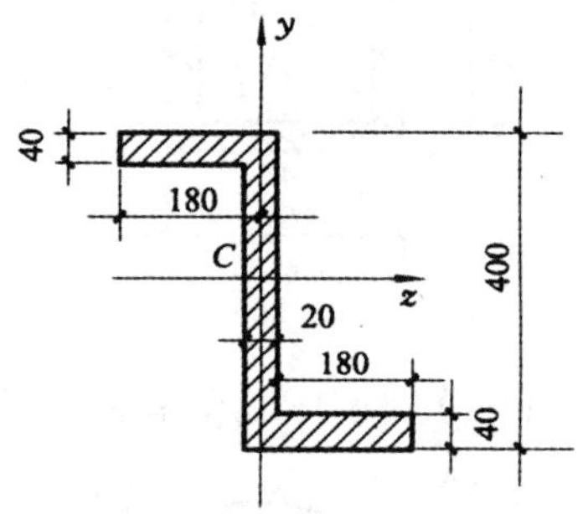

题Ⅰ-9图

附录 II

第一节　热轧等边角钢

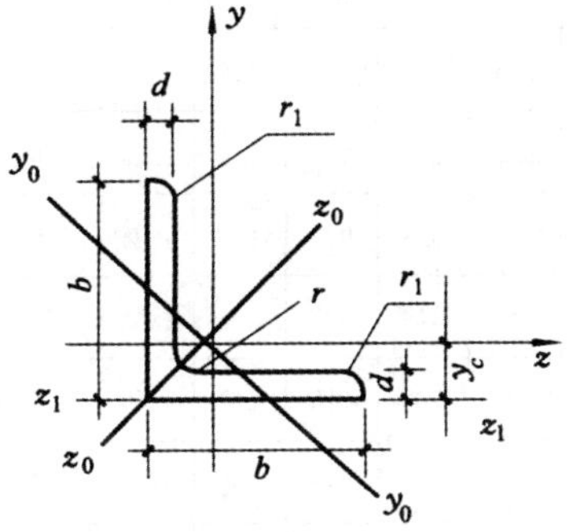

符号意义：

b——边宽；　d——边厚；

r——内圆弧半径；　r_1——边端内孤半径；

r_2——边端外弧半径；　r_0——顶端圆弧半径；

I——惯性矩；　i——惯性半径；

W——截面系数；　y_c——重心距离。

角钢号数	尺寸（mm）			截面面积 (×10²) mm²	理论重量 (×9.8) N/m	外表面积 m²/m	参考数值										y_c (×10) mm
							z-z			z_0-z_0			y_0-y_0			z_1-z_1	
	b	d	r				I_z (×10⁴) mm⁴	i_z (×10) mm	W_z (×10³) mm³	I_{z_0} (×10⁴) mm⁴	i_{z_0} (×10) mm	W_{z_0} (×10³) mm³	I_{y_0} (×10⁴) mm⁴	i_{y_0} (×10) mm	W_{y_0} (×10³) mm³	I_{z_1} (×10⁴) mm⁴	
2	20	3	3.5	1.132	0.889	0.078	0.40	0.59	0.29	0.63	0.75	0.45	0.17	0.39	0.20	0.81	0.60
		4		1.459	1.145	0.077	0.50	0.58	0.36	0.78	0.73	0.55	0.22	0.38	0.24	1.09	0.64
2.5	25	3		1.432	1.124	0.098	0.82	0.76	0.46	1.29	0.95	0.73	0.34	0.49	0.33	1.57	0.73
		4		1.859	1.459	0.097	1.03	0.74	0.59	1.62	0.93	0.92	0.43	0.48	0.40	2.11	0.76

续表

角钢号数	尺寸（mm）			截面面积	理论重量	外表面积	参考数值										
							$z-z$			z_0-z_0			y_0-y_0			z_1-z_1	y_c
	b	d	r	($\times10^2$) mm^2	($\times9.8$) N/m	m^2/m	I_z ($\times10^4$) mm^4	i_z ($\times10$) mm	W_z ($\times10^3$) mm^3	I_{z_0} ($\times10^4$) mm^4	i_{z_0} ($\times10$) mm	W_{z_0} ($\times10^3$) mm^3	I_{y_0} ($\times10^4$) mm^4	i_{y_0} ($\times10$) mm	W_{y_0} ($\times10^3$) mm^3	I_{z_1} ($\times10^4$) mm^4	($\times10$) mm
3.0	25	3	4.5	1.749	1.373	0.117	1.46	0.91	0.68	2.31	1.15	1.09	0.61	0.59	0.51	2.71	0.85
		4		2.276	1.786	0.117	1.84	0.90	0.87	2.92	1.13	1.37	0.77	0.58	0.62	3.63	0.89
3.6	36	3		2.109	1.656	0.141	2.58	1.11	0.99	4.09	1.39	1.61	1.07	0.71	0.76	4.68	1.00
		4		2.756	2.163	0.141	3.29	1.09	1.28	5.22	1.38	2.05	1.37	0.70	0.93	6.25	1.04
		5		3.382	2.654	0.141	3.95	1.08	1.56	6.24	1.36	2.45	1.65	0.70	1.09	7.84	1.07
4	40	3	5	2.359	1.852	0.157	3.59	1.23	1.23	5.69	1.55	2.01	1.49	0.79	0.96	6.41	1.09
		4		3.086	2.422	0.157	4.60	1.22	1.60	7.29	1.54	2.58	1.91	0.79	1.19	8.56	1.13
		5		3.791	2.976	0.156	5.53	1.21	1.96	8.76	1.52	3.01	2.30	0.78	1.39	10.74	1.17
4.5	45	3		2.659	2.088	0.177	5.17	1.40	1.58	8.20	1.76	2.58	2.14	0.90	1.24	9.12	1.22
		4		3.486	2.736	0.177	6.65	1.38	2.05	10.56	1.74	3.32	2.75	0.89	1.54	12.18	1.26
		5		4.292	3.369	0.176	8.04	1.37	2.51	12.74	1.72	4.00	3.33	0.88	1.81	15.25	1.30
		6		5.076	3.985	0.176	9.33	1.36	2.95	14.76	1.70	4.64	3.89	0.88	2.06	18.36	1.33
5	50	3	5.5	2.971	2.332	0.197	7.18	1.55	1.96	11.37	1.96	3.22	2.98	1.00	1.57	12.50	1.34
		4		3.897	3.059	0.197	9.26	1.54	2.56	14.70	1.94	4.16	3.82	0.99	1.96	16.96	1.38
		5		4.803	3.770	0.196	11.21	1.53	3.13	17.79	1.92	5.03	4.64	0.98	2.31	20.90	1.42
		6		5.688	4.465	0.196	13.05	1.52	3.68	20.68	1.91	5.85	5.42	0.98	2.63	25.14	1.46
5.6	56	3	6	3.343	2.624	0.221	10.19	1.75	2.48	16.14	2.20	4.08	4.24	1.13	2.02	17.56	1.48
		4		4.390	3.446	0.220	13.18	1.73	3.24	20.92	2.18	5.28	5.46	1.11	2.52	23.43	1.53
		5		5.415	4.251	0.220	16.02	1.72	3.97	25.42	2.17	6.42	6.61	1.10	2.98	29.33	1.57
		8		8.367	6.568	0.219	23.63	1.68	6.03	37.37	2.11	9.44	9.89	1.09	4.16	47.24	1.68
6.3	63	4	7	4.987	3.907	0.248	19.03	1.96	4.13	30.17	2.46	6.78	7.89	1.26	3.29	33.35	1.70
		5		6.143	4.822	0.248	23.17	1.94	5.08	36.77	2.45	8.25	9.57	1.25	3.90	41.73	1.74
		6		7.288	5.721	0.247	27.12	1.93	6.00	43.03	2.43	9.66	11.20	1.24	4.46	50.14	1.78
		8		9.515	7.469	0.247	34.46	1.90	7.75	54.56	2.40	12.25	14.33	1.23	5.47	67.11	1.85
		10		11.657	9.151	0.246	41.09	1.88	9.39	64.85	2.36	14.56	17.33	1.22	6.36	84.31	1.93

续表

角钢号数	尺寸（mm）			截面面积 $(\times10^2)$ mm^2	理论重量 $(\times9.8)$ N/m	外表面积 m^2/m	参考数值										y_c $(\times10)$ mm
							$z-z$			z_0-z_0			y_0-y_0			z_1-z_1	
	b	d	r				I_z $(\times10^4)$ mm^4	i_z $(\times10)$ mm	W_z $(\times10^3)$ mm^3	I_{z_0} $(\times10^4)$ mm^4	i_{z_0} $(\times10)$ mm	W_{z_0} $(\times10^3)$ mm^3	I_{y_0} $(\times10^4)$ mm^4	i_{y_0} $(\times10)$ mm	W_{y_0} $(\times10^3)$ mm^3	I_{z_1} $(\times10^4)$ mm^4	
7	70	4	8	5.570	4.372	0.275	26.39	2.18	5.14	41.80	2.74	8.44	10.99	1.40	4.17	45.74	1.86
		5		6.875	5.397	0.275	32.21	2.16	6.32	51.08	2.73	10.32	13.34	1.39	4.95	57.21	1.91
		6		8.160	6.406	0.275	37.77	2.15	7.48	59.93	2.71	12.11	15.61	1.38	5.67	68.73	1.95
		7		9.424	7.398	0.275	43.09	2.14	8.59	68.35	2.69	13.81	17.82	1.88	6.34	80.29	1.99
		8		10.667	8.373	0.274	48.17	2.12	9.68	76.37	2.68	15.43	19.98	1.37	6.98	91.92	2.03
(7.5)	75	5	9	7.367	5.818	0.295	39.97	2.33	7.32	63.30	2.92	11.94	16.63	1.50	5.77	70.56	2.04
		6		8.797	6.905	0.294	46.95	2.31	8.64	74.38	2.90	14.02	19.51	1.49	6.67	84.55	2.07
		7		10.160	7.976	0.294	53.57	2.30	9.93	84.96	2.89	16.02	22.18	1.48	7.44	98.71	2.11
		8		11.503	9.030	0.294	59.96	2.28	11.20	95.07	2.88	17.93	24.86	1.47	8.19	11.97	2.15
		10		14.126	11.089	0.293	71.98	2.26	13.64	113.92	2.84	21.48	30.05	1.46	9.56	141.71	2.22
8	80	5		7.912	6.211	0.315	48.79	2.48	8.34	77.33	3.13	13.67	20.25	1.60	6.66	85.36	2.15
		6		9.397	7.376	0.314	57.35	2.47	9.87	90.98	3.11	16.08	23.72	1.59	7.65	102.50	2.19
		7		10.860	8.525	0.314	65.58	2.46	11.37	104.07	3.10	18.40	27.09	1.58	8.58	119.70	2.23
		8		12.303	9.658	0.314	74.49	2.44	12.83	116.60	3.08	20.61	30.39	1.57	9.46	136.97	2.27
		10		15.126	11.874	0.313	84.43	2.42	15.64	140.09	3.04	24.76	36.77	1.56	11.08	171.74	2.35
9	90	6	10	10.637	8.350	0.354	82.77	2.79	12.61	131.26	3.51	20.63	34.28	1.80	9.95	145.87	2.44
		7		12.301	9.656	0.354	94.83	2.78	14.54	150.47	3.50	23.64	39.18	1.78	11.19	170.30	2.48
		8		13.944	10.946	3.353	106.47	2.76	16.42	168.97	3.48	26.55	43.97	1.78	12.35	194.80	2.52
		10		17.167	13.476	0.353	128.58	2.74	20.07	203.90	3.45	32.04	53.26	1.76	14.52	244.07	2.59
		12		20.306	15.940	0.352	149.22	2.71	23.57	236.61	3.41	37.12	62.22	1.75	16.49	293.76	2.67
10	100	6	12	11.932	9.366	0.393	114.95	3.10	15.68	181.98	3.90	25.74	47.92	2.00	12.69	200.07	2.67
		7		13.796	10.830	0.393	131.86	3.09	18.10	208.97	3.89	29.55	54.74	1.99	14.26	233.54	2.71
		8		15.638	12.276	0.393	148.24	3.08	20.47	235.07	3.88	33.24	61.41	1.98	15.75	267.09	2.76
		10		19.261	15.120	0.392	179.51	3.05	25.06	284.68	3.84	40.26	74.35	1.96	18.54	334.48	2.84
		12		22.800	17.898	0.391	208.90	3.03	29.48	330.95	3.81	46.80	86.84	1.95	21.08	402.34	2.91
		14		26.256	20.611	0.391	236.53	3.00	33.73	374.09	3.77	52.90	99.00	1.94	23.44	470.75	2.99
		16		29.627	23.257	0.390	262.53	2.98	37.82	414.06	3.74	58.57	110.89	1.94	25.63	539.80	3.06
11	100	7		15.196	11.928	0.433	177.16	3.41	22.05	280.94	4.30	36.12	73.38	2.20	17.51	310.64	2.96
		8		17.238	13.532	0.433	199.46	3.40	24.95	316.49	4.28	40.69	82.42	2.19	19.39	355.20	3.01
		10		21.261	16.690	0.432	242.19	3.38	30.60	384.39	4.25	49.42	99.98	2.17	22.91	444.65	3.09
		12		25.200	19.782	0.431	282.55	3.35	36.05	448.17	4.22	57.62	116.93	2.15	26.15	534.60	3.16
		14		29.056	22.809	0.431	320.71	3.32	41.31	508.01	4.18	65.31	133.40	2.14	29.14	625.16	3.24

续表

角钢号数	尺寸（mm）			截面面积 $(\times10^2)$ mm^2	理论重量 $(\times9.8)$ N/m	外表面积 m^2/m	参考数值										y_c $(\times10)$ mm
							$z-z$			z_0-z_0			y_0-y_0			z_1-z_1	
	b	d	r				I_z $(\times10^4)$ mm^4	i_z $(\times10)$ mm	W_z $(\times10^3)$ mm^3	I_{z_0} $(\times10^4)$ mm^4	i_{z_0} $(\times10)$ mm	W_{z_0} $(\times10^3)$ mm^3	I_{y_0} $(\times10^4)$ mm^4	i_{y_0} $(\times10)$ mm	W_{y_0} $(\times10^3)$ mm^3	I_{z_1} $(\times10^4)$ mm^4	
12.5	125	8	14	19.750	15.504	0.492	297.03	3.88	32.52	470.89	4.88	53.28	123.16	2.50	25.86	521.01	3.37
		10		24.373	19.133	0.491	361.67	3.85	39.97	573.89	5.85	64.93	149.46	2.48	30.62	651.93	3.45
		12		28.912	22.696	0.491	423.16	3.83	41.17	671.44	4.82	75.96	174.88	2.46	35.03	783.42	3.53
		14		33.367	23.193	0.490	481.65	3.80	54.16	763.73	4.78	86.41	199.57	2.45	39.13	915.61	3.61
14	140	10		27.373	21.488	0.551	514.65	4.34	50.58	817.27	5.46	82.56	212.04	2.78	39.20	915.11	3.82
		12		32.512	25.522	0.551	603.68	4.31	59.80	958.79	5.43	96.85	248.57	2.76	45.02	1 099.20	3.90
		14		37.567	29.490	0.550	688.81	4.28	68.75	1 093.56	5.40	110.47	284.06	2.75	50.45	1 284.22	3.98
		16		42.539	33.393	0.549	770.24	4.26	77.46	1 221.81	5.36	123.42	318.67	2.74	55.55	1 470.07	4.06
16	160	10	16	31.502	24.729	0.630	779.53	4.98	66.70	1 237.30	6.27	109.36	321.76	3.20	52.76	1 365.33	4.31
		12		37.441	29.391	0.630	916.58	4.95	78.98	1 455.68	6.24	128.67	377.49	3.18	60.74	1 639.57	4.39
		14		43.296	33.987	0.629	1 048.36	4.92	90.95	1 665.02	6.20	147.17	431.70	3.16	68.24	1 914.86	4.47
		16		49.067	38.518	0.629	1 175.08	4.89	102.63	1 865.57	6.17	164.89	484.59	3.14	75.31	2 190.82	4.55
18	180	12		42.241	33.159	0.710	1 321.85	5.59	100.82	2 100.10	7.05	165.00	542.61	3.58	78.41	2 382.80	4.89
		14		48.896	38.388	0.709	1 514.48	5.56	116.25	2 407.42	7.02	189.14	621.53	3.56	88.38	2 723.48	4.97
		16		55.467	43.542	0.709	1 700.99	5.54	131.13	2 703.37	6.98	212.40	698.60	3.55	97.83	3 115.29	5.50
		18		61.955	48.634	0.708	1 875.12	5.50	145.64	2 988.24	6.94	234.78	762.01	3.51	105.14	3 502.43	5.13
20	200	14	18	54.642	42.894	0.788	2 103.55	6.20	144.70	3 343.26	7.82	236.40	863.83	3.98	111.82	3 734.10	5.46
		16		62.013	48.680	0.788	2 366.15	6.18	163.65	3 760.89	7.79	265.93	971.41	3.96	123.96	4 270.39	5.54
		18		69.301	54.401	0.787	2 620.64	6.15	182.22	4 164.54	7.75	294.48	1 076.74	3.94	135.52	4 803.13	5.62
		20		76.505	60.056	0.787	2 867.30	6.12	200.42	4 554.55	7.72	322.06	1 180.04	3.93	145.55	5 347.51	5.69
		24		90.661	71.168	0.785	3 338.25	6.07	236.17	5 294.97	7.64	374.41	1 381.53	3.90	166.50	6 457.16	5.87

注：1.各栏内的读数乘以括号中的数便是相应的几何量。例如，2号角钢 $I_z=0.4\times10^4mm^4$。

2.根据（GB 700—1988）$z-z$ 轴原为 $x-x$ 轴，为了教学需要改为 $z-z$ 轴。

3.$r_1=b/3$，$r_2=r$，$r=0$。

4.角钢长度

钢号：2号~4号，　4.5号~8号，　9号~14号，　16号~20号

长度：3~9m，　4~12m，　4~19m，　6~19m

5.一般采用材料：A2，A3，A5，A3F。

第二节 热轧不等边角钢

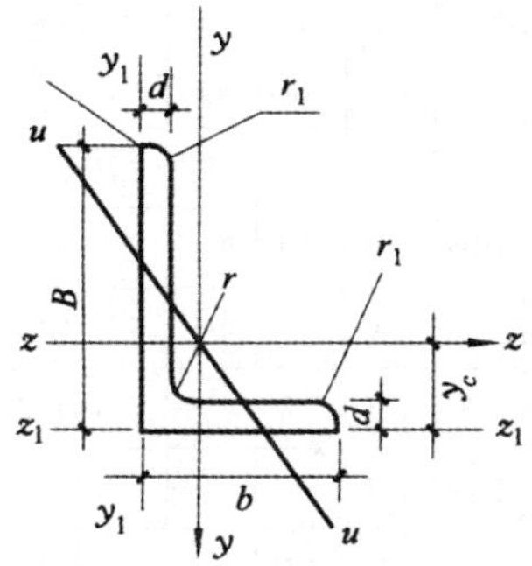

符号意义：

B——长边宽度； b——短边宽度；

d——边厚； r——内圆弧半径；

r_1——边端内弧半径； r_2——边端外弧半径；

r_0——顶端圆弧半径； I——惯性矩；

i——惯性半径； W——截面系数；

z_0——重心距离； y_0——重心距离。

角钢号数	尺寸（mm）				截面面积	理论重量	外表面积	参考数值													
								z-z			y-y			z_1-z_1		y_1-y_1		u-u			
	B	b	d	r	(×10²) mm²	(×9.8) N/m	m²/m	I_z (×10⁴) mm⁴	i_z (×10) mm	W_z (×10³) mm³	I_y (×10⁴) mm⁴	i_y (×10) mm	W_y (×10³) mm³	I_{z_1} (×10⁴) mm⁴	y_c (×10) mm	I_{y_1} (×10⁴) mm⁴	z_c (×10) mm	I_u (×10⁴) mm⁴	i_u (×10) mm	W_u (×10³) mm³	tanα
2.5/1.6	25	16	3	3.5	1.162	0.912	0.080	0.70	0.78	0.43	0.22	0.44	0.19	1.56	0.86	0.43	0.42	0.14	0.34	0.16	0.392
			4		1.499	1.176	0.079	0.88	0.77	0.55	0.27	0.43	0.24	2.09	0.90	0.59	0.46	0.17	0.34	0.20	0.381
3.2/2	32	30	3		1.492	1.171	0.102	1.53	1.01	0.72	0.46	0.55	0.30	3.27	1.08	0.82	0.49	0.28	0.43	0.25	0.382
			4		1.939	1.522	0.101	1.93	1.00	0.93	0.57	0.54	0.39	4.37	1.12	1.12	0.53	0.35	0.42	0.32	0.347
4/2.5	25	25	3	4	1.890	1.484	0.127	3.08	1.28	1.15	0.93	0.70	0.49	6.39	1.32	1.59	0.59	0.56	0.54	0.40	0.386
			4		2.467	1.936	0.127	3.93	1.26	1.49	1.18	0.69	0.63	8.53	1.37	2.14	0.63	0.71	0.54	0.52	0.381
4.5/2.8	45	28	3	5	2.499	1.687	0.143	4.45	1.44	1.47	1.34	0.79	0.62	9.10	1.47	2.23	0.64	0.80	0.61	0.51	0.383
			4		2.806	2.203	0.143	5.69	1.42	1.91	1.70	0.78	0.80	12.13	1.51	3.00	0.68	1.02	0.60	0.66	0.380
5/3.2	50	32	3	5.5	2.431	1.908	0.161	6.24	1.60	1.84	2.02	0.91	0.82	12.49	1.60	3.31	0.73	1.20	0.70	0.68	0.404
			4		3.177	2.494	0.160	8.02	1.59	2.39	2.58	0.90	1.06	16.65	1.65	4.45	0.77	1.53	0.69	0.87	0.402
5.6/3.6	56	36	3	6	2.743	2.153	0.181	8.88	1.80	2.32	2.92	1.03	1.06	17.54	1.78	4.70	0.80	1.73	0.79	0.87	0.408
			4		3.590	2.818	0.180	11.45	1.79	3.08	3.76	1.02	1.37	23.39	1.82	6.33	0.85	2.23	0.79	1.13	0.408
					4.415	3.466	0.180	13.86	1.77	3.71	4.49	1.01	1.65	29.25	1.87	7.94	0.88	2.67	0.78	1.36	0.404
6.3/4	63	40	4	7	4.058	3.185	0.202	16.49	2.02	3.87	5.23	1.14	1.70	33.30	2.04	8.63	0.92	3.12	0.88	1.40	0.398
			5		4.993	3.920	0.202	20.02	2.00	4.74	6.31	1.12	2.71	41.63	2.08	10.86	0.95	3.76	0.87	1.71	0.396
			6		5.908	4.638	0.201	23.36	1.96	5.59	7.29	1.11	2.43	49.98	2.12	13.12	0.99	4.43	0.26	1.99	0.393
			7		6.802	5.339	0.201	26.53	1.98	6.40	8.24	1.10	2.78	58.07	2.15	15.47	1.03	4.97	0.86	2.29	0.389

续表

角钢号数	尺寸（mm）				截面面积 (×10²) mm²	理论重量 (×9.8) N/m	外表面积 m²/m	参考数值													
								$z-z$			$y-y$			z_1-z_1		y_1-y_1		$u-u$			
	B	b	d	r				I_z (×10⁴) mm⁴	i_z (×10) mm	W_z (×10³) mm³	I_y (×10⁴) mm⁴	i_y (×10) mm	W_y (×10³) mm³	I_{z_1} (×10⁴) mm⁴	y_c (×10) mm	I_{y_1} (×10⁴) mm⁴	z_c (×10) mm	I_u (×10⁴) mm⁴	i_u (×10) mm	W_u (×10³) mm³	tanα
7/4.5	70	45	4	7.5	4.547	3.570	0.226	23.17	2.26	4.86	7.55	1.29	2.17	45.92	2.24	12.26	1.02	4.40	0.98	1.77	0.410
			5		5.609	4.403	0.225	27.95	2.23	5.92	9.13	1.28	2.65	57.10	2.28	15.39	1.06	5.40	0.98	2.19	0.407
			6		6.647	5.218	0.225	32.54	2.21	6.95	10.62	1.26	3.12	68.35	2.32	18.58	1.09	6.35	0.98	2.59	0.404
			7		7.657	6.011	0.225	37.22	2.20	8.03	12.01	1.25	3.57	79.99	2.36	21.84	1.13	7.16	0.97	2.94	0.402
(7.5)/5	75	50	5	8	6.125	4.808	0.245	34.86	2.39	6.83	12.61	1.44	3.30	70.00	2.40	21.04	1.17	7.41	1.10	2.74	0.435
			6		7.260	5.699	0.244	41.12	2.38	8.12	14.70	1.42	3.88	84.30	2.44	25.37	1.21	8.54	1.08	3.19	0.435
			8		9.467	7.431	0.245	52.39	2.35	10.52	18.53	1.40	4.99	112.50	2.52	34.23	1.29	10.87	1.07	4.10	0.429
			10		11.590	9.098	0.244	62.71	2.33	12.79	21.96	1.38	6.04	140.80	2.60	43.43	1.36	13.10	1.06	4.99	0.423
8/5	80	50	5		6.375	5.005	0.255	41.96	2.56	7.78	12.82	1.42	3.32	85.21	2.60	21.06	1.14	7.66	1.10	2.74	0.388
			6		7.560	5.935	0.255	49.49	2.56	9.25	14.95	1.41	3.91	102.53	2.65	25.41	1.18	8.85	1.08	3.20	0.387
			7		8.724	6.848	0.255	56.16	2.54	10.58	19.96	1.39	4.48	119.32	2.69	29.82	1.21	10.18	1.08	3.70	0.384
			8		9.867	7.745	0.254	62.83	2.52	11.92	18.85	1.38	5.03	136.41	2.73	34.32	1.25	11.38	1.07	4.16	0.381
9/5.6	90	56	5	9	7.212	5.661	0.287	60.45	2.90	9.92	18.32	1.59	4.21	121.32	2.91	29.53	1.25	10.98	1.23	3.49	0.385
			6		8.557	6.717	0.286	71.03	2.88	11.74	21.42	1.58	4.96	145.59	2.95	35.58	1.29	12.90	1.23	4.18	0.584
			7		9.880	7.756	0.286	81.01	2.86	13.49	24.36	1.57	5.70	169.66	3.00	41.71	1.33	14.67	1.22	4.72	0.382
			8		11.183	8.779	0.286	91.03	2.85	15.27	27.15	1.56	6.41	194.17	3.04	47.93	1.36	16.34	1.21	5.29	0.380
10/6.3	100	63	6	10	9.617	7.550	0.320	99.06	3.21	14.64	30.94	1.79	6.35	199.71	3.24	50.50	1.43	18.42	1.38	5.25	0.394
			7		11.111	8.722	0.320	113.45	3.20	16.88	35.26	1.78	7.29	233.00	3.28	59.14	1.47	21.00	1.38	6.02	0.393
			8		12.584	9.878	0.319	127.37	3.18	19.08	39.39	1.77	8.21	266.32	3.32	67.88	1.50	23.50	1.37	6.78	0.391
			10		15.467	12.142	0.319	153.81	3.15	23.32	47.12	1.74	9.98	333.06	3.40	85.73	1.58	28.33	1.35	8.24	0.387
10/8	100	80	6	10	10.637	8.350	0.354	107.04	3.17	15.19	61.24	2.40	10.16	199.83	2.95	102.68	1.97	31.65	1.72	8.37	0.627
			7		12.301	9.656	0.354	122.73	3.16	17.52	70.08	2.39	11.71	233.20	3.00	119.98	2.01	36.17	1.72	9.60	0.626
			8		13.944	10.946	0.353	137.92	3.14	19.81	78.58	2.37	13.21	266.61	3.04	137.37	2.05	40.58	1.71	10.80	0.625
			10		17.167	13.476	0.353	166.87	3.12	24.24	94.65	2.35	16.12	333.63	3.12	172..48	2.13	49.10	1.69	13.12	0.622
11/7	110	70	6	10	10.637	8.350	0.354	133.37	3.54	17.85	42.92	2.01	7.90	265.78	3.53	69.08	1.57	25.36	1.54	6.53	0.403
			7		12.301	9.656	0.354	153.00	3.53	20.60	49.01	2.00	9.09	310.07	3.57	80.82	1.61	28.95	1.53	7.50	0.402
			8		13.944	10.946	0.353	172.04	3.51	23.30	54.87	1.87	10.25	354.39	3.62	92.70	1.65	32.45	1.53	8.45	0.401
			10		17.167	13.476	0.353	208.39	3.48	28.54	65.88	1.96	12.48	443.13	3.70	116.83	1.72	39.20	1.51	10.29	0.397

续表

角钢号数	尺寸（mm）				截面面积 ($\times 10^2$) mm^2	理论重量 ($\times 9.8$) N/m	外表面积 m^2/m	参考数值													
								z-z			y-y			z_1-z_1		y_1-y_1		u-u			
	B	b	d	r				I_z ($\times 10^4$) mm^4	i_z ($\times 10$) mm	W_z ($\times 10^3$) mm^3	I_y ($\times 10^4$) mm^4	i_y ($\times 10$) mm	W_y ($\times 10^3$) mm^3	I_{z_1} ($\times 10^4$) mm^4	y_c ($\times 10$) mm	I_{y_1} ($\times 10^4$) mm^4	z_c ($\times 10$) mm	I_u ($\times 10^4$) mm^4	i_u ($\times 10$) mm	W_u ($\times 10^3$) mm^3	tanα
12.5/8	125	80	7	11	14.096	11.066	0.403	227.98	4.02	26.86	74.42	2.30	12.01	454.99	4.01	120.32	1.80	43.81	1.76	9.92	0.408
			8		15.989	12.551	0.403	256.77	4.01	30.41	83.49	2.28	13.56	519.99	4.06	137.85	1.84	49.15	1.75	11.18	0.407
			10		19.712	15.474	0.402	312.04	3.98	37.33	100.67	2.26	16.56	650.09	4.14	173.40	1.92	59.45	1.74	13.64	0.404
			12		23.351	18.330	0.402	364.41	3.95	44.01	116.67	2.24	19.43	780.39	4.22	209.67	2.00	69.35	1.72	16.01	0.400
14/9	140	90	8	12	18.038	14.160	0.453	365.64	4.50	38.48	120.69	2.59	17.34	730.53	4.50	195.79	2.04	70.83	1.98	14.31	0.411
			10		22.261	17.475	0.452	445.50	4.47	47.31	146.03	2.56	21.22	913.20	4.58	245.92	2.12	85.82	1.96	17.48	0.409
			12		26.400	20.724	0.451	521.59	4.44	55.87	169.79	2.54	24.95	1 096.09	4.66	296.89	2.19	100.21	1.95	20.54	0.406
			14		30.456	23.908	0.451	594.10	4.42	64.18	192.10	2.51	28.54	1 279.26	4.74	348.82	2.27	114.13	1.94	23.52	0.403
16/10	160	100	10	13	25.315	19.872	0.512	668.69	5.19	62.13	205.03	2.85	26.56	1 362.89	5.24	336.59	2.28	121.74	2.19	21.92	0.309
			12		30.054	28.592	0.511	784.91	5.11	73.49	239.06	2.82	31.28	1 635.56	5.32	405.94	2.30	142.33	2.17	25.79	0.388
			14		34.709	27.247	0.510	896.30	5.08	84.56	271.20	2.80	35.83	1 998.50	5.40	476.42	2.43	162.23	2.16	29.56	0.385
			16		39.281	30.835	0.510	1 003.04	5.05	95.33	301.60	2.77	40.24	2 181.79	5.48	548.22	2.51	182.57	2.16	33.44	0.382
18/11	180	110	10	14	28.373	22.273	0.571	956.25	5.80	78.96	278.11	3.13	32.49	1 940.40	5.89	447.22	2.44	166.50	2.42	26.88	0.376
			12		33.712	26.464	0.571	1 124.72	5.78	93.53	325.03	3.10	38.32	2 328.38	5.98	538.94	2.52	194.87	2.40	31.66	0.374
			14		38.967	30.589	0.570	1 286.91	5.75	107.76	369.55	3.08	43.97	2 716.60	6.06	631.95	2.59	222.30	2.39	36.32	0.372
			16		44.139	34.649	0.569	1 443.06	5.72	121.64	411.85	3.06	49.44	3 105.15	6.14	726.46	2.67	248.94	2.38	40.87	0.369
20/12.5	200	125	12		37.912	29.761	0.641	1 570.90	6.44	116.73	483.16	3.57	49.99	3 193.85	6.54	787.74	2.83	285.79	2.74	41.23	0.392
			14		43.867	34.436	0.640	1 800.97	6.41	134.65	550.83	3.54	57.44	3 726.17	6.62	922.47	2.91	326.58	2.73	47.34	0.390
			16		49.739	39.045	0.639	2 023.35	6.38	152.18	615.44	3.52	64.69	4 258.86	6.70	1 058.86	2.99	366.21	2.71	53.32	0.388
			18		55.526	43.588	0.639	2 238.30	6.35	169.33	677.19	3.49	71.74	4 792.00	6.78	1 197.13	3.06	404.82	2.70	59.18	0.385

注：1. $r_1=\frac{1}{3}$，$r_2=0$，$r_0=0$。

2. 角钢长度；2.5/1.6号~5.6/3.6号，长3~9m；6.3/4号~9/5.6号，长4~12m；10/6.3号~14/9号，长4~19m；16/10号~20/12.5号，长6~19m。

3. 一般采用材料；A2，A3，A5，A3F。

第三节　热轧普通工字钢

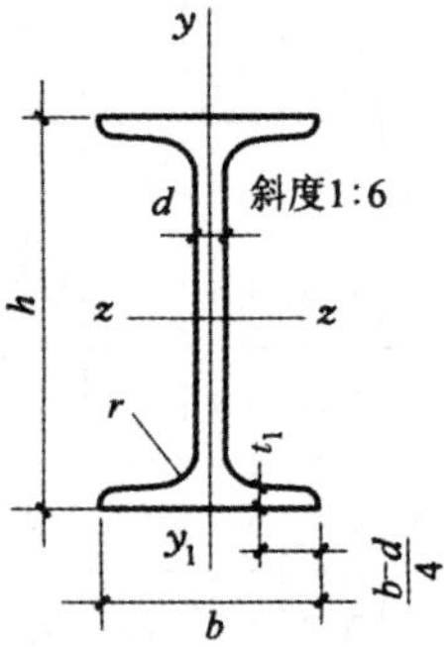

符号意义：

h——高度；

b——腿宽；

d——腰厚；

t——平均腿厚；

r——内圆弧半径；

r_1——腿端圆弧半径；

I——惯性矩；

W——截面系数；

i——惯性半径；

S——半截面的静力矩。

型号	尺寸						截面面积	理论重量	参考数值						
									z-z				y-y		
	h	b	d	t	r	r_1	($\times10^2$)	($\times9.8$)	I_z ($\times10^4$)	W_z ($\times10^3$)	i_z ($\times10$)	I_z/S_z ($\times10$)	I_y ($\times10^4$)	W_y ($\times10^3$)	i_y ($\times10$)
	mm						mm^2	N/m	mm^4	mm^3	mm		mm^4	mm^3	mm
10	100	68	4.5	7.6	6.5	3.3	14.3	11.2	245	49	4.14	8.59	33	9.72	1.52
12.6	126	74	5	8.4	7	3.5	18.1	14.2	488.43	77.529	5.195	10.85	46.906	12.677	1.609
14	140	80	5.5	9.1	7.5	3.8	21.5	16.9	712	102	5.76	12	64.4	16.7	1.73
16	160	88	6	9.9	8	4	26.1	20.5	1 130	141	6.58	13.8	93.1	21.2	1.89
18	180	94	6.5	10.7	8.5	4.3	30.6	24.1	1 660	185	7.36	15.4	122	26	2
20a	200	100	7	11.4	9	4.5	35.5	27.9	2 370	237	8.15	17.2	158	31.5	2.12
20b	200	102	9	11.4	9	4.5	39.5	31.1	2 500	250	7.96	16.9	169	33.1	2.06
22a	220	110	7.5	12.3	9.5	4.8	42	33	3 400	309	8.99	18.9	225	40.9	2.31
22b	220	112	9.5	12.3	9.5	4.8	46.4	36.4	3 570	325	8.78	18.7	239	42.7	2.27
25a	250	116	8	13	10	5	48.5	38.1	5 023.54	401.88	10.18	21.58	280.046	48.283	2.403
25b	250	118	10	13	10	5	53.5	42	5 283.96	422.72	9.938	21.27	309.297	52.423	2.404
28a	280	122	8.5	13.7	10.5	5.3	55.45	43.4	7 114.4	508.15	11.32	24.62	345.051	56.565	2.495
28b	280	124	10.5	13.7	10.5	5.3	61.05	47.9	7 480	534.29	11.08	24.24	379.496	61.209	2.493
32a	320	130	9.5	15	11.5	5.8	67.05	52.7	11 75.5	692.2	12.84	27.46	459.93	70.758	2.619
32b	320	132	11.5	15	11.5	5.8	73.45	57.5	11 621.4	726.33	12.58	27.09	501.53	75.989	2.614
32c	320	134	13.5	15	11.5	5.8	79.95	62.8	12 167.5	760.47	12.34	26.77	534.81	81.66	2.608
36a	360	136	10	15.8	12	6	76.3	59.9	15 760	875	14.4	30.7	552	81.2	2.69
36b	360	138	12	15.8	12	6	83.5	65.6	16 530	919	14.1	30.3	582.	84.3	2.64
36c	360	140	14	15.8	12	6	90.7	71.2	17 310	962	13.8	29.9	612	87.4	2.60

续表

型号	尺寸						截面面积	理论重量	参考数值						
									z-z				y-y		
	h	b	d	t	r	r_1	(×10²)	(×9.8)	I_z (×10⁴)	W_z (×10³)	i_z (×10)	I_z/S_z (×10)	I_y (×10⁴)	W_y (×10³)	i_y (×10)
	mm						mm²	N/m	mm⁴	mm³	mm		mm⁴	mm³	mm
40a	400	142	10.5	16.5	12.5	6.3	86.1	67.6	21 720	1 090	15.9	34.1	660	93.2	2.77
40b	400	144	12.5	16.5	12.5	6.3	94.1	73.8	22 780	1 140	15.6	33.6	692	96.2	2.71
40c	400	146	14.5	16.5	12.5	6.3	102	80.1	23 850	1 190	15.2	33.2	727	99.6	2.65
45a	450	150	11.5	18	13.5	6.8	102	80.4	32 240	1 430	17.7	38.6	855	114	2.89
45b	450	152	13.5	18	13.5	6.8	111	87.4	33 760	1 500	17.4	38	894	118	2.84
45c	450	154	15.5	18	13.5	6.8	120	94.5	35 280	1 570	17.1	37.6	938	122	2.79
50a	500	158	12	20	14	7	119	93.6	46 470	1 860	19.7	42.8	1 120	142	3.07
50b	500	160	14	20	14	7	129	101	48 560	1 940	19.4	42.4	1 170	146	3.01
50c	500	162	16	20	14	7	139	109	50 640	2 080	19	41.8	1 220	151	2.96
56a	560	166	12.5	21	14.5	7.3	135.25	106.2	65 585.6	2 342.31	22.02	47.73	1 370.16	165.08	3.182
56b	560	168	14.5	21	14.5	7.3	146.45	115	68 512.5	2 446.69	21.63	47.17	1 483.75	174.25	3.162
56c	560	170	16.5	21	14.5	7.3	157.85	123.9	71 439.4	2 551.41	21.27	46.66	1 558.39	183.34	3.158
63a	630	176	13	22	15	7.5	154.9	121.6	93 916.2	2 981.47	24.62	54.17	1 700.55	193.24	3.314
63b	630	178	15	22	15	7.5	167.5	131.5	98 083.6	3 163.98	24.2	53.51	1 812.07	203.6	3.289
63c	630	180	17	22	15	7.5	180.1	141	10 225.1	3 298.42	23.82	52.92	1 924.91	312.88	2.68

注：1.工字钢长度：10号~18号，长5~19m；20号~63号，长6~19m。

2.一般采用材料：A2，A3，A5，A3F。

第四节　热轧普通槽钢

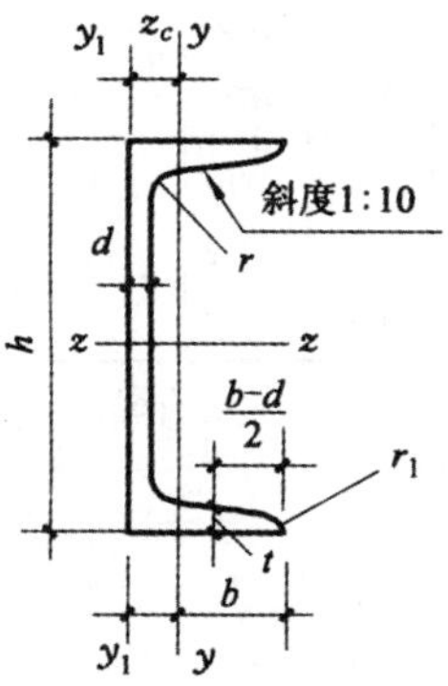

符号意义：

h——高度；

b——腿宽；

d——腰厚；

t——平均腿厚；

r——内圆弧半径；

r_1——腿端圆弧半径；

y_1——惯性矩；

W——截面系数；

i——惯性半径；

z_c——y-y与y_1-y_1轴线间距离。

型号	尺寸						截面面积	理论重量	参考数值							
									z-z			y-y			y_1-y_1	
	h	b	d	t	r	r_1	($\times10^2$)	($\times9.8$)	W_z ($\times10^3$)	I_z ($\times10^4$)	i_z ($\times10$)	W_y ($\times10^3$)	I_y ($\times10^4$)	i_y ($\times10$)	I_y ($\times10^4$)	Z_c ($\times10$)
	mm						mm^2	N/m	mm^3	mm^4	mm	mm^3	mm^4	mm	mm^4	mm
5	50	37	4.5	7	7	3.5	6.93	5.44	10.4	26	1.94	3.55	8.3	1.1	20.9	1.35
6.3	63	40	4.8	7.5	7.5	3.75	8.444	6.63	16.123	50.786	2.453		11.872	1.185	28.38	1.36
8	80	43	5	8	8	4	10.24	8.04	25.3	101.3	3.15	5.79	16.6	1.27	37.4	1.43
10	100	48	5.3	8.5	8.5	4.25	12.74	10	39.7	198.3	3.95	7.8	25.6	1.41	54.9	1.52
12.6	126	53	5.5	9	4.5	15.69	12.37	62.137	391.466	4.953	10.242	37.99	1.567	77.09	1.59	
14a	140	58	6	9.5	9	4.75	18.51	14.53	80.5	563.7	5.52	13.01	53.2	1.7	107.1	1.71
14b	140	60	8	9.5	9.5	4.75	21.31	16.73	87.1	609.4	5.35	14.12	61.1	1.69	120.6	1.67
16a	160	63	6.5	10	10	5	21.95	17.23	108.3	866.2	6.28	16.2	73.3	1.83	144.1	1.8
16	160	65	8.5	10	10	5	25.15	19.74	116.8	934.5	6.1	17.55	83.4	1.82	160.8	1.75
18a	180	68	7	10.5	10.5	5.25	25.69	20.17	141.4	1 272.7	7.04	20.03	98.6	1.96	189.7	1.88
18	180	70	9	10.5	10.5	5.25	29.29	22.99	152.2	1 369.9	6.84	21.52	111	1.95	210.1	1.84
20a	200	73	7	11	11	5.5	28.83	22.63	178	1 780.4	7.86	24.2	128	2.11	244	2.01
20	200	75	9	11	11	5.5	32.83	25.77	191.4	1 913.7	7.64	25.88	143.6	2.09	268.4	1.95
22a	220	77	7	11.5	11.5	5.75	31.84	24.99	217.6	2 393.9	8.67	28.17	157.8	2.23	298.2	2.1
22	220	79	9	11.5	11.5	5.75	36.24	28.45	233.8	2 571.4	8.42	30.05	176.4	2.21	326.3	2.03
a	250	78	7	12	12	6	34.91	27.47	260.597	3 369.62	9.823	30.607	175.529	2.243	322.256	2.065
25b	250	80	9	12	12	6	39.91	31.29	282.402	3 530.04	9.405	32.657	196.421	2.218	353.187	1.982
c	250	82	11	12	12	6	44.91	35.32	295.236	3 690.45	9.065	35.926	218.415	2.206	384.133	1.921
a	280	82	7.5	12.5	12.5	6.25	40.02	31.42	340.328	4 764.59	10.91	35.718	217.989	2.333	387.566	2.097
28b	280	84	9.5	12.5	12.5	6.25	45.62	35.81	366.46	5 130.45	10.6	37.929	242.144	2.304	427.589	2.016
c	280	86	11.5	12.5	12.5	6.25	51.22	40.21	392.594	5 496.32	10.35	40.301	267.602	2.286	426.597	1.951
a	320	88	8	14	14	7	48.7	38.22	474.879	7 598.06	12.49	46.473	304.787	2.502	552.31	2.242
32b	320	90	10	14	14	7	55.1	43.25	509.012	8 144.2	12.15	49.157	336.332	2.471	592.933	2.158
c	320	92	12	14	14	7	61.5	48.28	543.145	8 690.33	11.88	52.642	374.175	2.467	643.299	2.092
a	360	96	9	16	16	8	60.89	47.8	659.7	11 874.2	13.97	63.54	455	2.73	818.4	2.44
36b	360	98	11	16	16	8	68.09	53.45	702.9	12 651.8	13.63	66.85	496.7	2.7	880.4	2.37
c	360	100	13	16	16	8	75.29	50.0	746.1	13 429.4	13.36	70.02	536.4	2.67	947.9	2.34
a	400	100	10.5	18	18	9	75.05	58.91	878.9	17 577.9	15.30	78.83	592	2.81	1 067.7	2.49
40b	400	102	12.5	18	18	9	83.05	65.19	932.2	18 644.9	14.98	82.53	640	2.78	1 135.6	2.44
4	400	104	14.5	18	18	9	91.05	71.47	985.6	19 711.2	14.71	86.19	687.8	2.75	1 220.7	2.42

注：1.槽钢长度：5号~8号，长5~12m；10号~18号，长5~19m；20号~40号，长6~19m。

2.一般采用材料：A2，A3，A5，A3F。

部分习题答案

第一章

1-1 （a）α=29.34°；（b）α=44.43°

1-2 F_R=795.5N，∠（F_R，F_{p3}）=66.9°

1-3 F_R=669.5N，∠（F_R，x）=−34°52′，∠（F_R，y）=−124°48′

1-4 F_R=1 014N

1-5 垂直屋面分力 F_V=26.9kN

沿屋面分力 F_H=13.3kN

1-6 F_R=8.2kN，F_{p2}=4.24kN

1-7 M_0（F_{p1}）=163.2N·m，M_O（F_{p2}）=−326.4N·m

1-8 （a）$m_A(F_p)=\dfrac{l_1 l_2}{\sqrt{l_1^2+l_2^2}}F_p$；（b）$m_A(F_p)=F_p a\sin-F_p b\cos\alpha$

1-9 M=14N·m

1-10 F_p=20N

1-12 F_p=5.36N

1-13 F_{p4}=33N方向向上，在O点的右端4.44m处。

1-14 F_p=15kN，F_{min}=12kN，方向OB垂直。

1-15 F_N=2.31kN

1-16 $\sum M_x(F_p)=-2.439Fb$，$\sum M_y(F_p)=0.717Fb$，$\sum M_z(F_p)=-0.13Fb$

1-17 T_1=0.2113Q，T_2=0.4227Q，T_3=0.366Q

1-18 $F_{AC}=F_{BD}\dfrac{Wl}{2\sqrt{l^2-4r^2\sin^2\dfrac{\alpha}{2}}}$，$M=\dfrac{Wr\sin\alpha}{2\sqrt{l^2-4r^2\sin^2\dfrac{\alpha}{2}}}$

第三章

3-1 （a）几何不变体系且无多余约束

（b）几何可变体系

（c）几何不变体系且无多余约束

（d）几何不变体系，有一个多余约束

（e）几何不变体系，有一个多余约束

3-2 （a）~（f）几何不变体系且无多余约束

（g）几何可变体系

（h）瞬变体系

3-3 （a）（b）瞬变体系

（c）几何不变体系且无多余约束

（d）瞬变体系

（e）几何不变体系且无多余约束

3-4 （a）、（b）题中分析都不对，体系均为几何可变

3-5 二十五种方案

3-6 几何不变体系且无多余约束

3-7 瞬变体系，A点不能在BE与CG的延长线交点上

第四章

4-1 $F_{N1}=F_p$（拉力），$F_{N2}=2F_p$（拉力）

4-8 （a）$M_{AB}=F_pa$（左边受拉）

（b）$M_{BA}=45\text{kN}\cdot\text{m}$（右边受拉）

（c）$F_{Ax}=M/2l$（←）

4-9 $M_{FC}=17.9\text{kN}\cdot\text{m}$（上边受拉）

4-11 （a）$F_{Na}=-F_p$，$F_{Nb}=0$

（b）$F_{Na}=52.5\text{kN}$，$F_{Nb}=-18.03\text{kN}$，$F_{Nc}=-18.03\text{kN}$

4-12 （a）$F_{Na}=-60\text{kN}$，$F_{Nb}=37.3\text{kN}$，$F_{Nc}=37.7\text{kN}$，$F_{Nd}=-66.7\text{kN}$

（b）$F_{Na}=\dfrac{F_p}{3}$，$F_{Nb}=-\dfrac{F_p}{3}$，$F_{Nc}=\dfrac{\sqrt{3}F_p}{3}$

（c）$F_{Na}=-\dfrac{\sqrt{2}F_p}{3}$，$F_{Nb}=-\dfrac{\sqrt{5}F_p}{3}$

（d）$F_{Na}=0$，$F_{Nb}=20\text{kN}$，$F_{Nc}=21.2\text{kN}$

4-13 （a）M_{BA}=180kN·m（左边受拉）

（b）M_{DC}=15.1kN·m（下边受拉），F_{NFG}=358kN·m

4-15 （a）$M_K=4q$，$F_{QK}=0$，$F_{NK}=4.5q$

（b）$M_K=2.5q$，$F_{QK}=-0.447q$，$F_{NK}=-0.224$（拉力）

4-17 F_{Na}= $=F_p$ （拉）；$F_{Nb}=-\sqrt{2}F_p$（压）

4-18 *AG*，*AM*，*GM*，*GE*，*ED*和*MC*杆件内力为零

第五章

5-4 $F_{QC}=\frac{l+s}{2l}$（*D*点处），$F_{QC}=0$（*B*点处）

$F_{QC}=-\frac{s-l}{2l}$（*E*点处），$M_C=-\frac{a(s-l)}{2l}$（*D*点处）

$M_C=0$（*B*点处），$M_C=-\frac{a(s-l)}{2l}$（*E*点处）

5-5 $M_D=-1/4$（*D*点处），$M_D=-11l/4$（*F*点处），

$F_{QD}=0$（*D*左处），$F_{QD}=1$（*D*右处），$F_{QD}=1$（*F*点处），

$N_D=-1/2$（*D*点处），$F_{ND}=-3$（*F*点处）

5-6 （b）$F_{QC左}=1/2$（1点处），$F_{QC右}=-1/2$（1点处）

5-7 $N_d=-1$（上弦载重*A*点处），$N_d=0$（下弦载重*B*点处）

5-9 M_C=270kN·m，F_{QC}=45kN

5-10 M_C=80kN·m，F_{QC}=70kN

5-11 M_G=157.5kN·m，F_{QC}=−5.0kN，

M_B=−45.0kN·m，$F_{QB左}$=−65.0kN

5-12 行列荷载向左，100kN/m荷载过顶点2.353m

5-13 70.25kN·m

5-14 221.16kN·m

5-15 包络图纵距

在左、右支座处：M_{max}=−10kN·m，M_{min}=−130kN·m

跨中截面处：M_{max}=500kN·m，M_{min}=20KN·m

第七章

7-1 σ_{1-1}=−25MPa，σ_{2-2}=25MPa

7-2 $\sigma_{AB}:\sigma_{BC}=1:4$

7-4 σ_{AB}=17.3MPa（压），σ_{BC}=33.3MPa

7-5 F_p=97.1kN

7-6 d=2.66cm

7-7 Δl_{AB}=-0.5mm，Δl_{BC}=0.125mm，Δl_{CD}=0.75mm，Δl_{AD}=0.375mm

ε_{AB}=-0.5%，ε_{BC}=0.12%，ε_{CD}=0.375%

7-9 τ_{max}=52.2MPa，θ=0.984°/m

7-10 $[T]$ =3.39kN · m

第八章

8-1 $F_{yB}=\frac{1}{2}ql$

8-2 （a）$\Delta_{CH}=\frac{12\,500}{EI}$（→）；$\Delta_{CV}=\frac{25\,000}{3EI}$（↓）；$\varphi_C=\frac{500}{3EI}$（逆时针转）

（b）$\Delta_{DV}=\frac{3\,520}{EI}$（↓）；$\varphi_{B-C}=\frac{1\,493.3}{EI}$

8-3 （a）$\varphi_B=\frac{qa^3}{3EI}$（逆时针转）；$\Delta_{CV}=\frac{qa^4}{24EI}$（↑）

（b）$\varphi_B=\frac{ql^3}{24EI}$（顺时针转）；$\Delta_{CV}=\frac{ql^4}{24EI}$（↓）

（c）$\varphi_B=\frac{ql^3}{24EI}$（顺时针转）；$\Delta_{CV}=\frac{11ql^4}{384EI}$（↓）

8-4 （a）$\Delta_{DV}=\frac{112q}{EI}$（↓）；$\Delta_{CV}=\frac{36.67q}{EI}$（↓）

（b）$\Delta_{BH}=\frac{120q}{EI}$（→）；$\varphi_B=-\frac{60}{EI}$（逆时针转）

8-5 （a）$\varphi_B=\frac{ql^3}{24EI}$（顺时针转）；$\Delta_{CV}=\frac{ql^4}{24EI}$（↓）

（b）$\varphi_B=\frac{19qa^3}{24EI}$（逆时针转）

（c）$\varphi_B=\frac{qa^2}{12EI}$（顺时针转）；$\Delta_{CV}=\frac{qa^3}{12EI}$（↓）

（d）$\Delta_{CV}=\frac{18\,250}{3EI}$（↓）

8-6 $\Delta^h_{c-d}=\frac{1\,970}{3EI}$（→←）

8-7 （a）$\Delta_{CV}=\frac{F_pl}{EA}(4\sqrt{2}+6)$（↓）

（b）$\Delta_{CV}=\frac{F_pl}{EA}(1+2\sqrt{2})$（↓）

8-8 $\Delta^H_{C-D}=\frac{5F_pa^3}{3EI}+\frac{7.66F_pa}{EA}$（→←）

8-9 $\Delta_{AV}=4.84\text{cm}$（↓）

8-11 $\Delta_{BH}=\dfrac{360\alpha}{h}$（↓）

8-13 $\Delta_{CV}=\dfrac{b}{2}+\dfrac{la}{2f}$

第九章

9-1 （a）2次；（b）6次；（c）3次；（d）11次；（e）20次；（f）3次

9-2 （a）$M_{AB}=\dfrac{ql^2}{16}$

（b）$F_{yB}=61.7\text{kN}$

（c）$M_{BC}=15.7\text{kN}\cdot\text{m}$，$F_{QBC}=24.6\text{kN}$

9-3 （a）$M_{AB}=\dfrac{ql^2}{24}$

（b）$M_{AC}=112.5\text{kN}\cdot\text{m}$，$M_{BD}=67.5\text{kN}\cdot\text{m}$

9-4 （a）$F_{NAB}=0.414\text{F}$

（b）$F_{NBC}=0.896\text{F}$

9-5 （a）$M_{CD}=14.4\text{kN}\cdot\text{m}$，$F_{NEF}=67.2\text{kN}$

9-6 $F_{NAB}=\dfrac{qfl^2}{8f^2+15\left(\dfrac{I}{nA}\right)}$

9-7 $M_{CB}=\dfrac{3EI\Delta}{2l^2}$

9-8 $M_{CA}=\dfrac{480EI}{l}\alpha$

9-9 （a）3个；（b）2个；（c）8个；（d）4个；（e）3个；（f）11个；（g）5个；（h）2个

9-10 （a）$M_{BA}=\dfrac{ql^2}{24}$（左侧受拉），$F_{QBA}=-\dfrac{ql}{16}$，$F_{NBA}=-\dfrac{7}{16}ql$

（b）$M_{AB}=M_{DC}=M_{FE}=\dfrac{F_ph}{3}$（左侧受拉），$F_{NBC}=-\dfrac{2}{3}F_p$，$F_{NCE}=-\dfrac{F_p}{3}$

9-11 （a）$M_{BA}=\dfrac{F_pl}{12}$（上部受拉），$M_{BC}=\dfrac{F_pl}{8}$（上部受拉），$M_{BD}=\dfrac{F_pl}{24}$（左侧受拉）

（b）$M_{BA}=\dfrac{160}{7}\text{kN}\cdot\text{m}$（上部受拉），$M_{BD}=\dfrac{100}{7}\text{kN}\cdot\text{m}$（上部受拉），

$M_{BC}=\dfrac{60}{7}\text{kN}\cdot\text{m}$（右侧受拉），$M_{DE}=\dfrac{20}{7}\text{kN}\cdot\text{m}$（左侧受拉）

9-12 $M_{CB}=\dfrac{12}{7}\dfrac{i\Delta}{l}$（下部受拉），$M_{AC}=\dfrac{6}{7}\dfrac{i\Delta}{l}$（左侧受拉），$M_{BA}=\dfrac{12}{5}\dfrac{i\Delta}{l}$（上部受拉）

9-13　$M_{1A}=M_{1B}=\frac{100}{7}\text{kN}\cdot\text{m}$

9-15　$M_{DA}=28.4\text{kN}\cdot\text{m}$，$M_{AD}=14.2\text{kN}\cdot\text{m}$，$M_{DB}=10.7\text{kN}\cdot\text{m}$，$M_{DC}=-39.1\text{kN}\cdot\text{m}$，$M_{CD}=60.4\text{kN}\cdot\text{m}$

第十章

10-1　图（b）为 F_{lj}（min），图（e）和图（d）为 F_{lj}（max）

10-2　$F_{lj}=177\text{kN}$

10-3　$F_{lj}=177\text{kN}$

10-4　$l=0.86\text{m}$

10-5　$\lambda_y=160.6$，$\varphi=0.274$，$F_P/\varphi_A=149.6\text{MPa}<f$

10-6　1 杆：$F_{lj}=2\ 540\text{kN}$
　　　2 杆：$F_{lj}=4\ 170\text{kN}$
　　　3 杆：$F_{lj}=4\ 820\text{kN}$

10-7　稳定性满足

10-8　$d=19.1\text{cm}$

10-9　$d=3.12\text{cm}$

10-10　$n=3.08>n_{st}$

10-11　$\alpha=\arctan(\cot^2\beta)$

10-12　AB 梁 $\sigma_{max}=129\text{MPa}<[\sigma]$（按拉弯计算）
　　　CD 杆 $F_N/\varphi_A=129\text{MPa}<f$

10-13　$a=13.17\text{cm}$

10-14　$t=3.2\text{mm}$

附录 I

Ⅰ-1　$\bar{y}_c=\frac{4R}{3\pi}$

Ⅰ-2　（a）$\bar{y}_c=123.6\text{mm}$，（b）$\bar{y}_c=23\text{mm}$，$\bar{z}_c=53\text{mm}$

Ⅰ-3　（a）$S_z=1\ 408\times10^3\text{mm}^3$；（b）$S_z=219\times10^3\text{mm}^3$
　　　（c）$S_z=127\times10^3\text{mm}^3$；（d）$S_z=244\times10^3\text{mm}^3$

Ⅰ-4　（a）$I_{z_c}=5.37\times10^7\text{mm}^4$，（b）$I_{z_c}=9.05\times10^7\text{mm}^4$

Ⅰ-5　$I_{z_c}=\frac{bh^3}{36}$，$I_{z2}=\frac{bh^3}{4}$

Ⅰ-6 I_{z_c}=6.58×10^7mm^4

Ⅰ-7 （a）$\bar{y}c$=425mm，I_{z_c}=1.34×10^{10}mm^4

（b）$\bar{y}c$=83.6mm，I_{z_c}=8.71×10^6mm^4

Ⅰ-8 I_{yz}=4.975×10^7mm^4

Ⅰ-9 α=26°26′，I_{z_c}=7.03×10^8mm^4，I_{y_c}=0.55×10^8mm^4

参考文献

［1］杜贵成. 建筑力学［M］. 北京：中国建材工业出版社，2007.

［2］朱慈勉. 结构力学（上、下册）［M］. 北京：高等教育出版社，2004.

［3］钟朋. 结构力学解题指导及习题集［M］. 2版. 北京：高等教育出版社，1987.

［4］朱伯钦，周竞欧，许哲明. 结构力学（上、下册）［M］. 上海：同济大学出版社，1993.

［5］阳日，莫宜志. 结构力学［M］. 重庆：重庆大学出版社，1998.

［6］虞季森. 建筑力学［M］. 北京：中国建筑工业出版社，1995.

［7］周国瑾，施美丽，张景良. 建筑力学［M］. 上海：同济大学出版社，2000.

［8］龙驭球，包世华. 结构力学（上册）［M］. 北京：人民教育出版社，1988.

［9］金康宁. 建筑力学［M］. 北京：中国建材工业出版社，1994.

［10］李前程，安学敏，赵彤. 建筑力学［M］. 北京：高等教育出版社，2004.

［11］柳素霞，郭宁秀. 建筑力学［M］. 北京：清华大学出版社，2012.

［12］干光瑜，等. 建筑力学［M］. 北京：高等教育出版社，2006.

［13］刘思俊. 建筑力学［M］. 北京：机械工业出版社，2012.

［14］金舜卿，贺萍，詹凤程. 建筑力学［M］. 南京：东南大学出版社，2016.